智能低压电器关键技术研究

张培铭 著

科学出版社

北京

内 容 简 介

　　本书提出智能低压电器的关键、核心技术，系统地阐述智能低压电器关键技术、研究方法与相关应用的研究成果。本书内容涉及以智能电网与能源互联网为背景的低压电器智能化技术基本概念，涵盖智能低压控制电器关键技术研究、低压电器智能保护关键技术研究、低压电器系统智能技术研究、低压电器动态特性智能测试技术与低压电器的人工智能设计技术等。

　　本书可作为高等院校电气工程及其自动化、自动化等专业科研、教学的参考书，也可作为电器及相关领域研究生、技术人员教学或新技术培训的教材，以及电力系统技术人员的参考资料。

图书在版编目（CIP）数据

智能低压电器关键技术研究 / 张培铭著. —北京：科学出版社，2018.11
ISBN 978-7-03-058906-4

Ⅰ. ①智…　Ⅱ. ①张…　Ⅲ. ①低压电器-智能控制-研究　Ⅳ. ①TM52

中国版本图书馆 CIP 数据核字（2018）第 218601 号

责任编辑：阚　瑞 / 责任校对：郭瑞芝
责任印制：师艳茹 / 封面设计：迷底书装

科 学 出 版 社 出版
北京东黄城根北街 16 号
邮政编码：100717
http://www.sciencep.com
文林印务有限公司 印刷
科学出版社发行　各地新华书店经销
*

2018 年 11 月第 一 版　开本：720×1000　1/16
2018 年 11 月第一次印刷　印张：27　插页：12
字数：530 000

定价：168.00 元
（如有印装质量问题，我社负责调换）

前　言

社会的进步、经济和科学技术的发展，特别是智能电网与能源互联网概念的提出与实施，为电器技术提供了广阔的发展空间，同时，电器工业又面临着巨大的挑战。

我们必须树立这个意识，否则在配电与用电侧起着重要的传输、分配、控制、保护、调节和能效管理作用的低压电器及其系统有可能成为智能电网与能源互联网建设、运行的瓶颈。低压电器是智能配用电系统的核心组成部分，并以系统的形式在智能配用电系统运行中发挥关键作用。

毫无疑问，智能电器技术研究是 21 世纪电器领域主要的研究方向，创新是智能电器技术发展的动力与灵魂，智能低压电器关键技术研究更是如此，本书所述研究内容正是基于这个观点展开。

鉴于目前缺乏对该领域研究的综合、系统以及集中论述的现状，基于创新智能电器技术的意识，基于作者在该技术领域提出的一些基本概念、思路与技术方案，作者将相关研究进行系统化总结。本书所述智能低压电器关键技术研究涵盖智能电网与智能电器的关系、电器智能化的概念、电器人工智能设计、低压电器智能控制、智能保护、智能动态测试、智能系统与集成电器等关键技术。

值得强调的是，本书的重点是研究思路与方法。虽然所述思路和技术集中于智能低压电器关键技术研究，但是也可供中高压电器及其系统研究参考。

本书所述的关键技术及其研究内容是按照低压电器技术发展的规律，以近十几年作者直接指导的博士与硕士研究生论文、所获授权专利为主，经系统化、重组、修改、提升后完成。在此，作者对相关博士与硕士研究生在本书写作过程中付出的辛勤劳动表示诚挚的谢意。本书的出版凝聚了他们的心血与汗水。值得一提的是，缪希仁教授、陈丽安教授、刘向军副教授、杨明发副教授、鲍光海副教授、董纪清副教授、吴功祥实验师、陈丽辉高级工程师、丁正平研究员级高级工程师等对本书写作予以大力支持，刘向军副教授还为本书的格式修改、校对等工作投入了大量精力，作者对此表示深切的谢意。感谢孙秦阳、兰太寿、吴守龙、王田与郅萍等硕士研究生对本书的贡献。

随着智能概念与智能技术的发展，智能技术包括人工智能技术，在低压电器技术领域的应用是不断深化、不断实践、不断理解的过程。本书仅仅是这个过程中的一个小插曲。希望本书对智能电器技术研究的创新、技术水平的提升与新产品开发有所启发。

　　虽然本书所述的某些技术已经具备产品化的条件和基础，但是没有经过实际运行的考验。另外，还有部分技术仍处于研究中。因此，书中难免存在不足之处，恳请读者批评指正。

张培铭

2018 年 7 月 21 日

目　　录

彩图

第1章　低压电器智能化技术基本概念

1.1　概　　述

　　能源问题关系国计民生和人类福祉，能源是经济社会发展的重要基础和基本保障，是影响经济社会发展的全局性、战略性问题。进入 21 世纪以来，世界能源发展格局发生了重大而深刻的变化，新一轮能源革命的序幕已经拉开。

　　能源安全一直是世界各国着力解决的重大问题。随着传统能源的日益短缺以及环境的污染，全球资源紧张、气候变化问题日益加剧，资源和环境对能源发展的约束越来越强。新能源以其环保绿色和可持续发展的特性取得了广泛的关注。发展清洁能源，保障能源安全，解决环保问题，应对气候变化，加快能源战略转型，保障能源安全、高效、清洁供应，是世界各国面临的共同挑战，是能源革命的核心内容，也是发展智能电网的核心驱动力。

　　毫无疑问，智能电网的发展、能源互联网的提出以及用电总体水平的提高给电器领域带来了广阔的发展空间，这将有力地推进智能电器技术的发展和应用，同时也给电器行业带来了巨大的压力，因此，电器工业同时面临着机遇与挑战。了解智能电网与能源互联网，对于电器行业相关人员是至关重要的。

　　本章基于智能电网与能源互联网领域专家的研究成果，简要地介绍世界能源的变革状况，包括智能电网提出的必要性和必然性、智能电网与能源互联网的基本概念、智能电网的基本特点以及我国智能电网建设的理念与技术特征。在此基础上，强调坚强和智能是智能电网与能源互联网发展的核心概念。

　　智能低压电器及其系统的性能、功能、可靠性直接影响智能电网的运行，是坚强智能电网的重要组成部分。智能电网极其重要的特点是"坚强"与"智能"。为了适应智能电网建设与运行的要求，必须加强"坚强"与"智能"是低压电器及其系统技术研究的基础和关键的认识与理解。如果没有实现智能电器及其系统的坚强化和智能化，如果没有相应的产品，智能电网是无法运行的，也谈不上坚强电力系统的建设。智能电网与低压电器息息相关，要建设智能电网首先必须实现作为电网基石的配用电端电器产品的智能化，由此构建的智能低压电器及其系统是构成智能电网的重要基础。智能低压电器在智能电网中有着不可替代的地位和作用。因此，智能电网与智能低压电器的关系是电器行业十分关注的问题。

　　为此，本书阐述并力图理顺电器领域重要的概念和问题，包括：电器智能化技术与智能化电器技术的含义；智能低压电器系统的"智能"与"系统"的含义；特别是引入人体生理系统，将以智能低压电器系统为主的智能低压配用电系统与(智能)基于神经系统的人体生理系统进行主要功能的比较，通过人体生理系统的映射，从而加强对智能低压电器系统的"智能"与"系统"的理解。在此基础上，强调系统动态平衡的概念。

本书强化"创新——智能电器及其系统技术发展的动力"的指导思想，并提出新一代低压电器技术与产品研究的重要方向——智能低压电器系统研究的思路。

1.2　智能电网技术简介

1.2.1　世界能源变革状况简述

1. 世界能源变革的趋势

能源是经济社会发展的基本保障，是经济社会的"血液"，是现代化的基石和动力。

电网是国家战略能力的重要组成部分，是关系国家安全和社会稳定的基础设施。以新一轮能源革命为契机，加快能源战略转型，保证可靠、安全、环保、高效和灵活的电力系统成为能源领域最受人瞩目的问题。从技术发展和应用的角度看，智能电网是将先进的传感测量技术、信息通信技术、分析决策技术、自动控制技术和能源电力技术相结合，并与电网基础设施高度集成而形成的新型现代化电网。21 世纪，智能电网无疑是当今世界电力系统的发展趋势，是各国电网未来发展方向的共同选择。

欧美发达国家从发展清洁能源、应对气候变化、保障能源安全、促进经济增长的需要出发，相继提出发展智能电网，并将其作为国家战略的重要组成部分。面对新形势，结合我国基本国情与世界电网发展的新趋势，我国国家电网有限公司提出了加快建设以特高压电网为骨干网架，各级电网协调发展，以信息化、自动化、互动化为特征的坚强智能电网的战略目标；突出强调了坚强网架和智能化的有机统一。

从两次工业革命可以看出，能源变革对工业发展具有决定性的影响。随着全球社会、经济的发展，能源变革是第三次工业革命的根本动力，从而提出了能源互联网的思路与概念。能源互联网是多能源融合、信息物理融合和多市场融合的产物，将深刻变革未来能源产业的各个环节，促进其安全化、高效化、清洁化。能源互联网代表着能源产业未来的发展方向，将给人类社会的经济发展模式与生活方式带来深远影响。

构建全球能源互联网是世界能源变革的必由之路，是解决世界能源安全、环境污染和温室气体排放的治本之策。

智能电网是能源互联网(全球能源互联网)的基础，是承载不同能源转化与利用的枢纽，对第三次工业革命具有全局性的推动作用。坚强智能电网是坚强电网与智能控制紧密融合的现代电网。虽然世界各国的经济发展水平、能源资源禀赋和电网发展阶段不同，但总体目标和方向是一致的。无论是智能电网还是能源互联网，"坚强"和"智能"的要求是共同的。毫无疑问，坚强智能电网是世界电网发展的共同目标。"坚强"是智能电网运行的基础，"智能"是智能电网运行的关键。

因此，"坚强"与"智能"也是适应智能电网运行的智能电器及其系统发展的核心。

2. 智能电网提出的必要性和必然性

如前所述，由于世界政治经济形势和能源发展格局发生了深刻变化，电网的发展面临巨大的挑战。

1) 安全可靠的问题

现有系统高度互联和设备老化问题使得任何小范围内的故障都有可能扩大到整个电网。近几年世界电力系统频繁发生的事故造成了大面积连锁停电，带来了巨大损失。这暴露了世界电力系统现有电网的脆弱性，充分说明建设智能电网的必要性与紧迫性。

2003年8月14日美国东北部部分地区以及加拿大东部地区发生了美加大停电事故，其停电范围之广、时间之长、影响之大、危害之深都是史无前例的。这不仅给人们的交通、生产和生活带来不便，而且造成了巨大的经济损失，给人们敲响了警钟，并引起全球，特别是电力行业的关注，对电网安全问题的关注和讨论达到前所未有的高度。

这些事故说明作为国民经济命脉的电力生产与应用具有鲜明的系统性，保证电网安全运行是一个重大的战略课题。

2) 环境与能源的问题

由于化石能源的大量开发和使用，资源紧张、环境污染、气候变化等问题日益严重。

(1) 资源紧张，化石能源开采强度很大。2014年，全球消费煤炭82亿吨、石油336亿桶、天然气3.5万亿立方米。按照目前的开采强度，全球煤炭、石油和天然气的储量仅分别能开采110年、53年和54年。世界经济的发展、人口的增加以及城市化进程的加速，导致全球能源需求总量迅猛增加。

(2) 环境污染。全球化石能源消费总量从 1965 年的 51 亿吨标准煤增加到 2014 年的 159 亿吨标准煤，在生产、运输、存储、使用的各个环节对大气、水质、土壤、地貌等造成严重污染和破坏。历史上，有的国家曾因化石能源的过度使用，排放 SO_2、NO_x 造成大量烟尘等污染物，而发生过重大环境污染事件。

(3) 气候变化。化石能源燃烧产生的二氧化碳占全球温室气体排放的 57%，它是导致全球气候变暖的主要原因。工业革命以来，全球地表平均温度上升了 0.9℃。如果再不控制，到 21 世纪末地表温升将超过 4℃，由此将带来冰川融化、海平面上升、粮食减产、物种灭绝等灾害，将严重威胁人类的生存和发展。

简言之，大规模开发利用化石能源导致了资源紧张、环境污染、气候变化等诸多全球性难题，引发了国际社会对能源安全和生态安全的普遍担忧。

然而，全球清洁能源丰富，陆地风能资源超过 1 万亿千瓦，太阳能资源超过 100 万亿千瓦，仅开发万分之五就可以满足人类的需求。因此，可靠、有效地利用可再生、清洁能源，降低对化石能源的依赖程度，已成为世界各国解决能源安全和环保问题、应对全球气候变化的共同选择。而将清洁能源转化为电能，是开发和利用清洁能源的最主要途径。

3) 技术创新与经济高效的问题

随着科技的进步，信息技术、计算机技术、电子技术的发展，以及人们生活水平的提高，数字化社会对供电可靠性以及电能质量的要求逐渐提高，用户对电能质量、可靠性和经济性的要求也越来越高。将先进技术与传统电力技术有机、高效融合，实现技术与管理转型，全面提高资源优化配置能力，保障可靠、安全、优质、经济的电力供应，提供灵活、高效、透明开放和便捷互动的优质服务，是新形势下电网面临的巨大挑战。

电网规模日益扩大，电网运行与控制的复杂程度越来越高。推动技术创新、实现高效管理，已经成为电网谋求发展的必然选择。

3. 智能电网的特点与关键技术简介

智能电网的智能化将获取电网的全景信息(指内部的任意用户、节点和各个运行设备实时监控的电力流信息和业务流信息等)，并基于坚强、可靠的物理电网和信息交互平台，利用先进的传感测量技术、信息通信技术、人工智能技术、自动控制技术整合各种实时运行、生产和运营信息，对电网实时的双向电力流、信息流进行动态分析、诊断、预测和优化，提供实际、可靠的电网运行、运营状态，以及相应的控制、协调、处理决策与实施方案支持，建立安全、稳定、高效、经济、灵活的新型网络。如前所述，从技术发展和应用的角度看，智能电网是将先进的传感测量技术、信息通信技术、分析决策技术、自动控制技术和能源电力技术相结合，并与电网基础设施高度集成而形成的新型现代化电网。

由于随机性和间歇性的特点，大量的分布式能源集中或分布接入电网，必然会影响传统电力系统的安全性和可靠性，传统的电网结构和运行方式无法满足要求。因此需要智能电网接纳新能源入网，并且保证系统的安全性和可靠性。

由于世界各国的国情、背景以及电力工业发展水平存在差异，各国和地区对发展智能电网的驱动力、对智能电网的要求有着不完全相同的标准，但各国对智能电网的概念有着相似的描述。

1) 智能电网的特点

智能电网的基本特点简述如下，即坚强、智能、兼容、集成、优质、高效、经济、交互等。

(1) 坚强。坚强和智能是现代智能电网发展的本质。坚强意味着电网具有很强的安全性、稳定性，有极强的抵御风险的能力。作者认为，智能电网坚强的含义是系统全局性的概念。其以坚强网架为基础、以智能化技术为核心，具有系统自愈的功能。当出现或可能出现任何导致或可能导致系统正常运行受到威胁而进入严重不平衡状态的因素(包括内部或外部的因素)时，智能电网具有自行决策、处理并实现优化动态平衡，保证系统可靠、安全运行的能力(见 1.4.3 节)。

(2) 智能。智能意味着高度自动化，无论是处于正常还是不正常的不平衡状态，智能电网都具有保证系统进入动态平衡的优化运行状态的功能。智能技术的内容深入且广泛，涵盖了自愈及以下各特点，保证系统坚强与优化运行。

(3) 兼容。智能电网实现集中发电与分散发电的兼容，可以兼容各种发电和储能系统。不仅可以兼容大规模集中式的电厂，还将兼容不断增多的分布式能源、微电网和储能系统。

(4) 集成。智能电网具有多元化的特点。以输配电系统为物理实体，以集成、高速、双向的通信网络信息系统为统一平台，实现电网信息的高度集成和共享，实现标准化、规范化和精准化管理。

(5) 优质。用户对电能质量的要求越来越高。智能电网可对不同需求的用户提供优质的电能供应，实现优化资产的利用，降低投资成本和运行维护成本。

(6) 高效。通过高速通信网络实现对运行设备的在线状态监测，获取设备的运行状态，提高单个资源的利用效率，整体优化调整电网资产的管理和运行，实现最低的运行维护成本及投资。

(7) 经济。支持电力市场运营和电力交易的有效开展，实现资源的优化配置，降低电网的损耗，提高能源的利用效率。

(8) 交互。智能电网将实现需求侧的响应功能，使电力供应商与用户建立实时信息联系，促进用户与各类用电设备的广泛交互、与电网双向互动，能源流在用户、供应商之间双向流动。

2) 智能电网的关键技术简介

智能电网的关键技术包括关键基础技术(集成的信息与通信技术、先进的传感和测量技术、电力电子技术与超导技术、仿真分析与控制决策技术)、大规模新能源发电及并网技术、智能输变电技术、智能配电系统技术、智能用电技术等。

必须强调，智能低压电器技术是智能配电系统与智能用电系统的关键技术。

1.2.2 我国智能电网建设简介

1. 我国建设智能电网的必要性

中国经济社会的持续高速发展，对供电需求和供电可靠性的要求越来越高，电网建设规模不断扩大、电网负荷变化剧烈、不同区域负荷分布不平衡，电网架构依旧比较薄弱。加强电网建设，改变电网的现状，提高电网运行的可靠性与安全性是建设我国现代电网的先决条件。

我国是世界第一大能源和电力消费国，但能源资源相对匮乏，人均能源资源拥有量远远低于世界平均水平，能源资源分布与生产力布局很不平衡。我国的能源消费是以煤炭为主，能源对外依存度不断提高。目前，我国人均能源消费水平较低，清洁能源的比重也相对较低，面临着可持续发展、环保等严峻的问题。近年来，随着中国经济的快速发展，能源消费增长很快。中国以煤为主的能源结构导致雾霾、酸雨和水土破坏等环境问题日益突出。中国资源紧张问题、能源安全形势非常严峻。

加快水能、风能、核能、太阳能等清洁能源的开发，对于保障能源安全和电力可靠供应、改善能源结构至关重要。我国能源资源分布以及经济发展很不均衡，因此，必须提升电网的输送能力。智能电网作为整个电网发展过程中衍生出的高级产物，必将引起一场新的电力工业的改革，这场改革将涉及电力行业的各个层面，也将给社会经济发展带来不同程度的影响。

因此，我国电网发展要求提高电网的输电能力、电网安全性、对电网消纳间歇性清洁能源的能力，以及强化电网功能的作用。以坚强、智能化的电力与信息网络和强大的资源配置能力为基础，才能满足经济社会发展的需要。

2. 我国建设智能电网理念

1) 我国智能电网建设目标

面对新形势、新挑战，结合我国基本国情与世界电网发展的新趋势，为了贯彻落实可持续发展战略，缩小与发达国家在智能电网领域的差距，加强我国电力领域的安全性以及抗打击能力，提高综合能源利用率，国家电网有限公司提出了加快建设以特高压电网为骨干网架，各级电网协调发展，以信息化、自动化、互动化为特征的坚强智能电网的战略目标。坚强智能电网是以坚强网架为基础，以通信信息平台为支撑，以智能控制为手段，包含电力系统的发电、输电、变电、配电、用电和调度各个环节，覆盖所有电压等级，实现电力、信息、业务的高度一体化融合，是坚强可靠、经济环保、友好互动的现代电网。

我国科技部发布《智能电网重大科技产业化工程"十二五"专项规划》指出："智能电网是实施新的能源战略和优化能源资源配置的重要平台，涵盖发电、输电、变电、配电、用电和调度各环节，广泛利用先进的信息和材料等技术，实现清洁能源的大规模接入与利用，提高能源利用效率，确保安全、可靠、优质的电力供应。实施智能电网重大科技产业化工程，对于调整我国能源结构、节能减排、应对气候变化具有重大意义。"

智能电网发展的总体目标为："突破大规模间歇式新能源电源并网与储能、智能配用电、大电网智能调度与控制、智能装备等智能电网核心关键技术，形成具有自主知识产权的智能电网技术体系和标准体系，建立较为完善的智能电网产业链，基本建成以信息化、自动化、互动化为特征的智能电网，推动我国电网从传统电网向高效、经济、清洁、互动的现代电网的升级和跨越。"

2) 中国智能电网——坚强智能电网的内涵

坚强智能电网是坚强电网与智能控制紧密融合的现代电网。发展坚强智能电网具有巨大的经济价值、社会价值、环保价值，是实现能源可持续发展的战略选择。

坚强智能电网的内涵如下。

(1) 坚强可靠。智能电网的坚强可靠必须依靠坚强、灵活的电网结构，先进、可靠的信息网络与智能技术才能实现，缺一不可。坚强可靠是具有自愈的能力，在极端的故障及其干扰事件发生时，电网能保持整体运行的安全稳定，以此来保证供电能力。

(2) 经济高效。智能电网可以提高资源利用率、电网设备的利用率、输电设备的利用率，同时降低电力系统运行过程中的维修成本以及建造成本，从而实现经济高效的主要目标。

(3) 清洁环保。清洁型能源产业，尤其是以太阳能及风能所带动的产业在全球崛起。但是清洁能源的间歇性以及不稳定性所引起的功率来回波动对电网的坚强可靠性提出了巨大挑战，智能电网的建设使得清洁能源的大规模使用得到了有力的保障，从而实现了电网建设清洁环保的目标。

(4) 友好互动。友好互动的智能电网是指电源与负荷方都主动与电网进行协调互动。通过这种互动促使电力用户发挥更加积极有力的作用，达到电力运行高效化、社会效益增强、环境保护实现等多方面的成效。

(5) 透明开放。透明开放是指保障光伏发电、风能发电等新兴的清洁能源能够合理地接入，集成传统的集中式发电、新兴分布式发电等多种类型的电源，实现分布式发电的并网运行，从而达到满足电力用户的多样化需求的目标。透明开放的智能化接管控制平台将实现我国分布式可再生能源的有效开发及高效利用。

3) 中国智能电网的技术特征

信息化、自动化、互动化是中国坚强智能电网的基本技术特征。

(1) 信息化。信息化是指信息的高度集成和共享，是坚强智能电网的基本途径，体现为实时和非实时信息的高度集成与挖掘利用能力。

(2) 自动化。自动化是指电网运行状态的自动监控、故障状态的自动恢复和控制策略的自动优选等，是坚强智能电网发展水平的直观体现，依靠高效的信息采集传输和集成应用，实现电网自动运行控制与管理水平提升。

(3) 互动化。互动化是指电源、电网和用户资源的互动与协调运行，是坚强智能电网的内在要求，通过信息的实时沟通与分析，实现电力系统各个环节的良性互动和高效协调，提升用户体验，促进电能安全、高效、环保的应用。

1.2.3 能源互联网的概念

1. 能源互联网概念的提出

以化石能源集中式利用为特征的传统经济和社会发展模式正在逐步发生变革，能源变革是第三次工业革命的根本动力，而以新能源技术和互联网技术为代表的第三次工业革命正在兴起。美国著名学者杰里米·里夫金在其新著《第三次工业革命》一书中，首先提出了能源互联网的愿景，引发了国内外的广泛关注。杰里米·里夫金认为，由于化石燃料的逐渐枯竭及其造成的环境污染问题，在第二次工业革命中奠定的基于化石燃料大规模利用的工业模式正在走向终结。杰里米·里夫金预言，以新能源技术和信息技术的深入结合为特征的一种新的能源利用体系，即"能源互联网"(energy internet)即将出现。而以能源互联网为核心的第三次工业革命将给人类社会的经济发展模式与生活方式带来深远影响。能源互联网代表着能源产业未来的发展方向。

作为第三次工业革命的核心技术，能源互联网是能源和互联网深度融合的产物，智能电网是能源互联网的主要技术模式。值得强调的是，能源互联网是以智能电网为骨干，以互联网技术和新能源发电技术为基础，综合运用先进的电力电子技术、信息技术和智能管理技术，并结合交通(如作为电气化交通系统核心的电动汽车)、天然气网络(如页岩气)等系统构成的复杂多网流系统。

2. 全球能源互联网的概念

基于对中国能源与电力的探索及实践，国家电网有限公司原董事长刘振亚提出构建全球能源互联网的概念，从而延伸和拓展了杰里米·里夫金在《第三次工业革命》中提出的"能源互联网"概念。

从当前和长远看，实现世界能源可持续发展，需要树立全球能源观，以全球性、历史性、差异性、开放性的观点和立场研究与解决世界能源发展问题。

推进全球能源变革转型势在必行，能源互联网必然向跨国跨洲、全球互联方向发展，即根本出路是建设全球能源互联网，全面推进清洁替代和电能替代。全球能源互联网，是以特高压电网为骨干网架、以清洁能源为主导的全球互联的坚强智能电网。

总之，构建全球能源互联网是保障能源安全、促进世界和平、推动人类社会可持续发展的重要举措，是解决世界能源安全、环境污染和温室气体排放问题的治本之策，发展前景广阔。

但是，构建全球能源互联网，既面临可再生能源加快发展的历史机遇，也面临地缘政治、经济利益、社会环境、能源政策、市场建设、技术创新等重大挑战。该概念涉及面非常广，涉及环境非常复杂，需要经历一个艰难曲折的过程。

1.2.4　坚强与智能是智能电网和能源互联网发展的核心

1. 智能电网自愈的含义

电网的自愈(self-healing)是指其在无须或仅需少量的人为干预的情况下，利用先进的监控手段对电网的运行状态进行连续的在线自我评估，并采取预防性的控制手段，及时发现、实时预测、快速诊断、快速调整或消除故障隐患；在故障发生时能够快速隔离故障、自我恢复，实现快速复电，而不影响用户的正常供电或将影响降至最小。因此，系统自愈能力是系统的自我预防、自我恢复的能力，这种能力来源于对电网重要参数的监测、预测和有效的控制策略。

自愈就意味着对严重的动态不平衡状态，包括事故的自动监测、预测与决策，使系统恢复优化动态平衡的运行状态，作者将其视为"智能自恢复能力"。

对于以智能电器及其系统为核心的智能配电系统，自愈控制是其最重要的、典型的特征。自愈控制技术是智能配电系统最核心的技术，类似人体的免疫功能，作为智能配电系统的"免疫系统"，自愈功能使配电系统能够抵御并缓解电网内部和外部的各种危害(故障)，保证电网的安全稳定运行和用户的供电质量，大幅度提高电网运行的可靠性。

自愈控制技术是配电网实现智能化的关键技术。智能配电网自愈控制技术在含分布式电源的配电系统运行过程中能及时发现、预防和隔离各种潜在故障和隐患，当出现或可能出现任何导致或可能导致系统正常运行受到威胁而使系统进入严重不平衡状态的情况时，实现优化动态平衡，保证系统可靠、安全与经济运行。

以自愈为特征的智能配电系统是未来电网技术发展的必然趋势。

　　2. 坚强与智能是智能电网和能源互联网发展的核心

坚强智能电网是坚强电网与智能控制紧密融合的现代电网，"坚强"与"智能"是现代电网的两个基本发展要求。我国的"坚强智能电网"战略目标的特征概括起来就是坚强化和智能化。智能化是智能电网发展的关键与核心，坚强化是智能电网发展的基础，同时又是发展的目标。智能电网是能源互联网的骨干，智能化和坚强化不仅是智能电网发展，也是能源互联网发展的核心与目标。

必须强调电网坚强化与电网智能化的有机统一，二者相辅相成。只有实现电网智能化，才能保证电网的坚强性；没有包括网架的全局坚强性作为基础，实现智能化是不可能的。

显然，对于智能电网极其重要的智能电器及其系统与智能电网在"坚强"与"智能"上的总体概念、含义是一致的，智能电器及其系统技术研究也必须坚持"坚强"与"智能"的方针，应该提高智能电器及其系统控制与保护的性能、技术水平，提高其运行的可靠性，优化其运行过程。这正是本书内容努力的方向。

1.3　智能电网与智能电器及其系统技术

1.3.1　电器的智能化技术概念

　　1. 传统电器的基本功能

电器是承担电能传输、分配与管理，并实现对电力系统与自动控制系统的电或非电对象检测、切换、控制、保护、调节、协调与互动的电气设备或电气系统。因此，电器的性能与功能直接关系到电力系统运行的可靠性、经济性。

目前，我国电器行业在开发智能电器方面取得了长足进步，推出了可通信的电器，某些产品集成了基本的智能和通信功能。但是智能电网对电器提出了许多新的要求：智能电器产品应该具有信息化、自动化、互动化的基本特征；自愈、优化、集成、兼容、互动等智能电网关键特点都要在新一代电器产品上体现出来。由于电器在运行时存在着各类电或非电器件与设备之间有机的联系、配合、协调、互动运行等动态过程，存在着复杂的能量转换，电、磁、光、热、力、机械、腐蚀等复杂的物理、化学过程，传统的电器无法满足电力系统快速发展的需求，更无法满足智能电网建设的需求。

总体而言，在智能电网中，上述电器的定义与作用基本上没有改变。但是，智能电网赋予电器的含义和对电器的需求已经大幅度深化与提高。毫无疑问，智能电网需要电器智能化技术，需要智能电器产品。如果没有实现电器的智能化，智能电网是无法运行的，也谈不上统一坚强电力系统的建设。因此，电器的智能化技术研究是智能电网(也是能源互联网)建设极其重要的内容。作为具体体现电器智能化技术的电器产品——智能电器是智能电网不可或缺的组成部分。

随着智能电网建设工作的深入展开，智能电网为电器智能化技术和智能电器产品提供了发展的空间，同时，电器工业面临着巨大的挑战。

前面已述及，"坚强"和"智能"是智能电网发展的核心。因此，这也是电器领域研究的方向。

目前从坚强智能电网需求的角度出发，对智能电器的认识存在两个概念问题：①智能电器产品中"智能"的含义还不够清晰；②"系统"的概念还相对薄弱。因此，必须强调对"智能"含义的理解，并阐述用正确的"智能"含义来认识智能电器技术与产品的必要性；强调"系统"的作用，重申智能的电器系统产品研制、生产与运行的重要性。

2. 电器智能化技术与智能电器技术的含义

电器智能化技术是电器领域智能化技术的总体概念，是电器技术重要的研究方向。如果更明确地给出其研究内容，可以概括为：电器智能化技术研究应包括应用于电器领域的智能化理论与预测技术研究；新原理电器领域智能技术与产品的研究；智能电器产品(包括适应智能电网、适应可再生能源运行的电器产品)的设计、运行、应用和标准制定的研究；电器智能测试技术；电器产品生产制造过程的智能化技术等。

智能电器技术是电器具体产品的智能化技术，即电器智能化技术产品的具体体现。或者说，智能电器是以电器智能化技术为基础，应用于电力系统和自动控制系统运行、具有智能功能的电器产品。智能电器作为电器产品分为两类：①智能电器器件；②智能电器系统。智能电器器件是具有智能功能的分立电器器件，如智能断路器、智能接触器等；智能电器系统是以智能控制中心为核心，并由内部和外部通信网络、分立或集成的智能或非智能电器器件、各种电器范畴之外的电气或非电气器件与设备，如各类传感器件、各种仪器仪表等组成的电器系统。智能电器是以智能电器器件及智能控制中心为核心进行集中控制，具有智能功能的电器系统。

各种智能电器器件有其各自的功能、特点和要求，但是应该看到，所有智能电器器件都是各自智能电器系统中的一员。智能电器系统与智能电器器件紧密相关、不可分割。因此，有时为了强调系统的概念，又将智能电器称为智能电器及其系统，将智能电器技术称为智能电器及其系统技术。

综合微机控制技术、现代传感技术、电力电子技术、数字化技术、计算机通信与网络技术、人工智能技术、预测技术及电器技术的电器智能化技术与以该技术为基础的电器产品技术——智能电器技术的研究得到人们极大的关注。该技术与产品对于提高电器及其系统自身研究、设计、生产、运行的技术水平，保证智能电网可靠、安全、环保、高效和灵活的运行至关重要。

1.3.2　智能低压电器是智能电网不可或缺的组成部分

对电力系统进行传输、分配、控制、保护和能效管理的电器是电力系统与自动控制系统的关键和核心。如果没有实现电器产品的智能化，智能电网是难以运行的，也谈不上坚强电力系统的建设。

智能电网由发电、输电、变电、调度、配电、用电 6 个环节组成，但是电能大部分是在用户端消耗掉的。众所周知，用户电能质量问题多起源于配用电系统。而事实上，配用电系统也是提高用户供电可靠性的瓶颈。

因此，配用电系统在整个电网中的位置十分重要。作为配用电系统起保护和控制作用的核心设备——低压电器，其特点是量大面广、处于智能电网链的最底层。智能化低压电器的性能、功能、可靠性直接影响智能电网的性能与可靠性，是坚强智能电网的重要组成部分。智能电网与低压电器息息相关，要打造智能电网首先必须实现作为电网基石的配用电端电器产品的智能化，由此构建的智能配用电系统是构成智能电网的重要基础。所以，智能低压电器是构建智能电网的重要组成部分，也是构建智能电网的重要基础。智能低压电器在智能电网中有着不可替代的地位和作用。

智能电网与智能低压电器的关系是电器行业十分关注的问题，系统的"坚强"与"智能"是低压电器技术研究的基础与关键。

可以肯定的是，作为 21 世纪电器领域研究的主要方向——电器智能化研究与智能电器产品的研制将显得尤为重要，低压电器智能化研究与智能低压电器产品的研制更是如此。

1.3.3　智能电网将推动智能低压电器技术快速发展

我国从第三代低压电器产品研制起就开始着手发展智能低压电器，也开发了可通信的低压电器，产品集成了基本的智能和通信功能。其虽然满足智能电网的一些要求，但是离智能电网对智能电器的要求还有一段相当大的距离。智能电网对低压电器产品提出了许多新的要求，前面提到的坚强(自愈)、智能、兼容、集成、优质、高效、经济、交互等特征都要在新一代低压电器，特别是低压电器系统产品上体现出来。

智能电网的建设进一步促进了智能电器的研究、应用与推广，为智能低压电器的发展提供了广阔的空间。新型智能低压电器的开发将进一步和电网智能化要求紧密联系，不但要保证智能配电系统的工作可靠性和连续性，也要通过智能化技术提高自身的工作可靠性。

毫无疑问，智能电网的发展以及用电总体水平的提高，为低压电器领域带来了千载难逢的、巨大的发展机遇，将有力地推进智能低压电器技术的发展和应用，同时也带来了巨大的挑战，困难与机遇并存。

然而，如果没有这个意识，作为配电与用电侧起着重要的传输、分配、控制、保护、调节和能效管理作用的低压电器有可能成为智能电网建设与运行的瓶颈。如果低压电器产品没有实现真正智能化的功能，那么配电与用电侧的电网智能化是无法实现的。

1.4 智能电器技术的"智能"与"系统"的概念

1.4.1 智能电器系统技术基本概念

智能电网概念的提出以及智能电网建设的发展，为电器行业的发展提供了广阔的空间，并带来了千载难逢的发展机遇。但是，智能电网建设对低压电器的需求是什么？低压电器技术的发展方向是什么？如何理解智能电器技术？智能电器技术的"智能"的含义是什么，适应智能电网建设的智能电器技术与产品开发的基本特征又是什么？这一系列问题摆在我们面前，需要我们去探索，去实践。

如上所述，智能电器系统是智能电网的主要组成部分。智能电器系统技术是智能配用电系统的关键技术，因此，在智能配用电系统中必须突出智能电器系统概念的重要性。

1. 智能配用电系统与智能电器系统产品的关系

智能配用电系统需要依托多领域新技术的创新与集成，包括新能源技术、储能技术、电力电子技术、通信技术、智能传感技术、物联网技术、大数据技术等，它们将构成智能配用电系统发展的技术支撑与保障。

电器是智能配用电系统的核心组成部分，并以系统的形式在智能配用电系统运行中发挥关键作用。值得强调的是，"系统"与"坚强"是紧密相关的，"系统"必须"坚强"。"智能"的概念来自生物体(包括人体)。各种智能与非智能电器、器件有其各自的功能、特点和要求，但是应该看到，所有这些器件都是智能低压配用电系统中的一员。因此，"智能"与"系统"技术是智能配用电系统对电器产品要求的关键技术。具有"智能"技术的电器系统——智能电器系统的研制是电器产品的重要研究方向，应该引起电器领域的高度重视。

本书强调电器技术"智能"与"系统"的概念，并认为"智能"与"系统"的概念是低压电器产品技术研究的核心。

对于智能电器，"坚强"与"智能"的意义类似于智能电网，"坚强"是系统的基础与目标，"智能"是系统的核心与关键。作为本书研究智能低压电器技术的指导思想，这与全局性"坚强"和"智能"的智能电网是相符的。

2. 智能电器系统产品中"智能"的含义

智能电器系统之所以冠以"智能"二字，是电力系统发展，特别是智能电网建设的需要。因此，对"智能"含义的正确理解是极其重要的，也是逐步完善的。既然称为"智能"，其应该具有初步的人脑模拟的功能。众所周知，人体是一个非常复杂的控制与保护系统。作为中枢神经系统的人脑是调节控制人体活动的最高中枢和总指挥部。从智能的角度看，可以将智能电器系统视为类似于人体的系统。

现仅以最简单的例子来说明"智能"的基本概念。例如，在桌旁的人想去拿放在桌面上的纸片，在此期间，一阵风吹来，将纸片吹起，此人的中枢神经系统、相关器官与四肢立即做出反应，预测并判断纸片的方向和位置，迅速伸出他的手或不断调整动作直至获得纸片，并且保证该纸片没有受到损伤。这个过程虽然非常简单，但实际上已经反映了人的最基本的"协调""自适应能力""预测"的功能。

应用于智能配用电系统的智能电器系统主要的"智能"功能，简述如下。

智能电器系统应该自适应地根据运行环境(包括电源、负载、电参量或非电参量)的现状、需求及自身状况，实时地调整控制程序实现：①各种电源(包括各种分布式电源)与负载投入、退出及参数变化的系统优化动态过程；②进行系统电气或非电气器件与设备自适应的状态转换与参数调节，实现系统协调、优化运行过程；③基于人工智能技术及其控制与保护特性，进行系统运行状态实时检测、故障形态参数监测与未来运行过程的预测，并进行优化控制、保护与自愈，实现以短路故障为主的过电流等各种故障综合的系统选择性保护；④可以与上级管理计算机或运行人员的移动通信设备进行运行状态的信息交换，甚至实现控制；⑤该系统还应具有历史状态与故障状态、过程的记忆功能；⑥具有与用户进行运行情况与消费的信息交换与互动的功能。

以通用的智能电动机控制与保护系统为例，简而言之，其研发方向是：根据负载的电动机状况自适应调整各种起动与停机模式；该系统还将实现最有利状态负载接通、开断以及最佳运行状态的自适应过程协调控制与管理；具有以智能短路保护电器技术以及电动机定子绕组最高温度保护技术为主的故障类型、故障深度准确的诊断、预测等实时保护与预防性保护功能；具有与前级系统或移动通信设备运行状态信息的交换与控制功能；具有运行状态与故障的记忆功能。

随着智能电网建设的深入、科学技术的进步，以及智能电器系统运行的开展，对电器"智能"含义的认识也将不断发展、深化。这就意味着应该用发展的眼光来对待智能的概念。

3. 智能电器系统中"系统"的概念

人体中枢神经通过周围神经与人体其他各个器官、系统发生极其广泛而复杂的联系。类似于人体系统，智能电器系统的智能控制中心通过通信网络对分立或集成的智能或非智能电器器件、各种电器范畴之外的电气或非电气器件与设备等进行电或非电对象检测、切换、控制、保护、调节、协调与互动。

一台分立或集成的电器本身是一个孤立的电器器件，但是在电网运行中却不是处于独立工作状态。所有分立的电器器件仅仅是系统中的一员。对于电网，特别是智能电网，更突出各类、各个电器器件之间的相互影响、联系和协调。或者说，各类、各个电器之间的联系更为密切，相互影响更为突出。一台电器出现异常运行状态，不仅可能对该电器器件与负载运行造成严重影响，而且可能对其他电器，甚至整个系统带来严重的后果。这类似于人体，如果人体的某个器官不正常，甚至发生病变，将影响人体的健康，甚至危及生命。

从目前智能电器产品的情况看，分立电器器件，如断路器、接触器、电动机保护器等产品研制的重点是考虑分立器件产品各自的性能、功能、成本等指标并力求完善，各自处于相对独立的状态。对于成套电器或系统，许多产品仍然是由分立器件简单地组装而成。因此，器件未充分考虑系统的需要，系统未充分考虑器件的统一协调，各自为政的现象是存在的。目前，许多电器及其系统产品内部各个智能与非智能电器器件之间没有形成有机的联系。各种智能电器器件结构与功能复杂化，器件之间可能出现功能、性能重复，甚至处于混乱的状态。这种相互脱节的现状难以实现系统的可靠与优化运行，也难以实现系统与用户的互动，这影响了适应智能配用电系统建设的智能电器与系统产品的发展。

因此，21 世纪，随着科学技术的发展，在建设与运行智能配用电系统的今天，协调并统一管理这些相互影响，紧密联系电器运行并以系统的概念出现，实现系统的动态平衡运行过程是必要的。

为了说明该问题，现举例如下。

过电流全选择性保护是智能配用电系统保护的关键技术。我们应该建立配用电系统过电流系统全选择性保护的研究思路。该研究思路在多层次配用电控制与保护系统的基础上，智能控制中心基于对短路故障进行准确的早期检测与预测，应用通信网络，通过电器器件快速动作，在系统有利的状态与位置开断电路，实现以短路故障为核心的智能过电流系统全选择性保护。

其具体内容包括以下三方面。

(1) 短路故障早期检测。智能控制中心接收到相关信息并对短路故障进行早期检测。短路故障早期检测的实现对于提高电器及其系统短路分断能力与建立坚强的智能配用电系统是至关重要的。

(2) 短路电流预测。所谓短路电流预测就是对短路电流后期发展进行预测，重点是峰值电流及阈值预测与判断。短路电流预测是智能控制中心决定最佳控制方案的重要保证。

(3) 短路保护电器快速分断。智能控制中心在对短路电流进行早期检测与预测后，通过通信网络对短路故障的形态与发展进行分析，确定最佳控制方案，开断相关快速分断的短路保护电器，实现配用电系统短路故障的智能系统全选择性保护。

因此，上述智能全选择性保护系统是一个"智能"与"系统"研究的概念。

在智能电器系统中，上述"智能"的概念与"系统"的概念是紧密联系、不可分割的。

实现过电流智能全范围选择性保护的智能低压电器系统，严格地说，不仅以"系统"的模式实现过电流智能全选择性保护，还应该集系统、电源与负载的自适应智能控制(包括负荷自动调节、能效管理)及各种类型故障的诊断、预测与保护等功能于一体。因此，具有过电流智能系统全选择性保护功能的智能电器系统是智能配用电系统的核心(详见第 4 章)。

对智能电器系统的进一步认识，简要介绍如下。

(1) 满足智能配用电系统需求的电器产品应该加强"智能"与"系统"即智能电器系统的概念，并将智能电器系统产品的研制与运行作为电器领域产品的重点研究方向。

(2) 目前，智能电器系统研制的重点是状态信息的提取、综合分析、可靠的状态诊断、自适应控制技术、算法的实时性与快速性、通信网络可靠与高速运行、预测技术等软件的研发。应该建立强大、高速运行的软件和网络系统，降低对硬件(包括各种电器器件)的要求，减少对硬件的依赖，简化硬件的复杂性。或者说，尽量以功能强大的软件取代部分硬件的功能。

(3) 以智能控制中心为核心的智能电器系统，在大部分系统运行场合希望主要的智能电器器件具有一定的智能功能，但不要求智能电器器件具有各自独立完善的智能功能。或者说，智能电器器件部分或大部分产品智能化的主要目的是提高各自的性能，而无须不断扩大其功能。

(4) 在智能电网中满足智能电器系统要求的传统电器应该具有高可靠性、可控、节能、采用新材料、环保等特点。

(5) 满足可再生能源需求的智能电器系统的研究是重点研究方向之一。

1.4.2　智能低压配用电系统与(智能)人体生理系统

1. 研究意义简述

21 世纪电网面临各种挑战，智能电网无疑是当今世界电力系统的发展趋势。作为智能电网的重要组成部分——智能低压配用电系统必须具备信息化、自动化、互动化的特征，并实现坚强智能低压配用电系统的要求。

配用电系统与用户直接关联，发展的需求量非常大。供电的可靠性、分布式电源的接入、电能质量和需求侧响应等急需解决的问题都集中在配用电系统中。这说明了发展建设作为电力基础设施的智能低压配用电系统的必要性和重要性。

以电源、负载与智能低压电器系统为主组成的完整的智能低压配用电系统，其关键部分是以智能控制中心为核心的智能低压电器系统。

如前所述，"智能"的概念来自生物体(包括人体)。各种智能与非智能电器、器件有各自的功能、特点和要求，但是，所有这些器件都是智能低压配用电系统中的一员。本书将以智能控制中心为核心、以智能低压电器系统为主的智能低压配用电系统视为智能低压配用电控制保护系统；将基于神经系统的人体生理系统视为智能人体生理控制保护系统。从广义上看，既然均为智能控制保护系统，二者有其相似性。

但是，人体是非常复杂、精密、完善的控制与保护系统。因此，本书将二者联系起来，其意图是从人体生理控制保护系统得到启发与借鉴，研发适应于智能电网运行的智能化水平更高、系统化程度更完善的智能低压配用电系统。

2. 智能低压配用电系统简介

如前所述，智能低压配用电系统是以智能控制中心为核心，并由电源、负载及内部、外部通信网络(有线或无线网络系统)、分立或集成的智能或非智能电器器件、各种电器范畴之外的电气或非电气器件与设备(例如，各类传感器件，包括智能家居的水、气、温度等传感器件)，各种仪器仪表等组成的具有"智能"与"系统"功能的控制与保护系统。

图 1.1 为智能低压配用电系统框图。外部或内部环境(包括电源、负载、电器等电气或非电气器件,电与非电环境)与变化的信息通过各种传感器、有线或无线通信网络与智能控制中心进行信息交互;智能控制中心在进行状态信息提取后,进行状态信息的整合、综合分析、信息处理,然后通过有线或无线通信网络控制各种电气(电器)器件,电气器件控制负载进行优化运行,负载做出相应的反应来完成各项任务(例如,光、热、机械动作等);如果需要可以与上级管理计算机或运行人员的移动通信设备进行运行状态的信息交换;电源通过导线(或无线)将能量提供给各种电量与非电量传感器、智能控制中心、各种电气器件与负载。

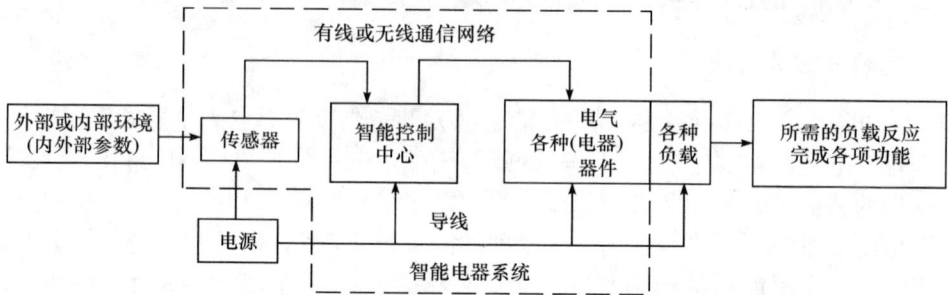

图 1.1 智能低压配用电系统框图

广义地说,控制与保护是智能低压配用电系统的主要功能。因此,从控制与保护的角度出发,依据该系统在电网中的总体功能,本书又将智能低压配用电系统视为智能低压配用电控制保护系统。

3. 基于神经系统的人体生理系统简介

基于神经系统(nervous system)的人体生理系统结构与功能介绍如下。

人体神经系统分为中枢神经系统和周围神经系统两大部分。中枢神经系统包括脑和脊髓,是神经组织最集中、构造最复杂的部位。人体中枢神经系统通过周围神经系统与人体其他各个器官、系统发生极其广泛、复杂的联系。

神经系统是机体内起主导作用的调节系统。外界与体内环境的各种信息,由感受器接受后,通过周围神经系统传递到中枢神经系统(脑和脊髓)的各级中枢进行整合,再经周围神经系统控制和调节效应器(例如,机体各系统器官等),效应器做出相应的反应与调节,完成机体的各种功能与活动,以维持机体和外界与体内环境的相对平衡。

人体各器官、系统的功能都是直接或间接处于神经系统的调节控制之下的。人体是一个复杂的机体,各器官、系统的功能不是孤立的,它们之间互相联系、互相制约;同时,人体生活在经常变化的环境中,环境的变化随时影响人体的各种功能。人体需要对体内各种功能不断做出迅速、完善、相应的反应、控制和调节，使机体适应外界与体内环境的变化，保护生命与机体的健康活动，并且按照人体的意志完成各种动作与行为。因此，本书将基于神经系统的人体生理系统视为智能人体生理控制保护系统。

为了强调智能人体生理控制保护系统与智能配用电控制保护系统控制与保护功能的相似性，本书对应于智能低压配用电控制保护系统，以智能低压配用电控制保护系统框图为参考，并以基于神经系统的人体生理系统为基础，给出极为简化的智能人体生理控制保护系统框图，如图 1.2 所示。

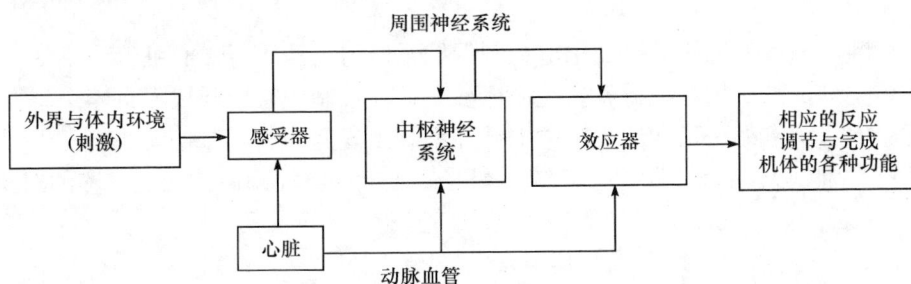

图 1.2　智能人体生理控制保护系统简化框图

外界与体内环境(包括外部自然环境、内部身体状况环境)与环境变化的刺激信息通过各种感受器(包括感觉器官，如视觉、听觉、嗅觉与触觉等)、周围神经系统与中枢神经系统进行信息交互；中枢神经系统在接受信息后，进行信息的整合、综合分析、信息处理，然后再经周围神经系统控制和调节机体效应器(凡是在神经系统作用下可以改变自身功能状态的都属于效应器)的活动，完成各种动作、行为，以维持机体和外界与体内环境的相对平衡。

心脏通过动脉血管的血液将自肺吸入的氧气以及由消化道吸收的营养物质输送到感受器、中枢神经系统、身体各系统器官组织等全身所有需要能量支持的相关部分。

实际上，人体是具有高度智能(包括记忆、协调、自适应、预测与自愈等功能)的控制与保护系统，其结构与功能远不是这么简单。

4. 智能人体生理控制保护系统的启发

1) 系统的相似性

从广义的控制与保护概念出发，智能人体生理控制保护系统和智能低压配用电控制保护系统只是控制与保护的具体对象及物理、化学的原理不同而已。但是，二者有其相似性，或者说，它们的控制与保护的广义目标是一致的，都是保证被控制与保护的对象——整个系统能够健康、安全、优化地运行，并满意地完成各项应该完成的任务。

比较图 1.1 与图 1.2 可以看出，从各自简化的结构与功能出发，可以认为，这两个系统基本上是一一对应的。例如，智能人体生理控制保护系统中的感受器相当于智能低压配用电控制保护系统中的传感器；中枢神经系统相当于智能控制中心；智能人体生理控制保护系统中的各种系统和器官相当于智能低压配用电控制保护系统中的各个系统与各种电气器件；各种动作与行为相当于负载运行；周围神经系统相当于有线或无线通信网络；心脏相当于电源；动脉血管相当于导线……

切断电源后，智能低压配用电控制保护系统将无法运行；心脏停止跳动，智能人体生理控制保护系统将失去生命体征。智能控制中心出现故障，整个智能低压配用电系统将无法正常运行；中枢神经系统出现问题，人体将无法正常生活。

2) 智能人体生理控制保护系统是智能低压配用电控制保护系统借鉴的对象

(1) 智能低压配用电控制保护系统中"智能"的含义。

"智能"的概念从何而来？其来自生物体(人体)。

前已述及，人体是一个非常复杂、精密、完善，并具有高度智能的控制与保护系统。神经系统是人体内起主导作用的调节系统。智能低压配用电系统的智能控制中心调节控制各器件、系统的运行，是智能低压配用电系统的最高"中枢"和"总指挥部"。

人体为了适应内外环境的变化，需要对体内外各种变化不断做出迅速、完善、相应的反应、控制和调节，以保证机体的正常活动。智能低压配用电系统的"中枢神经系统"必须根据内外环境的变化，例如，各种运行参数的变化，各种电源的投入、退出，负荷的变动等，不断做出迅速、完善、相应的反应、控制和调节，以保证系统的正常运行。

此外，自愈是人体和其他生命体在遭遇外来侵害或出现内在变异等危害生命的情况下，维持个体存活的一种生命现象。自愈过程基于其内在的自愈系统，以自愈力的表现方式，修复已经造成的损害，达成生命的延续。这就是智能自恢复能力。

因此，特别值得强调的是，人体具有最基本的协调、自适应能力、预测、记忆与自愈等功能。

从智能电网运行的需求出发，智能低压配用电控制保护系统应该具有甚至是初步模拟人脑智能的功能。从控制与保护的角度出发，我们可以将其视为类似于人体的系统，即具有人体的最基本的协调、自适应能力、预测、记忆与具有智能自恢复能力的自愈等功能。

(2) 智能低压配用电控制保护系统中"系统"的概念。

如上所述，智能人体生理控制保护系统是一个复杂的机体，人体各器官、系统的功能不是孤立的，它们之间互相联系、互相制约。

类似于人体生理系统，智能低压配用电控制保护系统中所有形似孤立的、分立或集成的电器、器件或设备，在电网运行中并不是处于独立的工作状态。因此，对于电网，特别是智能电网，智能控制中心必须协调、控制各个电器器件，保证整个系统安全、可靠、稳定的运行。

类似于人体，如果人体的某个器官不正常，将影响人体的健康，甚至危及生命。如果电器或器件处于异常运行状态，不仅对电器器件与负载运行造成影响，而且可能给整个系统的运行带来严重的后果。

如上所述，如果系统产品，其内部各个智能与非智能电器器件之间没有形成有机的联系，将难以实现系统的可靠与优化运行，也难以实现系统与用户的互动，这影响了适应智能配用电系统建设的智能电器产品的发展。

因此，对于智能低压配用电控制保护系统，统一协调并管理这些相互影响、紧密联系的电器器件的运行并以系统的概念出现是必要的。毫无疑问，对于智能电器领域，加强"智能"与"系统"的概念是极其重要的，二者密不可分。实际上，加强"系统"的概念就是加强系统坚强的概念。

值得强调的是，健康的人体生理系统应该具有坚强(强壮)的体魄和高度的智能化(智力)，即意味着坚强与智能；具有系统智能功能，以高性能、高可靠性电器器件组成的系统架构为基础的坚强低压电器系统是智能低压配用电控制保护系统的核心。智能低压电器系统的"智能"与"系统"的概念就意味着"坚强"。

5. 智能低压电器系统关键技术

具体地说，智能人体生理控制保护系统具有检测、切换、控制、保护、调节、协调、意念、记忆与自愈的功能。这里特别强调的是"智能"与"系统"的概念，即具有系统协调、自适应能力和预测(工程术语)、记忆与自愈的能力。

智能低压电器系统是承担电能传输和分配并实现对电力系统与自动控制系统的电或非电对象检测、切换、控制、保护、调节、协调与互动的电气设备或电气系统。智能低压配用电系统的控制保护技术集中体现在智能低压电器系统中。因此，智能低压电器系统及其控制保护技术是智能低压配用电系统的关键技术。对于智能低压电器系统而言，特别强调的也是"智能"与"系统"的概念，即具有系统协调、自适应能力和预测、记忆与自愈的能力。

作为电器发展方向——智能低压电器系统及其控制与保护技术的概念是在国民经济发展、科学技术发展、电力生产发展，并对电器行业与电器技术提出适应这种发展的新需求的基础上建立的。

智能人体生理控制保护系统也是在自然与社会的长期发展中，为了生存与进步，不断进化、不断完善，以适应新的自然环境与新的社会环境变化的需要。

因此，从广义的角度看，目前除了意念之外，智能电器系统与人体生理控制保护系统的功能基本一致。

适应于智能低压配用电系统需求的具有"智能"功能的电器系统——智能低压电器系统是否可以从非常复杂、非常精密且最完善的智能人体生理控制保护系统受到启发，是否可以并应该将其作为学习与借鉴的对象。未来的智能低压配用电系统应该是具有人的"智能"的人工系统，或者称为人工智能低压配用电系统。

总体而言，智能控制中心在进行状态信息提取后，进行状态信息的整合、综合分析、信息处理，可靠的状态诊断、自适应控制处理、状态与故障预测；智能控制中心将控制信号通过有线或无线通信网络(双向通信)对各种分立或集成的智能或非智能电器器件、各种电器范畴之外的电气或非电气器件与设备等进行电或非电对象检测、切换、控制、保护、调节、协调、记忆与自愈；从而实现潮流双向流动系统的自适应状态转换与参数调节，自适应协调、优化运行、自愈与预测处理，并完成实时控制与保护。

1.4.3　系统动态平衡的概念

智能人体生理控制保护系统在结构、功能、精确度、复杂性、完善性等方面都是智能低压配用电系统所无法比拟的。然而，两者的控制与保护的广义目标是一致的，即都是保证被控制与保护的对象——智能系统能够健康、安全、优化地运行，并满意地完成各项应该完成的任务。

人体同其他事物一样，处于一种动态平衡之中，如果破坏了这种动态平衡，人体的各种生理活动就会发生变化，严重时就会引起疾病，危害健康。一个健康的人体机体将始终处于动态平衡、动态稳定的过程与状态。

毫无疑问，对于以智能低压电器系统为主的智能低压配用电系统，其动态运行过程是绝对的。这意味着，无论出现正常操作，例如，各种电源与负载投入、退出及系统参数正常变化等，还是出现不正常现象，即出现任何导致或可能导致系统正常运行受到威胁而进入严重不平衡状态(如故障)的现象，系统都必须处于优化的动态平衡过程，保证系统可靠、安全、优化的运行。类似于人体、自然、社会系统，优化的动态平衡过程是该系统可靠、安全、健康、优质、高效运行与发展的唯一保证。

因此，必须建立优化动态平衡系统的概念，系统运行过程应该满足或遵循该优化动态平衡的要求。

在此概念的基础上，系统不断发展。无论是以智能低压电器系统为主的智能低压配用电系统，还是传统的配用电系统，乃至整个电力系统都是如此。

适应智能电网运行的智能低压电器系统及以该系统为主的智能低压配用电控制保护技术的研究与发展，可以考虑从人体生理控制保护系统得到启发，获得动力，获取创新的营养和刺激。

1.5　创新——智能电器技术发展的动力

1.5.1　智能电器及其系统技术发展的创新意识

创新是一个民族进步的灵魂，是一个国家兴旺发达的不竭动力。

创新是指以现有的思维模式提出有别于常规或常人思路的见解为导向，利用现有的知识和物质，在特定的环境中，本着理想化需要或为满足社会需求，而改进或创造新的事物，包括但不限于各种产品、方法、元素、路径、环境，并能获得一定有益效果的行为。简单地说，创新就是以现有的知识和物质，在特定的环境中，改进或创造新的事物，并能获得一定有益效果的行为。

科技创新是原创性科学研究和技术创新的总称，是指创造和应用新知识和新技术、新工艺，采用新的生产方式和经营管理模式，开发新产品，提高产品质量，提供新服务的过程。原创性的科学研究或知识创新是提出新观点(包括新概念、新思想、新理论、新方法、新发现和新假设)的科学研究活动，并涵盖开辟新的研究领域、以新的视角来重新认识已知事物等。原创性的知识创新与技术创新结合在一起，使人类知识系统不断丰富和完善，认识能力不断提高，产品不断更新。

从一定意义上说，科学技术发展的历史就是不断创造和推陈出新的历史。创新是科学发展生命力之所在。创新精神是指富有创造性的人在创造新事物，产生新思想的过程中，勇于冲破传统思想的束缚，勇于探索、勇于开拓、勇于攀登科学高峰的革新精神。我们要有强烈的创新意识和进取观念。

在创新意识的指导下，我们对新技术，包括新的数学成果应具有敏感性，从新技术中获得启发，获取可用的能量。

创新是智能低压配用电系统技术发展，也是智能电器技术发展的动力与灵魂。本书所述研究内容正是基于这个观点展开的。

世界上(包括我国)各类新型电器的诞生都来源于创新技术的提出与应用，如限流技术的提出与应用诞生了限流电器，真空灭弧技术的提出与应用诞生了低压真空电器，剩余电流检测技术的提出与应用诞生了剩余电流动作保护电器，电子技术的提出与应用诞生了电子电器，微处理器的提出与应用是智能化电器诞生的基础，通信技术的提出与应用诞生了可通信电器，雷击过电压研究与防护技术的提出与应用诞生了低压电涌保护器，模数化技术与导轨安装技术的提出与应用诞生了模数化终端电器，模块化、集成化技术的提出与应用诞生了控制与保护开关电器等。

我国低压电器行业经过几十年的发展，从无到有，从小到大，特别是从 20世纪 90 年代初开始，我国着手研制具有智能化、可通信功能的第三代低压电器，直到第四代低压电器开始开发，取得了令人信服的成就。从模仿到自主创新，整个历程无不说明了创新是低压电器发展的动力与灵魂的真理，特别是对于高技术含量的智能低压电器技术的发展更是如此。

数字化仿真技术在我国新一代低压电器产品研发与设计中被大量采用，大幅度提高了设计的科学性、准确性，缩短了新产品的试制周期。例如，新一代 MCCB (molded case circuit breaker) 研发通过数字化仿真技术解决了双断点触头接触平衡与触头斥开后可靠卡住机构设计这两个技术难题，使我国第四代 MCCB 产品性能达到国际先进水平。

本书所述的各项技术同样说明了创新思维对于智能低压电器技术的重要性，说明创新是智能低压电器技术发展的生命力。例如，电器及其系统全过程智能动态控制的概念、控制电器智能零电流分断控制技术、控制电器智能无弧控制技术、基于短路故障早期检测与快速分断的智能低压保护电器技术、基于智能低压短路保护电器与短路电流预测关键技术的过电流系统选择性保护技术、基于定子绕组三维温度场模型的异步电动机保护技术、光机电电磁电器动态特性测试技术、基于图像测试与处理分析的电磁电器二维和三维动态测试及设计技术、具有短路分断能力的智能控制集成交流接触器和全集成电器技术、基于系统选择性保护的智能低压配用电控制与保护技术、基于人工智能的低压电器设计技术等。这些创新技术都将促进智能低压电器技术的发展。

1.5.2　新一代低压电器技术与产品研究的重要方向——智能低压电器系统研究

近年来，通过对第三代产品不断地完善与一次开发，以及第四代产品开发，在低压电器相关技术研究与应用方面取得了一系列新的突破与发展。第四代产品与第三代产品有本质的区别。随着微处理器在低压电器领域的大量应用，网络化、可通信已成为第四代产品的主要特征之一。

但是，如前所述，低压电器技术的发展，还须加强"智能"与"系统"的理念。作者认为智能、系统(集成)、网络化(可通信)将是新一代低压电器产品的重要特征。因此，适应智能电网运行的新一代低压电器技术与产品研究的重要方向是智能低压电器系统。

智能低压电器系统产品应该包括：①功能、结构集成的智能低压集成电器系列；②智能控制中心集中控制的智能低压电器系统。

1. 功能、结构集成的智能低压集成电器系列

功能、结构集成的智能低压集成电器包括以下特点。

(1) 可视为集成的、微智能低压电器系统。其以智能控制中心为核心，集成了智能断路器、智能接触器、智能电动机保护器、隔离器及其扩展的各种功能，并具有结构一体化的特点，即实现功能、结构一体化的集成电器的概念。

(2) 以智能控制中心为核心，部分集成了智能断路器、智能接触器、智能电动机保护器、隔离器的功能，扩展了各种相关功能(包括节能、抗电压跌落等)，具有结构一体化的特点，即实现功能、结构一体化的集成接触器或集成电子电器。该电器也属于集成的、微智能低压电器系统。

2. 智能控制中心集中控制的智能低压电器系统

该系统以智能控制中心(可以是包括各智能控制分中心的控制系统)为核心，实现分立的智能、非智能低压电器器件、各种电器范畴之外的电或非电器件与设备等集中控制的智能低压电器系统。该系统或者是以智能低压电器器件为核心的智能低压电器系统，例如，以智能控制中心与断路器一体化形成的主智能断路器为核心，联网构成系统；或者是以智能控制中心为核心，通过网络构成智能低压电器系统。

该智能低压电器系统技术是智能低压配用电系统的核心与关键技术。

第 2 章　智能低压控制电器关键技术研究

2.1　概　　述

对低压电路、低压电气器件设备与负载、各种低压电气系统进行接通、断开、运行过程控制的电气设备是低压控制电器。交直流接触器与继电器是控制电器中产量最大、使用最广的电器产品，广泛应用于工业、农业、交通运输、商业、人民生活、航空航天、军工和国民经济的各方面。因此，交直流接触器与继电器是量大面广、重要的、典型的低压控制电器。交直流接触器与继电器的故障可能引发低压电路、低压电气器件设备与负载、各种低压电气系统运行失控，从而造成巨大的损失。

智能电网建设的发展，对智能低压配用电系统的重要控制电器——交直流接触器和继电器的技术与经济性能、功能、可靠性提出了更高的要求。

1. 交流接触器智能控制技术

目前我国交流接触器年产量已超过 1 亿台。随着我国国民经济需求和电力工业的增长，特别是智能电网建设的开展，交流接触器的需求增长仍将持续。交流接触器不正常运行将造成生产线中断和设备停止工作，从而造成巨大的经济损失。交流接触器智能控制的研究越来越引起国内外电器领域的关注，但是对智能交流接触器关键技术的研究仍未取得突破。为此，近十几年来，人们对极其重要的低压控制电器——交流接触器进行了深入研究。

众所周知，普通交流接触器吸合过程与分断过程都是不可控的，因此，不同的运行条件下，其动态过程也不相同。

影响交流接触器机械寿命的重要因素是吸合过程的铁心撞击能量。

影响交流接触器电寿命的直接因素是接通过程与开断过程触头间的电弧能量。对于工作于 AC3 使用类别的交流接触器，虽然开断过程触头间的电弧不容忽视，但是由于其接通过程触头必须承担负载的启动电流，吸合过程的触头弹跳，特别是铁心撞击引起的触头二次弹跳所造成的断续电弧，直接影响触头磨损和电寿命。因此，降低电磁机构在吸合过程中产生的撞击，减小吸合过程触头的弹跳以及触头间的电弧能量是智能控制的交流接触器在吸合过程实现智能化控制研究的主要目标。对于 AC4 重任务使用类别的交流接触器，其接通和开断过程都必须承受额定电压下负载的启动电流，此时，开断过程触头间产生强烈的电弧，其电弧能量较 AC3 使用场合的交流接触器大得多，接触器的电寿命主要取决于接触器的开断过程。

总之，从技术角度看，吸合过程的铁心撞击能量与开断过程产生的电弧能量，直接影响接触器的寿命、通断能力、运行的可靠性和各项性能指标，是交流接触器智能控制技术需要重点解决的问题。

本书认为满足智能电网要求的高可靠性、高性能的交流接触器应该是对其吸合(接通)、吸持、分断(开断)全过程运行进行智能动态控制，并处于最佳工作状态的概念。为此，将具有全过程智能动态控制的交流接触器称为智能控制交流接触器，或者说，交流接触器智能控制技术就是所述智能控制交流接触器技术。该技术的思路基本涵盖交流控制电器。

交流接触器全过程智能控制技术包括以下几方面。

(1) 最佳吸合过程动态控制。普通交流接触器吸合过程是不可控的。不同吸合相角、不同的电源电压，交流接触器将具有完全不同的吸合过程。某些相角下吸合可能出现一次不合闸现象或造成严重的铁心撞击和触头弹跳。动静铁心在闭合瞬间的撞击是造成接触器触头二次弹跳和降低机构寿命的主要原因，直接影响接触器的电气与机械寿命。交流接触器智能控制通过单片机控制系统，根据不同的电源电压自适应地选择最佳的吸合相角，并通过动态程序控制，自适应地选择交流接触器在吸合过程中的强激磁施加方式，进行吸合过程的优化控制。从而，大幅度减小铁心撞击能量，实现"微撞击能量"且消除触头一、二次弹跳，提高机构寿命与工作可靠性。

(2) 零电压吸合控制技术。该技术实现首开相触头在电压过零点附近闭合，减小接通过程电弧能量以及电弧对触头的侵蚀。

(3) 运行(吸持)过程控制技术。实验结果表明，交流电磁系统处于低电压直流吸持状态，功率损耗可以降低 90%以上。因此，智能控制交流接触器采用直流启动、直流吸持的工作方式，可实现节能无声运行，且节能效果显著。运行过程电压跌落和瞬时中断已被认为是影响许多用电设备正常、安全运行的最严重的动态电能质量问题。因此，提出采用超级电容的智能抗电压跌落控制技术。

(4) 从技术角度出发，交流接触器在运行过程中还应具有状态检测和故障诊断等功能，特别是对于频繁动作且长期运行(状态变化较大)的重要接触器更是如此。

(5) 零电流分断控制与无弧通断技术。前已述及，开断过程触头之间的电弧能量是影响接触器电寿命与运行可靠性极其重要的因素，因此，作者提出交流接触器微电弧能量(或称零电流)分断智能控制的思路。交流接触器零电流分断(区别于无弧分断)的含义是指交流接触器三相触头均在电流过零之前的某一极短时间内打开,三相电流均在相应触头打开之后的第一个过零点开断。因此,严格地说,零电流分断的过程是微电弧能量分断的过程。智能控制交流接触器的一个显著特点是采用特殊的触头系统(即不同步的三相触头结构),实现三相电路的零电流分断控制,以达到微电弧能量(相对于非智能控制交流接触器而言)分断,提高接触器的电寿命、操作频率以及各项性能指标的目的。该接触器能根据零电流分断的实际情况自适应地调整控制程序。实现零电流分断的另一种方案是分相式结构。此外,混合式无弧通断控制技术也是分断过程智能控制的研究重点之一。

(6) 通信功能。具有交流接触器与主控计算机双向通信的功能,便于实现系统的智能控制。主控计算机既可以显示智能控制交流接触器的工作状态信息,又可以控制交流接触器的接通和分断,实现远程控制,并使交流接触器自然地融入低压电器系统运行。

作者提出了基于吸合过程的铁心"微撞击能量"、开断过程触头"微电弧能量"的控制电器全过程智能动态控制的概念与技术。显然,全过程智能动态控制是智能电器及其系统技术研究的方向。在此概念指导下,对交流接触器,特别是具有综合智能化功能的智能控制交流接触器关键技术进行了全方位的研究,通过该接触器吸合、吸持与分断的动态过程,特别是对吸合过程的铁心"微撞击能量"控制技术、三相零电流(微电弧能量)分断控制技术进行了大量、深入的理论与智能动态测试和分析,从而全面掌握了交流接触器动态过程与动态特性的规律。

智能控制接触器控制电路的原则是高电压直流强激磁启动,低电压直流小电流吸持。

智能控制交流接触器关键技术研究全面提升了接触器的各项性能指标与功能。

2. 直流接触器智能控制技术

为应对能源环境和可持续发展的挑战,世界范围内正在推动新一轮的能源结构变革。直流输电在电力大规模远距离输送、可再生能源接纳、高效新型智能输配电网构建和能源互联网建设等方面,都有着显著的技术优势,目前它正获得越来越多的关注。由于直流配电系统具有巨大的发展前景和强大的生命力,低压直流电器的需求日益增加,从而大幅度提升了高性能低压直流电器技术研究的重要性。

直流接触器广泛应用于冶金、矿山、电信、地铁、电力牵引、船舶、航空、石油、化工等部门的直流电路中,是一种用于远距离频繁地接通和断开直流主电路与大容量控制电路的自动控制电器。其主要控制对象是直流电动机,也可用于控制其他电力负载,是应用十分广泛的电器设备。

直流电流没有过零点,直流接触器在分断直流电流时将产生强烈的电弧。由于分断过程电弧能量很大，灭弧极其困难，不仅需要复杂的触头灭弧系统，而且其电寿命低，运行可靠性差，存在临界电流难分断与严重的电磁干扰等问题。因此，直流接触器智能控制的关键技术是分断过程的无弧控制技术。直流接触器智能控制技术是通过单片机控制系统，应用电力电子器件实现混合式无弧通断的智能控制技术。该技术大幅度提高了直流接触器的电寿命、机械寿命、操作频率，解决了临界电流难分断的问题，经智能优化设计，达到了大幅度节材(节铜、节铁、节银)、节能、减少触头弹跳等目标并解决了断口问题；该接触器有与远程控制计算机之间的双向通信的功能。因此，其具有很高的性价比和很高的运行可靠性。

直流接触器智能控制关键技术是直流电器的无弧分断技术。本章主要介绍智能无弧控制直流接触器技术的工作原理、实验研究情况。

3. 继电器电子控制技术

继电器作为电子控制基础元件广泛用于航天、航空、舰船、兵器、电子、核工业、通信、计算机、汽车、电力控制、工业控制、机床电器、仪器仪表、家用电器等控制系统中。

智能电网改造以及风能、太阳能等可再生能源发电发展强劲，其对大功率继电器和固体继电器有极大的需求。互联网和电子商务的高速发展，为新一代的通信继电器、光继电器、射频继电器及光 MOS 固体继电器等新型继电器的发展，带来了更大的机遇。

继电器产业发展的关键已从量的竞争向新型继电器以及其核心技术转移。对继电器进行仿真设计，将继电器技术与电子技术相结合，实现无弧控制，并扩大其应用范围是继电器技术的重要发展方向。

磁保持继电器作为一种特殊的电磁继电器，具有动作时间短且稳定、自保持功能(节能)、结构紧凑、控制方便、体积小等优点，磁保持继电器的开发和性能的不断提高，以及与电子技术结合，为扩大其应用范围带来了契机。

继电器电子控制技术的关键是提高性能与扩大功能(如微撞击能量吸合、无弧与微电弧能量分断的设计与控制)。

本章在交流接触器智能控制技术基础上，开展了基于磁保持继电器的电子控制技术研究，以扩展其应用领域。该研究包括对继电器无弧控制、分相式智能零电流分断与智能无弧通断技术的研究。研究的思路与方法可供参考。

4. 智能无功功率补偿控制技术

无功功率补偿对提高功率因数、降低线路损耗、节约电能、提高电力系统的供电质量、减少电力设备与导线材料消耗、提高经济效益具有重要的意义。提高电网的功率因数，以降低线损、节约能源，挖掘供电设备的潜力，是各国电网发展的共识。在无功功率补偿装置研究中，如何高效有序地投切电容器，实现电容器无涌流投切、开关的无弧接通与分断、低成本、高性能、高可靠性是问题的关键。

智能无功功率补偿控制的关键技术是无涌流、无弧电容投切的集成、无功功率补偿的实现。因此，在各种运行状态下，无涌流、无弧电容投切的仿真研究是该关键技术的基础。

为此，本章详细介绍复合开关式智能控制无功补偿系统电容投切仿真研究的情况。在软件仿真基础上，研制以复合开关为核心、结构一体化的智能无功补偿集成控制装置，实现了电容器无涌流、无电弧投切。该集成控制装置将智能控制复合开关系统(包括通信系统)、补偿电容、保护断路器及各种器件集为一体。复合开关系统由磁保持继电器与电力电子器件组成，从而扩大了磁保持继电器的应用范围。

以上所述低压电器的智能控制技术，无论是思路、方法或方案，不仅适用于低压电器领域，也可供中高压电器技术研究参考。

2.2　零电流分断控制技术原理

2.2.1　零电流分断控制原理分析

交流接触器的分断过程是一个极其复杂的物理、化学过程；存在电、磁、光、热、机械等多种能量转换，因此，其分断过程是非线性的、复杂的动态过程。

交流接触器正常工作时，其三相电流的相位相差120°。现以最常见的三相中线不接地电感性负载系统为例，讨论其首相开断的问题。三相电路电压、电流波形示意图见图2.1。

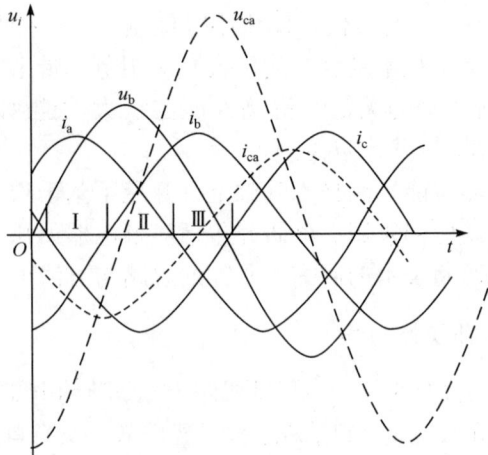

图 2.1　三相电路电压、电流波形图

对于不可控的传统交流接触器，在三相平衡系统分断过程中，必有一相电流过零点后电弧首先熄灭，称为首开相。此时另外两相弧隙仍然处于导通状态。

由图 2.1 可以看出，如果接触器触头在图中的第 I 相角区打开，那么 B 相电流首先过零，B 相为首开相。如果 B 相触头电弧在电流过零点首先熄灭，电路中的电流变为线电流 i_{ca}，i_b 的零点正好对应 i_{ca} 的峰值，即再过 5ms 时间 i_{ca} 过零，所以 A、C 两相燃弧时间等于 B 相燃弧时间加上 5ms。

显然，传统的交流接触器的分断过程，其三相触头电流处于分断过程电弧能量不可控的随机状态。

本书提出的交流接触器零电流分断控制技术的概念与之相反，要求对交流接触器首开相与分断过程进行有效控制，实现三相触头零电流分断，保证最小的开断电弧能量。实现零电流分断控制有以下几种可供选择的控制方案。

(1) 控制交流接触器三相触头轮流作为首开相，并控制触头打开时刻进行零电流分断控制。这种控制方式，每次分断只有首开相触头是零电流分断控制。按统计规律计，每一相触头在整个工作过程中均有 1/3 次分断实现了零电流分断。这种方案不在本书讨论的范围。

(2) 改变触头系统的结构，使三相触头具有不同的开距即三相触头不同步方案。首开相(固定为中间相)触头的开距大于其余两相的触头开距。通过控制接触器首开相(中间相)的分断时刻，实现三相触头系统的零电流分断控制。

(3) 采用分相式接触器本体，实现分相控制。该方案采用三台结构简单、体积小的交流接触器构成分相式三相接触器分别控制三相电路。每一台(即一相)可以是单极交流接触器，或者是多极交流接触器。通过单片机系统控制，实现三相电路的零电流分断。分相式接触器也可采用两台接触器组合而成，其中一台为首开相，另一台为非首开相。

毫无疑问，实现三相触头系统零电流分断是最佳方案。这些控制方案也适用于除交流接触器外的各种三相控制电器。

2.2.2 智能控制交流接触器零电流分断控制方案

前已述及，本书提出了基于吸合过程铁心"微撞击能量"、开断过程触头"微电弧能量"的控制电器全过程智能动态控制的概念与技术。开断过程的零电流(微电弧能量)分断控制技术是交流接触器智能控制的关键技术。实现三相触头系统零电流分断，可以采用特殊的触头系统智能控制(即三相不同步触头结构)和分相智能控制两种方案。本书重点介绍作者提出的三相触头系统不同步结构智能控制技术。该结构智能控制交流接触器的工作原理、智能控制技术的实现与分析的介绍，将完全解决上述分相智能控制与触头轮流控制的问题。该电器结构如图 2.2 所示。

图中，C_1 为反力弹簧，C_2 为触头弹簧，f_x 为电磁吸力，f_1 为反力弹簧反力，f_2 为触头弹簧反力。

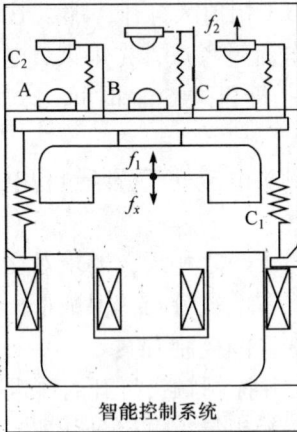

图 2.2　智能控制交流接触器结构示意图

从图 2.2 中可看出，智能控制交流接触器中间相(暂称为 B 相)触头开距显然比旁边两相(暂称为 A、C 相)触头开距大，即三相触头系统系不同步结构形式。B 相触头属分断过程首开相触头，A、C 相触头属非首开相触头。非首开相触头打开时间约滞后于首开相触头打开时间 5ms。触头系统结构的变化将造成反力特性及其参数的改变。

智能控制交流接触器控制电路的原则是高电压直流强激磁启动，低电压直流小电流吸持。强激磁启动电路的强激磁元件可以采用 MOS 管或绝缘栅双极晶体管(insulated gate bipolar transistor，IGBT)。强激磁启动可以采用整流高电压直接激磁，也可采用脉宽调制(pulse-with modulation，PWM)等各种方式。控制电源与吸持电源可以是降压变压器电源，也可以是开关电源。

无论采用何种控制方式、何种控制电路，其总体控制思路、控制目标是一致的。以下所述正是基于总体控制思路、研究方法与控制目标展开研究。

本书仍选择以整流高电压直接强激磁、低电压直流小电流吸持控制原理为基础的简单、易控方案。

图 2.3 为智能控制交流接触器典型的主控制原理示意图。

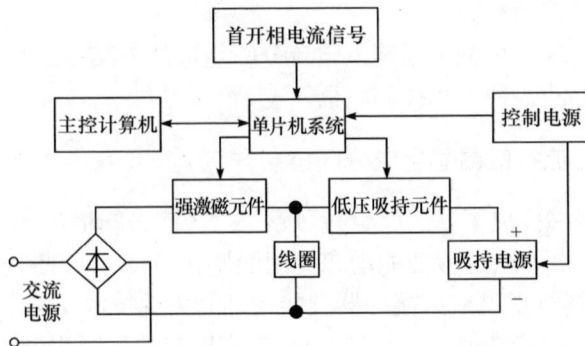

图 2.3　智能控制交流接触器主控制原理示意图

由图 2.3 可以看出，强激磁电路由交流电源、整流电路、强激磁元件、线圈组成；吸持电路由吸持电源、低压吸持元件、线圈组成。电源上电以后，单片机系统对电源电压进行检测，并与吸合的门槛电压设置值进行比较，如果电压低于门槛电压设置值，则接触器继续保持等待状态。一旦电压高于门槛电压设置值，单片机系统进入吸合程序模块。首先触发低压吸持元件，然后，根据不同的电源电压值，选择不同的吸合相位与强激磁控制方案。单片机系统按照控制方案控制强激磁元件导通。强激磁元件导通后，电源电压经过整流，直接施加在接触器线圈上，使接触器在直流强激磁方式下完成吸合过程。

当吸合过程结束以后，单片机系统关断强激磁元件，接触器转入吸持阶段，此后低压吸持元件继续导通，由一个低电压、小电流的直流稳压电源提供接触器吸持磁势，实现节能无声运行。在这个阶段中，单片机系统一直检测电源电压，发现电源电压低于最高释放电压，则转入分断控制程序模块。

单片机系统在接到分断信号以后，通过首开相电流互感器对主电路电流进行采样，并检测采样电流的零点，延时相应的时间关断低压吸持元件，使接触器的首开相触头(B 相触头，见图 2.2)在下一个电流零点之前分开，A、C 相触头通过结构设计或控制程序保证延时相应的时间，实现三相电路的零电流分断控制，即微电弧能量分断控制。

采用单片机系统对接触器进行全过程的优化控制，其单片机控制流程见图 2.4。

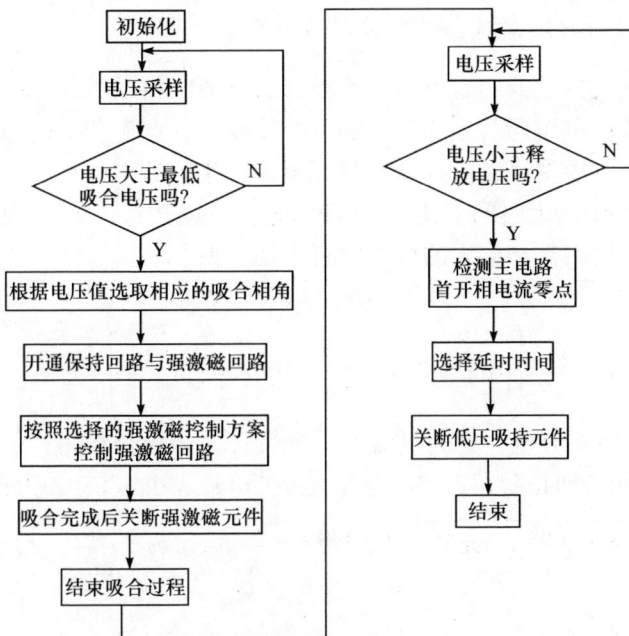

图 2.4　单片机控制流程图

2.3　智能控制交流接触器吸合动态过程研究

本书提出智能控制交流接触器吸合过程动态控制的概念。该概念是应用智能控制系统按不同电源电压(激磁电压)调节控制参数，例如，吸合相角、吸合过程强激磁的接通和断开控制程序等，由此改变铁心在吸合过程中的动作形态，减小触头与铁心撞击能量，消除接触器的主触头在吸合过程中的一、二次弹跳，从而减少触头的侵蚀与烧损，提高电气机械寿命和性能指标。对智能控制交流接触器的吸合过程动态特性的分析和研究，可以通过理论分析，确定影响接触器吸合动态过程的主要因素及其相互之间的关系，提出控制方案；应用智能动态测试手段，获取接触器吸合过程动态参数的变化规律，通过分析、比较，确认合适的吸合控制过程；应用智能动态设计程序，对不同情况的吸合过程进行动态设计，并进行实验验证，从而确定整体的优化控制方案。

以下提供智能控制交流接触器动态特性的研究方法。特别值得一提的是，该方法适用于各种交流可控电器的研究，或者可以为其提供参考。

2.3.1　智能控制交流接触器吸合过程动态分析

1. 吸合相角对接触器吸合动态过程的影响

智能控制交流接触器的运行为直流吸合、直流吸持的工作状态。在接触器的吸合过程中有两种电压同时施加在接触器的线圈上，产生相应的激磁磁势。其强激磁磁势由交流电源整流以后的脉动直流电源产生，故电磁机构中的电压 $u(t)$、电流 $i(t)$、磁通 $\Phi(t)$ 均随时间变化。在接通的暂态过程中，电流可以分解为暂态分量和稳态分量，它们都和接入的初相角有密切关系。

$$u = \left|U_m \sin(\omega t + \varphi)\right| + U_0 \tag{2-1}$$

$$i = i' + i'' = \frac{U_m}{Z}\left[\left|\sin(\omega t + \varphi - \varphi_i)\right| - \left|\sin(\varphi - \varphi_i)\right|\mathrm{e}^{-\frac{t}{T}}\right] + I_0\left(1 - \mathrm{e}^{-\frac{t}{\tau}}\right) \tag{2-2}$$

式中，i' 为电流稳态分量；i'' 为电流暂态分量；φ 为吸合相角；φ_i 为电流与电压之间相角；T 为电磁时间常数；U_0 为直流吸持电压；$I_0 = U_0/Z$ 为直流吸持电流；Z 为电路阻抗，$Z = \sqrt{R^2 + (\omega L)^2}$。考虑到 $T = \dfrac{L}{R}$，$\cot\varphi_i = \dfrac{R}{\omega L}$，$I_m = \dfrac{U_m}{Z}$，式(2-2)可以改写为

$$i = I_m\left[\left|\sin(\omega t + \varphi - \varphi_i)\right| - \left|\sin(\varphi - \varphi_i)\right|\mathrm{e}^{-\frac{t}{T}}\right] + I_0\left(1 - \mathrm{e}^{-\frac{t}{\tau}}\right) \tag{2-3}$$

式中，I_m 为稳态电流幅值。

由式(2-3)可以看出，当吸合相角刚好等于阻抗角 φ_i，即 $\varphi = \varphi_i$ 时，电路方程变为式(2-4)。而当吸合相角 $\varphi = \pi/2 + \varphi_i$ 时，电路方程变为式(2-5)。

$$i = I_m \left| \sin(\omega t) \right| + I_0 \left(1 - e^{-\frac{t}{\tau}} \right) \tag{2-4}$$

$$i = I_m \left[\left| \sin\left(\omega t + \frac{\pi}{2}\right) \right| - e^{-\frac{t}{T}} \right] + I_0 \left(1 - e^{-\frac{t}{\tau}} \right) \tag{2-5}$$

由此可以看出，对于一定结构参数的电磁机构，如果吸合相角不同，其吸合过程中激磁电流的变化规律是不同的，因此磁路中的磁链、电磁机构的吸力、动铁心的运动速度、铁心位移等参量随时间的变化规律均不相同，即吸合动态过程不相同，并直接影响吸合过程中触头的弹跳与铁心撞击。在某些相角下，可能出现一次不合闸现象，严重影响接触器工作的可靠性；而在另一些相角下，虽然能够可靠合闸，但是闭合速度过大，直接影响接触器铁心撞击及触头弹跳情况，即直接影响机械寿命与电寿命。采用单片机控制系统可以方便地实现选相吸合控制，使接触器在可靠合闸的基础上，减小铁心撞击、消除触头弹跳，减少接触器吸合过程触头的侵蚀与烧损，提高寿命指标。

2. 激磁电压对接触器吸合动态过程的影响

按照标准规定，交流接触器操作电磁机构应在 85% 额定电压下可靠吸合。为了保证接触器在低电压下可靠工作，根据需求可以考虑将电磁机构的最低吸合电压设计为 70%～75% 的额定电压。电磁机构的电路方程式为

$$\dot{u} = \dot{I} r - \dot{E} \tag{2-6}$$

$$\dot{E} = -\mathrm{j} 4.44 f \dot{\psi} \tag{2-7}$$

其电磁吸力可等效按式(2-8)计算：

$$F_x = \frac{1}{2} \frac{\varPhi^2}{\mu_0 A} \tag{2-8}$$

式中，u 为电源电压；E 为感应电势；f 为电源频率；ψ 为磁路总磁链；$\varPhi$ 为气隙磁通；μ_0 为空气磁导率；A 为铁心端面面积。

结构参数相同的电磁机构，电源电压变化时，磁路中的磁链和磁通将随之变化，由此导致电磁吸力发生相应变化。在其他条件不变的情况下，激磁电压直接影响电磁吸力，并将直接影响吸合动态过程。

因此，不同的激磁电压，其磁路中的磁状态不同，所以相应的最佳吸合相角

也不相同。

3. 强激磁控制方案对接触器吸合动态过程的影响

为了达到减少动静铁心在闭合瞬间的撞击速度，消除触头弹跳的目的，智能控制交流接触器吸合过程动态控制概念的内容之一为：通过单片机系统调节强激磁控制元件的导通和截止时间，进行分段强激磁，从而改变吸合过程，实现不同的强激磁控制方案。

强激磁不分段控制方案：单片机系统检测到采样电压零点以后，经延时时间(即达吸合相角)给出吸合信号以后，接触器吸合过程全程处于全电压强激磁状态。在确定接触器可靠闭合后，将强激磁关断，只留下吸持电压维持接触器正常工作。因为确定接触器完全吸合以后，才关断强激磁信号，所以随着动铁心行程的增大、速度的变化，难以大幅度减小动静触头、动静铁心之间的碰撞和消除在吸合过程中动静触头之间的弹跳。

改变强激磁控制方案，实现强激磁的分段控制，控制过程见图2.5。图中，t_1 为吸合的延时时间(选定的吸合相角)，t_2 为强激磁回路导通的时间，t_3 为关断强激磁的时间，t_4 为重新触发强激磁回路的时间。然后，再次关断强激磁控制回路，使接触器动铁心依靠惯性完成吸合任务，实现吸合过程的"微撞击能量"，将铁心之间的撞击能量减到最小，触头之间的一、二次弹跳大大减少甚至完全消除。显然，强激磁控制方案可以进行多段控制。

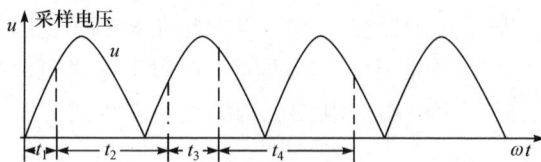

图 2.5 强激磁分段控制方案示意图

4. 吸合动态过程的触头弹跳

动静触头在闭合过程中会产生弹跳，由此引起的断续电弧对触头造成侵蚀和烧损，严重影响接触器的电寿命与工作可靠性。可动部分在碰撞瞬间的动能，可以根据式(2-9)进行计算：

$$w_d = \frac{1}{2}mv^2 \tag{2-9}$$

式中，m 为可动部分的质量；v 为动静触头接触瞬间可动部分的速度。

由此可见，碰撞时速度是决定可动部分的动能和造成触头弹跳的重要原因。如果不考虑运动过程中的摩擦阻力以及气流阻力的影响，不考虑动静触头和动静铁心在碰撞中的形变，但是考虑由形变所产生的能量损失，不考虑主触头电动力的影响，分析其运动过程如下(结构见图 2.2)。

线圈通电以后，电磁系统产生电磁吸力 f_x，当 f_x 大于反力弹簧 C_1 的反力 f_1 时，动铁心和动触头的整个运动部件开始运动。当动触头与静触头碰撞时，如果动能超过触头的形变及主触头弹簧吸收的能量，动触头将向相反方向运动。同时，动铁心等运动部件继续向前运动。动触头的反向动作受动铁心等运动部件与主触头弹簧压缩的影响，动触头由碰撞后的反向运动逐渐变为向前运动，再碰撞、再弹开，直到弹跳停止(即吸合过程一次弹跳)。

接着动静铁心发生碰撞。当动铁心和静铁心碰撞时，如果动铁心等运动部件的动能超过铁心形变、缓冲垫片与弹簧吸收的能量，动铁心可能向相反方向运动。这时，如果电磁吸力大于作用在铁心上的总反向力之和，动静铁心不分离；如果电磁吸力小于总反向力之和，动静铁心分离。当动触头反向运动的位移大于主触头的超程时，已经闭合的主触头又重新打开，电弧燃烧，主触头可能再次闭合，再弹开，直至弹跳结束(即吸合过程二次弹跳)。

触头的弹跳将造成触头弹开产生电弧，当电流为 i 时，其电弧能量为

$$E_h = \int (u_a + u_l) i \mathrm{d}t \tag{2-10}$$

式中，u_a 为电极的近极区压降；u_l 为弧柱压降。触头弹跳时间一般为数毫秒，减少弹跳总的时间，可以降低电弧能量，并且减少触头的烧损。因此，控制触头弹跳的总时间是有意义的。值得一提的是，前已述及，对于普通交流接触器，触头二次弹跳对触头工作的影响较一次弹跳更为严重。

吸合过程吸力与反力之间的良好配合，可以消除动触头一次弹跳，并有效降低铁心在碰撞瞬间的速度，实现铁心"微撞击能量"，消除吸合过程中的二次弹跳。

此外，在减小动静铁心撞击能量的基础上，可以考虑适当提高动静铁心撞击瞬间的电磁吸力。但是，实现铁心"微撞击能量"是解决问题的最重要因素。

触头弹跳的信息可以从触头系统进出线端获取(如果是空载，可以在进出线端施加低压电源)。

2.3.2 智能控制交流接触器吸合动态过程的实验研究

智能动态特性测试技术是智能电器，包括有代表性的智能控制交流接触器技术研究与产品研发的极其重要的手段。本节采用光机电电器智能动态特性测试技术(详见第 5 章)对智能控制交流接触器吸合过程的动态特性进行全方位的测试与分析研究，从而为电器动态特性研究提供了实验研究方法。实验研究内容包括电源电压、吸合相角对接触器吸合动态过程的影响；在最佳吸合相角的条件下，对各种强激磁控制方案下吸合过程的动态波形进行测试，并提出最佳控制方案，实

现吸合动态过程自适应智能控制。值得强调的是，以下所述的测试、分析、总体结论与研究方法不仅适合智能控制交流接触器，也适合普通交流接触器。

1. 吸合相角对接触器吸合动态过程影响的实验研究

本节以基于 CJ20-100A 交流接触器框架的智能控制交流接触器(以下简称 CJ20-100A 智能控制交流接触器)样机为研究对象，但是对其电磁机构参数进行了调整，减少了用材量。该接触器采用 CJ20-63A 铁心结构，激磁线圈为 CJ20-63A，380V 的激磁线圈，反力弹簧仍保持为原 CJ20-100A 系统反力弹簧；触头系统为不同步触头结构。单片机系统对其工作进行控制(以下所称 380V、100A 智能控制交流接触器样机均为此结构与参数)。以下对该智能控制交流接触器吸合过程动态特性进行测试(实测动态特性曲线的示意如图 2.6 所示)，并分析影响接触器吸合过程动态特性的主要因素。

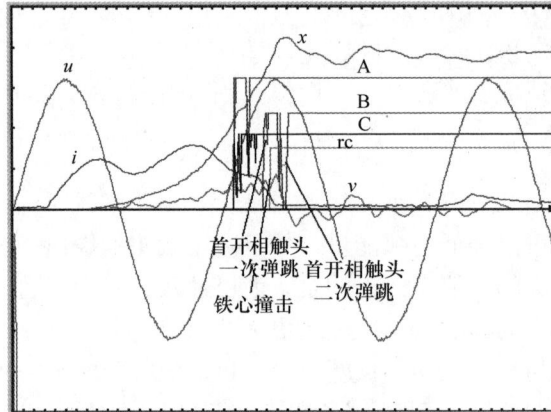

图 2.6　智能控制交流接触器吸合过程动态测试波形图(见彩图)

注：图中横坐标表示时间；A、B、C 为三相主触头信号；rc 为铁心闭合信号；
v 为铁心运动速度(即动铁心运动速度)；u 为电源电压；x 为铁心位移(即动铁心位移)；i 为线圈激磁电流

图 2.6 为实测的该接触器在某吸合相角时吸合过程动态参数变化的波形图。该图显示了在吸合过程中电源电压、激磁电流、吸持电流、铁心机构、触头系统等动态参数及随时间的变化情况。从图中可以获得在吸合过程中铁心开距，铁心位移与运动速度的变化规律，铁心撞击时刻、撞击速度、撞击能量与电磁吸力；从图中可以获取三相主触头开距，触头在吸合过程中的碰撞与一、二次弹跳情况，三相主触头接通时刻，三相主触头弹跳时间，吸合损耗，吸持损耗等参数；从而选择最佳吸合相角。

在额定电压(380V)情况下，通过改变吸合过程的吸合相角，实测接触器吸合过程动态特性，以寻找最佳吸合相角。图 2.7～图 2.9 为采用连续强激磁吸合的方案，在切断强激磁电路之后，由直流低电压、小电流维持接触器吸持工作的情况下，改变吸合过程的吸合相角，实测的接触器吸合过程部分动态特性的波形。图中各符号所代表的参数意义与图 2.6 相同。

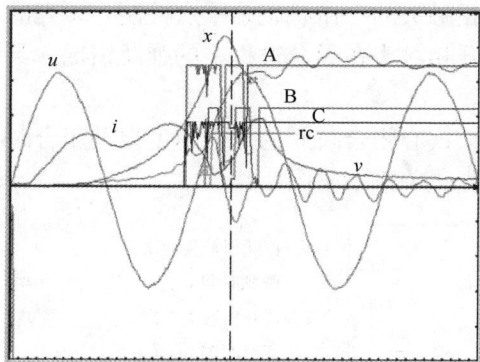

图 2.7　吸合相角为 36°的动态波形(见彩图)

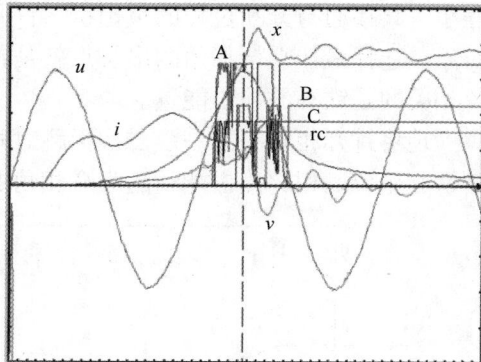

图 2.8　吸合相角为 72°的动态波形(见彩图)

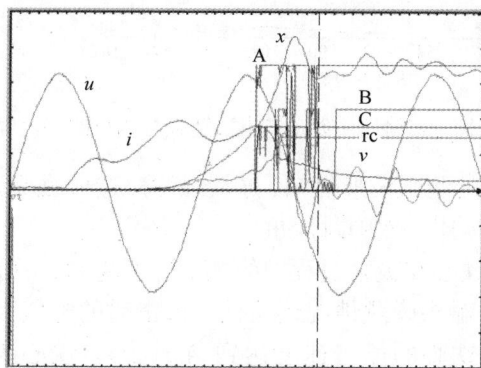

图 2.9　吸合相角为 108°的动态波形(见彩图)

实测的动态波形表明，不同吸合相角的吸合动态过程完全不同。为了进一步分析最佳吸合相角对动态过程的影响，现将几个关键参数列于表 2.1。

表 2.1　不同吸合相角时接触器部分动态参数

吸合相角/(°)	0	18	36	54	72	90	108	126	144	162
t_1/ms	0.26	0.47	0.45	0.2	0.18	0.33	0.44	0.27	0.46	0.27
t_2/ms	5.09	5.22	4.38	4.23	4.22	4.77	4.84	4.4	4.94	5.12
v/(m/s)	4.14	4.51	3.06	2.48	2.34	2.39	3.37	3.1	4.08	4.26
E_k/(kJ/m²)	7.8	9.26	4.26	2.8	2.49	2.6	3.95	4.37	7.57	8.26

注：t_1 为首开相触头一次弹跳时间；t_2 为首开相触头二次弹跳时间；v 为铁心撞击速度；E_k 为闭合时刻铁心单位面积的撞击能量

　　智能控制交流接触器的触头系统是不同步的结构形式，即首开相触头开距大于非首开相触头开距。因此，接通过程二非首开相触头先闭合，首开相触头后闭合；开断过程首开相触头先打开，二非首开相触头后打开。显然，首开相触头超程小，其接通与分断过程的负担重，首开相触头的工作状态是重点控制与研究的对象。选择最佳吸合相角的出发点就是首开相触头在吸合过程中的弹跳情况，与此相关的是铁心的撞击能量。

　　现将首开相触头的一、二次弹跳时间，铁心闭合瞬间的撞击速度以及闭合时刻铁心单位面积的撞击能量随吸合相角的变化关系示于图 2.10。

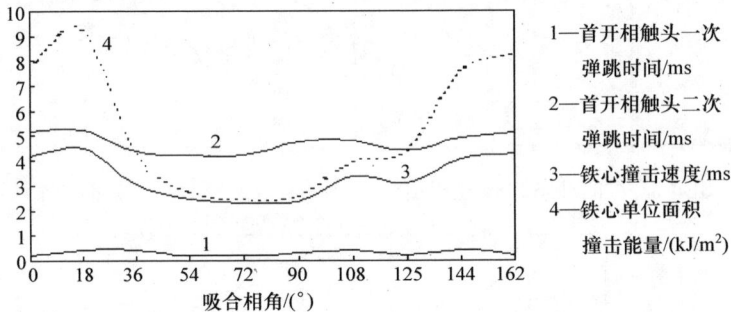

图 2.10　接触器主要动态参数随吸合相角的变化规律

　　从图 2.7～图 2.9 的测试波形可知，连续强激磁造成触头系统比较严重的弹跳现象，而且二次弹跳远比一次弹跳严重。

　　一般的规律是，铁心在吸合过程中的撞击速度越大，首开相触头产生的吸合弹跳也越大(请注意，触头弹跳情况还与铁心撞击时的电磁吸力有关)。例如，在吸合相角为 18°时，铁心的撞击速度达到 4.51m/s，铁心闭合时的撞击能量为 9.26kJ/m²，此时，首开相触头产生的触头二次弹跳时间为 5.22ms，一次弹跳时间为 0.47ms，是所有相角中弹跳最严重的。当吸合相角为 72°时，铁心的撞击速度为 2.34m/s，铁心闭合时单位面积的撞击能量为 2.49kJ/m²，首开相触头产生的触头二次弹跳为 4.22ms，是触头弹跳较小的吸合相角。

　　从以上分析可见，其最佳吸合相角为 54°～72°。在这段区域中，首开相触头产生的弹跳时间短，尤其是触头的二次弹跳时间相对较小。

　　显然，如果不改变强激磁控制方法，触头系统的弹跳无法得到明显的减小或消除。

2. 激磁电压对接触器吸合动态过程影响的实验研究

　　电源激磁电压的改变，接触器电路与磁路的磁状态都将产生变化，从而直接影响接触器的动态吸合过程。图 2.11～图 2.13 显示了在吸合相角为 0°，采用 25ms

连续强激磁启动(接触器在 25ms 内已完成吸合过程)，然后切断强激磁电路，由直流低电压、小电流保证接触器吸持工作的情况下，部分不同电源电压时，接触器的吸合动态过程。

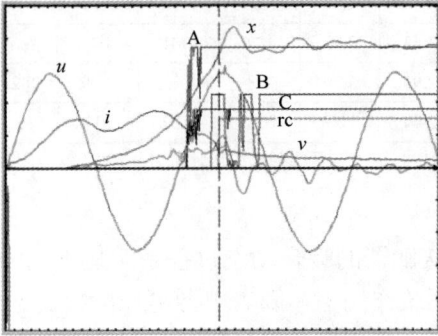

图 2.11　0.85U_e 动态波形(见彩图)

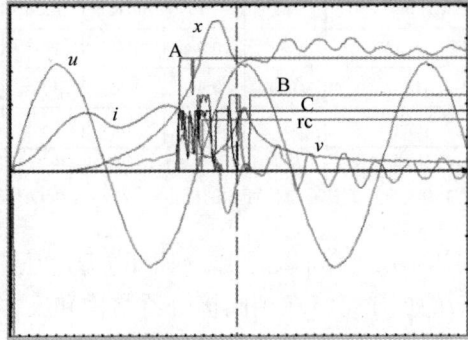

图 2.12　U_e 动态波形(见彩图)

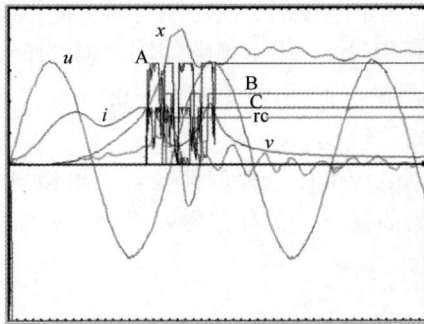

图 2.13　1.10U_e 动态波形(见彩图)

首开相触头在吸合过程中的弹跳时间、铁心撞击速度、铁心撞击能量随电源电压的变化规律如图 2.14 所示。实测参数值见表 2.2。

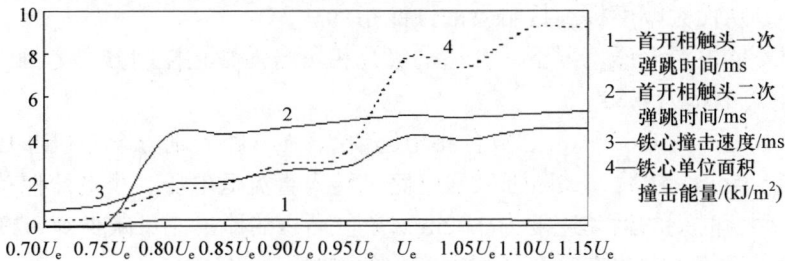

1—首开相触头一次
弹跳时间/ms
2—首开相触头二次
弹跳时间/ms
3—铁心撞击速度/ms
4—铁心单位面积
撞击能量/(kJ/m²)

图 2.14　接触器动态参数随电源电压变化规律

表 2.2　　不同电源电压时实测的部分动态参数

U_e 的倍数 K	0.70	0.75	0.80	0.85	0.90	0.95	1.00	1.05	1.10	1.15
t_1/ms	0	0	0.30	0.28	0.28	0.20	0.26	0.27	0.25	0.24
t_2/ms	0	0	4.13	4.26	4.58	4.86	5.09	5.02	5.21	5.31
v/(m/s)	0.71	0.98	1.88	2.07	2.53	2.73	4.14	4.01	4.47	4.51
E_k/(kJ/m²)	0.23	0.44	1.61	1.95	2.91	3.39	7.8	7.32	9.09	9.25
t/ms	33.8	30.6	26.3	25.5	24.4	22.7	21.3	20.2	20.4	19.6

注: K 为额定电压 U_e 的倍数; t_1 为首开相触头一次弹跳时间; t_2 为首开相触头二次弹跳时间; v 为铁心闭合速度; E_k 为闭合时刻铁心单位面积的撞击能量; t 为铁心闭合时间

从图 2.14 可以看出,不同电源电压,接触器的吸合动态过程是明显不同的。一般的规律是,在相同接触器结构和反力系统作用下,随着电源电压的提高,激磁磁势增大,完成吸合过程需要的时间减小,铁心撞击能量提高,触头二次弹跳更严重。在某些情况下会产生强烈的铁心碰撞,严重影响接触器的性能指标。

例如,当电源电压为额定电压时,铁心闭合时刻的运动速度达到 4.14m/s,撞击能量为 7.80kJ/m²,首开相触头产生的触头二次弹跳时间为 5.09ms,一次弹跳时间为 0.26ms,弹跳相当严重。而当电源电压为 $0.70U_e$ 和 $0.75U_e$ 时,首开相触头不产生弹跳,其吸合时间比较长。

由此可见,必须根据电源电压选择最佳吸合相角和强激磁控制方案,以保证在满足接触器技术要求的前提下,消除接触器吸合过程中的触头弹跳,减小铁心撞击。

3. 改变强激磁控制方案对接触器吸合过程影响的实验研究

从上述实验结果可以看出,对应不同的电源电压,在保证接触器可靠吸合,并满足吸合时间要求的条件下,选择最佳吸合相角并调整强激磁控制方案可以获得最佳吸合动态过程,使三相主电路触头在吸合过程中均不产生弹跳,铁心撞击能量很小,从而大幅度提高接触器的性能指标。

现以不同电源电压情况下,合适的吸合相角与强激磁控制方案为例说明。

1) 电源电压为 $0.85 U_e$

当电源电压为 $0.85 U_e$ 时,吸合相角选 36°,强激磁控制方案为:通 19ms,断 6ms,再通 5ms。然后,关断强激磁电路,转入直流低电压、小电流保持状态。此时铁心闭合时刻的运动速度为 0.72m/s,单位面积的撞击能量减少到 0.236kJ/m²,完全消除了三相主触头在吸合过程中产生的弹跳,见图 2.15。

2) 电源电压为 U_e

当电源电压为 U_e 时,选择吸合相角为 54°,强激磁控制方案为:通 10ms,

断 5ms，再通 8ms。然后，关断强激磁电路，转入直流低电压、小电流保持状态，见图 2.16。此时铁心闭合时刻的运动速度为 0.68m/s，撞击能量减少到 0.210kJ/m²。三相主触头在吸合过程中不产生弹跳。

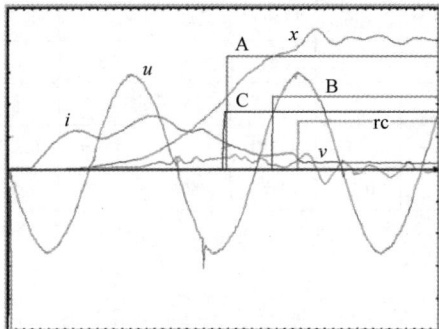

图 2.15　0.85U_e 电压最佳控制方案　　　　　图 2.16　U_e 电压最佳控制方案

3) 电源电压为 1.10 U_e

当电源电压为 1.10 U_e 时，选择吸合相角为 36°，强激磁控制方案为：通 12ms，断 6ms，再通 6ms。然后，关断强激磁电路，转入直流低电压、小电流保持状态，见图 2.17。此时铁心闭合时刻的运动速度为 0.85m/s，撞击能量为 0.329kJ/m²。三相主触头在吸合过程中不产生弹跳。

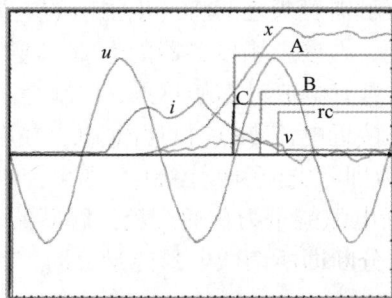

图 2.17　1.10 U_e 电压最佳控制方案

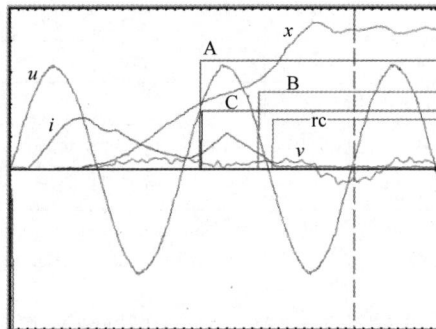

通过实验研究发现，对应不同的电源电压，通过单片机控制系统，选择合适的吸合相角和强激磁控制方案，可以方便地实现智能控制交流接触器吸合过程的优化控制。不同电源电压的最佳控制方案见表 2.3。在吸合过程中三相主电路触头均不发生弹跳，铁心撞击速度大大减少，铁心之间的撞击能量平均值(以表 2.3 中电压等级计)仅为 0.257kJ/m²。较未采取优化控制的吸合过程(铁心之间的撞击能量平均值为 4.40kJ/m²)，撞击能量和触头系统的弹跳大幅度改善，实现了铁心"微撞击能量"。

表 2.3　不同电源电压对应的最佳控制方案

U_e 的倍数 K	0.70	0.75	0.80	0.85	0.90	0.95	1.00	1.05	1.10	1.15
$\varphi/(°)$	0	36	54	36	54	36	54	36	36	36
t_1/ms	24	22	21	19	19	18	10	13	12	12
Δt/ms	10	10	10	8	8	6	5	6	6	6
t_2/ms	3	3	3	5	4	4	8	5	6	4
E_k/(kJ/m²)	0.223	0.242	0.263	0.236	0.277	0.217	0.210	0.198	0.329	0.377
v/(m/s)	0.70	0.73	0.76	0.72	0.78	0.69	0.68	0.66	0.85	0.91

注：K 为额定电压 U_e 的倍数；φ 为吸合相角；t_1 为第一次强激磁时间；Δt 为强激磁停止时间；t_2 为第二次强激磁时间；E_k 为铁心单位面积的撞击能量；v 为铁心撞击速度

上述研究说明，对于电器吸合过程而言，过程控制是极其重要的。最佳控制方案可以通过吸合过程的优化设计与动态测试装置的验证、调整来确定。

2.4　智能控制交流接触器零电流分断控制技术的研究

前已述及，普通交流接触器在运行中开断电路时的相位是随机的。对于工作于 AC4 重任务的交流接触器，其接通和分断过程都必须承受额定电压下 6 倍的额定电流，分断过程接触器触头之间将产生强烈的电弧，危害极大。因此，分断过程中产生的电弧问题，直接影响接触器的寿命、通断能力、运行的可靠性和各项性能指标。交流电弧具有电流过零的特点，控制交流接触器的电磁机构动作时间，使接触器的触头在接近电流零点时打开，电弧在电流过零点时熄灭，就可以将电弧消灭在萌芽阶段(即零电流分断控制)。如果控制触头打开时刻在电流过零前 0.3～0.9ms，其分断电弧能量为普通交流接触器的 0.0534%～1.3574%。因此，实现分断过程零电流分断即所谓微电弧能量分断控制，是智能电器力图达到的目标。

接触器的分断过程是一个极其复杂的物理、化学过程，影响触头零电流分断控制过程的因素很多，建立该过程精确的数学模型有一定难度。

2.4.1　零电流分断控制原理的实现

如前所述，采用新型的触头结构，首开相触头的开距大于其余两相，实现非首开相触头的打开时刻比首开相触头打开时刻滞后约 5ms，从而只要控制好首开相触头的打开时刻，就可以实现三相触头系统的零电流分断控制，其结构示意图如图 2.2 所示。接触器分断动作时间均由单片机系统控制。

图 2.18 为首开相触头电流零点之前的控制时间示意图。图中，i 表示电路中某相电流波形，t_1 为单片机检到电流零点以后的延时时间，即切断吸持回路控制信号的时间，t_2 为吸持回路控制信号关闭至接触器触头打开的时间，即交流接触器的释放时间，t_3 为触头打开到电流过零点之间的时间，t_4 为以 t_3 为中心的触头打开最佳时间区域。

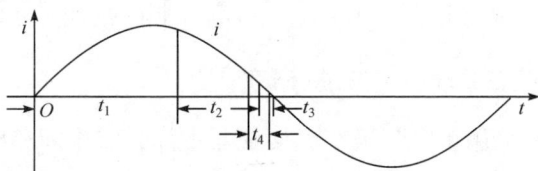

图 2.18　首开相触头电流零点之前的控制时间示意图

控制好首开相触头的动作时间是实现交流接触器智能零电流分断控制的关键。在运行过程中，接触器的释放时间除受到结构、工艺、电磁系统与触头系统所受电动力等因素影响会发生变化外，经过电弧烧损、结构磨损等因素，接触器释放时间也将发生变化。因此其难点在于以下两方面。

(1) 由于机械动作机构受设计、工艺、实际运行环境等因素影响，交流接触器动作机构的释放时间呈现较大的分散性，无法保证交流接触器触头分断动作时刻的稳定性。控制好时间 t_2 是零电流分断的一个难点。

(2) 提高交流接触器机构的分断速度，就是提高机构释放时间稳定性，从而提高零电流分断成功率的重要措施。但是，这将增加电器的负担。因此，必须对动作机构进行优化设计和动态测试装置的验证。

为了成功进行智能控制交流接触器的零电流分断控制，针对首开相零电流分断控制的原理，提出以下控制思路和控制方案：控制接触器的触头在电流过零之前一个较小的区域内打开；同时提高触头分断速度，以减少机构动作的分散性；设计相应的灭弧系统，增加触头打开后的触头区域磁场强度，从而将电弧消灭在萌芽阶段，实现微电弧能量分断控制。

电磁动作机构释放时间决定了动静触头打开的时刻。图 2.18 中时间 t_3 由两个相互矛盾的因素决定：一是电流过零时刻触头之间的距离，如果触头打开时刻离电流过零点太近，电流过零时触头距离太小，触头间隙能承受电流过零后恢复电压的能力太弱，弧隙就容易击穿，造成电弧重燃；二是电弧的能量，触头打开时刻越靠近电流零点，电弧中积聚的能量越小，弧隙温度越低，电弧越容易熄灭。

弧隙的电弧能量计算公式为

$$E_h = \int_0^{t_r} u_h i_h \mathrm{d}t \tag{2-11}$$

式中，u_h 为电弧电压；t_r 为燃弧时间；i_h 为电弧电流；E_h 为电弧能量。

从电弧能量计算公式可知，以统计的规律，智能控制交流接触器触头如果在电流过零前 0.5ms 时打开，从打开到电流过零的电弧能量与传统的交流接触器分断电弧能量相比实属微电弧能量。

首开相 t_2 时间的控制决定了 t_3，因此，首开相 t_2 时间的控制是关键与难点。

根据上述分析，显然存在一个零电流分断控制的最佳开断区域。

2.4.2 零电流分断控制原理的实(试)验研究

实(试)验研究是采用单台三极交流接触器本体，将中间相触头作为首开相，在首开相加装电流互感器，检测主电路电流，进行接触器零电流分断过程控制的实验研究及 AC4 电寿命试验。

经过重新设计以后，将智能控制系统安装在整个接触器的最底部，中间部分是电磁机构，最上端仍然是触头系统。触头系统采用首开相(中间相)开距大于其他两相开距的结构。图 2.19 是样机三相触头不同步的触头系统结构图。

图 2.19 样机三相触头不同步的触头系统结构图

单片机系统检测到电源电压低于最高释放电压以后，转入分断控制程序。电流互感器信号经处理后输入电流采样通道，由单片机系统检测电流零点，检测到电流零点之后，经延时时间 t_1 关断吸持回路控制信号，从而关断低压吸持元件，开始释放过程。经过接触器释放时间 t_2 后，首开相触头打开。首开相触头打开后，再经过时间 t_3，在电流的下一个电流零点电路开断。然后，非首开相触头经过 4～5ms 的时间延时(结构上保证)，在电流零点之前打开，实现三相电路的零电流分断控制。

1. 最佳分断区域的实(试)验研究

显而易见，控制好接触器的释放时间，是实现交流接触器智能零电流分断控制的关键，所以接触器必须具有快速而稳定的释放时间。

1) 释放时间范围的研究

(1) 采用原 CJ20-63A 交流接触器整体结构，即保留分磁环，且三相主触头开距相同，配以智能控制系统。经大量实验，实测接触器释放时间为 12.3～12.9ms(空载)。显然，上述释放时间太长，不利于分断过程控制。

(2) 由于智能控制交流接触器是直流启动、直流吸持的工作状态，样机不装分磁环，并采用不同步主触头结构，适当增加反力，如采用 CJ20-100A 交流接触器的弹簧反力。经大量实验，实测其释放时间为 4.4～4.8ms，显然，该时间大幅度缩短。

图 2.20 为动静铁心分离，非首开相触头打开，首开相触头打开的实测波形图。

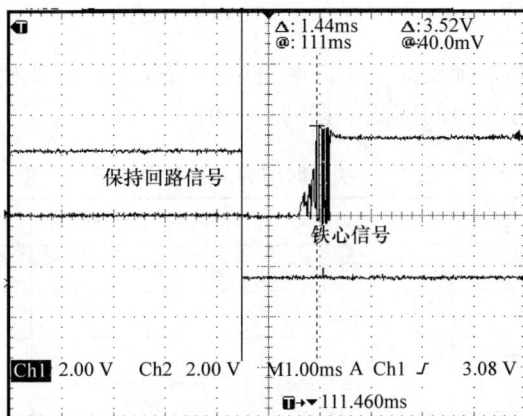

(a) 铁心分离时间

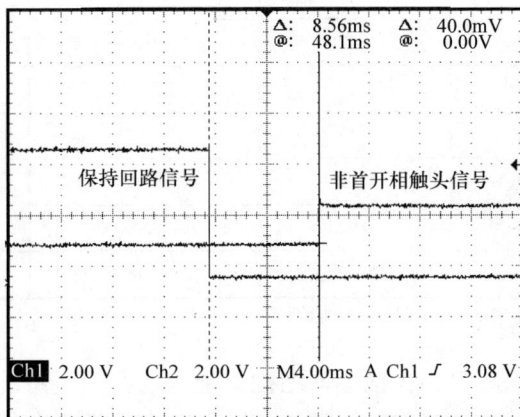

(b) 非首开相触头的打开时间

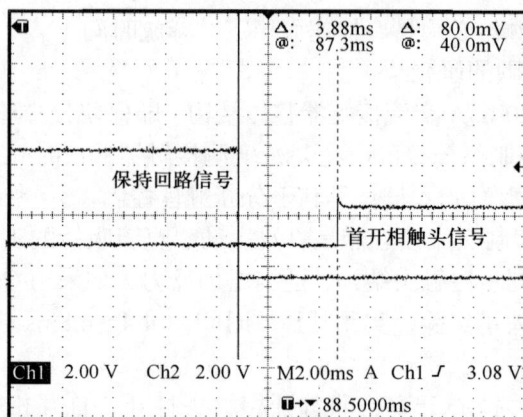

(c) 首开相触头的打开时间

图 2.20　分断时间测试波形

　　表 2.4 为在不同系统反力、不同吸持电压情况下，首开相触头打开、非首开相触头打开、铁心分离时间实测数据的平均值。

表 2.4　动作时间实测参数平均值

系统反力	吸持电压/V	铁心分离时间/ms	首开相触头打开时间/ms	非首开相触头打开时间/ms
63A 反力	12	1.44	4.60	9.16
100A 反力	12	1.44	4.56	9.02
2 倍 100A 反力	12	1.44	3.88	8.56
3 倍 100A 反力	12	1.42	3.56	7.54
63A 反力	8	1.15	4.19	9.06
100A 反力	8	1.12	4.19	8.86
2 倍 100A 反力	8	1.12	3.72	8.66
3 倍 100A 反力	8	1.12	3.22	7.06
63A 反力	6	0.92	4.04	8.66
100A 反力	6	0.92	3.98	8.46
2 倍 100A 反力	6	0.92	3.76	8.44

　　注：表中系统反力是指 CJ20 各规格交流接触器反力

　　由实测参数可以看出，在接触器结构一定的情况下，系统反力越强，释放时间越短；吸持电压越高，释放时间越长。因此，在可靠吸合的前提下，可以适当降低吸持电压，增加系统的弹簧反力。本书研究样机选定的反力弹簧为 CJ20-100A

交流接触器的反力弹簧，吸持电压为 6V。

2) 最佳分断区域的试验研究

最佳分断区域试验研究的样机采用上述 380V、100A 的智能控制交流接触器。在福州大学低压电器试验站进行 AC4 电寿命试验。

试验条件为：额定电压 380V，通断 600A 的试验电流，操作频率为 600 次/h(原标准规定普通 CJ20-100A 交流接触器 AC4 试验操作频率为 300 次/h，电寿命为 3 万次)。

通断过程的完整试验波形如图 2.21 所示。由图 2.21 可以看出，在吸合与分断的全过程中，实现了触头不弹跳接通与零电流分断(即微电弧能量分断)。

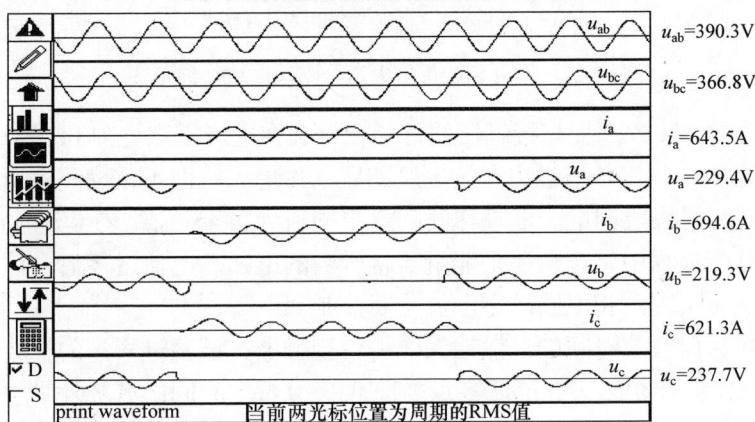

图 2.21　零电流分断波形图

注：i_a、i_b、i_c 为三相电流；u_a、u_b、u_c 为触头电压；u_{ab}、u_{bc} 为线电压。图中右侧数据为对应参数的均方根值大小

毫无疑问，首开相触头零电流分断较非首开相触头零电流分断更困难。因此，以下重点研究首开相触头零电流分断。

图 2.22 为首开相触头在电流过零前 0.2～0.6ms 时间区域打开，实现了零电流分断的部分波形图。图中各参数的意义同图 2.21。

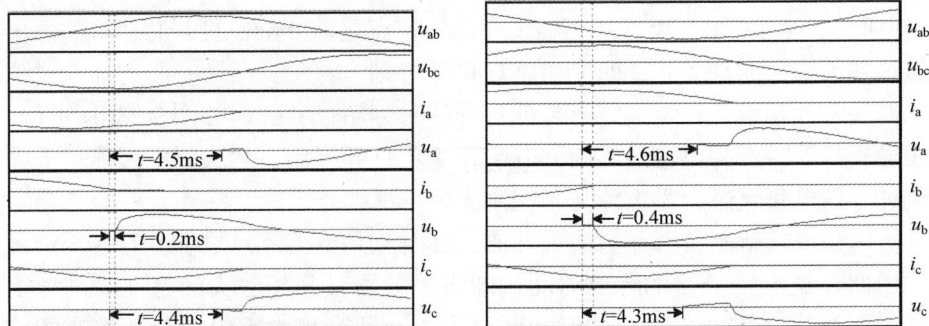

(a) 首开相触头在电流零点前0.2ms时打开　　　　(b) 首开相触头在电流零点前0.4ms时打开

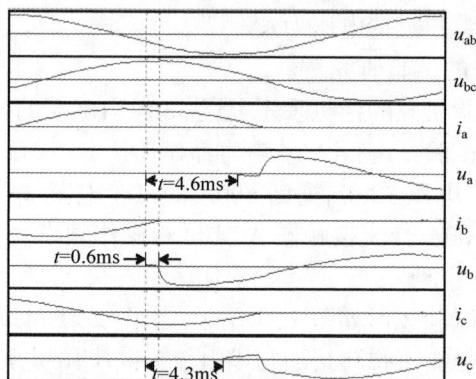

(c) 首开相触头在电流零点前0.6ms时打开

图 2.22　首开相触头零电流分断控制成功波形图

由图 2.22 可以发现，当接触器的首开相触头在电流零点之前 0.2～0.6ms 的时间区域内打开时，首开相触头在电流过零后电弧熄灭，即不重燃。由于非首开相触头与首开相触头之间的分断动作时间差平均值为 4.45ms(结构上延时)，非首开相触头在分断过程中将产生一个能量非常微弱的电弧，电流过零后，该微能量电弧熄灭，从而实现三相电路的零电流分断控制。

由于接触器释放时间的分散性，同一台接触器在试验过程中的释放时间会变化。当接触器首开相触头在电流零点之前 0.2～0.6ms 时间区域之外(即大于 0.6ms 或小于 0.2ms 的时间区域)打开时，电流过零之后，电弧重燃，零电流分断控制失败。图 2.23 为部分零电流分断失败的波形图。

图 2.23(a)所示为原首开相触头在电流零点之后才打开，零电流分断控制失败的波形图。由图 2.23(b)可知，当首开相触头在电流零点之前 0.15ms 打开时，由于过零时刻触头之间的间隙非常小，所能够承受击穿电压的能力很低，电流过零之后，电弧重燃。此时，首开相变成非首开相，其电弧燃烧时间增加，零电流分断控制失败。

由图 2.23(c)可知，当首开相触头在电流零点之前 0.6ms 打开时，将偶然出现电弧过零不熄灭的现象，此时刻为临界打开时刻。

如果首开相触头在电流零点之前打开的时刻超过 0.6ms(如图 2.23(d)所示，首开相触头打开时刻为电流过零前 0.7ms)，触头打开以后，触头间电弧能量太大，电流过零后电弧重燃，零电流分断控制失败。

所以，该接触器首开相触头最佳的打开时刻是电流零点之前 0.2～0.6ms。

因此，稳定接触器的释放时间，即将接触器首开相触头的打开时刻稳定控制在电流过零之前的一个小的时间区域内，并适当扩大零电流分断控制的该时间区域(以下简称零电流分断控制时间区域),是实现零电流分断控制的重要研究方向。

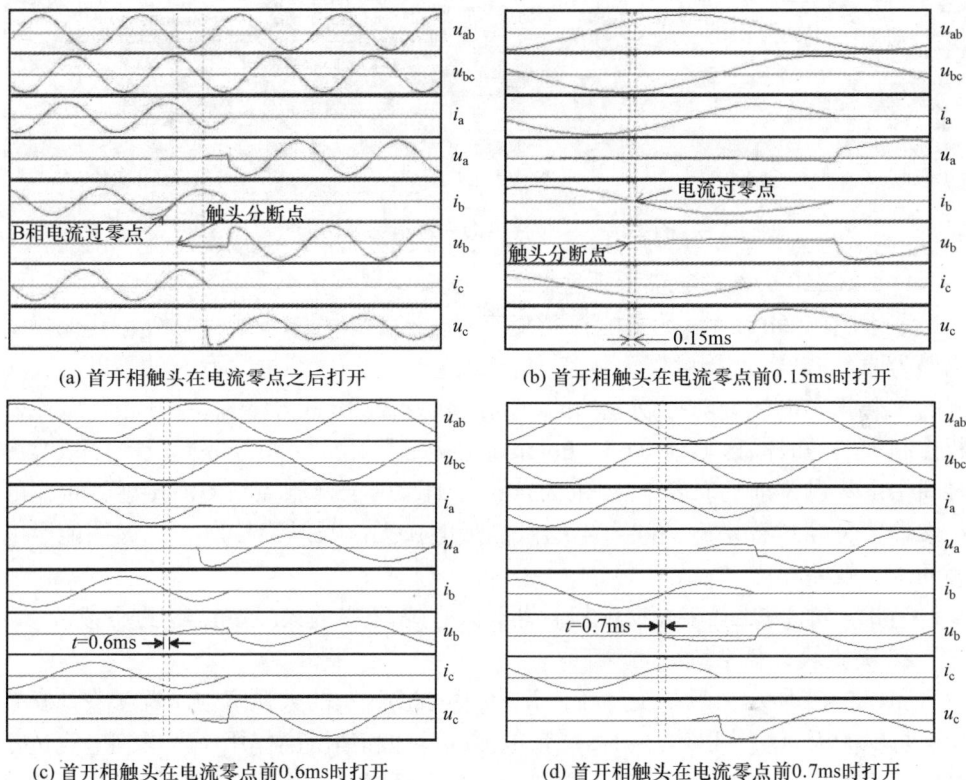

(a) 首开相触头在电流零点之后打开　　　　(b) 首开相触头在电流零点前0.15ms时打开

(c) 首开相触头在电流零点前0.6ms时打开　　(d) 首开相触头在电流零点前0.7ms时打开

图 2.23　首开相触头零电流分断控制失败波形图

2. 灭弧系统对零电流分断控制的影响

传统接触器的灭弧系统是不适合于交流接触器零电流分断控制的。传统接触器的灭弧特点是电弧能量较大,燃弧过程触头间隙也较大。其灭弧思路是将电弧引入灭弧室中,然后由于冷却、消游离或近阴极效应作用将电弧熄灭。智能控制交流接触器零电流分断过程的特点恰恰相反,其灭弧思路是将电弧消灭在萌芽阶段,即必须将电流零点前的微能量电弧抑制住,使电流过零以后电弧不会重燃。针对原有接触器零电流分断控制时间区域偏小的不足,在智能控制交流接触器基础上,根据需要进行灭弧系统改造的研究,以扩大零电流分断控制时间区域。试验中所采用的灭弧系统见图 2.24。

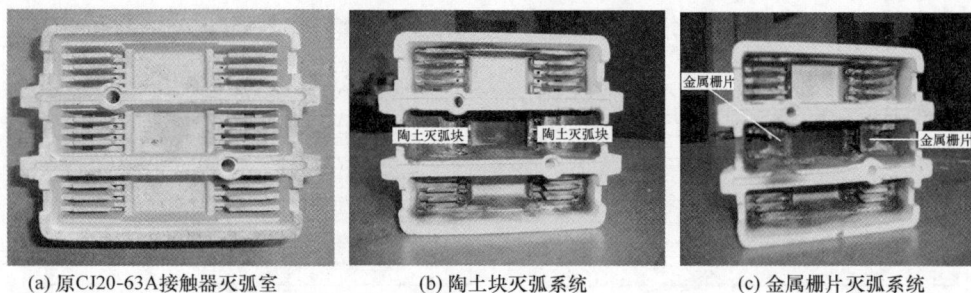

(a) 原CJ20-63A接触器灭弧室　　　　(b) 陶土块灭弧系统　　　　(c) 金属栅片灭弧系统

图 2.24　试验样机的灭弧系统结构图

1) 原 CJ20-63A 接触器灭弧室

采用图 2.24(a)所示的智能控制交流接触器三相不同步触头系统，其灭弧系统仍为原 CJ20-63A 接触器灭弧室(陶土纵缝灭弧室)，经过数万次试验以后，实测的首开相零电流分断控制成功的时间区域为 0.20～0.61ms。首开相零电流分断控制失败的时间区域为 0.64～0.93ms(由接触器释放时间分散性所致)，该实测时间指电流过零前的时刻。由图 2.24(a)可知，由于智能控制交流接触器工作的特殊性，分断过程中触头间产生的微能量电弧无法与纵缝接触，熄灭微能量电弧的效果较差。

为此，对原 CJ20-63A 交流接触器灭弧室(陶土纵缝灭弧室)结构进行改装。

2) 陶土块灭弧系统

图 2.24(b)所示灭弧系统是在首开相(中间相)触头的灭弧室中靠近触头处安装陶土材料的灭弧块，以增加对微能量电弧的冷却和消游离作用。考虑到电流过零时触头间隙很小，为了让该陶土灭弧块尽量靠近触头，将原首开相动触桥上的引弧角磨掉。

经过 40953 次 AC4 电寿命之后，触头状况较好。试验中实测的首开相零电流分断控制成功的时间区域为电流零点之前 0.2～0.87ms。

显然，采用陶土块的灭弧罩以后，零电流分断控制时间区域扩大。但是，由于陶土块散热较慢，试验中的操作频率不宜太高，仅采用 300 次/h 的工作频率。

3) 金属栅片灭弧系统

图 2.24(c)的灭弧系统是在灭弧室中放置了与微能量电弧垂直的金属栅片，其安放位置尽可能靠近弧区，充分发挥栅片的作用，并尽快冷却电弧。样机仍将首开相动触桥上的引弧角磨掉。试验中实测的首开相零电流分断控制成功的时间区域为电流零点之前 0.2～1.12ms。

显而易见，采用金属栅片灭弧系统后，零电流分断控制时间区域明显扩大，其散热效果好。图 2.25 为采用金属栅片灭弧系统时，扩大控制区域首开相零电流分断成功波形图，其操作频率为 600 次/h。特别值得一提的是，随着零电流分断控制时间区域明显扩大，零电流分断控制失败的次数大幅度减少。

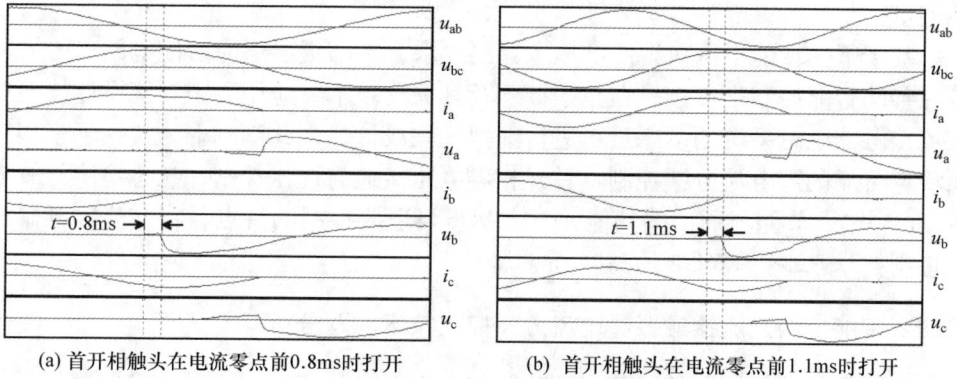

(a) 首开相触头在电流零点前0.8ms时打开　　　(b) 首开相触头在电流零点前1.1ms时打开

图 2.25　首开相触头零电流分断控制成功波形图

为检验上述研究的可行性，在福州大学低压电器试验站，对采用金属栅片、无引弧角、动触桥加装一层铁片的触头与灭弧系统的 380V、100A 智能控制交流接触器进行试验，共进行了 5 台样机的 AC4 电寿命试验，试验后触头烧损极少，整机情况良好。

试验结果见表 2.5(考虑到试验时间太长，仅进行有限次数试验)。

表 2.5　试验结果

接触器编号	灭弧室	首开相电流过零电弧重燃次数	最佳分断区域/ms	操作频率/(次/h)	总试验次数
1#	金属栅片	162	0.22～0.95	600	30008
2#	金属栅片	136	0.21～1.02	600	33125
3#	金属栅片	210	0.21～0.89	600	36000
4#	金属栅片	198	0.20～0.97	600	30188
5#	金属栅片	142	0.20～1.12	600	41000

虽然，样机(手工加工)动作时间的分散性、灭弧栅片的安装位置、动触桥磁化材料(铁片)的厚度、电磁机构释放动态特性的影响等因素，造成不同的智能控制交流接触器零电流分断最佳控制时间区域有所不同，但是零电流分断时间最佳控制时间区域为 0.21～1.0ms，是可取的一种触头灭弧系统。

2.5　智能控制交流接触器技术提升研究

智能低压电器技术是采用人工智能虚拟优化设计技术，并在智能化技术、传感技术与信息技术基础上实现电器全过程优化控制与保护运行，从而大幅度提高性能指标与运行可靠性。

基于坚强智能电网对智能低压电器的要求，本书提出适应智能电网需要的、较完善的智能控制交流接触器技术概念及其关键技术。应用人工智能设计技术对交流接触器电磁系统的动态过程进行虚拟优化设计，在此基础上，实现了三相触头稳定可靠的零电流分断控制、首开相零电压接通与优化控制、状态检测与故障诊断(自检)、节能与通信等功能，具有初步自适应控制的特点，将交流接触器智能控制技术水平提高到新的高度。

2.5.1 智能控制交流接触器零电流分断控制技术问题分析

交流接触器智能化技术的主要功能与技术难点是实现三相触头零电流分断。采用三相触头不同步方案是解决智能控制交流接触器三相零电流分断问题的重要与有效手段。

智能控制交流接触器首开相触头分断电流后，非首开相由四对触头承担电流分断任务。在零电流分断技术研究中，无论是理论分析还是大量实际测试都表明，三相触头零电流分断的关键是首开相触头零电流分断的准确性与稳定性。

以上研究表明，通过改变交流接触器触头系统的结构，初步实现了传统交流接触器无法实现的零电流分断控制技术，但尚未解决机构动作的分散性对零电流分断的稳定性与准确性影响的关键问题。为此，本节提出大幅度缩短动作机构释放时间以提高分断可靠性的思路，并采用 ANSYS 电磁场软件，基于遗传算法的人工鱼群优化算法对智能控制交流接触器电磁系统的动态过程进行优化设计计算，不仅保证了接触器可靠与优化的接通过程，而且实现了机构准确与稳定释放时间的要求。该智能控制交流接触器零电流分断的可靠性得以大幅度提高。

2.5.2 智能控制交流接触器零电流分断控制技术提升研究

1. 结构与控制方案

1) 总体方案

该样机是基于 CJ40-100A 交流接触器结构形式的触头不同步智能控制交流接触器。图 2.18 中，t_4 为以 t_3 为中心的触头打开最佳时间区域(触头打开时刻落在此区域内能可靠保证电流过零后电弧不会重燃，对于 CJ40-100A 交流接触器，大量试验表明该区域为电流过零前 0.3～0.9ms)。

从智能控制交流接触器技术的角度分析，其控制原理框图如图 2.26 所示。该控制电路与图 2.3 的区别是增加了用于缩短电磁机构释放时间后，提高非首开相触头零电流分断效果的分断再激磁电容器 C。在该方案中实际控制首开相触头与非首开相触头的分断时刻差值为 4～5ms(一般控制在 4.5ms 左右)，从而保证在首开相触头零电流分断后，两非首开相触头也在零电流分断。

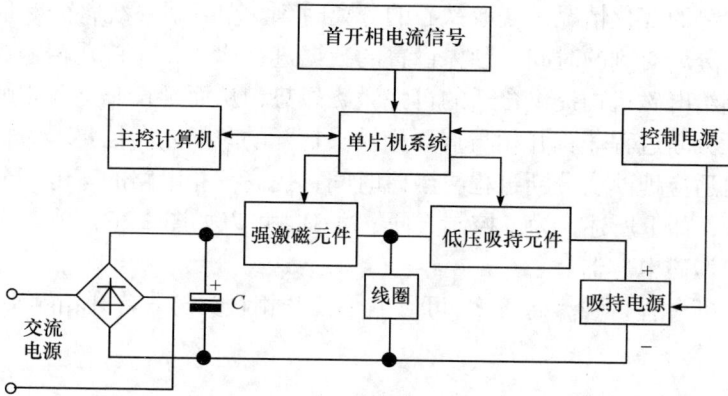

图 2.26　智能控制交流接触器控制原理示意图

2) 非首开相触头打开时间的自适应强激磁控制

缩短首开相触头打开时间是实现零电流分断的重要措施。大幅度减小首开相触头分断时间，将造成首开相触头与非首开相触头打开的时间差减小，从而导致首开相触头的开距与非首开相触头的开距差距加大，使电磁系统的气隙大幅度增加。为了减轻电磁系统的压力，解决快速分断后二者时间差减小的问题，提高非首开相触头无弧分断的准确性，本书提出采集动静铁心分离时刻的信号，并在首开相触头打开后的适当时刻对电磁系统再强激磁，以延缓非首开相触头打开时刻的自适应强激磁控制方案。

在接触器分断动态过程中，通过电磁机构中铁心磁通的变化在线圈上感应电势的变化规律来反映铁心位移的变化状况。因此，在电磁机构上绕制铁心分离检测线圈，可以从该线圈上感应电势的变化中提取铁心分离的信号。图 2.27 为分断过程中拍摄的测试线圈感应电势与铁心信号变化规律的图片。

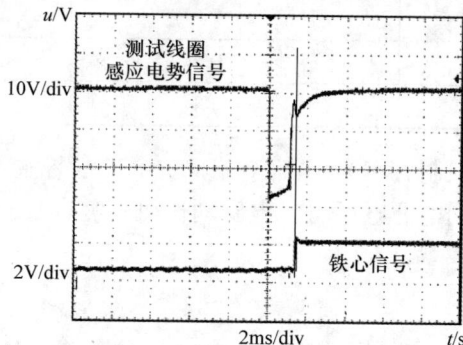

图 2.27　测试线圈感应电势与铁心信号变化规律

由图 2.27 可知，由于磁路中磁通突变，对应铁心分离时刻，检测线圈上的感应电势也发生突变。单片机系统实测铁心分离检测线圈输出的感应电势信号，并根据感应电势的变化情况，获取铁心的分离时刻。单片机系统将分断信号时刻至实测的铁心分离时刻的时间与预先设置的数据进行比较，在首开相触头分开以后的相应时刻给电磁机构提供合适的再强激磁磁势，从而延长非首开相触头的打开时间，保证分断过程非首开相与首开相触头打开的时间差满足要求。根据以上思路，可以自适应地改变分断过程再激磁时间，提高三相电路的零电流分断控制的效果。此外，如上所述，为了控制方便、准确，可以如图 2.26 所示，在整流器后并接分断再激磁电容器。

采用分断过程再强激磁方案，可以缩小首开相触头与非首开相触头开距之差，简化结构。

2. 智能控制交流接触器电磁机构优化设计

吸取遗传算法和人工鱼群算法(artificial fish-swarm algorithm，AFSA)的优点，将遗传算法和人工鱼群算法有机结合应用于智能控制交流接触器的电磁动作系统优化计算。

因此，进行智能控制交流接触器优化设计的总体思路是采用基于遗传算法的人工鱼群优化算法对交流接触器的电磁系统进行优化设计，在保证接触器可靠吸合的前提下，使接触器释放时间最短，为接触器可靠零电流分断打下基础。

智能控制交流接触器优化计算结果如表 2.6 所示。优化后的铁心比优化前大幅度减小，为正常零电流分断奠定基础。由于触头系统发热大幅下降，接触器的额定电流可适当提高，其容量将获得提升。

表 2.6　优化计算结果

计算项目	优化前	优化后
铁心厚度/mm	28	16.5
线圈匝数/匝	1620	1400
线圈线径/mm	0.37	0.47
可动部件质量/kg	0.49	0.394

设计的吸合优化控制方案为：额定电压 220V，强激磁 18ms，断激磁 2ms，再强激磁 1ms。在不同电源电压时，电磁动作机构吸合过程将按不同的优化控制方案进行激磁。

3. 试验测试

为了验证优化算法的可行性和优化结果，对加工的样机进行包括吸合过程、首开相与非首开相触头分断时间及其稳定性、零电流分断等项目的测试。

1) 仿真计算验证测试

本书采用 ANSYS 有限元分析软件造表、MATLAB 仿真计算相结合的方法进行优化程序的计算。

为了验证仿真计算结果的正确性，采用基于高速摄像机图像测试与处理分析的电器动态测试装置(详见第 5 章)，以非接触方式与图像处理方法拍摄智能控制交流接触器的运动过程，从拍摄的图像信息中取出位移信号，得到智能控制交流接触器的位移曲线。采用霍尔电压电流互感器采集接触器线圈的电压与电流信号，利用实测的曲线对仿真计算曲线进行验证。

为了验证该优化控制方案与全激磁方案的不同效果以及本仿真设计程序的正确性，现给出 0°吸合相角全激磁方案的动态特性。图 2.28 是智能控制交流接触器 0°吸合相角全激磁情况下吸合过程的仿真与 CJ40-100A 原样机实测曲线。从图中可以看出，该方案铁心撞击速度很大，铁心撞击能量很大。从图中还可看出，实际测量的线圈电压、线圈电流、铁心位移信号与仿真计算十分接近。

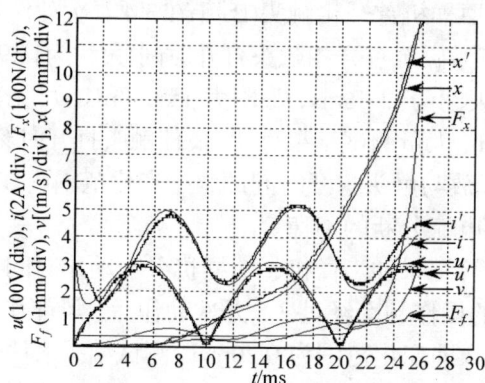

图 2.28　智能控制交流接触器原样机 0°吸合相角动态特性仿真与实测比较曲线

F_x、F_f、v 分别为仿真计算的吸力、反力、速度；u、i、x 分别为仿真计算的线圈电压、电流、位移；u'、i'、x' 分别为实际测量的线圈电压、电流、位移

2) 优化结果验证

在优化后的结构参数基础上加工了样机，并采用强激磁 18ms、断激磁 2ms、再强激磁 1ms 的优化控制方案实测样机动态特性与仿真计算结果进行比较。图 2.29 为优化智能控制交流接触器 58°吸合相角的动态特性仿真与实测曲线(图中各参数含义同图 2.28)。与图 2.28 比较可以看出，优化样机在该控制方案操作下，铁心撞击前与撞击时的动铁心运动速度大幅度减小，触头闭合与铁心撞击能量也大幅度减小，从而大大降低甚至消除了触头的弹跳，减小了铁心撞击。显

然，采用优化控制方案的效果是相当显著的，这将有利于电寿命与机械寿命的提高。图中各参数的含义同图 2.28。

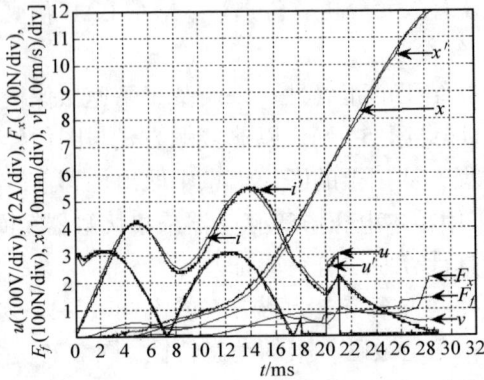

图 2.29　智能控制交流接触器优化样机 58°吸合相角动态特性仿真与实测比较曲线

3) 分断时间测试

对接触器非优化原样机首开相触头(B 相)在 3.4 万次动作实验期间的分断动作时间(指关断直流保持激磁至首开相触头打开时间)大约为 3.98ms，但是其分断动作时间的变化范围下限小于 3.36ms，上限大于 4.48ms。可见其分断动作分散性非常大，其值超过 1.12ms。大量测试结果表明，最佳触头打开时刻是电流过零前 0.3～0.9ms，或者说机构释放与触头打开时间的整个变化范围应在 0.6ms 内。显然，上述动作机构将造成零电流分断的不稳定。

根据以上优化计算结果加工样机，对样机分断动作时间进行稳定性的测试。该样机按 1200 次/h 的操作频率经过 3.5 万次动作后，其首开相触头分断时间始终保持在 2.72～2.92ms，即变化范围为 0.20ms。测试结果表明，样机首开相触头的分断时间不仅大幅度减小，而且该时间十分稳定，为实现零电流分断提供了有利条件。

为了解决快速分断后首开相触头与非首开相触头的时间差无法保证的问题，如上所述，在铁心分断后适当时刻，控制分断再激磁电容器接通并控制电容器接通时间，利用电容器上储存的能量为接触器电磁系统再次提供强激磁能量，延缓非首开相触头的分断时刻，使首开相触头与非首开相触头的分断时刻差值满足要求。空载条件下分断过程相关信号测试波形如图 2.30 所示。从图中可以看出，B 相与 A 相之间相差 4.68ms，B 相与 C 相之间相差 4.6ms，满足零电流分断三相触头的动作时间要求。

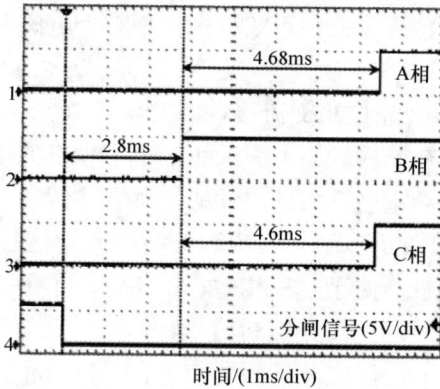

图 2.30 分断时间测试波形

2.5.3 三相分相式接触器智能控制研究

在智能控制零电流分断技术中，为了提高首开相零电流分断的成功率，提出了三相分相式接触器智能控制的思路。实际上，分相式智能控制交流接触器技术是采用三台单极(或三台 3 极)交流接触器或两台接触器(一台为首开相，另一台为非首开相)组成其本体结构。分相式智能控制交流接触器进行正常负荷频繁操作时，其每相单独控制，控制十分灵活，首开相动作机构相应减小，将大幅度提高频繁操作接触器的性能指标。

1. 结构介绍

1) 三台单极分相式智能控制交流接触器

三台单极分相式智能控制交流接触器方案的结构示意图如图 2.31 所示。该方案由三台单极交流接触器与智能控制系统组成，每相采用 1 极桥式触头结构，

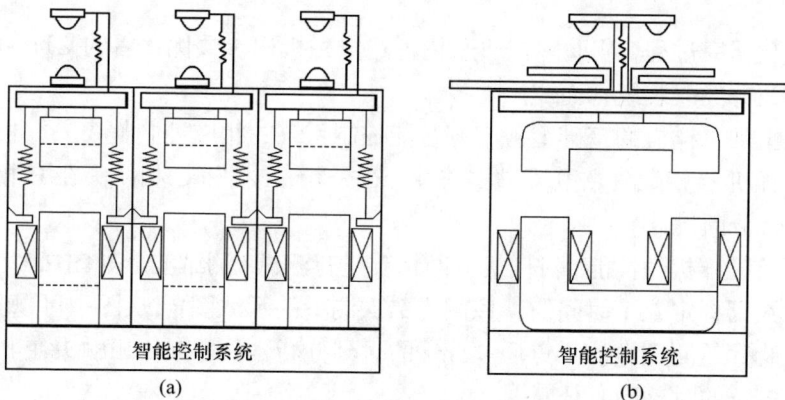

图 2.31 三台单极分相式智能控制交流接触器结构示意图

每相有单独的电磁系统。智能控制系统分别控制三个电磁系统，实现交流接触器的智能控制功能。

2) 三台 3 极分相式智能控制交流接触器

该分相式智能控制交流接触器方案采用三个小规格的接触器组合代替传统的较大规格接触器，控制额定电流大的电动机，其智能控制原理与上述三台单极分相式智能控制交流接触器及基于不同步触头结构的智能控制交流接触器是相同的。每相用一个单独接触器便于对三相中每一相进行单独控制，小容量接触器通过三相并联作为一个极可以提高其控制功率。

三台单极分相式智能控制交流接触器与三台 3 极分相式智能控制交流接触器均具有分相单独控制的灵活性，二者各有优缺点。采用小容量三相并联的方式必然存在各单相触头系统中各极之间分断同步差问题，这将造成各对触头接通与分断过程，特别是分断过程电弧能量不均匀，从而导致最后打开的，本应承担 1/3 负载的触头却始终处于重负载下，使这些触头的寿命受到严重制约。该方案可以适当提高控制容量，而且具有较好的零电流分断的效果，但是对加工工艺有较高要求。因此，该方案适合于加工工艺较好，即同一相各对触头动作同步性较好的产品。

两台分相式智能控制交流接触器，其中一台为首开相，另一台是非首开相。首开相可以是单极或 2 极接触器，非首开相是 2 极接触器。该控制方案简单、可靠，也是智能控制交流接触器产品可供选择的一种方案。

分相式交流接触器智能控制方法类似于继电器电子控制技术部分的基于磁保持继电器的智能零电流分断控制交流接触器技术。

2. 样机实验

为简化研究过程，实验室样机采用上述电磁机构参数优化后的 CJ40-100A 交流接触器，并经改装组合而成。

在以上加工样机的基础上，编制智能控制系统的相应控制程序。样机的控制程序按该样机 B 相触头在电流过零前 0.5ms 分断、A 相和 C 相触头在 B 相触头动作后 4.7ms 分断设计。

为了验证样机的性能，对样机分断情况进行测试，测试波形如图 2.32 所示(由于需要示波器标定三个时间值，该图为二次测量的示波图)。从图中可以看出，B 相触头在程序检测到电流零点后 9.5ms 的时刻分断，A 相和 C 相触头在 B 相触头分断后 4.7ms 的时刻同时分断。

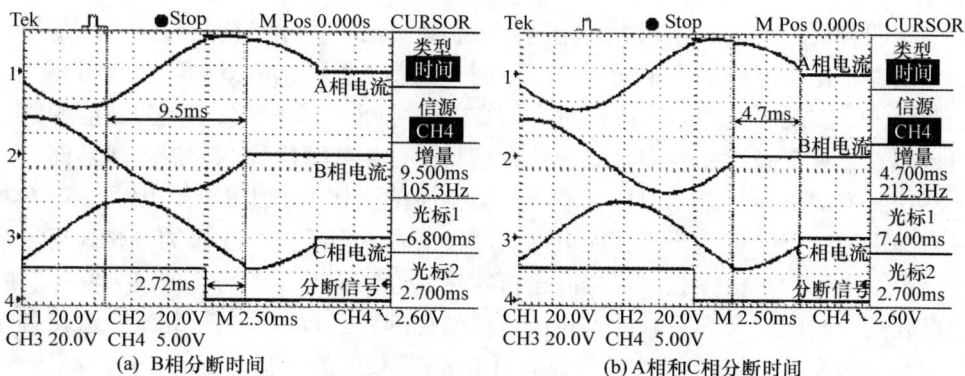

图 2.32　分相智能控制交流接触器分断时间测试波形

与三相触头不同步智能控制交流接触器一样，对样机分断动作时间进行稳定性的测试。该样机按 1200 次/h 的操作频率经过 6.1 万次动作后其首开相触头分断时间始终保持在 2.56～2.74ms，即变化范围为 0.18ms。测试结果表明，与前期研究相比，样机首开相触头的分断时间不仅大幅度减小，而且该时间十分稳定，其效果与三相触头不同步方案相似，也可以为实现零电流分断提供有利条件。

采用基于高速摄像机图像与处理的电器动态测试装置对其进行测试，图 2.33 为分相式智能控制交流接触器 0°吸合动态特性曲线。图中，x_1、x_2 分别为铁心位移、触头位移；u、i 分别为线圈电压、电流。

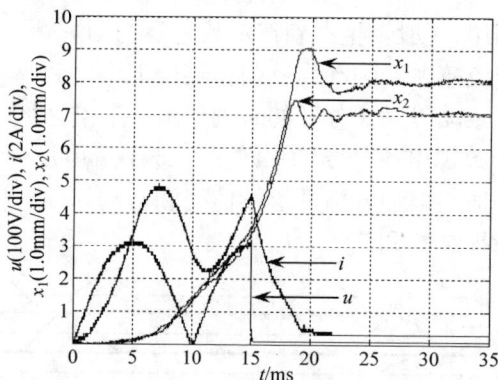

图 2.33　分相式智能控制交流接触器 0°吸合动态特性曲线

三相触头不同步智能控制交流接触器(即三相共体)与分相式智能控制交流接触器(即三相分体)的方案比较如下。

三相触头不同步智能控制交流接触器的优点：结构简单、控制系统简单、成本低、体积小。

分相式智能控制交流接触器的优点：维修更换方便(即更换故障相容易)，由于三相的触头、机构、控制方案相同，控制更灵活。但是结构与控制系统复杂。

两者相比，三相触头不同步智能控制交流接触器结构方案独特，只需要一套控制系统，实现了三相触头准确可靠的零电流分断。三相触头不同步智能控制交流接触器除具有高性能与多功能之外，相对于分相式智能控制交流接触器而言，虽然控制方案稍显复杂，但控制系统与结构简单，其性价比很高。因此，该方案具有突出的优点，更适合于智能电网与市场需求。对于三台 3 极的分相式交流接触器，如果每台 3 极并联，可提高运行容量，但触头同步性与零电流分断控制的要求较高。因此，实际运行的容量应该适当控制。三台单极的分相式交流接触器与两台 2 极交流接触器(其中一台是首开相)也是较好的选择。

2.5.4　自适应零电流分断控制

如图 2.18 所示，t_1 是单片机控制的延时时间。但是，在软件中，t_1 的值是事先设置的，所以当接触器首开相触头打开时刻落在最佳分断区外，导致零电流分断失败而无法进行调节。因此，提出一种自适应控制的方案。将 t_1 的值存放于电可擦编程只读存储器(electrically-erasable programmable read only memory，EEPROM)中，可根据实际情况由软件自行更改，从而保证以后分断动作时，首开相触头的分开时刻落回最佳分断区域内。

大量测试表明，对于产品，可能发生机构释放时间整体的偏差。实际运行中零电流分断失败存在两种情况：一种情况是首开相触头打开时刻落在电流过零前最佳区域之前(这种情况一般发生在新产品投入运行时)；另一种情况是该时刻落在最佳区域之后。交流接触器的动作机构在长期工作之后，其分断过程将产生迟滞现象。这个现象导致动静触头分开的时刻超出要求的区域，甚至延迟到电流过零后才分开，从而导致零电流分断的失败(图 2.34)。因此，如果产品多次出现电流过零后重燃，首先适当增加 t_1 值并继续监视和自动修改；反之亦然。从而完善了自适应零电流分断控制的调节。

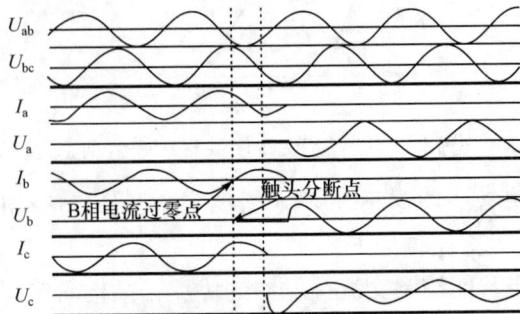

图 2.34　触头在电流过零后分开导致零电流分断失败的试验波形图

　　此外，如果分断过程非首开相触头发生电流过零电弧重燃现象，由单片机系统对分断再激磁电容的激磁时间进行自行调整。如果延长分断再激磁电容的激磁时间，意味着增加该时间差；反之，则减小该时间差。从而调节首开相触头与非首开相触头打开的时间差。

　　软件更改 t_1 值的依据是首开相中传感器提供的电流采样信号。该信号经处理后送入单片机系统采样端口。图 2.35(a)为零电流分断成功时的采样波形示意图，图 2.35(b)为零电流分断失败时的采样信号示意图。

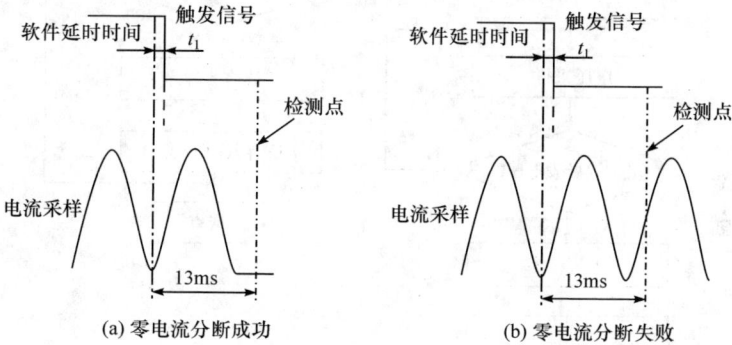

图 2.35　零电流分断的采样信号示意图

　　由图 2.35 可以看出，如果零电流分断控制成功，那么电流互感器中在检测点所采样的电流信号为零，电路已开断；如果零电流分断失败，在软件给出分断触发信号后，电弧在下一个电流零点处没有熄灭，继续燃烧。可以将传感器提供的电弧电流采样信号作为依据对存放于 EEPROM 中的 t_1 值进行修改，从而自动修正 t_1 值，使触头分开的时刻重新落在最佳分断区域内，实现自适应控制。其控制流程图见图 2.36。

　　将采用自适应控制方案的智能控制交流接触器在福州大学低压电器试验站进行试验。图 2.37 为接着图 2.34 所拍摄的经自适应控制而正常零电流分断的波形。从两个波形图可看出单片机已自动对首开相的分断时刻进行了调整，使其重新落在最佳分断区内，实现了三相零电流分断。试验证明，零电流分断自适应控制方案是行之有效的。

　　在原有智能控制交流接触器的基础上采用自适应控制的措施不增加任何电子元器件，可以实现完全零电流分断，使智能控制交流接触器运行的可靠性大大提高。

　　以上研究均考虑 AC4 运行环境下智能控制交流接触器零电流分断的控制。在 AC4 运行环境下，智能控制交流接触器分断时只能偶尔看到一点微弱的电弧亮光。毫无疑问，在 AC3 运行环境下，由于其分断的电流远低于 AC4 运行环境，

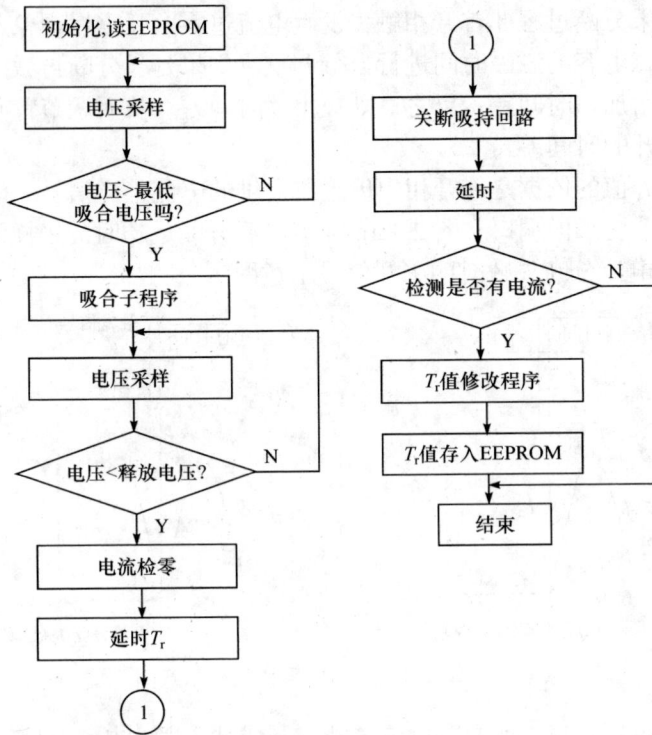

图 2.36　单片机控制流程图

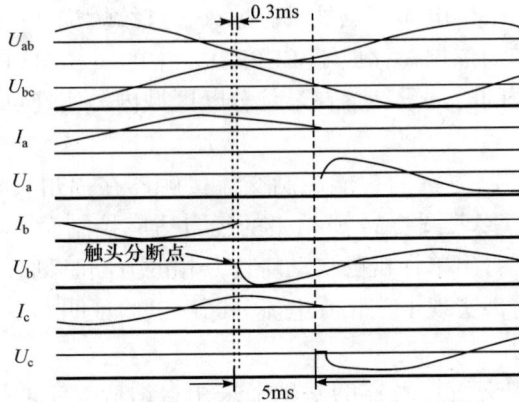

图 2.37　三相零电流分断的试验波形图

对智能控制交流接触器，其电弧能量也大幅度降低，零电流分断控制的成功率远高于 AC4 运行环境。大量试验表明，智能控制交流接触器运行在 AC3 条件下，肉眼完全看不到电弧的亮光。

2.5.5　基于低电压电容的抗电压跌落宽电压智能控制交流接触器控制技术

1. 电压跌落概述

电压跌落(voltage sags)也称为电压骤降、电压下跌、电压凹陷，是指在某一时刻电压的幅值突然偏离正常工作范围，经很短的一段时间后又恢复到正常水平的现象。目前，大多数文献都用跌落的幅值和持续时间来描述电压跌落的特征量，但对幅值大小和持续时间的界定范围还未形成统一的标准。电气与电子工程师学会(Institute of Electrical and Electronics Engineers，IEEE)标准中电压跌落的定义为：供电系统中某点的工频电压有效值突然下降至额定值的 10%～90%，并在随后的 10ms～1min 的短暂持续期后恢复正常。国际电工委员会(International Electrotechnical Committee，IEC)标准中将电压跌落称为 voltage dip，与 IEEE 标准的不同之处仅在于其电压幅值为正常值的 1%～90%。但是，在电网实际运行中电压跌落现象持续的时间一般为 0.5～1.5s。

电压跌落和瞬时中断已被认为是影响许多用电设备正常、安全运行最严重的动态电能质量问题。电压跌落对现代社会造成的危害有很多方面，主要体现在以下三方面。

(1) 电压跌落对人们的日常生活有很大的影响。电压跌落可造成人们日常生活中的一些用电设备停止工作，如正在运行中的电梯。

(2) 电压跌落对信息业有很大的影响。据统计，80%的服务器出现瘫痪以及用户端 45%左右的数据丢失和"出错"均与电压跌落有关。

(3) 电压跌落对敏感和连续性工业用户造成很大的危害，如炼钢厂、乳制品加工厂等。

交流接触器在电压跌落现象发生后将释放，从而造成电路负载被切断。为了降低电压跌落对工业造成的危害，很多学者研究了许多抗电压跌落的方法，如将常规接触器改为锁扣接触器、控制回路加 UPS(uninterruptible power supply)或改为直流供电、二次回路加装 RC 储能元件、二次回路具备自启动功能或加装自启动装置、控制线路加装时间继电器、采用具有延时功能的控制模块等措施。这些措施不仅控制难度大、效果差、改装麻烦、功能单一，而且存在正常断电时延时分断电路的问题。

2. 抗电压跌落功能研究

为了弥补上述电压跌落控制器的不足，本书设计了一种简便的抗电压跌落控制器，其原理框图如图 2.38 所示。从图中可以看出，单片机系统通过电压调理电路分别采样控制开关前端和后端电压，可以区分系统是正常断电还是出现了电压跌落故障。

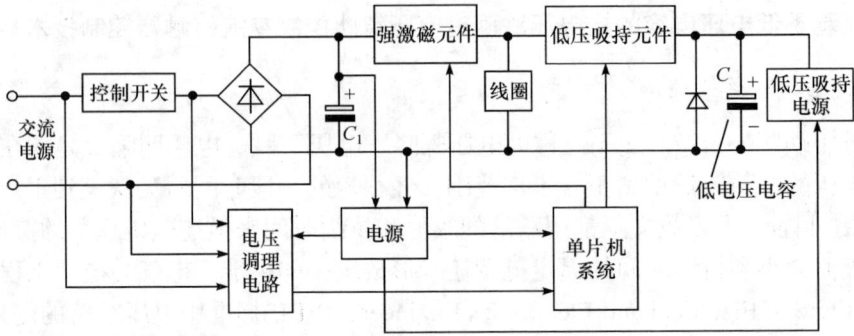

图 2.38 　抗电压跌落控制器原理框图

当控制开关闭合时，单片机系统经电压调理电路检测到正常通断控制采样信号表明接触器施加激磁电源电压，先判断是直流电源还是交流电源，然后单片机系统根据电源电压的大小，以不同的频率与占空比控制强电流激磁元件工作(也可采用上述直流动态控制方案)，控制低压吸持元件导通。在强电流激磁元件关断时，接触器线圈电流通过低压吸持元件与二极管续流，实现宽电源电压下的优化强激磁启动过程。在接触器启动完成后，由于所需保持能量很小，由单片机系统控制低压吸持元件仍然处于导通状态，开关电源中低压吸持电源通过低压吸持元件使接触器线圈处于小功率状态，实现节能运行。在运行过程中，单片机系统通过电压调理电路分别检测控制开关前后的电压信号，如果此时控制开关前的电压为正常电源电压，控制开关后的电压为零电压，就表明接触器收到属于正常分断的请求信息，单片机系统进行正常分断控制。如果检测到控制开关前后的电压均为低电压，就表明发生电压跌落现象，单片机系统按要求控制接触器延时释放，从而满足正常分断与电压跌落的控制要求。由于接触器保持状态所需能耗很小，在延时释放过程中，单片机系统依靠低电压电容(包括超级电容的各种类型电容)通过低压吸持元件使线圈交替处于电容放电与续流状态，提供接触器维持接通状态所需的能量，从而使接触器始终处于保持状态，保证有足够的延时时间。一旦电源电压恢复，电源通过控制器中低压吸持电源继续为电磁机构提供保持所需的能量。

显然，如果增大滤波电容 C_1 的容量，可以保证在电压跌落期间能够提供足够的能量保持接触器处于接通状态，也可省去低电压电容。如果考虑快速正常分断而不采用续流方案，也可增大储能电容容量，并将续流二极管省略。

该技术与现有技术相比能够保证交流接触器准确、方便地实现电压跌落期间接触器的持续运行、正常分断控制时的快速分断。

2.5.6　智能控制交流接触器零电压吸合控制技术

交流接触器吸合过程的弹跳会影响接触器的电气寿命，严重的弹跳，特别是二次弹跳将大大降低接触器的使用寿命。减少接触器弹跳是提高接触器寿命的关键技术之一。在接触器吸合过程中，强激磁采用分段控制的方法，可以减少甚至消除触头的弹跳。

智能控制交流接触器首开相的电气寿命基本上决定了智能控制交流接触器的电气寿命。接通过程的电弧能量对其电寿命也有一定影响，特别是在 AC3 运行条件下更是如此。如果能够实现首开相触头在电压过零点附近闭合，减小接通过程中电弧能量以及电弧对触头的侵蚀，不仅可以提高首开相触头的电寿命，实际上就是提高整台接触器的电寿命。

图 2.39 为首开相触头零电压接通的示意图，图中 t 为首开相触头零电压接通区域。本节设定 t 为±1ms。

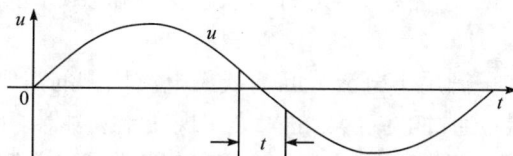

图 2.39　首开相触头零电压接通示意图

通过分析吸合相角、控制参数、吸合时间之间的关系，根据不同电源并按照相应的控制程序，通过单片机系统进行接触器强激磁过程的控制，不但实现了接触器首开相触头的零电压接通，而且大大减少甚至消除了触头的弹跳。图 2.40 为吸合相角为 58°，控制参数为通 18ms、断 2ms、通 1ms 情况下首开相触头零电压接通的测试波形。

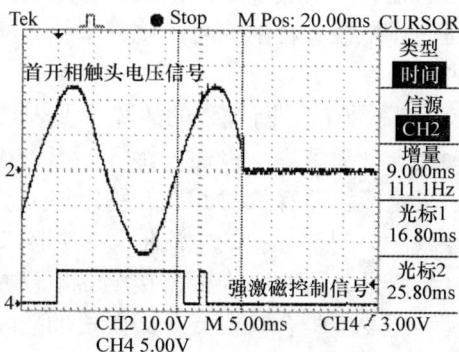

图 2.40　首开相零电压接通测试波形

由图 2.40 可以看出，首开相触头在电压过零前 1ms 内接通，并且没有发生触头弹跳，实现了接通过程的优化控制。

因此，提出交流接触器智能控制技术研究中首开相触头零电压接通的概念。虽然在交流接触器智能技术研究中零电流分断是最关键的技术，但是零电压接通的实现有助于提高电寿命。实际运行中可以基本上实现零电压接通。

2.5.7　智能控制交流接触器状态检测与故障诊断研究

为了适应统一坚强智能电网的要求，本节分析交流接触器与智能控制交流接触器的一般性故障，对状态检测与故障诊断进行了研究，提出了实现的方法。

智能开关电器是智能电网中一个重要元器件，它的可靠运行直接关系到电网的安全可靠，因而开关电器的状态检测十分重要。

交流接触器发生故障时将影响系统生产过程的正常进行，并可能造成巨大的经济损失。如果能够对智能控制交流接触器(特别是大容量交流接触器)的运行状态进行检测，判断其发生的故障，及时预警用户，就能够大大降低故障率，挽回不必要的经济损失。因此，接触器运行中状态检测和故障诊断受到运行单位与制造工厂的重视。

本节充分利用为了满足零电流分断与线圈电流检测的需要而安装在首开相与线圈上的电流互感器，通过电流信号的采集实现交流接触器一些常规故障的诊断。

对接触器故障的诊断主要包括吸合阶段和分断阶段的故障诊断。

(1) 吸合阶段。交流接触器在吸合阶段的故障主要表现为交流接触器不动作或动作不正常，如线圈断线、机构卡住、线圈过热等。由于智能控制交流接触器在同一电压下采用同一种控制方案，吸合相角是固定的，这样智能控制交流接触器的吸合时间也是比较固定的。可以在单片机系统发出吸合命令后检测首开相的电流，如果在较长的时间内(如 50ms)检测不到电流信号就可以判断交流接触器发生故障。其中线圈没有电流信号则表明线圈断线，否则表明机构卡住。

如果从开始激磁到首开相触头合闸的时间比正常状态偏大较多则可以判断为交流接触器的线圈过热。

(2) 分断阶段。交流接触器在分断过程的故障主要表现为交流接触器不释放或延时释放，如剩磁太大、触头熔焊、极面油污等。由上述测试结果可知，通过优化设计后的智能控制交流接触器释放时间比较稳定，分散性很小。因此，在单片机系统发出分断信号后，检测首开相的电流信号来判断交流接触器分断时间，如果较长时间仍存在电流信号，可判断为交流接触器不释放或延时释放。

当智能控制交流接触器发生吸合阶段或分断阶段的故障时，就可以通过声光报警或通信的方式提醒用户进行及时维护，从而把故障损失降到最低。

此外，通过检测线圈电压、三相触头回路电流与线圈电流可以判断接触器是否正常运行(例如，是否处于断相运行状态等)，并将运行的参数与状态信号实时地上传到主控计算机。

自适应零电流分断控制的调节。前期研究表明，由于机构动作的分散性，长期工作触头与机构运动过程中产生磨损、磁性物质粉尘的产生、机构的老化等原因造成接触器分断动作可能发生迟滞，使触头打开时刻落在最佳分断控制时间区域之外，这将导致零电流分断控制失败。为此，必须进行零电流分断自适应控制调节。

2.5.8 智能控制交流接触器技术——具有综合智能化功能的交流接触器技术的概念

基于坚强智能电网对智能低压电器的要求，综合上述研究，在采用智能优化算法进行交流接触器的动态优化设计的基础上，提出适应智能电网需要的且涉及吸合、吸持与分断全过程综合智能化功能的交流接触器技术。坚强智能控制交流接触器技术应该是具有综合智能化功能的交流接触器技术。

总体上，智能控制交流接触器技术是具有智能化功能的设计、运行与测量的接触器技术。该技术将实现智能化虚拟优化设计，其产品能根据运行环境进行某些自适应调节功能，具有状态检测、故障诊断和满足要求的双向通信可控能力，从而实现优化运行。

具体来说，智能控制交流接触器的关键技术应包括人工智能设计与智能动态特性测试相结合的设计技术、以主电流为判据的稳定可靠的自适应三相触头零电流分断技术、根据实际电源电压进行接通过程的自适应优化控制技术(包括零电压接通技术、接通过程很小的撞击能量、很小的触头弹跳)、状态检测与故障诊断(包括自检)、寿命预测、双向通信可控技术、节能技术以及抗电压跌落技术等。

具有综合智能化功能的智能控制交流接触器技术以及在研制样机上的实现将交流接触器技术水平提高到了新的高度。

1. 结构方案

智能控制交流接触器技术的结构形式包括如下几种。

(1) 触头不同步交流接触器结构形式。

(2) 分相式或组合式交流接触器结构形式。

智能控制交流接触器的控制原理框图如图 2.3 所示，仅仅是智能控制电磁系统的数目不同。

此外，对交流接触器电磁系统结构优化计算的研究表明，斜极面铁心不仅可以改善动态吸力特性，而且可以大幅节材(以 CJ40-100A 交流接触器为例，节铁50%以上，节铜 70%以上)，并减小接触器的体积。因此，斜极面铁心的应用值得考虑。

2. 优化设计

采用基于电器虚拟样机仿真技术的人工智能优化设计与电器智能动态测试相结合的电器智能设计技术(详见第 6 章)进行吸合与零电流分断要求的优化设计,在保证交流接触器可靠吸合、铁心撞击能量大幅度减小的前提下,使机构释放时间最短,为交流接触器可靠零电流分断奠定基础。

(1) 确定优化变量。交流接触器的工作方式为直流启动、直流保持,并采用不加装分磁环的铁心。在适当提高反力特性的条件下,以吸合相角与吸合过程动态控制程序、电磁系统结构参数为优化变量,对其动态过程进行优化设计。

(2) 目标函数。为了获得最短的分断时间,将目标函数转化为在保证可靠吸合、减少材料费用与很小的铁心单位面积撞击能量的条件下交流接触器运动部件质量为最小。

(3) 优化计算分析。采用人工智能电器优化设计方法(如混合智能算法),编制智能控制交流接触器电磁系统优化计算程序。

(4) 优化结果测试与分析。①吸合过程:优化后吸合过程铁心单位面积撞击能量应大幅度减小,从而提高器件的电寿命与机械寿命。此外采用电器智能动态测试装置验证该样机动态过程仿真计算的正确性。②分断过程:对样机分断动作时间进行稳定性测试,应大幅度减小机构动作的分散性,提高分断过程的稳定性,满足零电流分断的要求。

3. 零电压接通

交流接触器吸合时将按不同的激磁电压自适应地执行不同的控制程序。通过吸合相角、控制参数、吸合时间之间关系的分析,由单片机系统控制实现首开相触头零电压接通。

4. 抗电压跌落功能

发生电压跌落时,超级电容提供接触器维持接通状态所需的能量,单片机系统按要求控制接触器延时释放,从而满足正常分断与电压跌落的控制要求。

5. 三相零电流分断

三相触头均在电流过零前很短的时间内打开,电弧在过零时开断,实现三相触头稳定的微电弧能量分断,并进行自适应零电流分断控制。

6. 自检功能

交流接触器自检功能,包括单片机自检及上述状态检测与故障诊断功能。

7. 寿命预测

交流接触器在使用过程中，电弧侵蚀、触头磨损等使其触头超程不断变小，直至交流接触器失效，也就是电寿命结束。为了减少事故发生率，有必要对交流接触器的寿命进行预测。但是，接触器准确的寿命预测是非常困难的，还需要进一步研究。

电寿命主要体现在交流接触器触头的超程。为此提出以下仅供参考的方案。该方案尝试采用吸合(或分断)过程提取首开相动静触头闭合(或断开)与动静铁心碰撞(或分离)的信号，以二者时间差为依据。

例如，由于触头闭合后线圈电流突降至保持状态电流值的时刻与铁心碰撞的时刻相关，可以事先将初始状态与预计寿命接近结束状态下，首开相触头闭合电流信号和典型的铁心碰撞信号(对两种状态的铁心碰撞信号做适当处理)的时间差 Δt_1 存入单片机的 EEPROM，在交流接触器运行的吸合阶段检测二者时间差 Δt_2。如果经一定数量次数测试均发现 Δt_2 小于预计寿命接近结束状态 Δt_1，可以给出参考信号提示用户注意。寿命预测示意图如图 2.41 所示。

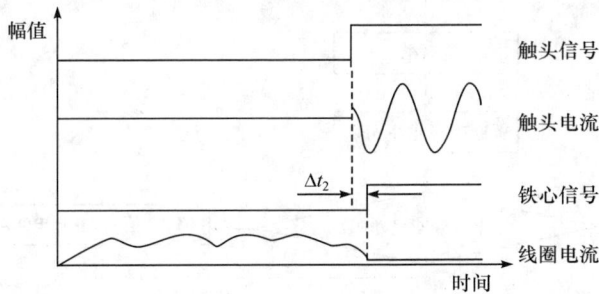

图 2.41　寿命预测示意图

8. 节能与通信功能

由于采用直流启动、直流保持的控制方式，智能控制交流接触器具有节能功能，同时为机构稳定释放创造有利条件。

智能控制交流接触器可以实现与主控计算机的双向通信。主控计算机可以直接控制接触器的通断，也可以将交流接触器的运行参数和状态参数传送到上位计算机进行监控。这样从主控计算机上可以了解接触器的三相电压、三相电流、控制电压、故障状态，为坚强智能电网提供必要的信息。

9. 智能控制交流接触器软件框图

图 2.42 为智能控制交流接触器软件框图。

初始化

电压符合要求吗? —N

动态控制吸合过程

状态正常吗? —N→ 状态异常报警

寿命到吗? —Y→ 寿命到报警

电压小于释放电压吗? —N

检测B相电流零点

延时t_1

关断吸持元件,分断

零电流分断成功吗? —N→ 修改t_1值写入EEPROM

结束

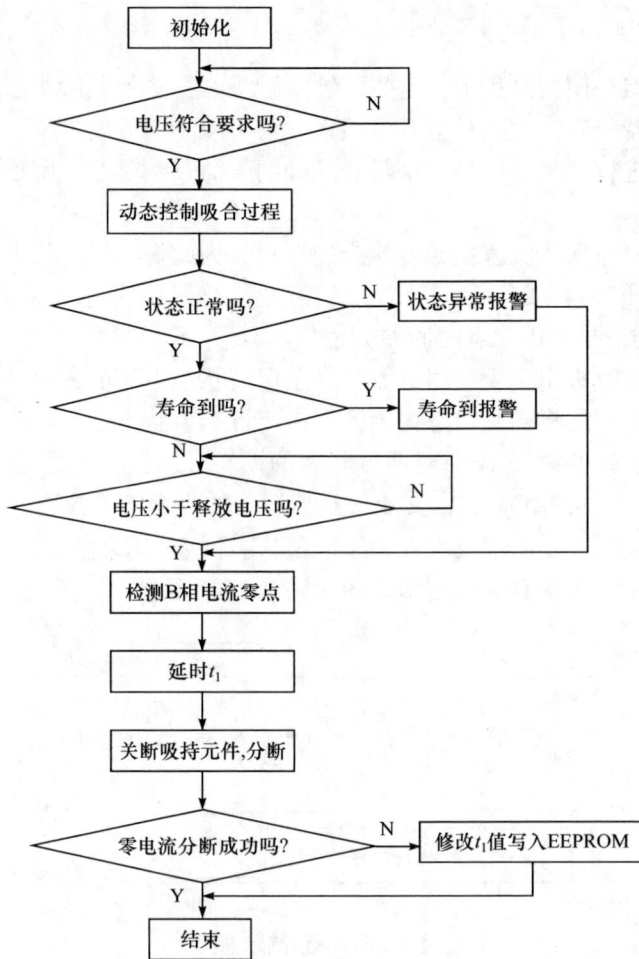

图 2.42　智能控制交流接触器软件框图

2.6　智能(混合式)无弧控制技术

众所周知,可控电力电子器件具有操作频率高、使用寿命长、动作时间短等特点。由可控电力电子器件组成的无触点固态开关电器可实现无弧分断,但是,这种开关电器的过电压、过电流能力较弱,成本很高,管压降大,特别是在大容量时开关电器的损耗非常大,这就限制了无触点固态开关在电路中(尤其是在大容量电路中)的使用。而传统的有触点开关电器的制造成本低、触头压降小,但是,其使用寿命短、操作频率低、动作时间比较长,尤其是在触头分断时产生的电弧问题,不仅影响电器的性能,而且是电子电路的干扰源。

随着微电子技术与电力电子技术的迅速发展，智能(混合式)无弧控制技术(以下简称智能无弧控制技术)被提出。该技术将可控电力电子器件与有触点开关电器相结合，其接通与分断过程由电力电子器件工作，正常运行由有触点开关电器工作，使之取长补短，实现无弧接通与无弧分断。将该技术应用于交直流接触器组成智能无弧控制交直流接触器。

2.6.1　智能无弧控制交流接触器技术

智能无弧控制交流接触器综合了电力电子技术、计算机技术、电子技术与电器技术，其在交流接触器的每相触头上并联一个单向(或双向)晶闸管。该交流接触器不仅实现了无弧接通、分断，大幅度提高了交流接触器的电寿命与操作频率，提高了工作的可靠性，而且实现了节能、节材、无声运行、与主控计算机双向通信。因此，智能无弧控制交流接触器具有很高的性价比。此外，智能无弧控制交流接触器对吸合、吸持、分断全过程进行了动态最优控制。

1. 基于双向晶闸管的智能无弧控制交流接触器技术

基于双向晶闸管的智能无弧控制交流接触器技术是在交流接触器的每相触头上并联一个双向晶闸管，构成智能双向晶闸管无弧控制交流接触器，实现接通和分断过程的无弧控制。图 2.43 为该接触器的控制原理图。

1) 接通过程

在上电初始化的过程中，通过电流互感器检测晶闸管漏电流情况，如果情况正常，单片机系统开始对控制电压进行采样，当电源电压超过接触器吸合的阈值电压时，触发主电路晶闸管，使晶闸管处于准备导通及导通状态，并接通接触器线圈，使接触器触头在三个晶闸管导通状态下完成吸合动作。然后，触发电路不再提供触发信号，晶闸管关断，电流从晶闸管转移至触头系统。从而消除吸合过程中的触头振动和弹跳的影响，实现吸合过程的无弧接通。在吸持状态，由低电压

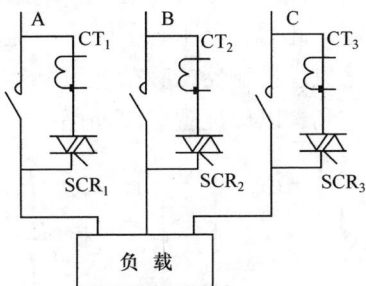

图 2.43　智能双向晶闸管无弧控制
交流接触器控制原理图
CT$_1$～CT$_3$ 为电流互感器，
SCR$_1$～SCR$_3$ 为双向晶闸管

直流吸持电路，提供接触器的吸持能量实现节能无声运行。同时对晶闸管的漏电流进行实时监测，以保证智能双向晶闸管无弧控制交流接触器的正常工作。

2) 分断过程

当接触器接收到分断信号后，单片机系统触发主电路晶闸管，使晶闸管处于准备导通状态，然后断开线圈电源，三相触头打开，晶闸管导通，电流从触头完

全转移至晶闸管。接着关断晶闸管，实现无弧分断。从而大幅度提高电寿命、操作频率和通断能力。

智能双向晶闸管无弧控制交流接触器的控制原理是简单且容易实现的。

2. 基于单向晶闸管的智能无弧控制交流接触器技术

由于单向晶闸管较同容量双向晶闸管的可靠性等方面更有优势，在交流接触器的每相触头上仅并联一个单向晶闸管，构成智能单向晶闸管无弧控制交流接触器，实现接通和分断过程的无弧控制。

1) 基本工作原理

智能单向晶闸管无弧控制交流接触器的主电路接线框图如图 2.44 所示。图中 3 个电流互感器用来检测通过主电路晶闸管的漏电流情况，当漏电流大于正常设定的电流值时，发出报警信号，相应机构动作，以保证晶闸管的可靠工作。

智能单向晶闸管无弧控制交流接触器的控制原理框图如图 2.45 所示，在上电初始化的过程中，通过电流互感器检测晶闸管漏电流情况，如果情况正常，单片机系统开始对控制电压进行采样，当电源电压超过接触器吸合的阈值电压以后，通过相序检测电路判断电源电压的相序，然后提前触发主电路晶闸管，并在合适的时刻接通接触器线圈，使接触器触头在 3 个晶闸管的共同导通区内完成吸合动作，从而消除吸合过程中的触头振动和弹跳引起的电弧，实现吸合过程的无弧接通。此后，晶闸管关断，电流转移到触头。在吸持状态下，由低电压直流吸持电路提供接触器的吸持能量，实现节能无声运行。同时对晶闸管的漏电流进行实时监测，以保证智能单向晶闸管无弧控制交流接触器的正常工作。

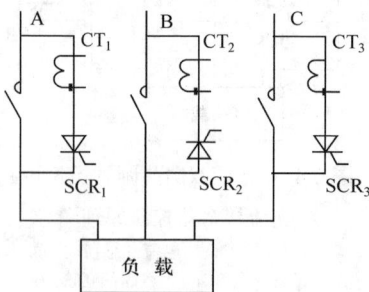

图 2.44　主电路接线框图　　　图 2.45　控制原理框图

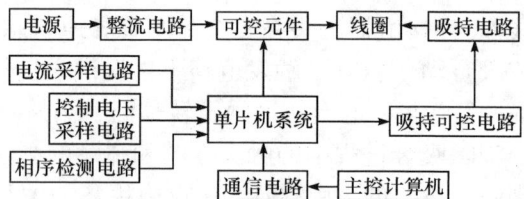

当接触器接到分断信号后，单片机系统触发主电路晶闸管，然后针对不同的电源电压相序，选择不同的分断时刻，以保证接触器触头在 3 个晶闸管共同导通区内分断。在触头分断过程中，主电路电流转移到晶闸管上，从而实现了无弧分断。从三相电流波形可见，晶闸管的共同导通区宽度约为 3.3ms。如图 2.46 所示，

共同导通区内各相电流的方向为 A 正向、B 负向和 C 正向。因此，对单片机系统来说，完全可以准确地实现所需的控制。由此可见，智能单向晶闸管无弧控制交流接触器从根本上消除了电弧问题。

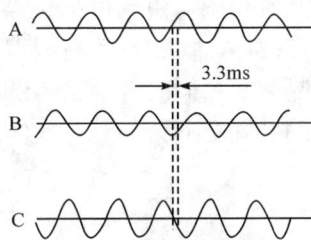

图 2.46　晶闸管共同导通区示意图

2) 控制软件分析

图 2.47 为单片机在启动阶段的控制流程图。上电以后，单片机首先对主电路晶闸管漏电流进行检测，当确定晶闸管漏电流在允许范围内时，再进行电源电压的相序检测，判断相序并储存相序信息，接着检测吸合电压是否满足要求，如果电压大于要求的最低吸合电压，在吸合之前先对晶闸管发出触发信号，再定相吸合交流接触器，使接触器的主触头闭合区域落在 3 个单相晶闸管的共同导通区内，实现无弧接通。

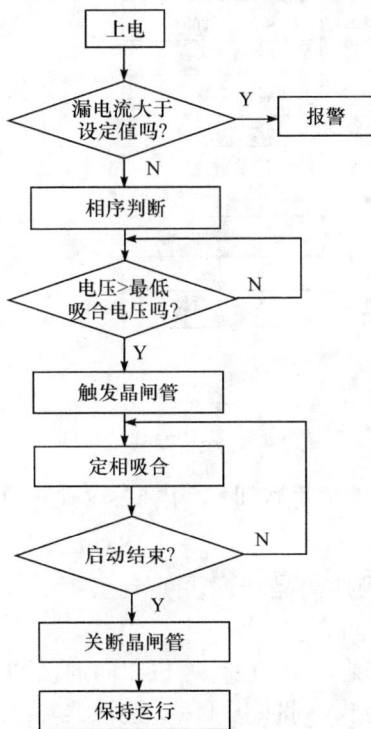

图 2.47　启动过程流程图

吸合过程结束后，就进入吸持程序。在吸持阶段，单片机系统对晶闸管回路和电源电压实时监测，当发现晶闸管损坏时，立刻发出报警信号。单片机系统一旦接到分断信号，立刻转入分断程序。图 2.48 为单片机系统在接触器分断阶段的控制流程图。由图可见，当单片机系统检测到分断信号之后，先检测某相电流的零点(如 A 相)，然后将根据不同的主电路电压相序，延时不同的时间，触发主电路晶闸管，同时选择恰当的时刻分断接触器的保持电路，使接触器的触头在晶闸管的共同导通区内分开，实现无弧分断。

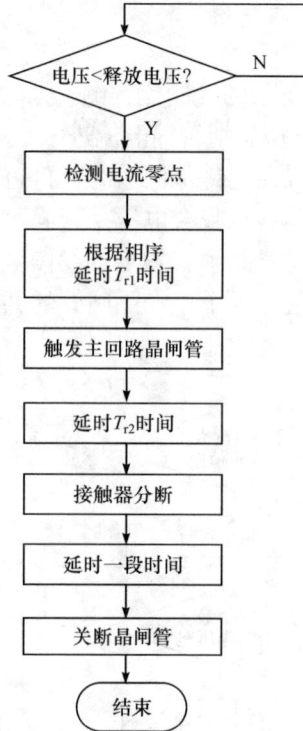

图 2.48　分断控制流程图

接触器触头分断的软件延时时间 T_r 为图 2.48 中的 T_{r1} 和 T_{r2} 之和，其计算式为

$$T_r = T_s - T_d - T_{ct} \quad (\text{ms}) \tag{2-12}$$

式中，T_s 为检测到电流零点距离晶闸管共同导通区的时间；T_d 为接触器动作时间；T_{ct} 为电流互感器的相移时间。

此外，该接触器还实现了与主控计算机双向通信的功能。主控计算机既可以显示接触器的工作状态信息，同时也可以对接触器实行远程控制。

3) 实验结果与分析

智能单向晶闸管无弧控制交流接触器以 CJ20-100A 为研究对象，在电流为 600A，操作频率为 1200 次/h 的条件下进行接触器 AC4 电寿命试验。共进行了 30 万次以上试验，接通和分断均无电弧，整机和触头情况良好，证明这种无弧控制方案是成功的。其接通过程与分断过程的波形图如图 2.49 所示。

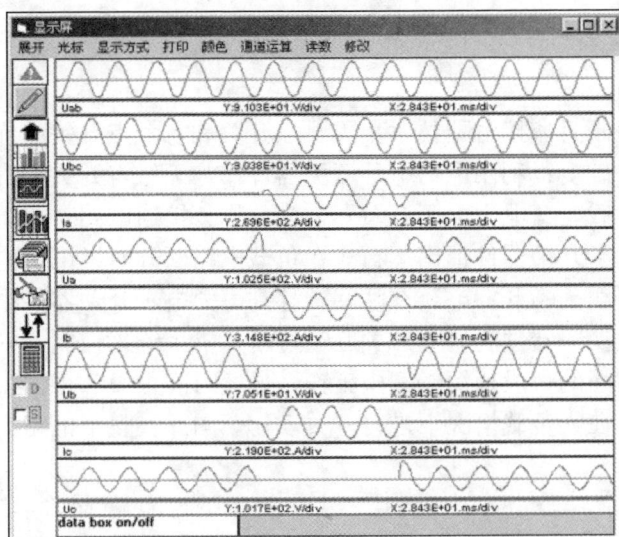

图 2.49　接通、分断时接触器的试验波形图

2.6.2　智能无弧控制直流接触器技术

1. 直流接触器的应用与存在的问题

为应对能源环境和可持续发展的挑战，世界范围内正推动新一轮的能源结构变革。直流输电在电力大规模远距离输送、可再生能源接纳、高效新型输配电网构建和能源互联网建设等方面，都有着显著的优势，其具有巨大的发展前景，目前正获得越来越多的关注。

随着电力电子技术的发展，直流配电系统在很多领域都对交流配电系统具有技术和经济优势。分布式电源投入、用户的用电方式即负荷的发展，以及其自身极好的节能效果、线路成本低、供电可靠性高、环保等优点，都极大地推动了直流配电的发展。对于直流电器技术而言，这是一个机遇也是一个挑战。

直流接触器广泛用于冶金、矿山、地铁、电力牵引、化工等部门的直流电路中，由于直流电流没有过零点，直流接触器开断电路特别是开断感性电路时将产生强烈的电弧，这不仅造成其技术经济指标的低劣，降低了工作可靠性，而且成为电子线路的干扰源。从开断容量的角度看，直流接触器开断电路的能力远低于交流接触器。

将可控电力电子器件与直流接触器相结合，组成了智能无弧控制直流接触器，其接通与分断过程由电力电子器件工作，正常运行由直流接触器工作，实现了无弧接通与无弧分断。不仅大幅度提高了直流接触器的性能指标，而且增强了功能，解决了临界电流难分断与严重的电磁干扰的问题，可以实现大幅度节能、节材。

2. 智能无弧控制直流接触器控制原理分析

1) 工作原理

智能无弧控制直流接触器技术集无触点开关和有触点开关的优点于一体。在传统电磁开关基础上,利用电力电子开关器件作为无触点开关与直流接触器的触点并联。接通负载时,电力电子开关器件先动作,接通电路,接着接触器触头闭合电路,电力电子开关器件退出运行。在负载电路断开时,电力电子开关器件导通,然后接触器触头断开,电流在瞬间转移到电力电子开关器件中,接触器触头实现无弧开断。功率器件的导通和关断通过单片机系统来控制,其仅在直流接触器的开关动作期间的一段很短时间内工作,导通时间很短,工作损耗极低,接触器的触头则完全在无负载情况下进行开关动作。因此,整个电路的配合实现了无弧通断。

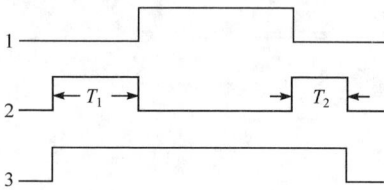

图 2.50　电流转移示意图

图 2.50 为智能无弧控制直流接触器电流转移示意图。曲线 1 为智能无弧控制直流接触器触头通过的电流,曲线 2 为通过电力电子开关器件的电流,曲线 3 为通过负载回路的电流。T_1 为智能无弧控制直流接触器接通时电力电子开关器件导通时间;T_2 为智能无弧控制直流接触器分断时电力电子开关器件的导通时间。

智能无弧控制直流接触器系统原理图如图 2.51 所示,当 S_1 闭合后,DC/DC 变换器电源模块上电,功率变换电路开始工作,此电源模块分两路输出:一路输出供给单片机系统控制回路工作;另一路输出作为 I 管和 M 管的驱动电源。当 DC/DC 变换器电源模块上电时,整个控制回路开始工作。采样电路将线圈电压情况反映给单片机系统控制部分,控制部分根据采样结果采取不同的处理方法:电压正常时,单片机系统控制电路分别给 M 管和 I 管送出驱动信号,M 管导通使线圈 K 回路接通,I 管导通使负载回路接通,同时接触器动铁心动作使触头无弧闭合。当接触器触头完全闭合后,I 管断开,负载回路由接触器触头维持接通状态,然后单片机系统处于等待状态。如果上电时采样部分显示电压不正常,处于欠压或过压状态,单片机系统控制电路不做任何处理,直接进入等待状态,则线圈和负载仍处于带电等待状态。电压状态发生变化时,采样部分将变化情况反映给单片机系统控制电路,做出相应处理。当运行中发生欠压、过压状况时,单片机系统控制电路切断 M 管的驱动,I 管导通,触头由于线圈回路失电而分断,电流由触头部分转移到 I 管回路,使触头实现无弧分断。当触头完全打开后,切断 I 管,整个回路处于断开状态。

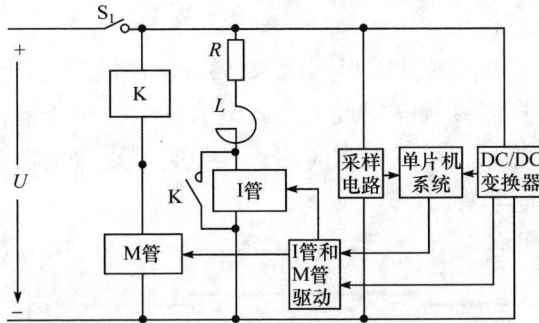

图 2.51　智能无弧控制直流接触器系统原理图

　　智能无弧控制直流接触器的电源可以采用单端反激式功率变换器对其控制电路及接触器线圈供电，也可在线圈回路附加外串电源，保证接触器正常运行时大幅度节能。反激式功率变换器的拓扑结构简单高效，适合多路输出的应用场合。

　　该电器采用异步串行通信方式，实现了下位机(单片机)与主控计算机之间的远程双向通信功能，即主控计算机可以显示智能无弧控制直流接触器的工作状态信息，该信息包括接触器目前所处接通或断开的状态、电源电压等。主控计算机还可以远程控制接触器的接通和分断。

2) 控制软件分析

图 2.52 是智能无弧控制直流接触器软件框图。

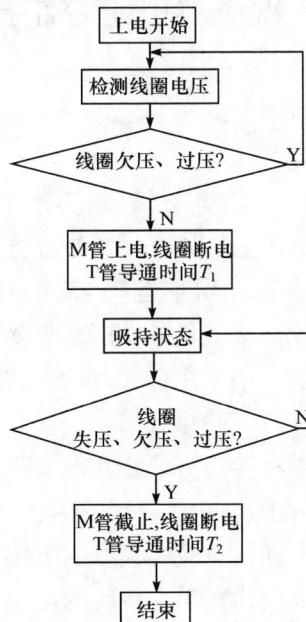

图 2.52　软件框图

3) 实验结果与分析

从带负载的实测电流转移波形图(图 2.53，该图波形与图 2.50 一一对应)可见，智能无弧控制直流接触器实现了负载电流在电力电子器件与触头之间正确的转移。无弧控制的原理可以考虑应用于其他类型直流电器，如智能直流断路器、智能直流集成电器等。

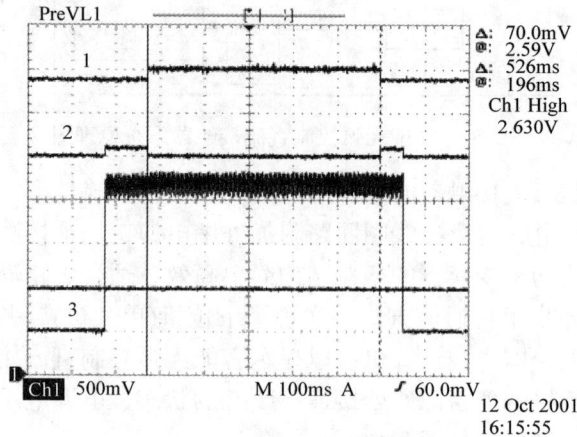

图 2.53　实测电流转移波形图

2.7　继电器电子控制技术

2.7.1　汽车继电器无弧通断技术研究

1. 汽车继电器简介

继电器是汽车电气系统的重要控制部件，是电气系统能否正常运行的关键。随着汽车结构的不断改进和性能的不断提高，汽车对继电器的技术要求也越来越高，未来汽车智能化、网络化、集成化的发展趋势要求汽车继电器能够通断更大的电流，设计和封装更加紧凑，小型化、大负荷、低功耗、高灵敏度、长寿命、高可靠性是汽车继电器的总体发展趋势。

传统的电磁式汽车继电器在接通灯负载和电动机负载时，其触点受到高于稳态电流好几倍的浪涌电流的冲击，同时，触点发生弹跳、抖动等现象，产生电弧，使其发生熔焊；当分断时，电动机负载所具有的电感值很大，触点间的燃弧时间长，电弧熄灭困难，电弧侵蚀极为严重。传统的电磁式继电器已经无法满足负载能力日益增长而体积不断减小的要求，混合式电器的出现为汽车继电器的发展提

供了新的思路。国内外研究者对混合式电器进行的试验，证明了可取得节银、无
弧通断、提高电气寿命等良好效果。

在传统的电磁式汽车继电器的基础上，设计以高频电力电子技术为基础的控
制模块，结合自适应控制方法，解决汽车继电器触点在闭合时受到浪涌电流冲击
而熔焊以及分断时的电弧侵蚀等问题，实现汽车继电器无弧通断，从而大大提高
汽车继电器负载容量以及电气寿命。控制模块具有附加成本低、与原有使用条件
兼容以及可实现电路集成化和微型化等优点，适合实际应用要求。

2. 设计思路

本节的技术思想是：采用上述混合式无弧控制技术的思路。

传统的电磁式汽车继电器本身价格不高，体积也不大，如果附加电子电路，
则可能产生体积大，成本偏高等问题，因此设计时要求用价格低廉的电子元件构
造控制电路，并可实现集成化。另外，电力电子器件只在继电器动态过程导通，
工作时间极短，因此无须散热片，并且电力电子器件可降级使用。

3. 模块的设计

1) 原理框图

电力电子器件采用电压控制型器件 MOS 场效晶体管(metal-oxide-semiconductor
field effect transistor，MOSFET)，其控制电路由驱动电路、采样电路、反馈电路、
储能电路组成。该电路的电源取自继电器电磁线圈，储能电路的作用是当继电器
的线圈断电后能够继续为控制电路提供电压。为使电力电子器件可以在继电器触
点接通和分断前导通，设计了采样电路，对触点的状态进行实时采样，将采样信
号通过反馈电路，自适应地控制脉冲驱动电路，判断是否为电力电子器件提供驱
动信号，从而控制电力电子器件的导通和关断。利用高频磁芯作为隔离变压器，
实现驱动电路与主电路的电气隔离，同时该磁芯还作为电流互感器进行触点状态
的采样并实现采样电路与主电路的电气隔离，提高电路的可靠性。

除电力电子器件等极少数元件，控制模块均由可在低电压下工作的小功率电
子元件构成，这就为实现控制模块的集成化奠定了基础。控制模块的原理框图如
图 2.54 所示。

2) 电路工作过程

(1) 继电器接通过程。当继电器励磁线圈通电时，驱动电路就开始工作，产
生高频脉冲信号，并对储能电路中的电解电容充电。高频脉冲电压信号经过隔离

变压器的隔离后加在 MOSFET 的栅极上，使 MOSFET 导通，此时，继电器还处于吸合状态，即触点尚未完全闭合。主电路电源和 MOSFET 构成一个回路，电流不经过触点。采样电路采集到电流信号交给反馈电路处理，使驱动电路继续工作，输出高频脉冲驱动信号。

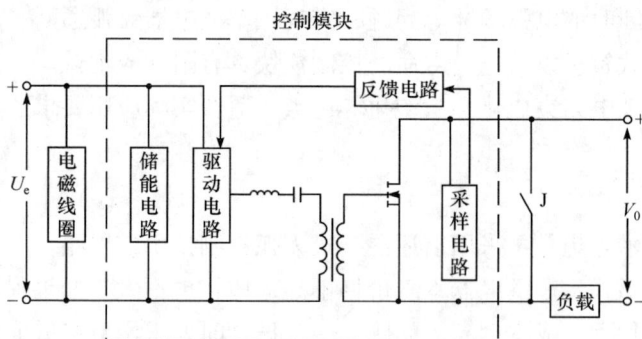

图 2.54　控制模块的原理框图

(2) 继电器接通状态。当触点完全闭合后，采样信号为零，反馈电路经过一段时间的延时，使高频脉冲发生器停止工作，不再输出脉冲驱动信号，电力电子器件关断，整个电路进入运行状态。此时，稳态电流由触点承担。

(3) 继电器分断过程。当继电器励磁线圈断电后，反馈电路使脉冲驱动电路响应，与此同时，储能电路中的电解电容开始放电，为驱动电路提供电压，驱动电路便重新输出高频脉冲，使 MOSFET 工作。因此，主回路的电流在触点分断时由 MOSFET 承担，从而避免触点在分断时产生电弧。当电解电容放电完毕时，整个控制电路停止工作，分断过程结束，进入分断状态。

4. 实验验证

1) 不接控制模块的灯负载实验

不接控制模块的实验电路如图 2.55 所示。继电器在接通灯负载时，触点会通过大于稳态电流好几倍的浪涌电流，同时触点弹跳，产生电弧，因此将继电器外壳敞开后进行实验。实验中观察到触点间产生明亮的火花，测得通过触点的电流波形如图 2.56 所示。

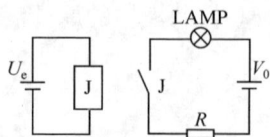

图 2.55　不接控制模块的实验电路图

图 2.55 中，U_e 为继电器线圈电源；J 为汽车继电器；R 为毫欧级无感电阻，用于示波器采集通过触点的电流；V_0 为由蓄电池提供的 12V 电源；负载为汽车前照灯(LAMP)。

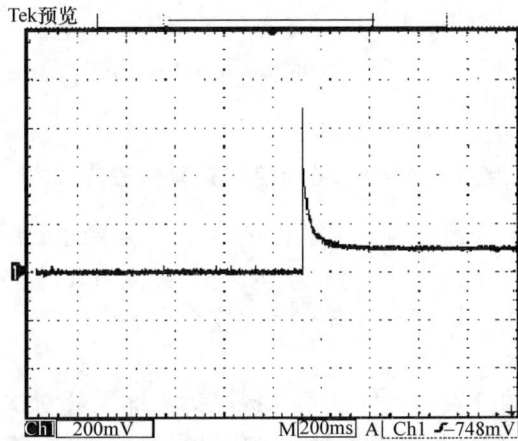

图 2.56　汽车继电器触点接通时的电流波形

2)　接上控制模块后进行的灯负载实验

接上控制模块的实验电路图如图 2.57 所示。接上控制模块后，看不到触点间产生火花。测得继电器触点电流波形如图 2.58 所示。

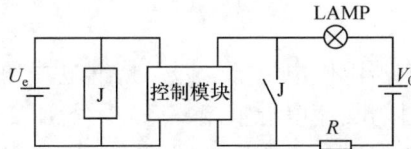

图 2.57　接上控制模块的实验电路图

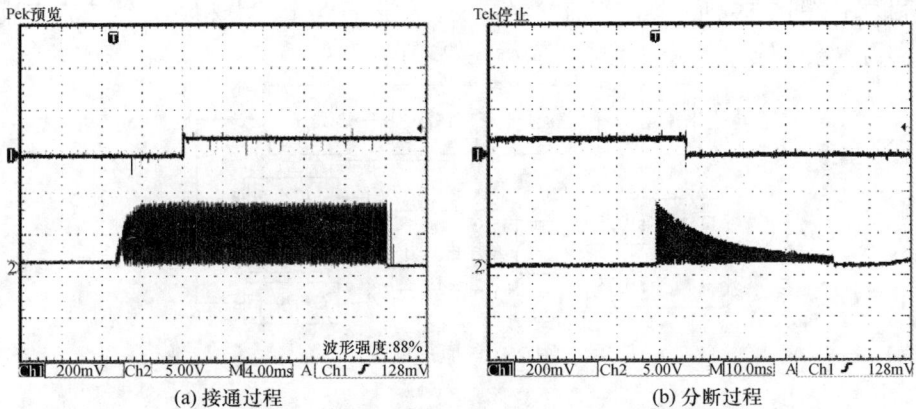

(a) 接通过程　　　　　　　　　　　　(b) 分断过程

图 2.58　继电器触点的电流及 M 管栅极驱动电压
Ch1 为继电器触点的电流波形；Ch2 为 MOSFET 栅极驱动电压波形

由图 2.58 可以看出，在触点接通和分断几毫秒前，MOSFET 已经被触发，保证了在触点接通和分断瞬间由电力电子器件承担较大的电流，从而实现了继电器的无弧通断；在触点接通和分断一段时间后，MOSFET 停止工作，从而保证该电路的低功耗。

2.7.2　基于磁保持继电器的分相式智能控制交流接触器技术

磁保持继电器是为适应电子元器件的低功耗要求而发展起来的新型控制电器，其工作原理与双位置中性式极化继电器相似，它的显著特点是采用脉冲来驱动继电器动作，在线圈断电(脉冲消失)后可实现自保持功能。其特点是控制方便、体积小、节能、节材等。

磁保持继电器的开发和性能的不断提高为零电流分断技术的发展带来了契机。与接触器相比，磁保持继电器具有动作时间短且稳定、电磁系统具有自保持功能等优点，因此本节采用三个磁保持继电器来替代交流接触器的本体，设计了分相式智能控制交流接触器，充分利用磁保持继电器的优越性能，减小了接触体积与重量，经济有效地实现零电流分断。该方案仅适合于中小容量及 AC3 使用场合。

1. 工作原理

该智能控制交流接触器由供电电源、磁保持继电器和以单片机系统为核心的采样控制电路组成。通过对交流电源整流、滤波、稳压后为单片机系统和继电器线圈供电。通过采样电路对电源电压和主回路电流进行采样，判断采样值是否满足继电器动作的条件，若满足，则通过驱动电路对继电器的工作状态进行切换。原理框图如图 2.59 所示。该交流接触器的工作原理与上述分相式智能控制交流接触器相同(实际应用、继电器耐压应满足要求)。

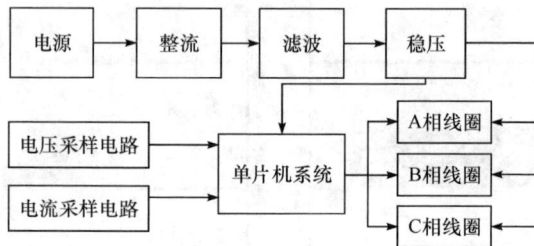

图 2.59　原理框图

2. 设计方法

1) 继电器选型

本书选用某型号双线圈磁保持继电器作为交流接触器的本体，对该型号继电器在不同励磁电压下的分断时间以及无载通断 10000 次后在额定励磁电压下的分断时间进行测量。结果表明，该型号继电器不仅动作时间稳定，动作分散性小，而且在多次动作后，继电器的动作时间特性基本保持不变，因此适合作为微电弧能量分断的交流接触器本体。

2) 试验样机

试验样机由双线圈磁保持继电器和控制电路组成,其中控制电路由电源模块、电压采样模块、电流检零模块、单片机模块、驱动电路模块等构成。

以 PIC(peripheral interface controller)单片机为控制核心，为了保证电源电压过低或断电时，单片机模块能够可靠的工作以及继电器复位线圈能够励磁使触头正常分断，电源电路模块设有储能电路。

此外，通过三极管的通断来实现单片机模块对线圈的控制。同时，为了防止线圈断电时产生过电压，在线圈两端各反并一个二极管形成续流回路。

3) 软件设计

单片机模块上电后对电源电压进行采样并判断，当电源电压大于最低吸合电压且触头处于断开状态时，单片机模块控制继电器吸合；当电源电压低于最高释放电压且触头处于闭合状态时，单片机模块开始检测触头电流零点，根据检测结果控制各相分断。

3. 模拟实验验证方法及分析

实验验证时，220V 交流电源经过调压器与主电路连接，三相负载采用星形接法。通过调压器改变线路电源电压的大小对控制电路进行验证。利用电流互感器检测触头电流，电流互感器变比为 1：1000，副边采样电阻为 51Ω。实验电路如图 2.60 所示。图中，PT_1、PT_2、PT_3 为电压互感器，CT_1、CT_2、CT_3 为电流互感器。

图 2.61 为三相实验电流波形，实现了微电弧能量分断。多次模拟实验验证了首开相触头在电流过零前 300～400μs 断开。

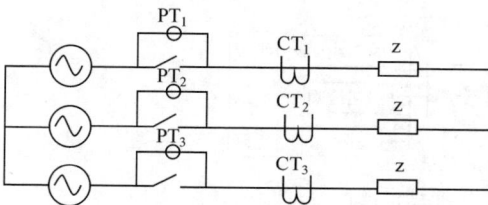

图 2.60　实验电路图

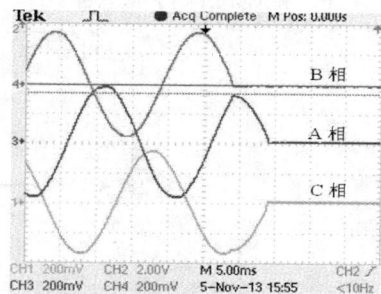

图 2.61　三相实验电流波形(见彩图)

2.7.3　基于磁保持继电器的分相式智能无弧控制交流接触器技术

根据磁保持继电器控制方便、体积小、节能、节材等特点，采用3台磁保持继电器作为智能无弧控制交流接触器的本体，配合以单片机系统为核心的智能控制模块，形成一种无弧交流接触器。

采用3台磁保持继电器作为智能无弧控制交流接触器本体进行电路控制的主电路接线示意图分别见图2.43与图2.44。图中每个触头符号代表1台磁保持继电器(同上所述，必须注意继电器耐压应满足要求)。

该接触器的工作原理与前述基于单向、双向晶闸管的智能无弧控制交流接触器技术相同。实验结果不再详述。

2.7.4　基于磁保持继电器与二极管的分相式智能无弧控制交流接触器

考虑到固态电器与混合式电器的特点，本节提出基于磁保持继电器与二极管的可以实现电气隔离、控制简便的分相式智能无弧控制交流接触器技术。

该技术将磁保持继电器和整流二极管相结合，组成一种新型的无弧交流接触器。以三相电路、接触器触头与二极管的工作原理为基础，通过控制三相接触器触头的工作顺序，实现无弧接通与分断，减小接触器体积，大幅度提高交流接触器的电气寿命与运行的可靠性。此外，磁保持继电器的自保持特性能够实现电路的抗电压跌落功能和节能无声运行。

1. 工作原理

本书采用5只双线圈磁保持继电器为本体，结合整流二极管、电源电路和单片机系统组成智能无弧控制交流接触器。该接触器每相电路都有明显的断口，以保证隔离。工作原理框图如图2.62所示。电源电路经降压、整流、滤波和稳压后，作为单片机系统和磁保持继电器的电源。采样电路的采样值作为单片机系统的判断条件，控制磁保持继电器无弧接通和分断三相电路。

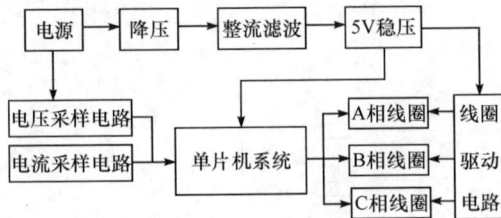

图 2.62　工作原理框图

在正常工作条件下，主回路中流过交流接触器闭合触头的电流波形是正弦波，主回路中的电流在流过整流二极管时，电流为正值则整流二极管导通，而电流为负值则整流二极管截止。通过检测主回路中电压波形和电流波形的正负值来触发磁保持继电器动作线圈和复位线圈的接通信号。三相电路主回路如图 2.63 所示。图中 A_1、A_2、B_1、B_2 和 C_1 为磁保持继电器，CT_1、CT_2、CT_3 为电流互感器，Z_1、Z_2、Z_3 为负载电阻。在闭合前，磁保持继电器都处于分断状态，电路中无电流。

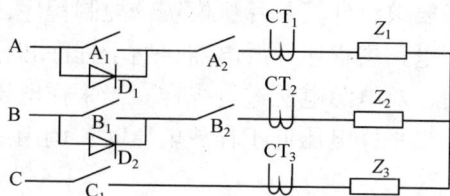

图 2.63 三相电路主回路

如图 2.63 所示，在闭合过程中，先由电压采样电路对电源电压进行实时采样，当采样电压大于接触器的吸合电压时，由单片机系统控制 C 相电路中的磁保持继电器 C_1 先闭合。然后由单片机系统对采样电压进行正负性判断，当电压由正值变为负值时，控制 A_2 闭合，磁保持继电器的闭合时间经检测为 $4\sim5ms$，此时由于整流二极管 D_1 截止，截止时间为 10ms，则在 A_2 闭合时 A 相电路中无电流，A_2 闭合过程中触头没有电弧产生。当采样电压由负值变为正值时，控制 A_1 闭合，此时 D_1 导通，导通时间也为 10ms，所以 A_1 闭合时，A_1 支路中没有电流，A_1 闭合过程中触头没有电弧产生，A_1 闭合后电流从 D_1 转移到 A_1。由于 D_1 的通电时间很短，不会产生太大的热量，其耗能很少。B 相电路中的 B_1、B_2 和 A 相中的 A_1、A_2 闭合情况相同，这样就能实现三相电路的无弧接通。

在闭合状态下，由于磁保持继电器的特性，不需要外接电源即可保持吸合状态，因此可以实现无声、无能耗运行。同时，在电路接通过程中，电压采样电路和电流采样电路一直处于实时采样中。当检测到采样电压低于接触器的释放电压时，单片机系统转入分断控制程序。

在分断过程中，当采样电流由负值变为正值时，控制 A_1 分断，电路电流由 D_1 导通，因此 A_1 分断过程中无电弧产生；当采样电流由正值变为负值时，D_1 截止，电路中没有电流，此时控制 A_2 分断，A_2 分断过程中无电弧产生。B 相电路中的 B_1、B_2 和 A 相中的 A_1、A_2 的分断情况相同。当 A 相和 B 相电路中的磁保持继电器全部断开后，则三相电路中没有电流，此时控制 C 相电路中的 C_1 分断，其分断过程中也没有电弧产生。因此可以实现三相电路的无弧分断。

A_2、B_2 与 C_1 为该无弧接触器主电路的断口。

2. 硬件设计

该无弧交流接触器的组成硬件包括磁保持继电器、整流二极管和以单片机为核心的智能控制电路。其中控制电路由 5V 直流稳压电源系统、电压采样模块、电流采样模块以及单片机模块和磁保持继电器线圈驱动模块等构成。

3. 软件设计

根据接触器的功能要求设计了单片机模块的控制程序，为了使程序简洁，以模块化的思想，设计了电路主程序、继电器接通子程序和分断子程序。

单片机模块上电后，对电源电压进行采样。当采样电压大于吸合电压时，调用接触器接通子程序；当采样电压低于释放电压时，调用接触器分断子程序。

4. 实验验证与结果分析

1) 无弧接通实验验证
图 2.64 和图 2.65 为示波器采集到的吸合过程电路波形。

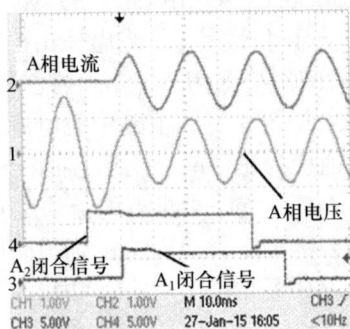

图 2.64　A 相吸合时电路电压、电流波形　　　图 2.65　B 相吸合时电路电压、电流波形
（见彩图）　　　　　　　　　　　　　　　　　（见彩图）

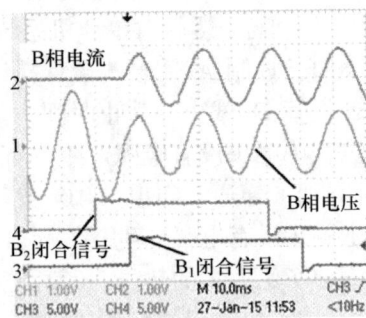

当采样电路检测到电源电压大于吸合电压时，控制 C 相电路先闭合。此时 A 相和 B 相未闭合，电路中没有电流，因此 C_1 闭合时，触头中没有电弧产生。

如图 2.64 所示，当采样电路检测到 A 相电压为负值时，控制电路输出驱动信号，使 A_2 动作线圈励磁，A_2 触头延时闭合，此时由于 A_1 尚未闭合，且二极管 D_1 处于截止状态，电路未接通，A_2 无弧接通。当采样电路检测到 A 相电压为正值时，控制电路输出驱动信号，使 A_1 动作线圈励磁，A_1 触头延时闭合。此时由于二极管的单向导电性，D_1 处于导通状态，电流由 D_1 通过，A_1 触头没有电弧产生。因此 A 相可以实现无弧接通。A_1、A_2 接通后 A 相电路有电流通过。

同理，如图 2.65 所示，根据 B 相的电压方向，控制 B_1、B_2 在相应的时刻闭合，根据二极管 D_2 的单向导电性可以实现 B 相电路无弧接通。实验表明，该接触器可以实现三相电路无弧接通。

2) 无弧分断实验验证

图 2.66～图 2.68 为分断过程电路波形。

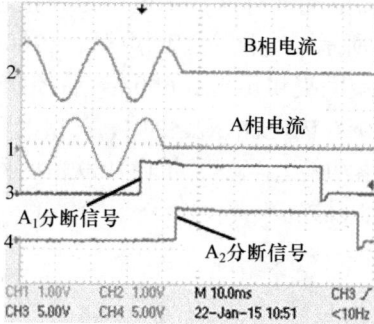

图 2.66　A 相电路分断时电流波形(见彩图)

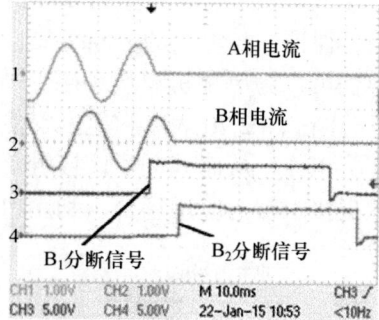

图 2.67　B 相电路分断时电流波形(见彩图)

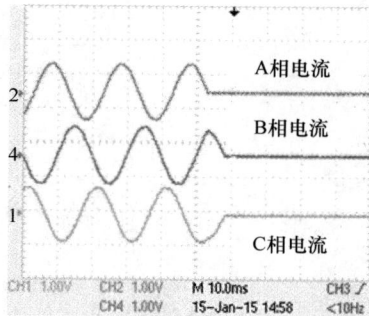

图 2.68　三相电路分断时电流波形(见彩图)

当采样电路检测到采样电压小于释放电压且电路电流为正值时，控制电路输出驱动信号，使 A_1 复位线圈励磁，A_1 触头延时断开，此时电流由 D_1 导通，因此 A_1 触头没有电弧产生；当采样电路检测到电流为负值时，控制电路输出驱动信号，使 A_2 复位线圈励磁，A_2 触头延时断开，此时由于 D_1 截止，且 A_1 已经断开，A 相电路中没有电流流过，A_2 断开时触头没有电弧产生。如图 2.66 所示，B 相电路分断情况和 A 相相同，B 相电路分断时，B_1、B_2 中也没有电弧产生。如图 2.67 所示，当 B 相断开后，电路相应地断开，因此 C 相无弧分断。实验表明，该接触器可以实现无弧分断。

3) 电网电压跌落时接触器滞后分断实验

当电网突然断电时，磁保持继电器的自保持功能，仍使电路保持接通状态。为了使电路断开，由单片机模块控制 A、B 相继电器顺序断开，C_1 最后断开。因此，只要证明储能电容能否为 C_1 的断开提供电源即可验证三相电路的分断可靠性。电容的放电时间和其容值有关，现采用 2 个 12000μF 的电容并联，可以在电网断电后为控制电路提供 1s 以上的供电时间，为接触器的抗电压跌落功能的实现提供保证。如果设置时间为 600ms，在 600ms 内电网没有恢复供电则三相接触器分断，保证三相电路的分断可靠性。如图 2.69 所示，电网突然断电后，12000μF 电容仍可以为单片机模块和磁保持继电器复位线圈提供电源，600ms 后控制 C_1 可靠分断。图 2.70 表示在电网突然断电后的 600ms 内电网恢复供电，三相电路继续正常工作，从而验证了该接触器的抗电压跌落功能。当然，抗电压跌落时间可以根据接触器的应用场合，利用单片机系统灵活设置。

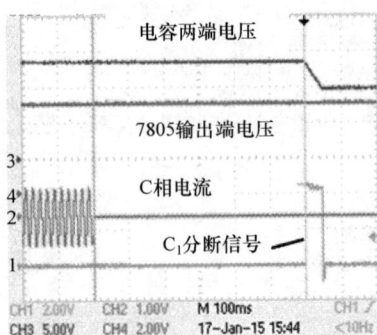

图 2.69　电网突然断电后的实验波形
(见彩图)

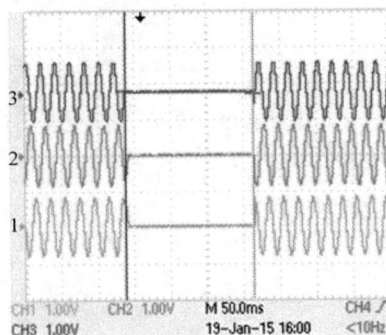

图 2.70　电网突然断电后恢复上电的三相电流波形
(见彩图)

以上所述继电器电子控制技术的思路，可供其他类型电器参考。

2.8　无涌流无弧智能无功补偿集成控制技术研究

2.8.1　无功补偿控制技术基本概念

电网中的电力负荷如电动机、变压器等，大部分属于感性负载，在运行过程中需要向这些设备提供相应的无功功率。无功功率是交流电力系统设计和运行中的一个重要因素，因为大多数的用电设备需要消耗无功功率，而这些无功功率必须从电网中获得。如果电力系统处于低功率因数状态将造成严重的电能损耗。大电网中，当无功负荷过度增加，而又缺乏功率因数补偿装置来平衡或补偿无功负荷时，将导致电力系统电压下降，电能质量降低，使发电厂处于较低功率因数下运行，负荷潮流加剧，有功功率和无功功率无法按预定的计划进行调度和分配，严重时会造成电压崩溃，使系统瓦解而大面积停电。因此，如果进行无功功率补偿，对提高功率因数、降低线路损耗、节约电能、提高电力系统的供电质量、减少电力设备与导线材料消耗、提高经济效益具有重要的意义。大力提高电力网的功率因数，以降低线损、节约能源、挖掘供电设备的潜力，是当前各国电力网发展的趋势。

鉴于无功功率补偿的重要意义，各国都十分重视无功功率补偿装置(以下简称无功补偿装置)的研究。在无功补偿装置中，如何高效有序地投切电容器是问题的关键。实现电容器无涌流投切、开关的无弧接通与分断、低成本、高性能、高可靠性，智能控制复合开关的设计与控制是至关重要的。

在软件仿真基础上，研制以复合开关为核心、结构一体化、无涌流无弧投切的智能无功补偿集成控制装置。该集成控制装置将智能控制复合开关系统(包括通信系统)、补偿电容、保护断路器及各种器件集成为一体。

2.8.2　无功补偿智能控制复合开关系统电容投切仿真研究

1. 复合开关的基本原理

复合开关(即上述混合式电器)是由电子开关并联开关电器的触头构成的，比较常见的由晶闸管加继电器或晶闸管加接触器构成，从而充分利用电力电子器件在开通和关断中可控与无弧以及开关电器触头导通损耗小的优势。因为继电器或接触器在保持运行状态时有较大的保持损耗，所以本节采用更加节能的无保持损耗的磁保持继电器，即复合开关由晶闸管与磁保持继电器组成。

复合开关的基本原理如图 2.71 所示。图中 T_1 是晶闸管，K_1 为磁保持继电器的触头。复合开关的工作过程为：合闸过程是在开关两端电压为零时，由过零触发电路触发导通晶闸管 T_1，接着磁保持继电器吸合，磁保持继电器触头 K_1 闭合后撤除晶闸管触发信号，从而完成无涌流电容投切；分闸过程则首先给晶闸管 T_1 施加触发信号，然后分断磁保持继电器即断开触头 K_1，最后撤除晶闸管触发信号，晶闸管 T_1 在电流过零时完成分闸过程，即电容退出运行。

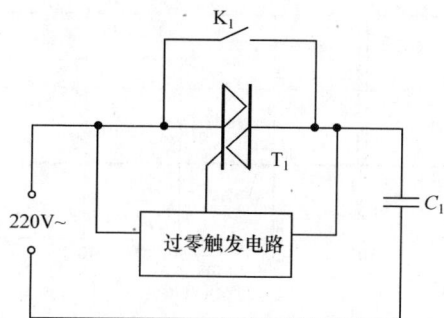

图 2.71　复合开关基本原理

由于在开关两端电压过零时接通电容，电容投切回路不产生涌流。在开断过程中，磁保持继电器触头电流转移到晶闸管，因此，触头无弧开断，不会产生触头烧损，从而保证复合开关具有很长的电气寿命。

2. 单相补偿投切分析

采用 OrCAD 中的 PSPice(personal spice)仿真软件对单相补偿投切过程进行仿真，依据复合开关基本原理可设计如图 2.72 所示的仿真原理图。

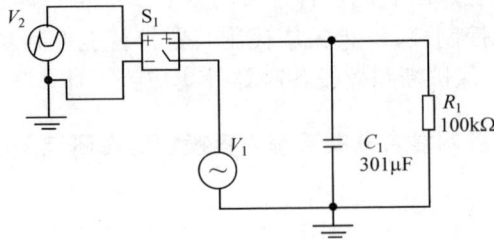

图 2.72　单相补偿仿真原理图

图 2.72 中复合开关由理想电子可控开关 S_1 替代，并由控制源 V_2 控制。V_2 可以模拟控制复合开关的导通与分断；S_1 导通电阻按电流 30A 时 1.6V 晶闸管导通压降设置，即 1.6V/30A=0.053Ω；V_1 为电网交流电源，其电源电压峰值设置为 311V，频率为 50Hz；电容 C_1 为投切电容，其容量按 15kvar，即取 301μF；R_1 为模拟放电电阻，取 100kΩ。

当电容器投入运行时，若没有控制或采取限流措施将产生非常大的冲击电流，图 2.73 为复合开关在距电压零点 1ms 处合闸时复合开关两端的电压与电流波形图，从图中可知，合闸瞬时电流可达 1.8kA，而其额定电流峰值约为 30A，即达到近 60 倍的冲击电流。

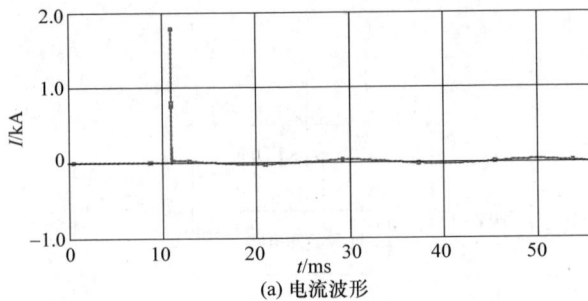

(a) 电流波形

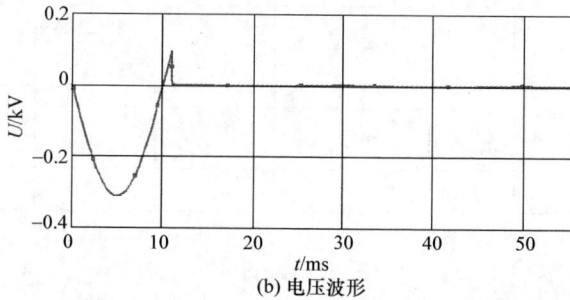

(b) 电压波形

图 2.73　复合开关在距电压零点 1ms 处合闸时复合开关两端的电压与电流波形

通过一系列仿真可得合闸时刻与冲击电流关系表见表 2.7。由表 2.7 可知，在合闸过程时只要开关两端离零电压少许偏差就可引起较大冲击电流，将对电路造成严重冲击，并可能损坏晶闸管与电容器，因此，零电压检测并投切，在无功补偿、无涌流投切设计中是至关重要的。当然，在实际工作时，因导线阻抗及接触电阻等因素，冲击电流将比表 2.7 略小。

表 2.7　合闸时刻与冲击电流关系表

开关两端电压距零点的位置/ms	0.1	0.5	1.0	1.5	2.0	3.0	4.0	5.0
I/I_e	6	30	60	88	114	157	185	195

若要达到无涌流，必须在复合开关两端电压为零时合闸。图 2.74 为复合开关两端电压过零合闸、电流过零分闸时的仿真结果图，其中电压波形为复合开关两端的波形，即图 2.72 中 S_1 输出端的电压波形，电流波形是流过 S_1 输出端的电流

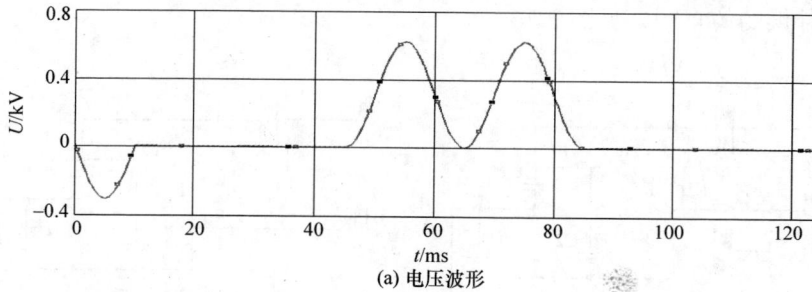

(a) 电压波形

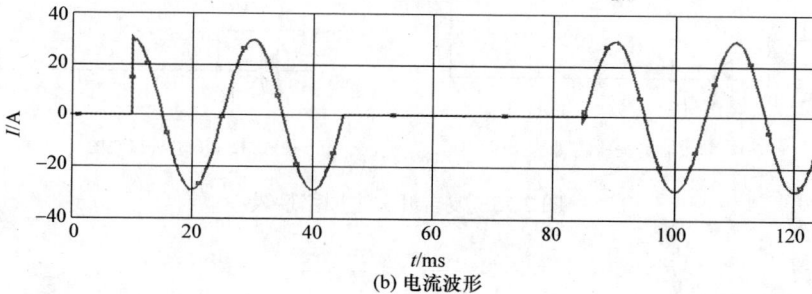

(b) 电流波形

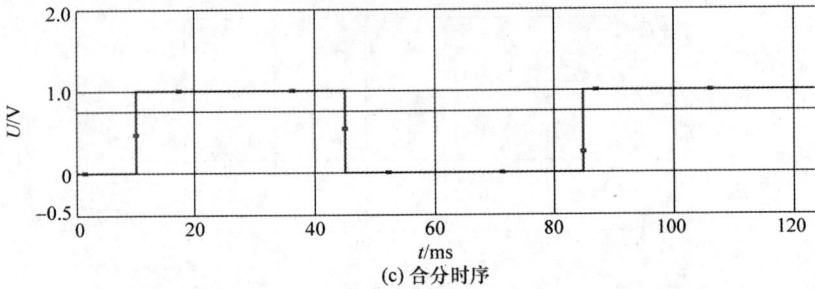

(c) 合分时序

图 2.74　电压过零合闸与电流过零分闸过程复合开关两端波形

波形。合分时序波形由 V_2 输出以控制 S_1 导通与关断，当 V_2 输出 1V 时 S_1 导通，而输出 0V 时 S_1 关断。

从图 2.74 可知，分闸过程因电流过零分断后，电容两端电压保持电源电压峰值，因而在复合开关两端承受的最大电压为 2 倍电源峰值电压。因此，仿真的电压波形为选择晶闸管、磁保持继电器等元器件的耐压提供参考，以保证复合开关可靠工作。

3. 三相补偿投切分析

三相共补的电容器接法有 Y 接法和Δ接法，由于相同电容容量Δ接法的无功补偿容量是 Y 接法的三倍，目前在电力系统通常使用Δ接法。

复合开关三相补偿的主接线图如图 2.75 所示。图 2.75(b)比图 2.75(a)节省一个回路的复合开关，节约了成本，但增加了晶闸管的耐压要求。根据图 2.75 可设计三相补偿的仿真图，见图 2.76。

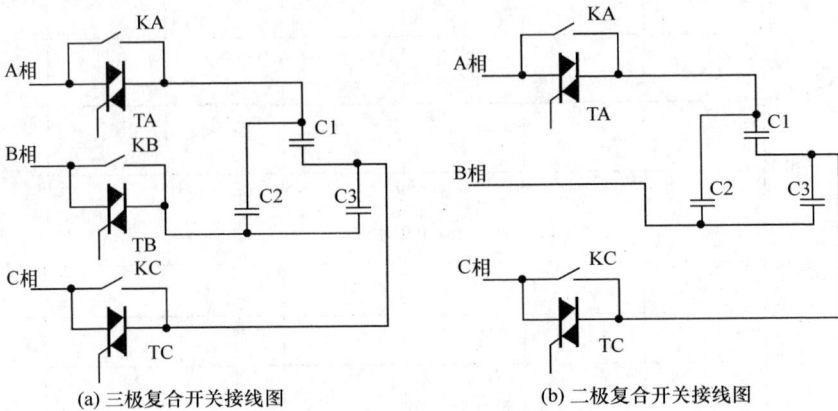

(a) 三极复合开关接线图　　　　　　(b) 二极复合开关接线图

图 2.75　复合开关主回路接线

图 2.76 是以 30kvar 补偿容量设计的, 其中 V_1、V_2、V_3 为电网三相电源, 其峰值均设为 311V, 频率为 50Hz, 相角相差 120°。通过 V_4、V_5、V_6 分段可控电源对三极复合开关 S_1、S_2、S_3 进行合分控制。C_1、C_2、C_3 为补偿电容, 按 30kvar 补偿容量, 设电容容量为 157μF。R_1、R_2、R_3 为补偿电容的放电电阻, 其阻值为 100kΩ。

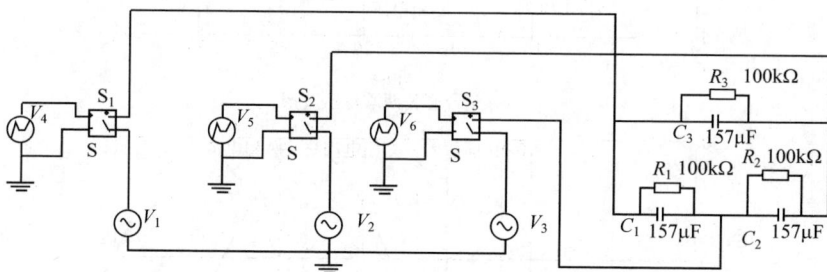

图 2.76 三相共补偿仿真图

1) 三相补偿三极复合开关投切分析

复合开关在无功补偿装置中的作用是对电容器的投入、切除和运行进行控制。在运行状态时只要保证复合开关有足够的载流能力和控制不受干扰就能可靠工作, 而在投入与切除过程中可能产生高压大电流, 所以主要对投入与切除过程进行软件仿真分析, 保证智能控制复合开关的可靠性。

(1) 三相补偿三极复合开关投入分析。

电容器投入前可能有两种状态: 一种是电容器从电网中切除足够长时间, 通过放电电阻的放电使得电容器上的残压为零; 另一种是电容器刚从电网中切除, 电容器上储有一定的直流电压。因此对投入分析也分两种状态分别进行。

① 电容器上残压为零时投入分析。因采用三极复合开关, 在电路上可以以任意一相作为首合相进行分析。若假设 B 相复合开关为首合相, 其投入过程与采用二极复合开关一致, 这样在二极复合开关时就不再分析了。B 相复合开关为首合相同时 A 相复合开关与 C 相复合开关分别在开关两端电压为零时投入, 可获得图 2.77 的电压电流波形。由图 2.77 可知在复合开关合闸瞬时, 任意一相电流都没有超过额定电流时的峰值, 因而不产生冲击电流, 可实现无涌流合闸。

② 三相补偿电容器分断后立即投入分析(电容器上残压不为零)。根据三相电路的对称性和采用三极复合开关, 可以以任意一相作为首开相来分析, 在下面的分析中均采用 A 相为首开相。

由图 2.78 可见, 在复合开关电流过零分断后, C 相复合开关两端电压没有过零点, 因此要实现无涌流合闸必须先合 A 相或 B 相。由图 2.78(a)可知, 在复合开关分断后, 再投入 A 相, 此时 C 相复合开关两端电压始终没有过零点。

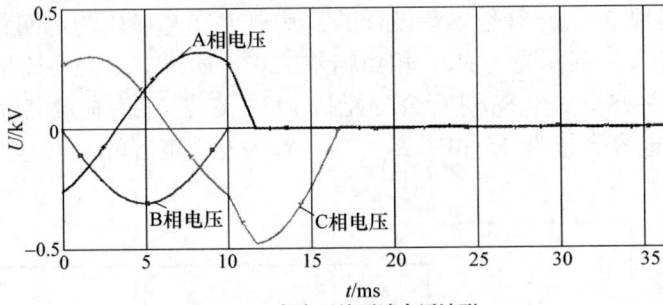

(a) 复合开关两端电压波形

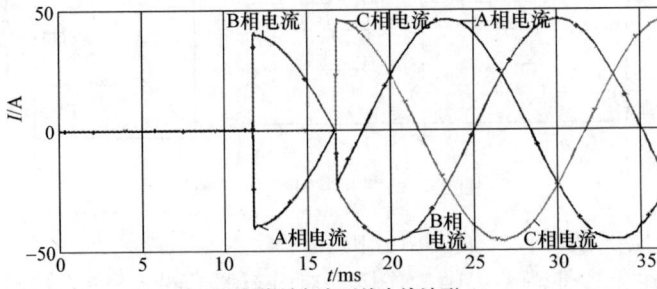

(b) 流过复合开关电流波形

图 2.77　电容器上残压为零，复合开关两端电压过零时投入波形

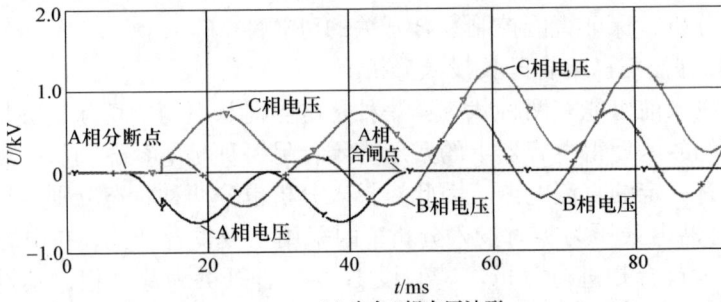

(a) 先合A相电压波形

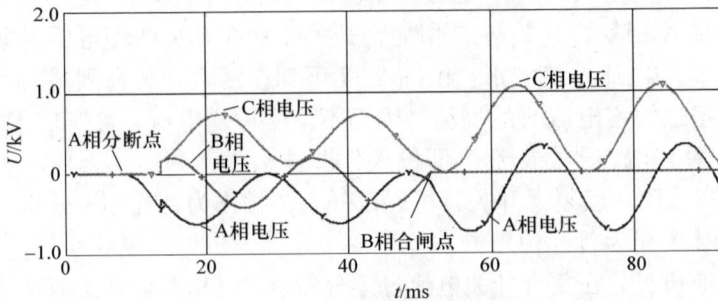

(b) 先合B相电压波形

图 2.78　三相补偿电容分断后，分别先投入 A 相和先投入 B 相的电压波形图

　　图 2.79 是先投入 A 相再投入 B 相的波形图，由图 2.79 中可知，无论 B 相是在 A 相合闸后第一个电压过零点还是第二个电压过零点投入，C 相电压均没有过零点。综合图 2.78(a)与图 2.79 可得出：分闸时的首开相作为合闸时的首合相是无法实现无涌流合闸的。

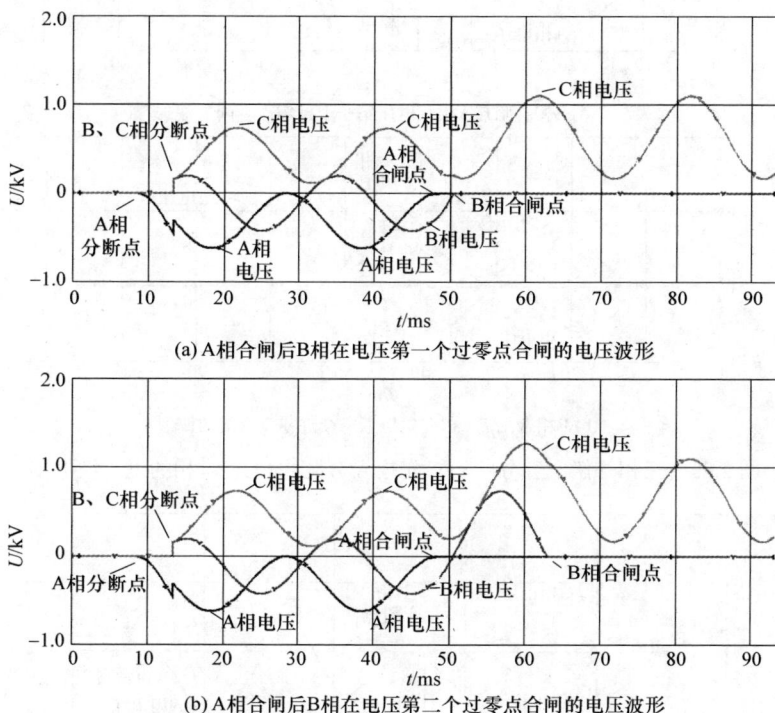

(a) A 相合闸后 B 相在电压第一个过零点合闸的电压波形

(b) A 相合闸后 B 相在电压第二个过零点合闸的电压波形

图 2.79　三相补偿电容分断后，先投入 A 相再投入 B 相的电压波形图

　　图 2.80 是先投入 B 相再投入 A 相的电压波形图。由图 2.80 可知，B 相投入后无论 A 相在电压第一个过零点还是在电压第二个过零点投入，C 相复合开关两端电压始终没有过零点，因而 C 相也无法实现无涌流合闸。

　　由图 2.78(b)可知，先投入 B 相后 C 相电压会有过零点。图 2.81 是三相补偿电容器分断后，先投入 B 相再投入 C 相，最后投入 A 相的电压与电流波形图。从图中可知，在 B 相投入后，C 相复合开关两端电压有过零点存在，而 C 相电压过零投入后，A 相复合开关两端电压仍有过零点存在，也可实现电压过零投入。因此，由图 2.81 可见，投入过程三相电流没有涌流产生。

　　综上所述，若要实现三相补偿电容分断后立即投入无涌流将对投入顺序有严格要求，即必须按照最优的控制方案进行。

(a) B相合闸后A相在电压第一个过零点合闸的波形

(b) B相合闸后A相在电压第二个过零点合闸的波形

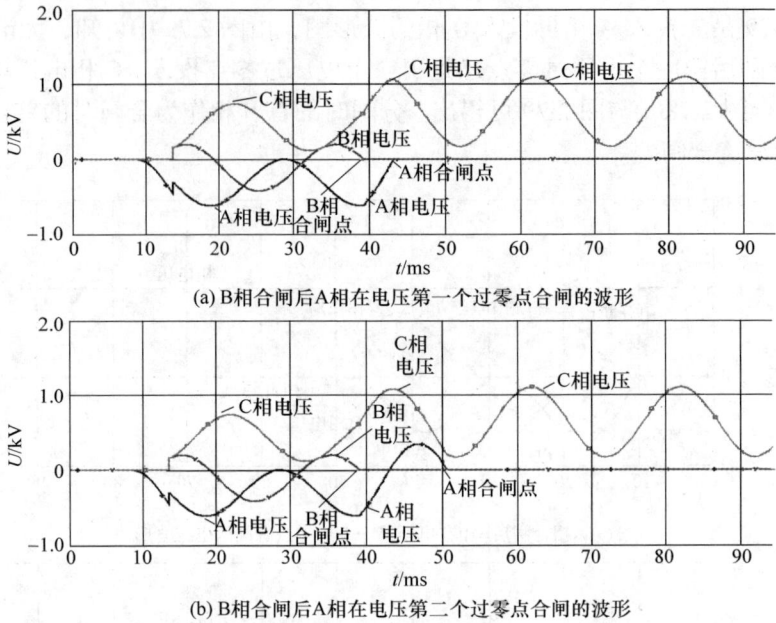

图 2.80　三相补偿电容分断后，先投入 B 相再投入 A 相的电压波形图

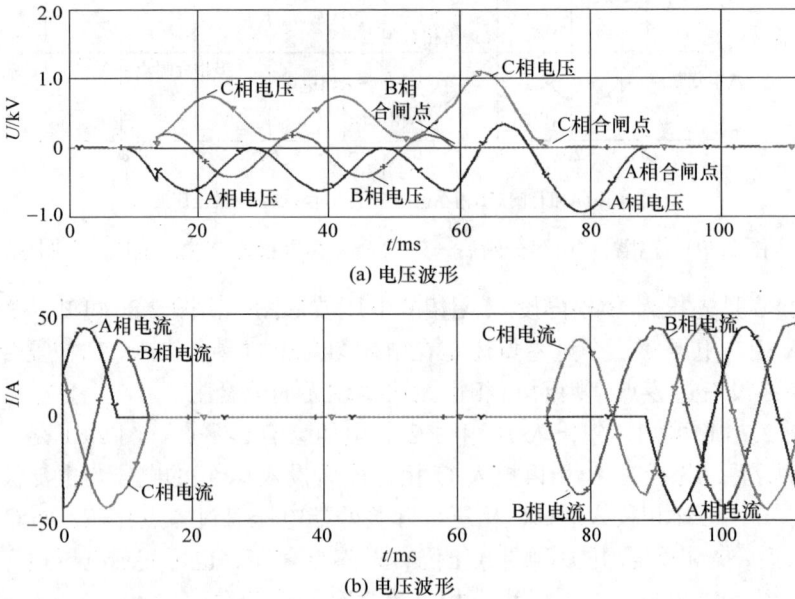

(a) 电压波形

(b) 电压波形

图 2.81　三相补偿电容分断后，先投入 B 相再投入 C 相，最后投入 A 相的电压与电流波形图

(2) 三相补偿三极复合开关切除分析。

复合开关分断过程是在电路电流过零时由晶闸管分断的。三极复合开关在硬

件上是完全一样的, 而三相电源是相角互差 120°的对称电源, 因此可以以任意一相作为首开相来进行分断过程分析。以下以 A 相作为首开相进行分析。

图 2.82 是 A 相电路在电流过零时分断后, B 相和 C 相电路在第一个电流过零点时分断的电压与电流波形图。由图 2.82 可见, 复合开关 C 相两端承受最大电压约 735V。相当于 C 相叠加约 420V 的直流电压, 而且 C 相电压无过零点。

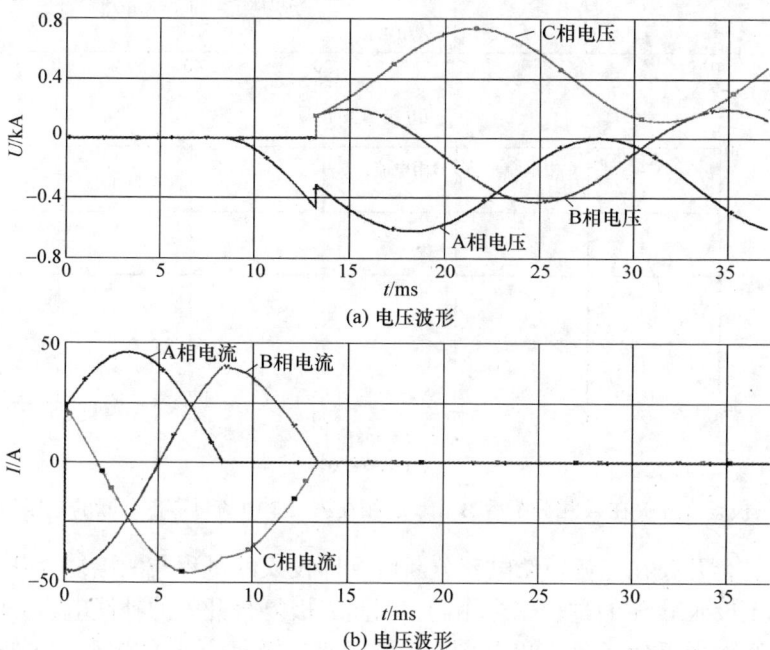

图 2.82 三极复合开关在 A 相分断后 B、C 相在第一个电流过零点分断的电压与电流波形

图 2.83 是 A 相电路在电流过零时分断后, B 相和 C 相电路在第二个电流过零点时分断的电压与电流波形图。由图 2.83(a)可知, 分断后 420V 的直流电压转而叠加到 B 相, B 相电压无过零点, 而复合开关 A 相将承受最大电压约 935V。

综合图 2.82、图 2.83 分析可得, 三极复合开关分断过程中, 不同的分断零点会对复合开关两端产生的最高电压产生影响。对采取 A 相电路在电流过零时分断后, B 相和 C 相电流在第一个过零点时分断的方案将大大降低复合开关两端所需耐受的电压, 从而提高复合开关的可靠性。

2) 三相补偿二极复合开关投切分析

(1) 三相补偿二极复合开关投入分析。

二极复合开关在电容器上残压为零时投入与三极复合开关电容器上残压为零时投入一致, B 相短接相当于 B 相是首合相, 接着无论合 A 相还是 C 相都不会产生涌流。

(a) 电压波形

(b) 电流波形

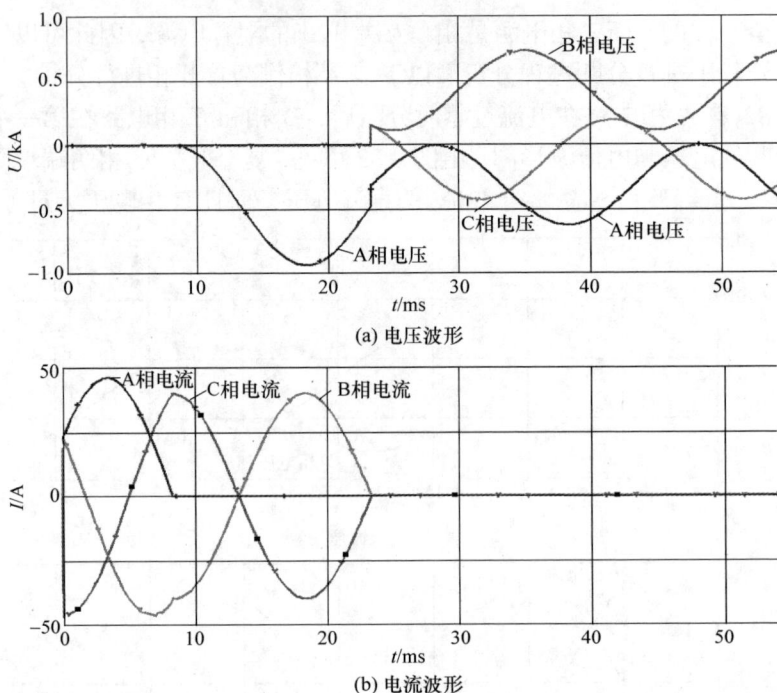

图 2.83　三极复合开关在 A 相分断后 B 相、C 相在第二个电流过零点分断的电压与电流波形

二极复合开关在三相补偿电容分断后立即投入的过程与三极复合开关在电容分断后，先投入 B 相的过程完全相同，因而二极复合开关的补偿电容分断后立即投入的仿真波形可参考图 2.80 和图 2.81。对于二极复合开关方案，若要补偿电容分断后立即投入实现无涌流，必须满足先断合合原则。若先分断 A 相后分断 C 相，则在投入时必须先合 C 相再合 A 相。

(2) 三相补偿二极复合开关切除分析。

用二极复合开关投切三相电容，其主接线图如图 2.75(b) 所示。与三极复合开关不同的是其 B 相始终是短接的。图 2.84 和图 2.85 为分断过程的仿真波形图，其中，图 2.84 为 A 相复合开关在电流过零分断后 C 相开关在第一个过零点分断。从该图中可知复合开关在 A、C 相分断后，C 相复合开关将承受最大约为 1.07kV 的电压，即两倍线电压峰值，而 A 相复合开关将承受约 0.74kV 的电压。图 2.85 为 A 相复合开关在电流过零分断后，C 相开关在第二个过零点分断，从该图中可知复合开关在 A、C 相分断后，C 相复合开关将承受最大约为 1.07kV 的电压，而 A 相复合开关将承受更高约 1.27kV 的电压。

因此，综合图 2.84 和图 2.85，若采用图 2.84 的分断过程将降低复合开关的耐压要求，即降低晶闸管的耐压要求，从而降低复合开关成本并提高其可靠性。

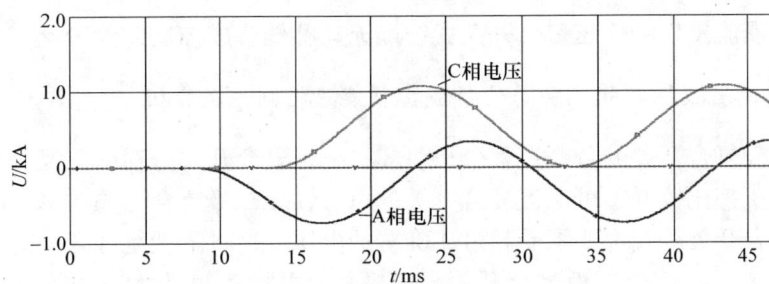

(a) 电压波形

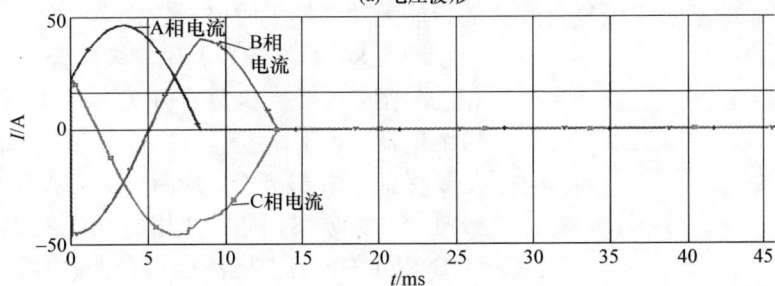

(b) 电流波形

图 2.84　二极复合开关在 A 相分断后，C 相电流在第一个过零点时分断的电压与电流波形

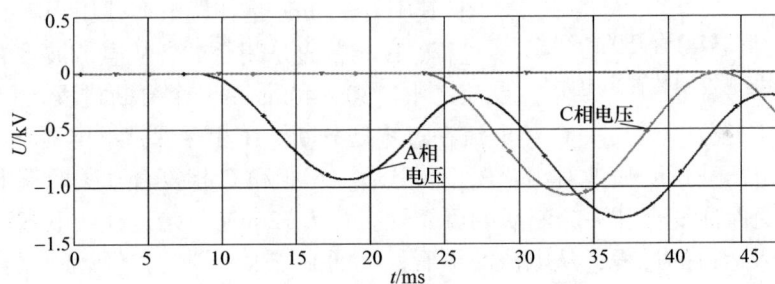

(a) 电压波形

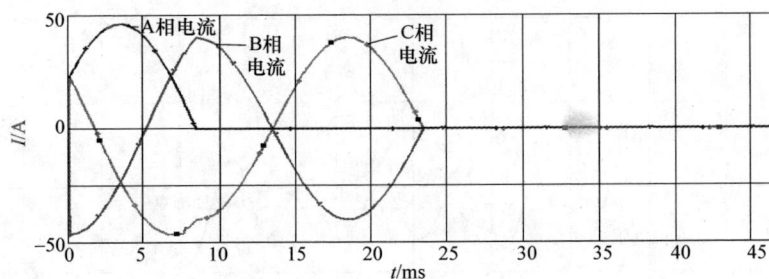

(b) 电流波形

图 2.85　二极复合开关在 A 相分断后，C 相电流在第二个过零点时分断的电压与电流波形

2.8.3　无涌流投切的低压复合开关式智能无功补偿集成控制装置设计

1. 无涌流投切智能无功补偿集成控制装置控制方案分析

由三极复合开关的分断过程分析可知，三极复合开关分断后在复合开关两端产生的电压都比较低，可保证复合开关的可靠性。二极复合开关在 A、C 相分断后，其复合开关两端都要承受超过 1.0kV 的电压，这将降低复合开关的可靠性，增加硬件成本。综合二极复合开关与三极复合开关各自的优势和特点，设计如图 2.86 所示的基于二极复合开关的智能无功补偿集成控制装置主电路方案。

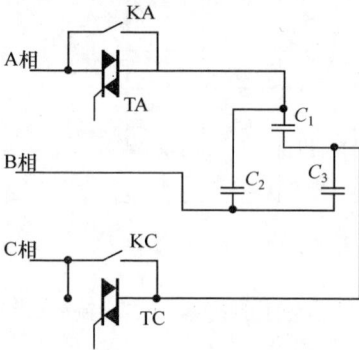

图 2.86 的复合开关比三极复合开关少了 B 相的晶闸管而比二极复合开关多了 B 相的磁保持继电器。其工作过程与二极复合开关相近，只是要保证 B 相最先合、最后分。这是因为对于三极复合开关方案，控制 B 相最先合及最后分，这样 B 相开关没有对电流进行合分，所以可以节省该相晶闸管。

图 2.87 是该复合开关完整投切过程的仿真图，其中 0~20ms 是补偿电容残压为零时的投入过程，B 相首先是闭合的，从电流波形看，无涌流产生。30~40ms 是一个分断过程，首先 A 相电流在过零处分断，其次 C 相电流在过零处分断。B 相磁保持继电器在 60ms 处断开，从电压波形明显地看出，B 相断开后，A 相和 C 相复合开关两端电压大幅下降，从而保证复合开关分断后的可靠性。而从 120ms 开始是补偿电容还没放电完毕就投入运行的过程，从电流波形看，无涌流产生。因此，设计的复合开关实现了快速无涌流投入，而且可以降低成本并提高可靠性。

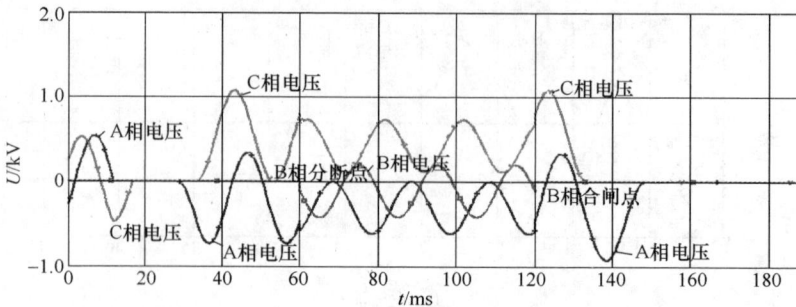

图 2.86　基于二极复合开关的智能
无功补偿集成控制装置主电路

图 2.87 (a) 电压波形

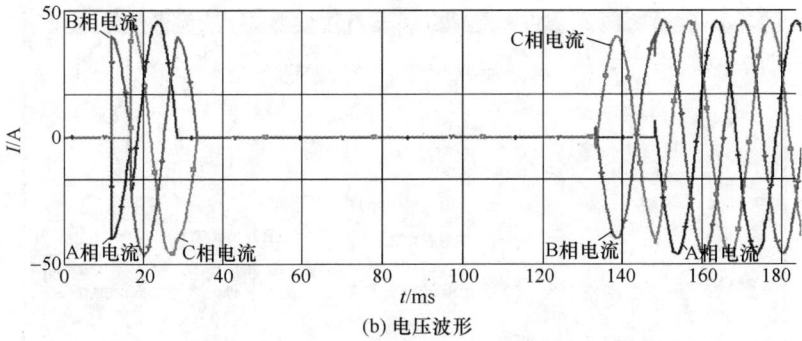

(b) 电压波形

图 2.87　复合开关投切过程仿真图(见彩图)

2. 硬件系统设计

根据仿真结果及功能要求设计了图 2.88 所示的智能控制系统框图，其主要包括：①电源系统，为单片机系统、磁保持继电器及其他电子线路提供电源；②单片机系统，主要功能是对温度、相序断相、合分闸信号等数据的采集、接收及处理，以及控制合分顺序，它是智能无功补偿集成控制装置的核心；③温度检测电路，对补偿电容的温度进行监测，确保补偿电容安全运行；④相序及断相检测电路，对合分顺序有重要作用，同时实现断相保护功能；⑤晶闸管保护电路保证复合开关的可靠运行；⑥磁保持继电器驱动电路是因磁保持继电器在合分过程中需要较大的功率，而单片机系统无法直接驱动而设置的；⑦晶闸管过零触发电路是无涌流投切成败的关键，晶闸管若在非电压过零点合闸，产生的冲击电流极易损坏晶闸管；⑧RS485 通信接口为接收控制器的合分命令及上传智能控制复合开关的状态信息而设。图 2.89 为智能无功补偿集成控制装置安装图。图 2.90 为上位机调测界面。

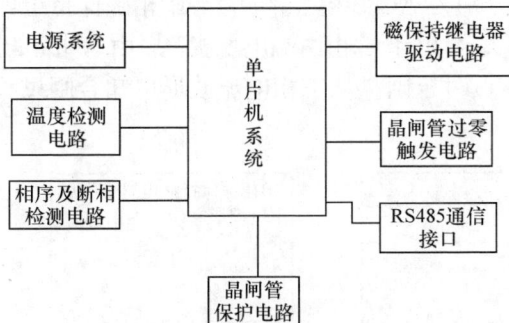

图 2.88　智能控制系统框图

图 2.89　智能无功补偿集成控制装置安装图

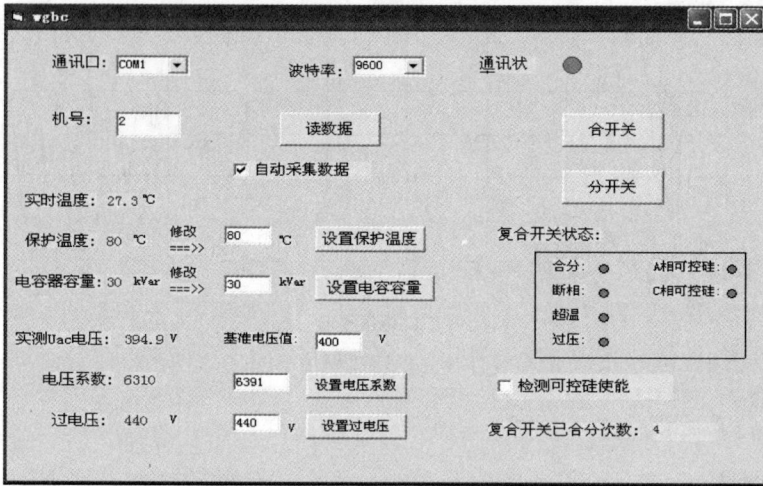

图 2.90　上位机调测界面

3. 实验结果及分析

1) 智能控制复合开关合闸过程测试结果与分析

智能控制复合开关的合闸过程有两种状况: 电容器放电完毕后(电容器残压为零)进行合闸和电容器在电流为零时分断后(电容器残压不为零)立即进行合闸。

(1) 电容器放电完毕后(电容器残压为零)进行合闸的测试分析。图 2.91 为实测电容器残压为零时的合闸波形图, 图中可见电容器残压为零时复合开关两端电压波形在合闸前正负半波均是对称的。图中 A 相与 C 相电压在 B 相磁保持继电器合闸前, 其电压值比较低, 因为复合开关 A 相和 C 相存在晶闸管, 复合开关 A 相和 C 相在电气上没有隔离, 可以把晶闸管看成大电阻。在 B 相磁保持继电器合闸前, 复合开关 A 相和 C 相两端电压分别为 AC 线电压的 1/2。B 相磁保持继电器合闸后, B 相电压的引入使得复合开关 A 相和 C 相两端电压提高。由 A 相和 C 相的电压波形图可见, 其均为电压过零点时合闸。从三相电流波形可知合闸过程没有涌流产生。

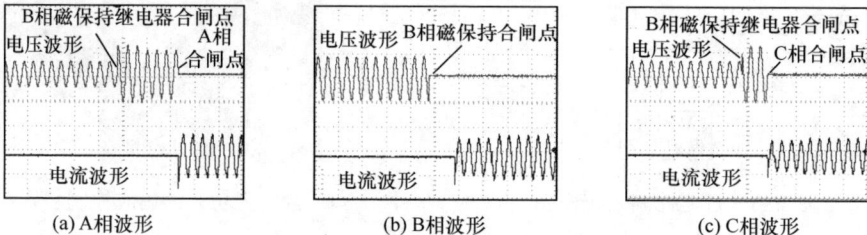

(a) A相波形　　　　　　　　　(b) B相波形　　　　　　　　　(c) C相波形

图 2.91　实测电容器残压为零时的合闸波形图

(2) 电容器在分断后(电容器残压不为零)立即合闸的测试分析。图 2.92 为实测电容器残压不为零时的合闸波形图，因为复合开关分断点是晶闸管在电流过零时的关断点，所以分断后电容上储存一定直流电压。由图 2.92 的电压波形可见该直流电压的影响。根据软件仿真得出按先分后合的原则，控制合分次序可保证 A 相和 C 相均有电压过零点。由图可见，电容器在电流为零时分断后(电容器残压不为零)立即合闸也能保证 A 相与 C 相在电压过零时合闸，无涌流产生。所以智能控制复合开关不需要对电容器放电就可快速合闸。

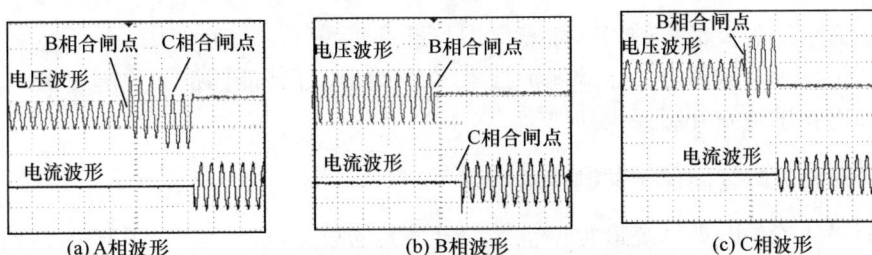

图 2.92　实测分断后立即合闸波形图(电容器残压不为零)

2) 智能控制复合开关分闸过程测试结果与分析

图 2.93 为实测分闸波形图，图中分断过程是按：分 A 相→分 C 相(B 相和 C 相电流同时断)→最后打开 B 相磁保持继电器，从图中可见 A 相电流与 C 相电流均在过零点时分断。智能控制复合开关 A 相两端与 C 相两端电压在 B 相磁保持继电器分断后大幅度下降，确保晶闸管不易击穿，从而保证复合开关的可靠性。

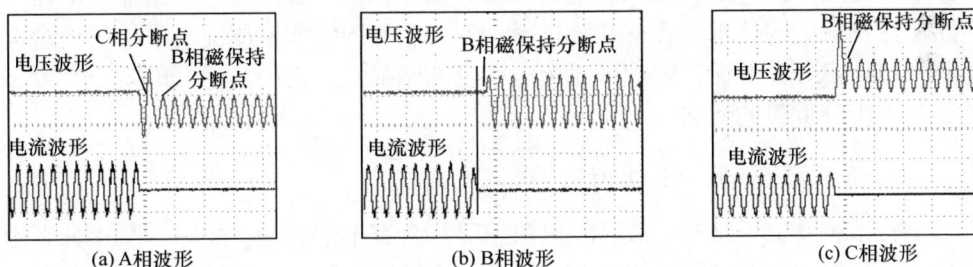

图 2.93　实测分闸波形图

3) 样机的试运行结果

智能控制与保护单元样机安装在 30kvar 补偿容量的电容器上，在实验室以每次 2s 的投切频率，连续工作 8h 无故障，同时测量各关键点(晶闸管、磁保持继电器、各连接头、复合开关内部载流导体、电容器等)的温度没有异常。3 台样机在工业环境(工厂的配电房)以 7s 时间间隔连续投切 25 万次无故障。

第3章 低压电器智能保护关键技术研究

3.1 概　　述

作为系统危害最大的短路故障保护与最重要的负载、动力源，电动机保护始终是电工技术领域重点关注的保护技术，是低压电器智能保护的关键技术。本章对此提出新思路并开展深入地研究。

3.1.1 短路故障智能保护关键技术研究

短路故障是电力系统最常见也是危害最大的故障类型。在低压配电系统中，随着系统规模及容量的日益扩大，短路容量及短路电流也随之迅速增大，所造成的损失也越来越大。因此，短路故障的早期检测并快速切断故障源成为低压配电系统和电器领域重要的研究课题。

如上所述，坚强性是智能电网运行的重要特点，但是，短路故障严重威胁智能电网的安全、可靠运行。本章提出基于可靠、准确的短路故障早期检测与快速动作的高限流、高分断能力短路保护电器关键技术的智能低压短路保护电器技术的概念与思路；提出以智能低压电器系统为核心、基于智能低压短路保护电器与短路电流预测关键技术、具有系统选择性保护功能的智能低压配电系统的概念与思路。该技术研究对保证智能低压配电系统的坚强性，提高其运行的安全、可靠性，具有十分重要的意义。

1. 短路故障早期检测技术研究

电力系统发生短路时，故障相电流信号将含有丰富的、对故障诊断十分有用的信息。从故障暂态过程中提取有用信息，对短路故障进行早期检测，可大大提高短路保护电器的限流性能，减轻短路电流对电力系统及其电气设备造成的威胁，同时线路、设备及开关本身动热稳定性的要求也相应降低。

多年来，国内外电气工作者对短路故障检测技术进行了大量研究。但是，目前无论是传统的还是智能型的短路保护电器，大多以全电流值或真有效值是否大于整定值作为短路故障的判据，若用此判据判断短路故障，则故障检测时间较长。此外，还有采用检测电流瞬时值与电流上升率的通用算法，这种算法存在较严重的检测可靠性问题。相关研究人员还提出称为"立方判据"的早期短路电流检测算法，该算法的主要内容是在通用的检测电流瞬时值与电流上升率的基础上加入电流的二次导数。但是该算法基于电流信号，在实际恶劣运行环境下没有足够的滤波功能与抗干扰能力。

众所周知，短路故障持续时间越短，对短路电流的限制效果就越好，短路造成的危害也就越小。因此，短路故障早期检测作为短路故障快速切除的基础，对于提高电器及其系统短路分断能力、建立坚强的智能配电网是至关重要的。

在充分研究低压配电系统短路故障暂态过程的基础上，利用小波变换优越的信号奇异性检测及滤波功能，提出基于小波变换及数学形态学的低压配电系统短路故障早期检测技术思路，并以此建立了低压配电系统短路故障早期检测模型。为提高早期检测的可靠性，在形态小波早期检测技术基础上，增加了电流斜率的检测，实现了短路故障软硬件结合的早期检测。本章将全面介绍短路故障早期检测技术的相关研究成果。

2. 短路电流预测技术

所谓短路电流预测是对短路电流后期发展进行预测，重点是峰值电流预测与判断。在短路电流预测的基础上，智能低压电器系统根据各级低压保护电器(如断路器)的配置与限流性能，对相关低压保护电器进行准确的、一步到位的控制。

短路电流预测是智能低压电器系统决定最佳控制与保护方案的重要保证。该系统正确的控制与保护，将保障智能配电网的可靠、安全及经济运行。因此，短路电流预测与网络技术是实现智能配电网全选择性保护与电网运行坚强性保证的关键技术。智能配电网短路故障的选择性保护技术研究的趋势是开展短路电流峰值的预测研究。

但是，由于系统与故障的复杂性，短路电流准确预测的技术难度非常大，本书对此技术仅仅进行初步探索，并提出采用人工智能技术结合短路故障电流与相关电压波形等参数突破此关键技术的可能性。

3. 快速分断的高限流智能低压保护电器技术

低压断路器是低压配电系统中关键的低压保护电器。具有接通、分断和承载额定电流的能力，在低压配电系统发生过载、短路或出现电压故障的情况下，对配电系统和电气设备进行可靠的保护。因此，作为低压保护电器的智能保护技术对于智能电网具有重要的意义。

低压断路器的智能高限流技术始终是低压配电系统和低压电器领域的关键技术。

我国第一代塑料外壳式断路器(moulded case circuit breaker, MCCB)分断能力的提高主要得益于限流技术的应用。第二代框架式断路器(air circuit breaker, ACB)短路性能的提高和保护性能的完善，主要是采用了电动力补偿型触头灭弧系统及脱扣器的三段保护技术。第三代智能型 ACB 主要采用了带微处理器的智能控制器，以及多回路并联触头、防止相间和对地飞弧的新型触头灭弧系统，使 ACB 不仅具有智能化功能，而且分断能力也有明显提高，更加安全、可靠。

此后，采用双断点、转动式分断技术推出 MCCB 新产品，增加了断点，提高了电弧电压，使限流性能和分断能力大幅度提高。

如上所述，短路故障早期检测技术与高限流、高分断能力短路保护电器技术是智能低压短路保护电器的关键技术，正是基于此思路，本书提出了在智能低压短路保护电器中采用快速动作机构(涡流(电磁)斥力机构等)，并配以多断点触头灭弧系统结构形式的高限流、高分断能力的快速分断电器技术。

毫无疑问，基于智能低压短路保护电器与短路电流预测技术，并通过区域连锁选择性保护技术实现全选择性保护，对系统可靠运行具有重大意义，是低压配电系统过电流保护技术的重大飞跃。

本章重点介绍基于小波变换及数学形态学的短路故障早期检测技术的相关研究成果。

3.1.2　异步电动机智能保护技术

作为重要的机电能量转换装置，异步电动机广泛应用于各行各业。电动机的可靠运行是工业、农业、国防建设及人民生活、生产正常进行的重要保证。由于作为主要动力源的异步电动机在经济建设中发挥着重要作用，高水平的异步电动机保护技术研究始终是电器领域主要的研究方向之一。

异步电动机运行中常常会出现堵转、过载、三相不平衡(包括断相)、过压、欠压、接地、短路等非正常的运行状态。电动机长期在故障状态下运行，其绕组温度可能超过绝缘材料的极限允许温度，这导致绝缘老化加速、寿命降低，甚至严重烧毁绝缘材料。众所周知，全国每年由于电动机故障或损坏，造成难以估计的、巨大的直接和间接经济损失，电动机保护问题长期困扰着电机电器业界人员及运行人员。随着国民经济的高速发展，电动机将更广泛地应用于各个行业，因此对其保护问题的解决也将更为迫切。

异步电动机热保护技术的原则是建立准确的保护模型和保护方案：①在各种正常或非正常运行状态下使异步电动机绕组各部分温度不超过允许温度，以保证电动机安全运行；②充分发挥电动机的作用以保证生产等活动不随意中断，使电动机发挥最大效益。显然根据上述原则实现准确的电动机保护给电动机的保护技术研究带来很大困难。

目前普遍采用的异步电动机保护模型是基于定子电流的保护模型，并以电流的反时限特性作为保护依据。考虑到电动机热特性的复杂性，以电流的反时限特性作为保护依据无法实现准确的保护。虽然已有关于电动机热特性的研究，但是这些研究都是在假定电动机是一个等温体的情况下进行的，所得的特性反映的仅仅是电动机平均温度与定子电流之间的关系。电动机是否需要保护，其根本的判断依据应该是电动机绕组温度是否超过其绝缘材料长期所能耐受的温度，而绕组的温度不但与发热情况有关，还与环境温度、散热条件及绕组的初始温度等因素有关。由于绕组最高温度区域的温度远高于平均温度，以平均温度为保护原则是不正确的，更何况上述研究获得的平均温度还存在准确性的问题。此外，热积累是电动机保护技术研究中特别值得关注的问题。众所周知，热积累问题始终是电动机热保护技术的难题。由于电动机热特性的复杂性，这种保护器无法实现准确的保护。

异步电动机智能保护技术研究的关键是建立准确的电动机保护模型，其核心是电动机运行定子绕组最高温度的保护。准确的电动机保护模型与定子最高温度保护的基础是定子绕组三维温度场研究。

本章针对现有异步电动机保护技术研究与应用存在的问题，提出基于定子绕组三维温度场模型的异步电动机保护技术。该技术以实际测量异步电动机易测部位的温度分布为基础，应用求解传热反问题的方法建立定子全域三维温度场仿真模型。以该温度场仿真模型为基础，建立异步电动机定子温度分布虚拟测试平台。基于定子最高温度检测与保护的思路，提出异步电动机定子绕组最高温度的软测量保护模型、定子绕组最高温度预测保护模型。

所述的研究思路也适用于各种类型电机的温度保护。

3.2　短路故障早期检测技术研究

3.2.1　短路故障早期检测技术概念

随着电力系统规模及容量的日益扩大，短路容量及短路电流也随之迅速增大，短路故障已成为电力系统最常见也是危害最大的故障类型之一。对短路故障的研究既是电力与电器技术的基本问题，又是一道难题，对短路故障进行有效检测并限制其发展也成为电力系统及电器领域重要且热门的研究课题。

自 20 世纪 60 年代出现限流式低压断路器以来，限流技术得到了迅速发展及广泛应用。从 80 年代中后期开始，各种外接式的短路电流限制器(fault current limiter, FCL)不断涌现，其中包括电磁式、电感电容谐振式、超导式、PTC(positive temperature coefficient)式、固态及混合式等。为使各种短路保护装置，包括今后研制的快速分断装置与上述各种 FCL 能够充分发挥作用，必须对短路故障进行快速检测，一旦检测出短路故障，及时地使各种短路保护装置快速分断或有效地限制短路电流，降低短路造成的危害。由此可见，对短路故障进行早期、准确的检测是各种短路保护装置与 FCL 发挥作用的重要前提。

在我国分布范围较广的低压配电系统中,因接地或短路故障引起的设备损坏、火灾等事故时常发生,这给人们的生命财产安全造成极大威胁。众所周知,大部分发电功率消耗于低压电网中,而低压电网中主要的负载是各类异步电动机,可见对以异步电动机为主要负载的低压配电系统短路故障进行深入研究,从故障暂态过程中提取有用信息,从而对短路故障进行早期检测并采取相应措施切除故障,对提高电网运行的安全可靠性具有十分重要的意义。

电力系统发生短路时,故障相电流信号将含有丰富的、对故障诊断十分有用的信息。近年来,故障诊断技术取得了很大的进展,特别是小波分析(wavelet analyse,WA)作为新的信号处理方法的出现,给故障诊断技术带来了新的生机和活力,而小波与形态学滤波器的结合为故障诊断提供了一条新的途径。

为此,必须对低压配电系统的短路故障进行深入的研究,获得其独特的故障特征,才能选用合适的故障诊断方法,高速地检测出短路故障的发生,有效地对短路故障进行早期检测。

目前,对小波、数学形态滤波进行的大多为理论研究。随着数字信号处理器(digital signal processor,DSP)技术的迅速发展及其性价比不断提高,借助 DSP 强大的数据处理能力,使形态小波算法的实时实现成为可能。为此将小波分析与数学形态滤波理论结合,建立了低压配电系统保护电器短路故障早期检测模型,辅以电流斜率的检测,并在 DSP 芯片上实时实现,使小波分析及数学形态滤波理论向实用化方向迈进了一步。

3.2.2　低压配电系统模型及短路电流初步分析

1. 配电系统短路故障检测方法简介

低压配电系统短路故障的主要形式有单相短路、两相短路、两相接地短路及三相短路。其中三相短路为对称短路,其他为不对称短路。

运行经验表明,单相短路发生的概率最大,约占全部短路故障的 70%以上,三相短路发生的概率最小,但是三相短路电流通常最大、危害最严重,因此低压配电系统均以三相短路电流值来考虑低压电器的技术要求。

随着低压配电系统规模的日益增大,单台变压器容量不断增加,使短路容量及短路电流随之增大,短路电流在个别场合可高达 150kA。如此大的电流所产生的热和力的作用会使电器设备遭受巨大的破坏,因此,由短路故障引起的后果是破坏性的,主要体现在以下两方面。

(1) 巨大的短路电流流过线路及电气设备将引起很大的电动力,可能使线路遭到破坏或电气设备永久变形甚至造成电器触头被斥开而发生熔焊或烧毁等事故。

(2) 巨大的短路电流流过线路及电气设备将产生大量的焦耳热，当短路持续时间较长时，可能使线路或电气设备过热而损坏。

由此可见，短路故障所造成的主要危害是由巨大的短路电流引起的。为防止这种危害发生，电气设备必须具有足够的动热稳定性。但是，如果能够对短路故障进行早期检测，在短路电流发展之前便及时检测到故障，并将 FCL 迅速接入或使短路保护电器快速分断，就可以降低电气设备对动热稳定性的要求。因此短路电流的早期检测对短路保护电器性能的提高具有十分重要的意义。

目前，高低压配电系统短路故障检测的主要方法有以下五种。

方法一：任意一相电流的瞬时值或其真有效值大于整定值并达到整定的延时时间保护动作。根据实验和统计，保护鼠笼型异步电动机的断路器，其瞬动电流应整定在 8~15 倍电动机额定电流。

方法二：短路电流变化率检测方法。通过研究发现短路电流变化率在短路故障发生后极短时间内将超过正常运行时的最大值。因此可以电流变化率作为短路故障的判据。

方法三：短路电流变化率与短路电流瞬时值联合检测方法。当短路电流变化率及短路电流值均大于门限值时，判定短路故障发生。

方法四：短路电流变化率、短路电流瞬时值及短路电流瞬时值的积分值(或短路电流平方的积分值)联合检测方法，判据如式(3-1)所示。

$$\begin{cases} \left| \dfrac{\mathrm{d}i}{\mathrm{d}t} \right| > K_1, \quad |i| > K_2 \\ \int |i|\,\mathrm{d}t > K_3 \quad \text{或} \quad \int i^2\,\mathrm{d}t > K_4 \end{cases} \tag{3-1}$$

式中，K_1、K_2、K_3、K_4 为门限值。

方法五：附加短路电流二次导数 $\dfrac{\mathrm{d}^2 i}{\mathrm{d}t^2}$ 法。在短路故障初期二次导数值明显高于电流瞬时值和其变化率。

上述五种短路故障检测方法均存在一定的局限性，如下。

方法一判据简单，易于实现，已广泛应用于各种短路保护电器中。但由于短路瞬间电流值不能突变，需要经过一段时间才达到门限值。尤其目前真有效值的采用，使故障判断时间一般为半个周波或更长，此时发出跳闸命令，待开关断开时，短路电流已达相当数值，有可能危及电力系统及电气设备的安全。

方法二能对短路故障进行早期检测。但噪声信号对导数特有的敏感性，使之难以剔除噪声干扰的影响，因而这种故障检测方法的可靠性不易得到保障。

方法三与方法二相比可减少误判，但由于采用电流瞬时值作为辅助判据，与方法一相似的道理，难以做到早期检测。

　　方法四在方法三的基础上引入积分检测以防止小干扰的影响，但同样存在方法一的局限性。

　　方法五在方法三的基础上引入二次导数，但在实际恶劣运行环境下没有足够的滤波功能与抗干扰能力。

　　因此，有必要研究一种新的短路故障诊断方法，即利用先进的传感技术对系统进行实时在线快速检测，用现代数学工具或智能算法对短路故障进行早期检测、诊断，当判断确有短路故障发生时立即发出指令，将 FCL 投入或使保护装置快速分断，从而提高短路保护电器的性能。

　　2. 低压配电系统模型及短路电流初步分析

　　图 3.1 所示为一个典型的低压配电系统模型，它一般分为以下三个区段。

　　第一区段：从电力变压器到中央配电柜的总母线。

　　第二区段：从总母线到终端配电柜的支路母线。

　　第三区段：从支路母线到用电设备。

　　前两个区段装有隔离开关、高压和低压断路器与熔断器等配电电器，而第三区段除了装有配电电器外，还兼装接触器、热过载继电器等控制电器。

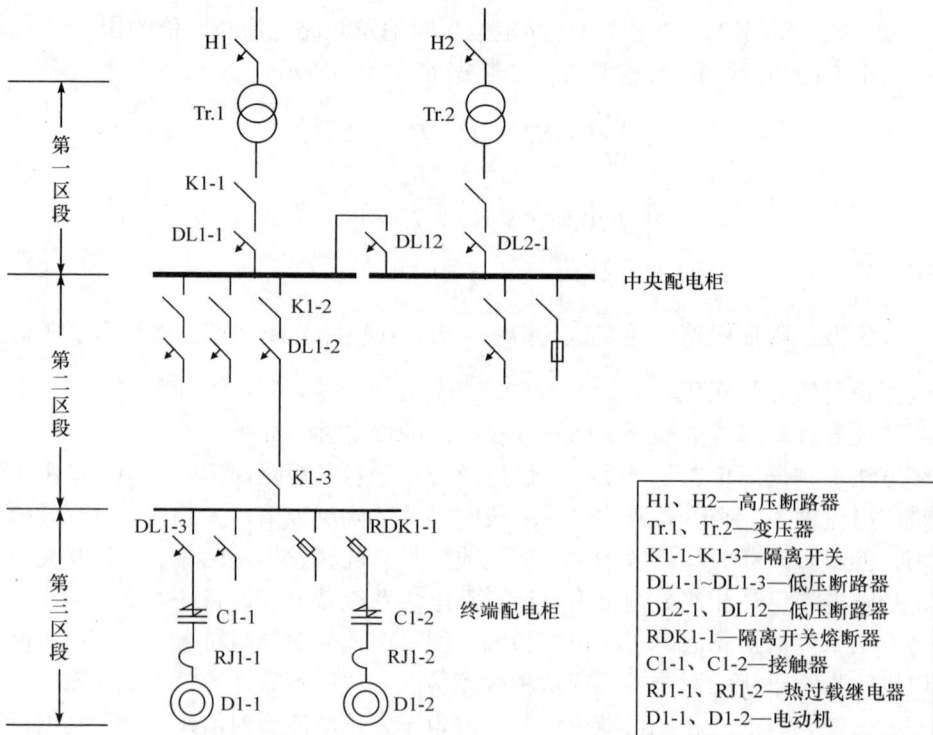

H1、H2—高压断路器
Tr.1、Tr.2—变压器
K1-1～K1-3—隔离开关
DL1-1～DL1-3—低压断路器
DL2-1、DL12—低压断路器
RDK1-1—隔离开关熔断器
C1-1、C1-2—接触器
RJ1-1、RJ1-2—热过载继电器
D1-1、D1-2—电动机

图 3.1　典型低压配电系统模型

下面对电力系统短路暂态过程进行初步分析。

尽管线路中短路故障的种类多种多样，形式也各不相同，但所有的短路均可简化为如图 3.2 所示的等效形式。由于电源一般取自区域性的电力系统，容量较大，而配电变压器的容量远小于系统容量，计算时可以把电源当作无限大容量电力系统。图中，R_1、L_1 为电源侧等效电阻及电感；R_2、L_2 为等效负载电阻及电感；$u(t)$ 为等效电源，$u(t)=U_m\sin(\omega t+\alpha)$。

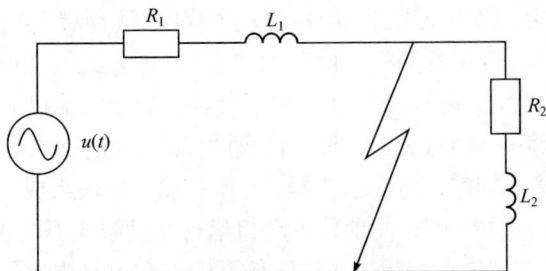

图3.2　简化短路等效电路图

根据故障时电感电流不能突变的原则，可得故障后短路电流瞬时值表达式为

$$i^*(t) = Q\sin(\omega t + \alpha - \varphi_1) + [\sin(\alpha - \varphi_2) - Q\sin(\alpha - \varphi_1)]e^{-(R_1/L_1)t} \tag{3-2}$$

其中，$\tan\varphi_1 = \dfrac{\omega L_1}{R_1}$，　$\tan\varphi_2 = \dfrac{\omega(L_1+L_2)}{R_1+R_2}$，　$Q = \dfrac{R_1+R_2}{R_1} \cdot \dfrac{\cos\varphi_1}{\cos\varphi_2}$。

式中，$i^*(t)$ 为标幺值，其基准值为正常运行时电流的幅值。

式(3-2)说明了如下两个问题：①系统发生短路时，短路电流由周期分量与非周期分量组成。其中，非周期分量按指数规律衰减，衰减的速度取决于时间常数 $\tau = L_1/R_1$。非周期分量是辨识短路故障最本质的特征，但由于它在一定的运行及故障初相角下可能为零，且在低压配电系统中，电阻 R_1 较大，τ 较小，它比高压输电系统短路电流非周期分量衰减快得多，用非周期分量这一故障特征无法实现短路故障的早期检测。②短路全电流的变化规律与短路瞬间电源电压或电流相位(即故障初相角)有密切关系，因此在讨论短路电流的特性时，故障初相角应为重要考虑因素。

3. 短路故障暂态过程仿真模型

对电力系统暂态过程进行仿真计算的传统方法是对系统建立电路模型、数学模型并对多阶非线性微分方程组进行求解。如果系统中含有像电动机这种多变量、强耦合、非线性的电磁系统，则对它的建模及仿真计算将十分困难，需要投入大量精力于求解的过程中。

采用 MATLAB、图形交互式仿真软件 Simulink 以及电力系统工具箱(power system blockset, PSB)对低压配电系统短路故障暂态过程进行仿真计算。

　　MATLAB 具有编程效率高、程序设计灵活、图形功能强等显著优点，在自动控制、信号处理、神经网络、模糊逻辑、小波分析等各领域均得到了广泛应用。电力系统工具箱基于 Simulink 环境，能够快速建立起系统模型，无须编写代码便可对电路进行仿真计算，为电力系统的求解提供了一个简便的途径，研究人员可将更多的时间和精力用于对整个系统及结果的分析，而不是求解过程。

　　采用结构化的设计方法，将低压配电网络与电动机组成的系统，自顶向下进行具有递阶结构的多层次、模块化设计。用户可从主程序开始观看程序，然后用鼠标查看下一级子程序的内容，直至看到整个模型的细节。这种方式很直观地反映了模型的结构以及各模块之间的相互关系。图 3.3 给出了负载为异步电动机的低压配电系统发生单相对中线短路故障的 MATLAB 主程序仿真图。该主程序主要由变压器、线路、异步电动机、短路故障子程序、仿真示波器、变量存储等模块组成。对主程序中电动机轴上的机械转矩进行设置，可方便地使电动机运行在满载或不同程度的过载、轻载状态下。图 3.4 为 MATLAB 短路故障子程序仿真图。在短路故障子程序中，用理想开关模拟线路的接通与断开，通断时间由计时器控制，从而方便地仿真各种短路故障及断相故障，还可仿真不同故障初相角、不同故障点等各种情况下的暂态过程。

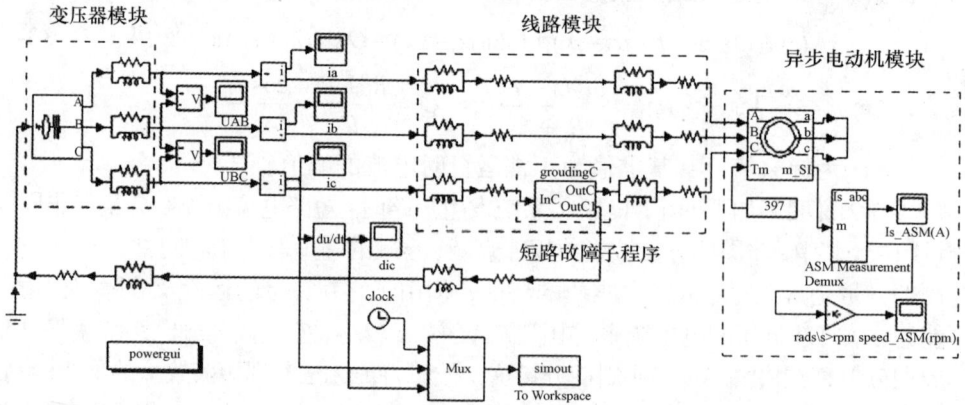

图 3.3　MATLAB 主程序仿真图

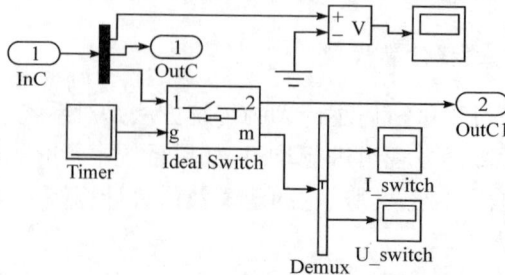

图 3.4　MATLAB 短路故障子程序仿真图

用仿真示波器可观察电压、电流等变量的波形。由仿真所获得的整个暂态过程的数据可直接返回至 MATLAB 工作空间，因此可以直接运用 MATLAB 命令、函数或其他工具箱对仿真结果进行分析，同时还可将仿真数据存入数据文件，作为进一步分析的依据。例如，利用 MATLAB 电力系统工具箱对短路故障暂态过程进行仿真计算，在具体实现短路故障早期检测的 DSP 算法之前，可先在MATLAB 环境对该算法进行仿真，以判断算法的可行性、正确性及复杂性，从而达到缩短研发周期、提高效率的目的。

MATLAB 提供了定步长及变步长两大类求解常微分方程(组)(ordinary differential equation(s), ODE)的解算器。表 3.1 列出了七种变步长解算器(variable-step solver)。

表 3.1　MATLAB 变步长解算器

名称	数学方法	问题类别	精度阶	应用场合
ode45	Dormand-Prince 法	非刚性	中	默认算法，适用于大部分场合，初次求解常用此法
ode23	Bogacki-Shampine 法	非刚性	低	当对精度要求不高或当模型为轻度刚性时，ode23比 ode45 效率更高
ode113	Adams PECE 法	非刚性	变阶:低-高	在对精度要求苛刻的场合，ode113 比 ode45 效率更高
ode15s	NDF 法	刚性	变阶:低-中	当模型为刚性无法用 ode45 求解时或求解效率很低时，采用 ode15s
ode23s	二阶改进 Rosenbrock 法	刚性	低	当对精度要求不高时，可解决某些 ode15s 无法解决的刚性问题
ode23t	自由插值的梯形法	适度刚性	低	当模型为适度刚性问题时采用 ode23t
ode23tb	隐式 Runge-Kutta 法	刚性	低	与 ode23s 类似，当对精度要求不高时，可用此法代替ode15s

当选择 MATLAB 电力系统工具箱 ODE 解算器进行电气仿真时，应注意以下两点。

(1) 如果仿真线路中的元器件均为线性的，那么上述各变步长解算器都可选用。

(2) 如果仿真线路中包含非线性元件，特别是含有开关及功率电子器件，如理想开关(ideal switch)、断路器(break)、晶闸管(thyristor)、二极管(diode)、门极关断晶闸管(gate turn-off thyristor, GTO)、MOSFET 等，那么必须采用刚性问题解算器。为得到较快的仿真速度，建议先试用 ode15s，如果效果不理想，可改用 ode23tb。

4. 短路故障暂态波形及故障特征初探

首先以单相对中线短路为例进行研究。

　　图 3.5 为在四种故障电流初相角 β 下，发生单相对中线短路时故障相电流波形。低压配电系统参数选取如附录所示。采样频率为 50kHz，当采样点数达 5000 时发生短路故障。由图 3.5 可知，短路电流在故障点虽然不会突变，但故障后电流变化非常迅速。

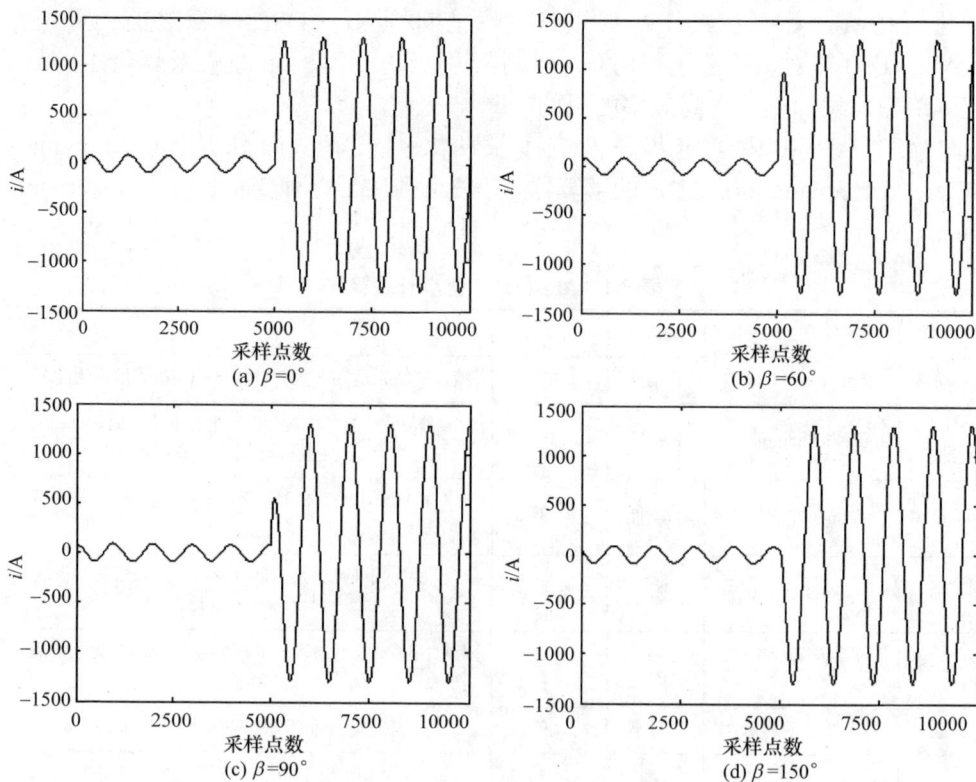

图 3.5　单相短路故障相电流波形

　　由于当系统结构、参数一定时，电压与电流的相位关系是确定的，故障电流初相角与故障电压初相角之间相差一个固定的角度，波形均为电流波形，因此采用故障时的电流相位作为故障初相角。

　　图 3.6(a)和图 3.6(b)给出了当故障初相角 $\beta=0°$ 时故障相电流及其导数波形，由图 3.6(b)可知，故障后极短时间内电流变化率远远超过正常运行时的值。图 3.6(c)、图 3.6(d)是在图 3.6 (a)上叠加信噪比(signal noise ratio，SNR)为 8 的白噪声的故障相电流及其导数波形，由图 3.6(d)可知，电流变化率大大增加，这一显著的故障特征完全被噪声淹没，根本无法作为短路故障的检测依据。

　　由此可见，当噪声干扰较严重时，直接采用故障电流变化率作为诊断短路故障的特征量是无法准确地进行短路故障早期检测的。

(a) 理想电流波形

(b) 图(a)电流的导数波形

(c) 加白噪声电流波形

(d) 图(c)电流的导数波形

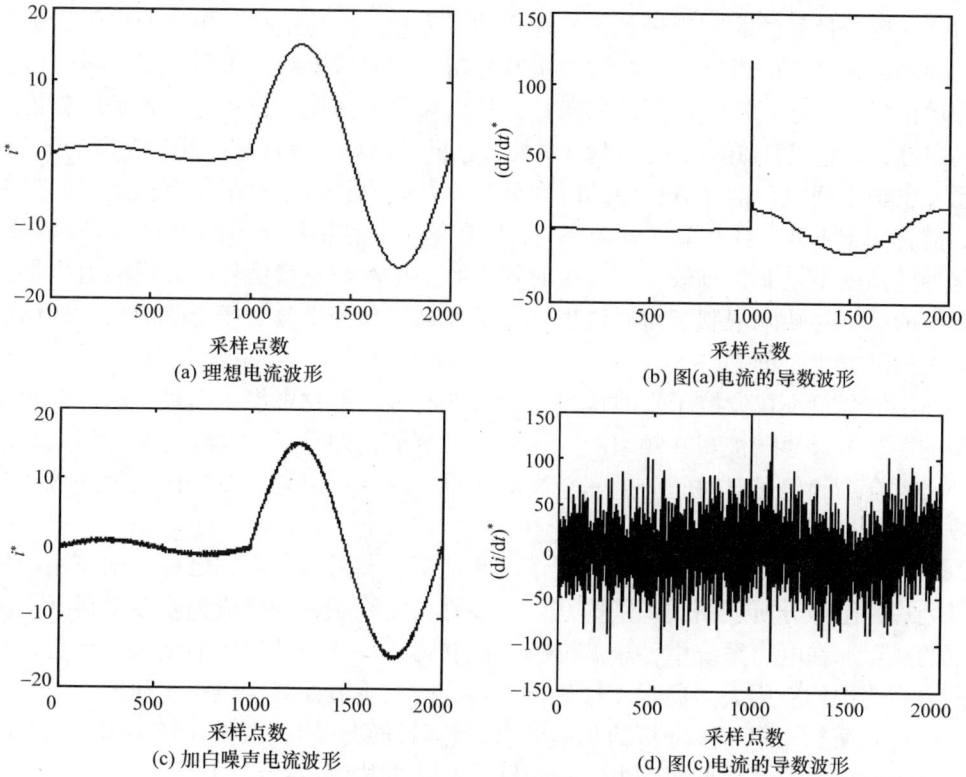

图 3.6　故障相电流及其导数波形

3.2.3　小波分析在短路故障早期检测中的应用研究

1. 小波分析应用简介

从前面对低压配电系统发生短路后故障相电流信号进行仿真及分析研究可知，故障相电流从正常运行状态到故障发生，故障相电流信号必然包含强制分量，其中蕴藏丰富的故障信息。如果采用有效的数学手段将该故障特征及早提取出来，在短路故障发展之前便检测出故障，将对限制短路电流具有重要意义。

故障信号特征的提取可采用多种方式，如用神经网络可将高维空间变量映射至低维空间，从而提取故障特征，还可采用数学变换中的信号分析方法。傅里叶分析是传统的信号分析工具，它可将信号的时域特性转化为频域特性。通过傅里叶变换可以得到信号函数所包含的谐波次数、各次谐波的幅值及其初相角并以幅频特性的形式表现出来。这种全频域分析方法对稳定变化的信号处理十分有效，但对信号的局部畸变没有标定和度量能力，不适合非平稳信号分析场合。然而在实际应用中，人们所关心的往往是信号在局部范围内的特征。例如，本书所关注的是故障的突发时刻及其对应的故障特征，以便及早地判断出故障。傅里叶分析对这种突变信号的时频分析是无能为力的。为此，由傅里叶分析演变出了能进行时频局部化分析的方法——短时傅里叶分析。短时傅里叶分析引入了能对时域及频域信号同时起局部化作用的窗函数，从而克服了傅里叶分析方法纯频域分析的局限性，但它仍存在一定的问题。例如，分析窗函数一旦选定，其时频窗的形状、尺寸也随之确定，信号分析中的时间分辨率及频率分辨率对于所有被观察的频率的谱就固定不变，具有单一分辨率。如果在信号中有相对于窗的短时、高频成分，这种变换就不是非常有效，所以短时傅里叶分析对非平稳信号的分析能力也是很有限的。这一缺陷限制了短时傅里叶分析在某些高分辨分析场合的应用，如精确定位故障发生时刻等。

小波分析不仅发展了短时傅里叶分析的时频局部化思想，而且它的矩形时频窗的形状及尺寸随被观察频率的变化而自动调节，即时窗宽度随频率的增大而缩小，符合高频信号对时间分辨率较高的要求。因此可以说小波分析是为寻求更有效的信号处理手段而发展起来的。

小波分析一方面作为理论研究正不断地深化，另一方面它已广泛地应用于信号处理、图像分析、模式识别等众多非线性科学领域，现已成为众多学科共同关注的热点。在电力系统中，小波分析也已获得了一些成功应用的成果。但是，在电力系统中的应用大多局限于理论分析，实时实现方面尚需进一步研究。

首先简要介绍小波分析的基本概念，然后详细介绍三次 B 样条(cubic spline)二进小波变换及其在低压配电系统短路故障早期检测中的应用。

2. 小波分析基本概念

1) 小波的定义

如果函数 $\psi(t)$ 被称为小波，那么它必须满足下列容许性条件：

$$\int_{-\infty}^{+\infty} \psi(t)\,\mathrm{d}t = 0 \tag{3-3}$$

或

$$C_\psi = \int_{-\infty}^{+\infty} |\omega|^{-1} |\hat{\psi}(\omega)|^2 \,\mathrm{d}\omega < +\infty \tag{3-4}$$

式中，$\hat{\psi}(\omega)$ 为 $\psi(t)$ 的傅里叶变换。

由式(3-4)可推知：

$$\hat{\psi}(0) = 0 \tag{3-5}$$

由式(3-3)可知 $\psi(t)$ 具有振荡性和类似阻尼波函数的某些特征，这就是 $\psi(t)$ 被称为小波的原因。

2) 连续小波变换(continuing wavelet transform, CWT)

基小波 $\psi(t)$ 经过伸缩和平移，可生成一个函数族 $\psi_{a,b}(t)$：

$$\psi_{a,b}(t) = |a|^{-\frac{1}{2}} \psi\left(\frac{t-b}{a}\right) \tag{3-6}$$

$\psi_{a,b}(t)$被称为分析小波或连续小波。

式(3-6)中的 a 为与频率对应的伸缩因子，b 为与时间对应的平移因子。b 的物理意义比较明显，它表示在时间轴上进行平移，而 a 的物理意义可由图 3.7 表示。由式(3-6)及图 3.7 可知，$\psi_{a,b}(t)$是一个宽度可变的函数，用它作变换基可在整个时间轴上得到不是单一的，而是一系列具有不同分辨率的变换，即小波变换。它的主要特点之一是具有用多重分辨率刻画信号局部特征的能力，从而用于探测正常信号中夹带的瞬态反常现象并展示其成分，这在故障诊断中具有重要意义。

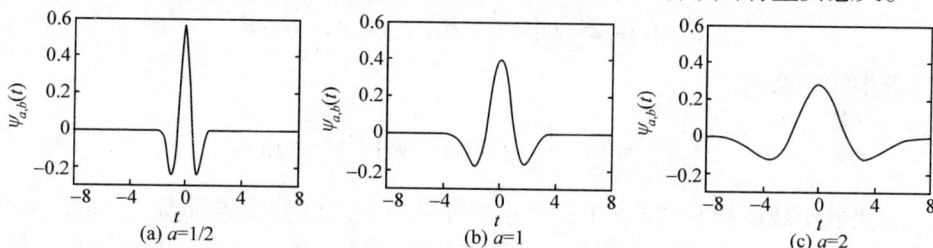

图 3.7　a 对 $\psi_{a,b}(t)$的影响($b=0$)

连续小波变换有两种表达形式：内积形式及卷积形式。

(1) 内积形式。对任意信号 $f(t) \in L^2(R)$，其连续小波变换的内积形式定义为

$$W_\psi(a,b) = <f, \psi_{a,b}> = |a|^{-\frac{1}{2}} \int_{-\infty}^{+\infty} f(t)\overline{\psi\left(\frac{t-b}{a}\right)} \mathrm{d}t \tag{3-7}$$

式中，$\overline{\psi}$ 为 ψ 的对偶；a、b 取遍整个时间轴。

(2) 卷积形式。用称为尺度因子的 s 对 $\psi(t)$进行压扩，得压扩后的小波函数为

$$\psi_s(t) = \frac{1}{s}\psi\left(\frac{t}{s}\right) \tag{3-8}$$

则在尺度 s、位置 t 处 $f(t)$ 的小波变换定义为

$$W_\psi f(t) = f(t) * \psi_s(t) = \int_{-\infty}^{+\infty} f(x)\psi_s(t-x)\,\mathrm{d}x \tag{3-9}$$

式中，"*"表示卷积。

3) 离散小波变换

在实际应用中，尤其是在计算机上实现时，往往需要对连续小波及其变换进行离散化。如果对参数 a、b 的取值作一些限制，可得不同类型的小波变换。常用的有离散小波变换及二进小波变换。

在式(3-7)中，取 $a = 1/2^j$，$b = k/2^j$，$j, k \in \mathbf{Z}$，即对尺度参数及平移参数同时

进行离散化，得小波函数为

$$\psi_{j,k}(t) = 2^{j/2}\psi(2^j t - k), \quad j,k \in \mathbf{Z} \tag{3-10}$$

则离散小波变换为

$$W_\psi\left(\frac{1}{2^j}, \frac{k}{2^j}\right) = \int_{-\infty}^{+\infty} f(t)[2^{j/2}\overline{\psi(2^j t - k)}]\,\mathrm{d}t \tag{3-11}$$

4) 二进小波变换

在式(3-7)中，如果只对尺度参数进行二进离散($a = 1/2^j$, $j \in \mathbf{Z}$)而平移参数保持连续变化($b \in \mathbf{R}$)，得小波函数为

$$\psi_{j,b}(t) = 2^{j/2}\psi[2^j(t-b)], \quad j \in \mathbf{Z}; \quad b \in \mathbf{R} \tag{3-12}$$

则二进小波变换为

$$W_\psi\left(\frac{1}{2^j}, b\right) = \int_{-\infty}^{+\infty} f(t)\{2^{j/2}\overline{\psi[2^j(t-b)]}\}\,\mathrm{d}t \tag{3-13}$$

与离散小波变换相比，由于二进小波变换只对尺度参数进行离散，而变量 t 仍保持连续变化，在各个尺度下的小波变换仍为连续函数，二进小波变换是一种超完备的表达，应用较为广泛。

对二进小波变换，可选择平滑函数的导函数作为小波函数。

设 $\theta(t)$ 是一个光滑函数(即满足 $\int_{-\infty}^{+\infty}\theta(t)\mathrm{d}t = 1$，且 $\theta(t) = o[1/(1+t^2)]$，由此看出光滑函数的能量通常集中在低频段，因此 $\theta(t)$ 也可看成一个低通滤波器的冲激响应)，取其导函数作为小波函数 $\psi(t)$，即

$$\psi(t) = \frac{\mathrm{d}\theta(t)}{\mathrm{d}t} \tag{3-14}$$

这里 $\psi(t)$ 也应满足允许性条件，同样用尺度因子 s 对 $\theta(t)$ 进行压扩，得压扩后的光滑函数：

$$\theta_s(t) = \frac{1}{s}\theta\left(\frac{t}{s}\right) \tag{3-15}$$

用卷积形式表达的小波变换为

$$W_\psi f(t) = f(t) * \psi_s(t) = f(t) * \left[s\frac{\mathrm{d}\theta_s(t)}{\mathrm{d}t}\right] = s\frac{\mathrm{d}}{\mathrm{d}t}[f(t) * \theta_s(t)] \tag{3-16}$$

式(3-16)说明函数 $f(t)$ 的小波变换可表达为用平滑函数 $\theta(t)$ 对 $f(t)$ 进行平滑，再求导。因此，该小波变换能够有效抑制噪声，提取突变信号，而且信号变化越激烈，相应的小波变换的幅值就越大。本节选用三次 B 样条函数的导函数作为小波函数，所得小波变换能够比较有效地抑制噪声并提取故障信号特征。

3. 三次 B 样条小波分析及其物理意义

样条函数是分段光滑且在连接点处具有一定光滑性的一类函数，它在数值逼近方面获得了广泛应用。选择三次 B 样条函数为式(3-14)中的光滑函数 $\theta(t)$，求导后所得小波函数 $\psi(t)$ 是二次样条(quadric spline)函数。选择三次 B 样条光滑函数的导函数为小波函数的原因是：三次 B 样条半正交小波函数具有显式解析式，推导简单，支撑集短，易在计算机上实时实现，并可进行快速分解与重构。三次 B 样条小波对大多数实际应用是渐进最优的，并且它是二进小波变换中最常用的小波函数之一。

由三次 B 样条小波分解的物理含义可知，多尺度三次 B 样条小波分解的细节分量体现了信号不断被平滑后的导数值，它既体现了信号变化率的大小，又剔除了噪声干扰的影响。这一特性可用来提取低压配电系统短路故障的故障特征以达到早期检测故障的目的。

所用尺度函数 $\varphi(t)$、光滑函数 $\theta(t)$ 及小波函数 $\psi(t)$ 的表达式分别如式(3-17)～式(3-19)所示。

$$\varphi(t)=\begin{cases}0, & t\leqslant -1.5\\ (t+1.5)^2/2, & -1.5<t\leqslant -0.5\\ -t^2+3/4, & -0.5<t\leqslant 0.5\\ (t-1.5)^2/2, & 0.5<t\leqslant 1.5\\ 0, & t>1.5\end{cases} \tag{3-17}$$

$$\theta(t)=\begin{cases}0, & t\leqslant -1\\ 8(t+1)^3/3, & -1<t\leqslant -0.5\\ 4(t+0.5)-16(t+0.5)^3/3-8t^3/3, & -0.5<t\leqslant 0\\ -4(t-0.5)+16(t-0.5)^3/3+8t^3/3, & 0<t\leqslant 0.5\\ -8(t-1)^3/3, & 0.5<t\leqslant 1\\ 0, & t>1\end{cases} \tag{3-18}$$

$$\psi(t)=\begin{cases}0, & t\leqslant -1\\ 8(t+1)^2, & -1<t\leqslant -0.5\\ 4-16(t+0.5)^2-8t^2, & -0.5<t\leqslant 0\\ -4+16(t-0.5)^2+8t^2, & 0<t\leqslant 0.5\\ -8(t-1)^2, & 0.5<t\leqslant 1\\ 0, & t>1\end{cases} \tag{3-19}$$

$\varphi(t)$、$\theta(t)$、$\psi(t)$ 的波形如图 3.8 所示。

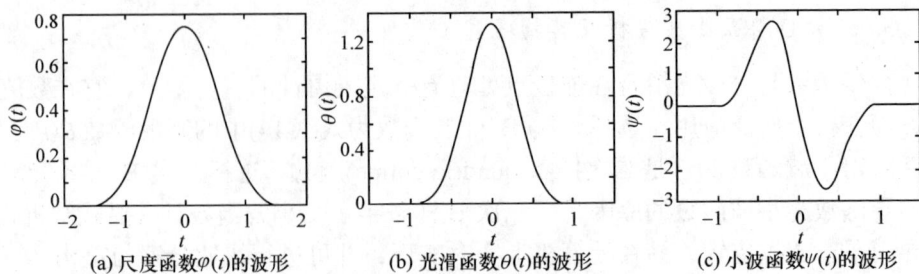

(a) 尺度函数φ(t)的波形　　　(b) 光滑函数θ(t)的波形　　　(c) 小波函数ψ(t)的波形

图 3.8　尺度函数、光滑函数及小波函数波形

由式(3-18)及图 3.8(b)可见，光滑函数 $\theta(t)$ 是一光滑对接的分段三次多项式函数，其对接点二次连续可微，因此它是一个三次样条函数，其一阶导数为小波函数 $\psi(t)$，如式(3-19)及图 3.8(c)所示，这是一个二次样条函数，其对接点一次连续可微。

所构造的尺度函数 $\varphi(t)$、光滑函数 $\theta(t)$ 及小波函数 $\psi(t)$ 的傅里叶变换分别如式(3-20)、式(3-21)及式(3-22)所示。

$$\hat{\varphi}(\omega) = \left[\frac{\sin(\omega/2)}{\omega/2} \right]^3 \tag{3-20}$$

$$\hat{\theta}(\omega) = \left[\frac{\sin(\omega/4)}{\omega/4} \right]^4 \tag{3-21}$$

$$\hat{\psi}(\omega) = \mathrm{j}\omega \left[\frac{\sin(\omega/4)}{\omega/4} \right]^4 \tag{3-22}$$

三次 B 样条小波对应的滤波器传递函数及重构滤波器传递函数分别为

$$H(\omega) = \mathrm{e}^{\mathrm{j}\omega/2} \cos^3(\omega/2) = \mathrm{e}^{\mathrm{j}\omega/2} \left(\frac{\mathrm{e}^{\mathrm{j}\omega/2} + \mathrm{e}^{-\mathrm{j}\omega/2}}{2} \right)^3 = \frac{1}{8}\mathrm{e}^{-\mathrm{j}\omega} + \frac{3}{8} + \frac{3}{8}\mathrm{e}^{\mathrm{j}\omega} + \frac{1}{8}\mathrm{e}^{2\mathrm{j}\omega} \tag{3-23}$$

$$G(\omega) = 4\mathrm{j}\mathrm{e}^{\mathrm{j}\omega/2} \sin(\omega/2) = 4\mathrm{j}\mathrm{e}^{\mathrm{j}\omega/2} \left(\frac{\mathrm{e}^{\mathrm{j}\omega/2} - \mathrm{e}^{-\mathrm{j}\omega/2}}{2\mathrm{j}} \right) = -2 + 2\mathrm{e}^{\mathrm{j}\omega} \tag{3-24}$$

$$K(\omega) = \frac{1 - |H(\omega)|^2}{G(\omega)} = \frac{1}{128}\mathrm{e}^{-3\mathrm{j}\omega} + \frac{7}{128}\mathrm{e}^{-2\mathrm{j}\omega} + \frac{22}{128}\mathrm{e}^{-\mathrm{j}\omega} - \frac{22}{128} - \frac{7}{128}\mathrm{e}^{\mathrm{j}\omega} - \frac{1}{128}\mathrm{e}^{2\mathrm{j}\omega} \tag{3-25}$$

式中，$H(\omega)$ 为小波的镜像滤波器函数；$G(\omega)$ 为小波的差分滤波器函数；$K(\omega)$ 为重构小波的滤波器函数。

多分辨分析就是使用 $H(\omega)$ 及 $G(\omega)$ 这两个滤波器对输入信号进行逐步分层分解。

由 $Z = \mathrm{e}^{\mathrm{j}\omega}$，得相应的 Z 变换式为

$$H(Z) = \frac{1}{8}Z^{-1} + \frac{3}{8} + \frac{3}{8}Z + \frac{1}{8}Z^2 \tag{3-26}$$

$$G(Z) = -2 + 2Z \tag{3-27}$$

$$K(Z) = \frac{1}{128}Z^{-3} + \frac{7}{128}Z^{-2} + \frac{22}{128}Z^{-1} - \frac{22}{128} - \frac{7}{128}Z - \frac{1}{128}Z^2 \tag{3-28}$$

低通、带通数字滤波器 H、G 及重构小波滤波器 K 的有限脉冲响应系数如表 3.2 所示。

表 3.2　传输函数 H、G、K 的脉冲响应系数

k	−3	−2	−1	0	1	2
h_k	0	0	1/8	3/8	3/8	1/8
g_k	0	0	0	−2	2	0
k_k	1/128	7/128	22/128	−22/128	−7/128	−1/128

在实际应用中得到的信号是经过采样后的离散信号，因此使用的小波变换是离散信号的二进小波变换，当实际进行离散信号的二进小波变换计算时，并不需要知道具体的尺度函数、小波函数及其对偶函数，只要知道其对应的低通及带通滤波器系数 h_k 与 g_k 即可。Mallat 受塔式迭代分解方法的启发，提出了小波分解快速递推算法，如式(3-29)所示：

$$S_{2^j}f(n) = \sum_k h_k S_{2^{j-1}}f(n - 2^{j-1}k)$$

$$W_{2^j}f(n) = \sum_k g_k S_{2^{j-1}}f(n - 2^{j-1}k) \tag{3-29}$$

$$d_j = -W_{2^j}f(n)/\delta_j, \quad j \in [1, J]$$

式中，当 $j=1$ 时，$S_{2^0}f$ 为输入信号，J 为分解的最高尺度数；δ_j 为幅值修正系数，取值如表 3.3 所示。

表 3.3　修正系数 δ_j 的取值

j	1	2	3	4	5
δ_j	1.50	1.12	1.03	1.01	1.00

注：当 $j \geqslant 5$ 时，$\delta_j = 1$。

图 3.9 为 Mallat 分解快速递推算法示意图。

由式(3-29)及图 3.9 可知，基于多分辨分析框架而建立的 Mallat 算法，实际上是将信号在不同时间和不同频率尺度上进行分解，提取信号在各个尺度上所表现

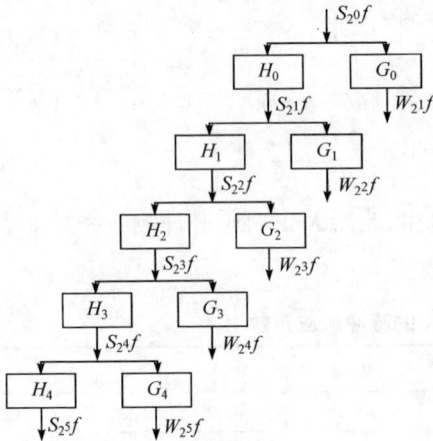

图 3.9　Mallat 分解快速递推算法示意图

的特征。具体地说，它是利用两组系数分别为 h_k 及 g_k 的滤波器，将信号 $S_{2^0}f$ 分解为光滑分量和细节分量。其中 h_k 为低通滤波器，其对应的算子是一个平均算子，通过该低通滤波器作用后得到的信号称为光滑分量 $S_{2^1}f$(即低频分量，也称平滑分量)；g_k 为带通滤波器，其对应的算子是一个差算子，通过该带通滤波器作用后得到的信号称为细节分量 $W_{2^1}f$(即高频分量，也称小波分量)。$S_{2^1}f$ 与 $W_{2^1}f$ 被称为信号 $S_{2^0}f$ 通过小波变换后在尺度 1 上的表现。由此递推可依次获得信号经过小波变换后在各个尺度上的表现情况。

由此可知，小波变换对于一个信号的分解过程实际上就是把信号表示成小波分量的过程，Mallat 算法的重要价值就在于它揭示了这种分解过程中各个分量或系数之间的联系。

将表 3.2 的系数代入式(3-29)中便可得各尺度下三次 B 样条小波分解的光滑分量及细节分量的具体表达式。式(3-30)、式(3-31)给出了第一～第五尺度下光滑分量及细节分量的递推公式。

$$S_{2^1}f(n)=h_{-1}S_{2^0}f(n+1)+h_0S_{2^0}f(n)+h_1S_{2^0}f(n-1)+h_2S_{2^0}f(n-2)$$
$$=\frac{1}{8}S_{2^0}f(n+1)+\frac{3}{8}S_{2^0}f(n)+\frac{3}{8}S_{2^0}f(n-1)+\frac{1}{8}S_{2^0}f(n-2)$$
$$S_{2^2}f(n)=h_{-1}S_{2^1}f(n+2)+h_0S_{2^1}f(n)+h_1S_{2^1}f(n-2)+h_2S_{2^1}f(n-4)$$
$$=\frac{1}{8}S_{2^1}f(n+2)+\frac{3}{8}S_{2^1}f(n)+\frac{3}{8}S_{2^1}f(n-2)+\frac{1}{8}S_{2^1}f(n-4)$$
$$S_{2^3}f(n)=h_{-1}S_{2^2}f(n+4)+h_0S_{2^2}f(n)+h_1S_{2^2}f(n-4)+h_2S_{2^2}f(n-8)$$
$$=\frac{1}{8}S_{2^2}f(n+4)+\frac{3}{8}S_{2^2}f(n)+\frac{3}{8}S_{2^2}f(n-4)+\frac{1}{8}S_{2^2}f(n-8)$$
$$S_{2^4}f(n)=h_{-1}S_{2^3}f(n+8)+h_0S_{2^3}f(n)+h_1S_{2^3}f(n-8)+h_2S_{2^3}f(n-16)$$
$$=\frac{1}{8}S_{2^3}f(n+8)+\frac{3}{8}S_{2^3}f(n)+\frac{3}{8}S_{2^3}f(n-8)+\frac{1}{8}S_{2^3}f(n-16)$$
$$S_{2^5}f(n)=h_{-1}S_{2^4}f(n+16)+h_0S_{2^4}f(n)+h_1S_{2^4}f(n-16)+h_2S_{2^4}f(n-32)$$
$$=\frac{1}{8}S_{2^4}f(n+16)+\frac{3}{8}S_{2^4}f(n)+\frac{3}{8}S_{2^4}f(n-16)+\frac{1}{8}S_{2^4}f(n-32)$$

$$(3-30)$$

$$W_{2^1}f(n) = g_0 S_{2^0}f(n) + g_1 S_{2^0}f(n-1) = -2[S_{2^0}f(n) - S_{2^0}f(n-1)]$$

$$W_{2^2}f(n) = g_0 S_{2^1}f(n) + g_1 S_{2^1}f(n-2) = -2[S_{2^1}f(n) - S_{2^1}f(n-2)]$$

$$W_{2^3}f(n) = g_0 S_{2^2}f(n) + g_1 S_{2^2}f(n-4) = -2[S_{2^2}f(n) - S_{2^2}f(n-4)] \tag{3-31}$$

$$W_{2^4}f(n) = g_0 S_{2^3}f(n) + g_1 S_{2^3}f(n-8) = -2[S_{2^3}f(n) - S_{2^3}f(n-8)]$$

$$W_{2^5}f(n) = g_0 S_{2^4}f(n) + g_1 S_{2^4}f(n-16) = -2[S_{2^4}f(n) - S_{2^4}f(n-16)]$$

总结多尺度三次 B 样条小波分解的物理含义如下。

由式(3-30)可知，当对离散的采样信号实施三次 B 样条小波分解时，小波分解在某一尺度下的光滑分量 $S_{2^j}f$ 实际上是对上一尺度的光滑分量 $S_{2^{j-1}}f$ 进一步进行平滑处理，随着尺度增加，信号中的高频成分逐渐被剥离。由于信号中噪声干扰的频率往往较高，光滑分量中的噪声成分随着尺度的增加而减少。尺度越高，噪声干扰的剔除作用越显著，但运算量越大，同时故障信号的奇异性也将随尺度的增加而削弱。因此，选取适当的小波分解尺度是十分重要的，必须根据实际应用情况权衡故障特征保持、噪声剔除效果及运算量等几方面的因素综合考虑。

由式(3-31)可知，当对离散的采样信号实施三次 B 样条小波分解时，小波分解在某一尺度下的细节分量 $W_{2^j}f$ 与上一尺度的光滑分量 $W_{2^{j-1}}f$ 的差分成正比(其中第一尺度下的细节分量与原始信号的差分值成正比，即第一尺度下的细节分量实际上反映了原始信号的变化率)，说明细节分量体现了信号不断被平滑后的导数值。

总之，三次 B 样条小波分解细节分量既能体现信号变化率的大小，又剔除了噪声干扰的影响。这一特性可用来提取低压配电系统短路故障的故障特征以达到早期检测故障的目的。

4. 小波分析应用于低压配电系统短路故障早期检测

编制三次 B 样条小波分解程序，对实验及仿真获得的电流波形进行小波分解计算，并对计算结果进行分析研究。为书写方便，以下将 $S_{2^0}f$、$S_{2^1}f$、$S_{2^2}f$、$S_{2^3}f$、$S_{2^4}f$、$W_{2^1}f$、$W_{2^2}f$、$W_{2^3}f$、$W_{2^4}f$、$W_{2^5}f$ 分别记为 Signal、s1、s2、s3、s4、d1、d2、d3、d4、d5。

1) 仿真与实验电流小波分解波形对比

图 3.10 为仿真与实验电流小波分解波形图。

图 3.10(a)中电流波形 Signal 由 MATLAB 的 Simulink 及电力系统工具箱仿真计算得到，由于是在无噪声的条件下计算得到的，电流及其各尺度下细节分量的波形均是不含毛刺的理想波形。而图 3.10(b)的电流波形是在如图 3.11 所示的实验条件下，由电流传感器 CT 及模数转换器采样获得，因而在电流波形上叠加了噪

声干扰信号。由于小波算法具有滤波消噪的功能，随着尺度的增加，小波变换细节分量的波形越来越光滑，其第四及第五尺度下小波分解细节分量波形与仿真获得的理想波形十分接近。但低尺度下小波分解波形叠加较多毛刺，说明想要获得较好的滤波效果，需要增加小波分解的尺度。为达到较好的滤波消噪的效果，用于故障检测的决策函数应采用高尺度下小波变换值，因此，可用仿真计算的电流波形代替实测波形作为原始电流输入信号，权衡运算量及消噪能力等因素，选择d4 为故障检测的决策函数。

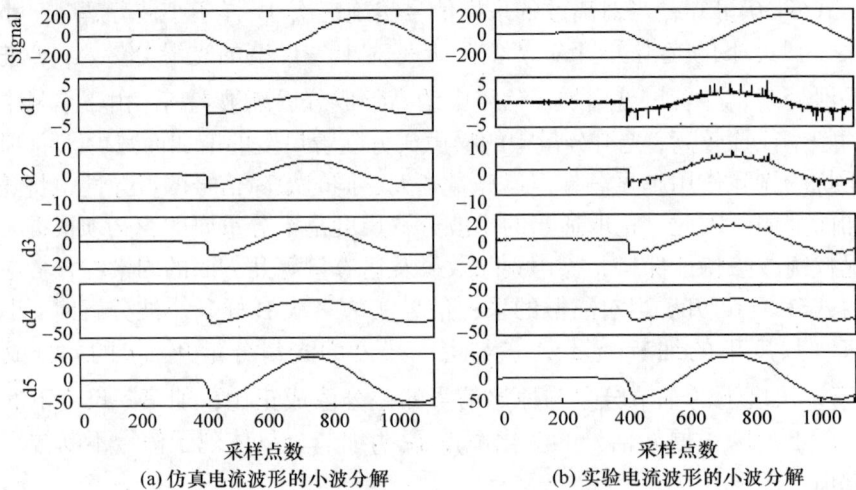

(a) 仿真电流波形的小波分解　　　　　　　(b) 实验电流波形的小波分解

图 3.10　仿真与实验电流小波分解波形图

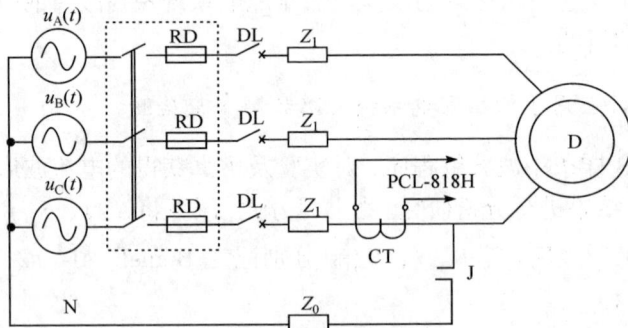

图 3.11　实验线路图

图 3.11 中，CT 选用 LEM 公司生产的精度高(0.3%)、动态响应特性好(响应时间<1μs，di/dt 跟随精度＞50A/μs)的霍尔效应电流传感器 LT1000-SI，同时采用 Advantech 公司生产的高性能、高速、多功能数据采集板 PCL-818H(12 位 A/D 转换器，最高采样频率可达 100kHz)。短路故障由接触器的主触头 J 模拟，PCL-818H

数据采集板的数字输出端控制接触器线圈的通断以控制短路故障发生的时刻。

2) 仿真计算结果

本节仍以单相短路为例进行研究。表 3.4 列出了故障后不同时刻在各种故障电流初相角下短路电流及第一～第五尺度下小波分解的细节分量；图 3.12 为在三种特殊故障初相角下的波形。各量均采用标幺值，用*表示，基准值为各量在额定运行时的幅值。当采样频率为 50kHz 时，电流及第一～第五尺度下细节分量的基准值分别为 84.0、0.70、1.87、4.10、8.42、17.00。

表 3.4　短路电流及其各尺度下的细节分量值

故障初相角/(°)	原信号及细节分量	距故障发生的时间/ms							
		0.04	0.10	0.50	1.00	1.50	2.00	2.50	3.00
0	Signal*	0.85	1.27	3.11	5.28	7.36	9.27	10.97	12.41
	d1*	117.06	17.58	14.21	13.63	12.98	10.83	10.83	8.57
	d2*	57.20	18.67	14.23	13.67	13.01	11.11	10.86	8.59
	d3*	32.39	26.01	14.11	13.56	12.84	11.19	10.77	8.52
	d4*	20.50	21.86	14.23	13.65	12.88	11.37	10.75	8.59
	d5*	14.04	15.43	14.33	13.45	12.68	11.32	10.24	8.43
30	Signal*	1.86	2.49	4.98	7.54	9.66	11.27	12.50	13.29
	d1*	164.49	25.80	17.97	14.67	11.83	9.71	6.41	3.12
	d2*	88.13	27.54	18.03	14.80	12.05	9.73	6.42	3.13
	d3*	50.48	38.70	17.92	14.85	12.09	9.66	6.37	3.10
	d4*	31.40	32.83	18.08	15.02	12.16	9.72	6.42	3.19
	d5*	20.77	22.61	18.34	14.81	11.85	9.30	6.43	3.56
60	Signal*	2.37	3.04	5.51	7.77	9.34	10.31	10.75	10.64
	d1*	199.15	27.01	17.07	11.84	7.46	4.60	1.90	−2.96
	d2*	99.33	29.09	17.09	12.21	7.48	4.61	1.91	−2.96
	d3*	55.52	42.26	16.93	12.24	7.47	4.57	1.66	−2.67
	d4*	33.95	35.30	17.10	12.36	7.84	4.57	1.25	−2.31
	d5*	21.95	23.77	17.45	12.20	8.02	4.48	1.04	−2.14
90	Signal*	2.24	2.78	4.57	5.93	6.55	6.57	6.02	5.10
	d1*	190.09	21.22	11.60	6.56	2.16	−1.58	−5.79	−7.87
	d2*	85.17	22.80	11.50	6.43	2.17	−1.58	−5.80	−7.52
	d3*	45.83	34.85	11.39	6.33	2.15	−1.57	−5.75	−7.34
	d4*	27.43	28.39	11.50	6.32	2.13	−1.57	−5.55	−7.34
	d5*	17.28	18.60	11.89	6.27	2.12	1.54	−5.03	−7.22

故障初相角/(°)	原信号及细节分量	距故障发生的时间/ms							
		0.04	0.10	0.50	1.00	1.50	2.00	2.50	3.00
120	Signal*	1.51	1.77	2.40	2.48	2.00	1.06	−0.25	−1.82
	d1*	102.58	9.56	3.09	−1.17	−4.42	−8.11	−9.68	−10.82
	d2*	44.71	10.43	2.87	−1.18	−4.43	−7.67	−9.71	−10.85
	d3*	23.44	17.04	2.81	−1.26	−4.62	−7.33	−9.58	−10.76
	d4*	13.48	13.62	2.86	−1.30	−4.81	−7.25	−9.40	−10.79
	d5*	7.92	8.37	3.13	−1.25	−4.66	−7.08	−9.08	−10.50
150	Signal*	0.38	0.29	−0.41	−1.63	−3.10	−4.75	−6.49	−8.23
	d1*	−10.18	−4.63	−6.43	−8.93	−10.05	−10.79	−11.26	−10.81
	d2*	−7.45	−4.75	−6.48	−8.95	−10.08	−10.82	−11.27	−10.84
	d3*	−5.20	−5.25	−6.52	−8.88	−9.99	−10.75	−11.17	−10.75
	d4*	−4.06	−4.78	−6.56	−8.83	−10.07	−10.89	−11.25	−10.88
	d5*	−3.54	−4.08	−6.47	−8.56	−9.90	−10.76	−11.08	−10.80

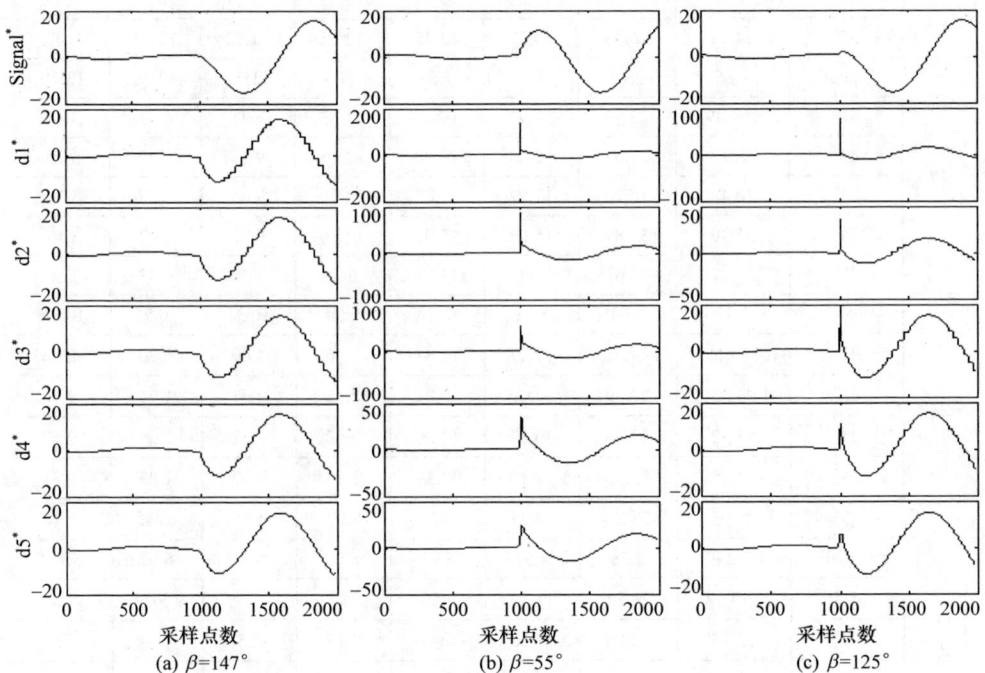

图 3.12　电流及各尺度小波分解细节分量波形

由图 3.12(a)(β=147°)的电流波形 Signal*可看出，波形在故障点(第 1000 个采样点)很光滑，其 d1*～d5* 在短路发生后极短时间内变化得并不十分剧烈，这是所有故障初相角(0°～180°)中故障特征最不明显的一例。但在该 β 值下，当 t=0.5ms 时，d4* 的绝对值已达正常运行时幅值的 5.68 倍，而此时电流值仅为正常运行时幅值的 12%，当 t=2.5ms 时，电流才达到正常运行时幅值的 5.92 倍。因此，即使在最不严重的故障初相角下，短路发生后极短时间内，小波分解值的变化也比原电流信号的变化大得多，呈现出较明显的故障特征。

由图 3.12(b)(β=55°)的电流波形可见，故障时电流值虽不突变，但很不光滑，明显为一个奇异点。d1*～d5* 在故障发生后极短的时间内便达到极大值，随后迅速衰减，当 t=0.1ms 时，电流仅达正常时的 3.01 倍，而此时 d4* 为 34.67 倍。在此故障初相角下，越早检测，故障特征越明显，超过一定时间(如 1.5ms)以后，故障电流本身所呈现的故障特征比 d1*～d5* 还明显。如当 t=2.0ms 时，Signal* 增大至10.72，而 d4* 已衰减至 5.44。

对图 3.12(c)(β=125°)的情况，故障发生瞬间 d1*～d5* 较大，但衰减很快(当 t=0.04ms 时，d4*=10.68；而当 t=0.5ms 时，d4*=1.27)。如果在此时间段内没能检测到故障，可等 d1*～d5* 向另一方向增大时再作判断，如当 t=3.0ms 时，d4*=－10.95。而在 t=0～3.0ms 内，电流最大值仅达正常运行时电流峰值的两倍多，即在短路故障发展之前仍可判断出短路故障。

为了更全面地了解故障初相角对小波分解结果的影响，图 3.13 给出了故障发生后四种不同时刻短路电流及第四尺度细节分量与故障电流初相角之间的关系(采样频率为 100kHz)。

由图 3.13 可见，短路故障发生后较短时间(t=1.0ms)内，第四尺度细节分量绝对值|d4*|比短路电流信号绝对值|Signal*|所表现出的故障特征明显得多，且时间越短，|d4*|所表现的故障特征越显著。例如，当 t=0.05ms 时，|Signal*|在所有故障相角下的最大值仅为 2.72，而|d4*|达 51。因此，以|d4*|为短路故障判据，可以在较短时间内将故障检测出来，而此时短路电流还没有发展到对线路及电气设备造成威胁的程度。

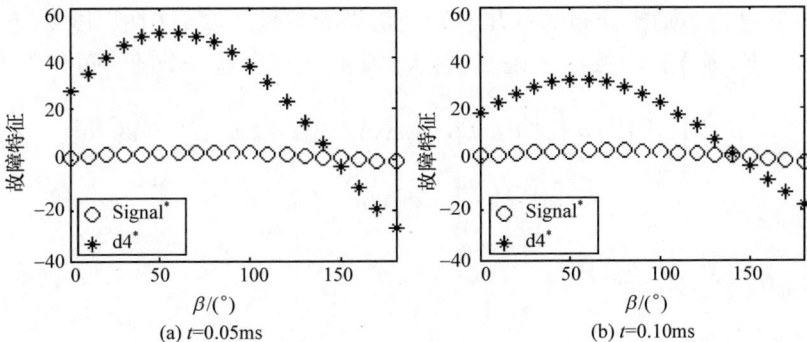

(a) t=0.05ms　　　　　　　　　　(b) t=0.10ms

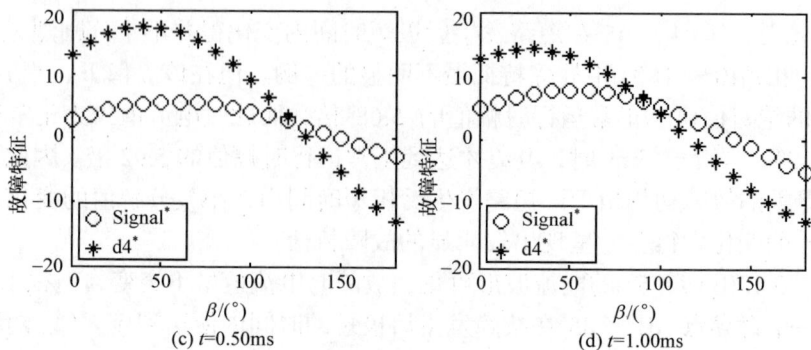

(c) t=0.50ms　　　　　　　　　(d) t=1.00ms

图 3.13　Signal*、d4*与 β 的关系

3) 算法的滤波效果分析

短路保护电器除了要确保故障发生时能够准确、快速地判断出故障，做到不漏判，而且还要保证在非故障运行时不误动。而现场存在大量的噪声干扰，这使故障早期检测系统的可靠性受到了严峻考验。在低压配电系统中，存在较强的噪声干扰，常见的有背景白噪声及随机脉冲噪声。背景白噪声主要来源于交直流两用电动机；而随机脉冲噪声主要来源于雷电及负载(电容器组、自动调温器、电冰箱及空调等)的开关操作。这些噪声叠加在待检测的故障信号上，影响了短路故障特征的准确提取。因此干扰的消除和抑制成为一个关键的技术问题。这不仅要求短路保护装置在硬件设计上具有较强的抗干扰能力，并且算法本身也应具有较强的抗干扰能力，能够在较强的干扰环境下检测出微弱的故障信号，才不至于在进行故障早期检测时造成误判。

多尺度小波分解算法本身是一个数字滤波器，它具有较强的消除白噪声干扰的能力，对随机脉冲干扰也有一定的抑制作用。

(1) 抗白噪声干扰能力。

由于小波变换是线性变换，当信号与白噪声线性组合时，其小波变换也是由信号的小波变换和白噪声的小波变换线性组合而成。设 $e(t)$ 为方差为 σ^2 的宽平稳白噪声，它是一个随机分布的且几乎处处奇异的信号。设 $e(t)$ 在尺度 2^j 下的二进小波变换为 $W_{2^j}e(t)$，小波 $\psi(t)$ 是实函数，则 $W_{2^j}e(t)$ 也是一个随机过程，方差为

$$E[|W_{2^j}e(t)|^2] = \int_{-\infty}^{+\infty}\int_{-\infty}^{+\infty} E[e(u)e(v)]\psi_{2^j}(t-u)\psi_{2^j}(t-v)\mathrm{d}u\mathrm{d}v$$
$$= \int_{-\infty}^{+\infty} \sigma^2\psi_{2^j}^2(t-u)\mathrm{d}u$$

(3-32)

而 $\psi_{2^j}(t) = \dfrac{1}{2^j}\psi\left(\dfrac{t}{2^j}\right)$，故

$$E[|W_{2^j}e(t)|^2] = \frac{\|\psi\|^2}{2^j} \cdot \sigma^2 \tag{3-33}$$

同时还可以证明，$W_{2^j}e(t)$ 的极大值的平均稠密度为

$$d_s = \frac{1}{2^j \pi}\left(\frac{\|\psi^{(2)}\|}{2\|\psi^{(1)}\|} + \frac{\|\psi^{(1)}\|}{\|\psi\|} \right) \tag{3-34}$$

式中，$\psi^{(1)}(t)$ 和 $\psi^{(2)}(t)$ 为 $\psi(t)$ 的一阶和二阶导数。

式(3-33)及式(3-34)表明，高斯白噪声经小波变换后，其方差的平均幅值及其极大值的平均稠密度与尺度 2^j 成反比，即尺度越大，其方差的平均幅值越小、极大值的平均稠密度越稀。

图 3.14 为带标准的高斯白噪声(方差 $\sigma^2=1$，SNR=14dB)情况下故障初相角为 0°时单相短路故障相电流波形。采样频率为 50kHz，故障发生在第 1000 个采样点。

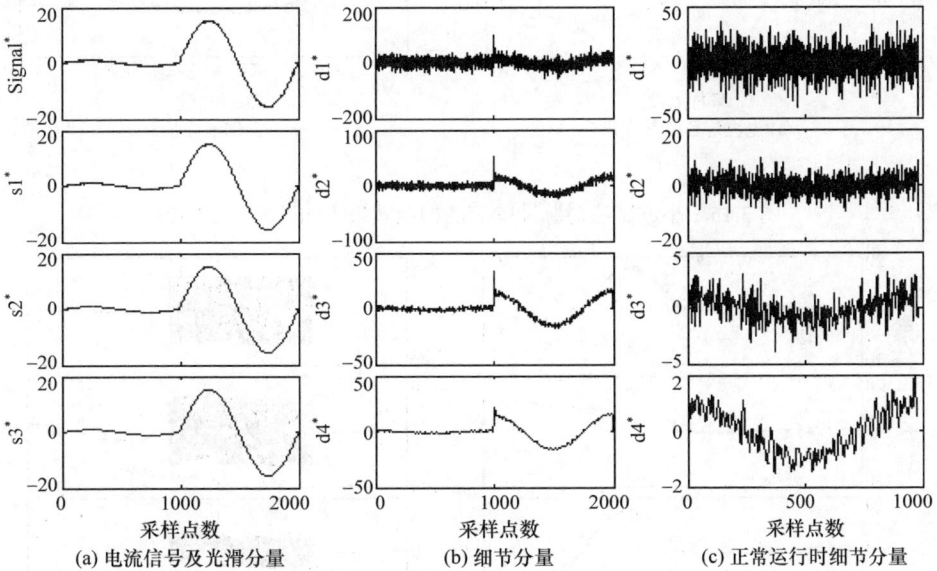

图 3.14　小波算法对白噪声的抑制效果(SNR=14dB)

由图 3.14 可知，随着尺度增加，高斯白噪声的小波变换的平均幅值及其极值的平均稠密度随之减小，小波分解算法表现出了较强的抑制白噪声的能力。

(2) 抗随机脉冲噪声干扰能力。

脉冲噪声的主要类型有单脉冲噪声、周期脉冲噪声及连续脉冲噪声，其中最严重的是连续脉冲噪声。

图 3.15、图 3.16 分别给出了在正常运行及发生故障情况下，小波分解算法对连续脉冲噪声——快速瞬变脉冲群的抑制作用。脉冲幅值为额定电流幅值的两倍($P=2$)，脉冲重复频率为 5kHz，脉冲持续时间为 15ms，一个脉冲群共有 75 个脉冲。

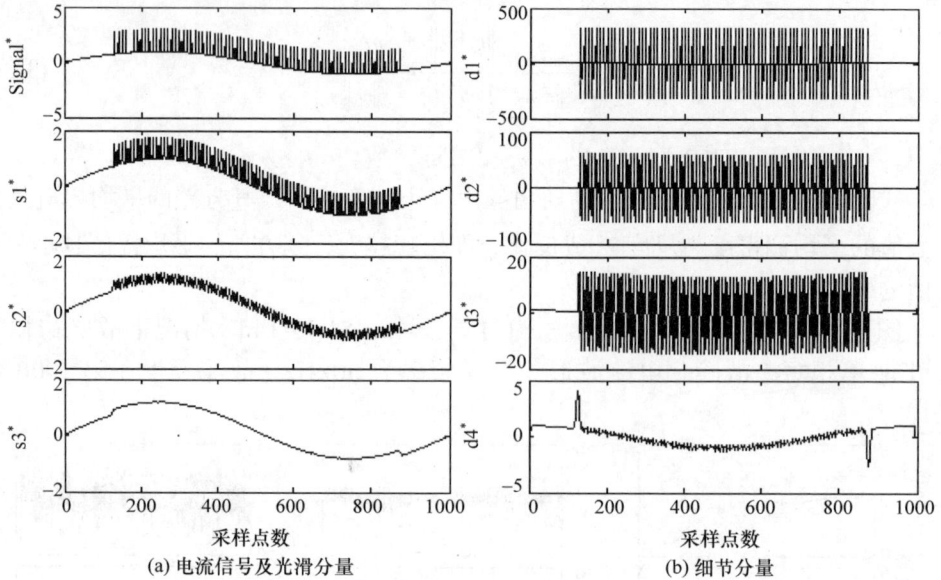

(a) 电流信号及光滑分量　　　　　　　　(b) 细节分量

图 3.15　小波算法对脉冲噪声的抑制效果 1 (正常运行, $P=2$)

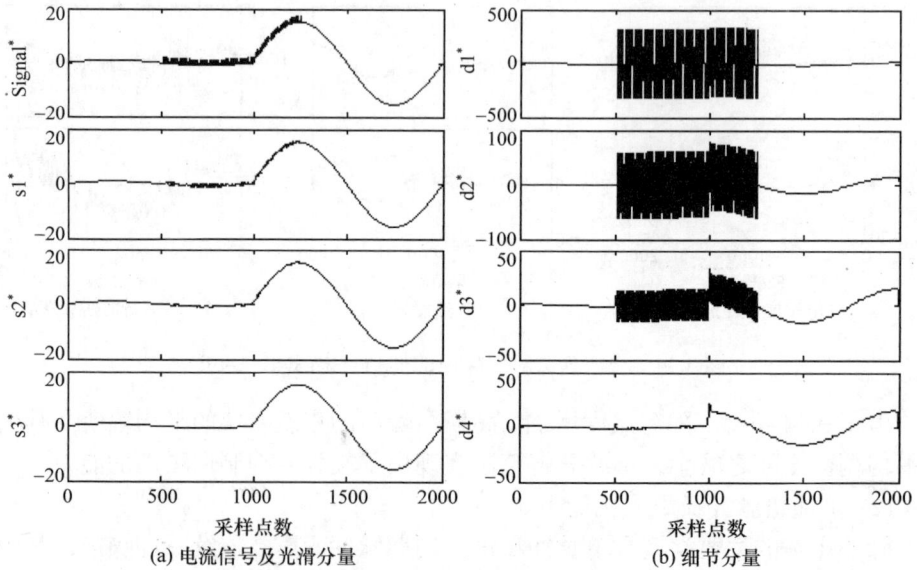

(a) 电流信号及光滑分量　　　　　　　　(b) 细节分量

图 3.16　小波算法对脉冲噪声的抑制效果 2 (脉冲叠加于正常与故障电流波形交接处, $P=2$)

由图 3.15 和图 3.16 可见，$d1^*$，$d2^*$，$d3^*$ 的幅值均远远大于无干扰时的值，只有 $d4^*$ 对脉冲噪声干扰起到了一定的抑制作用，但在脉冲群出现及结束的时刻仍有明显的奇异值，因此，若想取得较好的抑制脉冲噪声干扰的效果，必须增加小波分解的尺度数。

总之，小波分解算法对随机脉冲噪声干扰的抑制效果不够理想，必须采取其他有效的方法(该方法将在后续部分介绍)。

5. 短路故障门限值设定及故障判据研究

在故障诊断或早期检测中，判别故障的方法之一是将决策函数值与预先设置的门限值相比较，当决策函数值不大于门限值时，认为没有故障发生，若决策函数值大于门限值就认为有故障发生，并发出触发信号。门限值设置的合理与否将直接影响故障检测的灵敏度与可靠性。如果门限值设置得过高，则在线路末端发生单相对中线短路且在最不严重的故障初相角下易发生漏判；如果门限值设置得过低，则在噪声干扰或电动机过载、启动等正常运行状态下易发生误判。因此对门限值设置的研究十分重要。

对低压配电系统单相短路故障相电流实施三次 B 样条小波变换，发现小波分解在高尺度下的细节分量实际上是对低一个尺度的光滑分量求差分。因此，高尺度下小波分解的细节分量表征了短路电流变化率这一典型的故障特征，同时剔除了噪声干扰的影响。结合抗噪声干扰能力及实时性等方面的因素，选用第四尺度小波分解细节分量 d4 绝对值的大小作为评判短路故障发生的决策函数值，通过设置合适的 d4 门限值，便可在短路电流发展之前判断出短路故障。

但是，当电动机启动或过载时，同样会引起电流的激烈变化，电流变化率也比正常运行时大得多。当然，短路电流的稳态最大值远大于启动和过载时的电流值，如果不要求在故障初期判断短路故障，则可较容易地根据电流幅值的大小将短路故障从启动或过载中分辨出来。而若要求在故障早期，即在电流发展之前检测故障的发生，则判据较为复杂，需进行深入研究。

为正确提取短路故障与电动机启动或过载特征以便设置正确的 d4 门限值，下面先分别研究电动机过载、启动的暂态过程，再研究各种短路的暂态过程，最后获取判断短路故障的门限值及故障判据。

值得一提的是，虽然此研究结果是在特定的系统结构和参数下获得的，但对短路故障门限值的确定方法是普遍适用的。

1) 电动机过载暂态过程

设电动机带额定负载正常运行时，负载突然增大至极限(即若负载大于该极限，则电动机不能稳定运行，将停转)，电流波形如图 3.17(a)所示。由图 3.17(a)可知，过载时电流是逐渐增大的，最后达稳定。对其电流信号实施小波分解，得到第四尺度细节分量 d4*,其值在过载后也逐渐增大,最终达稳定值,波形如图 3.17(b) 所示。表 3.5 给出了在不同过载初相角下，电流 Signal* 及小波分解第四尺度细节分量 d4* 可能达到的最大值。由图 3.17 及表 3.5 可知，过载时 Signal* 及 d4* 最大值均小于 3，且出现在暂态过程结束以后。因此，过载时三相电流最大值相等且与过载发生时的初相角无关。过载的上述特征，使它较容易地区别于短路故障。

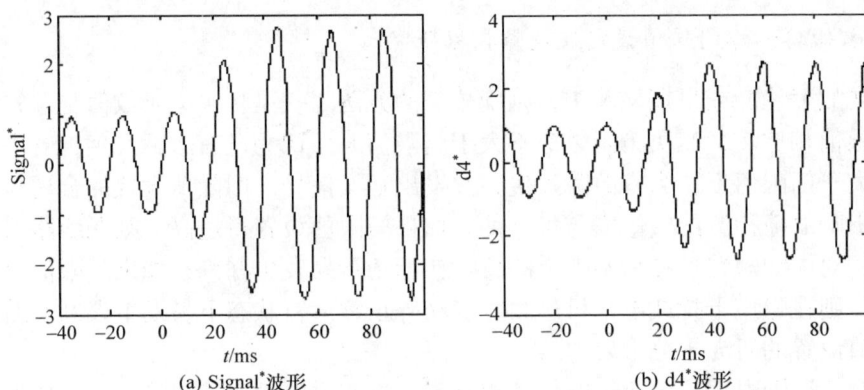

(a) Signal* 波形　　　　　　　　　(b) d4* 波形

图 3.17　过载时 Signal* 及 d4* 的波形(C 相 β=0°,下同)

表 3.5　过载时 Signal* 及 d4* 的最大值

电流	过载时刻 C 相电流初相角 β/(°)					
	0	10	20	30	40	50
Signal*	2.88	2.88	2.88	2.88	2.88	2.88
d4*	2.89	2.87	2.87	2.87	2.87	2.87

值得注意的是，当发生不对称故障(即单相或两相短路)时，在分析故障初相角的影响时，需考虑 0°～180° 的情况；而当发生对称故障(即三相短路)或当三相对称系统带三相对称负载启动或过载时，仅需考虑 0°～60° 的初相角。

2) 电动机启动暂态过程

图 3.18 给出了电动机启动时的 Signal* 及 d4* 波形。电动机启动时电流值在几毫秒内可由 0 迅速达到额定值的近 6 倍，因此 d4* 在启动初期便可达相当数值，这与短路故障的特性十分接近。

表 3.6 列出了在不同启动初相角下，Signal* 及 d4* 可能达到的最大值。表 3.7 为 d4* 达额定值 d4$_N$ 的 5～6 倍所需时间。由表 3.7 可知，在某些启动初相角下，启动后 0.22ms，d4* 便可达额定值的 6 倍。

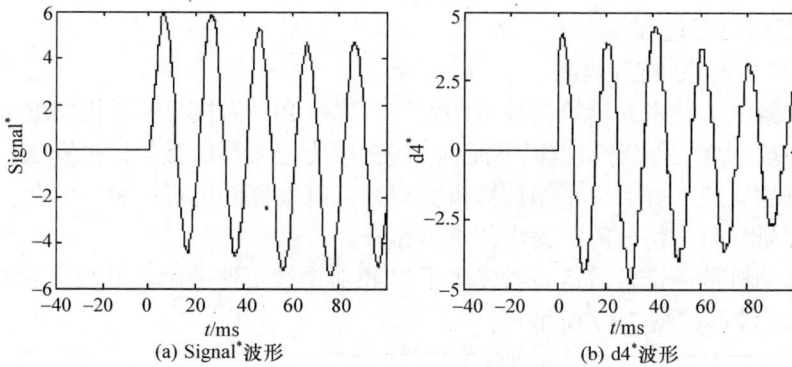

(a) Signal*波形　　　　　　　　　　　　　(b) d4*波形

图 3.18　启动时 Signal* 及 d4* 的波形

表 3.6　启动时 Signal* 及 d4* 的最大值

电流		启动初相角/(°)					
		0	10	20	30	40	50
Signal*	A 相	5.37	5.40	5.35	5.31	5.33	5.28
	B 相	5.40	5.58	5.78	5.90	5.94	5.95
	C 相	5.86	5.70	5.44	5.29	5.38	5.39
d4*	A 相	6.22	6.02	5.64	5.08	4.81	4.81
	B 相	4.82	4.79	4.78	4.75	4.79	4.74
	C 相	4.72	4.73	5.16	5.69	6.05	6.23

表 3.7　启动时 d4* 达 $N \times d4_N$ 所需时间　　　　　　（单位：ms）

N		启动初相角/(°)					
		0	10	20	30	40	50
5	A 相	0.19	0.19	0.20	0.23	—	—
	B 相	—	—	—	—	—	—
	C 相	—	—	0.23	0.20	0.19	0.19
6	A 相	0.22	0.25	—	—	—	—
	B 相	—	—	—	—	—	—
	C 相	—	—	—	—	0.24	0.22

注：“—”表示不可能达到相应的倍数，下同。

3) 短路暂态过程

(1) 单相短路暂态过程。

随着微电子技术及计算机技术的发展，以 CPU 为核心的微机型继电保护产品不断涌现，全波傅氏算法(以下简称 Mag*)成为较流行的微机保护算法。该算法的优点是滤波效果好，易于用计算机实现，且有很好的运行经验。因此，对短路暂态过程研究时，将该算法提出并进行比较。

设电动机带额定负载运行时发生了 C 相对中线短路故障。其故障相 Signal*、d4* 及 Mag* 波形如图 3.19 所示。

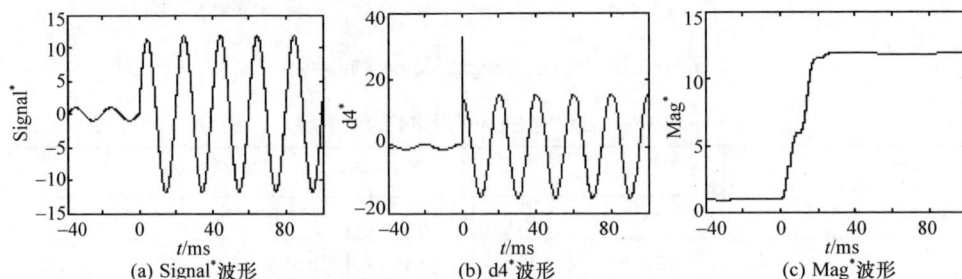

(a) Signal*波形　　　(b) d4*波形　　　(c) Mag*波形

图 3.19　单相短路时 Signal*、d4* 及 Mag* 的波形

表 3.8 为在不同故障初相角下，Signal* 及 d4* 可能达到的最大值。表 3.9 及表 3.10 分别列出了故障相 d4* 及 Mag* 达额定幅值 8～10 倍所需的时间。

表 3.8　单相短路 Signal* 及 d4* 的最大值

电流		故障电流初相角/(°)							
		0	30	60	90	120	150	55	147
Signal*	A 相	1.81	1.76	1.75	1.77	1.86	1.90	1.76	1.90
	B 相	1.19	1.19	1.19	1.19	1.19	1.21	1.19	1.20
	C 相	11.88	11.88	11.88	11.92	11.92	12.00	11.88	11.98
d4*	A 相	1.75	1.75	1.75	1.74	1.77	1.79	1.75	1.79
	B 相	1.20	1.20	1.17	1.17	1.18	1.18	1.17	1.19
	C 相	27.94	44.03	48.02	38.99	19.04	11.89	46.98	11.88

表 3.9　单相短路 d4* 达 $N \times d4_N$ 所需时间　　　　(单位：ms)

N	故障电流初相角/(°)							
	0	30	60	90	120	150	55	147
8	0.09	0.08	0.08	0.09	0.11	0.95	0.08	1.22
9	0.10	0.09	0.08	0.09	0.11	1.35	0.08	1.60
10	0.10	0.09	0.09	0.09	0.11	1.69	0.08	1.98

表 3.10　单相短路 Mag*达 $N \times I_N$所需时间　　　　　　（单位：ms）

N	故障电流初相角/(°)							
	0	30	60	90	120	150	55	147
8	15	14	14	19	18	16	14	17
9	16	15	19	20	19	17	16	17
10	17	17	21	21	20	18	21	18

由表 3.8 可知，两非故障相的 Signal*及 d4*在各故障初相角下均小于 2 倍的额定值。而故障相 Signal*的最大值在各故障初相角下均可达 11 倍以上，故障相 d4*的最大值在某些故障初相角下可达 48 倍以上，即使在最不严重的故障初相角 147°下也可达 11.88 倍，远大于表 3.6 所示的启动时 d4*可达到的最大值 6.23。而由表 3.9 可见，若 d4*门限值分别设置为 8、9、10，则在最不严重的故障初相角 147°下，d4*分别在故障发生后 1.22ms、1.60ms 及 1.98ms 达到所设门限值。时间虽然较长，但由仿真结果可知，在此特殊的故障初相角下，短路电流值也处于比较小的数值。实际上，在 0°～180°的故障初相角范围内，d4*可在故障发生后 0.2ms 内达到所设门限值；而在某些故障初相角下，如本例的 147°，虽然 d4*在故障发生后较长时间(>1ms)才达到所设门限值，但由于短路电流值较小，仍达到了故障早期检测的目的。因此，所提短路故障早期检测中"早期"的时间概念是相对于不同的故障初相角、不同的时间而言的，即短路故障早期检测中"早期"的概念是指短路故障还没有发展起来、短路电流还处于较小的值。

由于全波傅氏算法的数据窗为周期函数的一个周波内的数据，在短路发生初期判别不出故障。如表 3.10 所示，若以 Mag*为故障判据，则当 Mag*门限值分别设为 8、9、10 时，分别需 19ms、20ms 及 21ms 才能判断出是否发生了单相短路故障，所需时间远超过小波分析方法。因此全波傅氏算法无法满足故障早期检测的要求。

(2) 两相短路暂态过程。

设电动机带额定负载运行时发生了 A、C 两相短路故障。Signal*、d4*及 Mag*的波形如图 3.20 所示。图中 d4A*、d4B*及 d4C*分别表示 A、B、C 三相电流小波分解第四尺度细节分量的标幺值；MagA*、MagB*及 MagC*分别表示 A、B、C 三相电流全波傅氏算法模值的标幺值。

表 3.11 给出了在不同故障初相角下，Signal*及 d4*可能达到的最大值。表 3.12 及表 3.13 分别列出了故障相 d4*及 Mag*达 8～10 倍额定值所需时间。由表 3.11 可知，当发生两相短路故障时，两故障相的 Signal*及 d4*最大值可分别达 27.66 及 98.43；而非故障相的 Signal*及 d4*最大值可分别达 5.06 及 5.04。经仿真研究发

现，对两相短路而言，若采用 d4*作为短路故障决策函数值，在最不严重的故障初相角 120°下，故障相 C 相 d4*的最大值为 25.61，若 d4*的门限值分别设置为 8 及 10 时，由表 3.12 可知 d4*分别在故障后 0.16ms 及 0.36ms 达门限值。由表 3.13 可知，若以 Mag*作为故障判据，则当 Mag*门限值设为 8、9、10 时，分别需 10ms、10ms 及 11ms 才能判断出是否发生了两相短路故障。

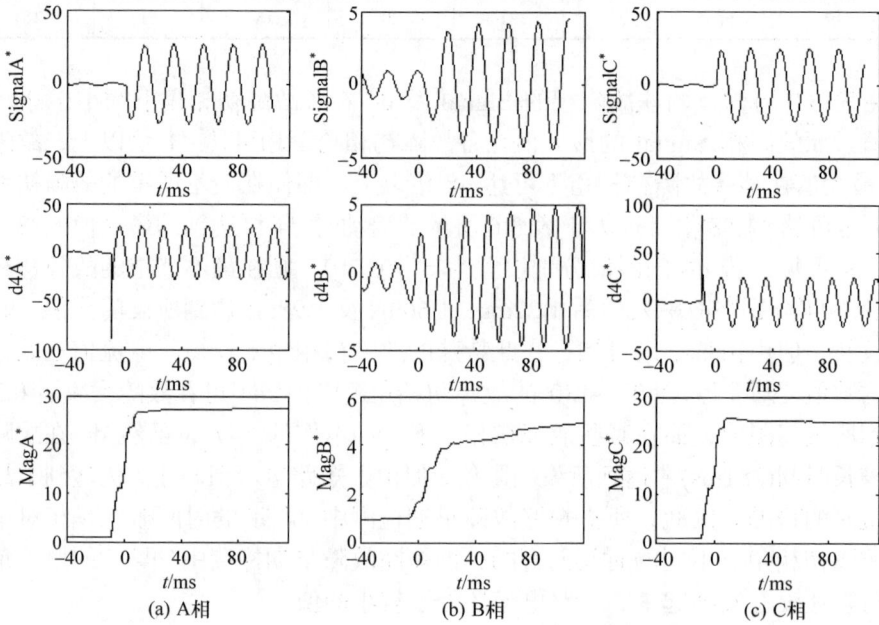

图 3.20　两相短路时 Signal*、d4* 及 Mag*的波形

表 3.11　两相短路 Signal* 及 d4*的最大值

电流		故障电流初相角/(°)					
		0	30	60	90	120	150
Signal*	A 相	27.56	27.58	27.62	27.59	27.66	27.54
	B 相	4.93	4.92	4.93	5.02	5.06	5.00
	C 相	25.83	25.84	25.87	26.02	26.16	25.87
d4*	A 相	88.49	97.56	77.97	40.46	27.59	57.21
	B 相	4.92	4.88	4.93	5.02	5.04	4.96
	C 相	89.01	98.43	78.97	41.31	25.61	57.23

表 3.12　两相短路 $d4^*$ 达 $N×d4_N$ 所需时间　　　　　（单位：ms）

N		故障电流初相角/(°)					
		0	30	60	90	120	150
8	A 相	0.07	0.07	0.07	0.09	0.15	0.08
	C 相	0.06	0.06	0.07	0.09	0.16	0.08
9	A 相	0.07	0.07	0.07	0.09	0.17	0.08
	C 相	0.07	0.07	0.07	0.09	0.18	0.08
10	A 相	0.07	0.07	0.07	0.09	0.21	0.08
	C 相	0.07	0.07	0.07	0.09	0.36	0.08

表 3.13　两相短路 Mag^* 达 $N×I_N$ 所需时间　　　　　（单位：ms）

N		故障电流初相角/(°)					
		0	30	60	90	120	150
8	A 相	5	10	10	9	7	6
	C 相	5	10	10	9	7	6
9	A 相	6	10	10	9	7	6
	C 相	6	10	10	9	8	6
10	A 相	7	11	11	9	8	7
	C 相	7	11	11	10	8	7

(3) 三相短路暂态过程。

设电动机带额定负载运行时发生了三相短路故障。A、B、C 三相的 $Signal^*$、$d4^*$ 及 Mag^* 波形如图 3.21 所示。

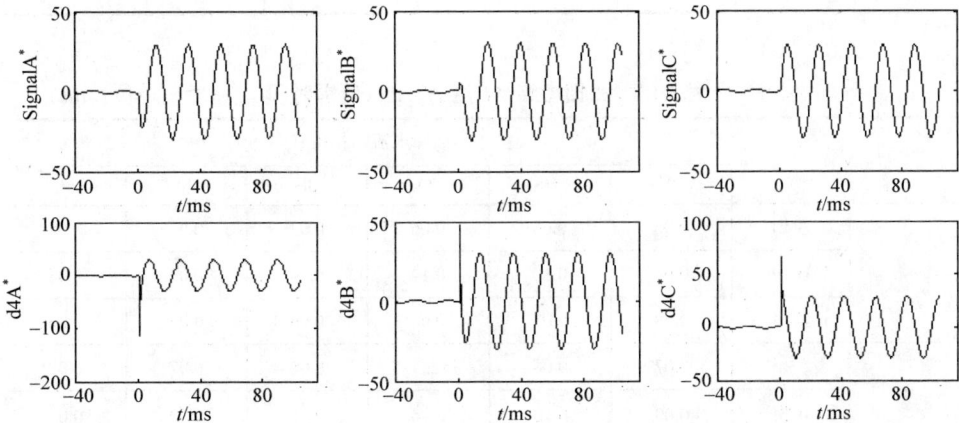

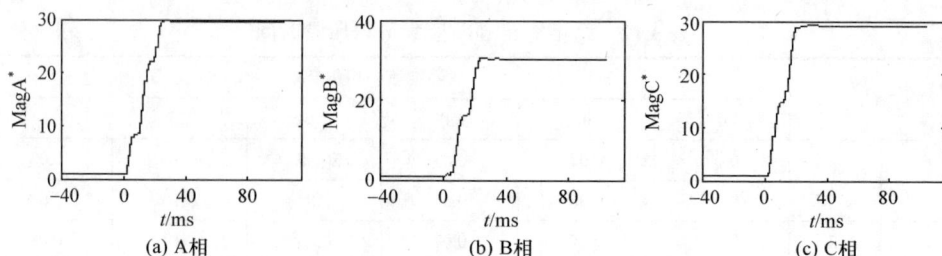

(a) A相　　　　　　　　(b) B相　　　　　　　　(c) C相

图 3.21　三相短路时 Signal*、d4* 及 Mag* 的波形

表 3.14 为三相短路时，Signal* 及 d4* 可能达到的最大值。表 3.15、表 3.16 分别为当 d4* 及 Mag* 达到 8～10 倍额定值所需的时间。由表 3.14 可知，当发生三相短路故障时，Signal* 及 d4* 的最大值可分别达 30.67 及 113.92；其故障特征在所有短路故障类型中最为明显。由表 3.16 可知，若以全波傅氏算法的模值 Mag* 作为判据，即使在最严重的短路故障——三相短路故障情况下，当门限值设置为 8～10 倍额定模值时，仍需 10ms 才能判断出故障。

表 3.14　三相短路 Signal* 及 d4* 的最大值

电流		故障电流初相角/(°)					
		0	10	20	30	40	50
Signal*	A 相	29.91	29.83	29.86	29.92	29.82	29.85
	B 相	30.66	30.57	30.58	30.67	30.67	30.67
	C 相	29.43	29.32	29.33	29.40	29.30	29.31
d4*	A 相	113.92	108.18	100.52	92.20	78.56	62.63
	B 相	47.72	30.49	30.49	30.49	30.48	48.32
	C 相	66.20	79.96	91.83	103.19	108.88	110.95

表 3.15　三相短路 d4* 达 $N \times d4_N$ 所需时间　　　　　　（单位：ms）

N		故障电流初相角/(°)					
		0	10	20	30	40	50
8	A 相	0.06	0.06	0.06	0.07	0.07	0.07
	B 相	0.09	0.10	0.14	0.14	0.09	0.08
	C 相	0.08	0.07	0.06	0.06	0.06	0.06
9	A 相	0.07	0.06	0.07	0.07	0.07	0.08
	B 相	0.09	0.10	0.14	0.16	0.10	0.08

续表

N		故障电流初相角/(°)					
		0	10	20	30	40	50
	C 相	0.08	0.07	0.07	0.07	0.06	0.06
10	A 相	0.07	0.07	0.07	0.07	0.08	0.08
	B 相	0.09	0.10	0.15	0.17	0.10	0.08
	C 相	0.08	0.07	0.07	0.07	0.07	0.06

表 3.16　三相短路 Mag*达 $N \times I_N$所需时间　　　　　（单位：ms）

N		故障电流初相角/(°)					
		0	10	20	30	40	50
8	A 相	6	10	10	9	9	9
	B 相	8	8	7	6	6	6
	C 相	5	5	5	5	5	5
9	A 相	10	10	10	10	10	9
	B 相	9	8	7	7	6	6
	C 相	6	6	5	5	5	6
10	A 相	10	10	10	10	10	9
	B 相	9	8	8	7	7	6
	C 相	6	6	6	6	6	7

4) 短路故障门限值设定及故障判据

上述研究的目的是根据以上分析，设置小波分解第四尺度细节分量 d4*的门限值，使在短路故障发生初期，将故障从启动、过载中分辨出来，并确定短路故障的类型。

为正确区分短路故障与电动机启动、过载，d4*门限值选取的范围应在启动、过载可能出现的最大 d4*值(上限)与短路故障时可能出现的最小 d4*值(下限)之间。同理，为正确区分三种短路故障类型，其 d4*门限值应根据故障相与非故障相可能出现的 d4*值的上下限来确定。

将过载、启动及三种短路故障 d4*值的上下限汇总于表 3.17 中。由表 3.17 可知，过载、启动时 d4*的上限值为 6.22，而短路时故障相 d4*的下限值为 11.88，因而 d4*门限值的取值范围应为 6.22～11.88。同理，无论何种短路故障，非故障相

d4*的上限为 5.04，若将 d4*门限值的范围设定为 5.04～11.88，便可区分三种短路故障类型。因此，判断短路发生与否以及区分三种短路故障类型的总的门限值范围可取为 6.22～11.88。d4*门限值设定得越小，动作越灵敏，但可靠性越低；反之，d4*门限值设定得越大，动作越可靠，但灵敏度越低。灵敏度系数被定义为门限值的上限值(本例为 11.88)与所设定的门限值之比；而可靠性系数被定义为所设定的门限值与门限值的下限值(本例为 6.22)之比。表 3.18 为在不同门限值下的可靠性及灵敏度系数。在实际应用时，应权衡可靠性及灵敏度两方面因素来设置门限值。

表 3.17　d4*值的上下限

故障类型	下限	上限
过载	—	2.89
启动	—	6.22
单相短路	11.88 (故障相)	1.79 (非故障相)
两相短路	25.61 (故障相)	5.04 (非故障相)
三相短路	30.48	—

表 3.18　可靠性及灵敏度系数

门限值 K	可靠性系数	灵敏度系数
7	1.13	1.70
8	1.29	1.49
9	1.45	1.32
10	1.61	1.19
11	1.77	1.08

注：K 表示预设的 d4*门限值

图 3.22 给出了短路故障判据程序流程图。

5) 仿真结果验证

以上通过对过载、启动及短路暂态过程进行分析研究，提出了能够对短路故障进行早期检测及分类的门限值及判据。为检验上述结论的正确性，随机抽取几种过载、启动及短路情况，分别对其电流信号实施三次 B 样条小波分解，将第四

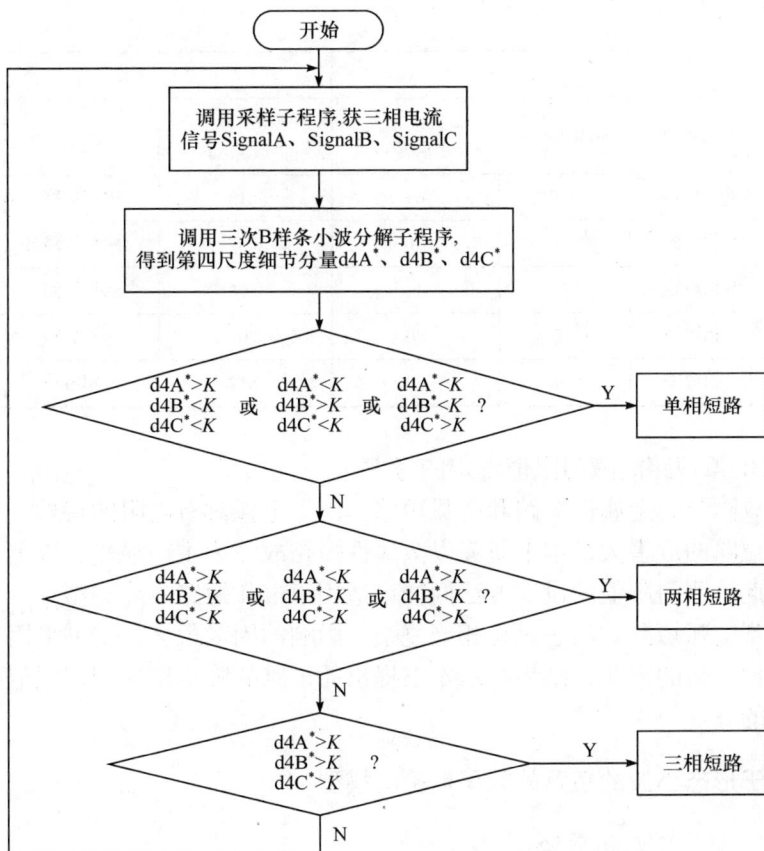

图 3.22　短路故障判据程序流程图

尺度细节分量 d4* 与门限值 K 比较，并根据图 3.22 的判据做出决断。结果如表 3.19 所示，证明了门限值的设置及故障判据是正确的。

表 3.19　对门限值及判据的验证(K=8)

序号	输入信息			输出信息		
	预期类型	初相角/(°)	故障点距电源距离/m	判断故障所需时间/ms	判断结果	结论
1	过载	85	——	——	非短路故障	正确
2	过载	123	——	——	非短路故障	正确
3	启动	174	——	——	非短路故障	正确
4	启动	68	——	——	非短路故障	正确
5	单相短路	101	30	0.09	单相短路	正确

序号	输入信息			输出信息		
	预期类型	初相角/(°)	故障点距电源距离/m	判断故障所需时间/ms	判断结果	结论
6	单相短路	310	60	0.13	单相短路	正确
7	两相短路	15	0	0.07	两相短路	正确
8	两相短路	223	30	0.06	两相短路	正确
9	三相短路	45	60	0.09	三相短路	正确
10	三相短路	198	30	0.12	三相短路	正确

6) 对电弧短路故障门限值设定的考虑

短路故障分为金属性短路和电弧短路。由于电弧具有电阻的特性，金属性短路比电弧短路的危害大，本书研究以金属性短路故障为主。显然，以上提出的短路故障早期检测门限值的设定方法同样也适用于电弧短路故障类型。

考虑到电弧短路的动态过程相当复杂，影响的因素很多，本书采用 15mΩ 固定电阻模拟电弧的方法，结果显示本书提出的短路故障早期检测门限值的设定方法是可行的。

3.2.4　基于形态小波的短路故障早期检测模型

1. 数学形态学应用简介

利用三次 B 样条小波变换在各尺度下的细节分量实际上是对上一尺度的光滑分量求差分值这一思想，对实验及仿真所获取的短路电流进行研究分析，证实了该方法对短路故障进行早期检测是有效的。但是，利用小波分解进行滤波并提取故障特征的方法仍存在如下问题：①小波滤波方法虽然可以较好地滤除加性白噪声，但不能有效地抑制脉冲噪声，若要抑制较强的脉冲噪声干扰，则需要提高小波分解尺度，使计算量线性增加，成为该算法在硬件上实时实现的瓶颈。②随着尺度的增加，在剔除噪声干扰的同时，也使信号中陡峭阶跃部分变得平缓，削弱了故障特征。

针对上述情况，引入一种善于剔除脉冲噪声干扰的非线性滤波器——数学形态学滤波器，建立一种基于形态小波的短路故障早期检测模型。该模型将电流采样信号先经形态滤波预处理后再进行小波变换，在降低小波分解尺度的情况下，仍可有效地抑制噪声干扰，尤其是脉冲噪声干扰的影响，同时较好地保护故障特征。

　　数学形态学最早应用于图像处理，其基本思想是利用一个具有一定形态的、被称作结构元素(structuring element，SE)的探针在图像中不断移动以提取图像的结构特征，从而达到对图像分析和识别的目的。虽然数学形态学最早是以二值图像信号为处理对象，但后来扩展到了多值图像处理；数学形态学由起初的二维信息处理扩展到了从一维到多维的信息处理；数学形态学由最初的连续形态学，发展成为基于离散点集的离散形态学。数学形态学经过几十年的发展，无论在理论方面还是在应用方面都取得了举世瞩目的成就。数学形态学与其他学科交叉渗透出现了许多边缘学科，如数学形态学分别与排序统计学、模糊逻辑、神经网络等学科相结合，形成了排序统计形态学(order statistical morphology)、模糊形态学(fuzzy morphology)以及形态神经网络(morphology neural network, MNN)等。

　　目前，有关数学形态学的技术和应用正在不断地发展，其基本理论和方法在图像处理与分析、噪声抑制、特征提取、边缘检测等诸多领域都取得了令人鼓舞的成就。可以预见，随着数学形态学理论研究的不断深入及与其他学科的不断结合，它的应用必将更加广泛。

　　2. 数学形态学基本概念——广义形态开滤波器的数学模型

　　1) 形态学基本变换
　　数学形态学作为一种非线性信号处理工具，是用独特的变换来描述信号的基本特征或结构。因此可以说形态学变换是数学形态学理论的灵魂。由于本书所涉及的信号均为一维多值信号，因而本节将讨论的各种形态学变换是针对一维离散信号的多值形态学变换。

　　(1) 腐蚀与膨胀。
　　腐蚀(erosion)与膨胀(dilation)是数学形态学中两个最基本的变换。
　　设输入序列 $f(n)$ 和结构元素 $g(n)$ 分别为定义在 $F=\{0,1,\cdots,N-1\}$ 和 $G=\{0,1,\cdots,M-1\}$ 上的一维离散函数，且 $N\geq M$，则
　　$f(n)$ 关于 $g(n)$ 的腐蚀变换为

$$(f\Theta g)(n)=\min_{m=0,1,\cdots,M-1}\{f(n+m)-g(m)\},\quad n=0,1,\cdots,N-M \qquad (3\text{-}35)$$

　　$f(n)$ 关于 $g(n)$ 的膨胀变换为

$$(f\oplus g)(n)=\max_{m=0,1,\cdots,M-1}\{f(n-m)+g(m)\},\quad n=0,1,\cdots,N+M-2 \qquad (3\text{-}36)$$

　　由式(3-35)、式(3-36)可得腐蚀和膨胀的算法流程图如图 3.23 所示。图 3.23 中，Erode(n)及 Dilate(n)分别为离散信号 $f(n)$ 经腐蚀及膨胀后的结果。由图 3.23 可见，形态学的两种基本变换仅由加、减、求极值等简单运算组成，易于实现，计

算量较小。由式(3-35)、式(3-36)及图 3.23 可知，腐蚀及膨胀变换的意义分别是在由结构元素确定的邻域中取 $f-g$ 的最小值及 $f+g$ 的最大值。

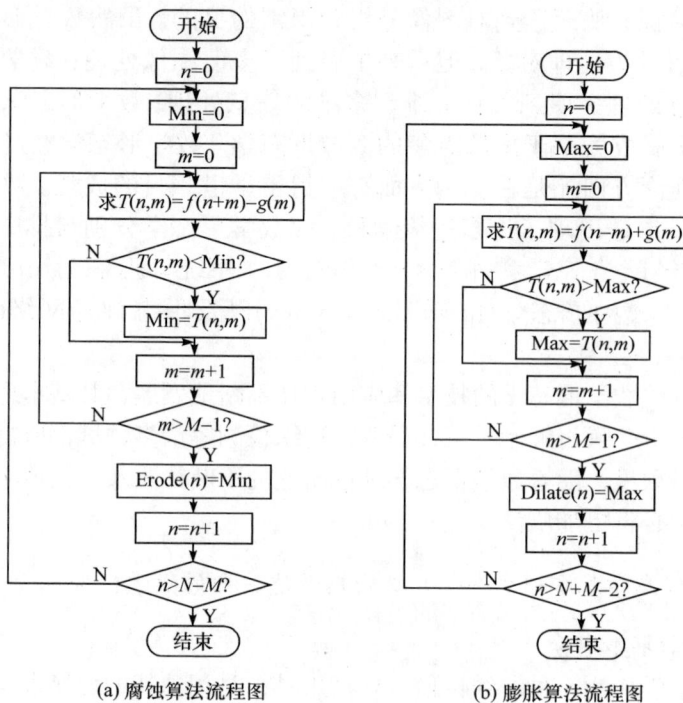

(a) 腐蚀算法流程图　　(b) 膨胀算法流程图

图 3.23　腐蚀及膨胀算法流程图

(2) 开与闭。

由腐蚀和膨胀可构造出形态学运算族，其中最重要的组合是形态学开(opening)和闭(closing)。

$f(n)$ 关于 $g(n)$ 的开变换为

$$(f \circ g)(n) = [(f \ominus g) \oplus g](n) \tag{3-37}$$

$f(n)$ 关于 $g(n)$ 的闭变换为

$$(f \cdot g)(n) = [(f \oplus g) \ominus g](n) \tag{3-38}$$

由式(3-37)、式(3-38)可知，形态学开和闭是腐蚀与膨胀的串行组合，开变换是先腐蚀后膨胀，而闭变换是先膨胀后腐蚀。

2) 形态学滤波器

数学形态学滤波器的基本原理是用结构元素通过形态学变换来滤除信号中比结构元素小的噪声，其独特优点有：①能够在保留原始信号细节特征的同时去除混杂在信号中的高频噪声，尤其对脉冲噪声的滤除十分有效；②基本形态变换采用加减及求极值运算，计算量小、速度快；③既适合于连续信号也适合于离散信号的处理。形态学滤波器的滤波效果主要与两个因素有关：一是形态学滤波器的变换形式；二是结构元素的形状及尺寸。

(1) 腐蚀与膨胀滤波。

腐蚀与膨胀变换构成了最基本的形态学滤波器。腐蚀与膨胀滤波可分别去除脉冲宽度不超过所选结构元素长度的正、负脉冲，即可滤除频率大于$f_s/(N-1)$的噪声，其中f_s为信号的采样频率，N为所选结构元素的序列长度。为了同时滤除信号中正、负两种噪声，可将腐蚀、膨胀串行组合，形成开或闭滤波器。

(2) 形态开与形态闭滤波。

形态开与形态闭变换本身构成了最基本的形态学滤波器，它们常用来构造其他复杂的形态滤波器。将具有单边滤波效果的形态开与形态闭级联组合，形成了具有双边滤波效果的开-闭(open-closing, OC)或闭-开(close-opening, CO)滤波器，公式如下：

$$OC[f(n)] = (f \circ g \cdot g)(n) = (\{[(f \ominus g) \oplus g] \oplus g\} \ominus g)(n) \tag{3-39}$$

$$CO[f(n)] = (f \cdot g \circ g)(n) = (\{[(f \oplus g) \ominus g] \ominus g\} \oplus g)(n) \tag{3-40}$$

开、闭、开-闭、闭-开滤波器具有平移不变性、递增性、幂等性及对偶性等滤波性质。它们均使用单一、固定的结构元素。为取得更好的滤波效果，出现了复合结构元素(也称多结构元素)形态学滤波器。

(3) 复合结构元素形态滤波。

由于开、闭运算具有幂等性，使用同一结构元素重复进行开、闭运算将得到相同结果，没有意义。用多个不同形状或尺寸的结构元素构成一类多结构元素复合形态学滤波器，可更加有效地滤除正、负脉冲噪声。

以形态开滤波为例，由于先执行的腐蚀变换在滤除正脉冲噪声的同时，也增强了负脉冲噪声，如果采用相同的结构元素进行膨胀变换，就不能有效地滤除全部的负脉冲噪声。为了克服这一缺陷，用多个不同形状或尺寸的结构元素构成一类具有多结构元素的广义复合形态滤波器。

为了保证在硬件上完成滤波及故障诊断，从而达到短路故障早期实时检测的目的，本书在选取形态学滤波器对原始输入信号进行前置滤波预处理时，本着"够用"的原则，即要求能对正、负脉冲噪声有较好的抑制作用，且运算量要小。因此本书采用广义形态开滤波器。虽然采用这种具有单边滤波效果的滤波器会造成统计偏倚现象，但由于本书所关心的主要是信号的局部奇异特征，因此这种偏倚并不会给本书结果带来很大影响。

广义形态开滤波器的腐蚀与膨胀变换采用尺寸不同的扁平结构元素(flat structuring element，指在其定义域上取常数的结构元素，通常假设该常数为零)。

由于先腐蚀后膨胀，膨胀的结构元素尺寸应大于腐蚀的结构元素尺寸。下面给出广义形态开滤波的定义。

设 $f(n)$ 为定义在 $F = \{0, 1, \cdots, N-1\}$ 上的一维离散函数，$g_1(n) = 0(n \in G_1)$ 和 $g_2(n) = 0(n \in G_2)$ 是两个结构元素，G_1 和 G_2 是整数集 $\mathbf{Z}$ 的两个有限子集，且 $G_1 \subset G_2$，则广义形态开滤波器(generalized morphological openning filter, GMOF)定义为

$$\text{GMOF} = f(n) \ominus G_1 \oplus G_2 \tag{3-41}$$

结构元素在形态学滤波器中的地位相当于小波母函数在多尺度分析中的作用，正确选择结构元素的形状及尺寸是形态学滤波器设计中至关重要的环节。但是与小波母函数一样，它的选择没有指导性原则。理论上它的形状应与所要保留的波形相似，长度的选择应注意后滤波的要长于先滤波的。如果结构元素的尺寸选择得过小，则无法将噪声滤除干净；而选择得过大，则信号的细节将会被破坏。因此应在消除噪声、平滑信号与保留信号细节这几方面进行平衡与折中。

一般来说，在对输入信号缺乏先验知识的情况下，结构元素通常选用扁平结构元素，其长度由信号中主波周期的采样速率决定，即小于信号中有用波的最小周期而大于噪声的长度。

3. 短路故障早期检测的形态小波模型

在抑制噪声方面，形态滤波与小波滤波各有其优缺点。形态滤波器对正、负脉冲的抑制能力强于小波滤波，且计算的复杂程度较低，但是它对白噪声的抑制效果却不如小波多尺度滤波；而小波滤波可以较好地滤除加性白噪声，但不能有效抑制脉冲噪声，若需要抑制较强的脉冲干扰，则要提高小波分解尺度，使计算量线性增加，难以在硬件上实时实现。为此，本书将具有多结构元素的广义形态开滤波器作为三次 B 样条二进小波变换的前置滤波单元，形成一种形态小波滤波器，并首次应用于低压配电系统短路故障早期检测中。该滤波器兼顾了数学形态滤波器与多尺度小波变换各自的优点，可以较好地抑制各种噪声、保护故障特征，并从整体上降低了计算的复杂程度，使之在硬件上实时实现成为可能。

1) 模型简述

本书对系统采样到的 Signal 进行不同的滤波处理和故障特征值提取，得到了五种基于形态学滤波器和小波分析的短路故障电流决策函数模型，如表 3.20 所示。当连续判断三次的决策函数值大于设定门限值时，同时采样电流斜率硬件检测输出端口的信号，两者同时满足条件时，则认为发生短路故障现象。控制中心立即发出脱扣信号使分断执行机构(脱扣机构)动作，以便快速地分断故障电路或将 FCL 接入线路，实现快速限流。这里门限值设置的原则是在线路末端发生单相对中线短路且在最不严重的故障初相角下能够可靠脱扣，但在电动机启动、过载

或有噪声干扰的情况下不误脱扣，同时在可靠性与灵敏度之间进行折中，则发出分断信号给快速动作机构(如涡流(电磁)斥力机构等)。

表 3.20 中 MF 表示广义形态开滤波器，其中腐蚀结构元素长度为 3，膨胀结构元素的长度为 4，需要指出的是：腐蚀结构元素的长度要小于膨胀结构元素的长度，才能更好地实现膨胀滤除负脉冲噪声。WT 为三次 B 样条小波分解，将广义形态开滤波器和小波分解结合起来就是形态小波模型。

表 3.20　五种短路故障电流决策函数模型

模型	说明
MF	形态滤波后微分
MF+WT(2D)	形态滤波+小波分解，得第二尺度细节分量
MF+WT(3D)	形态滤波+小波分解，得第三尺度细节分量
MF+WT(4D)	形态滤波+小波分解，得第四尺度细节分量
MF+WT(5D)	形态滤波+小波分解，得第五尺度细节分量

2) 形态小波系统整体模型设计

为了检验形态小波函数对脉冲噪声和白噪声的抑制作用，本节对故障相短路电流进行了仿真计算。采用的短路故障电流曲线添加了脉冲噪声和白噪声，即人为地加上脉冲噪声和白噪声，其中脉冲噪声幅值为 $2I_N$，白噪声的均方差为 $10\%I_N$。取故障信号前后各 20ms(各 1000 个采样点)，共有 2000 个采样点作为标准序列。

图 3.24 为五种模型的函数决策仿真波形，短路故障电流初相角为 0°，发生在 20ms 处，即第 1000 个采样点处。其中 Signal 为带有脉冲噪声和白噪声的原始信号，(MF+S1)～(MF+S4)分别为经过形态学滤波器加小波分解后得到的第一～第四尺度光滑分量，其他为表 3.20 所列的五种模型的决策函数波形。

从图 3.24 可以定性地了解各个尺度算法的滤波效果，形态滤波模型具有很强的抑制脉冲干扰的能力，但滤除白噪声的能力不及小波滤波模型；而小波滤波模型具有较强的滤除白噪声干扰的能力，且随着尺度增加，抑制白噪声的能力也随之增强，但计算复杂程度也随之增加。小波滤波模型滤除脉冲噪声的能力不及形态滤波模型。因此，将两者结合可取得较好的滤波效果。

从图 3.24 上看，MF 和 MF+WT(2D)不能很好地区分正常电流和短路电流的特征量，而 MF+WT(3D)虽然能比较好地判断出短路电流的特征值，但两者的区别不是很大。MF+WT(4D)和 MF+WT(5D)都能非常好地区别出短路故障电流和正常运行时电流的特征值，综合够用原则和程序复杂程度的考虑，采用 MF+WT(4D)

算法，即先经过形态学滤波算法再经过小波分解的第四尺度细节分量。

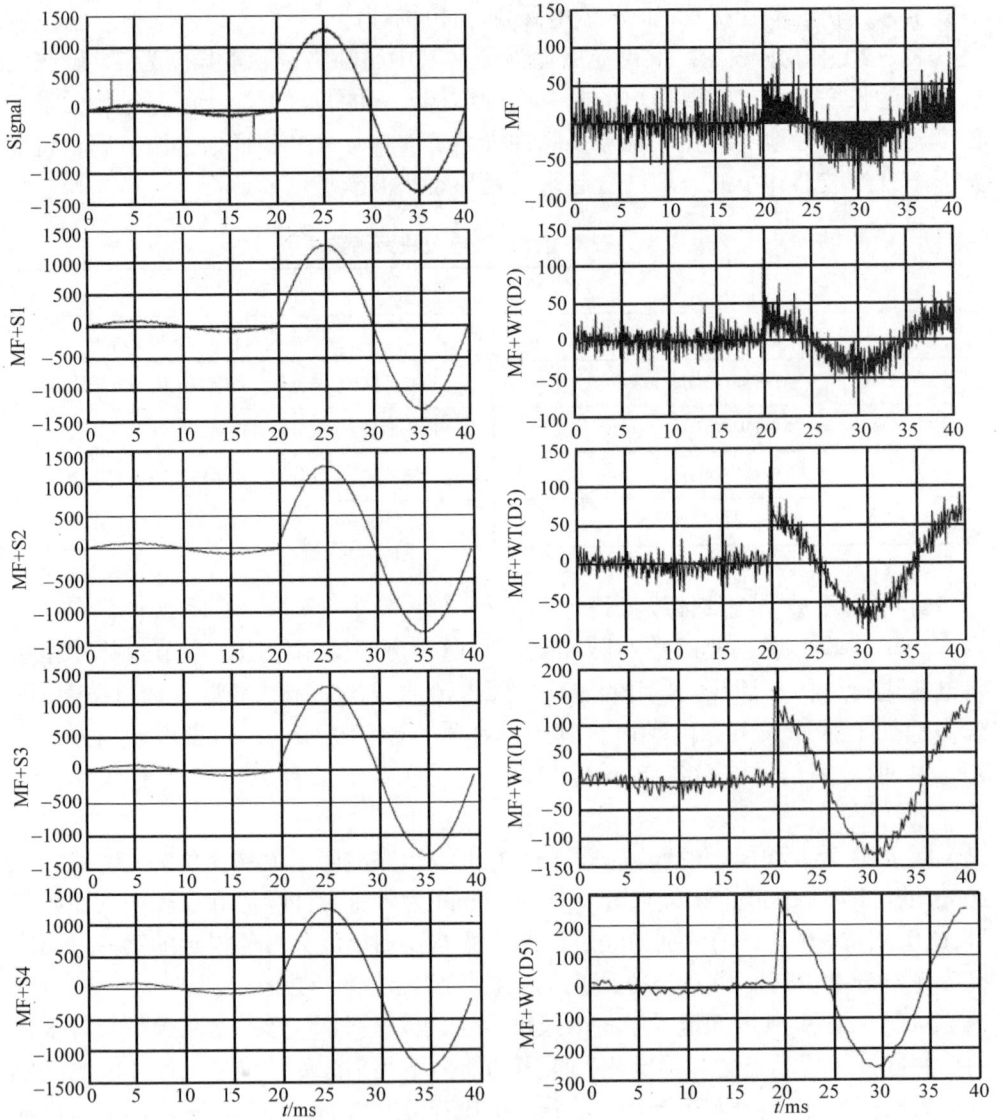

图 3.24　五种模型的函数决策仿真波形

3.3　短路电流及其峰值预测技术探索研究

短路故障作为电力系统最常见也是危害最大的故障类型之一。智能电网最主要的目标就是要保证供电的可靠性与连续性。为了及时、快速地切除故障，智能电网对各级断路器提出智能全局选择性保护的要求。在短路故障早期检测的基础上，对短路故障及其峰值进行预测并采取相应措施切除故障是全局选择性保护的重要前提。

由于系统结构、参数与短路故障状态的复杂性，短路故障及其峰值准确的预测具有一定的难度。因此，该预测技术尚处在探索与研究过程中。在智能低压配电系统技术发展的基础上，应用新的数学成果、人工智能技术与计算机技术，该预测技术将取得突破，并获得实际应用。

短路电流峰值预测技术还在探讨之中，本书仅仅提供基于灰色关联计算方法和极端学习机相结合的短路电流峰值预测模型，以引起关注。

3.3.1　基于短路电流峰值预测的低压配电系统全选择性保护技术概念

低压配电系统过电流全选择性保护技术的目标或含义是，在系统发生短路故障(任何状态——时间、位置、形态)时实现快速、协调、准确的保护，以最短的时间将短路故障的影响限制在最小区域内，确保整个系统最大范围的正常运行。

在短路电流预测的基础上，智能控制中心根据相关电路各级断路器的配置与限流性能，对相关断路器进行准确的、一步到位的控制。

因此，短路故障早期检测、短路电流峰值预测与断路器快速分断技术是实现准确、有效的全局选择性保护的基础与关键。

针对上述应用需求，本书提出了基于短路故障早期检测及短路电流峰值预测的低压系统多层级、全范围、选择性协调保护系统技术概念，其系统架构如图 3.25 所示。首先，对低压系统实施短路故障在线监测，在短路故障还未充分发展前对其进行早期检测与辨识，这不仅能改善短路保护的速动性，提高系统的保护性能，还能为后续的电流峰值预测、信息交换等提供可执行的时间；然后，将检测到短路故障的支路电流进行峰值及趋势预测，为低压系统的选择性保护与协调控制提供依据；最后，通过现场总线实现全系统范围内快速的信息交换，判断出最靠近故障点且能可靠分断当前短路故障的断路器位置，控制其在短路早期切断短路故障。由此，实现低压系统多层级短路故障保护的选择性与速动性。

图 3.25 中，模块 1 为系统各层级各支路的断路器配置的一个本地短路故障早期检测辨识及短路电流峰值预测装置，该本地装置通过模块 2(电流传感器)实时监测流经断路器的电流，加以实时的短路故障早期检测，且在检测到短路故障时进行短路电流峰值预测；模块 3 为系统的智能控制与信息交换平台，将接收到的各支路本地监测装置上传的信息与预先存储在平台的各层级、各支路断路器信息进

行分析比较，根据分析结果向最靠近故障点且能可靠分断当前短路故障的断路器发送动作控制命令。

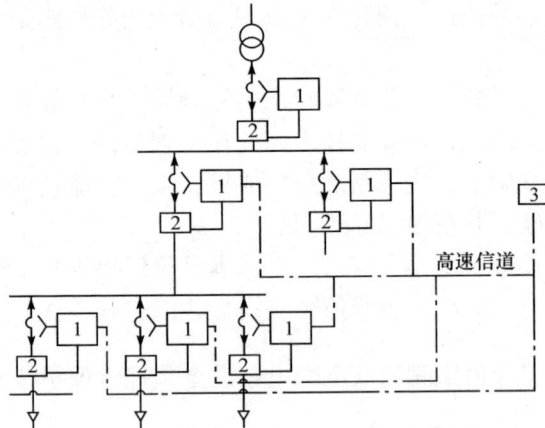

图 3.25　低压系统多层级短路故障选择性保护架构

实现上述技术架构需要实现的关键技术为可靠的短路故障早期检测辨识、准确的短路电流峰值预测、智能控制中心故障信息处理、可靠诊断与准确决策、高速可靠运行的控制与信息交互系统等。本节将对短路电流峰值预测进行探索与研究。

3.3.2　低压系统短路故障建模及电流预测技术

在短路故障早期检测的基础上，对短路电流峰值进行预测，提出了基于灰色关联计算方法和极端学习机相结合的短路电流峰值预测模型。考虑到影响短路电流峰值的因素诸多且具备短路电流早期故障特征的因素，如瞬时电流值、电压值、短路阻抗、故障初相角、电流变化率、电压变化率等，通过灰色关联度计算确定影响短路电流峰值的主要因素，并将其作为短路电流峰值预测模型的输入特征向量，以提高短路电流峰值预测数学模型的预测精度与缩短预测模型计算时间；利用极端学习机算法进行短路电流峰值的预测，具有运算速度快、泛化能力强、短路故障峰值预测精度高的特点。

1. 低压配电系统短路故障模型

1) 模型的建立

图 3.26 所示为低压配电系统的配电线路及其参数。

为明确故障相与非故障相的差别，本节采用双支路来进行模拟仿真，并基于 MATLAB/Simulink 建立了如图 3.27 所示的单相低压短路故障仿真模型。

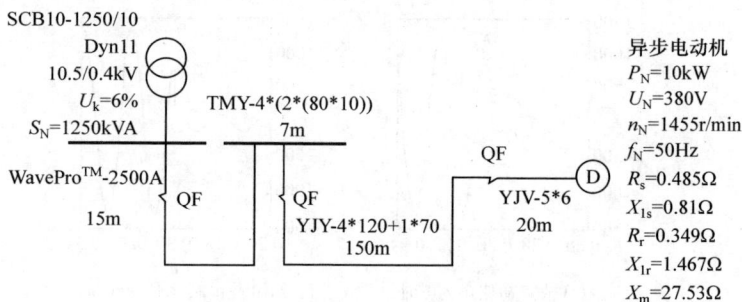

图 3.26 低压配电系统电路图

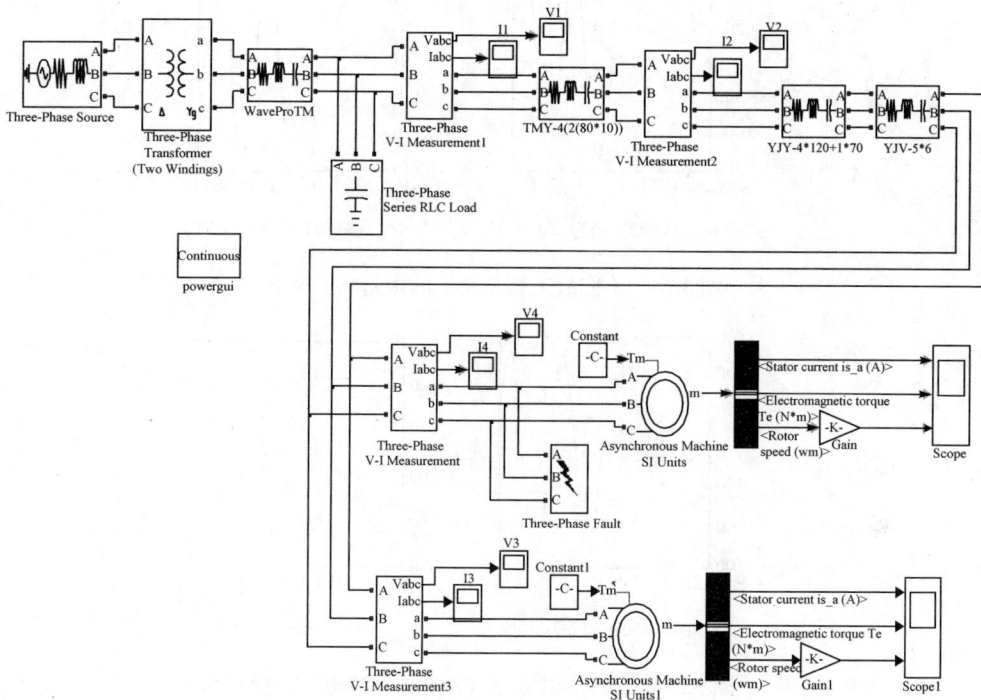

图 3.27 配电线路仿真模型

2) 短路电流波形分析

由图 3.28 所示的短路故障电流波形可知在不同的故障初相角下，短路电流第一峰值也会随之变化，即故障初相角的变化和短路电流峰值之间有密切的关系；短路电流在故障后极短时间内是迅速上升的，不及时且快速有效地分断电路，会对电器设备产生严重危害。图 3.29 为上述系统在故障初相角为 108°时的短路故障波形及其故障放大图，此时的短路故障特征最不明显。利用已有的短路早期检测技术，侧重研究短路电流峰值预测。

(a) 故障初相角为0°时　　　　　　(b) 故障初相角为60°时

(c) 故障初相角为120°时　　　　　(d) 故障初相角为180°时

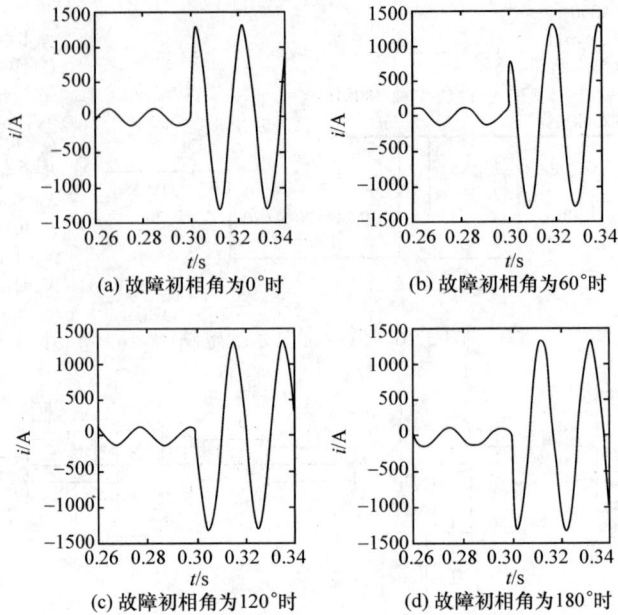

图 3.28　不同故障初相角下的短路电流波形

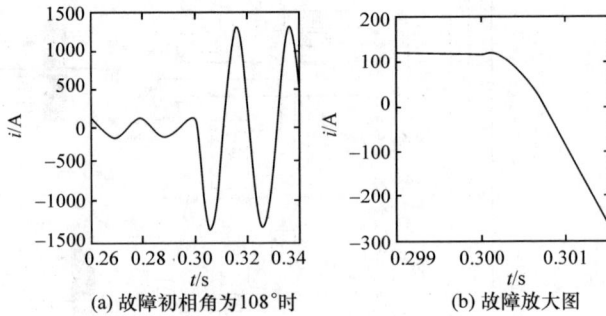

(a) 故障初相角为108°时　　　　　(b) 故障放大图

图 3.29　故障初相角为 108°时的短路电流波形

2. 基于灰色关联度的输入特征量确定

1) 灰色关联度

灰色关联度通过对各因素的分析及对数据的处理，在已知的因素序列中，找出它们之间的连接关系，发现其主要矛盾，找到主要特性和主要影响因素。灰色关联度的步骤如下。

(1) 在已知的因素中确定出比较数列和参考数列。

(2) 计算每个参考数列中的每个元素与比较数列中相对应元素的关联系数。

(3) 将每列关联系数求平均值即为每个参考数列与比较数列的关联度。

(4) 对关联度进行比较并加以排序，其中关联度最大的那项比较数列即与参考数列最为紧密的数列。

设 $X_0 = \{X_0(k)|k=1,2,\cdots,n\}$ 为参考数列，即母数列，$X_i = \{X_i(k)|k=1,2,\cdots,n\}$ 为比较数列，即子数列，则 $X_i(k)$ 与 $X_0(k)$ 的关联系数为

$$\xi_i(k) = \frac{\underset{i}{\text{Min}}\,\underset{k}{\text{Min}}\left|X_0(k) - X_i(k)\right| + \rho\,\underset{i}{\text{Max}}\,\underset{k}{\text{Max}}\left|X_0(k) - X_i(k)\right|}{\left|X_0(k) - X_i(k)\right| + \rho\,\underset{i}{\text{Max}}\,\underset{k}{\text{Max}}\left|X_0(k) - X_i(k)\right|} \tag{3-42}$$

式中，$\rho \in (0, +\infty)$ 称为分辨系数，ρ 越小，分辨能力越大，ρ 一般取为 0.5；$X_0(k) - X_i(k)$ 称为第 k 个时刻(或指标、空间)X_0 与 X_i 的绝对差；$\underset{i}{\text{Min}}\,\underset{k}{\text{Min}}\left|X_0(k) - X_i(k)\right|$ 称为两级最小差，其中 $\underset{k}{\text{Min}}\left|X_0(k) - X_i(k)\right|$ 为第一级最小差，表示在 X_i 曲线上，各相应点与 X_0 中各相应点的距离的最小值；$\underset{i}{\text{Min}}\,\underset{k}{\text{Min}}\left|X_0(k) - X_i(k)\right|$ 表示在各曲线找出的最小差的基础上，再按 $i=1,2,\cdots,m$，找出所有曲线中最小差的最小差。

同样，$\underset{i}{\text{Max}}\,\underset{k}{\text{Max}}\left|X_0(k) - X_i(k)\right|$ 为两级最大差，其意义与两级最小差相同。则灰色关联度为

$$\gamma_i = \frac{1}{n}\sum_{k=1}^{n}\xi_i(k) \tag{3-43}$$

2) 输入特征量提取

影响短路电流(峰值)的因素有很多，如短路故障初相角 β、故障 0.2ms 后电流(基于 0.2ms 实现短路故障早期检测)、故障相电压、电流变化率、电压变化率等，但是若把这些因素都作为输入特征量，则可能会出现多余的干扰，降低预测的准确率，因此本节选用灰色关联算法来提取与短路电流峰值最为密切相关的输入特征量。

本节通过仿真获取样本数据，并以短路电流峰值为参考数列，其余各因素的数据(称为预输入特征量)为比较数列，将数据导入灰色关联计算公式，可得出每个比较数列与参考数列的密切程度(即关联度)，根据数值大小对关联度进行排序，数值最大的说明比较数列与参考数列的发展趋势最为一致，即此数列可作为输入特征量，将提取的特征量输入极端学习机(extreme learning machine, ELM)预测模型进行预测，从而得到预测短路电流峰值。

3) 样本数据

如前所述，本书所研究的短路电流峰值预测是在短路故障早期检测的基础上展开的，越是较早地检测出短路故障，越可以较早地判断出短路电流峰值，从而

使断路器在未达到短路电流峰值之前即可开断故障线路,保护其余支路正常运行。早期检测研究表明可以实现在 0.2ms 时检测出短路故障,因此,将以故障发生后 0.2ms 所检测到的故障信息作为依据,实现对短路电流峰值的预测。

通过对上述单相短路故障模型进行仿真,获取了 36 组不同故障初相角下的短路故障样本,样本元素包括短路故障初相角、故障电流、故障电压、电流变化率、电压变化率、短路电流峰值。36 组样本数据如表 3.21 所示。

表 3.21　样本数据

编号	故障初相角/(°)	故障电流/A	故障电压/V	电流变化率	电压变化率	短路电流峰值/A
1	5	426.61	0.83	1681413.77	3336.95	1283.65
2	15	456.49	0.85	1712194.89	3402.63	1243.79
3	25	474.23	0.84	1687815.50	3358.67	1183.02
4	35	478.59	0.82	1610026.72	3208.41	1099.16
5	45	466.10	0.76	1484649.23	2963.35	992.52
6	55	441.39	0.68	1316942.97	2963.78	865.38
7	65	401.84	0.58	1087508.13	2180.66	721.64
8	75	350.65	0.47	911427.52	1834.90	566.87
9	85	289.11	0.34	595259.32	1207.27	408.77
10	95	218.37	0.20	297260.76	615.32	258.98
11	105	141.02	0.05	11080.96	47.31	141.16
12	115	59.53	−0.10	286077.83	543.10	−1343.19
13	125	−23.93	−0.24	574683.27	1117.83	−1342.04
14	135	−106.10	−0.38	855438.28	1677.47	−1339.54
15	145	−185.66	−0.50	1145610.00	2255.95	−1335.47
16	155	−259.55	−0.62	1343039.56	2651.96	−1329.43
17	165	−325.80	−0.71	1416646.53	2802.92	−1320.52
18	175	−381.32	−0.78	1601880.38	3174.57	−1306.35
19	3	417.16	0.82	1752194.55	3476.51	1289.49
20	13	451.83	0.84	1718664.07	3414.57	1253.32
21	23	472.53	0.85	1686675.68	3355.48	1196.99
22	33	477.96	0.82	1631571.12	3250.40	1117.79
23	43	469.99	0.77	1515822.88	3024.53	1015.59
24	53	447.13	0.70	1355311.71	2709.34	892.27
25	63	410.19	0.61	1153349.55	2311.29	751.47
26	73	361.90	0.49	916444.96	1843.21	598.38
27	83	301.73	0.36	652.522.03	1302.76	440.18

续表

编号	故障初相角/(°)	故障电流/A	故障电压/V	电流变化率	电压变化率	短路电流峰值/A
28	93	233.05	0.23	366638.39	753.92	287.45
29	103	156.92	0.08	70585.77	166.10	159.97
30	113	76.03	−0.07	227034.72	425.62	−1343.29
31	123	−7.33	−0.21	518092.11	1005.07	−1342.38
32	133	−89.93	−0.35	793597.20	1554.37	−1340.16
33	143	−170.77	−0.48	974601.02	1917.89	−1336.42
34	153	−245.33	−0.59	1263570.42	2493.87	−1330.82
35	163	−313.80	−0.69	1442542.03	2853.09	−1322.61
36	173	−371.19	−0.76	1579978.92	3130.21	−1309.80

样本之所以选择故障初相角在 0°～180°内的数据，是因为故障初相角在 180°～360°内的短路电流的幅值与故障初相角在 0°～180°内的电流幅值一样，只是极性相反。在表 3.21 中，故障电流、电压是在短路故障发生后 0.2ms 的故障电流、电压；电流、电压变化率是故障后 0.2ms 的故障电流、电压分别对时间的导数。

4) 输入特征量

在多个输入特征量之中，它们与输出量之间的关联密切程度总会不同，而 ELM 是一种小样本的机器学习方法，对于小样本的训练学习具有很好的效果，因此，输入特征量的确定对短路电流峰值预测的效果起着重要的作用。对于样本的选取，要使样本与预测输出密切相关，尽量降低输入空间维数，增加准确率，获得更好地决策函数。

基于上述原则，确定预测模型的预输入基本特征量为故障电流、故障电压、电流变化率、电压变化率。预输入特征量与输出量(短路电流峰值)的相关性，在仿真波形分析和数据分析中得到了结论：每个预输入特征量都与输出量有一定的相关性，只是相关程度有大有小。运用灰色关联度来分析预输入特征量与输出量的关联是否紧密。若两个因素间发展趋势一致，则两者的关联程度较高，反之则较低。本节相对于短路故障初相角的发展，计算上述各种故障因素与短路电流峰值之间的关联程度，通过比较关联度的大小，获取 ELM 预测模型的输入特征量。各个故障因素的关联度分析结果如表 3.22 所示。

表 3.22 各因素的关联度

预输入特征量	故障电流	故障电压	电流变化率	电压变化率
关联度	0.806916	0.865281	0.677706	0.680404

从表 3.22 的灰色关联度分析结果可知，故障电流、故障电压、电流变化率、电压变化率均与短路电流峰值存在一定的关联性，其中关联性最高的是故障电压。短路故障发生点是固定的，所以其短路阻抗是确定的，无法单纯考虑它对短路电流峰值的影响，故本书不考虑短路阻抗作为短路电流的影响因素。因此确定短路故障初相角和故障电压作为 ELM 预测模型的输入特征量。

3. 基于 ELM 的短路电流峰值预测

1) ELM

ELM 是一类简单易用、有效的单隐层前馈神经网络的学习算法。单隐层前馈神经网络(single-hidden layer feedforward neural network，SLFN)具有很强的学习能力，能够逼近复杂非线性函数，且能够解决传统参数方法无法解决的问题，但缺乏快速学习的方法，也使其很多时候无法满足实际需要。因此，在此基础上提出了 ELM 学习方法。

在传统的神经网络学习算法中，如 BP(back propagation)算法，需要人为设置大量的网络训练参数，很容易产生局部最优；运算过程需要多次迭代，训练速度慢。而 ELM 只需要设置网络的隐层节点个数，在算法执行过程中不需要调整网络的输入权值以及隐元的偏置，并且能够产生唯一的最优解。ELM 的隐含层神经元的参数是随机产生的，且在训练过程中不加以递归调整；而其输出层的权值则是在训练过程中通过解析方法获得的。该方法的参数选择较为容易，具有学习速度快、训练准确度高，泛化性能好的优点。近几年已在模式识别、函数逼近等方面得到了应用。

2) ELM 基本原理

设有 N 个不同样本(x_i, y_i)，其中 $x_i = [x_{i1}, x_{i2}, \cdots, x_{in}]^T \in \mathbf{R}^n$，$y_i = [y_{i1}, y_{i2}, \cdots, y_{im}]^T \in \mathbf{R}^m$。

设一个隐藏层有 L 个节点，输入节点与第 j 个隐节点的连接权值为 $w_j = [w_{j1}, w_{j2}, \cdots, w_{jn}]^T$，第 j 个隐节点与输出节点的连接权值为 $\beta_j = [\beta_{j1}, \beta_{j2}, \cdots, \beta_{jm}]^T$，$b_j$ 是第 j 个隐层节点的阈值，则激励函数为 $g(x)$ 的 ELM 模型为

$$\sum_{i=1}^{L} \beta_j g(x_i) = \sum_{i=1}^{L} \beta_j g(w_j x_i + b_j) = y_i \tag{3-44}$$

式中，$i = 1,2,\cdots,N$，$j = 1,2,\cdots,L$，激励函数 $g(x)$可以是 Radbas、Tribas、Tansig、Sigmoid、Sine 等函数。

ELM 的工作原理图如图 3.30 所示。

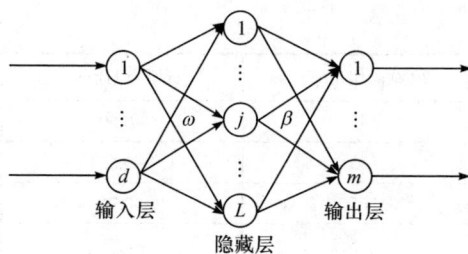

图 3.30　ELM 工作原理图

3) 峰值预测结果

本节选择隐藏神经元个数为 N =10，而极端学习机的激励函数 $g(x)$ 选择较为常用的 Sigmoid 函数：$g(x)=1/[1+\exp(-x)]$。

为了方便地处理后面的数据，避免奇异数据的出现，也为了使程序在运行时加快收敛，对实验的输入数据进行归一化处理，即将输入数据一律归一化到 [0，1]范围内。另外，为了让输出的数量级与仿真中采取的短路电流峰值的数量级一致，输出时再进行反归一化处理。在归一化处理中，根据公式 $y=(x-\text{MIN})/(\text{MAX}-\text{MIN})$ 计算即可，其中，x 为归一化处理之前的值，y 为归一化处理之后的值，MAX 和 MIN 分别是与 x 同组数据内的最大值和最小值。ELM 短路电流峰值预测模型中的输入和输出数据如表 3.23 与表 3.24 所示。

表 3.23　训练样本

编号	故障初相角/(°)	故障电压/V	短路电流峰值/A
1	5	0.83	1283.65
2	15	0.85	1243.79
3	25	0.84	1183.02
4	35	0.82	1099.16
5	45	0.76	992.52
6	55	0.68	865.38
7	65	0.58	721.64
8	75	0.47	566.87
9	85	0.34	408.77
10	95	0.20	258.98
11	105	0.05	141.16
12	115	−0.10	−1343.19
13	125	−0.24	−1342.04
14	135	−0.38	−1339.54

续表

编号	故障初相角/(°)	故障电压/V	短路电流峰值/A
15	145	−0.50	−1335.47
16	155	−0.62	−1329.43
17	165	−0.71	−1320.52
18	175	−0.78	−1306.35

表 3.24 测试样本及其测试精度

编号	故障初相角/(°)	故障电压/V	短路电流峰值/A	预测电流峰值/A	相对误差/%
1	3	0.82	1289.49	1289.16	0.02576
2	13	0.84	1253.32	1253.31	0.00096
3	23	0.85	1196.99	1196.85	0.01170
4	33	0.82	1117.79	1117.92	0.01172
5	43	0.77	1015.59	1015.61	0.00274
6	53	0.70	892.27	892.17	0.01173
7	63	0.61	751.47	751.52	0.00639
8	73	0.49	598.38	598.54	0.02593
9	83	0.36	440.18	440.24	0.21359
10	93	0.23	287.45	287.07	0.13151
11	103	0.08	159.97	160.66	0.43547
12	113	−0.07	−1343.29	−1343.24	0.00347
13	123	−0.21	−1342.38	−1342.37	0.00107
14	133	−0.35	−1340.16	−1340.16	0.00025
15	143	−0.48	−1336.42	−1336.44	0.00122
16	153	−0.59	−1330.82	−1330.83	0.00039
17	163	−0.69	−1322.61	−1322.72	0.00843
18	173	−0.76	−1309.80	−1309.79	0.00035

将相对误差转化为图表,如图 3.31 所示,可以更加明确地看出,用 ELM 短路电流峰值预测模型预测出的短路电流峰值非常接近仿真中采取的短路电流峰值,其相对误差均不超过 1%,表明 ELM 短路电流峰值预测模型的可行性,且说明基于故障早期检测及 ELM 的短路电流峰值预测的有效性。

由于 ELM 的隐含层神经元的参数是随机产生的,ELM 每次的输出结果都会略有不同,现按上述 ELM 短路电流峰值预测模型,在同一故障初相角下,对输入特征量分别为故障电压、故障电流各测试 50 次,得到每一次的相对误差,找出各

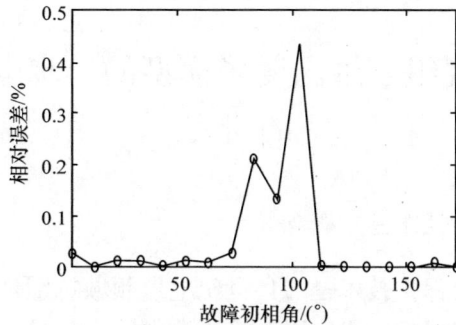

图 3.31　相对误差

个故障初相角下这 50 次测试中最大的相对误差并记录，如表 3.25 所示。

表 3.25　各故障初相角下的最大相对误差

故障初相角/(°)	50 次测试中最大的相对误差/%	
	输入特征量：故障电压	输入特征量：故障电流
3	2.58473	3.67961
13	0.29506	0.47596
23	0.28625	0.74166
33	0.10498	0.42615
43	0.03955	0.11758
53	0.04887	0.28588
63	0.05351	0.07797
73	0.08383	0.38289
83	0.90188	2.00963
93	0.46378	0.95712
103	0.82924	2.67947
113	0.02026	0.02027
123	0.00239	0.00201
133	0.00331	0.00504
143	0.01259	0.02247
153	0.00071	0.00068
163	0.02230	0.01993
173	0.00547	0.00693

　　根据表 3.25 可知，以故障电压为输入特征量时，在故障初相角为 3°时存在最大相对误差 2.58473%，其余初相角下的误差甚至小于 1%；而以故障电流为输入特征量时，其最大相对误差虽然略大于故障电压，但也在工程误差范围(5%)之内，由此可见，ELM 短路电流峰值预测模型具有鲁棒性强、准确度高的特点。

3.4　基于定子绕组三维温度场模型的异步电动机保护技术的研究

3.4.1　异步电动机保护技术基本概念

前已述及，电动机保护技术是 21 世纪电器领域特别是智能电器研究领域的重要研究方向。电动机保护技术水平直接影响电能高质量、高水平、高效率与可靠的应用。显然，准确的电动机保护将直接影响经济建设。

随着国民经济的高速发展，电动机将更广泛地应用于各个行业，因此对其保护问题的解决也将更为迫切。

目前，在电动机设计思想上，正在走向所谓"极限设计"，即电动机的额定电流与耐热限度电流之间的差额很小。这种情况表明，由于热裕量的减少，电动机更容易因过热而烧毁。另外，由于生产自动化的需求，电动机常常运行在频繁的启动、制动、正反转、间歇运行、变速运行以及变负荷运行等多种运行状态。在各种运行状态下，电动机的发热情况，及其所受到的热冲击相差悬殊，这就对电动机的保护装置提出更加严格的要求。

如前所述，电动机热保护技术的原则是建立准确的保护模型和保护方案：①在各种正常或非正常运行状态下使电动机绕组各部分温度不超过允许温度以保证电动机安全运行；②充分发挥电动机作用以保证生产等活动不意外中断，使电动机发挥最大效益。显然，根据上述原则实现准确的电动机保护给电动机的保护技术研究带来很大的挑战。

目前，普遍采用的电动机保护模型是基于定子电流的保护模型，该模型以电流的反时限特性作为保护器的动作依据。由于电动机热特性的复杂性，以电流的反时限特性而不是绕组的最高温度作为动作依据，这种保护技术虽然能判断出大部分的故障类型，但仍然无法实现准确的、满足上述保护技术原则的过热保护。

电动机是否需要保护，其根本的判断依据应该是电动机绕组温度是否超过其绝缘部分长期所能耐受的温度，而绕组的温度不但与发热情况有关，还与环境温度、散热条件及绕组的初始温度等因素有关。由于绕组最高温度区域的温度远高于平均温度，以平均温度为保护原则是不正确的。

通过定转子电阻辨识技术不但可以计算出定子绕组的温度，而且还可以计算出难以实际测量的转子绕组温度。但是参数辨识技术辨识的结果为绕组的总电阻，据此计算出来的还是绕组的平均温度，不能用于确定绕组最高温度区域的温度。

由于参数辨识技术算法较复杂、运算量大，其尚未广泛应用于电动机保护领域。

以绕组最高温度区域的温度作为电动机保护依据可以有效地保护电动机，但是存在最高温度区域及温度难以准确确定的问题。众所周知，电动机的温度分布是三维温度场问题，因此，三维温度场研究可以确定电动机内部的温度分布，找出最高温度区域并算出其温度值。由于电动机结构与热过程的复杂性，目前的温度场研究都对电动机模型进行了简化。经简化后的电动机温度场模型无法准确地确定最高温度区域的位置及其温度值。

此外，热积累是电动机保护技术研究中特别值得关注的问题。众所周知，热积累问题始终是电动机热保护技术的难题。显然，如果热积累问题没有得到解决，电动机准确的热保护是不可能的。然而，至今所有的热保护技术研究都未能很好地解决这一难题。特别是对于循环负载或无规律变化负载运行的电动机，热积累问题所造成的保护问题更为严重。

电动机保护技术研究重点是：①必须对各种负载运行状态的电动机定子绕组三维温度分布及其温度变化规律进行深入研究，建立准确的定子绕组三维温度场仿真模型；②在此基础上，基于最高温度保护的原则，建立新的、准确的(包括准确热积累)保护模型，并提出新的能够实现各种负载运行状态下准确保护的技术方案。

为此本书强调指出，电动机绕组最高温度检测与保护是电动机热保护的关键技术。该关键技术的基础是电动机定子绕组三维温度场的研究，在此基础上建立准确的热保护模型。本书重点介绍电动机定子绕组三维温度场及热保护模型的研究。

3.4.2　异步电动机定子绕组三维温度分布的测试与分析

1. 异步电动机定子绕组三维温度分布测试的必要性

作为机电能量转换装置，电动机工作过程中必然会产生损耗，这些损耗转化为热量，一部分通过传导、对流、辐射等方式散发到周围环境中，另一部分存储在电机中使电动机温度升高。各种故障运行状态通常都会导致电动机损耗的异常增大，使电动机温升超过允许值，从而加速绝缘老化、烧毁电动机甚至引起火灾，造成巨大的经济损失。为避免电动机烧毁而采取的保护措施如果不恰当，其误动作导致的生产过程中断同样会造成巨大的经济损失。

为了在保护电动机免于损坏的同时充分发挥其过载能力，必须准确地掌握各种正常及故障运行状态下电动机内部的三维温度分布，特别是电动机内部最高温度区域温度的变化规律。为此对电动机内部温度分布进行深入研究是必要的。

首先应该对电动机内部温度分布进行实际测试，对实际温度分布情况的了解和分析有利于保护技术研究工作的深入。电动机温度分布的实测数据不仅可以为电动机保护模型的建立及准确的电动机热保护的实现提供重要的依据，而且还为建立准确的电动机有限元三维温度场仿真模型奠定了基础。

本节将温度分布测试中的小部分容易测试部位的温度测试结果用于基于反问题的异步电动机定子三维温度场仿真模型的建立；绝大部分温度测试结果用于三维温度场仿真模型及新的保护模型验证。

2. 电动机温度分布测试系统

本节以一台型号为 Y100L2-4、额定功率为 3kW 的笼型转子感应电动机为对象，构建温度分布的测试系统，测量电动机定子特别是定子绕组的温度分布，并对测量结果进行分析，从而提出电动机优化设计和热保护的新建议。

被测电动机的基本参数如表 3.26 所示。

表 3.26　被试电机的基本参数

额定功率/W	额定电压/V	额定电流/A	额定转速/(r/min)
3000	380	6.8	1430
铁心长度/mm	定子外径/mm	定子内径/mm	定子槽数(Z_1)
135	155	98	36
每槽线数	定子线规	绕组形式	节距
31	1-1.18	单层交叉	1-9/2-10/18-11

被测电动机为全封闭外置风扇冷却电机，虽然其定子铁心和绕组均为对称结构，但其机座结构及散热条件是非对称的。电动机的机座结构如图 3.32 所示。机座表面大部分区域分布有散热筋，而接线盒所在区域机座表面则没有散热筋，该区域机座内表面开有两个出线槽。冷却风扇位于机座非传动侧(以下称为风扇侧)，电动机工作时，冷却气流从风扇侧沿通风槽内机座表面吹向传动侧。

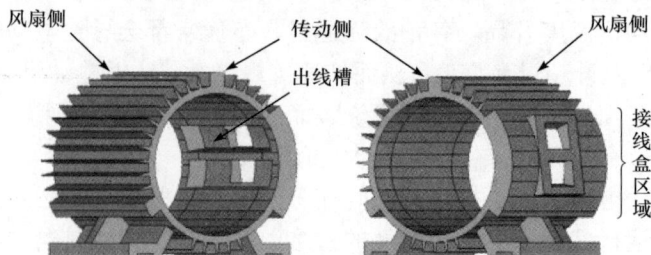

图 3.32　电动机机座结构示意图

考虑到电动机散热条件的特点及测量点数的限制，在被测电动机不同位置埋置了 61 个测温点。测温点的分布如图 3.33 所示。

用于测量定子绕组温度的 54 个测温点分为
A～I 共 9 组，每组 6 个点沿轴向分布，其中 1 号
点位于传动侧端部，2～5 号点位于槽内并将整
个槽五等分，6 号点位于风扇侧端部。对于槽内
的 2～5 号测温点，属于 A、D、G 三组的用于测
量 A 相绕组温度；属于 C、F、I 三组的用于测
量 B 相绕组温度；属于 B、E、H 三组的用于测
量 C 相绕组温度。由于端部不同相的绕组都缠
绕在一起，很难区分端部的某个测温点测的是哪
一相的温度。用于测量机座温度的 J、K、L 共三

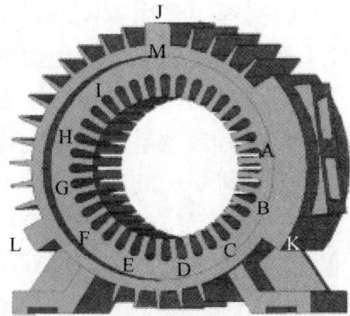

图 3.33　测温点分布示意图

组测温点位于机座表面，每组 2 个点，分别位于机座两端。用于测量铁心温度的 M
组测温点只有 1 个点，位于机座顶部吊环孔内的铁心表面。此外还有一个测温点用
于测量环境温度。除了测量温度，实验过程还实时采集了三相绕组的电流值。

　　测试系统信号采集与处理电路原理框图如图 3.34 所示。测试系统的温度传感
器采用台湾兴勤电子股份有限公司生产的型号为 DHT0B104F4001NY、精度为±1%
的负温度系数热敏电阻。热敏电阻输出的电阻信号经过 R/V 变换电路以后转换为
电压信号。电压信号经模拟开关后进入 A/D 转换模块，A/D 转换模块输出的数字信
号送入 CPU。电流互感器输出的三相电流信号经过 I/V 变换电路以后直接经过 A/D
转换模块进入 CPU。目前多数的 CPU 都有自带的 A/D 转换模块，如选用此类 CPU
则不必外扩 A/D 转换模块。考虑到温度数据和电流数据最终都要存储在上位机中，
而上位机的数据处理能力远比下位机强，所以下位机的 CPU 并不需要对温度和电
流信号作太多处理，只需要将通过 RS232 接口的数据送到上位机即可。

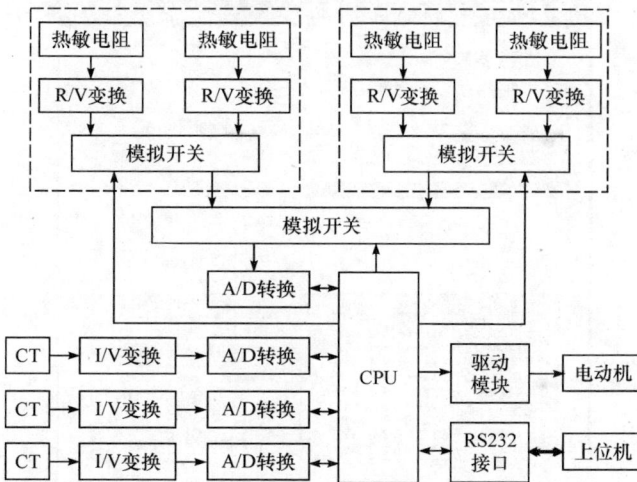

图 3.34　测试系统信号采集与处理电路原理框图

上位机程序采用 VB 编写，其主界面如图 3.35 所示。上位机通过 RS232 通信接口从下位机获得温度和电流数据，经过简单换算以后即可得到温度值和电流值。为了便于观察电动机的运行状态，主界面不但给出了实时测量的三相电流值、环境温度、机座表面最高温度、铁心温度和绕组最高温度区域的温度，还给出了上述温度随时间变化的曲线。上位机除了具有数据运算与显示功能之外，还可通过 RS232 接口向下位机发出指令控制电动机的起停；通过在上位机界面设置"运行时间"、"停机时间"和"循环次数"可以控制电动机的工作方式。

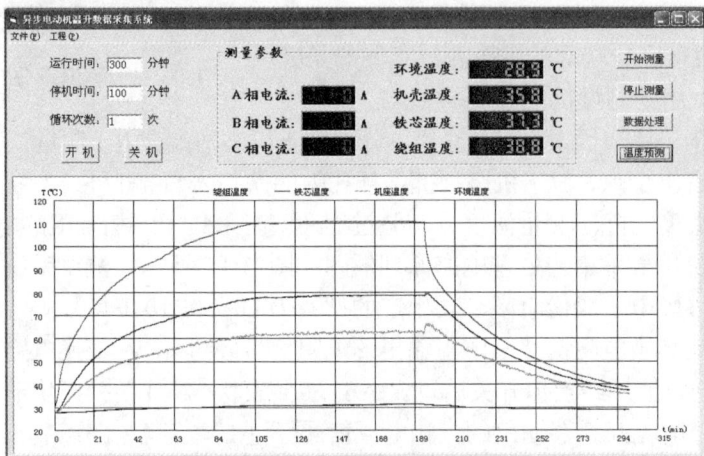

图 3.35　上位机主界面(见彩图)

温度和电流数据保存在文件名包含实验日期和实验编号的数据库中，以便于后续的处理和分析，数据处理主界面如图 3.36 所示。

图 3.36　数据处理主界面

3. 稳态温度分布规律与分析

1) 正常运行时绕组温度分布规律

三相平衡时电动机温度达到稳定状态后，绕组各测量点的温度见表 3.27，对应的温度分布见图 3.37。

表 3.27　三相平衡时的绕组温度分布　　　　　　　（单位：℃）

测量点位置		传动侧端部	槽内				风扇侧端部
测量点编号		1	2	3	4	5	6
接线盒区域	A	107.7	105.0	104.4	104.1	102.9	106.6
	B	110.4	100.7	99.8	98.8	99.5	106.6
非接线盒区域	C	106.0	—	—	96.0	—	104.1
	D	107.7	97.4	94.4	95.2	93.1	—
	E	103.8	95.9	94.4	—	92.7	99.2
	F	103.2	93.7	92.9	92.3	92.3	98.4
	G	102.5	93.6	93.3	91.6	90.9	99.8
	H	103.2	95.3	94.3	92.0	93.3	99.8
	I	103.9	95.8	93.6	—	91.9	99.1

注：由于工艺的原因，部分非高温区域测温元件在生产过程中损坏

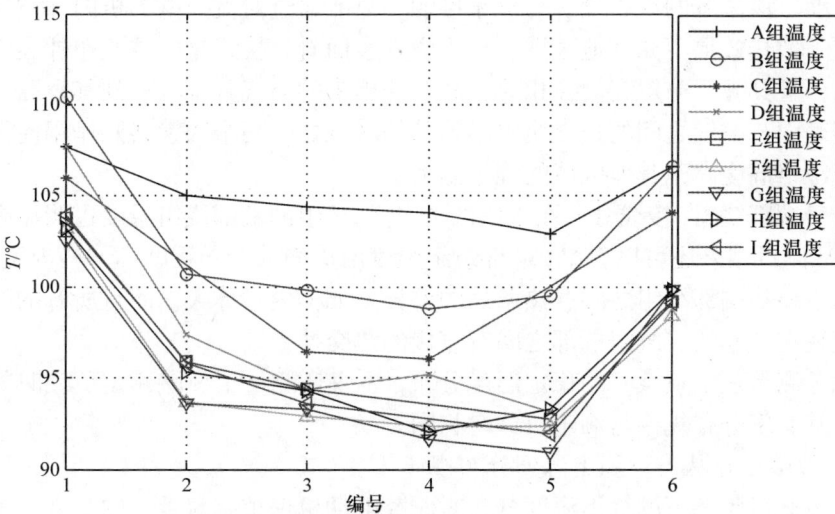

图 3.37　额定负载时的绕组温度分布示意图

从测量结果可以看出，电动机绕组温度分布是不均匀的，最高温度区域的温度与最低温度区域的温度相差较大。绕组温度分布有以下特点。

(1) 端部绕组温度高于槽内绕组温度。从测量数据看，每组的 1 号点区域和 6 号点区域的温度明显高于 2～5 号点区域的温度。这是因为槽内导体产生的热量

主要经由槽绝缘、铁心和机座散发到空气中。虽然槽绝缘的导热系数很小，但它的厚度也很薄，热量比较容易通过它传递给铁心。铁心和机座的导热系数都比较大，机座外部空气温度较低，机座表面的对流系数较大，这些因素都有利于槽内导体热量的散发。由于处于密闭空间内，电动机内部空气的温度随着电动机温度的升高而升高，而端部导体处于定子铁心与端盖之间，从而导致端部导体表面的散热效果下降。在电动机温度稳定后，端部导体主要通过热传导向槽内导体传递热量，其温度必然高于槽内导体温度。

(2) 传动侧绕组温度高于风扇侧绕组温度。每组数据中，1 号点区域的温度均高于 6 号点区域的温度，而且槽内绕组温度也是传动侧高于风扇侧。这是因为被测电动机与周围环境之间的热交换主要靠空气强制对流实现，冷却空气从风扇侧向传动侧流动过程中，吸收机座表面的热量使温度逐渐升高。同时，由于摩擦和扩散等因素的影响，冷却空气相对机座表面的速度逐渐下降。两方面的因素都使得风扇侧散热效果好，传动侧散热效果差，从而使传动侧绕组温度高于风扇侧绕组温度。

(3) 接线盒区域绕组温度高于其他区域绕组温度。对于槽内绕组，A 组温度高于 B 组温度，同时高于其他组温度。该电动机的机座结构见图 3.32。从铁心与机座之间的热交换情况看，出线盒区域机座内表面开有两个出线槽，其长度大于铁心长度。该区域的铁心没有与机座接触，只能通过对流与电动机内部空气进行热交换，散热效果不如其他区域。从机座外表面看，接线盒区域机座外表面没有散热筋，且其外径与罩壳内径相等，从罩壳出来的空气基本吹不到其表面，该区域机座表面与空气之间的热交换也不如其他区域好。两个因素共同作用使得接线盒区域绕组温度高于其他区域的绕组温度。

对于端部绕组，接线盒所在区域的 A 组和 B 组的端部绕组温度也明显高于其他组。从测量结果还可以看出，端部绕组温度沿周向的差异程度不如槽内绕组大。其原因主要是端部绕组之间散热条件的差异不如槽内导体大，而且所有的端部绕组是缠绕在一起的，绕组端部之间有直接的热交换。

除了测量额定负载时的稳定温度分布，本书还测量了 80%额定负载时的温度分布，其温度分布规律与额定负载时相同。

2) 故障运行状态下稳定温度分布规律

故障运行状态下的绕组温度分布对研究电动机保护有着重要的意义。为此，本书测试了几种典型故障运行状态下的绕组温度分布。为了将绕组最高温度限制在允许范围内，各种运行状态下的定子电流各不相同。

(1) 断相时的温度分布规律。表 3.28 为 B 相断相时的绕组温度分布，此时 A、C 相电流为 7.5A，环境温度为 31.4℃。图 3.38 为 B 相断相时的绕组温度分布示意图，温度分布特点为：①对于槽内温度，用于测量 B 相绕组温度的 C、F、I 三组测温点的温度明显低于其他组的温度。②端部绕组温度高于槽内绕组温度。③传动侧绕组温度高于风扇侧绕组温度。④接线盒区域(A、B组)温度高于其他区域温度。

表 3.28　B 相断相时的绕组温度分布　　　　　　(单位：℃)

测量点位置		传动侧端部	槽内				风扇侧端部
测量点编号		1	2	3	4	5	6
接线盒区域	A	100.9	97.3	96.7	96.3	95.3	100.3
	B	105.0	94.9	93.7	92.9	93.2	101.5
非接线盒区域	C	94.7	—	83.1	80.5	—	89.7
	D	102.0	90.1	86.6	87.5	85.2	—
	E	95.6	89.8	88.5	—	87.0	89.4
	F	81.1	79.8	79.4	78.4	78.3	78.3
	G	94.8	86.4	86.2	85.0	83.5	93.7
	H	94.0	90.1	89.3	86.8	88.3	95.1
	I	91.9	81.0	80.3	—	79.4	81.6

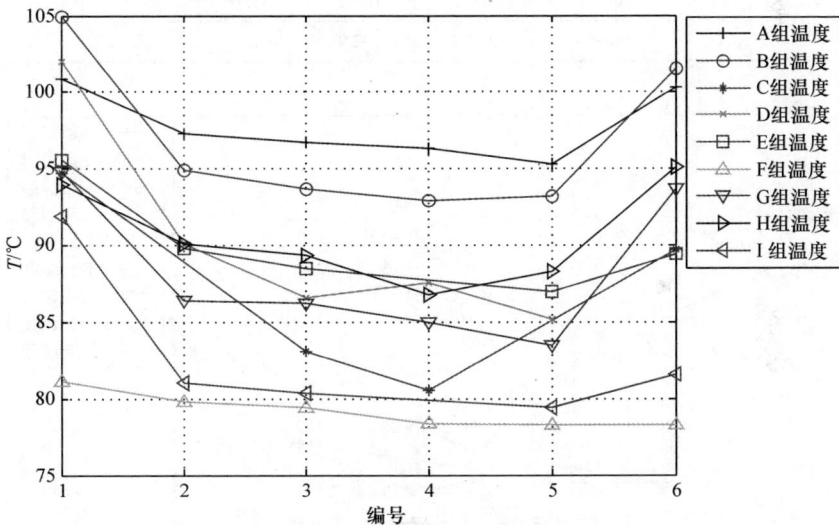

图 3.38　B 相断相时的绕组温度分布示意图

(2) 低电压堵转时的温度分布规律。

为保证被测电动机不因过高的温度而损坏，堵转实验是在较低的电源电压下进行的。表 3.29 为低电压堵转时的绕组温度分布，此时三相电流均为 4.7A，环境温度为 23.1℃。图 3.39 为低电压堵转时的绕组温度分布示意图，温度分布特点为：①端部绕组温度高于槽内绕组温度。②传动侧绕组温度和风扇侧绕组温度没有明显的差异。原因在于堵转时，端部的冷却风扇基本不起作用，此时机座表面各个部位的散热条件基本相同。③A 组槽内绕组温度明显高于其他组的槽内绕组温度，原因在于 A 组测温点位于接线盒区域的中间位置，此处机座内壁开有出线槽，铁心表面的热量无法直接传递给机座内壁，其散热效果比其他区域差。

表 3.29　低电压堵转时的绕组温度分布　　　　　　　（单位：℃）

测量点位置		传动侧端部	槽内				风扇侧端部
测量点编号		1	2	3	4	5	6
接线盒区域	A	107.1	106.0	106.0	106.5	107.0	109.3
	B	108.7	102.8	102.8	103.9	103.8	108.8
非接线盒区域	C	106.8	—	102.0	103.4	—	107.7
	D	107.3	103.1	102.0	103.1	102.6	—
	E	105.9	102.2	102.0	—	102.9	105.9
	F	105.6	101.2	101.3	101.9	102.0	104.8
	G	105.4	101.2	101.6	102.0	101.8	102.8
	H	106.3	102.8	103.2	102.6	103.5	106.8
	I	106.6	103.4	102.9	—	103.6	106.8

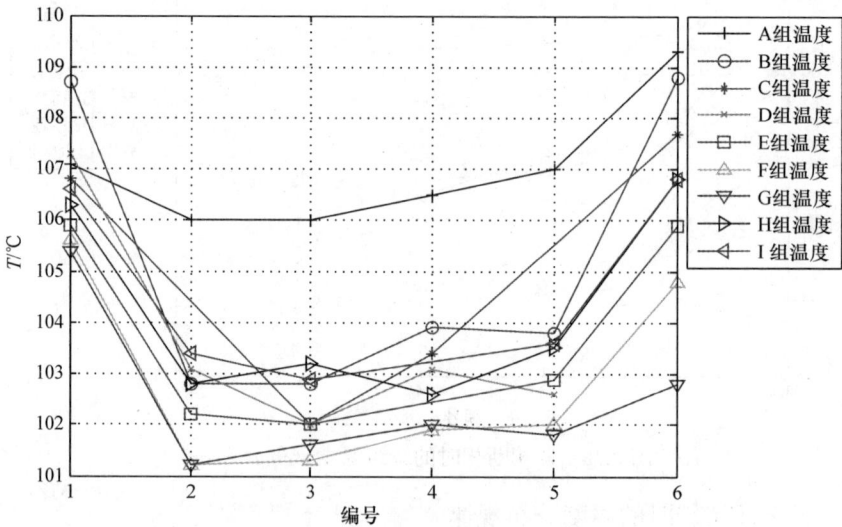

图 3.39　低电压堵转时的绕组温度分布示意图

(3) 风扇罩壳脱落时的绕组温度分布规律。

表 3.30 为风扇罩壳脱落时的绕组温度分布，此时三相电流均为 6.5A，环境温度为 18.9℃。图 3.40 为风扇罩壳脱落时的绕组温度分布示意图，温度分布特点为：①端部绕组温度高于槽内绕组温度。②传动侧端部绕组温度高于风扇侧端部绕组温度，槽内绕组温度差异不明显。③位于电动机底部之间的 D、E 两组温度

最低。原因在于风扇罩壳脱落以后，冷却气流不再平行于机座表面流动，而是几乎与机座表面相互垂直往外扩散。此时电动机上半部分机座表面几乎没有强制冷却，而下半部分的冷却气流碰到底座以后从两个底脚之间的狭窄通道中通过，使两个底脚之间的机座表面冷却效果比机座表面的其他区域好。

表 3.30　风扇罩壳脱落时的绕组温度分布　　　　　　（单位：℃）

测量点位置		传动侧端部	槽内				风扇侧端部
测量点编号		1	2	3	4	5	6
接线盒区域	A	109.9	106.8	106.2	106.5	106.2	110.3
	B	111.2	99.8	98.9	98.6	99.2	107.9
非接线盒区域	C	104.7	—	94	93.7	—	102.9
	D	105.3	94	91	91.9	89.8	—
	E	100.9	92.9	91.5	—	89.7	96.7
	F	101.9	93.3	92.7	92.2	91.9	97.3
	G	103.4	96.7	96.8	96.4	94.8	98.9
	H	106.3	101.8	102	100.3	101.5	104.5
	I	109.6	104.4	103.4	—	102.6	106.5

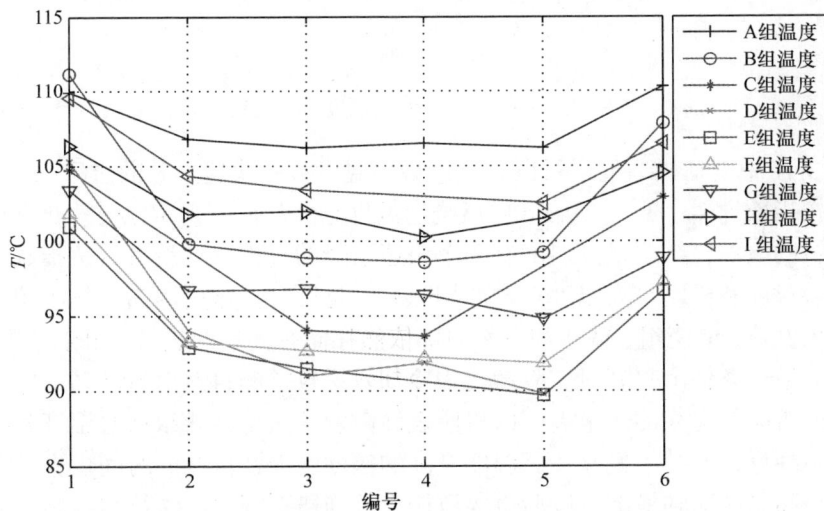

图 3.40　风扇罩壳脱落时的绕组温度分布示意图

从上述实测结果可以看出，正常及故障运行状态下，绕组温度分布的共同特点是端部绕组温度高于槽内绕组温度；传动侧绕组温度高于风扇侧绕组温度；接线盒区域的绕组温度高于其他区域的绕组温度。定子绕组最高温度区域位于接线盒区域的传动侧端部。显然，这个结论对于电动机保护技术的方案研究具有重要意义。

4. 瞬态温度变化规律与分析

三相电流平衡时,绕组最高温度、铁心温度、机座最高温度、定子电流随时间变化的曲线如图 3.41 所示。从图中可以看出,在定子电流一定的情况下,绕组最高温度、铁心温度、机座最高温度均随时间大致按指数规律变化。

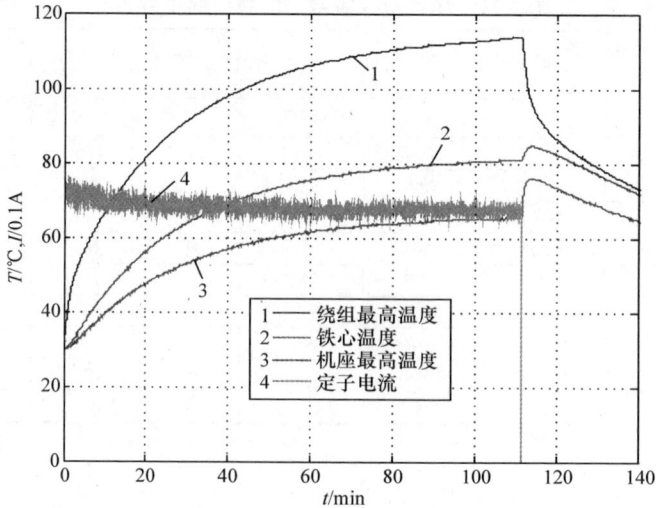

图 3.41　正常运行时的温度变化曲线

图 3.41 中电动机通电运行以后绕组最高温度有一快速上升的过程,之后随时间大致按指数规律上升,110min 以后绕组温度已经趋向于稳定状态。此时切除异步电动机的电源,绕组最高温度有一个快速下降的过程,之后大致按指数规律下降。铁心温度和机座最高温度在电源切除后不降反升,这是因为虽然电源切除,绕组不再发热,但绕组、铁心和机座内部依然存储有大量的热量。由于电机停转,机座表面散热条件由强制对流冷却转为冷却效果较差的自然对流冷却,由绕组经由铁心向机座传递来的热量大于由机座表面散发的热量,导致铁心温度和机座最高温度不降反升,其中机座最高温度升高的幅度更大,持续的时间也更长。铁心和机座最高温度达到最高点以后也大致按指数规律下降,此时绕组最高温度已相当接近铁心温度。

低压堵转时的温度变化曲线如图 3.42 所示。图中各部分电流经过 300min 左右才趋于稳定,该时间远大于正常运行时温度趋于稳定所需的时间。其原因在于堵转时端部风扇不起作用,机座表面与周围空气之间的等效热阻加大,等效热路的时间常数也随之增大。

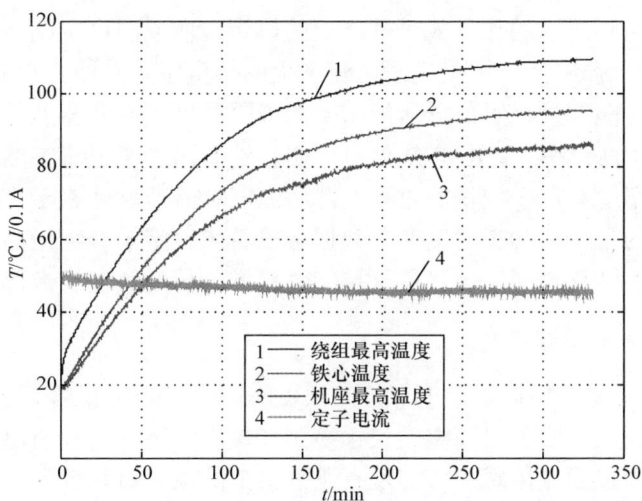

图 3.42　低压堵转时的温度变化曲线

任意负载时的定子绕组最高温度区域温度变化曲线如图 3.43 所示。开机后，电动机带重载运行，定子电流达到 10A 以上，此时绕组最高温度区域温度急剧上升。绕组最高温度区域温度达到 118.5℃以后，定子电流突然降到 7.5A 左右，虽然 7.5A 定子电流所对应的绕组最高温度区域温度与电流下降前的温度相差无几，但是当电流突然从 10A 以上降到 7.5A 时，绕组的最高温度并没有保持在 118.5℃附近，而是急剧下降到 106.8℃以后再缓慢上升，见图中 A 位置。这是由于电动机重载运行时产生的热量来不及传递给铁心，而是使绕组本身温度急剧上升。当定子电流下降以后，绕组产生的热量大大减少，而此时绕组与铁心之间的温差相

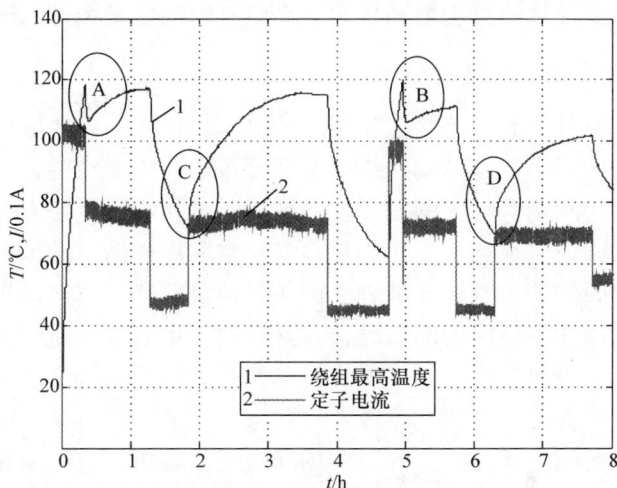

图 3.43　任意负载时的定子绕组最高温度区域温度变化曲线

当大，绕组向铁心传递的热量大于其产生的热量，所以温度急剧下降。由此可以看出，电动机负载突然增大时，定子电流产生的热量主要是使其自身的温度上升，短时内其温度可能超过绝缘部分所能耐受的极限温度。与此相似的情况还出现在图中的 B 处，而从图中 C 处和 D 处可以明显地看出，当电流突然增大时，绕组最高温度区域温度有一个突增的过程，此后温度上升速度才趋于平缓。

需要强调的是，从动态温度变化数据可以看出，定子绕组最高温度区域并不会随时间而发生转移，而是始终位于接线盒区域的传动侧绕组端部。

5. 测量结果的启发

(1) 显然，从电动机运行温度保护的角度看，接线盒所在区域的传动侧端部绕组温度最具代表性。由于最高温度位于易于埋置温度传感器和引出信号的区域，可以在该区域埋置温度传感器以实现真正意义上的电动机热全保护。

(2) 由于散热条件不如槽内绕组，本章实验电动机在正常工作时端部绕组的平均温度比槽内绕组高 10%以上。采取适当的措施增强端部绕组的散热可以有效降低电动机的最高温升，从而提高电动机的额定功率或长期过载能力。

(3) 接线盒所在区域的散热条件比其他区域差，导致该区域绕组温度远高于其他区域。改善该区域的散热条件同样可以有效降低电动机的最高温升，提高电动机额定功率或长期过载能力。

(4) 散热条件的非对称性是导致电动机温度分布不对称的主要原因，散热条件对电动机温度高低及温度分布有很大的影响，分析散热条件有助于建立准确的温度场仿真模型，为研究电动机保护技术奠定基础。

3.4.3 基于参数反计算的异步电动机定子全域三维温度场模型的研究

1. 定子全域三维温度场模型简介

过高的绕组温升引起的绝缘老化是导致电动机损坏的主要原因之一。由于结构及散热条件的非对称性，电动机绕组温度分布也是不对称的，最高温度和最低温度及平均温度之间均有较大的差异。以平均温度作为衡量绕组是否超温的指标是不科学的，或者说以平均温度作为是否需要采取保护措施的依据是无法实现电动机准确有效的保护的。因此，准确掌握在各种负载状况下电动机内部温度分布是实现基于最高温度的热保护的基础，并且有助于指导电动机的优化设计。

目前已有不少研究异步电动机温度场模型的文献，这些文献认为电动机内部的温度分布具有对称性。这些文献或者只对电动机的局部建立三维温度场模型，或者将三维温度场问题转化为二维温度场问题进行分析，这些简化处理方法的缺点是仿真精度较差，特别是无法找出整个绕组的最高温度区域，当然也就无法准确计算出绕组的最高温度。虽然，有的文献建立了半个定子范围内的三维温度场仿真模型，但是所选的仿真域并不是绕组最高温度区域所在的、带有接线盒区域的半个电机，而且并没有给出最高温度所在的端部绕组的处理方法。

现有异步电动机温度场模型研究存在的另一个问题是缺乏全面的、立体的实验验证。大多数文献只给出正常运行状态下极少数孤立点的验证，而且这些点并不是位于对研究最高温度保护技术有重要意义的最高或者较高温度区域。

毫无疑问，电动机定子温度分布的研究是电动机保护技术研究的基础。本书在前人工作的基础上，以全封闭外置风扇冷却电动机为对象，在理论分析的基础上，采用经验公式与经验数据确定相关热参数和边界条件，应用 ANSYS 有限元分析软件，采用参数化建模的方式建立了定子全域三维温度场基本仿真模型。根据少量易测的温度分布数据，通过求解导热反问题的方法确定难以通过理论分析和经验公式准确确定的导热系数与边界条件，从而获得较准确的定子全域三维温度场仿真模型，为分析各种运行状态下的定子绕组三维温度分布与温度变化规律，研究基于定子绕组最高温度区域温度的保护技术奠定基础。

2. 温度场的有限元分析基础

对于各向异性介质，直角坐标下的三维导热偏微分方程为

$$\frac{\partial}{\partial x}\left(k_x \frac{\partial T}{\partial x}\right) + \frac{\partial}{\partial y}\left(k_y \frac{\partial T}{\partial y}\right) + \frac{\partial}{\partial z}\left(k_z \frac{\partial T}{\partial z}\right) + q_v = \rho c \frac{\partial T}{\partial t} \tag{3-45}$$

式中，T 为物体的温度；t 为时间；k_x、k_y、k_z 分别为 x、y、z 方向的导热系数；ρ 为材料的密度；c 为材料的比热；q_v 为热源的发热密度。

对于稳态温度场，温度 T 不随时间 t 变化，式(3-45)中 $\partial T/\partial t = 0$，考虑到边界条件，对导热微分方程的求解可以归为一个边值问题：

$$\begin{cases} \dfrac{\partial}{\partial x}\left(k_x \dfrac{\partial T}{\partial x}\right) + \dfrac{\partial}{\partial y}\left(k_y \dfrac{\partial T}{\partial y}\right) + \dfrac{\partial}{\partial z}\left(k_z \dfrac{\partial T}{\partial z}\right) = -q_v \\[2mm] T\big|_{S_1} = T_0 \\[2mm] -k_2 \dfrac{\partial T}{\partial n}\bigg|_{S_2} = q \\[2mm] -k_3 \dfrac{\partial T}{\partial n}\bigg|_{S_3} = \alpha(T - T_f) \end{cases} \tag{3-46}$$

式中，S_1 为第一类边界条件的物体边界；T_0 为已知边界面的温度；k_2 为第二类边界条件垂直于界面 S_2 的热传导率；q 为通过界面 S_2 的热流密度；k_3 为第三类边界条件垂直于界面 S_3 的热传导率；T_f 为在界面 S_3 与物体接触的冷却介质的温度；α 为在界面 S_3 与物体接触的冷却介质的换热系数。

对应于式(3-46)的等价变分为

$$
\begin{cases}
J(T) = \dfrac{1}{2}\int_V \left[k_x\left(\dfrac{\partial T}{\partial x}\right)^2 + k_y\left(\dfrac{\partial T}{\partial y}\right)^2 + k_z\left(\dfrac{\partial T}{\partial z}\right)^2 \right]\mathrm{d}v - \\[3mm]
\qquad \int_V q_v\mathrm{d}v - \int_{S_2} qT\mathrm{d}s + \dfrac{1}{2}\alpha\int_{S_3}(T - 2T_f)T\mathrm{d}s \\[3mm]
T\big|_{S_1} = T
\end{cases}
\tag{3-47}
$$

式中，V 表示求解域。当泛函取极值，即 $\partial J/\partial T = 0$ 时，可得单元矩阵方程

$$
\boldsymbol{KT} = \boldsymbol{F} \tag{3-48}
$$

式中，$\boldsymbol{T}$ 为求解域内全部节点温度所形成的温度列阵；$\boldsymbol{K}$ 和 $\boldsymbol{F}$ 分别为总体系数矩阵和总体右端列矢量。将边界条件代入式(3-48)修改，最终获得一个线性方程组，解此方程组即可得到各个节点的温度值。

3. 三维温度场模型的建立

1) 模型的等效与简化

本节建模所用的电机仍是型号为 Y100L2-4 的笼型感应电动机，电动机的基本参数见表 3.26。由于电动机的结构复杂，完全按照电动机的实际尺寸建模，模型文件将非常庞大，而且难以获得实际应用，有必要对模型进行等效与简化。

(1) 槽内绕组及槽绝缘的等效。

电动机绕组为散嵌绕组，采用单层交叉绕组，每槽线数为 31，除了导体之外，槽内还包含有槽楔、槽绝缘、导体表面绝缘漆、空气和浸渍漆等绝缘材料。由于导体分布不规则，按实际尺寸建模是不可能的而且也是没有必要的。建模时可用一根截面积与槽内导体总面积相等的粗导体等效，除此之外的槽内其他空间作为槽内绝缘材料的总截面积，并假设等效导体位于槽(不包括槽楔)的正中间。等效模型如图 3.44 所示，图中槽底的实际形状为半圆形，本设计中用多边形逼近，可以大大节省计算机的存储空间和计算时间。

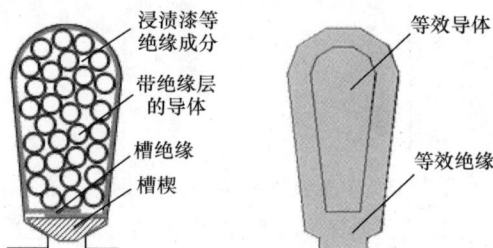

图 3.44　槽内绕组及绝缘的等效模型

理论上槽内绝缘材料的等效导热系数可按式(3-49)计算：

$$\lambda_{eq} = \frac{\sum\limits_{i=1}^{n} \delta_i}{\sum\limits_{i=1}^{n} (\delta_i / \lambda_i)} \tag{3-49}$$

式中，λ_{eq} 为槽内绝缘材料的等效导热系数；$\delta_i(i=1,2,3,\cdots,n)$ 为各种绝缘材料的等效厚度；λ_i 为各种绝缘材料的平均导热系数。

实际上，材料之间难免留有空隙，而且各种材料也并非完全均质，材料形状也是不规则的，其等效厚度也难以确定，用理论的方法准确确定等效槽绝缘的导热系数是很困难的，因此实际应用时采用经验数据较为可靠。B 级绝缘的定子绕组绝缘材料的导热系数取 $\lambda_B \approx 0.16$ W/(m·K)。

(2) 端部绕组的等效。

绕组端部区域集中了大量的导体，是定子内部热源最集中的区域。对于采用全封闭外扇冷却的中小型异步电动机，绕组端部的散热条件比槽内绕组差，绕组的端部往往是定子温度最高的区域，实测数据也证明了这一点。因此，端部绕组的处理对于建立准确的电动机温度模型是至关重要的。实际电动机中，不同绕组的端部缠绕在一起，各个绕组的端部形状复杂且不规则，按绕组的实际形状建模是很困难的。用环形等效导体替代实际端部虽然可以简化模型，但是其误差较大，不能满足精度要求。本节以导体总体积不变为原则，将端部绕组的缠绕区域空间分为径向 2 层、轴向 3 层、周向 $2Z_1$ 等分的结构，并按一定的规律将这些空间分配给 $Z_1/2$ 个绕组的端部。不同绕组之间留有等效绝缘空间。定子绕组端部缠绕部分的等效模型如图 3.45 所示。单个线圈的等效模型如图 3.46 所示。

图 3.45 端部绕组的等效模型(见彩图) 图 3.46 单个线圈的等效模型

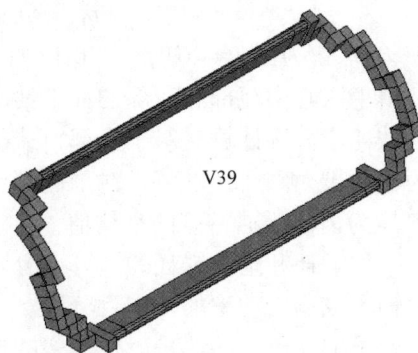

(3) 相关影响因素的等效与简化。

由于工艺的限制，定子铁心外表面与机座内表面之间有不规则的空气隙，定子铁心定位槽等区域有较大面积的空气隙，这些空气隙的存在使得定子铁心与机座之间的传热效果大大下降。定子铁心和机座之间的间隙可取 $0.075 \times 10^{-3} \mathrm{m}$，导热系数为 $0.025 \mathrm{W}/(\mathrm{m} \cdot \mathrm{K})$。由于该空气隙实际尺寸和电动机主尺寸相差悬殊，按其实际尺寸建模将导致仿真模型异常庞大，甚至无法进行网格剖分和计算。建模时可以按照等效热阻不变原则，用厚度稍大的薄层替代空气隙。

此外，仿真模型忽略了远离绕组、与机座接触面较小的机座端盖和机座表面的接线盒。

2) 发热情况分析

异步电动机正常工作时定子侧的损耗主要包括铜耗和铁耗，铜耗和铁耗都包括基本损耗和附加损耗。基本铜耗是电流在绕组导线内产生的损耗。根据焦耳–楞次定律，此损耗等于绕组电流的二次方与电阻的乘积。如果电动机具有多个绕组，则应分别计算各绕组基本铜耗并相加。

$$P_{\mathrm{Cu}} = \sum (I_x^2 R_x) \tag{3-50}$$

对 m 相绕组，如果电流一样，电阻相同，则定子铜耗为

$$P_{\mathrm{Cu}} = m I^2 R \tag{3-51}$$

异步电动机基本铁耗计算公式为

$$P_{\mathrm{Fe}} = K_{\mathrm{a}} p_{\mathrm{Fe}} G_{\mathrm{Fe}} \tag{3-52}$$

式中，G_{Fe} 为定子轭部或齿部的重量；K_{a} 为由于硅钢片加工、磁通密度分布不均以及其不随时间正弦变化等原因引起的铁心损耗的增加系数；p_{Fe} 为单位重量铁心的损耗，也称为比损耗。

比损耗的计算方法如下：

$$p_{\mathrm{Fe}} = p_{10/50} B^2 (f / f_0)^{1.3} \tag{3-53}$$

式中，$p_{10/50}$ 为当 $B=1.0\mathrm{T}$，$f=50\mathrm{Hz}$ 时，单位重量铁心的损耗。

由于铁心中轭部和齿部的加工情况及磁通密度分布不同，铁心中轭部与齿部基本铁耗应分别计算。对于轭部，式(3-52)中的损耗系数 $K_{\mathrm{a}}=1.3$，式(3-53)中的 B 应为轭部最大磁通密度值；对于齿部，式(3-52)中的损耗系数 $K_{\mathrm{a}}=1.8$，式(3-53)中的 B 应为齿部磁通密度的平均值。

附加铜耗和附加铁耗的计算十分困难，在中小型电机中通常不详细计算，一般取输入或输出功率的一定百分数。

定子铜耗产生的热量以生热率的形式施加在定子绕组上，铁耗产生的热量以生热率的形式施加在定子铁心上。

3) 散热条件分析

定子与周围介质之间的热交换主要有两种途径：一是通过机座表面与周围环

境进行热交换；二是与机内空气进行热交换，与机内空气的热交换实质上考虑了转子发热对定子的影响。电动机机座结构见图 3.32。接线盒所在区域机座外表面和内表面结构均与其他区域不同。该区域机座的外径与端部冷却风扇罩壳的内径相同，电动机正常运行时端部风扇甩出的气流吹不到该区域机座外表面，该区域机座表面主要通过自然对流和辐射向周围空气散热。按照经验公式取该区域的表面散热系数 $\alpha_0 = 14.3 \mathrm{W}/(\mathrm{m}^2 \cdot \mathrm{K})$。

接线盒所在区域机座内表面开有出线槽。由于出线槽的存在，该区域的铁心外表面裸露在机内空气中，其主要通过自然对流和辐射散热，而其他区域的铁心外表面与机座内表面接触，主要通过热传导向机座内表面传递热量。因此，两者的散热条件有较大差异。

在分布有散热筋的机座表面，两个散热筋之间形成通风沟，端部风扇甩出的气流遇到罩壳以后改变方向，在通风沟内流通。该区域机座表面主要通过强制对流进行散热。气流从风扇侧向传动侧流动的过程中，由于风阻和气流扩散的影响，气流相对于机座表面的速度逐渐下降；同时，气流在流动的过程中吸收热量，温度逐渐升高，使得沿风扇侧向传动侧机座表面散热条件逐渐恶化。风扇侧机座表面强制对流散热系数 α_{01} 和传动侧机座表面强制对流散热系数 α_{02} 可参考以下经验公式计算：

$$\begin{cases} \alpha_{01} = 20 + 14.3 u_0^{0.6} \\ \alpha_{02} = 20 + 2.6 u_0^{0.6} \end{cases} \tag{3-54}$$

式中，u_0 为特征速度，m/s，取风扇外径的圆周速度的 1/2。

定子铁心表面与定转子之间气隙的散热系数：

$$\alpha_\delta = 28(1 + u_\delta^{0.5}) \tag{3-55}$$

式中，u_δ 为气隙内平均风速，m/s，取电动机转子圆周速度的 1/2。

定子铁心端面及端部绕组表面的散热系数可以参考端盖内表面散热系数：

$$\alpha_i = 15 + 6.5 u_F^{0.7} \tag{3-56}$$

式中，u_F 为转子端部风叶的圆周速度，m/s。

4. 温度模型中相关参数的反计算

由于电动机结构及其热过程的复杂性，建立温度场仿真模型所需的一些参数无法通过理论分析的方法准确计算，传统的方法是采用经验公式计算。但是经验公式中的一些系数取值范围较大，参数的选择具有较大的主观性，而且有时经验公式所含参数本身也难于准确计算或测量，这就导致求解结果误差较大，特别是无法保证在各种负载运行状态下热过程仿真的准确性。此外，建模过程中必然要对电机的模型进行一些简化与等效，经过简化与等效之后，采用原有的参数进行计算可能会产生较大的误差。解决这个问题的途径之一是在经过结构简化处理的仿真模型上，应用实测温度分布数据，通过求解传热反问题的方法确定难于通过理论计算或经验公式准确确定的参数。

导热反问题是相对正问题而言的，在正问题中被研究对象的热特性和边界条件以及初始条件都是已知的，通过这些条件可以求得设备内部的温度场分布。导热反问题是通过测量设备内部或表面若干个离散点的温度值来反推研究对象的热物性或边界条件。

国外对导热反问题的研究可以追溯到 20 世纪 50 年代，国内对导热反问题的研究起步较晚。

本书利用运行时实测的端部绕组温度、铁心表面温度和机座表面温度，在上述经过简化与等效的模型上，通过求解导热反问题的方法估计对电机温度分布影响较大且难于用经验公式准确确定的风扇侧机座表面强制对流散热系数、传动侧机座表面强制对流散热系数、槽内绝缘材料导热系数以及定子铁心和绕组端部表面散热系数。由于这些参数是在经过简化与等效的模型上应用实测的温度数据通过求解导热反问题的方法获得的，这些参数与经过简化与等效的模型配合能够模拟计算出电动机的实际温度分布。

求解反问题的常见方法是采用数值解法，即确定一种优化方法后根据相应的规则重复迭代比较，其基本步骤如下。

(1) 给定待求条件的初值，求解传热正问题得到温度分布数据。检查迭代终止条件是否满足，若满足，则终止，否则继续。

(2) 根据优化方法计算待求条件的下一个取值。

(3) 利用求得的待求条件新值求解正问题，检查迭代终止条件，若满足，则终止，否则返回步骤(2)继续。

对于定子全域三维温度场仿真模型，即使经过了简化和等效，其有限元计算模型依然是十分庞大的。本书所用的电机，其模型的节点数为 980250 个，即使采用最粗的网格剖分方式，其单元数也达到 677432 个。对于这样的计算模型，其反计算的计算工作量也是十分巨大的；尤其是非线性问题的反计算，其计算工作量将直接取决于我们采用何种优化方法。如果一种优化方法需要作上百次甚至更高次数的优化搜索，其耗费的机时是很多的。而正交设计是解决这一问题的有效工具。它利用正交表科学地安排与分析多因素试验，能在众多试验方案中挑选出代表性强的少数试验方案，并通过对这些少数试验方案的试验结果的分析，推断出最优方案，同时还可以作进一步的分析，得出比试验结果本身给出的还要多的有关各因素的信息。将正交设计应用于多参数的非线性导热反问题的计算，其优越性是显而易见的。

正交试验设计法(又称为正交试验法)是研究与处理多因素试验的一种科学方法。它在实际经验与理论分析基础上,利用现成的规格化的正交表,科学地挑选试验条件,合理安排试验,即能在很多的试验条件中,挑选出代表性强的少数试验,找到最好或较优的方案。正交表是一种具有整齐可比性和均衡搭配性的二维数字表格。均衡搭配性使试验点均衡地分布在试验范围内,让每个试验点有充分的代表性;整齐可比性使试验结果的分析十分方便,可以估计各因素对指标的影响,找出影响事物变化的主要因素。正交表的表示方式为

$$L_{次数}(水平数^{因素数})$$

式中,L 为正交表符号;次数为应用该正交表需要安排的试验次数;因素数为正交表最多可安排的影响试验结果的因素个数;水平数为每个因素的取值个数。

本书中选择风扇侧机座表面强制对流散热系数、传动侧机座表面强制对流散热系数、槽内绝缘材料导热系数以及端部铁心和绕组表面散热系数等 4 个参数为因素,选用 $L_9(3^4)$ 正交表进行 4 因素 3 水平的正交试验(即仿真)。正交表中 4 因素为 4 列,每个因素各有 3 个水平,共需要进行 9 次试验。正交表的示意如表 3.31 所示,表中第一列的 1、2、3 分别表示第一因素中第一~第三水平;其他列以此类推。

表 3.31 $L_9(3^4)$正交表

试验号	因素			
	1	2	3	4
1	1	1	1	1
2	1	2	2	2
3	1	3	3	3
4	2	1	2	3
5	2	2	3	1
6	2	3	1	2
7	3	1	3	2
8	3	2	1	3
9	3	3	2	1

本节研究中,风扇侧机座表面强制对流散热系数 α_{01} 为第一因素,传动侧机座表面强制对流散热系数 α_{02} 为第二因素,绝缘材料导热系数 λ_B 为第三因素,端部铁心及绕组表面散热系数 α_i 为第四因素。每个因素各设 3 个水平。上述参数的经验数据分别为: $\alpha_{01} = 55.2 W/(m^2 \cdot K)$, $\alpha_{02} = 26.4 W/(m^2 \cdot K)$, $\lambda_B = 0.16 W/(m \cdot K)$,

α_i=31.1W/(m² · K)。应用该组参数计算的额定运行时的绕组端部温度、铁心表面温度和机座表面温度与实测值相比均偏低，最大误差为–7.12%。为此制定了表 3.32 所示的正交试验表。

表 3.32　　4 因素 3 水平正交试验数据

试验号	因素			
	α_{01}/[W/(m² · K)]	α_{02}/[W/(m² · K)]	λ_B/[W/(m · K)]	α_i/[W/(m² · K)]
1	55.2	26.4	0.16	31.1
2	55.2	24.4	0.18	28.4
3	55.2	22.4	0.2	25.7
4	50.2	26.4	0.18	25.7
5	50.2	24.4	0.2	31.1
6	50.2	22.4	0.16	28.4
7	60.2	26.4	0.2	28.4
8	60.2	24.4	0.16	25.7
9	60.2	22.4	0.18	31.1

试验时以绕组端部测量点的仿真计算温度值与实测值的最大误差作为衡量各因素估计值与实际值偏差程度的指标。表 3.33 为每次试验中定子绕组端部测量点的仿真计算温度值与实测值的最大误差。

表 3.33　　正交试验结果

试验号	1	2	3	4	5	6	7	8	9
最大误差/%	–4.69	–5.58	–6.11	–4.76	–5.94	2.90	–8.46	–4.76	–6.32

根据正交设计法确定使最大误差最小的热参数组合为 α_{01}=50.2W/(m² · K)，α_{02}=22.4W/(m² · K)，λ_B=0.16W/(m · K)，α_i=25.7W/(m² · K)。为了提高模型的准确性，在上述热参数组合的基础上，再次进行水平细化的正交设计。设计方法与以上步骤相同。第二次正交试验数据见表 3.34。

表 3.34　　第二次正交试验数据

试验号	因素			
	α_{01}/[W/(m² · K)]	α_{02}/[W/(m² · K)]	λ_B/[W/(m · K)]	α_i/[W/(m² · K)]
1	52.7	21.4	0.16	25.7
2	52.7	23.4	0.15	24.7
3	52.7	22.4	0.17	26.7

续表

试验号	因素			
	$\alpha_{01}/[\text{W}/(\text{m}^2 \cdot \text{K})]$	$\alpha_{02}/[\text{W}/(\text{m}^2 \cdot \text{K})]$	$\lambda_B/[\text{W}/(\text{m} \cdot \text{K})]$	$\alpha_i/[\text{W}/(\text{m}^2 \cdot \text{K})]$
4	50.2	21.4	0.15	26.7
5	50.2	23.4	0.17	25.7
6	50.2	22.4	0.16	24.7
7	47.7	21.4	0.17	24.7
8	47.7	23.4	0.16	26.7
9	47.7	22.4	0.15	25.7

　　根据正交设计法二次确定误差最小的热参数组合为 α_{01}=50.2W/(m² · K)，α_{02}=23.4W/(m² · K)，λ_B=0.17W/(m · K)，α_i=25.7W/(m² · K)。按此组合仿真计算的端部绕组温度值最大误差为−2.816%，满足最大温度误差小于±3%的要求。

5. 计算结果与分析

1) 温度分布的定性分析

　　用上述经过参数反计算的三维温度场仿真模型计算额定负载情况下电动机整体温度的分布。

　　机座的温度分布如图 3.47 所示。机座温度分布的特点是：内表面温度高，外表面温度低；中间部位温度高，两端温度低；传动侧温度高，风扇侧温度低；接线盒区域温度高，沿圆周方向往两边逐渐降低。其原因在于：内表面接收来自铁心的热量，并经过外表面散发到周围空气中；机座中间部位与铁心接触，吸收来自铁心的热量，其温度高于两端的温度；冷却空气从风扇侧向传动侧流动的过程

ANSYS 10.0

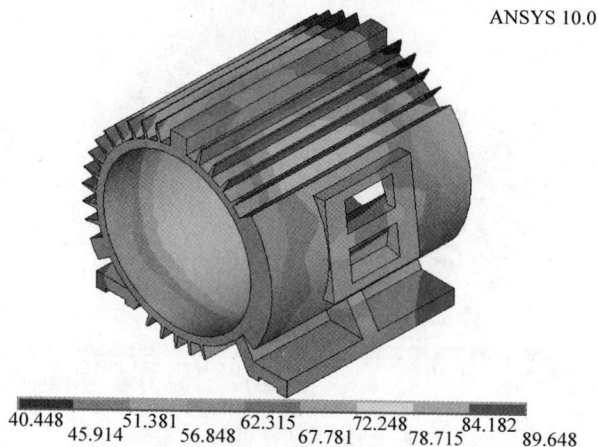

40.448　　51.381　　62.315　　72.248　　84.182
　　45.914　　56.848　　67.781　　78.715　　89.648

图 3.47　机座温度分布图(见彩图)

中，速度下降并且温度升高，散热效果逐渐下降，使得传动侧温度高于风扇侧的温度；接线盒区域机座表面为自然对流散热，自然对流系数远小于强制对流的其他区域，导致该区域温度高于其他区域。

铁心温度分布如图 3.48 所示。其温度分布的特点是：齿部温度高，轭部温度低；传动侧温度高，风扇侧温度低；出线槽区域温度高，沿圆周往两边温度逐渐降低。导致这种温度分布的原因同样与基座表面的散热情况有关。

ANSYS 10.0

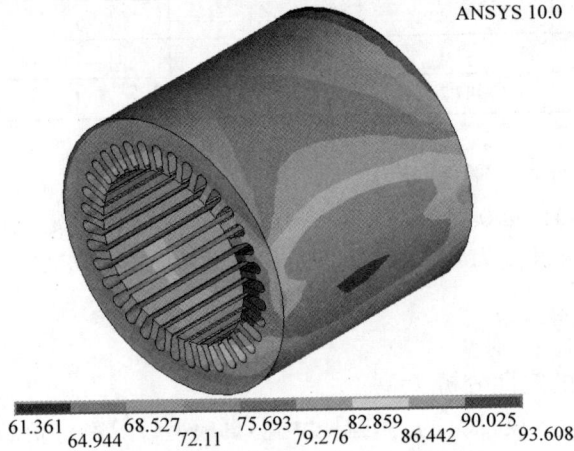

61.361　64.944　68.527　72.11　75.693　79.276　82.859　86.442　90.025　93.608

图 3.48　铁心温度分布图(见彩图)

绕组温度分布如图 3.49 所示。从轴向看，端部导体温度高，槽内导体温度低，这是因为槽内导体产生的热量直接经由槽绝缘、铁心从机座表面散发到周围空气中，而端部绕组产生的热量需要先传递给槽内绕组，然后再由以上路径散发，其

ANSYS 10.0

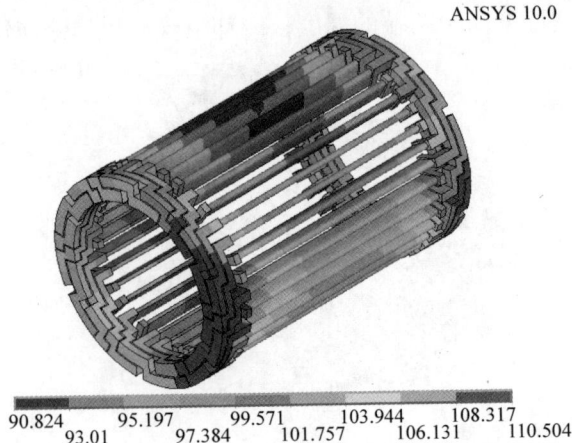

90.824　93.01　95.197　97.384　99.571　101.757　103.944　106.131　108.317　110.504

图 3.49　绕组温度分布图(见彩图)

温度必然高于槽内绕组。相对而言，风扇侧的端部绕组温度低于传动侧端部绕组的温度，主要是因为传动侧的机座表面散热条件不如风扇侧的好。从周向看，接线盒区域的绕组温度高于其他区域，这与该区域的铁心和机座表面散热条件不好是相吻合的。

从整体上看，机座温度最低，绕组温度最高，定子的最高温度区域位于接线盒区域传动侧绕组端部。可见基于定子三维温度场仿真模型计算的温度分布规律与实测温度分布(异步电动机定子绕组三维温度分布的测试与分析)是一致的。对最高温度区域的温度进行监测可以实现电动机的热保护，而采取措施降低最高温度区域的温度可以实现电动机的优化设计。

2) 温度模型的定量验证

从仿真结果可以看出，绕组温度高于铁心温度和机座温度，电动机中最易受温度影响的也正是绕组的绝缘性能，所以，温度模型中绕组温度分布的准确性是我们最关心的。表 3.35 给出了额定负载时绕组各测量点稳态温度的仿真值与实测值的对比。

从表 3.35 可以看出，各测量点稳态温度值的仿真结果与实测数据比较接近，特别是绕组最高温度区域温度的误差仅为−1.0%，表明该温度模型能够准确反映电动机的热状态。

表 3.35　额定负载时的稳态温度比较

编号	项目	A	B	C	D	E	F	G	H	I
1	仿真值/℃	107.4	109.3	108.6	106.4	105.0	103.0	102.6	101.1	101.0
	实测值/℃	107.7	110.4	106.0	107.7	103.8	103.2	102.5	103.2	103.9
	误差值/%	−0.3	−1.0	2.4	−1.2	1.1	−0.2	0.1	−2.1	−2.8
2	仿真值/℃	104.6	102.2	98.7	96.7	95.5	95.3	93.8	93.5	93.8
	实测值/℃	105.0	100.7	—	97.4	95.9	93.7	93.6	95.3	95.8
	误差值/%	−0.4	1.5	—	−0.7	−0.4	1.7	0.2	−1.9	−2.1
3	仿真值/℃	103.4	100.4	96.6	94.4	93.3	93.1	91.7	91.4	91.7
	实测值/℃	104.4	99.8	96.4	94.4	94.4	92.9	93.3	94.3	93.6
	误差值/%	−1.0	0.6	0.2	0.0	−1.1	0.3	−1.7	−3.1	−2.0
4	仿真值/℃	103.0	100.0	96.1	93.8	92.8	92.6	91.2	90.8	91.2
	实测值/℃	104.1	98.8	96.0	95.2	—	92.3	91.6	92.0	—
	误差值/%	−1.0	1.2	0.1	−1.4	—	0.4	−0.5	−1.3	—

编号	项目	A	B	C	D	E	F	G	H	I
5	仿真值/℃	103.7	101.0	97.4	95.1	94.0	93.8	92.3	92.0	92.2
	实测值/℃	102.9	99.5	—	93.1	92.7	92.3	90.9	93.3	91.9
	误差值/%	0.7	1.5	—	2.1	1.4	1.6	1.5	−1.4	0.3
6	仿真值/℃	107.6	106.7	104.4	102.5	100.8	100.2	98.8	98.6	98.5
	实测值/℃	106.6	106.6	104.1	—	99.2	98.4	99.8	99.8	99.1
	误差值/%	0.9	0.1	0.3	—	1.6	1.9	−1.0	−1.2	−0.6

注：部分非最高温度区域温度传感器在生产过程中损坏

3) 温度随时间的变化规律

对于电动机保护，除了需要知道稳态温度与负载电流之间的关系之外，还必须准确知道温度随时间变化的规律。图 3.50 所示为额定负载时电动机绕组最高温度区域的温度随时间变化的曲线。从图中可以看出，从电动机启动到温度达到稳定状态的整个过程中，仿真值与实测值均非常接近，说明温度模型的动态响应特性与实际电动机的温度动态特性基本一致。

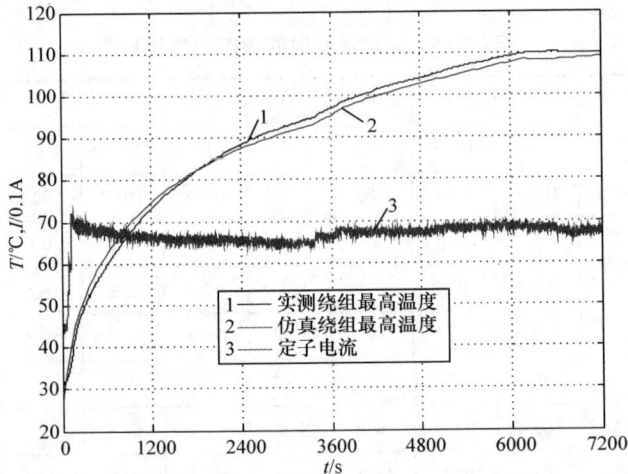

图 3.50　最高温度动态特性曲线

3.4.4　基于三维温度场仿真模型的异步电动机定子温度分布虚拟测试研究

1. 定子温度分布虚拟测试的概念

准确掌握电动机绕组温度分布规律及温度随负荷动态变化的规律不但可以为电动机保护提供依据，而且可以为电动机优化设计提供指导。

　　虽然实际测量各种运行状态下的绕组温度是研究电动机绕组温度分布规律及温度随负荷动态变化规律最直接有效的方法，但是实际的温度分布测试存在一系列的缺点。

　　(1) 大量长时间的温升试验不仅耗费大量人力和物力，而且还无法满足各种负载运行状态下电动机温度分布测试的要求。因此，电动机温度分布的试验具有很大局限性。

　　(2) 需要在被测位置埋置温度传感器，测量点的数量有限，一旦样机制成以后，测量点的数量和位置就不能改变，测量的灵活性不足。而且，要在铁心和机座等内部埋置温度传感器是相当困难的。

　　(3) 需要容量远大于被测电动机额定功率的负载。对于大功率电动机，很难进行过载运行试验；故障运行条件下的温升试验难以进行，部分故障运行试验有可能对电动机造成永久性的破坏，甚至危及人身安全。

　　(4) 大多数温升试验难以在生产过程中进行，而必须在实验室中进行，被试电动机输出的机械能难于被有效利用。

　　基于软件仿真的虚拟测试可以克服实际测试的缺点。虚拟样机是建立在计算机上的原型系统或子系统模型，它在一定程度上具有与物理样机相当的功能真实度。虚拟样机技术是使用虚拟样机来代替物理样机，对候选设计方案的某一方面的特性进行仿真测试和评估的过程。和实际测试相比，基于虚拟样机的仿真测试具有众多优点。

　　基于虚拟样机的测试技术在许多领域如军工、机械、车辆等已经获得实际应用，并取得了很好的效果。

　　由于异步电动机温度分布实际测试的困难，采用只需在仿真环境中即可获得各种本应通过实验才能得到数据的、基于软件仿真的虚拟测试技术是有效的。

　　本书以基于理论与参数反计算建立的异步电动机定子全域三维温度场有限元仿真模型为核心，以 VB 程序构建的人机界面为平台建立了异步电动机定子三维温度分布虚拟测试平台。该平台可以实现包括故障在内的各种运行状态下稳态温度分布及瞬态温度变化的虚拟测量。从该虚拟测试平台可以方便地了解各种运行状况下定子三维温度分布的总体情况，可以给出温度虚拟测试云图与温度变化规律，克服了实际测试的困难。通过人机界面修改电动机的参数即可建立不同规格电动机的温度场仿真模型，用于不同规格电动机的虚拟测试，可以节省大量人力、物力与时间。

　　2. 虚拟测试平台的建立

　　1) 建模界面的设计

　　为了提高测试系统的通用性，使测试系统可用于不同规格电动机的温度虚拟测试，三维温度场有限元仿真模型采用参数化设计，通过人机界面输入不同电动机的结构尺寸和材料特性参数即可实现同一系列不同规格电动机模型的建立，而不必重复编写建模文件。电动机参数设置界面如图 3.51 所示，需要设置的参数包括结构尺寸参数和材料热特性参数。

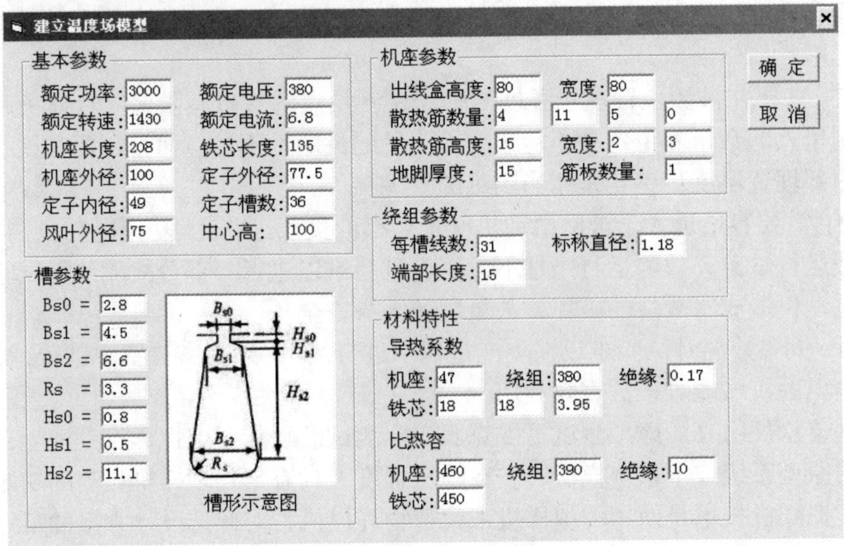

图 3.51　电机参数设置界面

2) 虚拟测试界面的设计

在温度场仿真模型中通过改变施加在绕组上的生热率及各类边界的散热系数可以模拟电动机的各种运行状态。温度测试类型分为稳态温度分布测试和瞬态温度变化测试两种。稳态温度分布测试可以快速给出电动机的稳态温度分布。瞬态温度变化测试需要的时间与载荷步的数量成正比，刚开机时，电动机的温度上升速度较快，载荷步的步长应取较小值。随着电动机温度的上升，温度上升的速度下降，载荷步的步长应逐渐增大以节省测试时间。电动机温度趋于稳定后，测试系统可以自动停止测试。

通过数据交换，ANSYS 中的温度场分析结果可以传递到 VB 中进行显示。对于稳态温度分析，虚拟测试平台可以给出温度达到稳定状态时各种视角下的整机或电动机各个部件的温度分布云图；对于瞬态温度分析，虚拟测试平台不但可以给出不同载荷步的温度分布云图，还可以给出任意位置的温度值随时间变化的曲线。温度测试界面如图 3.52 所示。

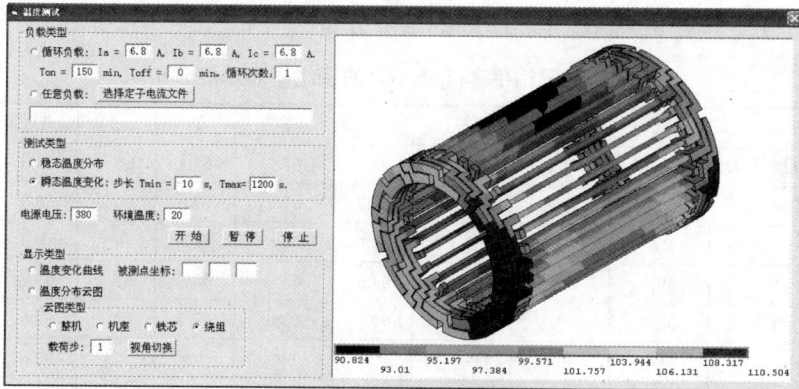

图 3.52　温度测试界面(见彩图)

3) VB 与 ANSYS 程序间的数据交换

如上所述,本书采用 ANSYS 有限元分析软件建立了虚拟测试平台的核心——定子三维温度场仿真模型。ANSYS 参数化设计语言 APDL(ANSYS parametric design language)是一种类似于 FORTRAN 的解释性语言,应用 APDL 编写的脚本程序具有一般程序的功能,可以实现参数化建模、复杂载荷的参数化加载、求解控制以及后处理的参数化数据处理分析等功能,可用于 ANSYS 的二次开发。

在 ANSYS 中应用 APDL 提供的*VWRITE 命令将 ANSYS 中的参数或数组写到一个文件中,并在 VB 中应用 Input 命令将其读入,可以实现从 ANSYS 到 VB 的数据传递。反过来,在 VB 中应用 Write 命令将数据输出到外部文件,并在 ANSYS 中应用*TREAD 命令将其读入并存入数组参数中,可以实现从 VB 到 ANSYS 的数据传递。在 VB 和 ANSYS 程序中合理设置程序流程控制数据,并将该数据与对方进行交换可以实现 VB 和 ANSYS 程序流程之间的协调。

在 VB 中直接利用温度场仿真数据构建温度场分布云图不但费时费力,而且得不到令人满意的结果。本书中 ANSYS 程序可根据 VB 程序的要求,用/UI、copy、save 命令将温度场云图以图形文件的格式保存下来,然后在 VB 中用 Picture 控件显示。

3. 稳态温度分布虚拟测试

1) 三相平衡时的温度分布虚拟测试

表 3.36 为定子电流为 4.65A 时电机温度达到稳定状态后绕组各测量点温度的虚拟测量值与实际测量值的对比,对应的绕组稳态温度分布云图见图 3.53(环境温度为 28.9℃)。表 3.37 为定子电流为 5.65A 时绕组稳态温度分布数据,对应的绕组稳态温度分布云图与图 3.53 相似。表 3.38 为低电压堵转时的绕组稳态温度分布数据,此时三相定子电流为 4.45A,对应的绕组稳态温度分布云图见图 3.54(环境温度为 23.1℃)。从对比结果可以看出,各种情况下该虚拟测试平台都能够比较准确地

反映电动机绕组温度达到稳定状态后的温度分布。

表 3.36　三相平衡(4.65A)时的绕组稳态温度分布

编号	项目	A	B	C	D	E	F	G	H	I
1	仿真值/℃	71.1	70.5	69.4	68.1	67.5	67.1	66.8	66.6	67.0
	实测值/℃	69.3	70.8	68.2	69.2	67.2	67.0	66.2	66.8	67.3
	误差值/%	2.7	−0.5	1.7	−1.6	0.4	0.2	0.9	−0.3	−0.4
2	仿真值/℃	69.1	67.6	65.7	64.3	63.9	63.9	63.4	63.2	63.7
	实测值/℃	68.7	67.0	—	64.7	63.6	62.7	62.7	63.6	63.7
	误差值/%	0.6	0.8	—	−0.6	0.4	1.9	1.1	−0.6	0.0
3	仿真值/℃	68.6	66.7	64.6	63.2	62.8	62.9	62.4	62.2	62.7
	实测值/℃	68.6	66.5	64.3	63.2	62.9	62.5	62.5	63.2	62.9
	误差值/%	0.0	0.4	0.5	0.0	−0.1	0.7	−0.1	−1.5	−0.3
4	仿真值/℃	68.4	66.5	64.4	62.9	62.5	62.6	62.1	61.9	62.4
	实测值/℃	68.2	66.0	64.2	63.7	—	62.3	61.6	61.9	—
	误差值/%	0.3	0.8	0.3	−1.3	—	0.5	0.8	0.0	—
5	仿真值/℃	68.6	66.9	64.9	63.3	63.0	63.0	62.5	62.3	62.7
	实测值/℃	67.5	66.5	—	62.7	62.1	62.1	61.1	62.7	62.0
	误差值/%	1.6	0.6	—	1.0	1.5	1.5	2.3	−0.6	1.2
6	仿真值/℃	70.2	69.5	68.2	66.8	66.2	65.9	65.5	65.3	65.7
	实测值/℃	68.8	68.7	67.3	—	65.0	64.5	66.5	65.3	65.0
	误差值/%	2.1	1.1	1.4	—	1.9	2.1	−1.5	0.0	1.0

注：由于工艺的原因，部分非最高温区域测温元件在生产过程中损坏

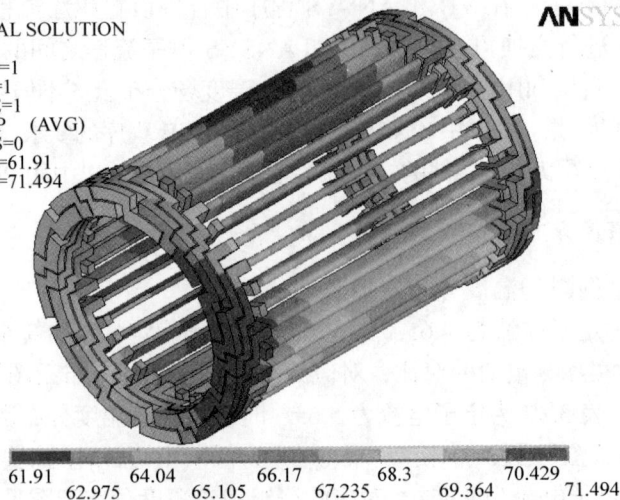

图 3.53　三相平衡时绕组稳态温度分布云图(见彩图)

表 3.37　三相平衡(5.65A)时的绕组稳态温度分布

编号	项目	A	B	C	D	E	F	G	H	I
1	仿真值/℃	91.1	90.2	88.6	86.9	86.1	85.5	85.2	84.9	85.4
	实测值/℃	90.1	91.9	88.5	89.6	86.6	86.5	85.7	86.6	87.3
	误差值/%	1.2	−1.9	0.2	−3.0	−0.6	−1.1	−0.6	−2.0	−2.2
2	仿真值/℃	87.7	85.6	82.9	81.0	80.5	80.4	79.9	79.6	80.2
	实测值/℃	88.2	85.0	—	81.6	80.6	79.3	79.4	80.8	81.3
	误差值/%	−0.6	0.7		−0.7	−0.1	1.4	0.6	−1.5	−1.4
3	仿真值/℃	86.8	84.2	81.3	79.4	78.9	78.9	78.3	78.1	78.6
	实测值/℃	87.5	84.0	81.1	79.3	79.5	78.8	79.0	79.8	79.7
	误差值/%	−0.8	0.3	0.2	0.1	−0.8	0.1	−0.9	−2.2	−1.4
4	仿真值/℃	86.4	83.9	80.8	78.8	78.4	78.4	77.8	77.6	78.1
	实测值/℃	87.1	83.1	80.8	79.8	—	78.1	77.6	78.1	—
	误差值/%	−0.8	0.9	0.0	−1.2	—	0.4	0.3	−0.7	—
5	仿真值/℃	86.8	84.5	81.7	79.6	79.2	79.1	78.5	78.2	78.7
	实测值/℃	86.2	83.6	—	78.1	78.1	78.1	76.7	78.9	78.1
	误差值/%	0.7	1.1		1.9	1.4	1.3	2.4	−0.9	0.8
6	仿真值/℃	89.5	88.4	86.7	84.8	84.0	83.4	83.0	82.7	83.2
	实测值/℃	88.8	88.8	86.6	—	83.0	82.3	84.0	83.5	83.2
	误差值/%	0.7	−0.4	0.1	—	1.2	1.4	−1.1	−0.9	0.0

表 3.38　低电压堵转时的绕组稳态温度分布

编号	项目	A	B	C	D	E	F	G	H	I
1	仿真值/℃	109.4	108.2	107.1	106.5	105.1	105.0	104.8	105.0	105.5
	实测值/℃	107.1	108.7	106.8	107.3	105.9	105.6	105.4	106.3	106.6
	误差值/%	2.1	−0.4	0.3	−0.8	−0.7	−0.6	−0.6	−1.2	−1.0
2	仿真值/℃	107.0	104.9	103.2	102.7	101.5	101.5	101.6	101.9	102.6
	实测值/℃	106.0	102.8	—	103.1	102.2	101.2	101.2	102.8	103.4
	误差值/%	0.9	2.1		−0.4	−0.7	0.3	0.4	−0.9	−0.8
3	仿真值/℃	106.5	104.2	102.4	102.0	100.8	100.8	101.0	101.3	102.0
	实测值/℃	106.0	102.8	102.0	102.0	102.0	101.3	101.6	103.2	102.9
	误差值/%	0.5	1.3	0.4	0.0	−1.2	−0.5	−0.6	−1.8	−0.9

续表

编号	项目	A	B	C	D	E	F	G	H	I
4	仿真值/℃	106.5	104.1	102.4	101.9	100.7	100.8	101.0	101.3	102.0
	实测值/℃	106.5	103.9	103.4	103.1	—	101.9	102.0	102.6	—
	误差值/%	0.0	0.2	−1.0	−1.1	—	−1.1	−1.0	−1.3	—
5	仿真值/℃	106.9	104.8	103.2	102.6	101.5	101.4	101.5	101.8	102.5
	实测值/℃	107.0	103.8	—	102.6	102.9	102.0	101.8	103.5	103.6
	误差值/%	−0.1	1.0	—	0.0	−1.4	−0.5	−0.3	−1.6	−1.1
6	仿真值/℃	109.2	108.0	106.9	106.2	104.9	104.7	104.6	104.8	105.3
	实测值/℃	109.3	108.8	107.7		105.9	104.8	102.8	106.8	106.8
	误差值/%	−0.1	−0.7	−0.8		−0.9	−0.1	1.7	−1.9	−1.4

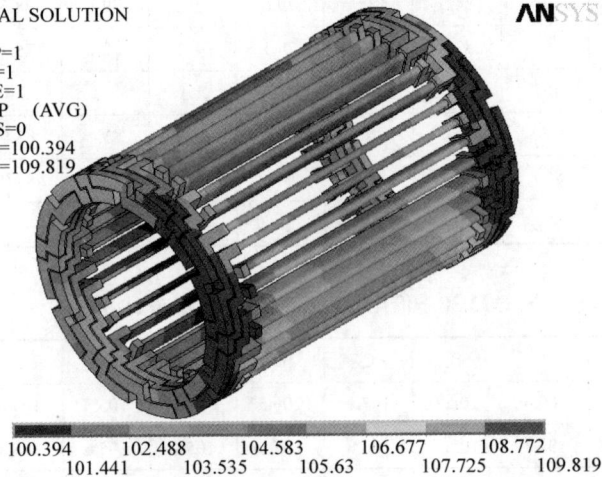

图 3.54　低电压堵转时绕组稳态温度分布云图(见彩图)

2) 断相时的温度分布虚拟测试

断相时，断电相不产生热量，其温度与通电相相差较大。由于各相绕组的端部缠绕在一起，实际测量时一个温度传感器可能与多相绕组接触，此时很难区分某一个温度传感器测量的是哪一相的温度，为此试验验证端部温度分布准确性时只以端部最高温度所在区域位置及端部最高温度值作为验证依据，而不以孤立点温度值作为验证依据。A 相断相时的虚拟测试温度分布如图 3.55 所示，此时环境温度为 28.7℃，B、C 相电流为 6.25A。绕组最高温度区域位于接线盒区域传动侧绕组端部，最高温度值为 82.434℃；实测绕组最高温度区域也是位于接线盒区域传动侧绕组端部，最高温度为 83℃，两者误差为-0.68%。槽内绕组温度分布的特点是 A 相温度明显低于其他相温度，除此之外的温度分布规律与三相平衡时相同。槽内绕组温度对比见表 3.39。虽然 A 相绕组不产生热量，但是稳态时位于接线盒区域的属于 A 相的 A 组测温点温度仍然比较高。

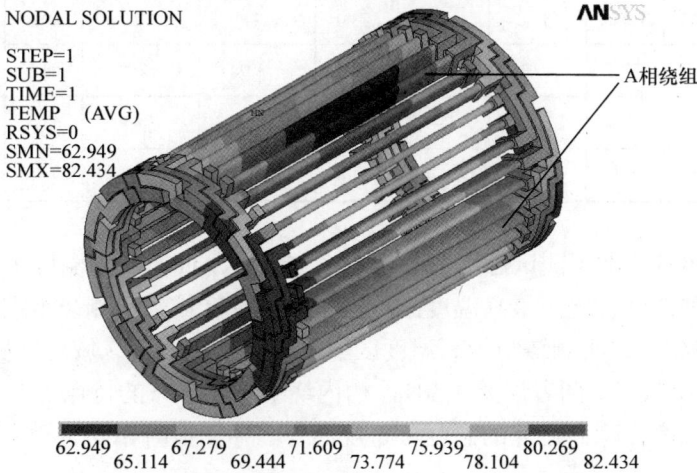

NODAL SOLUTION

STEP=1
SUB=1
TIME=1
TEMP (AVG)
RSYS=0
SMN=62.949
SMX=82.434

A相绕组

ANSYS

62.949 65.114 67.279 69.444 71.609 73.774 75.939 78.104 80.269 82.434

图 3.55 A 相断相时绕组温度分布云图(见彩图)

表 3.39 A 相断相时的槽内绕组温度分布数据

编号	项目	接线盒区域		非接线盒区域						
		A 相	C 相	B 相	A 相	C 相	B 相	A 相	C 相	B 相
		A	B	C	D	E	F	G	H	I
2	仿真值/℃	71.9	76.0	73.9	65.3	71.9	73.1	65.4	71.0	71.6
	实测值/℃	72.1	75.1	—	66.3	71.3	71.2	65.7	71.2	72.5
	误差值/%	−0.3	1.1	—	−1.6	0.9	2.7	−0.5	−0.2	−1.3
3	仿真值/℃	70.8	75.0	72.8	63.8	70.7	71.9	63.8	69.8	70.6
	实测值/℃	71.7	74.3	72.5	65.2	70.3	70.7	65.1	70.9	70.9
	误差值/%	−1.2	0.9	0.4	−2.2	0.6	1.7	−2.0	−1.5	−0.5

编号	项目	接线盒区域		非接线盒区域						
		A相	C相	B相	A相	C相	B相	A相	C相	B相
		A	B	C	D	E	F	G	H	I
4	仿真值/℃	70.6	74.7	72.5	63.4	70.4	71.6	63.4	69.5	70.2
	实测值/℃	71.2	73.6	72.8	65.3	—	70.4	63.9	68.7	—
	误差值/%	−0.9	1.5	−0.5	−3.0	—	1.6	−0.8	1.1	—
5	仿真值/℃	71.2	75.3	73.0	64.1	71.0	72.1	64.3	70.0	70.5
	实测值/℃	70.3	73.9	—	65.0	69.2	70.4	63.8	70.0	69.6
	误差值/%	1.3	1.8	—	−1.4	2.6	2.5	0.7	0.0	1.3

　　B 相断相时的虚拟测试温度分布如图 3.56 所示，此时环境温度为 31.4℃，A、C 相电流为 7.32A。绕组最高温度区域位于接线盒区域传动侧绕组端部，最高温度值为 103.345℃，实测绕组最高温度区域也是位于接线盒区域传动侧绕组端部，最高温度为 105.0℃，两者误差 1.58%。槽内绕组温度分布的特点是 B 相温度明显低于其他相温度，除此之外的温度分布规律与三相平衡时相同。槽内绕组温度对比见表 3.40。

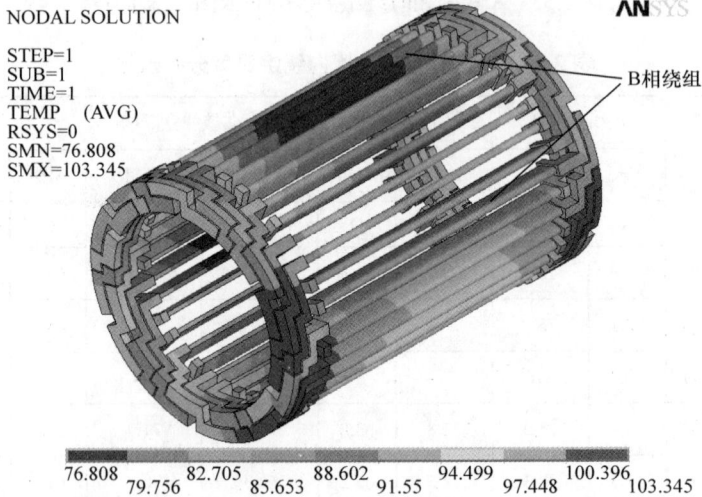

图 3.56　B 相断相时绕组温度分布云图(见彩图)

表 3.40　B 相断相时的槽内绕组温度分布数据

编号	项目	接线盒区域		非接线盒区域						
		A 相	C 相	B 相	A 相	C 相	B 相	A 相	C 相	B 相
		A	B	C	D	E	F	G	H	I
2	仿真值/℃	96.6	95.9	82.7	88.8	88.4	78.5	88.0	89.5	80.0
	实测值/℃	97.3	94.9	—	90.1	89.8	79.8	86.4	90.1	81.0
	误差值/%	−0.7	1.1	—	−1.4	−1.6	−1.6	1.9	−0.7	−1.2
3	仿真值/℃	95.6	94.4	80.4	86.9	86.9	77.3	86.4	87.8	77.9
	实测值/℃	96.7	93.7	83.1	86.6	88.5	79.4	86.2	89.3	80.3
	误差值/%	−1.2	0.8	−3.2	0.4	−1.9	−2.6	0.2	−1.7	−3.0
4	仿真值/℃	95.3	94.1	79.9	86.4	86.4	76.1	85.9	87.3	77.2
	实测值/℃	96.3	92.9	80.5	87.5	—	78.4	85.0	86.8	—
	误差值/%	−1.1	1.3	−0.7	−1.3	—	−2.9	1.0	0.5	—
5	仿真值/℃	95.7	94.9	81.3	87.3	87.0	77.0	86.0	88.1	78.4
	实测值/℃	95.3	93.2	—	85.2	87.0	78.3	83.5	88.3	79.4
	误差值/%	0.4	1.8	—	2.5	0.0	−1.6	3.0	−0.3	−1.3

　　C 相断相时的虚拟测试温度分布如图 3.57 所示，此时环境温度为 31.9℃，A、B 相电流为 6.95A。绕组最高温度区域位于接线盒区域传动侧绕组端部，最高温度值为 96.303℃，实测绕组最高温度区域也是位于接线盒区域传动侧绕组端部，最高温度为 97.9℃，两者误差−1.63%。槽内绕组温度分布的特点是 C 相温度明显

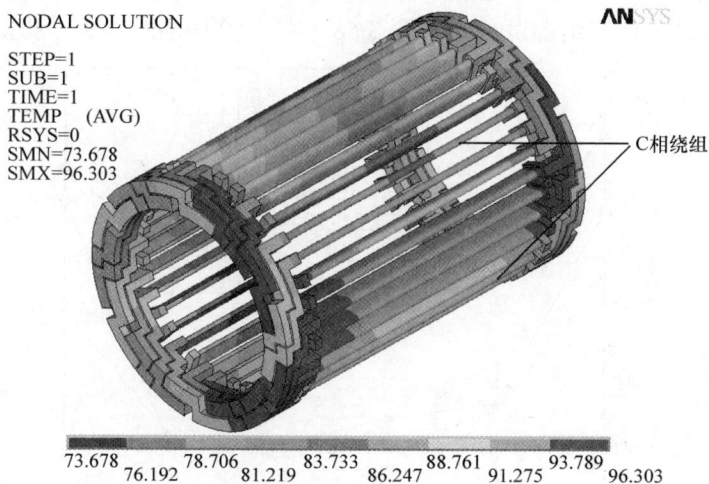

图 3.57　C 相断相时绕组温度分布云图(见彩图)

低于其他相温度，除此之外的温度分布规律与三相平衡时相同。槽内绕组温度对比见表 3.41。虽然 C 相绕组不产生热量，但是稳态时位于接线盒区域的属于 C 相的 B 组测温点温度仍然比较高。

表 3.41 C 相断相时的槽内绕组温度分布数据

编号	项目	接线盒区域		非接线盒区域						
		A 相	C 相	B 相	A 相	C 相	B 相	A 相	C 相	B 相
		A	B	C	D	E	F	G	H	I
2	仿真值/℃	93.4	82.1	87.9	88.1	78.2	85.5	85.2	76.2	85.5
	实测值/℃	94.0	82.1	—	88.0	78.9	83.7	84.7	78.4	85.6
	误差值/%	−0.6	0.0	—	0.1	−0.8	2.1	0.6	−2.9	−0.1
3	仿真值/℃	92.8	80.6	86.7	86.4	76.2	84.0	83.9	74.2	84.0
	实测值/℃	93.5	81.6	85.4	85.2	77.8	83.0	84.5	76.3	83.4
	误差值/%	−0.8	−1.2	1.5	1.4	−2.1	1.2	−0.7	−2.8	0.7
4	仿真值/℃	92.5	80.3	86.3	85.9	75.7	83.5	83.4	74.7	83.5
	实测值/℃	93.2	80.6	86.2	86.1	—	82.5	82.6	76.5	—
	误差值/%	−0.8	−0.4	0.1	−0.3	—	1.2	1.0	−2.4	—
5	仿真值/℃	92.6	81.0	87.1	86.7	76.8	84.2	83.9	74.4	84.1
	实测值/℃	92.2	81.9	—	84.0	76.5	82.5	81.8	75.9	81.6
	误差值/%	0.5	−1.1	—	3.2	0.5	2.1	2.5	−2.0	3.0

为了直观地了解三相绕组在断相状态下温度的分布情况，将分别属于 A、B、C 三相的 G、F、H 三组温度分布在图 3.58～图 3.60 中表示。为了排除散热条件

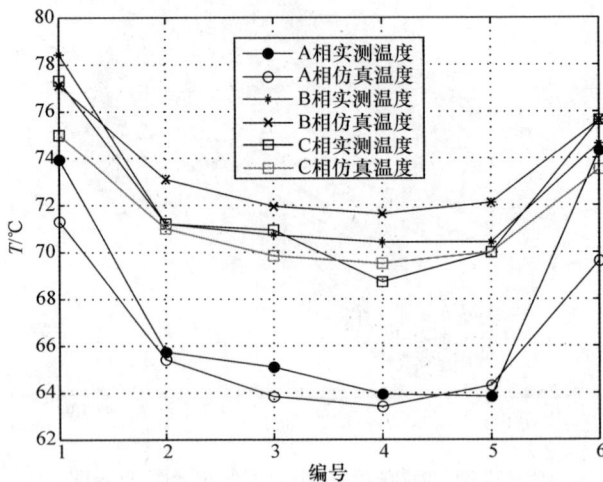

图 3.58 A 相断相时的绕组温度分布对比图

对温度分布的影响，所选三组测温点均位于非接线盒区域，其散热条件均较为接近。为了更直观地表示各相温度之间的差异，图中测温点以 A 相、B 相、C 相表示，而不以 G 组、F 组、H 组表示。从图中可以看出，断电相绕组温度明显低于通电相绕组温度，并且各相绕组温度分布均呈 U 形，即端部温度高于槽内温度。此外，1 号点温度总体高于 6 号点的温度，也就是传动侧端部绕组温度高于风扇侧端部绕组温度。

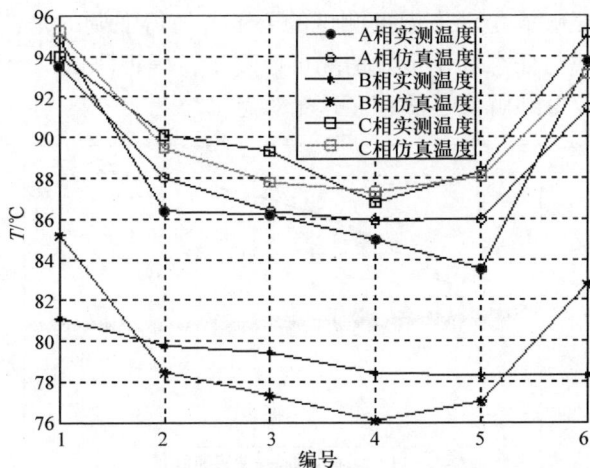

图 3.59　B 相断相时的绕组温度分布对比图

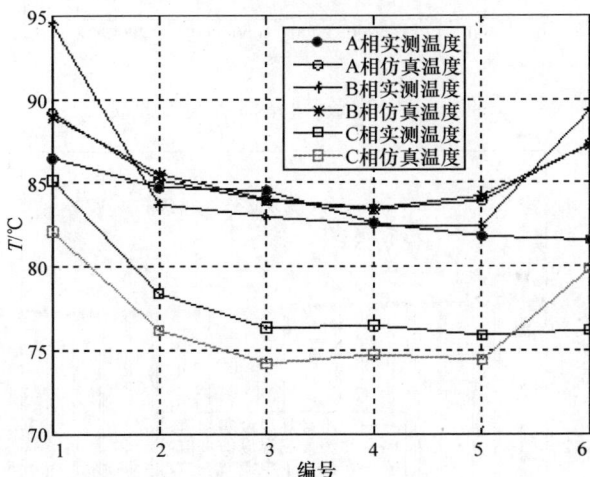

图 3.60　C 相断相时的绕组温度分布对比图

4. 瞬态温度变化规律虚拟测试

前已述及，测试结果表明，定子内部最高温度区域位于接线盒区域传动侧绕组端部，而绕组绝缘正是电动机中最易受温度影响而失效的材料。因此研究最高温度区域温度变化规律有重要的意义。

图 3.61～图 3.63 为各种负载时电动机绕组最高温度区域瞬态温度曲线。图 3.61 为恒定负载；图 3.62 为周期性负载，每个周期内电动机运行 5min，停机1min；图 3.63 为任意变化负载，负载包括空载、额定负载、过载以及最后的停机冷却。从图中可以看出，各种情况下的虚拟测量值与实际测量值均非常接近，说明虚拟测试平台能够满足动态温度测试的要求。值得强调的是，从图 3.62 和图3.63 的周期性负载与任意变化负载情况可以看出，虚拟测试平台可以实现较准确的热积累。从而较好地解决了热积累这个难题。

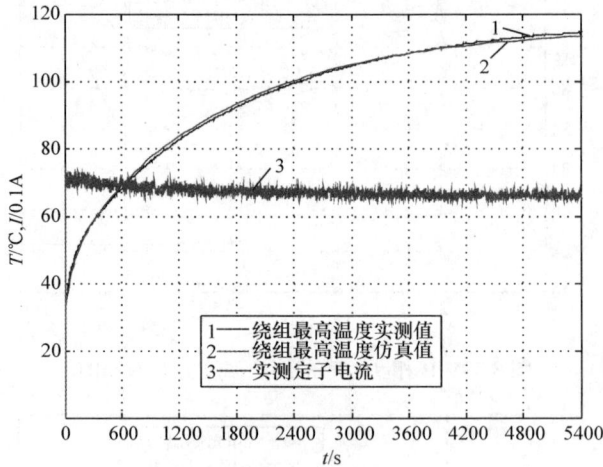

图 3.61　恒定负载时的瞬态温度曲线

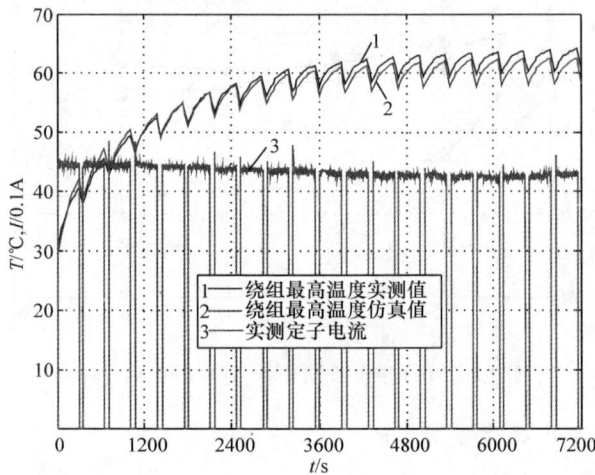

图 3.62　周期性负载时的瞬态温度曲线

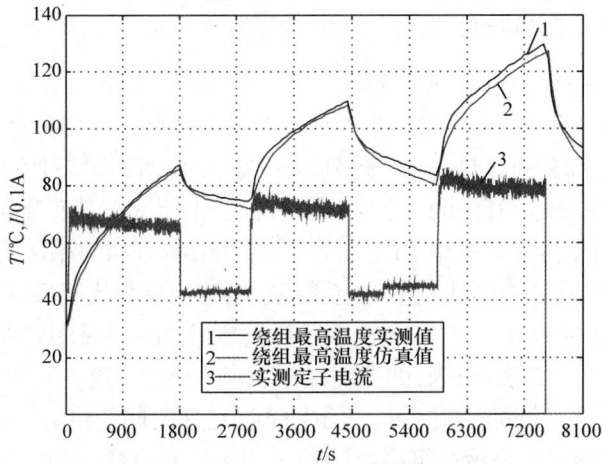

图 3.63　任意变化负载时的瞬态温度曲线

仿真及实测结果均表明，定子绕组的最高温度区域位于接线盒区域传动侧绕组端部，应用虚拟测试平台对电动机定子最高温度分布区域进行结构优化，改善最高温度区域的散热条件，可大幅度降低电动机运行的最高温度，提高电动机的额定负载和过载能力。该思路可适用于各种电动机。

3.4.5　异步电动机定子绕组最高温度保护模型研究

1. 定子绕组最高温度保护模型简介

前已述及，绕组损耗产生的热量是导致电动机温度升高的主要原因。作为主要热源，绕组往往是整个电动机温度最高的部件，而绕组周围的绝缘材料又是电动机中性能最易受温度影响的材料。如果以定子绕组的平均温度作为热保护的判据，即使其平均温度的检测是准确且未超过绝缘材料的极限允许温度，但是最高温度可能已经超过绝缘材料的极限允许温度或者定子绕组局部可能已经超过绝缘材料的极限允许温度，从而造成定子绕组局部绝缘材料损坏，导致整台电动机损坏。因此，实时测量绕组最高温度区域温度是电动机安全运行及安全生产的重要保证。

本书以异步电动机定子绕组集中参数热模型为基础，分别推导出定子绕组最高温度区域温度与定子电流、铁心温度及机壳温度之间的函数关系，以及定子绕组最高温度区域温度随定子电流及时间变化的规律，并建立了定子绕组最高温度区域温度的软测量保护模型及预测保护模型。这些保护模型为实现最高温度的准确检测与保护奠定基础。值得强调的是，这些保护模型都准确地反映了电动机运行过程中热积累的情况。

由于篇幅有限，异步电动机保护的具体技术方案研究将不再详述。

2. 定子绕组最高温度区域温度的软测量模型研究

1) 定子绕组的集中参数热模型

异步电动机定子绕组工作时产生的损耗转化为热量，一部分存储在绕组中使绕组温度升高，另一部分通过热传导传递到定子铁心；传递到铁心上的热量和铁心损耗产生的热量汇合在一起，其中的一部分存储在铁心中使铁心温度升高，另一部分通过热传导传递到机座；传递到机座上的热量的一部分存储在机座中使机座温度升高，另一部分通过对流散发到周围环境中。定子绕组的集中参数热模型可以用等效热路的形式表示，如图 3.64 所示。其中，P_{Cu} 表示绕组热量，P_{Fe} 表示铁心损耗产生的热量，T_w 表示绕组的温度，T_c 表示铁心的温度，T_e 表示机座的温度，T_a 表示环境的温度，R_{wc} 表示绕组与铁心之间的热阻，R_{ce} 表示铁心与机座之间的热阻，R_{ea} 表示机座与周围环境之间的热阻，C_{wc} 表示绕组热容量，C_{ce} 表示铁心热容量，C_{ea} 表示机座热容量。

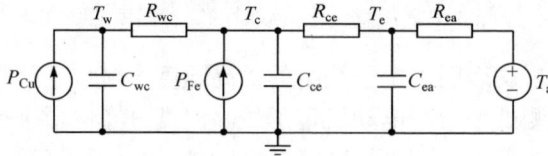

图 3.64　定子的等效热路

根据热路理论，从图 3.64 可以得出以下关系：

$$\begin{cases} P_{Cu} - \dfrac{T_w - T_c}{R_{wc}} = C_{wc} \dfrac{dT_w}{dt} \\ P_{Fe} + \dfrac{T_w - T_c}{R_{wc}} - \dfrac{T_c - T_e}{R_{ce}} = C_{ce} \dfrac{dT_c}{dt} \end{cases} \tag{3-57}$$

其中

$$\frac{dT_w}{dt} = \frac{dT_c}{dt} + R_{wc} \frac{d\Phi_{wc}}{dt} \tag{3-58}$$

式中，Φ_{wc} 为流过热阻 R_{wc} 的热流，代入式(3-57)并整理得

$$T_w = T_c + k_1(T_c - T_e) + k_2 P_{Cu} - k_3 P_{Fe} - k_4 \frac{d\Phi_{wc}}{dt} \tag{3-59}$$

式中，k_1、k_2、k_3、k_4 分别为与电机参数有关的常数。

$$k_1 = \frac{R_{wc} C_{wc}}{R_{ce}(C_{wc} + C_{ce})}, \quad k_2 = \frac{R_{wc} C_{ce}}{C_{wc} + C_{ce}}, \quad k_3 = \frac{R_{wc} C_{wc}}{C_{wc} + C_{ce}}, \quad k_4 = \frac{R_{wc}^2 C_{wc} C_{ce}}{C_{wc} + C_{ce}}$$

通常情况下，热流量的变化量较小，变化速度也比较缓慢，略去热流量的变化得

$$T_w = T_c + k_1(T_c - T_e) + k_2 P_{Cu} - k_3 P_{Fe} \tag{3-60}$$

从式(3-60)可以看出，在已知电动机参数的情况下，根据实测的铁心温度、机座温度、空载损耗和定子电流可以计算出定子绕组温度。因此，基于这一原理可

以实现定子绕组温度的软测量。

2) 绕组最高温度区域温度的软测量

实际应用中,式(3-60)中的铁心和机座的平均温度难以测量,而铁心表面温度和机座表面温度则相对容易测量。通过对实测绕组温度进行分析发现,绕组最高温度区域的温度远高于绕组的平均温度。以额定负载时的绕组稳定温度为例,绕组平均温度为 98.7℃,而最高温度则达到 110.7℃。因此,对绕组的最高温度进行软测量比对绕组的平均温度进行软测量更有意义。

绕组最高温度区域温度与铁心表面测量点温度以及机座表面测量点温度之间的关系同样可以用式(3-60)的模型表示,只是此时式中的热阻应为两点之间的等效热阻;热容应为两点之间的等效热容量。但是等效热阻和等效热容难以用公式准确计算。考虑到同一系列同一规格电动机的结构尺寸和材料均相同,对应点之间的等效热阻和等效热容也基本相同。根据虚拟测试平台测量的温度数据反推式(3-60)中的系数 k_1、k_2 和 k_3,再应用式(3-60)对同系列、同规格的实际电动机绕组的最高温度进行软测量是可行的。理论上只需要三组不同的数据就可以计算式(3-60)中的三个系数。

对于本书所用的电动机及现有测温点的分布位置,根据测量的温度数据计算得到 $k_1=0.83℃/W$,$k_2=0.062℃/W$,$k_3=0.0067℃/W$。应用以上参数计算的各种情况下绕组最高温度区域温度与实测数据对比如图 3.65~图 3.68 所示。从对比结果可以看出,从空载到过载直至堵转的各种运行状态下,软测量误差都保持在很小的范围内。图 3.68 中的堵转试验是在降低电源电压的情况下进行的,此时机座表面的散热为自然对流散热,与正常运行时的强制对流散热不同。此时图 3.64 中的热阻 R_{ea} 与正常运行时不同,但是由于该热阻对式(3-60)中的三个系数均无影响,所以对软测量精度并没有大的影响。

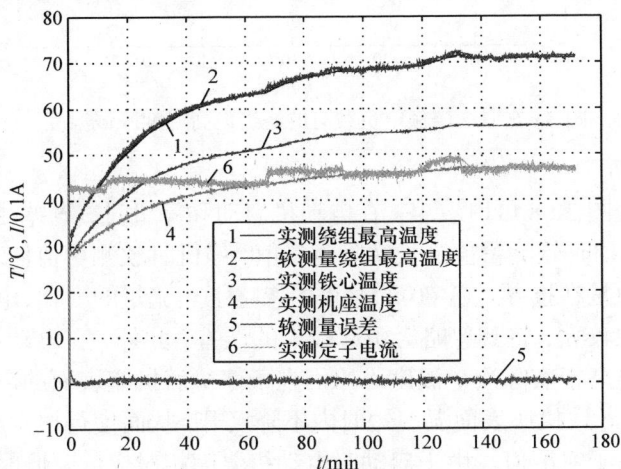

图 3.65 空载时的绕组最高温度区域温度

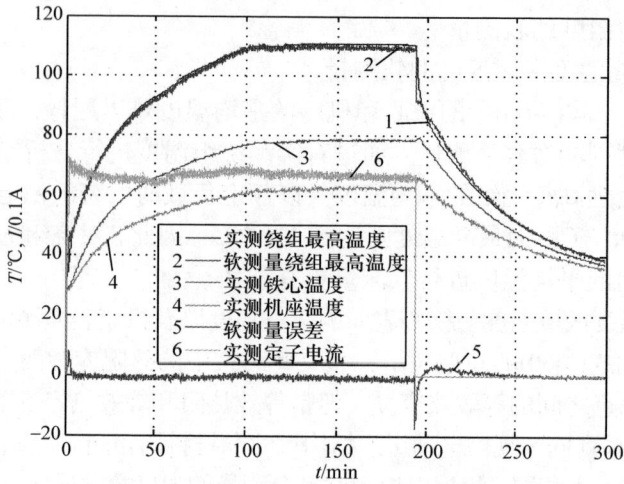

图 3.66　额定负载时的绕组最高温度区域温度

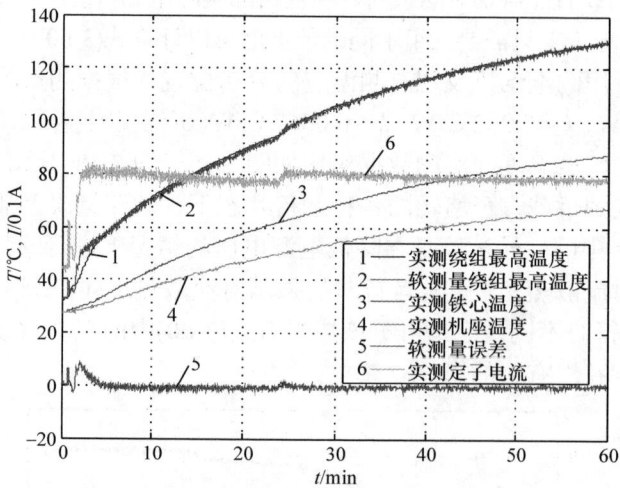

图 3.67　1.2 倍额定负载时的绕组最高温度区域温度

3) 误差分析

由图 3.65～图 3.68 可以看出，在电动机启动和停机时，误差曲线上都会出现一个尖峰，即启动时软测量值高于实际测量值，停机时软测量值低于实际测量值。产生误差的原因是在推导式(3-60)的过程中忽略了热流量的变化,电动机启动和停机时热流量变化较大，将其忽略会引起较大的误差。此外，在电动机停机后不久，软测量温度明显高于实际测量温度。原因在于停机后机座表面的散热由强制对流转为自然对流，导致机座表面温度短时内不降反升，从而使得根据式(3-60)计算出来的绕组温度高于实测值。由于启动时电动机温度相对较低，此时的软测量误差并不会引起电动机保护的误动作；而停机以后电动机绕组的温度不会再上升，此

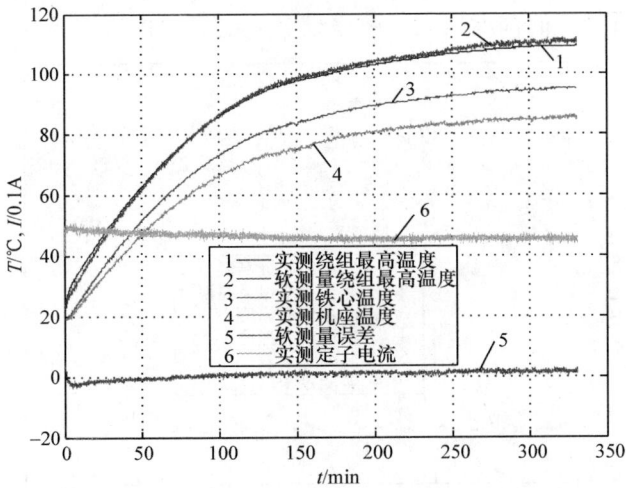

图 3.68　低压堵转时的绕组最高温度区域温度

时的软测量误差也不会导致电动机保护的失效。也就是说，对于连续工作制的电动机，开机和停机时出现的误差并不影响电动机保护的可靠性和有效性。但是对于各类周期性工作的电动机，频繁的负荷变化将产生较大的误差，图 3.69 为周期性工作电动机的绕组温度软测量曲线。从图上可以看出，每次开机和停机误差曲线上都出现一个尖峰。

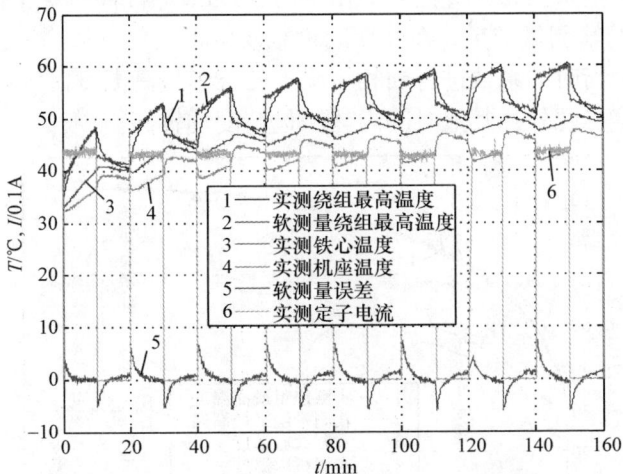

图 3.69　周期性负载时的绕组最高温度区域温度(见彩图)

对于负载电流突变引起的误差，可以通过简单的软件滤波将其削弱。对定子电流进行递推平均滤波之后得到的软测量结果见图 3.70。从误差曲线上看，滤波之后电流突变处的误差大幅度减小，可以满足工程应用的精度要求。需要指出的是，电动机负荷变化的幅度越大、频率越高，电流递推平均滤波的效果越差。

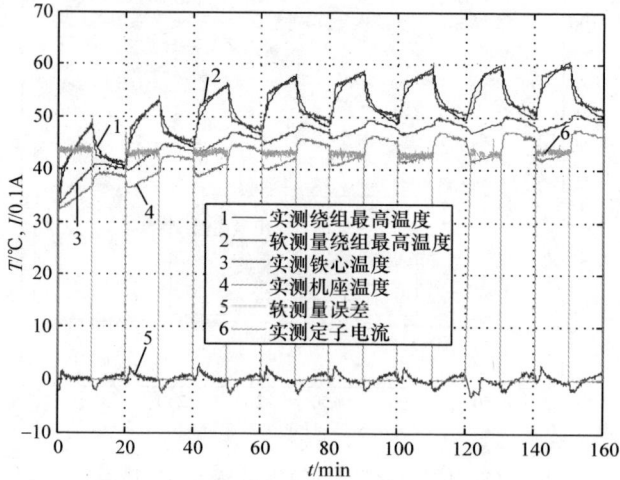

图 3.70　递推平均滤波之后的最高温度软测量误差(见彩图)

4) 软测量模型的推广应用

式(3-60)的模型同样可用于断相时的绕组最高温度区域温度软测量，此时式(3-60)的三个系数与三相平衡时的系数相近。以三相平衡时的系数进行断相时的绕组最高温度区域温度软测量，其结果见图3.71～图3.73。其中图3.71为A相断相时的软测量结果；图3.72包含三相平衡、B相断相、停机等工作状态；图3.73为C相断相时的软测量结果，在此期间负载发生了变化。从测量结果可以看出，虽然采用三相平衡时的系数进行断相情况下的绕组最高温度区域温度软测量，但是除了开机和停机之外，其他时间内软测量精度均较高。

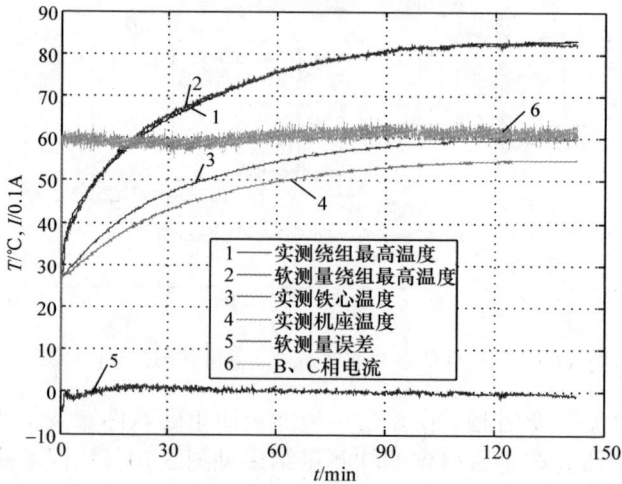

图 3.71　A 相断相时的绕组最高温度区域温度软测量(见彩图)

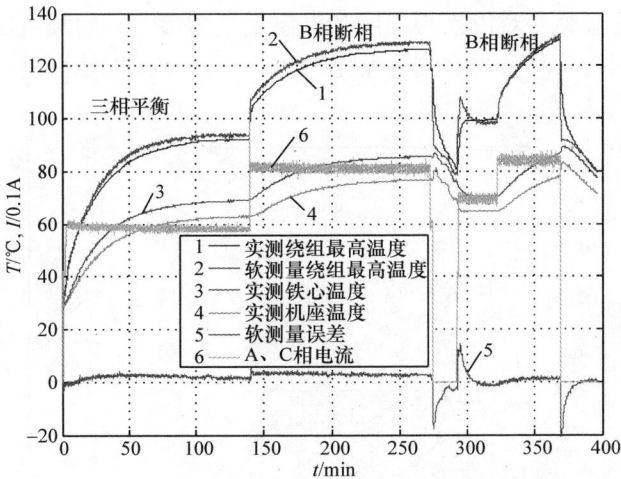

图 3.72　B 相断相时的绕组最高温度区域温度软测量(见彩图)

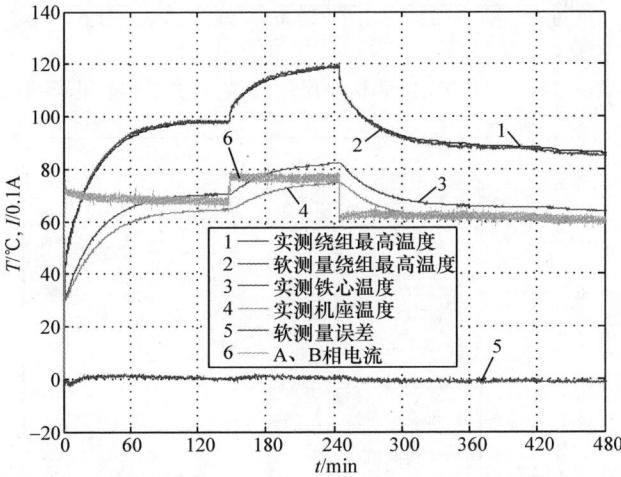

图 3.73　C 相断相时的绕组最高温度区域温度软测量(见彩图)

　　进一步研究表明，式(3-60)的模型不但可以用于表示绕组最高温度区域温度与铁心表面温度、机座表面温度以及损耗之间的关系，而且可以用于表示传热系统内任意三个点的温度以及损耗之间的关系。当然，选取不同的温度点，对应式(3-60)中的三个系数也不同。而且，为了获得较高的软测量精度，所选三个点之间的温差应尽量大。图 3.74 为以铁心温度和机座温度为参考的软测量结果；图 3.75 为以机座表面两点温度为参考的软测量结果；图 3.76 为以机座温度和环境温度为参考的软测量结果。软测量过程已采用了递推平均滤波。整个测量过程，电动机的工作状态包含空载、轻载、额定负载以及不同程度的过载。比较三者的误差曲线可以看出，电流突变对以铁心温度和机座温度为参考的软测量影响最小。值得强调的是，从图中软测量与实测的结果看出，软测量保护模型可以实现较准确的热积累。

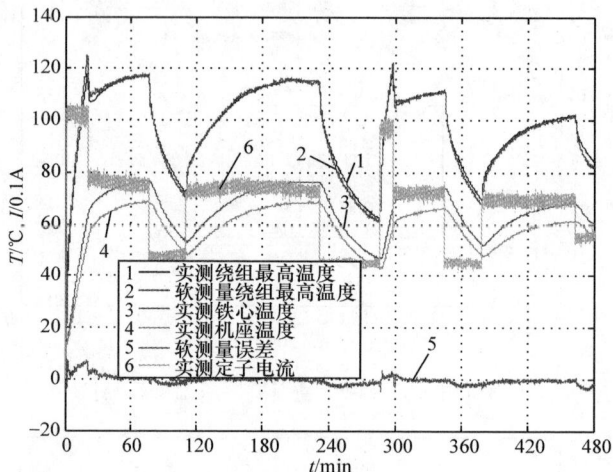

图 3.74　以铁心温度和机座温度为参考的软测量(见彩图)

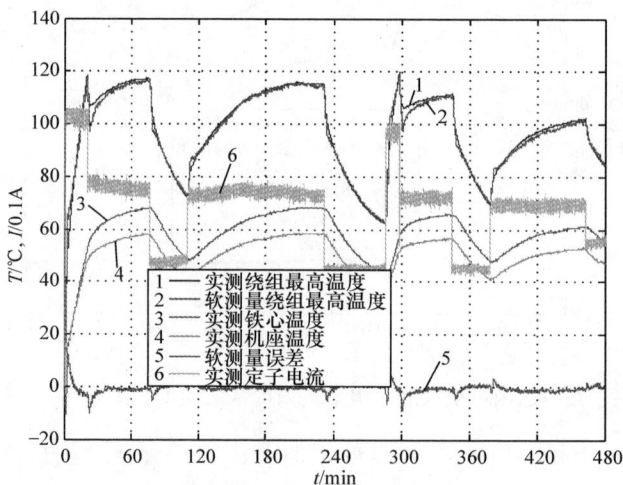

图 3.75　以机座表面两点温度为参考的软测量(见彩图)

3. 定子绕组最高温度区域温度的预测模型

1) 定子绕组温度动态特性的建立

在一些精度要求不高的温度分析场合，通常把整个电动机看成一个均质物体，认为整个电动机的温度是相等的。这样，在损耗一定的情况下，电动机的平均温

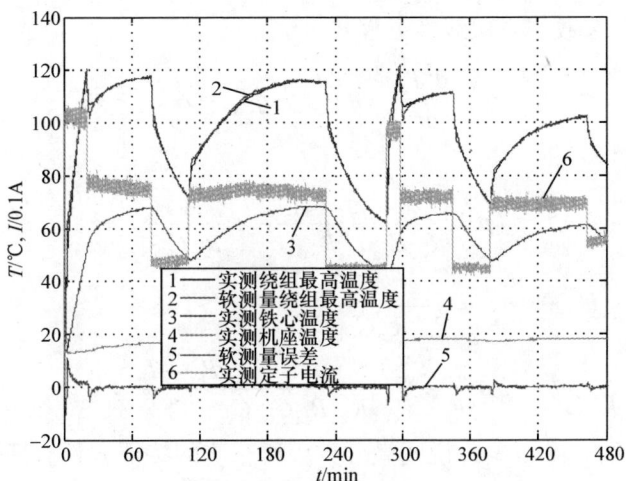

图 3.76　以机座温度和环境温度为参考的软测量(见彩图)

升随时间按照指数规律变化。这种做法存在两个问题：一是认为电动机的温升随时间按照指数规律变化将产生较大的误差；二是电动机内部最高温度区域温升远高于平均温升，只研究平均温升无法准确掌握电动机的热状态。

异步电动机定子绕组集中参数热模型见图 3.64，若将铁心和机座视为同一均质物体，则该模型可简化为图 3.77 所示的等效热路形式。其中 R_{ca} 表示铁心和机座与周围环境之间的热阻，C_{ca} 表示铁心和机座的热容量。

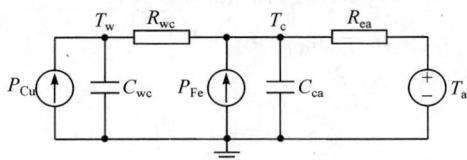

图 3.77　定子的等效热路

根据热路理论，由图 3.77 可以得到

$$\frac{T_w - T_c}{R_{wc}} = P_{Cu} - C_{wc}\frac{dT_w}{dt}$$

解得

$$T_c = T_w - R_{wc}P_{Cu} + R_{wc}C_{wc}\frac{dT_w}{dt} \tag{3-61}$$

代入

$$P_{Fe} + \frac{T_w - T_c}{R_{wc}} = \frac{T_c - T_a}{R_{ca}} + C_{ca}\frac{dT_c}{dt}$$

整理得到二阶常系数非齐次线性方程:

$$\frac{\mathrm{d}^2 T_{\mathrm{w}}}{\mathrm{d}t^2} + p\frac{\mathrm{d}T_{\mathrm{w}}}{\mathrm{d}t} + qT_{\mathrm{w}} = A \tag{3-62}$$

式中

$$p = \frac{1}{R_{\mathrm{wc}}C_{\mathrm{ca}}} + \frac{1}{R_{\mathrm{wc}}C_{\mathrm{wc}}} + \frac{1}{R_{\mathrm{ca}}C_{\mathrm{ca}}}$$

$$q = \frac{1}{R_{\mathrm{wc}}R_{\mathrm{ca}}C_{\mathrm{wc}}C_{\mathrm{ca}}}$$

$$A = \frac{(R_{\mathrm{wc}} + R_{\mathrm{ca}})P_{\mathrm{Cu}} + R_{\mathrm{ca}}P_{\mathrm{Fe}} + T_{\mathrm{a}}}{R_{\mathrm{wc}}R_{\mathrm{ca}}C_{\mathrm{wc}}C_{\mathrm{ca}}}$$

式(3-62)中的 $p^2 - 4q > 0$,说明微分方程所对应的特征方程有两个不同的实根,则微分方程的解可表示为

$$T_{\mathrm{w}} = k_1 \mathrm{e}^{r_1 t} + k_2 \mathrm{e}^{r_2 t} + \frac{A}{q} \tag{3-63}$$

式中

$$r_{1,2} = \frac{-p \pm \sqrt{p^2 - 4q}}{2}$$

为微分方程对应特征方程的两个不同实根。很显然, r_1、r_2 均小于零。

将 $t = \infty$ 代入式(3-63)得到绕组的稳态温升:

$$T_{\infty} = (R_{\mathrm{wc}} + R_{\mathrm{ca}})P_{\mathrm{Cu}} + R_{\mathrm{ca}}P_{\mathrm{Fe}} \tag{3-64}$$

假设 $t = 0$ 时绕组的温升为 T_0,则

$$k_1 + k_2 = -(T_{\infty} - T_0) \tag{3-65}$$

将式(3-63)代入式(3-61)得铁心温度:

$$T_{\mathrm{c}} = T_{\mathrm{w}} - R_{\mathrm{wc}}P_{\mathrm{Cu}} + R_{\mathrm{wc}}C_{\mathrm{wc}}(k_1 r_1 \mathrm{e}^{r_1 t} + k_2 r_2 \mathrm{e}^{r_2 t})$$

假设 $t = 0$ 时铁心的温度为 $T_{\mathrm{c}0}$,则

$$T_{\mathrm{c}0} = T_{\mathrm{w}0} - R_{\mathrm{wc}}P_{\mathrm{Cu}} + R_{\mathrm{wc}}C_{\mathrm{wc}}(k_1 r_1 + k_2 r_2) \tag{3-66}$$

联立式(3-65)和式(3-66)可求得系数 k_1 和 k_2。

因此,绕组温升随时间的变化规律 $T = f(t)$ 可用以下双指数函数表示:

$$T = T_{\infty} - (T_{\infty} - T_0)[k\mathrm{e}^{-t/\tau_1} - (1-k)\mathrm{e}^{-t/\tau_2}] \tag{3-67}$$

式中

$$k = k_1 / (k_1 + k_2)$$

$$\tau_1 = -\frac{1}{r_1}, \quad \tau_2 = -\frac{1}{r_2}$$

2) 定子绕组温度动态特性参数确定

如前所述，绕组最高温度区域的温度远高于绕组的平均温度。因此，研究绕组最高温度区域温度的动态特性具有重要意义。在定子损耗恒定的情况下，定子绕组最高温度区域的温升同样可以用式(3-67)所示的双指数函数表示，但双指数函数的参数难于通过理论分析的方法准确确定。本节将应用定子全域三维温度场虚拟测试平台来确定上述双指数函数的各个参数。

(1) 稳态温升与定子损耗之间的关系。

异步电动机在额定电压下运行时，其铁耗为不变损耗，所以此处只研究稳态温升与绕组损耗之间的关系。通过虚拟测试平台测试不同绕组损耗对应的绕组稳态温升，应用曲线拟合的方法得出稳态温升与定子铜耗之间具有以下关系：

$$T_\infty = 0.2657 P_{\mathrm{Cu}} + 8.545 \tag{3-68}$$

式中，8.545 为额定电压下铁耗所引起的定子绕组稳态温升。该拟合结果与理论推导式(3-64)相符。

实测数据表明，绕组平均温度约为最高温度的 90%，考虑到绕组电阻 R_{Cu} 与绕组温度之间的关系，以及 $P_{\mathrm{Cu}} = I^2 R_{\mathrm{Cu}}$，可以得到额定电压下本书所用电动机的稳态温升与定子电流及环境温度之间的关系：

$$T_\infty = \frac{(1.19456 + 0.0051 T_{\mathrm{a}}) I^2 + 8.545}{1 - 0.0051 I^2} \tag{3-69}$$

由式(3-69)可以看出，由于绕组电阻值与绕组温度有关，定子绕组的稳态温升不但与定子电流有关，而且与环境温度有关。不同环境温度下的绕组稳态温升与定子电流之间的关系如图 3.78 所示，从图上可以看出，随着定子电流的升高，环境温度的影响越来越大。

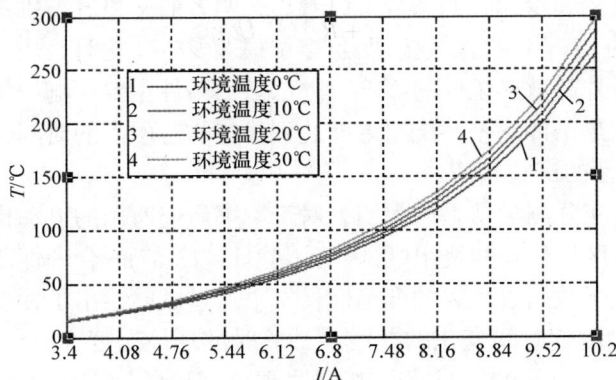

图 3.78　不同环境温度下的稳态温升

应该指出的是，当环境温度为20℃时，定子电流达到12.5A以后，按照式(3-69)计算的稳态温升达到1059K，绕组温度接近铜的熔点，也就是说，当绕组电流大到一定程度以后，式(3-69)就不成立了。实际上，应用式(3-69)分析不同环境温度下允许定子绕组通过的最大电流更有意义。对于 B 级绝缘，绝缘材料极限允许温度为130℃，不同环境温度下允许定子长期通过的最大电流及电流倍数见表3.42。

表 3.42　环境温度对电动机长期过载能力的影响

环境温度/℃	-20	-10	0	10	20	30	40
最大电流/A	8.73	8.41	8.09	7.75	7.39	7.02	6.62
电流倍数	1.283	1.237	1.189	1.139	1.087	1.032	0.974

(2) 瞬态温升的变化规律。

定子损耗一定的情况下，绕组温度随时间变化满足式(3-67)所示的规律。应用温度场仿真模型计算不同定子损耗下的绕组温度随时间变化的数据，以式(3-67)形式的双指数函数对仿真数据进行曲线拟合。拟合结果表明，各种情况下拟合双指数函数的系数都落在很窄的范围内，典型值为 $k=0.21$，时间常数 $\tau_1=75s$，$\tau_2=2000s$。

停机冷却时机座表面为自然对流散热，与发热时的强制对流散热相比有较大的不同，应用同样的方法得到拟合双指数函数系数的典型值为 $k=0.25$，时间常数 $\tau_1=80s$，$\tau_2=5012s$。

(3) 瞬态温升变化规律分析。

从拟合结果可以看出，双指数函数中的时间常数 τ_2 远大于 τ_1。这表明，虽然开机后绕组温度需要经过(3~4)τ_2 的时间才能达到稳定状态，但是在开机后的短时间内，绕组温度有一个快速上升的过程，只需要经过(3~4)τ_1 的时间，绕组温升就超过稳态温升的 k 倍以上。在确定电动机过载允许运行时间时要特别注意这一点。

通过比较发热和冷却时的系数可以看出，两者的 k 和 τ_1 差别不大，而冷却时 τ_2 是发热时 τ_2 的 2.5 倍左右。这表明当定子损耗发生变化时，短时间内的绕组温度变化基本不受外部散热条件的影响，外部散热条件主要影响绕组温度的长期变化规律，外部散热条件越差，绕组温度达到稳定状态所需的时间越长。

(4) 动态特性的试验验证。

仿真计算及实际测量结果均表明，对于本书研究所用的电动机，其最高温度区域位于接线盒区域传动侧绕组端部。为了验证式(3-67)的合理性及通过温度场仿真模型确定的双指数函数系数的准确性，本书通过试验绘出了发热及散热过程最高温度区域的温度随时间变化的曲线。试验时的环境温度为 15.5℃，绕组温度稳定时的定子电流为 6.9A，实测绕组最高温度区域的稳态温升为 89.6℃。根据式(3-69)计算得到绕组最高温度区域的稳态温升 $T_\infty=91.36$℃，与实测值较为接近。

发热和冷却全过程实测绕组最高温度区域温度与基于双指数函数拟合的最高温度随时间变化规律如图 3.79 所示。

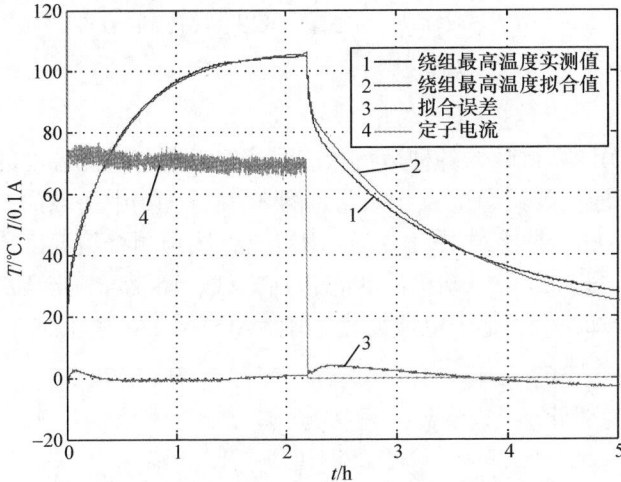

图 3.79　温度动态特性的试验验证曲线

从比较结果可以看出，发热和冷却全过程误差均保持在很小的范围内，说明本书所建立的定子绕组温度动态特性模型是比较准确的。

3) 变动绕组损耗下的绕组瞬态温升预测

实际应用中绕组损耗随定子电流和绕组温度的变化而不断变化，整个时间域内的 $T=f(t)$ 不能简单地以一个双指数函数表示。但是若将整个时间域分为一系列时间间隔为 Δt 的微小区间，则每个区间内的绕组损耗可看成恒定不变的。在该区间内 $T = f(t)$ 就用式(3-67)的形式表示。为了后续表述的方便，将 Δt 区间内的 $T=f(t)$ 改写为以下形式：

$$T = k[T_\infty - (T_\infty - T_0)\mathrm{e}^{-t/\tau_1}] + (1-k)[T_\infty - (T_\infty - T_0)\mathrm{e}^{-t/\tau_2}] = T_1 + T_2$$

在电动机保护的应用场合，保护器的 CPU 通常是单片机或 DSP 等微处理器。这些微处理器要实现指数运算有一定的困难，为此有必要将指数运算转换为在单片机或 DSP 等器件上易于实现的算法。根据微分原理有

$$T_{1i} = T_{1(i-1)} + \Delta t \frac{k}{\tau_1}(T_{\infty i} - T_{1(i-1)})\mathrm{e}^{-t/\tau_1} = T_{1(i-1)} + \frac{\Delta t}{\tau_1}(kT_{\infty i} - T_{1i})$$

整理得

$$T_{1i} = (\tau T_{1(i-1)} + \Delta t k T_{\infty i}) / (\tau_1 + \Delta t)$$

式中，$T_{\infty i}$ 为 t_i 时刻定子损耗对应的稳态温升。同理可以求得 T_{2i} 与 $T_{2(i-1)}$ 的关系，则任意时刻绕组温度可通过以下算法求得

$$
\begin{cases}
T_i = T_{1i} + T_{2i} \\
T_{1i} = (\tau_1 T_{1(i-1)} + \Delta t k T_{\infty i}) / (\tau_1 + \Delta t) \\
T_{2i} = (\tau_2 T_{2(i-1)} + \Delta t (1-k) T_{\infty i}) / (\tau_2 + \Delta t) \\
T_{10} = k T_0 \\
T_{20} = (1-k) T_0
\end{cases}
\tag{3-70}
$$

应用式(3-70)计算得到的各种运行状态下绕组温度与实测温度的比较如图 3.80 所示。为了准确地反映误差的累积效应，图 3.80(a)～(c)中每条曲线对应的电动机运行时间均超过 8h。对比结果表明，应用以上算法预测绕组温度所产生的误差不会随时间累积。图 3.80 中电动机的状态包括空载、轻载、额定负载、不同程度的过载以及停机冷却过程，定子电流变化范围为 0～14.2A(超过 $2I_N$)，各种负载之间

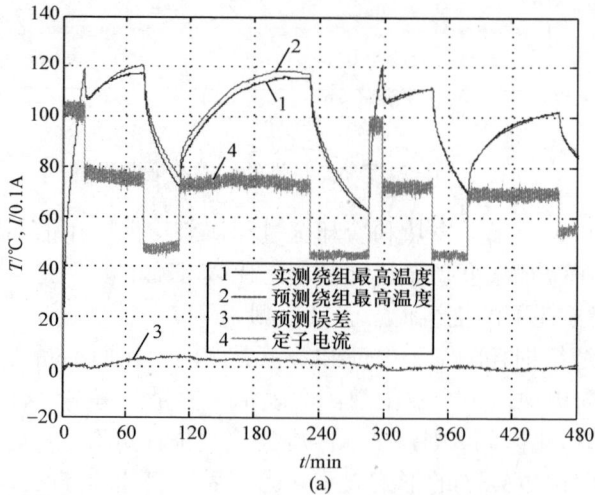

(a)

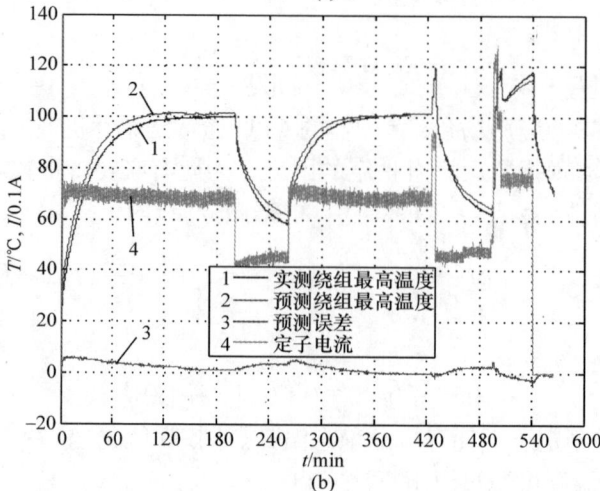

(b)

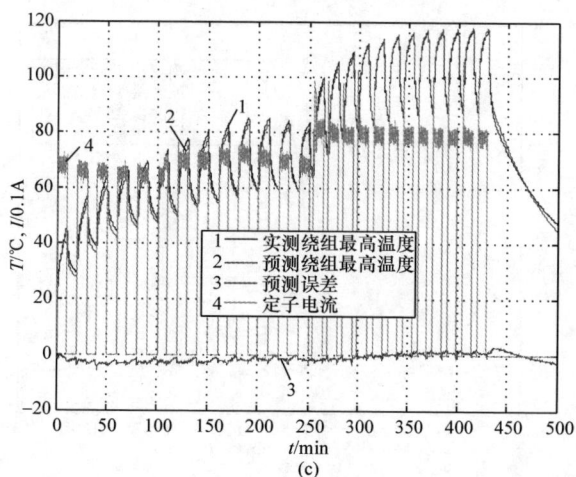

(c)

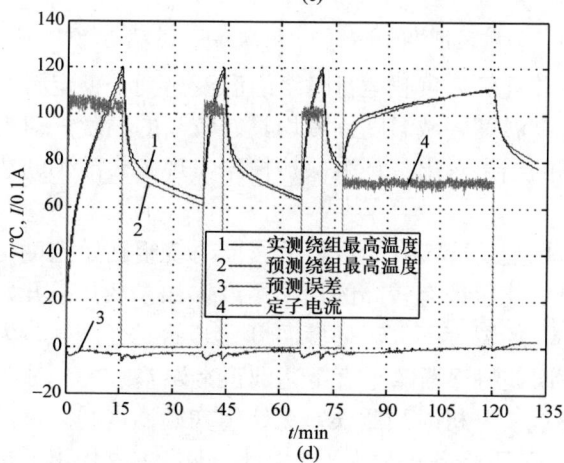

(d)

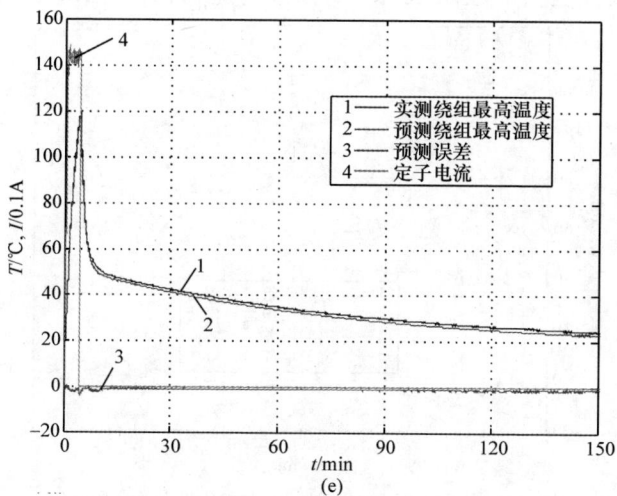

(e)

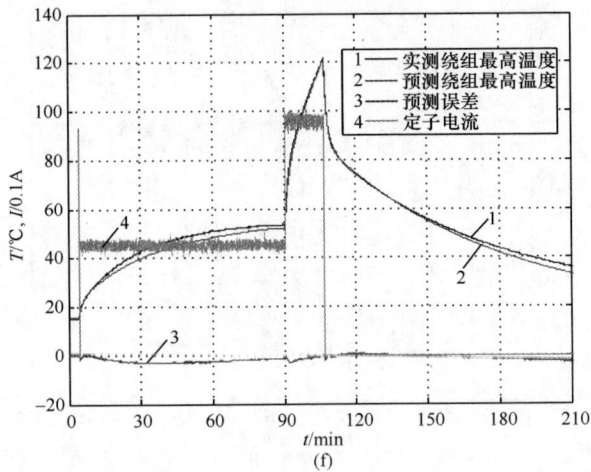

图 3.80　各种运行状态下的绕组最高温度区域温度预测(见彩图)

的切换是无序的，并且额定负载运行时绕组温度达到了稳定状态。对比结果表明各种情况下绕组最高温度区域温度预测均具有较高的精度。值得注意的是，从图中预测模型与实测的结果看出，预测保护模型实现了较准确的热积累。

4) 误差分析

　　上述各种试验均是从冷态开始进行的，此时绕组初始温度与环境温度相同，预测模型从一开机就能保证有较高的预测精度。如果从热态开始预测绕组的最高温度，由于绕组的初始温度不等于环境温度，开始时会产生较大的误差，但是随着时间的推移，该误差将逐渐减小直至达到正常误差水平。图 3.81 为从热态开始预测的误差变化曲线。开机时预测误差为绕组初始温度与环境温度之间的差值，但是 1h 以后该误差就下降到正常水平。由此可见，本书提出的预测方法具有误差

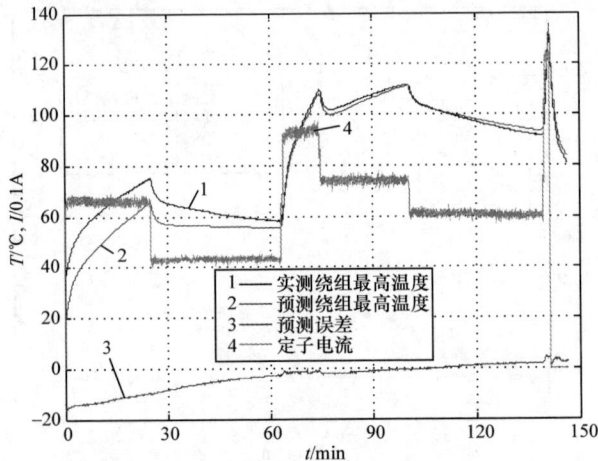

图 3.81　热态开始预测的误差变化曲线(见彩图)

自校正的功能，长时间运行以后其预测精度可以达到较高的水平。由此也说明了应用该方法预测绕组最高温度区域温度时保证保护器供电连续性是至关重要的。

5) 预测模型的推广应用

断相时的绕组最高温度区域温度同样可以用式(3-67)的形式表示，此时式中的参数与三相平衡时不同。这些系数同样可以用上述定子绕组温度动态特性参数确定的方法确定。具体数值为开机运行时：$T_\infty = 0.3056P_{Cu} + 8.545$，$k=0.21$，时间常数 $\tau_1 = 85s$，$\tau_2 = 1400s$。停机冷却时的参数与三相平衡相同，$k=0.25$，$\tau_1 = 80s$，$\tau_2 = 5012s$。应用以上参数对断相时的绕组最高温度区域温度进行预测，预测与实测结果比较见图 3.82～图 3.85。其中，图 3.82 表示含停机冷却过程；图 3.83 为 A 相断相时的绕组最高温度区域温度预测；图 3.84 为从三相平衡转为 B 相断相过程的温度变化情况。图 3.85 为变动负载下的 C 相断相过程的温度变化情况。

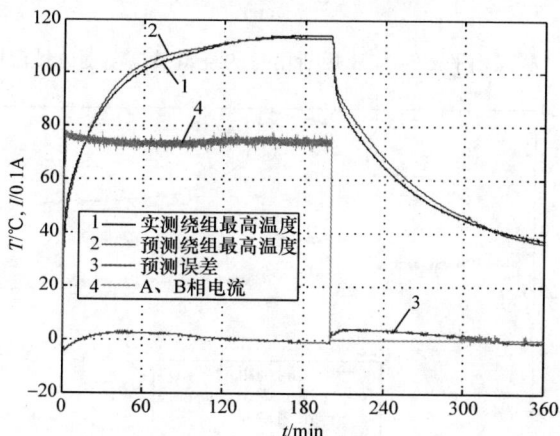

图 3.82　C 相断相(含停机冷却)的绕组最高温度区域温度预测

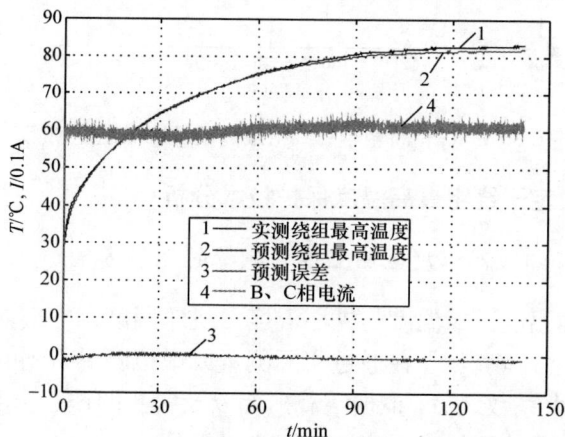

图 3.83　A 相断相时的绕组最高温度区域温度预测

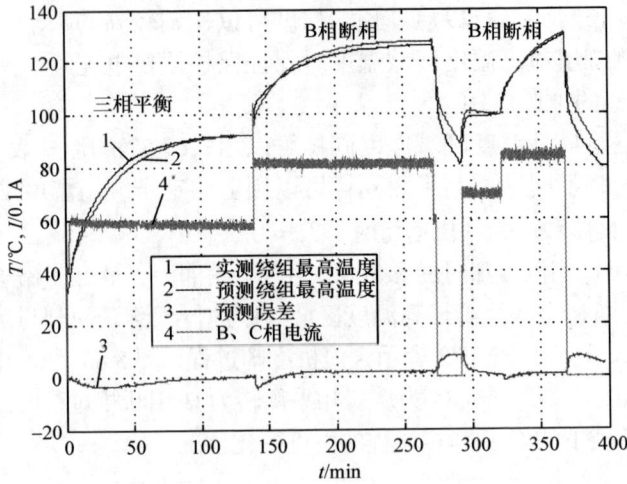

图 3.84 从三相平衡转为 B 相断相时的绕组最高温度区域温度预测

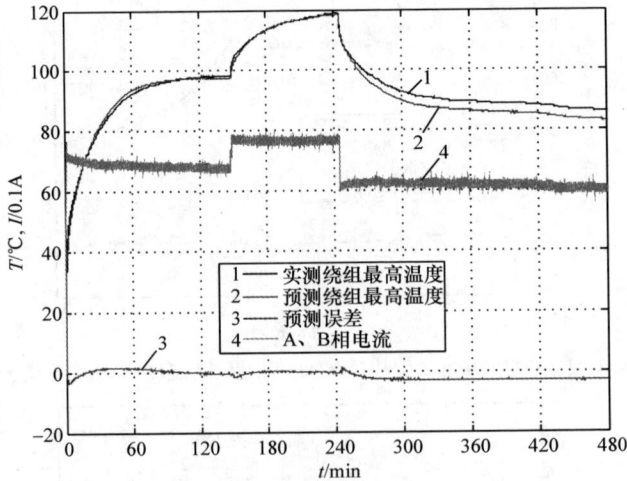

图 3.85 C 相断相时的绕组最高温度区域温度预测

3.4.6 异步电动机定子绕组最高温度保护技术分析

1. 基于定子绕组最高温度区域温度软测量的保护方案

定子绕组最高温度区域温度与铁心温度、机座温度、空载损耗以及定子铜耗之间的关系可用式(3-60)表示。在通过实际测量或虚拟测量得到的温度分布数据求得式(3-60)中的各个系数之后，根据空载损耗以及实测的铁心温度、机座温度和定子电流可以算出定子绕组最高温度区域温度。

2. 基于定子绕组最高温度预测的保护方案

以上述定子绕组最高温度预测保护模型为基础的保护方案，根据实测的定子电流以及时间并且通过虚拟测试平台确定其双指数函数的相关参数，可以实现绕组最高温度的计算与预测。

3. 基于电流与最高温度在线直接检测的保护方案

以基于电流与最高温度在线直接检测的保护模型为基础的保护方案将电动机电流信号与绕组最高温度信号相结合，实现异步电动机实时直接保护。该方案的温度传感器直接埋置于异步电动机最高温度区域——绕组接线盒区域传动侧端部。因此，该方案具有较高的可靠性。但是该方案的温度传感器必须在异步电动机生产过程中埋设，增加了工序。

4. 方案比较

上述三种最高温度保护方案均实时测量了定子电流信号，根据定子电流的序分量可以快速辨别会导致电流信号异常的各类故障。基于定子绕组最高温度区域温度软测量的保护方案通过测量铁心表面温度、机座表面温度和定子电流实现绕组最高温度区域温度的软测量，该方案中的铁心表面温度、机座表面温度也可用机座表面两点温度或机座表面温度和环境温度替代。这种方案不必开启电动机的端盖就可以将温度传感器埋置到目标位置，工艺上比较简单。相对而言，该方案的缺点是开、关机及负载突变时软测量误差较大。对于负载突变引起的误差，采用定子电流递推平均滤波后，可以降到正常水平，而开、关机时的软测量误差则很难降到令人满意的水平。该方案适合用于负载变化比较缓慢的场合。

基于定子绕组最高温度区域温度预测的保护方案只需要采集三相电流信号和环境温度就可以预测绕组最高温度区域的温度，其安装工艺最为简单。该方案可以预测负载快速变化时的绕组最高温度区域温度，动态响应特性好。缺点是必须从绕组冷态开始预测，否则将产生较大的初始误差，虽然该误差会随时间逐渐减小直至达到正常误差水平，但是其持续的时间较长。该方案可用于各种工作制电机的保护，使用时必须保证电动机保护器供电的连续性。

基于电流与最高温度在线直接检测的保护方案直接在线测量绕组最高温度区域温度，其超温保护依据最为真实可靠，对风扇损坏等不会引起电流变化的故障也能起到保护作用。该方案的缺点是需要在电动机端部埋置温度传感器，工艺较为复杂。由于温度信号变化较为缓慢，对于堵转等故障的响应速度不够快,结合电流检测可以判断堵转等故障,从而实现准确可靠的电动机热全保护。这种基于电流与最高温度实时在线直接检测的方案适合于电动机制造企业生产带有温度保护器的电动机。毫无疑问,这种电动机的推出将受到用户的欢迎。

从上述分析可以看出,基于定子绕组最高温度区域温度软测量模型的保护方案和基于定子绕组最高温度区域温度预测模型的保护方案是属于优势互补的两种方案。如果将两个方案合二为一,就可克服两种方案的缺点,其适用于各种场合。两种方案合并以后,硬件上只需增加一个或两个测温点,对成本几乎没有影响。

第4章 低压电器系统智能技术研究

4.1 概　　述

如前所述，随着微处理器在低压电器领域的大量应用，网络化、可通信已成为第四代电器产品的主要特征之一。

作者认为，智能、系统(集成)、网络化(可通信)将是新一代低压电器产品的重要特征。因此，适应智能电网运行的新一代低压电器技术与产品的重要发展方向是智能低压电器系统。智能低压电器系统产品应该包括：①功能、结构集成的智能低压集成电器；②智能控制中心集中控制的智能低压电器系统。

控制与保护开关电器(control and protective switching devices，CPS)是20世纪80年代随着机电一体化工业高速发展出现的一种新型低压配电与电机控制的集成化电器。CPS将断路器、接触器、热继电器以及隔离器的控制与保护功能集于一体，从而汇集了分立元器件的优点并克服了其缺点。

为了适应智能电网的需求，CPS必须增加技术含量，提高技术水平与产品性能，向智能及功能、结构集成的方向发展。其主要的研究内容是采用新方案，研制具有高操作频率、高分断能力、高集成化的智能低压集成电器。

将功能、结构集成的智能低压集成电器(简称智能集成电器)视为集成的、微智能低压电器系统。该系统以智能控制中心为核心，全部或部分集成接触器、断路器、电动机保护器及隔离器各种协调配合的控制与保护功能，且具有结构一体化的特点。

在前述以短路故障早期检测与高限流、高分断能力低压短路保护电器为关键技术的智能低压短路保护电器技术研究的基础上，提出以直动式框架、多断点触头灭弧系统及快速动作机构为基础结构，以智能控制中心为核心，基于智能低压短路保护电器、电子式电动机保护与频繁操作接触器功能，实现智能控制与保护、功能与结构一体化智能集成电器的概念。

智能低压集成电器技术，包括智能集成接触器技术与智能全集成电器技术。①智能集成接触器技术是基于接触器电磁机构，以接触器的频繁控制与电动机保护功能为核心的，具有一定短路分断能力(如 50kA 及以下)的集成电器技术。②智能全集成电器技术，其动作机构是快速动作机构，即没有原接触器的电磁机构，不仅具有接触器的频繁控制与电动机保护功能，而且具有断路器全覆盖短路分断能力。

智能集成接触器技术分为智能集成直流接触器、智能集成交流接触器与智能分相式集成交流接触器技术。智能集成交流接触器技术是具有短路分断能力的双触头系统智能集成交流接触器；智能分相式集成交流接触器技术是具有短路分断能力的多触头系统智能集成交流接触器。

智能全集成电器技术分为智能全集成直流电器、智能全集成交流电器与智能分相式全集成交流电器技术。智能全集成交流电器是交流双触头系统的智能全集成电器技术；智能分相式全集成交流电器是交流多触头系统(分相式)智能全集成电器技术。

所谓多触头系统是指该集成电器每相的触头数超过两对，例如，每相由一台接触器触头系统组成，三台接触器触头系统组成一台集成电器的触头系统(三合一)。

智能集成电器分类如下所示：

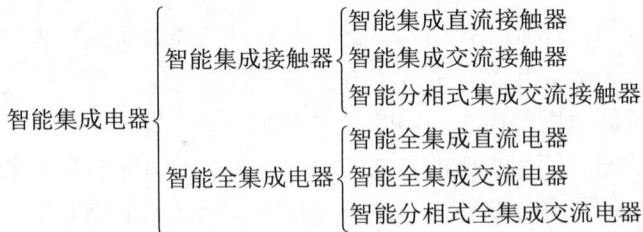

$$
\text{智能集成电器}
\begin{cases}
\text{智能集成接触器}
\begin{cases}
\text{智能集成直流接触器}\\
\text{智能集成交流接触器}\\
\text{智能分相式集成交流接触器}
\end{cases}\\[2em]
\text{智能全集成电器}
\begin{cases}
\text{智能全集成直流电器}\\
\text{智能全集成交流电器}\\
\text{智能分相式全集成交流电器}
\end{cases}
\end{cases}
$$

由于智能集成直流接触器技术与智能集成交流接触器技术相似，智能全集成直流电器与智能全集成交流电器结构的区别仅仅在触头系统，本书不再具体介绍。

涡流斥力机构的工作原理与动作的快速性早已引起人们的关注，国内外开展了相关研究并获得应用。鉴于智能集成电器对短路分断快速性的需求，现将涡流电磁斥力原理的动作机构应用于该电器。

智能低压电器系统的另一种结构形式是以智能控制中心为核心，实现分立的智能、非智能电器器件，各种电器范畴之外的电或非电器件与设备等集中控制的智能低压电器系统。该系统具有以短路故障选择性保护为主的全系统各故障类型综合的系统选择性保护技术。因此，该技术的实现将大幅度提高整个系统的保护水平。

短路故障是低压配电系统运行中危害性最大的故障。为此，提出基于以智能低压短路保护电器和短路电流预测为关键技术的过电流系统全选择性保护的概念，在此基础上对智能低压配电控制与保护技术进行探讨。

4.2 低压短路保护电器快速动作机构研究

4.2.1 涡流斥力机构仿真与分析

1. 涡流斥力机构工作原理介绍

如图 4.1 所示，涡流斥力机构主要由励磁放电回路和斥力动作机构组成。励磁放电回路是由作为放电能量源的大容量储能电容 C、作为控制开关的电力电子器件(如大功率晶闸管 SCR)和励磁线圈(线圈盘)组成的强脉冲磁场发生器。其在空间中产生瞬间强磁场，金属盘(可以是铜盘或铝盘)在强磁场作用下感应出涡流，根据所受的斥力作用，金属盘朝着远离线圈的方向快速运动。

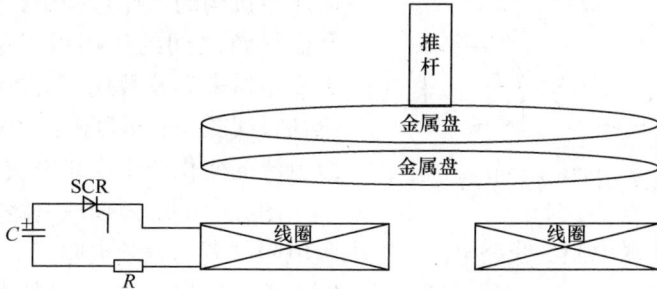

图 4.1 涡流斥力机构工作原理图

励磁电路的主要作用是为线圈盘提供瞬间的强电流脉冲。在快速充电回路将储能电容快速充电后，该电路控制功率晶闸管导通，将电容储存的能量迅速向线圈盘转移。线路中没有外加电阻，图 4.1 中所加电阻是储能电容的等效串联电阻、线路电阻以及线圈盘电阻三者的等效电阻。由于放电回路没有外接电阻，且线圈盘是空心线圈，放电回路电阻和电感都很小，放电回路将产生很大峰值的强脉冲电流，并在线圈盘周围形成强脉冲磁场。

图 4.2 是涡流斥力产生的原理图。储能电容对线圈快速放电，线圈盘产生如图所示的磁场，磁场分为轴向磁场和切向磁场，金属盘在轴向磁场的作用下产生与线圈电流方向相反的涡流，切向磁场与涡流相互作用产生电磁斥力，金属盘受到沿 X 轴正方向的作用力推动金属盘快速动作。金属盘则带动连杆机构，强力推

动触头系统(图中未给出连杆机构与触头系统)，实现快速分合闸操作。

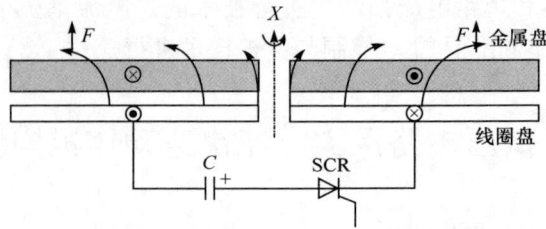

图 4.2　涡流斥力原理分析图

2. 涡流斥力机构电磁基本理论

1) 涡流斥力机构等效电路的建立

涡流斥力机构等效电路模型如图 4.3 所示。

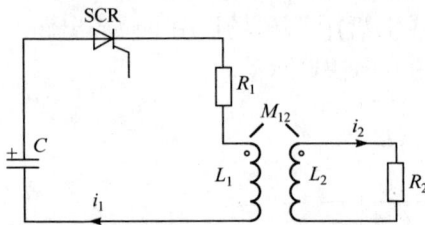

图 4.3　涡流斥力机构等效电路模型

图 4.3 中，储能电容与线圈盘组成励磁放电回路，金属盘构成感应回路。在涡流斥力机构的工作过程中，实际上线圈盘和金属盘之间的作用可以用耦合电感或者变压器来等效替代，线圈盘作为耦合电感初级线圈，金属盘作为次级线圈感应初级电流的变化产生次级电流。

图 4.3 中的 C 为励磁电路的储能电容，R_1 为电容等效串联电阻、线路电阻、线圈盘电阻三者的等效电阻，L_1 为线圈盘的电感(线圈盘每匝线圈的自感以及各匝线圈之间的互感)，L_2 为金属盘的电感(每匝金属盘等效线圈的自感和各匝等效线圈的互感)，R_2 为金属盘的等效电阻。M_{12} 为线圈盘和金属盘互感，i_1 和 i_2 分别为线圈盘和金属盘流过的励磁电流和涡流。

2) 涡流斥力机构的数学模型

涡流斥力机构的等效电路图中，励磁线圈电路和金属盘的等效电路分别满足公式：

$$i_1 R_1 + L_1 \frac{\mathrm{d}i_1}{\mathrm{d}t} + M_{12} \frac{\mathrm{d}i_2}{\mathrm{d}t} + i_2 \frac{\mathrm{d}M_{12}}{\mathrm{d}t} = U(t) \tag{4-1}$$

$$i_2 R_2 + L_2 \frac{\mathrm{d}i_2}{\mathrm{d}t} + M_{12} \frac{\mathrm{d}i_1}{\mathrm{d}t} + i_1 \frac{\mathrm{d}M_{12}}{\mathrm{d}t} = 0 \tag{4-2}$$

式中，$U(t)$ 为电容 C 上的电压。

在涡流斥力机构动作的整个过程中，储存在电容中的电能 $\mathrm{d}E_c$ 以斥力机构运动的机械能 $\mathrm{d}W$、磁场中变化的磁能 $\mathrm{d}E_m$ 以及涡流和线圈的热能损耗 $\mathrm{d}Q$ 的形式进

行转换，即

$$dE_c = dE_m + dW + dQ \qquad (4\text{-}3)$$

储能电容提供的能量为

$$dE_c = u_1 i_1 dt + u_2 i_2 dt \qquad (4\text{-}4)$$

励磁电压和感应涡流电压方程为

$$u_1 = \frac{d\psi_1}{dt} + i_1 R_1 \qquad (4\text{-}5)$$

$$u_2 = \frac{d\psi_2}{dt} + i_2 R_2 \qquad (4\text{-}6)$$

励磁电流和涡流磁链方程为

$$\psi_1 = i_1 L_1 + i_2 M_{12} \qquad (4\text{-}7)$$

$$\psi_2 = i_2 L_2 + i_1 M_{12} \qquad (4\text{-}8)$$

式中，u_1 和 u_2，Ψ_1 和 Ψ_2 分别为励磁电压和感应电压、励磁磁链与涡流磁链；i_1 和 i_2 分别为线圈盘和金属盘的电流。将电压和磁链方程代入式(4-4)得

$$dE_c = i_1^2 R_1 dt + i_2^2 R_2 dt + i_1 L_1 di_1 + i_1 M_{12} di_2 + i_2 L_2 di_2 + i_2 M_{12} di_1 + 2 i_1 i_2 dM_{12} \qquad (4\text{-}9)$$

线圈盘的磁能与金属盘磁能以及空间中储存的互感磁能为

$$E_m = \frac{1}{2} i_1^2 L_1 + \frac{1}{2} i_2^2 L_2 + i_1 i_2 M_{12} \qquad (4\text{-}10)$$

由于电感与机构本身的尺寸和结构参数有关，可以认为励磁电感及金属盘的等效电感近似不变，对上式求微分得

$$dE_m = i_1 L_1 di_1 + i_2 L_2 di_2 + i_2 M_{12} di_1 + i_1 M_{12} di_2 + i_1 i_2 dM_{12} \qquad (4\text{-}11)$$

机构的热损耗主要是线圈和线路的等效电阻产生的，并且还包括金属盘等效电阻产生的热损耗，其表达式为

$$dQ = i_1^2 R_1 dt + i_2^2 R_2 dt \qquad (4\text{-}12)$$

将式(4-9)、式(4-11)、式(4-12)代入式(4-3)可得机械能微分表达式为

$$dW = i_1 i_2 dM_{12} \qquad (4\text{-}13)$$

对式(4-13)关于位移 x 求导可得出涡流斥力(电磁斥力)表达式如下：

$$F = \frac{dW}{dx} = i_1 i_2 \frac{dM_{12}}{dx} \qquad (4\text{-}14)$$

从涡流斥力的表达式可知，涡流斥力 F 与线圈电流 i_1、金属盘上的感应电流 i_2、线圈和金属盘间的互感对金属盘位移的导数 dM_{12}/dx 成正比。由此可以计算涡流斥力。

3) 斥力机构运动方程

金属盘在斥力和重力的合力作用下，克服惯性开始运动，运动部件的质量为 m，即其所受到的重力为 $G=mg$（g 为重力加速度），金属盘所受到的摩擦力为 f，其初始状态为静止状态，即初速度为 0，由以上条件可以列出机构的运动方程为

$$F(t) - G - f = m \cdot \frac{\mathrm{d}^2 x(t)}{\mathrm{d}t^2} \tag{4-15}$$

$$v(t + \Delta t) = \frac{\mathrm{d}^2 x(t)}{\mathrm{d}t^2} \cdot \Delta t + v(t) \tag{4-16}$$

在计算初始状态的互感关于位移的导数时代入公式的位移参数为线圈盘与金属盘的初始距离。随着时间步长的迭代开始后，位移逐渐增大。在每一个新的时间步长下要重新计算线圈电流、金属盘涡流、互感关于位移的导数，同样为了便于计算机辅助计算，采用数值微分的方法，将式(4-15)近似为

$$\frac{F(t) - G - f}{m} \cdot (\Delta t)^2 = x(\Delta t) - x(0) \tag{4-17}$$

$$\frac{F(t) - G - f}{m} \cdot (\Delta t)^2 = x(t + \Delta t) - 2 \cdot x(t) + x(t - \Delta t) \tag{4-18}$$

式(4-17)用于初次迭代时，式(4-18)用于第二次迭代以后的情况，通过上述两式可以计算出每个时间步长内金属盘移动的位移大小，通过计算得出的位移变化量代入互感计算公式中可以得出下一步迭代的互感值，进而可以求出下一时刻的线圈盘电流和金属盘的涡流的大小。以此类推，重复迭代过程直到金属盘的累加位移等于动作机构的总行程，迭代结束。

4) 涡流场数学模型

斥力机构的斥力计算涉及涡流场的定解问题，可由 A、$\varphi\text{-}A$ 法解决，它是把涡流场的场域分成涡流区和非涡流区两部分，在涡流区采用矢量磁位 A 和标量电位 φ 作为未知函数，在非涡流区只用 A 作未知函数。在给定的初始条件下，涡流场完整表述如下：

$$\nabla \times (v \nabla \times A) - \nabla \times (v \nabla \cdot A) + \sigma \frac{\partial A}{\partial t} + \sigma \nabla \varphi = 0 \tag{4-19}$$

$$\nabla \cdot \left(-\sigma \frac{\partial A}{\partial t} - \sigma \nabla \varphi \right) = 0 \tag{4-20}$$

$$\nabla \times (v \nabla \times A) - \nabla \times (v \nabla \cdot A) = J_s \tag{4-21}$$

其中，式(4-19)、式(4-20)在涡流区，式(4-21)在非涡流区。

在求解区域的外边界上两个区域 S1 和 S2，在 S1 上给定磁感应强度的法向分量，在 S2 上给定磁场强度的切向分量，则

(1) 在 S1 上有

$$n \times A = 0, \quad v\nabla \times A = 0 \tag{4-22}$$

(2) 在 S2 上有

$$n \times A = 0, \quad (v\nabla \times A) \times n = 0 \tag{4-23}$$

在涡流区与非涡流区有

$$A_1 = A_2 \tag{4-24}$$

$$v_1\nabla \cdot A_1 = v_2\nabla \cdot A_2 \tag{4-25}$$

$$v_1\nabla \times A_1 \times n_{12} = v_2\nabla \times A_2 \times n_{12} \tag{4-26}$$

$$n \cdot \left(-\sigma\frac{\partial A}{\partial t} - \sigma\nabla\varphi\right) = 0 \tag{4-27}$$

式中，σ 为电导率；v 为磁阻率；J_s 为源电流密度。

这样，只要在 s 上规定 φ 的参考点，定解问题式中 A 和 φ 的解就是唯一的，就可以选择某种方法来求金属盘的受力。如果采用虚功的方法来求涡流斥力，涡流斥力的表达式为

$$F_n = \int_{\text{vol}} B^{\text{T}}\frac{\partial H}{\partial s}\text{d}(\text{vol}) + \int_{\text{vol}}\int B^{\text{T}}\text{d}H\frac{\partial}{\partial s}\text{d}(\text{vol}) \tag{4-28}$$

式中，$B = \nabla \times A$；$H = vB$；F_n 为金属盘在 n 方向的受力；s 为虚位移；vol 为离散后的单元。

3. 涡流斥力机构建模细节介绍

1) 有限元分析软件 ANSYS 建模

为了方便涡流斥力机构的优化设计工作，可以采用 ANSYS 的 APDL 直接编写程序进行斥力计算，APDL 建模细节如下。

(1) 定义电磁机构的各个硬件参数，如线圈半径、线圈匝数等。

(2) 定义电容、电阻等单元，材料属性和各个单元相对磁导率等参数。

(3) 创建线圈、金属盘和空气等模型。

(4) 设置线圈、金属盘和空气单元的属性。

(5) 划分网格，并施加力标志。

(6) 建立电路模型，包括电容、电阻、线圈模型。

(7) 进入求解模块，设定步长、求解器等参数。

(8) 进入通用后处理器，计算某一时间点或频率的电磁斥力。

(9) 进入时间历程后处理器，输出电磁斥力和时间关系曲线。

2) 动力学仿真软件 ADAMS 建模

ADAMS 即机械系统动力学自动分析(automatic dynamic analysis of mechanical systems)软件。ADAMS 软件根据交互型的图像环境和力库、约束条件、零件库来创建全参数化的机械几何系统，而模型的求解是建立基于多刚体动力系统的拉格朗日方程，实现对虚拟系统中的运动学和静力学的仿真，从而得到速度、位移、力和加速度等曲线。利用 ADAMS 软件建立涡流斥力机构在快速分断情况下的运动过程。

ADAMS 的建模细节如下。

(1) 根据实际样机建立 ADAMS 刚体模型。

(2) 给模型中各个单元或结构设置材料属性。

(3) 用固定副将底座、静铁心和灭弧罩与参考地固定在一起。

(4) 为金属盘、动铁心和动触头等部分添加竖直方向的运动副。

(5) 为模型在运动中有接触或者碰撞的单元建立接触副，并设置相应的撞击等参数。

(6) 金属盘的受力 F 采用函数拟合的方式进行施加。

(7) 在动静铁心间和动静触头间各添加一个位移测量。

(8) 设置仿真总时间和步长，采用默认求解器。

4.2.2　机构参数对涡流斥力影响规律的研究

1. 机械参数影响的讨论

为了了解机构参数对涡流斥力影响的规律，本节利用动态仿真程序在表 4.1 给定的涡流斥力机构(样机为 CJ40-100A 交流接触器框架)的初始参数的基础上进行一定范围内各种参数对设计方案影响的研究，探寻各相关因素对机构工作影响的规律，为设计方案的制定提供参考。

表 4.1　涡流斥力机构初始参数

参数说明	参数数值	参数说明	参数数值
金属盘半径/mm	32	线圈盘与金属盘初始距离 x_0/mm	1
金属盘厚度/mm	6	储能电容容量/μF	2200
金属盘材料	铜	储能电容初始电压/V	300
线圈盘匝数/匝	20	外电路杂散电阻/Ω	0.02

续表

参数说明	参数数值	参数说明	参数数值
线圈盘材料	铜线	金属盘连杆质量/kg	1.1
线圈盘半径/mm	32	行程距离/mm	8
线圈盘内径/mm	3	金属盘初始速度/(m/s)	0
线圈盘线径/mm	2	线圈盘层数/层	1

1) 线圈匝数的影响

首先更改励磁线圈匝数，取值范围从 10 匝变化到 25 匝，以 5 匝递增。保持其他参数不变，将涡流斥力、线圈电流随时间的变化关系以及行程完成时间的仿真结果示于图 4.4 及图 4.5 中。

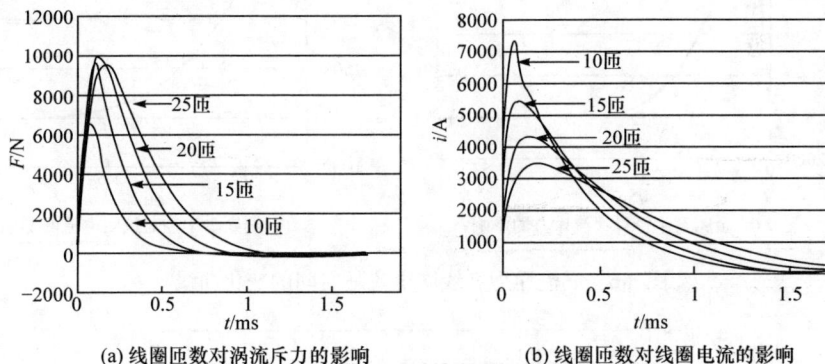

(a) 线圈匝数对涡流斥力的影响　　(b) 线圈匝数对线圈电流的影响

图 4.4　线圈电流、涡流斥力随时间的变化关系

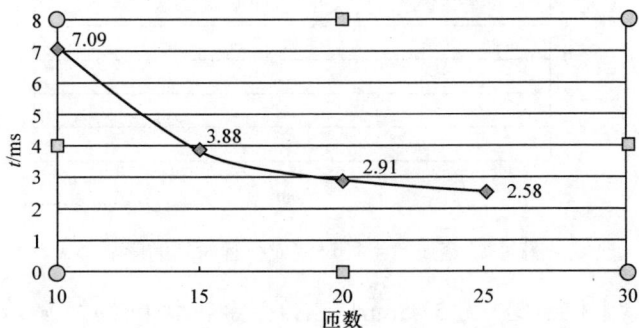

图 4.5　线圈匝数对完成行程时间的影响

分析图 4.4 和图 4.5 可知，随着线圈匝数的增加，涡流斥力的峰值先增大后减小。当线圈匝数最少时，线圈电流最大并且上升率最快，这是因为此时线圈电阻

和电感都是最小的。随着线圈匝数的增加，线圈电流上升减缓，并且峰值电流下降，这也是由于电阻和电感增加造成的。从行程时间分析可知，线圈匝数越大，金属盘完成行程的时间就越短。

2) 金属盘半径的影响

改变金属盘半径，其他参数固定不变，考虑到接触器原来的外壳大小，金属盘半径分别选取 25mm、30mm、32.5mm，分别仿真得到涡流斥力和线圈电流随时间的变化曲线如图 4.6(a)和图 4.6(b)所示，金属盘完成行程时间如图 4.7 所示。

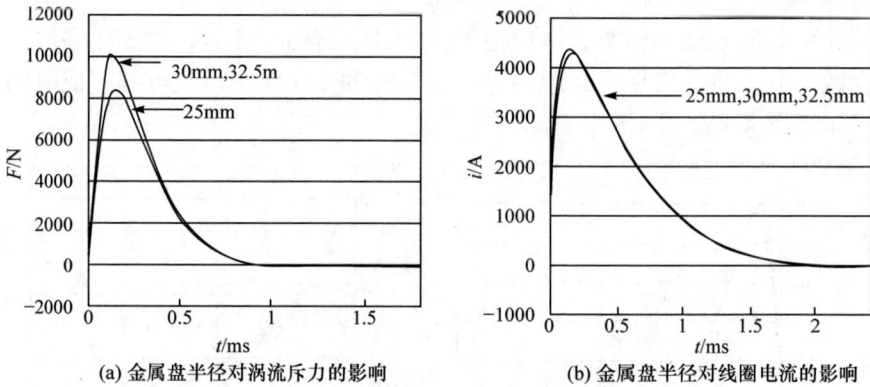

(a) 金属盘半径对涡流斥力的影响　　　　(b) 金属盘半径对线圈电流的影响

图 4.6　涡流斥力和线圈电流随时间的变化曲线

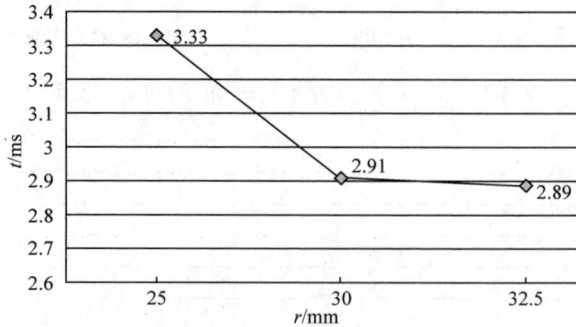

图 4.7　金属盘半径对完成行程时间的影响

假设线圈盘半径不变，为 32.5mm，当改变金属盘半径时，随着金属盘半径的增加，涡流斥力逐渐增大，当金属盘半径与线圈盘半径相等时，线圈盘上的电流以及金属盘所受的涡流斥力也不再随之变化。金属盘与线圈盘不重合部分对斥力的贡献很小，效率很低，只会增加金属盘的重量。由此可见，在线圈盘半径一定的条件下，金属盘半径超过一定范围，再增大不利于缩短斥力机构完成行程的时间。在实际设计时，一般取线圈盘与金属盘的半径基本相同。

3) 初始距离的影响

金属盘与线圈盘的初始距离，即初始气隙从 0.5～2mm 依次变化，每次增加 0.5mm，其涡流斥力与线圈电流仿真曲线如图 4.8(a)和图 4.8(b)所示。图 4.9 示出初始距离对完成行程时间的影响。

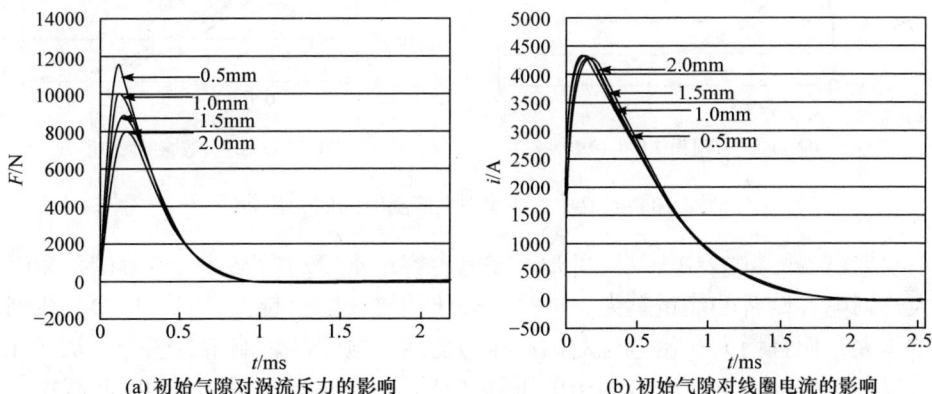

(a) 初始气隙对涡流斥力的影响　　　　(b) 初始气隙对线圈电流的影响

图 4.8　涡流斥力和线圈电流随时间的变化曲线

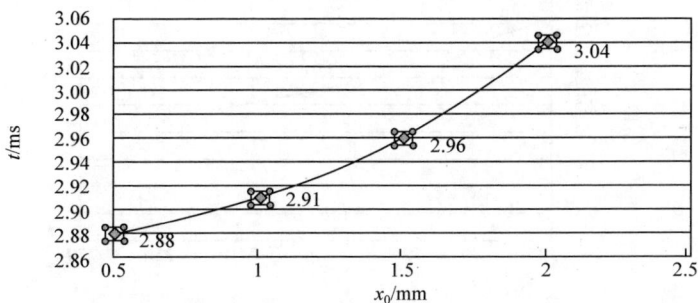

图 4.9　初始气隙对完成行程时间的影响

金属盘与线圈盘的初始距离越小，金属盘与线圈盘的耦合越好，从图 4.8 和图 4.9 可得知，线圈盘产生的磁场对金属盘的作用范围就越大，涡流斥力值越快到达峰值，且峰值越大，完成行程所需的时间也越短。当金属盘与线圈盘的初始距离增大时，涡流斥力的峰值变小，完成行程所需的时间也变长。

2. 外部电路参数影响的讨论

1) 储能电容初始电压的影响

分别设置电容的初始电压为 250V、300V、350V，其涡流斥力和线圈电流随时间变化的曲线如图 4.10(a)和图 4.10(b)所示。

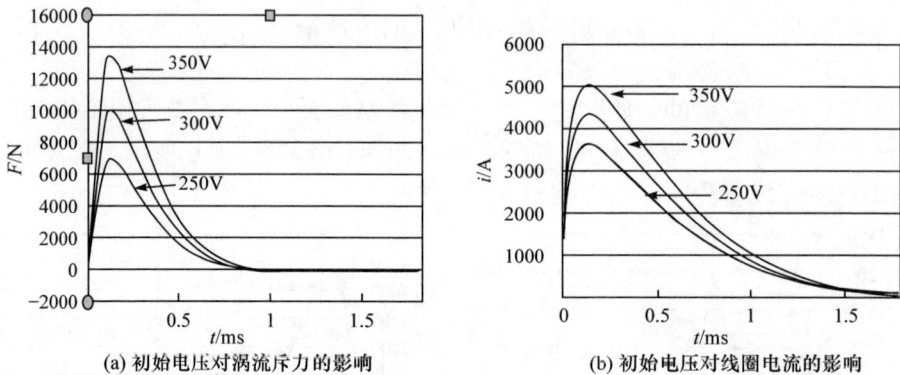

(a) 初始电压对涡流斥力的影响　　　　　　　(b) 初始电压对线圈电流的影响

图 4.10　涡流斥力和线圈电流随时间的变化曲线

根据电容能量 $Q=0.5CU^2$ 可知，在电容容量不变的情况下，电容的初始电压越大，则电容储备的能量越大，即最后转化的磁场能也越大，涡流斥力与线圈电流也越大，而且增大初始电压对涡流斥力与线圈电流的影响十分明显。从图 4.11 中可以很清楚地看到，电容初始电压越高则机构完成行程所需要的时间越短。选择电容初始电压值应综合考虑各种因素，包括电源、电容器体积与成本等。

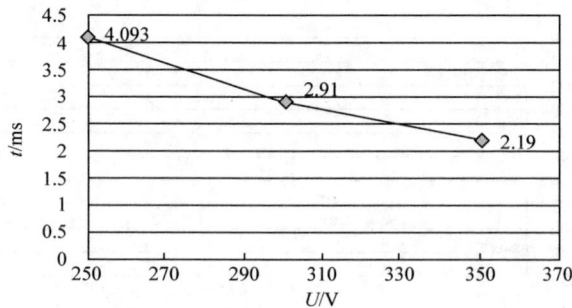

图 4.11　初始电压对完成行程时间的影响

实际电路设计中，对储能电容充电电压的选择还应考虑应用场合和取源的方便。

2) 储能电容容量的影响

储能电容的能量与电容容量有关，因此必须进行储能电容对斥力机构工作影响的研究。储能电容容量 C 分别取 5000μF、10000μF、20000μF。电容容量对涡流斥力以及线圈电流的影响如图 4.12(a)和图 4.12(b)所示。

从仿真结果可知，提高电容容量将使涡流斥力和线圈电流的峰值增大，对于缩短行程时间有很大帮助。这是因为电容容量的提高不仅增加了磁场能，而且将延长电容的放电时间，从而延长了斥力对金属盘的作用时间，使得金属盘能维持在比较高的加速度下完成运动行程。从图 4.13 可以看出，当电容容量值大于 10000μF 以后，提高电容容量对于缩短机构运动时间的作用减小，同时考虑到实际应用中电容体积的限制，电容容量也不宜取太大。

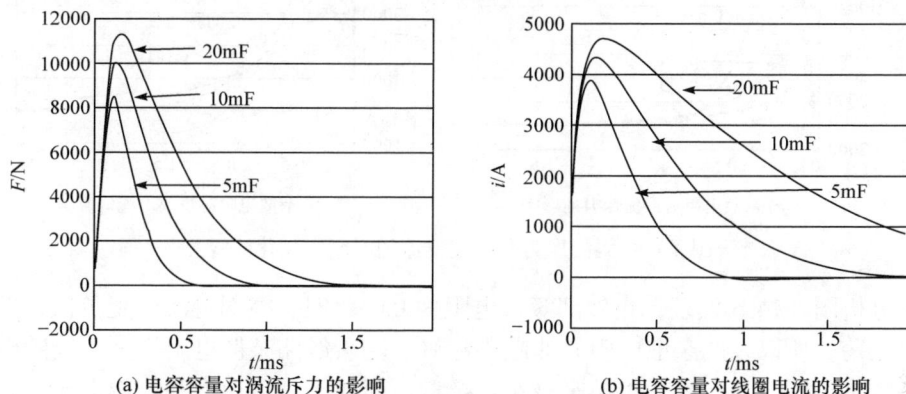

(a) 电容容量对涡流斥力的影响　　　　　　(b) 电容容量对线圈电流的影响

图 4.12　涡流斥力和线圈电流随时间的变化曲线

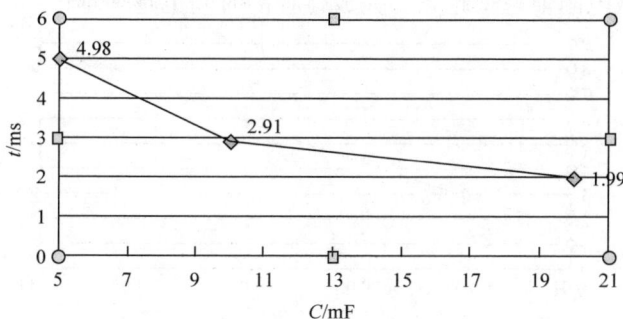

图 4.13　电容容量对完成行程时间的影响

通过以上分析可知，电容电压和容量是影响斥力机构动作的两个重要因素，因此在具体设计时应该进行综合考虑。

3) 杂散电阻的影响

从实验结果分析发现，实际电路中，由于存在线路杂散电阻，线圈电流无法达到仿真分析中的理想情况。

现更改线路杂散电阻的数值，并保持其他参数不变，进行仿真分析，得到涡流斥力和线圈电流对时间的变化曲线如图 4.14(a)和图 4.14(b)所示。分别取线路杂散电阻以及电容等效串联电阻之和为 0.01Ω、0.03Ω、0.05Ω、0.1Ω。

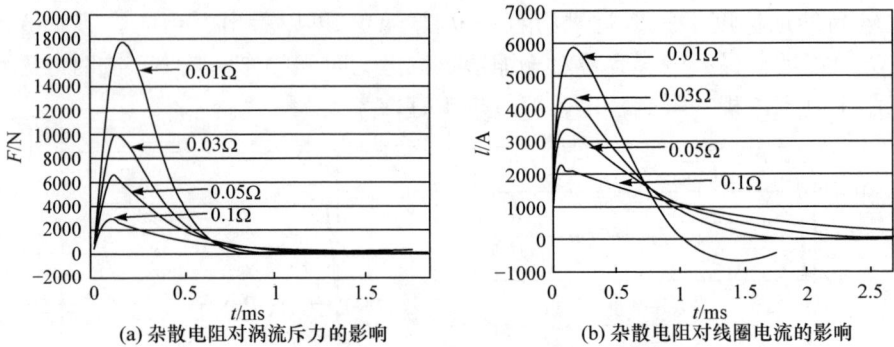

(a) 杂散电阻对涡流斥力的影响　　　　(b) 杂散电阻对线圈电流的影响

图 4.14　涡流斥力和线圈电流随时间的变化曲线

分析图 4.14(b)发现，当外部等效电阻为 0.01Ω 时，线圈电流出现负值，发生电路振荡，所以线路杂散电阻并非越小越好。随着线路杂散电阻变大，线圈电流越来越小，同时涡流斥力也越来越小，杂散电阻对于涡流斥力和线圈电流的影响是一致的。如图 4.15 所示，完成行程时间充分说明杂散电阻对涡流斥力机构的影响，即随着杂散电阻值越来越大，完成行程的时间也越来越长。

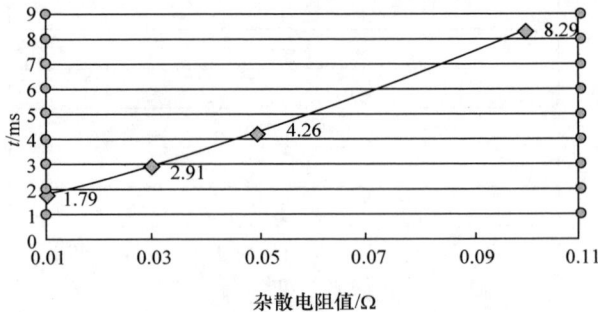

图 4.15　杂散电阻对完成行程时间的影响

总之，从设计的角度，各参数的选择都有其最优值，必须综合考虑。

4.3　具有短路分断能力的智能集成交流接触器思路与研究

4.3.1　具有短路分断能力的(双触头系统)智能集成交流接触器思路

该智能集成交流接触器在一台交流接触器本体上增加了快速涡流斥力机构与智能控制中心，从而集成了以交流接触器频繁操作的控制与节能、电子式电动机保护功能为主，具有一定短路故障保护功能(如 50kA 及以下)的集成电器技术，实现了结构与功能的一体化。

该接触器的频繁操作与电动机保护动作功能由接触器原电磁机构完成，短路故障保护功能由涡流斥力机构实现。其金属盘可以是铜盘,也可以是铝盘;控制储能电容放电的电力电子器件为单向晶闸管。

图 4.16 为其结构原理示意图。图中,智能控制中心包括储能电容、励磁控制电路(储能电容充放电电路)与智能控制系统。

4.3.2　具有短路分断能力的(多触头系统)智能分相式集成交流接触器研究

本章所述智能分相式集成交流接触器在三台交流接触器(每台一相)本体上增加了快速涡流斥力机构,从而集成了交流接触器频繁操作的控制功能、电子式电动机保护与短路故障保护功能,实现了结构与功能的一体化。此外,该

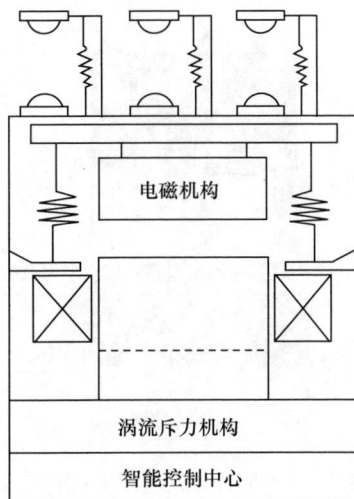

图 4.16　结构原理示意图

交流接触器还将具有较大的控制容量和正常频繁操作智能控制的零电流分断、节能等功能(本节仅讨论短路故障保护功能)。

三台交流接触器可以各自分别带有涡流斥力机构,也可以共用一个涡流斥力机构;可以分别由一个储能电容提供能量,也可以共用一个大容量储能电容。

本节仅介绍三台各自带一个涡流斥力机构和一个储能电容的结构方案。

1. 快速斥力机构的设计

图 4.17 是带有涡流斥力机构的接触器的结构示意图,其结构主要包括 CJX2-65 接触器、金属盘、线圈盘和底座等几个部分。交流接触器频繁操作的功能仍然由原交流接触器本体承担,而短路故障发生时,智能控制中心在进行短路故障早期检测后立即触发涡流斥力机构,并带动触头系统快速开断故障电路,完成保护功能。

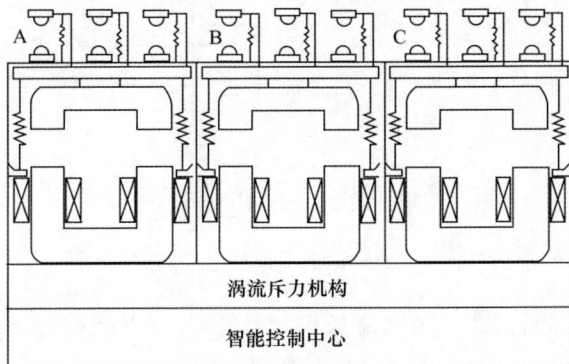

图 4.17　结构示意图

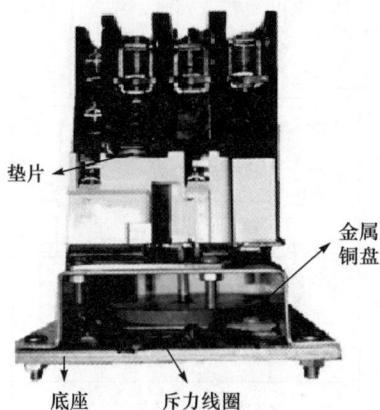

图 4.18　带有涡流斥力机构的接触器样机(见彩图)

需要指出的是,对 CJX2-65 接触器的结构进行了一些改造:首先在动铁心和静铁心间放置了 3 个高度为 1mm 的垫片,增大了接触器的行程以提高分断能力。

图 4.18 为本书设计的一台(一相)带有涡流斥力机构的接触器样机。

图 4.19 为快速分断机构的电路原理图,其中晶闸管 SCR 的导通由 DSP 的输出端 TRRIGER 通过光耦 MOC3051 来控制。其中 J1 为可锁开关用于控制电容的充电;KM1、KM2、KM3 分别为三台接触器的线圈盘;RB1、RB2、RB3 为 5.1kΩ/10W 的大功率电阻;C70、C71、C72 是容量为 2200μF/400V 的电容。

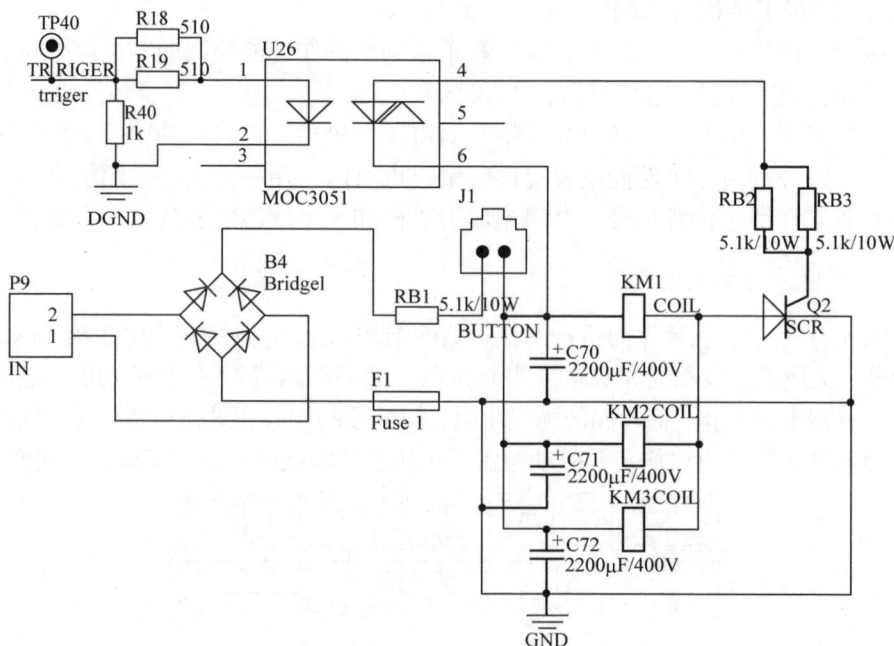

图 4.19　快速分断机构电路原理图

2. ANSYS 仿真分析

由公式 $F = \dfrac{\mathrm{d}W}{\mathrm{d}x} = i_1 i_2 \dfrac{\mathrm{d}M_{12}}{\mathrm{d}x}$ 知涡流斥力机构电磁斥力的运动规律,但公式中仍

存在电流 i_1、i_2 和互感对位移的导数 $\dfrac{\mathrm{d}M_{12}}{\mathrm{d}x}$ 等不能具体细化到硬件中的参数,无法进行直接定量的计算。故本书通过具体实际的样机中的各个参数,利用有限元软件 ANSYS 设计与实际样机相吻合的涡流斥力机构仿真模型,从而得出所需要的数据来验证仿真模型数据和样机实测数据的正确性。表 4.2 为涡流斥力机构参数。

表 4.2　涡流斥力机构参数

参数	数值	参数	数值
线圈盘半径/mm	30	线圈盘内径/ mm	4
线圈盘匝数/匝	60	线圈盘线径/ mm	1
线圈盘厚度/ mm	2	线圈盘材料	铜
线圈盘填充系数	0.7	金属盘半径/ mm	34
金属盘厚度/ mm	6	金属盘材料	铜
金属盘与线圈盘初始距离 x_0/mm	1	储能电容电压初值/ V	300
电路外部电阻/Ω	0.152	储能电容容量/μF	2200

图 4.20 为 ANSYS 根据表 4.2 设定的参数计算出来的金属盘的受力情况,由图 4.20 可知,金属盘的受力 F 在超短时间内(约 0.2ms)从 0N 阶跃到约 1950N,

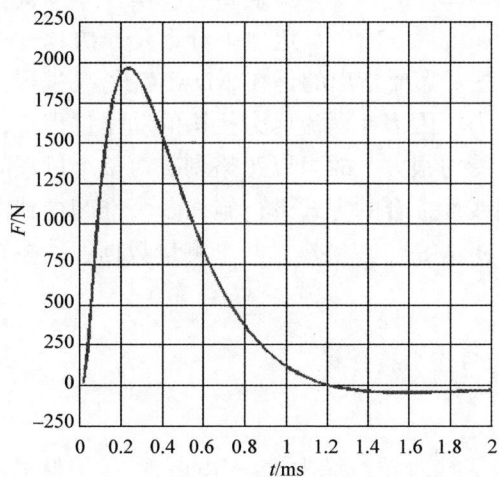

图 4.20　金属盘受力情况

接着 F 从最高值慢慢衰减，到 1.2ms 后的一小段时间内变为负值，最后 F 衰减为 0N。

3. ADAMS 仿真分析

通过对带有高速涡流斥力机构的接触器合理的简化，利用 ADAMS 软件建立合理的接触器模型。

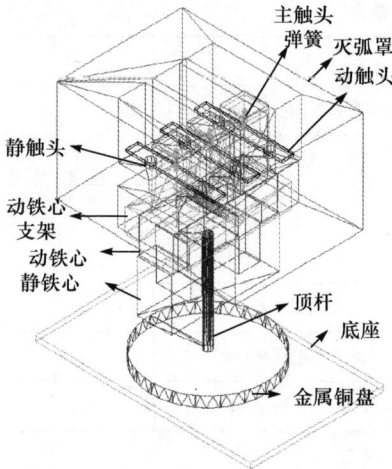

图 4.21　带有涡流斥力机构的接触器
ADAMS 模型(见彩图)

图 4.21 为 ADAMS 建立的带有涡流斥力机构的接触器模型。图中模型主要包括的模块有底座、金属铜盘、顶杆、静铁心、动铁心、动铁心支架、主触头弹簧、动触头、静触头、灭弧罩等几个部分。

为了使建立的模型能进行正确的仿真计算，需要进行合理的简化，并在模型中设定一定的仿真条件，例如，底座、静铁心、灭弧罩都要固定在大地上；动铁心和动铁心支架固定在一起；为动铁心、动触头、金属盘、顶杆建立上下运动副；模型中任何两个有接触的面都需要建立接触副；将由 ANSYS 得出的金属盘的受力情况利用函数拟合方式赋给金属盘。模型中弹簧参数和碰撞参数的设定也十分重要，仿真过程中需要设定合理的仿真时间、步数和算法。需要指出的是在 ADAMS 仿真过程中未能涉及接触器中剩磁对动铁心的作用力，因为在涡流斥力机构的动作过程中，剩磁对动铁心的影响很小且金属盘上的受力很大，故可以忽略剩磁对整个过程的影响。此外，反力弹簧的受力情况采用线性拟合的方式进行施加。为准确得到涡流斥力机构动作过程的实时特性，在 ADAMS 仿真中建立两个测量数据：动静铁心的位移和动静触头的位移。

4. 涡流斥力机构动作实验分析

1) 示波器测试方法

测试步骤为：接通接触器线圈电源(充电电源)并将储能电容 C 的电压充到 300V，然后断开充电回路，接着施加晶闸管触发信号，电容对线圈盘放电，以产生强脉冲电流，而将接触器触头串联电阻和+5V 电源用于观测触头信号。利用示波器同时监测电容脉冲放电回路中晶闸管的触发信号和接触器触头打开的信号。

图 4.22 为拍摄的示波器波形，波形上清楚地显示从晶闸管的触发(信号 1)到接触器触头打开(信号 2)的时间为 t =1.620ms。

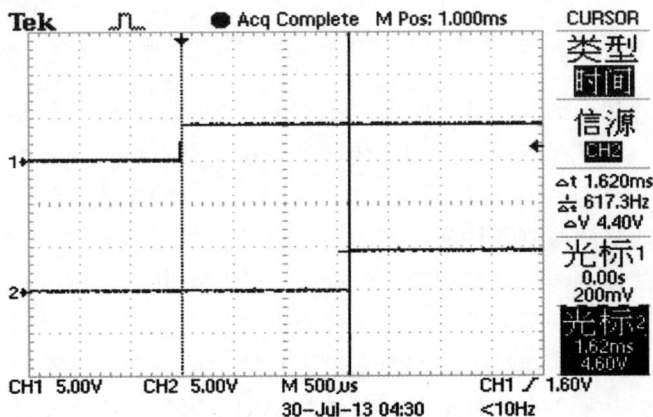

图 4.22　快速分断时间

2) 高速摄像机数据分析

实验中利用高速摄像机拍摄动铁心、动触头的位移情况，需要对接触器进行一定的标记。拍摄时分别在动铁心和动触头处各放置一个测试标记点，且两个标记点应在同一个水平线上。

图 4.23 为动铁心和动触头的 ADAMS 仿真与高速摄像机位移特性曲线对比图(图中 x 表示位移)，需要指出的是，由于高速摄像机拍摄出来的位移为像素，需

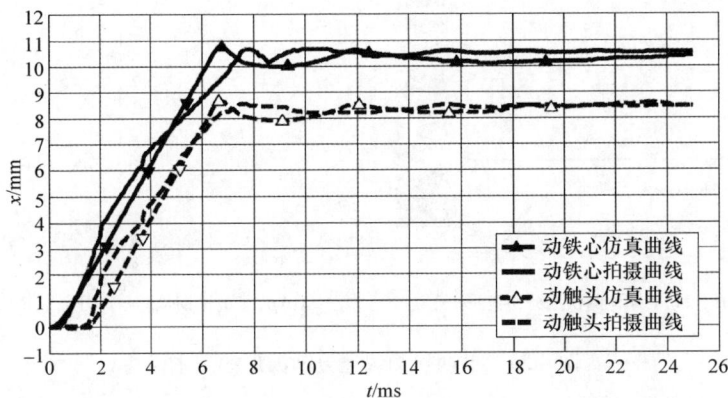

图 4.23　动铁心、动触头位移仿真与拍摄曲线对比图

要对拍摄出来的数据进行处理，使之转换为毫米。由图 4.23 可知，ADAMS 仿真的触头开始打开时刻约为 1.5ms，而高速摄像机拍摄的触头运动时刻为 1.7ms。示波器和高速摄像机拍摄的时间比 ADAMS 仿真时间长约 120μs 和 200μs，误差较小。

5. 智能分相式集成交流接触器短路分断技术试验研究

本书建立的基于形态小波、电流斜率双重判据的短路电流早期检测模型具有早期检测特性，基于涡流斥力机构的快速动作机构具有快速分断特性。本节将早期检测技术与快速动作机构相结合提出智能分相式集成交流接触器短路分断技术，并进行包括早期检测和快速动作的短路分断技术试验研究。

短路分断试验主要包括模拟短路故障电流快速分断实验和 50kA 短路电流分断试验两个部分。第一部分的测试是将任意波形发生器输出的短路电流的模拟信号输入到硬件电路中，通过示波器检测输入短路电流波形、高速斥力机构触发信号和接触器触头电压 3 个信号来验证系统的早期检测和快速分断特性；第二部分的 50kA 短路电流分断试验是在福建省产品质量检验研究院进行的，通过对设计的接触器样机施加 50kA 的短路电流以测试其短路分断特性。

1) 短路故障电流早期快速分断实验

为更好地验证设计的交流接触器样机具有短路故障早期检测和快速分断特性，本节利用 Agillent 35220A 任意波形发生器模拟短路电流，同时检测脱扣信号和接触器触头分断信号。图 4.24 为检测到的数据波形。

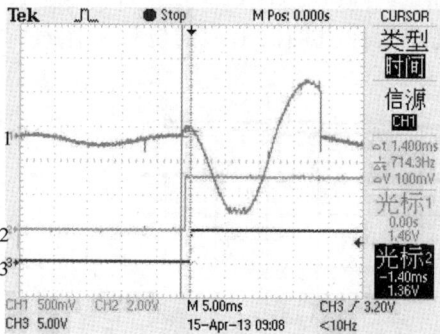

(a) $\beta=120°$早期检测快速分断波形　　　　　(b) $\beta=120°$早期检测快速分断波形(细节图)

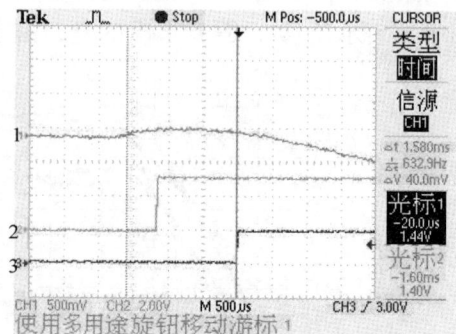

图 4.24　早期检测快速分断波形(见彩图)

图 4.24 中 CH1 为任意波形发生器 Agillent 35220A 输出的模拟短路电流波

形，CH2 为早期检测的触发信号，CH3 为带有涡流斥力机构的接触器触头信号。图 4.24(a)为短路初相角 $\beta=120°$ 时的早期检测快速分断波形，图 4.24(b)为图 4.24(a)的细节图。由图 4.24 可知从短路电流产生时刻到接触器触头分断的时间 $t=1.580\text{ms}$。

表 4.3 是不同短路初相角下早期检测与样机快速分断时间，其中 β 为短路初相角，t_1 为早期检测时间，t_2 为快速分断时间，t_3 为早期检测快速分断时间 ($t_3=t_1+t_2$)，$i^*(t_1)$ 为 t_1 时刻短路电流的标幺值，$i^*(t_3)$ 为 t_3 时刻短路电流的标幺值。

表 4.3　不同短路初相角下早期检测快速分断时间

$\beta/(°)$	0	30	60	90	120	150
t_1/ms	0.20	0.17	0.20	0.20	0.25	1.00
t_2/ms	1.38	1.40	1.35	1.48	1.33	1.30
t_3/ms	1.58	1.57	1.55	1.58	1.58	2.30
$i^*(t_1)$	1.42	3.10	3.20	2.90	2.36	−2.50
$i^*(t_3)$	4.25	4.26	4.72	3.77	1.89	−4.20

从表 4.5 可以看出从短路电流发生时刻到高速斥力机构触发信号发出时刻 (即 t_1)，大部分相角时间都在 0.2ms 或 0.2ms 以下，从而验证了样机的早期检测特性。从触发信号到接触器触头打开时间(即 t_2)与上述快速分断实验的时间也基本相符，验证了模型的快速分断特性。另外，在接触器触头分断时刻(即 t_3 时刻)的电流标幺值也很小，只达到了额定电流的 4～5 倍，对线路不会造成太大的影响。

2) 50kA 短路分断试验

(1) 短路分断试验硬件系统。智能分相式集成交流接触器主要包括以下几个部分：三相带涡流斥力机构的接触器、基于 TMS320F2812 的早期检测模块(形态小波和电流斜率双重判据)硬件系统、信号采样模块、电源模块等。

(2) 短路分断试验分析。50kA 短路试验的条件和参数如下。①试验电压：420V；②试验电流(有效值/峰值)：50.6kA/106kA；③功率因数：0.25。

设计的样机在福建省产品质量检验研究院进行了 50kA 短路电流试验，该样机成功分断了 50kA 短路电流，而且触头状况很好。

图 4.25 为该研究院出具的试验报告。图中显示 50kA 短路试验 A、B、C 三相的电流、电压波形。其中图中每格时标时间为 33.9ms。

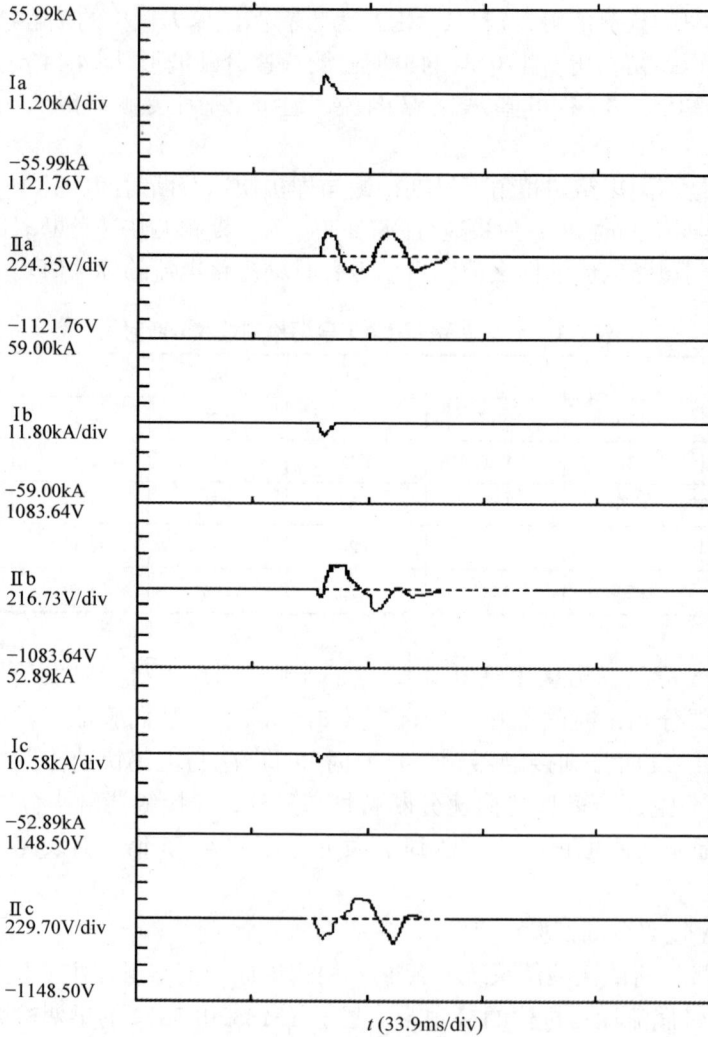

55.99kA	
Ia 11.20kA/div	
−55.99kA 1121.76V	
IIa 224.35V/div	
−1121.76V 59.00kA	
Ib 11.80kA/div	
−59.00kA 1083.64V	
IIb 216.73V/div	
−1083.64V 52.89kA	
Ic 10.58kA/div	
−52.89kA 1148.50V	
IIc 229.70V/div	
−1148.50V	

t (33.9ms/div)

图 4.25　50kA 短路分断实验波形

表 4.4 为 50kA 短路电流试验数据，其中 I_p 为短路电流峰值，t_1 为电流从零上升到 I_p 时的时间，t_2 为电流从 I_p 下降到零时的时间。t_3 为 t_1 和 t_2 时间的总和，即从短路电流发生到电弧完全熄灭的时间。

表 4.4　50kA 短路电流试验数据

参数	A 相	B 相	C 相
I_p/kA	12.5	9.64	5.27
t_1/ms	1.2	1.7	1.1
t_2/ms	3.0	2.5	0.7
t_3/ms	4.2	4.2	1.8

　　从图 4.25 和表 4.4 可以看出，A、B、C 三相在短路电流早期时刻即电流很小时就能快速地分断故障电路。以短路电流实际峰值最大的 A 相电流波形为例进行分析：短路试验开始，电流迅速上升，在 1.2ms 时刻短路电流上升到最大值。这个过程，在涡流斥力机构快速动作的基础上，综合了电磁系统与触头系统的作用，接触器触头斥开。此后，涡流斥力机构继续快速动作，保证触头间隙迅速扩大，此时灭弧栅片介入，促使短路电流逐渐减小，经过 3ms 后降为零，即完成了短路电流分断的整个过程。

　　短路分断整个过程 4.2ms 结束。预期短路电流峰值为 106kA，实际 A 相最大电流峰值为 12.5kA。显然，该试验样机具有高分断能力和高限流系数，而且该设计方案的短路分断能力仍有相当大的发展空间。

4.4　智能全集成电器技术思路与研究

4.4.1　智能全集成电路技术简介

　　智能低压全集成电器(以下简称智能全集成电器)技术是以交流接触器的结构形式为基础，将涡流斥力机构完全代替接触器原电磁机构，不仅具有接触器的频繁控制与电动机保护功能，具有断路器全覆盖短路分断能力，而且具有结构与功能集成一体化的特点。该技术分为智能全集成直流电器、智能全集成交流电器(双触头系统)与智能分相式全集成交流电器(多触头系统)技术，并包括非集成的基于涡流斥力机构的智能低压交、直流断路器技术。

　　基于涡流斥力机构的智能低压断路器技术是将上述结构形式应用于进行短路故障保护的高限流、高分断能力的智能低压断路器的研发。其本体仅仅是一台交流接触器，即每相的触头系统为双触头系统。

　　智能全集成交流电器技术是在上述基于涡流斥力机构的智能低压断路器的基础上，增加了接触器正常频繁操作、电动机智能保护等功能。因此，控制其储能电容放电的电子器件可以是 IGBT 或 GTO(可关断晶闸管)，或者是 IGBT、GTO 与普通单向晶闸管并联使用。

　　智能分相式全集成电器技术是指其本体为三台交流接触器的结构形式，每台接触器为一相，因此，该电器每相为 6 对触头。各相分别配置一套涡流斥力机构，或者三相共用一套涡流斥力机构。对于各相分别配置涡流斥力机构的，可以各相分别配置一组储能电容，或者三相共用一组储能电容。

　　对于基于涡流斥力机构的智能低压断路器技术与智能分相式集成电器技术，本章仅提供思路。

4.4.2 智能全集成交流电器技术研究

1. 总体介绍

本书采用一体化设计思路，以 ABB 公司的 A95-30 交流接触器作为本体，摒弃原有接触器的电磁操动机构，通过设计双向涡流斥力机构及其智能控制中心，开发了基于涡流斥力机构的智能全集成交流电器，该电器结构如图 4.26 所示。结合图 4.26 所示结构图，本书利用 SolidWorks 三维实体软件设计了基于涡流斥力机构的智能全集成交流电器样机模型，如图 4.27 所示。

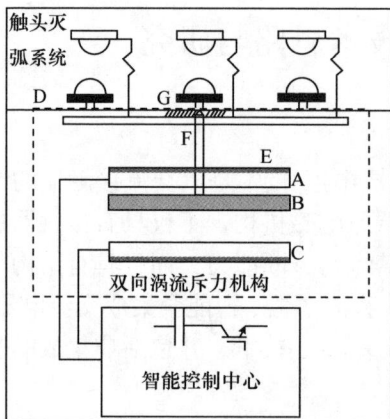

图 4.26　智能全集成交流电器系统结构图　　　图 4.27　智能全集成交流电器样机模型图

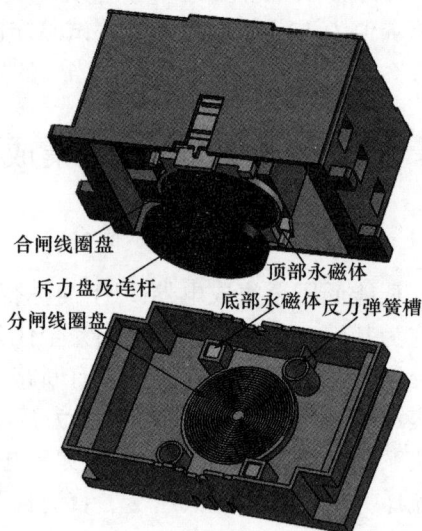

基于涡流斥力机构的智能全集成交流电器主要包括双向涡流斥力机构、智能控制中心及触头灭弧系统等。双向涡流斥力机构由以下几个部分组成：合闸线圈盘 A、分闸线圈盘 C、金属盘 B、增磁板 E、连杆机构 F、缓冲材料 G 等。合闸线圈盘固定在顶部，连杆机构穿过合闸线圈盘与触头系统联动；分闸线圈盘固定在底部。此外，还包括永磁体及反力弹簧，永磁体提供合闸保持力，反力弹簧则使触头保持在分闸位置。三相触头系统保留原有接触器的双断口触头结构，在短路故障发生时，将形成两倍于传统单断口断路器的故障电弧，可有效抑制短路电流的发展。智能控制中心的储能电容的励磁控制电路(充电和放电回路)原理图如图 4.28 所示。

为满足频繁操作的控制要求，缩短储能电容的充电时间最为关键。本书通过以下两种方式来实现储能电容的快速充电。

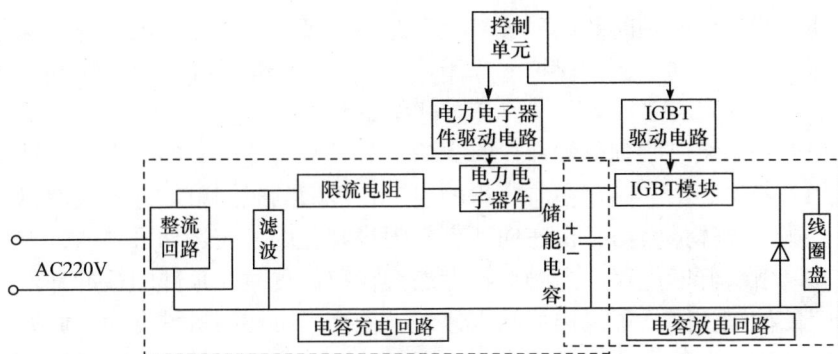

图 4.28　励磁控制电路原理图

(1) 将单相交流电压经过整流及滤波，得到纹波较小的直流充电电压，经限流电阻后对储能电容进行充电，该直流充电电压将大大缩短储能电容的充电时间。

(2) 智能全集成交流电器在完成控制功能时，其动作速度远低于短路故障保护时的要求。因此，可以通过控制 IGBT 的导通时间来控制储能电容放电的能量，在完成控制功能的过程中，储能电容只释放一小部分能量，从而缩短电容再次充电的时间。同时反并联在线圈两端的二极管提供泄放回路，防止线圈电感产生的过电压损坏 IGBT 模块。图 4.29 给出了储能电容充电电压波形和 IGBT 控制下线圈盘放电电流波形。

值得一提的是，对超级电容量的应用及超级电容量快速充电模式的研究是必要的。

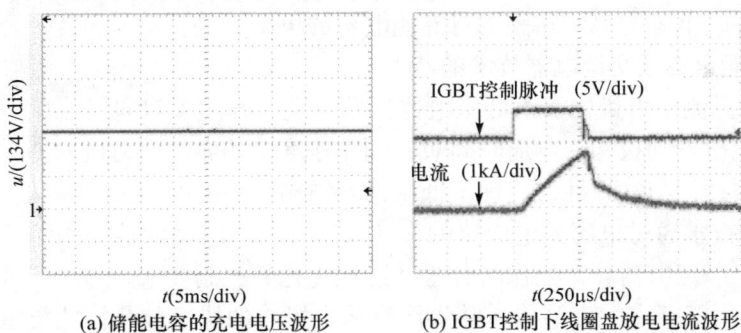

(a) 储能电容的充电电压波形　　　　(b) IGBT 控制下线圈盘放电电流波形

图 4.29　储能电容充电电压及 IGBT 控制下线圈盘放电电流波形

1) 智能全集成交流电器的工作原理

智能全集成交流电器应兼具控制与保护功能，当线路正常运行时，其应能满足频繁操作的控制要求，完成主电路的接通与分断。由于正常频繁操作时，电器动作时间的要求远低于短路故障保护的要求。如上所述，智能控制系统按照优化的电容放电时间通过 IGBT 模块控制储能电容对分合闸线圈盘的放电，在缩短储能电容再次充电时间的同时，降低机构的分合闸撞击与触头合闸弹跳，提升电器整体的机械寿命和电气寿命；当线路异常，如发生短路故障时，储能电容应全部放电，使动静触头在短时间内形成较大开距，实现短路电流的限流与快速分断，减小故障带来的威胁，起到保护的作用。其中，分合闸动作过程使用同一个储能电容，而 IGBT 模块则有两套。其工作过程如下所述。

当智能控制系统收到分闸命令时，输出分闸触发信号，经 IGBT 驱动电路使分闸 IGBT 模块导通，储存在电容里的能量在极短的时间里对分闸线圈盘放电，金属盘克服永磁体的吸力，快速向远离分闸线圈盘的方向运动，并通过连杆机构带动三相动触头开断电路。当触头接近最大行程位置时，顶部的缓冲部件吸收金属盘剩余的能量，降低了机构分闸末速度，提高了机构的机械寿命。此后，触头处于分闸状态，金属盘位于靠近合闸线圈盘的　边且保留初始气隙，反力弹簧作用力让机构保持在分闸位置。同时，控制系统输出电容充电控制信号，电容充电回路完成对储能电容的快速充电。

当智能控制系统收到合闸命令时，输出合闸触发信号，让合闸 IGBT 模块导通，预先储存在电容里的能量在极短时间内按优化控制程序对合闸线圈盘放电，完成机构的合闸操作。在合闸过程中，反力弹簧被压缩，且在动、静触头闭合后，金属盘带动连杆机构继续运动，压缩触头弹簧保证一定的超程，合闸过程结束。此时，触头处于合闸位置，反力弹簧被压缩，固定在连杆机构及底座上的永磁体吸合且克服反力弹簧及触头弹簧作用力，提供触头终压力，触头保持在合闸状态，金属盘处于靠近分闸线圈盘的一边且保留初始气隙。同时，控制系统输出电容充电控制信号，电容充电回路完成对储能电容的再次充电。

2) 智能全集成交流电器技术的特点

(1) 将涡流斥力机构引入低压电器领域，设计开发了双向涡流斥力机构以取代传统的电磁操动机构。响应时间短、动作速度快的涡流斥力机构提高了电器动作过程的快速性与一致性，实现了低压电器结构与功能的集成一体化。

(2) 该技术通过电容充电回路的设计及电容放电时间的控制来缩短电容的充电时间，以满足电器频繁操作与分合闸过程优化的控制要求。

(3) 采用双断点触头结构，并将涡流斥力机构的快速分断特性与短路故障早期检测技术有机结合，大幅度提高电器的短路故障分断能力。

综上所述，涡流斥力机构的快速动作特性是智能低压集成电器技术的关键和保证。因此，改善机构的动作特性，提高其短路电流的限流与分断能力至关重要。

2. 涡流斥力机构参数设计

采用基于人工鱼群算法的电器优化设计方法，并利用该方法针对涡流斥力机构的结构参数进行综合优化仿真，得出有利于涡流斥力机构快速动作的具体参数，为智能全集成交流电器样机的设计与开发提供理论指导依据(基于人工鱼群算法的涡流斥力机构动态优化设计方法，详见第 6 章)。

　　根据人工鱼群算法寻优结果，结合实际样机本体的结构特点，全面的涡流斥力机构设计参数如表 4.5 所示。

表 4.5　涡流斥力机构设计参数

参数	数值	参数	数值
线圈盘材料	铜	线圈盘线径/ mm	1.82
线圈盘半径/ mm	33	线圈盘匝数/匝	17
线圈盘层数/层	1	金属盘厚度/ mm	4.3
金属盘材料	铜	金属盘半径/ mm	33
金属盘内径/ mm	2.5	线圈盘与金属盘初始距离 x_0/mm	1
电容初始电压/ V	311	储能电容容量/μF	3300

3. 基于高速摄像机的样机动特性测试的参数设计方法

　　在加工的智能全集成交流电器样机的基础上，本书利用基于高速摄像机图像测试与处理分析的电器动态特性测试系统对涡流斥力机构动作过程进行测试，并对其动特性测试结果进行分析。

　　以此为基础，结合 4.2.2 节，对比分析不同线圈盘线径、金属盘厚度和金属盘材料对涡流斥力机构分断过程的影响，提出了满足智能集成电器的涡流斥力机构结构参数的实际确定方法。该方法适用于所有的智能低压集成电器。

　　1) 线圈盘线径的影响

　　线圈盘线径作为涡流斥力机构主要的结构参数，直接影响储能电容对线圈盘放电的电流峰值及放电时间。结合人工鱼群算法仿真结果，当金属盘材质为铜且厚度分别固定为 4mm 和 5mm 不变的情况下，线圈盘线径为 1.7mm、1.8mm 和 1.9mm 对涡流斥力机构分断过程的影响如图 4.30 所示(图中 x 为金属盘位移，实际行程为 18mm)。

　　从图 4.30 中可以看出，无论金属盘厚度为 4mm 还是 5mm，涡流斥力机构完成总行程的时间最短时线圈盘线径均为 1.8mm。同时可知，当金属盘厚度为 4mm 时，涡流斥力机构完成总行程的时间为 5.39ms，而当金属盘厚度为 5mm 时，时间为 5.74ms。

　　为进一步讨论线圈盘线径对涡流斥力机构动作特性的影响，本书采用柔性罗氏线圈配合积分器完成线圈电流的检测。由于线圈电流主要与线圈盘线径及外部电路参数有关，本书仅测量了金属盘厚度为 4mm 时，不同线圈盘线径下线圈电流的波形图，如图 4.31 所示。其中，CH1 表示触发信号，CH2 表示线圈电流。

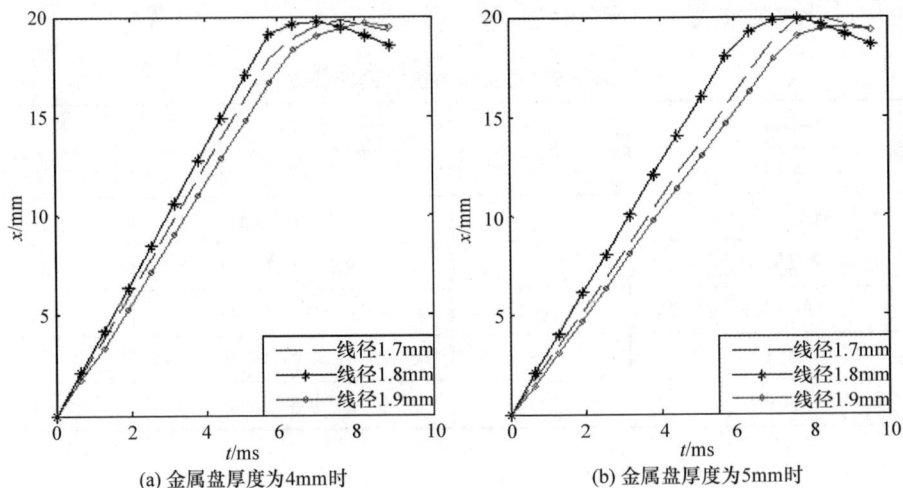

(a) 金属盘厚度为4mm时   (b) 金属盘厚度为5mm时

图 4.30 线圈盘线径的影响

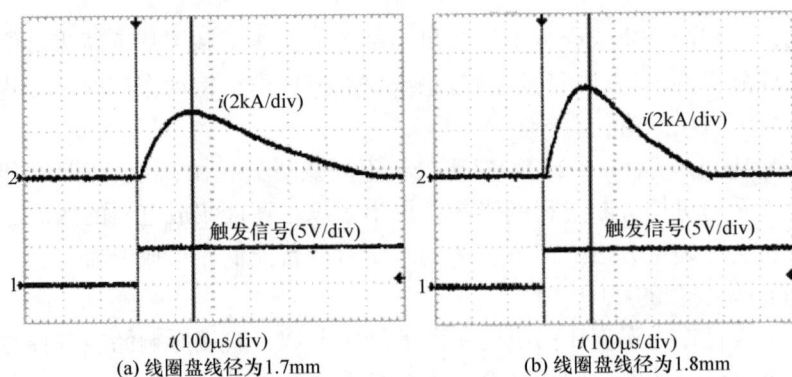

(a) 线圈盘线径为1.7mm   (b) 线圈盘线径为1.8mm

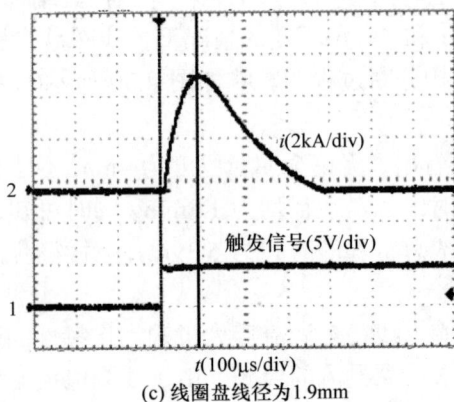

(c) 线圈盘线径为1.9mm

图 4.31 线圈盘线径对线圈电流的影响

　　从图 4.31 中可知，当线圈盘线径为 1.7mm，控制系统给出触发信号 148μs 时，线圈电流到达峰值 3.36kA，且线圈电流持续时间为 640μs；当线圈盘线径为 1.8mm，控制系统给出触发信号 132μs 时，线圈电流到达峰值 4.56kA，且线圈电流持续时间为 468μs；而当线圈盘线径为 1.9mm，控制系统给出触发信号 88μs 时，线圈电流到达峰值 5.44kA，且线圈电流持续时间为 386μs。

　　进一步分析以上实测结果可知，在线圈盘匝数基本不变的情况下，线圈盘线径并不是越大越好。虽然，线圈盘线径越大，线圈盘的直流电阻越小，线圈电流峰值越大。但同时，储能电容的放电时间也随之缩短，导致金属盘所受的涡流斥力维持时间减少，涡流斥力机构动作的时间也相应延长。反之亦然，线圈盘线径减小，虽然储能电容放电的持续时间有所增加，但线圈盘直流电阻变大，线圈电流到达峰值的时间延长且电流峰值下降，不利于涡流斥力机构在动作初期快速建立较大开距，将严重影响智能低压集成电器的短路电流抑制效果。

　　综上所述，线圈盘线径存在一个最优值，本书通过基于高速摄像机的电器动态特性测试系统实际测试可知，当线圈盘线径取 1.8mm 时，涡流斥力机构完成总行程的时间最短，即线圈盘线径为 1.8mm 时最有利于智能低压集成电器样机快速动作。

　　2) 金属盘厚度及材质的影响

　　金属盘作为涡流斥力机构中的受力部件，其自身厚度影响可动部件的质量及金属盘中感应电流的分布情况。本书将金属盘的外径与线圈盘外径设计成相同的，在线圈盘线径分别为 1.7mm、1.8mm 和 1.9mm 的情况下，对比分析了金属盘厚度为 4mm 和 5mm 时对涡流斥力机构分断过程的影响，如图 4.32(a)～(c)所示，图 4.32(d)则给出了在线圈盘线径为 1.8mm、金属盘厚度为 4mm 的情况下，金属盘材料为铜盘和铝盘对涡流斥力机构分断过程的影响。

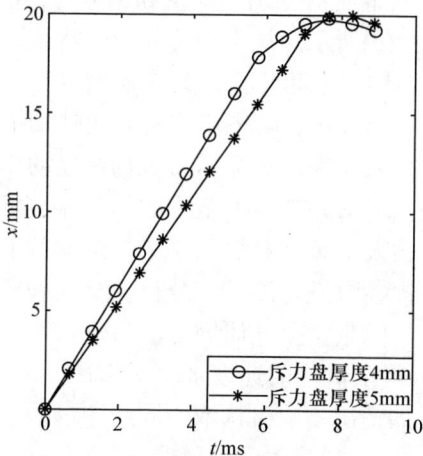

(a) 线圈盘线径为1.7mm

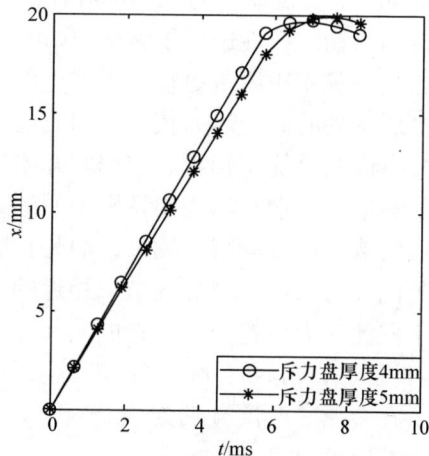

(b) 线圈盘线径为1.8mm

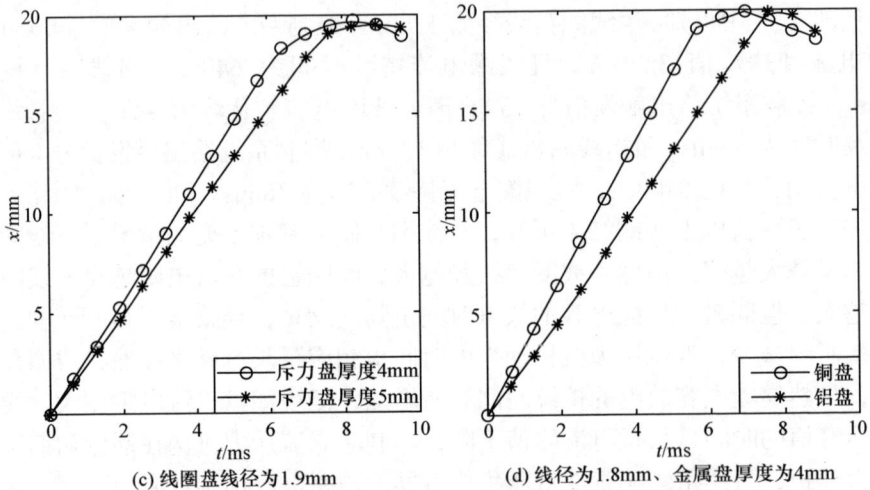

(c) 线圈盘线径为1.9mm

(d) 线径为1.8mm、金属盘厚度为4mm

图 4.32　金属盘厚度及材质的影响

当金属盘厚度增大时，金属盘的等效电阻减小，其自身的感应涡流增大，所以涡流斥力将会随着金属盘厚度的增加而增大，当金属盘厚度增加到等于工作频率下的透入深度时，感应涡流将不再变化。但是，随着金属盘厚度的增加，运动部件的质量也随之增大，影响了机构的动作。由图 4.32(a)～(c)的分析可以得出，无论线圈盘取何种线径，当金属盘厚度为 4mm 时，涡流斥力机构完成行程的时间都最短，即在保证机构拥有足够机械强度的基础上，当金属盘厚度取 4mm 时，最有利于涡流斥力机构快速动作。

为了分析金属盘选材对涡流斥力机构分断过程的影响，本书针对线圈盘线径为 1.8mm、金属盘厚度为 4mm 的情况下，当金属盘分别为铜盘和铝盘时，对涡流斥力机构的动作特性进行了测试，如图 4.32(d)所示。从图中可知，虽然相同尺寸的铝盘与铜盘相比质量更轻且成本更低，但铝盘电阻率大，感应涡流较小，导致金属盘所受到的涡流斥力较小，因此运动时间较长，从图中也可看出使用铜盘在快速性方面明显优于铝盘。根据实际测试结果，为使涡流斥力机构快速动作，金属盘材料应选择铜盘。需要特别说明的是，本书并未对大范围的涡流斥力机构结构参数的取值进行动特性测试，而是在上述人工鱼群算法仿真结果的基础上，结合实际的加工条件，对寻优结果相近的结构参数进行测试与分析，从而确定出最有利于涡流斥力机构快速动作的实际参数。但是，上述研究方法可供参考。

对机构的位移-时间动特性进行求导可得出机构的速度-时间动特性，图 4.33 给出了在金属盘厚度分别为 4mm 和 5mm 的情况下，机构取不同线圈盘线径时的速度-时间动特性。

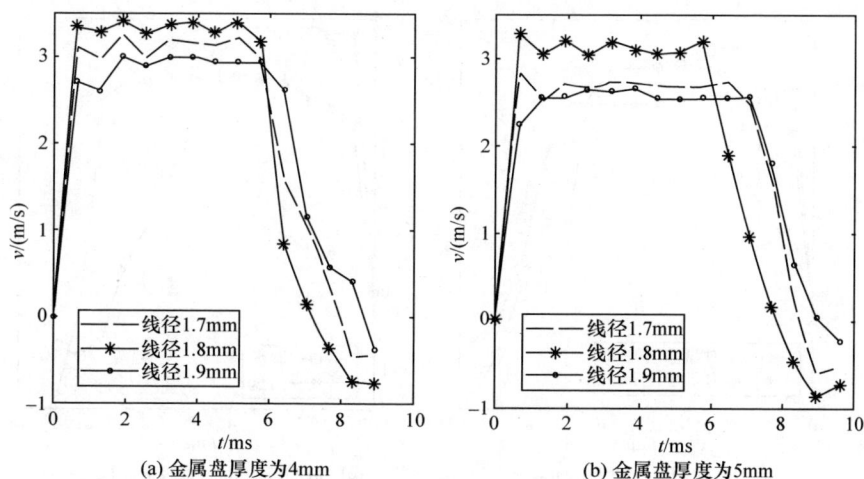

(a) 金属盘厚度为4mm　　　　　　　(b) 金属盘厚度为5mm

图 4.33　不同线圈盘线径的速度-时间动特性

图 4.34 则给出了在线圈盘线径固定不变的情况下，机构取不同金属盘厚度时的速度-时间动特性以及在线圈盘线径和金属盘厚度固定不变的情况下，机构取不同金属盘材质时的速度-时间动特性。

结合图 4.33 和图 4.34 分析可知，当控系统块给出分断触发信号后，涡流斥力机构的速度上升很快，均在极短的时间内加速到接近最大速度。由于储能电容的放电时间非常短，金属盘在受到几百微秒斥力的作用之后，便以惯性继续运动，金属盘加速到最大速度后便基本保持该速度运动完行程。同时，通过观察还发现由于涡流斥力机构在动作过程中不仅有竖直方向的运动，

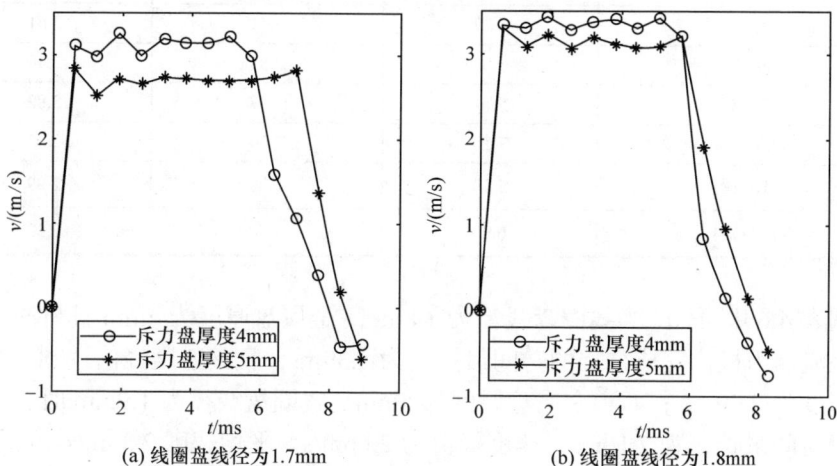

(a) 线圈盘线径为1.7mm　　　　　　(b) 线圈盘线径为1.8mm

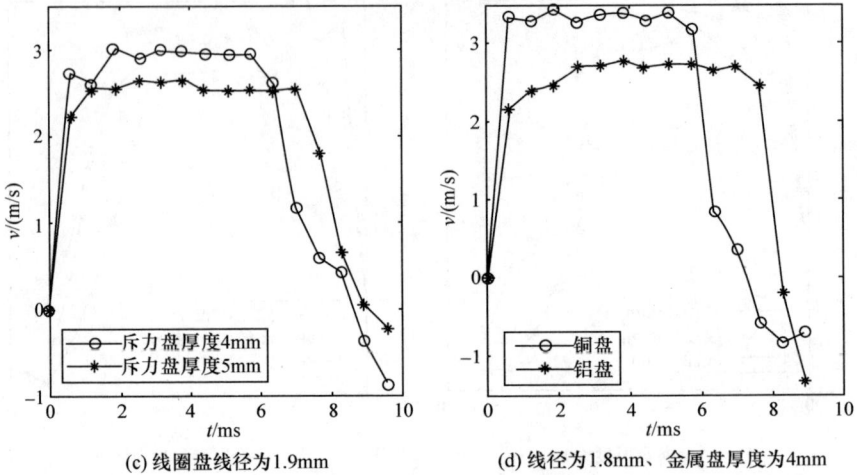

(c) 线圈盘线径为1.9mm

(d) 线径为1.8mm、金属盘厚度为4mm

图 4.34 不同金属盘厚度及材质的速度-时间动特性

还有水平及前后方向的小幅运动，且会受到摩擦力的作用，因此其速度曲线会有一定的波动，但是总体趋势不变。从图 4.34(d)中也可直观地看出，当金属盘采用铜盘时，涡流斥力机构的分断速度明显优于铝盘。

各种情况下涡流斥力机构完成行程的时间统计详见表 4.6。

表 4.6 涡流斥力机构完成总行程的时间和速度

(金属盘厚度/线圈盘线径)/(mm/mm)	完成行程时间/ms	速度峰值/(m/s)	平均速度/(m/s)
4/1.7	5.84	3.24	2.79
4/1.8	5.39	3.39	2.99
4/1.9	6.27	3.01	2.61
5/1.7	6.69	2.83	2.46
5/1.8	5.74	3.28	2.82
5/1.9	7.10	2.66	2.33
4/1.8(铜)	5.39	3.39	2.99
4/1.8(铝)	6.90	2.78	2.32

从表 4.6 中可知，当线圈盘线径为 1.8mm，金属盘厚度为 4mm 且材质为铜盘时，涡流斥力机构完成行程的时间最短，为 5.39ms，且其速度峰值达到 3.39m/s，平均速度为 2.99m/s；而当金属盘厚度为 5mm，线圈盘线径为 1.9mm 时，机构完成行程时间最长，为 7.10ms，速度峰值为 2.66m/s，平均速度 2.33m/s。可见，虽然金属盘厚度和线圈盘线径的设计参数仅有很小改变，但对于涡流斥力机构的快

速性却有很大影响，同时也验证了上述基于人工鱼群算法仿真寻优结果的准确性与有效性。将仿真优化结果与实际测试结果进行相互验证，也可提升效率，缩短样机设计开发周期。

4. 智能全集成交流电器样机特性测试

本小节在表 4.5 的基础上，结合上述基于高速摄像机的动特性测试结果的对比分析及实际的加工工艺，将金属盘厚度设计为 4mm，线圈盘线径设计为 1.8mm，完成了采用涡流斥力机构的智能低压全集成交流电器样机的设计开发，并针对该试验样机动静触头的分断时间、分合闸动作特性及线圈盘电流进行了测试。

1) 涡流斥力机构快速分断特性测试

运用 MATLAB 软件编程进行涡流斥力机构动特性的计算。图 4.35 给出了本书所设计开发的智能全集成交流电器样机的线圈电流及金属盘所受到的涡流斥力情况。

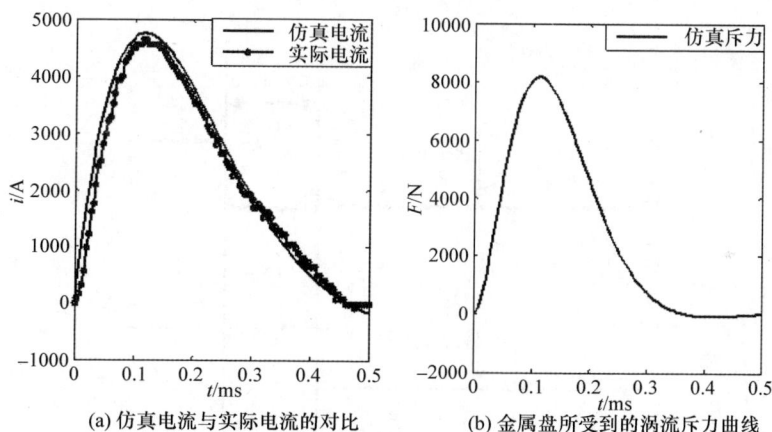

(a) 仿真电流与实际电流的对比　　　　(b) 金属盘所受到的涡流斥力曲线

图 4.35　样机的线圈电流及涡流斥力曲线

从图 4.35(a) 中可知，仿真与实测电流曲线有较高的吻合度，说明所建立的模型能够较好地反映实际情况，验证了寻优的有效性。其中，线圈盘仿真电流的值略高于实测电流值，这是因为在实际的储能电容放电回路中存在包括储能电容的等效串联电阻、线路自身阻抗以及回路接线端子阻抗等杂散电阻。

进一步分析图 4.35(a) 可知，储能电容的放电电流在样机接收到分断触发信号后 130μs 左右便到达峰值 4.56kA，电流的平均上升速度约 35A/μs。从图 4.35(b) 中可以看出，涡流斥力大约在 110μs 到达峰值 8140N。当短路故障发生时，金属盘在极短时间内受到如此大的涡流斥力作用，并通过连杆机构带动触头系统以较大的初始加速度快速动作,在短路电流的萌芽期便形成较大开距,并且最终可靠熄弧。

短路故障发生,触头打开后立即产生电弧,电弧的形成对短路电流起限流作用,触头打开得越早,其分断能力越强,因此,触头打开的时刻对于提高电器分断能力至关重要。本节对智能低压全集成电器样机动静触头的快速打开时间进行了测试:在样机的触头两端串联电阻和+5V 电源用于观测触头打开信号,并利用示波器同时监测电容放电回路中 IGBT 的触发信号和样机触头打开信号,所得波形如图 4.36 所示。从图中可以看出,从 IGBT 触发时刻到样机动静触头打开的时间仅为 0.37ms。显然,采用涡流斥力机构的智能低压全集成电器样机大幅度缩短了短路故障发生后触头打开的时间(与现有断路器比较),并且以极大的运动速度增大了触头开距。因此,如果结合短路故障早期检测技术,该电器的触头系统可在短路故障发生后极短时间内产生电弧,对短路电流起着强大的限流作用。

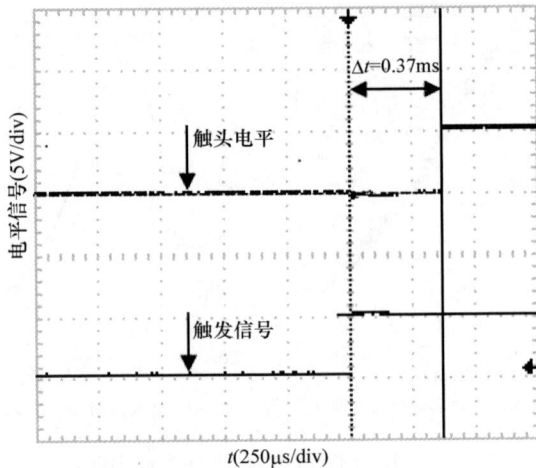

图 4.36　涡流斥力机构动静触头的分断时间

2) 样机分合闸动作特性测试

在实现储能电容快速充电的基础上,本书采用双向涡流斥力机构来实现智能全集成交流电器样机的分合闸控制并对其动特性进行测试,如图 4.37 所示(储能电容电压为 311V)。样机在短路故障发生时需要快速切除短路电流,因此通过控制 IGBT 全部释放储能电容能量,样机的快速分断过程如图 4.37(a)所示。而样机在实现控制功能时,通过控制 IGBT 来实现储能电容对线圈盘放电时间的控制,在加快电容再次充电速度的同时,实现动作机构"软着陆",以减小机构分合闸撞击与触头弹跳，提高样机的机械寿命和电气寿命。IGBT 控制下样机的合闸过程如图 4.37(b)所示。

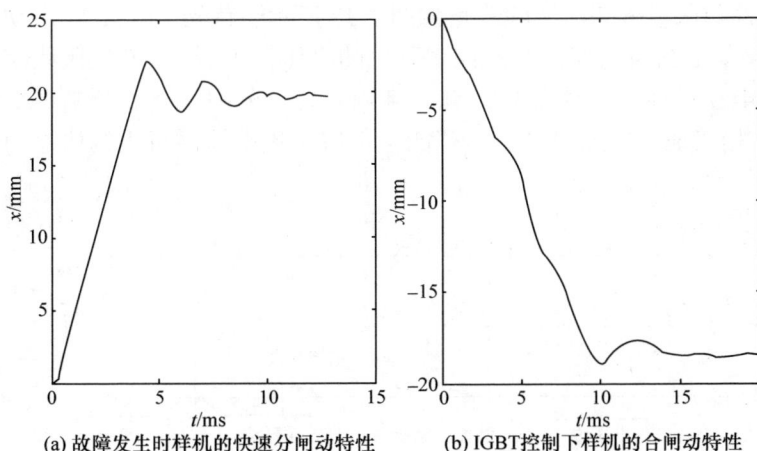

(a) 故障发生时样机的快速分闸动特性　　　　(b) IGBT控制下样机的合闸动特性

图 4.37　样机的分、合闸动作特性

从图 4.37(a)所示分闸位移特性分析可知，机构在运动初期瞬间被加速至 3.3m/s，在 5ms 左右运动到最大开距，且由于采用双断点触头结构，进一步加强了该电器样机短路电流的开断及抑制能力。机构在运动末期有所反弹，这是由缓冲材料与机构之间碰撞振动引起的。在图 4.37(b)所示的样机合闸动作过程中，IGBT 按优化的放电时间对线圈盘电流进行控制。由于涡流斥力的作用时间非常短，金属盘在反力弹簧的作用下以较小末速度靠近分闸线圈盘，同时依靠永磁体的吸力使机构最终稳定地保持在合闸状态且不产生弹跳。这种控制方式适合于合闸过程的优化控制。

传统的开关电器由于操动机构固有动作时间较长且分散性较大，难以满足控制与保护的快速性要求，限制了低压电器智能化技术的发展和应用。采用涡流斥力机构的智能低压全集成电器对提高低压配电控制与保护技术的水平具有重要意义。

5. 低压短路电流快速分断模拟实验

短路电流开断能力是研发智能全集成交流电器的技术重点与难点，本书利用基于人工鱼群算法的电器优化设计方法对涡流斥力机构结构参数进行了优化设计，并结合基于高速摄像机的动特性测试实验结果，在交流接触器样机本体的基础上，研发了具有短路故障早期检测功能的智能全集成交流电器样机。将该样机应用于自行开发的实验室低压配电短路故障模拟实验系统(该系统仅仅是为了便于低压配电短路故障保护研究工作的开展而研制的模拟实验系统。该系统短路容量较小，其短路电流很小)，测试其在不同故障电压初相角下短路电流的快速分断特性与限流效果，实验线路如图 4.38 所示。首先，电机 M 启动并正常运行，智能全集成交流电器的智能控制系统的电压传感器、柔性罗氏线圈及积分器分别采集电压信号与电流信号，真空接触器处于分闸状态。控制真空接触器合闸，则 C 相接地短路故障产生，智能全集成交流电器样机机构快速动作并分断短路电流。

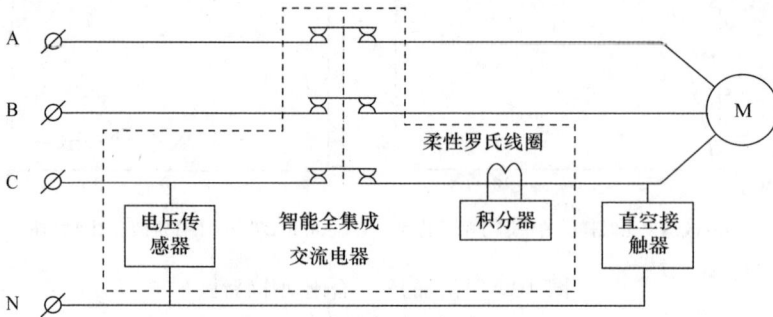

图 4.38　实验电路示意图

　　图 4.39～图 4.41 给出了智能全集成交流电器样机结合短路故障早期检测技术，在 C 相发生短路故障时，全相角范围内的快速分断结果图。图 4.39 为短路初相角为 7.56°时短路故障的电压、电流波形，图 4.40 为样机在短路初相角为 7.56°时短路故障的快速分断波形，图 4.41 为部分短路初相角 β 的样机快速分断短路故障的实验波形。

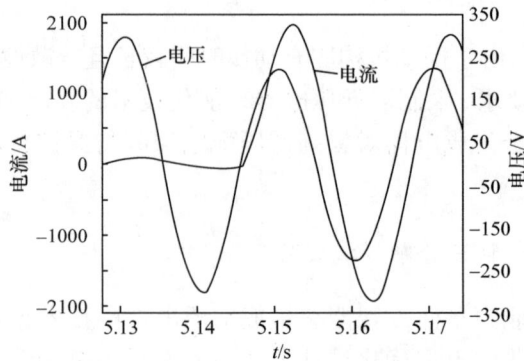

图 4.39　β=7.56°时短路故障的电压、电流波形(见彩图)

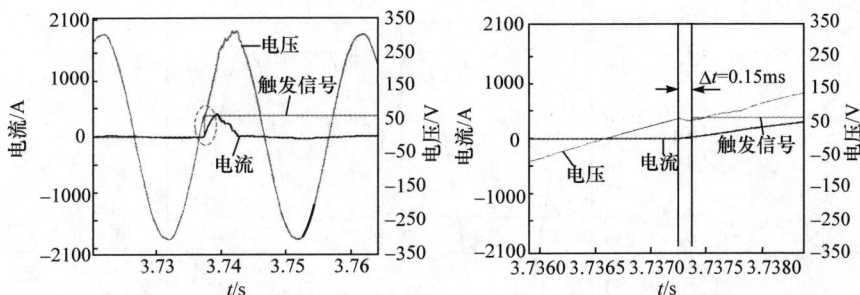

(a) $\beta=7.56°$时早期检测及快速分断的电压、电流波形　　(b) $\beta=7.56°$时短路故障电压电流细节图

图 4.40　短路相角为 7.56°时短路故障的快速分断波形(见彩图)

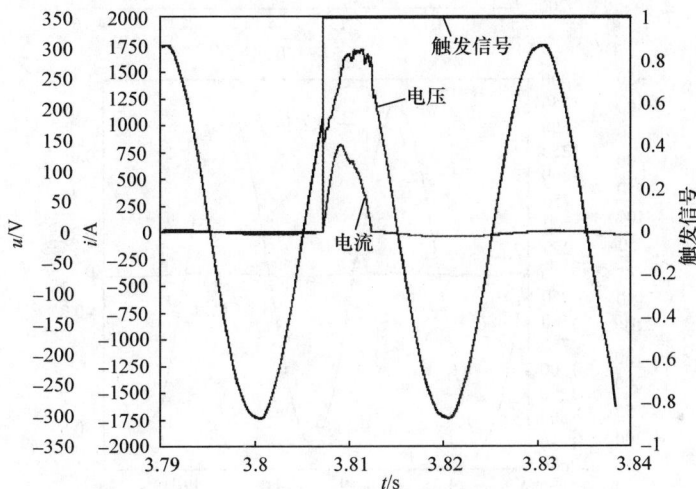

(a) $\beta=36.72°$

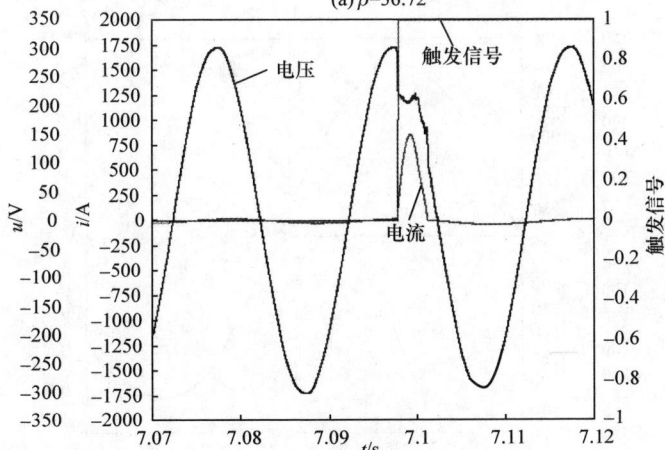

(b) $\beta=99.18°$

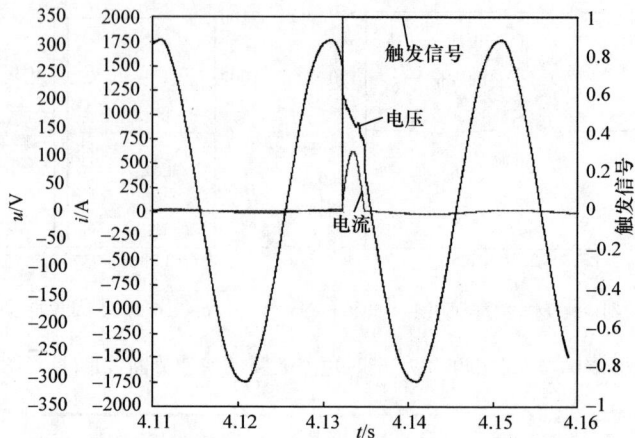

(c) $\beta=120.24°$

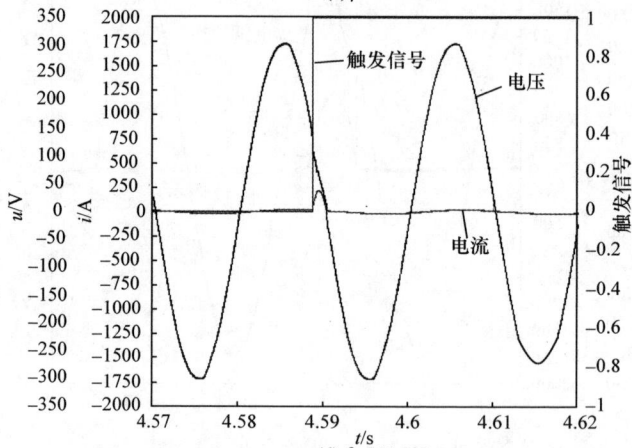

(d) $\beta=151.92°$

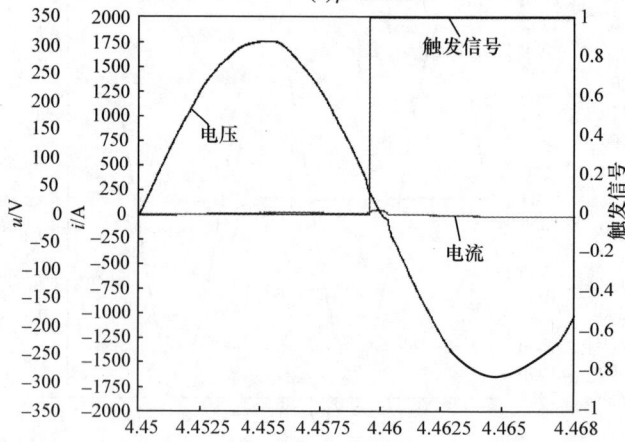

(e) $\beta=170.46°$

图 4.41　样机快速分断短路故障的部分实验波形(见彩图)

将全相角范围内故障电流分断情况列于表 4.7。

表 4.7　模拟实验系统全相角范围单相故障电流分断情况

故障初相角/(°)	早期检测时间/ms	接入快速分断机构后	
		电流峰值/A	故障切除时间/ms
7.56	0.15	405.4	5.31
21.60	0.13	550.9	5.81
29.16	0.14	573.7	5.22
36.72	0.12	818.6	5.18
44.82	0.16	828.5	4.69
58.68	0.16	972.3	4.55
70.38	0.12	1063.6	4.36
81.54	0.11	925.2	3.95
84.06	0.13	939.0	3.83
99.18	0.12	856.8	3.41
111.60	0.12	696.6	2.94
120.24	0.14	617.0	2.65
130.22	0.13	463.2	2.35
140.58	0.13	361.3	2.09
151.92	0.14	213.5	1.69
161.82	0.15	123.3	1.27
170.46	0.19	46.4	0.88

综合分析图 4.39～图 4.41 及表 4.7 可得如下结论。

(1) 基于涡流斥力机构及短路故障早期检测技术的智能全集成交流电器样机 (自行加工的实验室样机)，在全相角范围内均能成功实现故障早期检测并快速分断短路电流，故障切除时间为 5ms 左右。实验结果表明，该样机具备低压短路故障快速分断保护特性。

(2) 以故障初相角 7.56° 为例：当故障初相角为 7.56° 时，其短路电流第一峰值为 1965A，出现在故障后 6.44ms 时刻，第二峰值达到 −1925A。但接入样机进行短路电流快速分断，故障发生后 0.15ms 便实现了故障的早期有效辨识并发出机构动作触发信号，驱动样机双断口动静触头快速限流与分断短路电流，故障仅持续了 5.31ms，且短路电流峰值只达到 405.4A，从而减小了短路电流对故障线路的冲击。

(3) 将涡流斥力机构的快速分断特性与短路故障早期检测技术有机结合，配合双断口触头结构，在短路电流萌芽期便形成较大开距，样机的早期快速限流效果良好，且短路电流均未出现第二峰值。

同时，本书为进一步测试所开发样机的短路电流快速分断能力，还进行了两相相间短路快速分断和三相同时短路快速分断实验，部分实验结果如图 4.42 和图 4.43 所示。

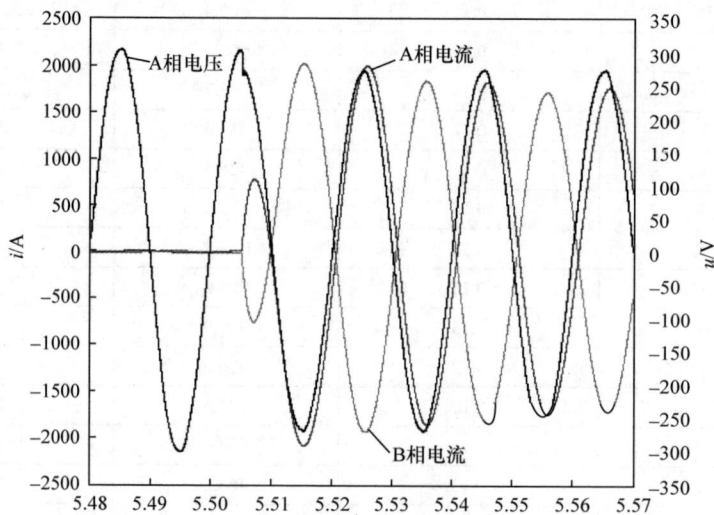

(a) AB相间短路故障波形

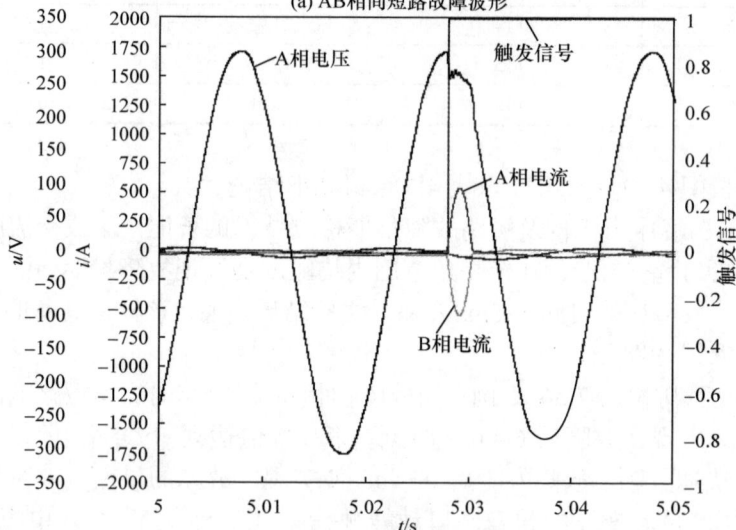

(b) AB相间短路快速分断波形1

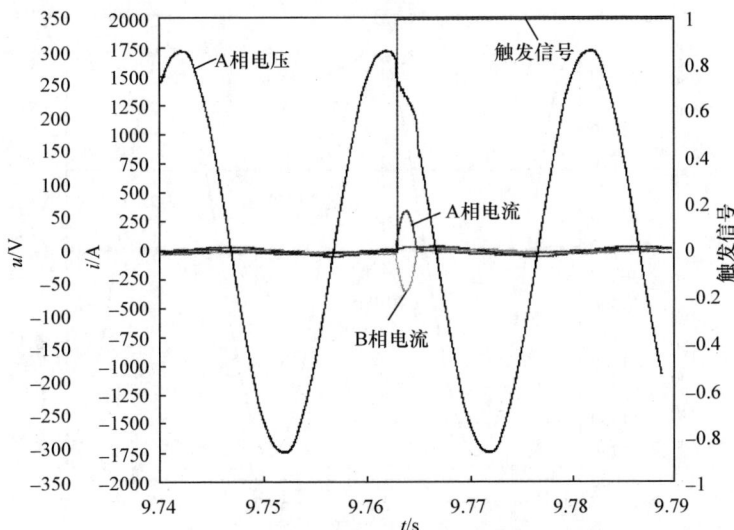

(c) AB相间短路快速分断波形2

图 4.42　样机两相相间短路快速分断情况(见彩图)

从图 4.42 和图 4.43 可以看出：

(1) 在低压配电短路故障模拟实验系统发生两相相间短路故障时，若不应用智能低压全集成交流电器样机进行故障快速分断，则短路电流第一峰值为 782A，第二峰值为 2091.6A，且配电线路伴随着明显的振动；当接入保护样机进行短路电流快速分断时，短路电流峰值为 554A，且在故障发生后 2.56ms 即切断短路电流，未出现短路电流第二峰值。

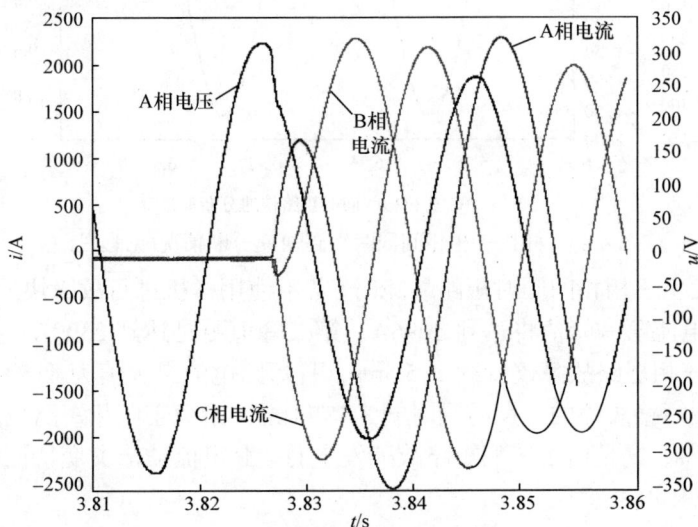

(a) 三相相间同时短路智障波形

(b) 三相相间同时短路快速分断波形1

(c) 三相相间同时短路快速分断波形2

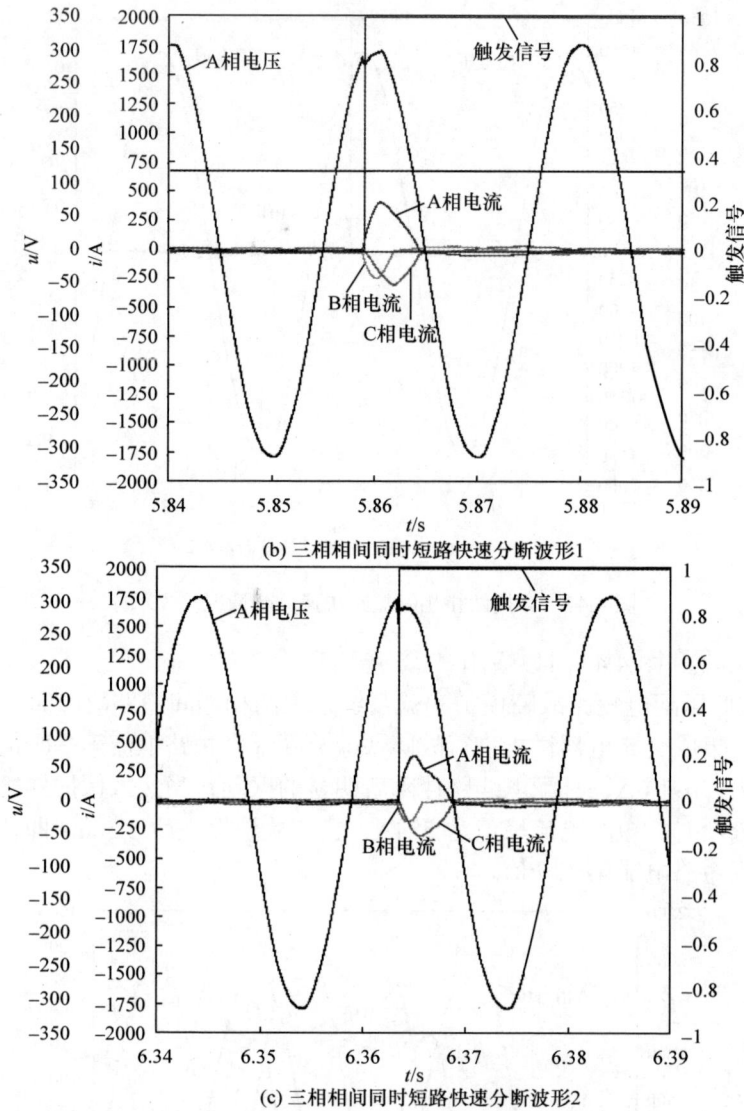

图 4.43　样机三相相间同时短路快速分断情况(见彩图)

　　(2) 当发生三相相间同时短路故障时,若不使用样机进行故障快速分断,则其最大的短路电流第一峰值将达到 2096A,第二峰值更是达到 2399A;而当接入保护样机时,三相短路故障仅持续了 5.5ms,且短路电流最大值为 415A。

　　(3) 三相短路故障的早期检测时间为 0.11ms,略短于两相短路故障的早期检测时间 0.14ms,这是由于三相短路故障发生时,其电流波形突变特征较发生两相短路故障时明显。

强大的短路电流对线路、设备及开关本身的动热稳定性都构成很大的威胁。综上所述，本书介绍的基于涡流斥力机构及短路故障早期检测的智能全集成交流电器技术，能在故障早期显著地抑制短路电流的同时快速切除故障，具备低压短路故障早期快速保护特性，为智能配电网的控制与保护提供新的思路和方法。

由于以上所述的样机是手工实验室样机，实验系统是低压配电短路故障模拟实验系统(其实验室实际的短路电流很小)，与实际产品及实际的配电系统短路故障保护相比：①故障早期检测与开始动作时间基本相同；②由于开断电流很小，设计的灭弧栅片未充分发挥作用；③实验室样机的加工工艺、水平与效果无法与实际产品相提并论，特别是动作过程的快速性。因此，上述实验仅仅说明该集成电器具有快速短路电流分断的能力，而无法具体表现其短路保护的真实性能指标，属于"大材小用"。本节所述研究思路、研究方法与实验结果的规律可供参考。

6. 正常频繁操作过程简介

如上所述，对交流接触器正常频繁操作功能的合闸、分闸时间的要求远低于短路电流快速开断的要求。因此，与短路故障保护时储能电容完全放电不同的是，单片机系统按要求控制电子器件(如 IGBT 或 GTO)短时间导通，储能电容只向线圈释放部分能量，以保证电器正常可靠合闸与分闸。在正常频繁操作的过程中，放电电流在远未达到峰值之前即已衰减。因此，所需的电子器件容量较小，成本较低；储能电容在很短的时间内可以再次充满电荷，保证频繁操作与短路保护之需。

4.4.3　智能分相式全集成交流电器技术思路

该集成电器的结构形式类似于上述双触头系统集成电器。但是，本体由三台直动式交流接触器(结构形式)组成，即一台接触器为其一相。因此，每相有 6 对触头，从而大幅度提高其短路分断能力。目前，低压断路器领域提出采用每相 2 对触头的结构形式，由于较普通断路器多了 1 对触头，短路分断能力得以较大幅度提高。然而，其动作机构仍然是传统的转动式。本技术提出研发多触头系统的短路故障保护电器的思路是基于高短路分断能力产品研发的要求。如果采用直动式结构，并以交流接触器(结构形式)为本体，多触头系统的结构是很容易实现的。

如上所述，每相可以单独配置涡流斥力机构，这样集成电器将具有正常频繁操作的零电流分断的功能。由于其相对于普通接触器具有更快的分断释放动作，更有利于首开相零电流分断功能的实现。该集成电器的结构示意图见图 4.44。此时，视情况而定，储能电容可以每相一套，也可以三相共用一套。当然，该电器也可三相共用一套涡流斥力机构，其结构示意图见图 4.45。

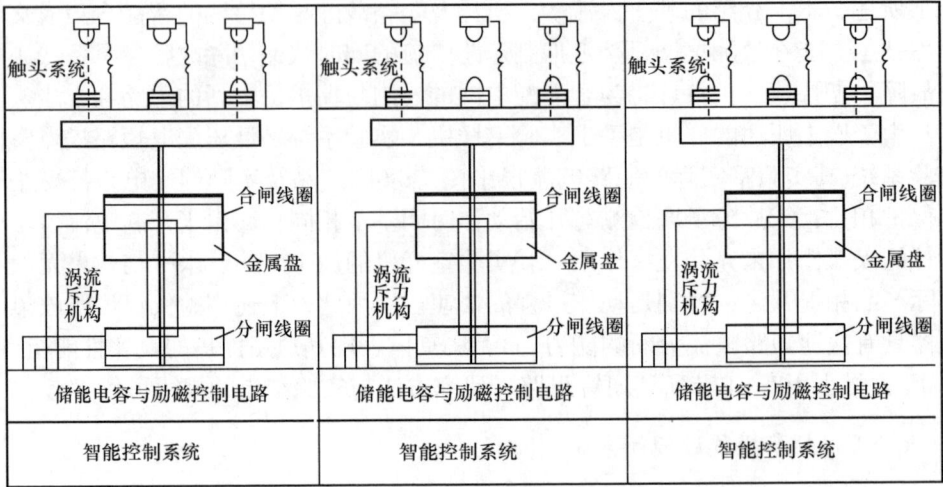

图 4.44　三台三套涡流斥力机构集成电器的结构示意图

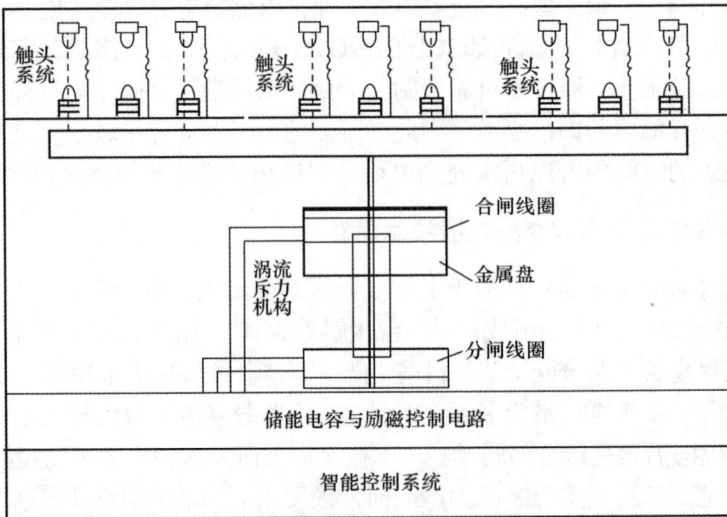

图 4.45　三台共用一套涡流斥力机构集成电器的结构示意图

此外，电感储能型脉冲电源具有较高的储能密度。因此，高功率脉冲电源采用电感储能或电感储能与电容储能配合的方案也可以考虑。

4.5　基于系统全选择性保护的智能低压配电控制与保护技术

各种相关的故障严重威胁低压配电系统安全、可靠与有效的运行。短路故障是低压配电系统运行中危害性最大的故障。本书所述的过电流系统选择性保护将重点涉及断路器短路故障选择性保护。

在阐述智能低压配电系统短路故障选择性保护的基础上，本书提出基于以智能低压短路保护电器和短路电流预测为关键技术的过电流系统全选择性保护与系统选择性保护的概念，在此基础上对智能低压配电协调控制与保护技术研究及发展进行探讨。

4.5.1　低压配电系统过电流选择性保护技术的现状

高性能、高协调性的过电流全选择性保护技术是低压配电系统可靠运行的重要保障。相关标准规定两台串联的过电流保护电器或上、下级过电流保护电器之间的过电流选择性保护可分为全选择性和局部选择性保护。

但是，无论全选择性保护或者局部选择性保护，低压配电系统的过电流选择性保护技术一般都局限于上、下级过电流保护电器(实际上，以上、下级断路器为主)之间的匹配上。

目前，过电流选择性保护技术主要有以下两种保护方式。

1. 断路器非区域连锁过电流选择性保护技术

该技术主要是通过电流、时间整定实现的。这两种方法分别利用上、下级断路器过电流脱扣器不同的电流整定值或检测到短路电流后通过断路器动作时间差来实现。

但是，其问题在于，配电系统实现选择性保护时间太长，对于多层级配电系统，此问题更突出。从而提高了对系统及其设备、器件的动热稳定的要求，降低了运行可靠性。此外，对于电流整定选择性保护，其选择性保护限制在低压断路器短延时范围内，当下级断路器发生的短路电流超过上级断路器短延时整定电流时，上、下级断路器可能同时跳闸，无法实现过电流选择性保护。

2. 断路器区域连锁过电流选择性保护技术

断路器区域连锁过电流选择性保护技术是应用信息交换技术，当断路器接到其出线端短路故障信号时，立即瞬动，同时向上级断路器发送闭锁信号。上级断路器仅作为短路故障的后备保护。

该技术是利用具有区域连锁功能的控制器对短路电流的信号进行判断，在确认短路故障发生后，执行上述控制程序，完成闭锁信号的发送或接收。

提高低压断路器的短路分断性能，并采用区域连锁过电流选择性保护方式，可以使低压配电系统在较短时间内完成保护任务，从而提高选择性保护的准确性与保护性能，提高低压配电系统运行的可靠性。显然，该技术较断路器非区域连锁过电流选择性保护技术的保护水平有显著的提高。

但是，总体上，目前低压配电系统的过电流选择性保护仍是极不完善的。

为此，提出大幅度提高 ACB 短时耐受电流，大幅度提高 MCCB 运行短路分断能力和限流性能，研发具有选择性保护的终端配电系统断路器等措施。力求改善低压配电系统上、下级保护特性的配合。

综上所述，仅仅通过断路器之间的配合实现高水平选择性保护有其难度，对于多层级低压配电系统，更是如此。目前，过电流选择性保护技术的局限性，不仅难以实现快速、协调、准确的低压配电系统选择性保护，而且使断路器的结构与功能复杂化。

对于低压配电系统，特别是多层级低压配电系统，严格地说，以上所述的过电流全选择性保护与局部选择性保护的概念都属于非全局选择性保护范畴。对于智能低压配电系统而言，选择性保护应该是一个全局的思路，并具有极强的协调性。因此，本书强调建立系统保护的概念，而不仅仅集中在上、下级断路器器件的配合。

4.5.2　智能低压配电系统的过电流系统选择性保护技术

面对 21 世纪的各种挑战，智能电网无疑是当今世界电力系统的发展趋势，是各国电网未来发展方向的共同选择。毫无疑问，作为智能电网的重要组成部分——智能低压配电系统也必须具备以上信息化、数字化、自动化、互动化的特征与统一坚强的要求。

如上所述，目前过电流选择性保护技术不仅无法满足现有电网的需求，更无法与智能电网协调运行。

随着低压配电系统容量与范围的扩大、智能电网建设的进行，特别是智能低压配电系统的发展与应用，采用"智能"与"系统"选择性协调保护技术势在必行，同时也为该技术的发展提供了实现的基础与条件。

这一切意味着，为了适应智能低压配电系统运行的需求，具有系统特征的智能选择性保护技术概念的提出是必要的。

该过电流系统选择性保护技术的目标或含义应该是或者仍然是，在系统发生短路故障(任何状态——时间、位置、形态)时实现快速、协调、准确的保护，以最短的时间将短路故障的影响限制在最小区域内，确保整个系统最大范围的正常运行。

以电源(局部)、负载与智能电器系统为主组成的智能低压配电系统，其关键部分是以智能控制中心为核心，以短路保护电器(断路器等)为主要执行器件，并由内部和外部通信网络、分立或集成的智能或非智能电器器件、各种电器范畴之外的电气或非电气器件与设备等组成的智能电器系统。

本书认为，适应智能低压配电系统运行的过电流系统选择性保护技术可以分为以下两个步骤。

1. 基于区域连锁概念的过电流系统选择性保护技术

该技术实际上是充分利用上述智能低压配电系统的关键部分——智能电器系统的优势，将断路器区域连锁过电流选择性保护技术与智能电器系统相结合，实现断路器之间的选择性保护。

简言之，智能电器系统的智能控制中心覆盖了以上所述的具有区域连锁功能的控制器。智能控制中心通过通信网络控制短路故障部断路器立即瞬动；所有要求正常运行的非短路故障部断路器闭锁不动作，短路故障部的上级断路器仅作为后备保护之用。从而完成断路器区域连锁的选择性保护任务。

显然，对于智能电器系统而言，这种选择性保护方式是较容易实现的。

在该技术中，短路故障早期检测与断路器限流性能具有重要意义。

2. 过电流系统选择性协调保护技术

关于过电流系统选择性保护技术的研究思路，作者曾在"智能电网与智能电器系统"一文中有所叙述。

实际上，过电流系统选择性保护技术的核心仍然是智能控制中心(即相当于人体的中枢神经系统)。该技术的主要内容包括以下几方面。

1) 短路故障早期检测

短路故障早期检测的实现对于提高电器及其系统短路分断能力、实现短路故障选择性保护与建立坚强的智能配电系统是至关重要的。

如前所述，采用小波分析与数学形态学、电压与电流波形等相结合的方案，进行短路故障早期检测的研究。虽然不同的短路故障发生相位将导致不同的短路电流形态，但是一般可以在大约 200μs 之内准确地判断短路故障。

2) 短路电流预测

所谓短路电流预测就是对短路电流后期发展进行预测，重点是峰值电流预测与判断。短路电流预测是智能控制中心决定最佳保护方案的重要保证。在短路电流预测的基础上，智能控制中心根据各级断路器的配置与限流性能，对相关断路器进行准确的、一步到位的控制。

因此，短路电流预测技术是实现系统选择性保护与电网运行坚强性保证的关键技术。

由于系统与故障的复杂性，短路电流准确预测的技术难度非常大，但是，采用人工智能等技术结合短路故障的电流与相关电压波形等参数突破此关键技术是可能的。

如果将短路故障早期检测与短路电流预测综合考虑或由短路电流预测技术取代短路故障早期检测，不失为更好的方案。

在进行短路电流预测的同时，故障定位的判断对于故障处理也是有益的。

显然，系统短路故障选择性保护技术充分利用了智能控制中心强大的运算资源与能力。该运算资源与能力绝非上述断路器(具有区域连锁功能控制器)所能比拟的。

3) 短路保护电器(如断路器等)快速分断

在对短路电流进行预测后，通过快速分断的断路器实现配电系统选择性保护。

基于涡流斥力机构的智能低压集成电器的思路与方案的实现可有效地解决此问题。该电器在接触器的框架与双断点、多断点触头系统的基础上(多断点的结构，如 4 断点或 6 断点，是值得考虑的，这就是上述的分相式集成电器)，用涡流斥力机构取代了原接触器电磁系统。通过调节电容(如超级电容)、电容电压、放电时间等参数，实现断路器和接触器不同的功能与要求。该电器的研究重点仍是保证短路电流的快速分断，提高其限流性能与分断能力。此外，将短路电流巨大的破坏能量直接、充分地应用于快速动作机构的思路也是值得考虑的。

如上所述，该思路初步摸底实验的实验室研究样机(即具有短路分断能力的智能分相式集成交流接触器)，由增加了涡流斥力机构的 3 台 CJX2-65 接触器组成(其控制功能的容量较单台接触器大幅度提高)。在福建省产品质量检验研究院进行 50kA 短路电流实验。提供预期波，实验电流(有效值/峰值)为 50.6/106kA。实验结果：峰值为 12.46kA；总分断时间为 4.2ms。

可以预计，在上述研究基础上进行基于涡流斥力机构的智能低压集成电器与智能低压断路器研发。该电器的分断性能将超过具有短路分断能力的交流接触器。

4) 控制与信息交互系统

系统选择性保护技术的核心是"中枢神经系统"——智能控制中心。智能控制中心极其重要的功能是协调性保护与控制。

在上述基础上，智能控制中心通过通信网络对智能低压配电系统各级断路器及各种器件准确地进行控制。因此，必须建立高速、可靠运行的控制与信息交互系统。

众所周知，短路故障不仅影响故障点上、下级电路运行参数，而且对故障点之外的电路或区域的运行参数也可能造成影响。因此，建立上述检测、保护与控制等功能一体化的过电流系统选择性保护技术是智能低压配电系统的迫切需要。

该技术将保证在任何状况下发生短路故障时，系统在极短的时间内将短路电流冲击的影响限制在合理的最小范围内，实现全局短路故障选择性保护，从而保证整个系统的有效运行。

显然，该技术的实现将大幅度提高过电流选择性保护水平，大幅度减小断路器选择性保护的压力，简化断路器的结构与功能，并解决终端配电系统的选择性保护问题。

过电流系统选择性协调保护技术是更高水平的过电流选择性保护技术。

4.5.3　系统选择性保护技术的概念

对于低压配电系统而言，许多故障或者直接或者间接地影响系统各部分的正常运行。因此，如上所述，智能低压配电系统的选择性保护是一个全局(系统)的概念。

系统选择性保护不仅实现智能低压配电系统短路故障的选择性保护，也将实现系统所有过电流故障的全选择性保护；实现系统电压与其他运行故障的选择性保护，包括具有系统局部、器件状态异常的处理，各部分抗电压跌落的功能。本书所述系统选择性保护技术是以短路故障选择性保护为主的全系统各故障类型的综合的选择性保护技术。因此，该技术的实现将大幅度提高整个系统的保护水平。

4.5.4　智能低压配电协调控制与保护技术

在上述基础上，适应智能低压配电系统运行需求的、基于系统选择性保护的智能低压配电协调控制与保护技术也就应运而生。

该控制与保护技术具有以下功能。

(1) 各种电源与负载投入、退出及参数变化的系统优化动态过程。以智能控制中心为核心，以智能短路保护电器为主要器件，并由内部、外部通信网络，自适应地根据运行环境(包括电源、负载、电参量或非电参量)的现状、需求及自身状况，实时地调整控制程序以协调并实现各种电源(包括各种分布式电源)与负载投入、退出及参数变化的系统优化动态过程。

(2) 系统运行过程。智能控制中心根据系统运行与管理(如能效管理)的要求，电源、负载、器件或设备等运行状态以及运行环境的变化情况，通过通信网络进行系统电气或非电气器件与设备自适应的状态转换与参数调节，实现协调、优化运行过程。

(3) 系统保护技术。采用人工智能技术及其控制与保护特性，实现系统运行状态实时检测、故障形态参数监测与未来运行过程的预测(包括各种故障类型、可能的故障深度、可能带来的后果、故障位置等)，并进行协调、优化控制、保护与自愈，其中特别重要的是实现准确、可靠的、以短路故障为主的过电流等各种故障综合的系统选择性保护。

(4) 信息管理需求。可以与上级管理计算机或运行人员的移动通信设备进行运行状态的信息交换，甚至实现控制，以满足现场无人值守的需要，系统还具有与用户互动的功能。

(5) 记忆功能。该系统还应具有历史状态与故障状态、过程的记忆功能，从而有助于系统与主要器件未来状态的分析及诊断。

该控制与保护技术综合了检测、切换、控制、保护、调节、协调、自愈与互动等功能，并具有类似人体生理系统的"协调"、"自适应能力"、"自愈"和"预测"等特征。因此，可以将其视为具有系统选择性保护功能的智能低压配电控制与保护系统。

协调控制与保护技术将是智能低压配电系统发展的方向。

但是，值得强调指出，从控制与保护的角度出发，智能低压配电系统的控制保护技术集中体现于智能低压电器系统。

智能低压配电系统是智能电网运行的重要环节。选择性保护是智能低压配电系统可靠运行的关键保护技术。显然，从根本上看，即使是智能低压配电系统的过电流全选择性保护技术也不仅仅是简单的断路器配合问题。所以，建立检测、保护与控制等功能一体化，以短路故障系统选择性保护为主，涉及所有故障类型的系统选择性保护概念对于低压电器乃至电力行业来说都是必要的。

以智能控制中心为核心，由电源、负载与智能电器系统等组成的，具有系统选择性保护功能的智能配电系统协调控制与保护技术是智能电器和智能低压配电系统技术发展的重要方向。

在此仍然要强调指出，从一种稳定平衡的状态迅速安全可靠地转换到另一种新的稳定平衡状态，这就是智能低压配电系统可靠运行的过程。如果这些稳定平衡的状态及转换过程处于优化的运行状态与过程，那么这将是系统安全可靠优化的运行过程。或者说，必须建立优化动态平衡系统的概念，系统运行过程应该满足或遵循该优化动态平衡的要求。无论是智能低压配电系统，还是传统的配电系统，乃至整个电力系统都是如此。

第5章 低压电器动态特性智能测试技术

5.1 概　　述

测试是人们认识客观世界取得定性或定量信息的基本方法，随着科学技术的飞速发展，各学科领域对测试技术提出了越来越高的要求。一个新的科学理论和现代设备装置，如果没有先进的测试技术的支持，其研究、设计及实验均是不可能的。因此，在未来科学技术发展与产品激烈竞争的世界中，先进的测试技术将与现代设备、装置、系统的设计和制造构成一个整体，是保证研究水平和研究对象性能指标的重要手段。

科学技术的发展，尤其是微电子技术、计算机科学与智能技术的发展，以及各学科领域对测试技术提出了更高的要求，极大地推动了测试技术的发展，测试原理和测试手段发生了重大的变革，并使测试装置在测量过程的自动化，测量结果的智能化处理和装置功能仿人化等方面都取得了巨大进展。

为了适应智能电网与自动控制系统的发展、技术水平的提高，需要开发出性能优良的电器新产品。影响电器性能指标的关键是其动态过程的特性，然而，电器的动态过程是极其复杂的过程。此外，电器动态过程的研究，除了数值计算和优化设计外，关键还在于解决动态过程的测试问题。

尽管国内外的学者在测试技术的支持下，对电磁电器、断路器等开关电器动态过程的分析做了大量有益的工作，但是，由于准确的电器动态测试有一定难度，所以对电器的设计与研究侧重于理论分析和数值仿真。采用的数学模型是否完全真实地反映复杂的动态过程，必须用先进的测试方法验证。通过现有产品或研发样机的动态测试与分析，对动态过程优化设计数学模型的准确性进行验证，以完善动态优化设计技术，并据此有效地进行新产品的设计开发。

目前，对电器技术性能的考核主要采用型式试验，该方法侧重于考核电器各项实际指标，缺乏对其运行机械电气寿命、工作可靠性等性能影响的综合考虑，且该方法周期长、成本高。因此，以动态特性测试为基础的电器准确的虚拟样机优化设计显得特别重要。

电器动态过程的检测，包括电气特性检测和机构的机械动态特性检测，能为产品质量和性能分析提供客观的评价，为设计开发和生产工艺的合理改进提供基础数据，可有效地指导样机设计与性能检测，从而缩短产品开发周期、节约成本，以提高产品质量和检测能力。因此动态测试不仅是理论研究和现代设计的重要手段，同时能对虚拟样机优化设计数学、物理模型的准确性进行验证，以完善虚拟动态优化设计技术。

毫无疑问，电器动态过程各参数的测试是其动态特性研究的基础，电器动态特性测试技术对于电器技术的研究与产品的研制具有重要意义。

由于在低压电器器件中，电磁电器的运行过程涉及电、磁、热、机械、材料、绝缘、电接触、电弧、可靠性等方面的原理和技术，其动态过程呈现出非线性、复杂性、不确定性。智能控制交流接触器，不仅包括电磁机构、机械机构与触头灭弧系统等低压开关电器典型的结构，而且涉及计算机技术、电子技术、传感技术、信息技术等，结构特点极具代表性。因此，智能动态特性测试技术是智能电器，包括具有代表性的智能控制交流接触器技术研究与产品研发的极其重要的手段。

为此，所述低压电器动态特性智能测试技术主要以属于电磁电器的普通交流接触器、智能控制交流接触器与继电器为研究对象，或者说，所述技术原则上可以适用于各种高低压开关电器。

电器的动态性能测试技术的主要内容包括以下几方面。

(1) 动态过程机械特性检测包括可动部件动态过程位移、加速度、触头弹跳与接通状况、铁心撞击状况等动态测试，以及基于位移的可动部件速度软测量、基于反力特性与加速度测量的电磁吸力软测量等。如果不采用加速度传感器，加速度量通过软测量获得。但是，动态过程各参数中最重要的运动部件位移测试始终是一大难题。

(2) 动态过程电气特性检测包括激磁电流、电压的检测，以及吸合或吸持过程线圈功耗与电磁机构主磁链的软测量；接通与分断过程触头间电弧的发生、发展、熄灭过程。

(3) 动态过程的控制、显示与存储包括吸合(接通)、释放(分断)相角的设定与控制、吸合过程激磁通断时间的设定与控制、机械及电气特性动态曲线的LCD 显示、主要特性参数的存储及表格化 LCD 显示、接触器性能智能评判结果显示等。

(4) 具备与上位计算机的通信接口，为研发及产品检测提供样机的动态测试数据，并可下载上位计算机对综合性能评判设定参数的调整。

(5) 综合上述各种功能的电器智能动态测试系统的研制与应用。

本章从电器智能动态测试技术发展的角度出发，介绍适合于不同类型电器和需求的从一维、二维直至三维电器动态特性测试与分析的低压电器智能动态测试技术。该技术包括应用于电磁电器一维动态过程测试的光机电电器智能动态测试技术、基于高速摄像机图像测试与处理分析的电器二维智能动态测试与设计技术、基于高速摄像机与光学系统图像测试与处理分析的电器三维智能动态测试与设计技术研究。本章研究侧重于电器动作机构的动态特性。

值得强调指出：① 从技术的角度出发，无论是一维、二维还是三维电器动态特性测试与分析的低压电器智能动态测试技术，不仅适于电磁电器，也适于其他电器的动态特性测试与分析；不仅适于低压电器，也适于中高压电器。② 采用哪一种测试技术，应视测试条件、被测电器的实际情况与需求综合而定。③ 上述二维、三维电器动态测试技术可以应用于电器电弧动态过程的测试。

5.2　光机电电器智能动态特性测试技术

5.2.1　光机电电器智能动态测试装置的研制

1. 电器智能动态测试装置的基本要求

电磁电器是主要的电器类别，又是执行电气系统接通、分断的核心部分。电磁电器动态过程是一个复杂的过程，其动态特性直接影响电器的电气与机械性能，是电器设计的主要技术指标。长期以来，采用的电器测试技术手段难以满足电器技术研究与产品开发，特别是智能化电器研制的需要。随着配电自动化水平的不断提高，具有智能操作的智能电器已成为今后的发展方向，因此，急待开发具有动态过程实时控制与测试并能对测量数据进行智能化处理的电器动态测试装置。

电器在动态吸合与释放过程中，不只是单纯的电磁系统的机械运动，其中包含决定机械运动状态的复杂的电磁特性变化过程，因此，动态测试装置首先应具备能满足动态过程实时检测机械与电气参量的高精度传感器，其次，要具备多通道快速并行采集数据的功能，此外，为了提高测量精度与满足智能化电器研制的需要，动态测试装置不仅要具备检测数据的智能化处理技术，而且还要具备选相吸合(接通)与释放(分断)控制、动态过程激磁通断控制，并利用实时检测的电磁系统动态特性参数，对电器的动态过程进行自适应、优化控制，为全面提高智能电器的研制与开发水平，提供必要的研究手段。

实现对电磁电器特性的全面掌握，就需取得其动态过程中各主要特性参数的变化规律，如电磁吸力、电磁机构磁链等。将软测量技术引入电磁电器的动态过程测试技术领域，为全面了解和掌握电磁系统的机理特性起到十分积极的作用，其将为开发具有智能自适应操作功能的新一代电器奠定技术基础。本节所述的光机电电器智能动态测试技术将典型的电磁电器——交流接触器作为研究对象。

2. 光机电电器智能动态测试装置的基本特点

所谓智能检测，应当包含测量、检验、故障诊断、信息处理和决策输出等多种内容，因此，本书在研制动态测试装置的过程中，充分利用计算机资源，将传感器技术、电力电子技术与电器技术有机结合，尽量以软件来实现智能检测的各项功能。本书研制的光机电电器智能动态测试装置，具有以下功能。

(1) 实时检测动态过程。为了充分掌握电磁电器动态过程的特性机理，采用基于 PC 的多通道快速数据采集系统，选用满足动态过程响应、动态检测范围的电量或非电量传感器，对电磁机构可动部件的位移和加速度、激磁电压与电流、铁心触头操作机构的接通与分断状况等进行实时检测。

(2) 测量过程软件控制。数据采集系统具有多通道量程自动转换、故障自动报警、多功能测试等功能，以及电磁系统测量过程的实时控制，如选相吸合/分断、过程激磁电源接通/关断等，均采用软件控制，简化了系统的硬件结构，提高了检测系统的可靠性和自动化程度。

(3) 智能化数据处理。智能化数据处理是智能检测最突出的特点。本装置针对电磁电器动态过程存在机械振动、电磁系统动作重复和一致性较差的特点，对实时检测信号进行平滑滤波、智能化数据补偿，并在剔除测量离异值的基础上，对电器动态特性进行数据融合等措施，提高了测量精度。对难以直接检测的动态过程参数，如电磁吸力、电磁机构磁链等应用软测量测试技术。

(4) 动态检测过程可视化。本装置采用可视化人机界面，输入电磁电器动态过程的控制参数，将实时检测与软测量的动态特性参数，以可视化曲线的方式存储、显示与打印，并将动态特性参数的数据融合于综合性能评估结果，可视化显示。图 5.1 为光机电电器智能动态测试装置的原理示意图。

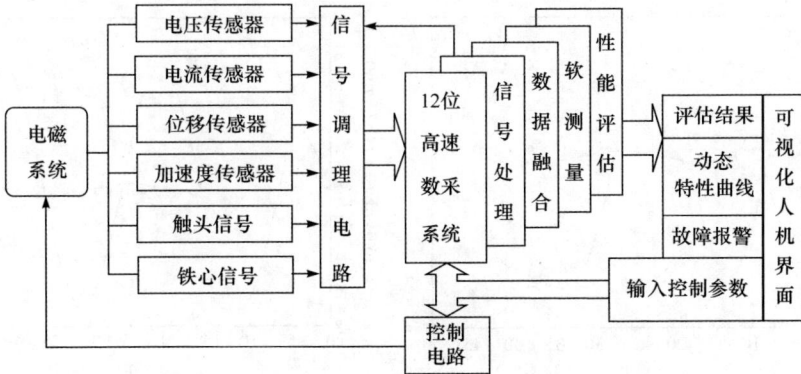

图 5.1　光机电电器智能动态测试装置的原理示意图

该检测装置研制的原理与方法，装置的组成及其技术实现介绍如下。

3. 信号检测

1) 激磁电压与电流

采用高精度且响应速度快的电压、电流传感器，分别并联与串联在激磁电源电路中，如图 5.2 所示。其中，电压传感器动态响应时间为 15μs，电流传感器动态响应时间为 1μs。动态过程的激磁电压与激磁电流检测信号，如图 5.3 所示。

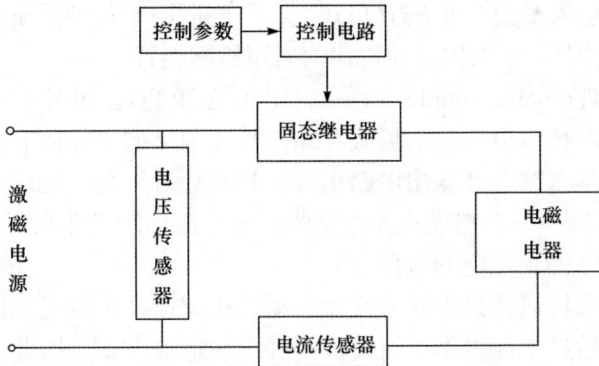

图 5.2　动态过程电压与电流检测原理图

图 5.3(a)和(b)分别为吸合相角 φ_1=30°与 φ_1=60°时，CJ20-100A 交流接触器(以该接触器为研究对象)动态过程的激磁电压与激磁电流信号，其中，当 $0 \leqslant t \leqslant t_{xh}$ 时，该接触器处于动态吸合过程；当 $t > t_{xh}$ 时，接触器处于吸合保持状态。

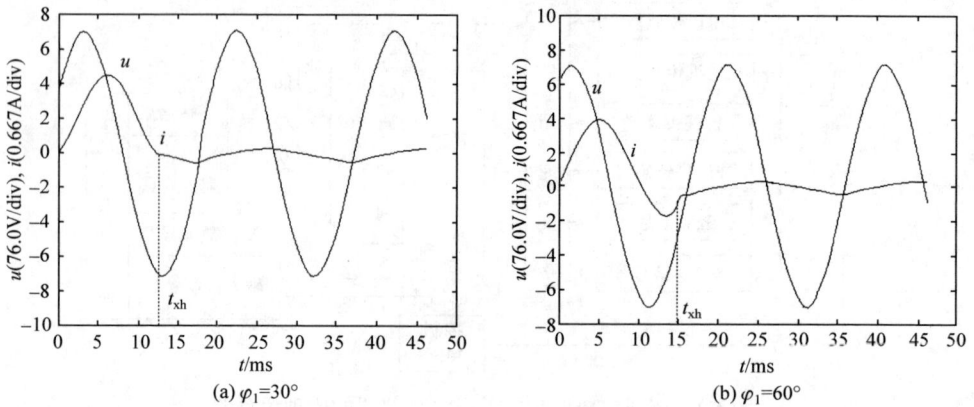

(a) $\varphi_1=30°$　　　　　　　　　　(b) $\varphi_1=60°$

图 5.3　激磁电压与激磁电流

2) 位移

电磁系统可动部件的位移随时间变化的规律，是反映电磁电器动态过程的重要特性参数。由于电磁系统的特殊结构与运动机理，其可动部件的运动过程是一种快速的机械运动，并伴随着一定程度的机械阻尼与振动。因此，动态检测电磁电器吸合过程与释放过程中的位移变化，具有一定的技术难度。

对电磁电器动态位移的检测方法，可分为接触式与非接触式两种检测方式。为了避免位移检测过程中，对电磁电器(尤其是小型电器)运动规律的影响，非接触检测方式是最佳选择。

随着智能接触器的进一步研究与开发，需要适用于各种低压电器并能分析低压电器(如电磁电器)动作机构运动规律的通用检测装置。

电荷耦合器件(charge couple devices, CCD)是 20 世纪 70 年代初发展起来的半导体器件，它是一种以电荷包的形式存储与传递信息的半导体表面器件。它由光敏元、光栅、移位寄存器和输出电路组成，具有分辨率高、响应速度快、自扫描等特点。CCD 作为一种自扫描式光电接收器件，在几何尺寸测量、位置测量、光学测量等方面，已得到广泛的应用。

考虑到电磁机构通常是沿着直线做直动式机械运动，或是绕固定轴做转动运动，而转动运动通过平面投影也可看成一种直线运动方式。因此，本节将动态实时非接触检测一维尺寸的方法引入电磁机构运动测量与分析中，采用性能价格比优良的高速线阵 CCD 作为检测电磁机构的位移传感器。目前，高速线阵 CCD 的视频采样频率已超过 20MHz，最大线扫描速率高达 70000LPS(线/秒)以上，像元中心距可小于 7μm。由此可见，高速线阵 CCD 在响应时间与分辨率等方面的性能，已完全能满足电磁机构运动检测与分析的需要。

非接触式检测具有测量时不影响机构原有运动规律，在保证较高测量精度的同时，具有高测量速度等优点，可以完成接触式检测无法完成的多种测量功能。应用新型传感器件 CCD 作为检测单元构成的非接触光电检测系统，更具有体积小、重量轻、功耗低、响应速度快等特点，便于同计算机组成高性能的智能检测装置。

线阵 CCD 的全程扫描时间一般计算如下：

$$T_{\text{scan}} = \frac{N_d + n_0}{f_0} \tag{5-1}$$

式中，N_d 为 CCD 光敏区像元数；n_0 为 CCD 非光敏区像元数；f_0 为 CCD 视频采样工作频率；T_{scan} 为 CCD 阵列的全程扫描时间。

在研制光机电电器智能动态测试装置中，选择了像元中心距 $\delta=14\mu m$、光敏区像元数 $N_d=2048$、非光敏区像元数 $n_0=24$、工作频率 $f_0=10MHz$ 的高速线阵 CCD，作为测试装置的位移传感器，按式(5-1)可得 $T_{\text{scan}}=207.2\mu s$，它的扫描速率可达到 4700LPS，光敏区尺寸为 28.67mm。如果将线阵 CCD 输出的视频信号调理成数字脉冲信号，再配合高速可编程计数器，则在 T_{scan} 周期内数次对视频脉冲信号进行计数，所取得的动态位移检测指标可满足接触器的动态响应要求，并基本达到美国 Kodak MASD 公司的高速数字摄像机如 FASTCAM Super10K/10KC(10000FPS) 的性能指标；若要进一步提高动态检测电磁机构位移参数的性能指标，可选用 CCD 视频采样工作频率更高、像元中心距较小的高速线阵 CCD。

如上所述，将高速线阵 CCD 应用于电磁机构位移的动态检测，可满足电磁电器动态过程的响应要求，且装置的配置费用大幅度降低。使用高速线阵 CCD 检测电磁机构机械运动时，存在一些需要解决的技术问题，例如，如何设计光学机构以提高位移检测的分辨率；如何克服电磁机构运动过程中机械振动引起的机械噪声，以及外界环境与电子线路引起的电子噪声等。本节主要介绍位移检测的传感器部分，其余内容将逐步阐述。

图 5.4 为选用的高速线阵 CCD 的光谱图。由图中的光谱曲线可见，该型号 CCD 光谱响应范围从低于 200nm(不可见光)到超过 1000nm(接近红外线)，对 600～800nm 的光线最为敏感，为了便于试验调试，本装置采用 622nm 波长的红色可见光作为 CCD 的感光光源。

该装置利用半导体激光器发射出的激光，经光学系统后准直为一束平行光，光线射出方向与 CCD 光敏面垂直，动铁心运动方向与光敏面平行；平行光穿过与运动部件一体的狭缝 δ'，在 CCD 光敏区感光部分的宽度就等于狭缝的宽度 δ'，即

$$\delta' = k \cdot \delta \tag{5-2}$$

式中，k 为 CCD 感光像元个数；δ 为 CCD 光敏像元的尺寸。这样，动铁心的运动就转换成 k 个感光像元沿着线阵 CCD 光敏面的快速直线运动，如图 5.5 所示。

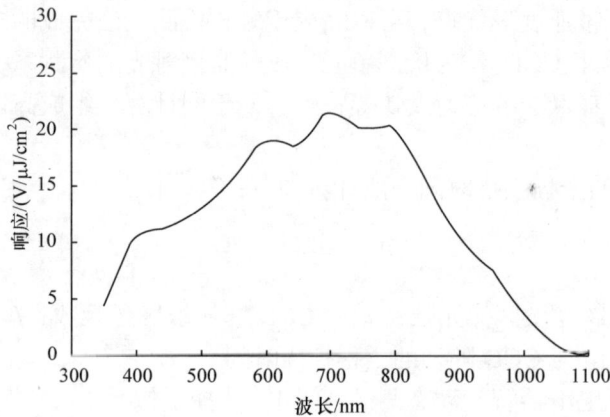

图 5.4　CCD 光谱响应曲线

本装置应用高速线阵 CCD，将移动的光束转换成受光像元沿线阵快速直线运动，并应用电荷耦合原理，经 CCD 驱动电路后，输出一个随动铁心运动变化的视频信号 VD1(图 5.6)。即随着动铁心的位移变化，视频信号 VD1 在同步扫描信号 LEN 的扫描周期内连续移动。

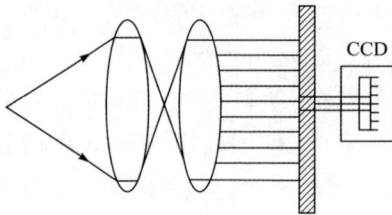

图 5.5　光电检测的位移原理图　　　　图 5.6　CCD 视频输出信号

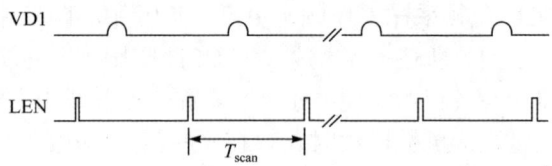

3) 加速度

加速度是反映电磁电器动态过程中，电磁系统机械运动特性的重要参数。由于电磁系统可动部件的机械运动是电磁吸力、弹簧反力与机械阻尼、摩擦等综合作用的结果，其运动过程不仅存在机械振动，而且还存在动静触头之间、动铁心与静铁心之间的机械碰撞。

本书在研制动态测试装置时，将加速度传感器安装在电磁机构可动部件的运动轴向上，因此加速度传感器所输出的检测信号，不仅反映电磁机构在操作过程不同阶段的振动状态，而且还能反映电磁机构在操作过程中的机械运动状况，为电磁电器动态过程的运动分析提供了又一个重要的特性参数。考虑运动过程的真实性和接触器电磁系统的内部空间较小的实际情况，以及电磁机构在操作过程中，存在触头碰撞与铁心撞击，特别是铁心撞击时，机械部件的快速刚性碰撞，将造成安装在运动轴向上的加速度传感器的严重过载,为此,应选用体积小、重量轻、频带宽和抗过载能力强的加速度传感器。

根据上述对电磁机构运动状态的分析,本装置采用集检测与信号放大于一体的仪表级切削式硅传感器(±1%,±250g,0～2500Hz)加速度计,它内装阻尼装置适用频带宽,在硅微结构中采用过载装置而使得加速度测量元件可免受振动的影响,且体积小、重量轻。其独特的封装形式,在保证高可靠性的同时,防止外界环境对传感器的影响,并提供一种或两种表面安装方向,使测量轴线可以和安装表面平行或垂直,无须昂贵的安装支架。

由于该传感器采用悬臂梁原理,不受电磁影响,且其特殊的封装工艺具有防震抗撞击的功能,适用于电磁系统(特别是小型电器)的加速度动态检测。

图 5.7 所示为实时检测的 CJ20-100A 交流接触器动态过程的加速度变化信号,从检测的信号不仅可以了解该电器在运动过程中的状态,而且可以掌握铁心碰撞后的动态过程。显然,铁心碰撞后的状态也将影响电器的工作性能。图 5.7(a)和图 5.7(b)分别为吸合相角 $\varphi_1=30°$ 及 $\varphi_1=60°$ 时,动态吸合过程中动铁心机械运动的加速度变化过程。由图 5.7(a)和图 5.7(b)的加速度信号可以明显地看出,整个吸合过程分为吸动(触头碰撞前)、触头碰撞、铁心碰撞与吸持四个不同的机械运动阶段;上述两个不同吸合相角下动铁心的运动加速度具有较大的差别,$\varphi_1=30°$ 时铁心碰撞前运动加速度急剧增长。图 5.7(c)和图 5.7(d)分别为分断相角 $\varphi_2=30°$ 及 $\varphi_2=60°$ 时,动态释放过程中动铁心机械运动的加速度。由图 5.7(c)和图 5.7(d)的加速度信号可以明显地看出,整个动态过程分为铁心分离、触头分断与触头复位三个不同的机械运动阶段。

如果不采用加速度传感器,加速度量也可通过软测量获得。

4) 触头信号

触头的接通、分断状况与电器的电气寿命密切相关。

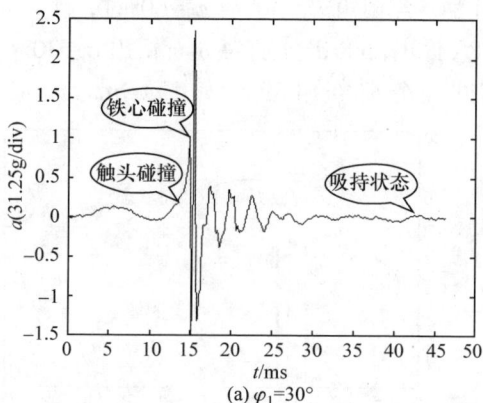

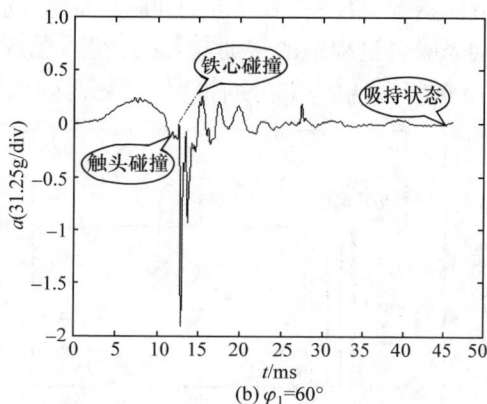

(a) $\varphi_1=30°$　　　　　　　　(b) $\varphi_1=60°$

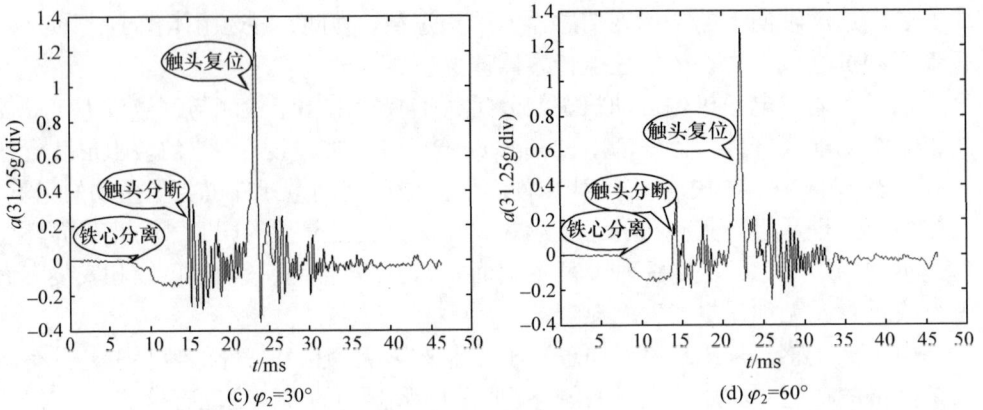

(c) $\varphi_2=30°$　　　　　　　　　　　　(d) $\varphi_2=60°$

图 5.7　动态吸合/释放过程的加速度信号

在触头接通过程中，通常存在一定程度的触头弹跳(一、二次弹跳)，而触头的弹跳时间及触头闭合速度，将决定触头的接通与闭合的性能。

触头分断时，由于电磁系统的主磁路中磁通逐渐衰减，从断开激磁电源到铁心分离、触头分断，再到触头复位，经历了一个释放过渡的过程。然而，触头的释放状况将影响触头分断时的燃弧状况。在智能电器中有一项重要的技术——零电流分断，而释放时间与电流过零分断时的控制参数密切相关，在实现智能控制交流接触器三相电流过零分断时，正是基于对触头电流的实时检测与分析，配合选相分断加以实现的。

本装置通过动静触头之间的电压信号，实时检测触头系统的动态状况，该信号可以如实地反映触头的动态接通与分断状况。

图 5.8 为动态吸合/释放过程中，由触头信号采集线路获得的部分触头接通与分断状况。其中，图 5.8(a)和图 5.8(b)分别为吸合相角 $\varphi_1=30°$ 与 $\varphi_1=60°$ 时，触头的动态吸合过程中的接通与弹跳情况。图 5.8(c)和图 5.8(d)分别为分断相角 $\varphi_2=30°$ 与 $\varphi_2=60°$ 时，触头的分断情况，触头释放时间 t_{sf} 分别为 14.89ms 和 13.69ms。

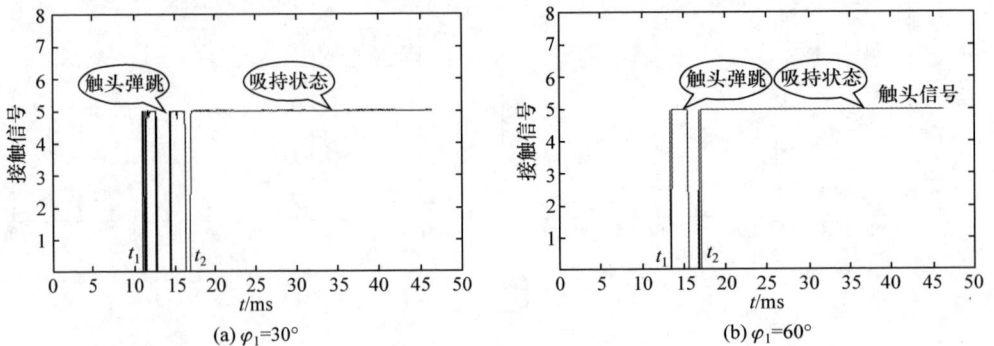

(a) $\varphi_1=30°$　　　　　　　　　　　　(b) $\varphi_1=60°$

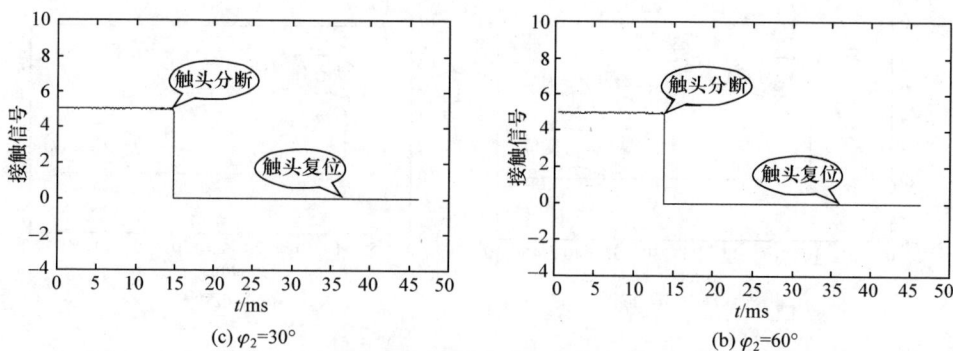

(c) $\varphi_2=30°$　　　　　　　　(b) $\varphi_2=60°$

图 5.8　吸合/释放过程的触头信号

动态测试过程中，如果将触头信号与动铁心的运动信号相结合，可以有效地实现触头运动行程、触头接通速度、触头分断速度、触头弹跳等特性的动态检测，上述这些参数是考核电磁电器工艺与性能指标的重要依据，更是开发与研制智能化电器的重要技术依据。

5) 铁心信号

在电磁系统中，铁心是将电磁能量转换为机械运动的关键部件。电磁系统中可动部件——动铁心的运动状况，不仅关系到开关电器的通/断执行，而且还影响电器的机械、电气寿命。由于电器结构及制造工艺所限，经测试，电磁系统可动部件在实际动态吸合过程中，存在动铁心的一端先于另一端撞击静铁心的现象，这种不平衡撞击，将造成铁心材料的局部疲劳受损，降低电器的机械寿命。为此，本装置通过动、静铁心闭合接通电压信号，实时检测动、静铁心的撞击情况，结合动铁心的位移信号，还可检测出铁心的不平衡撞击状况。

图 5.9 为动态吸合/释放过程中，由信号采集线路获得的部分铁心信号。其中，图 5.9(a)和图 5.9(b)分别为吸合相角 $\varphi_1=30°$ 和 $\varphi_1=60°$ 时，动铁心与静铁心由撞击到闭合保持的全过程。图 5.9(c)和图 5.9(d)分别为分断相角 $\varphi_2=30°$ 和 $\varphi_2=60°$ 时，动静铁心的分离过程。由图可以看出，铁心的分离存在一个过渡过程，该过程将影响触头的分断情况。

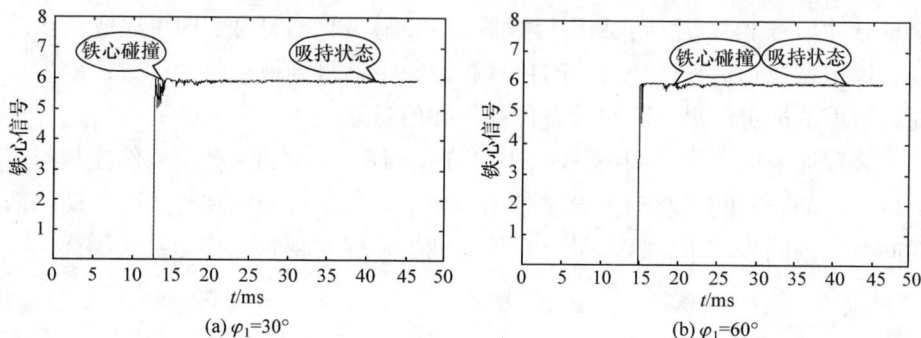

(a) $\varphi_1=30°$　　　　　　　　(b) $\varphi_1=60°$

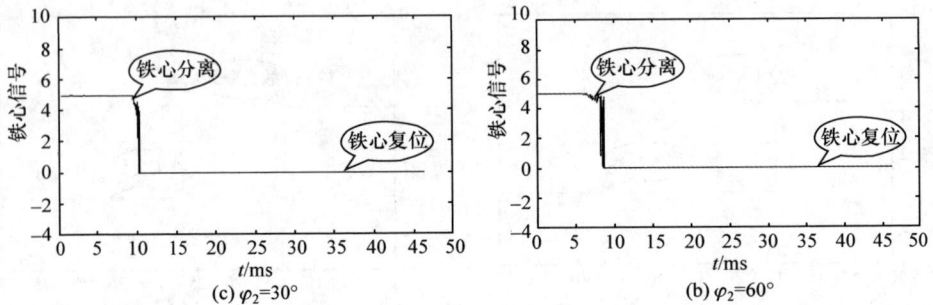

图 5.9　动态吸合/释放过程的铁心信号

若将铁心信号与可动部件的机械运动信号，如位移、加速度、速度等相结合，则更能充分反映铁心的动态运动状况。在智能电器的研制中，应用铁心信号及其机械运动信号，能方便地获取最佳的分断特性参数，如三相触头分断时间、触头分断速度等。

4. 信号调理与控制电路

1) 信号调理电路

应用图 5.5 所示的光学检测机构，CCD 驱动电路输出的视频信号 VD1 为模拟量信号(图 5.6)，VD1 将随着动铁心的运动，在同步扫描信号 LEN 的 T_{scan} 周期内移动。如何将模拟量周期性视频信号转换为周期性数字量脉冲信号，并有效地实现脉冲信号的计数，克服机械振动及线路噪声的影响，是实现电磁机构动态位移光电检测的关键技术。

本书基于图 5.10 所示的位移信号调理电路原理图，介绍应用 CCD 进行动态位移光电检测的基本原理。图中 VD1 为高速 CCD 驱动电路输出的视频信号，经放大、二值化阈值调整与整形后，得到视频脉冲信号 VD2，VD2 与整形后的同步扫描信号 LEN 进行逻辑处理，便得到能反映动铁心运动时脉宽随之变化的位移数字量脉冲信号 PD。然后，利用计数器对 PD 脉冲信号计数，即可完成从动铁心运动、模拟量视频信号产生、构造位移脉冲数字信号到位移脉冲计数；最后，根据对计数值的标定结果，获得动态位移的数值量。

本装置还采用了同步调制技术，即以 LEN 信号为基准，利用软件控制同步电路，以一定的时间间隔驱动半导体激光器通电，使平行光源在有效采集视频信号的时间范围内同步产生，这样可以有效地减少外界对视频位移信号的干扰。

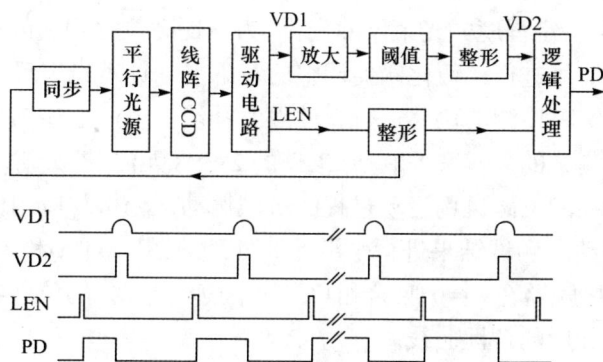

图 5.10　位移信号调理电路原理图

2) 控制电路

在智能电器的研制中,通常需要优化控制电器的运行参数,以达到提高电器性能指标的要求。为此,本装置应用光电耦合与晶闸管选相控制技术,实现了 0°~180°的激磁选相吸合/分断控制,按动态过程程序要求实时通、断控制激磁电源,为开发智能电器提供了方便。对电磁电器的控制方式如图 5.2 所示,由计算机的人机界面输入吸合、分断相角,输入激磁电源的实时通电与断电时间,PC 通过实时检测电压值,在指定相角时驱动连接在其 PCI 总线上的数采卡,输出数字信号控制固态开关(如IGBT)接通或分断;在驱动固态开关动作的同时,进行可编程计时,在输入参数指定的时刻,驱动固态开关接通或分断,从而实现激磁电源的实时通、断控制。

5. 信号采集与数据的信息化处理

1) 多通道数据采集

除位移为数字量脉冲信号外,本装置的其余检测信号均为模拟量信号。为了有效地提高数据采集的效率,本装置采用模拟量与数字量信号同时采集的方法。

在一次循环中采集每个模拟量的同时,以计数的方式 n 次(模拟量通道数)采集位移数字量脉冲信号,本装置模拟量采样速率为 100K,计数器的工作频率为10MHz。因此,在数十微秒内即可完成模拟量与数字量的巡回检测,满足了电器动态过程的快速动态响应。

2) 信号处理

采用 8254 可编程定时/计数器的方式 2,对位移数字量脉冲信号 PD 计数。由于方式 2 在脉冲高电平时计数、低电平时禁止计数,通过软件的逻辑判断,从采样计数值中筛选出有效的位移计数值,然后经当量计算就可将计数值转换为位移数值量。半导体激光器产生的平行光束,由于光学系统的准直度误差,在动铁心位移范围内,存在一定程度的光束尺寸变化。为了提高位移测量的精度,在对 CCD 输出的位移视频信号进行二值化阈值调整的基础上,针对光束尺寸在位移方向上的变化规律,对实时检测的位移进行软件数值补偿。经过上述软硬件技术措施,本装置可将位移测量的分辨率控制在 CCD 的 2 个像元内,即分辨率优于 0.03mm。

　　由于客观存在的电磁机构运动过程的机械振动,分析与应用位移、加速度运动特性时,应对动态测试结果进行平滑滤波处理。图 5.11(a) 和图 5.11(b) 分别是 CJ20-100A 交流接触器在 $\varphi_1=0°$ 吸合相角时,动态吸合过程的位移-时间特性 $x(t)$ 在平滑滤波处理前、后的特性曲线。

　　图 5.12(a) 和图 5.12(b) 分别为 $\varphi_1=0°$ 吸合相角时,动态吸合过程的加速度-时间特性 $a(t)$ 在平滑滤波处理前、后的特性曲线。

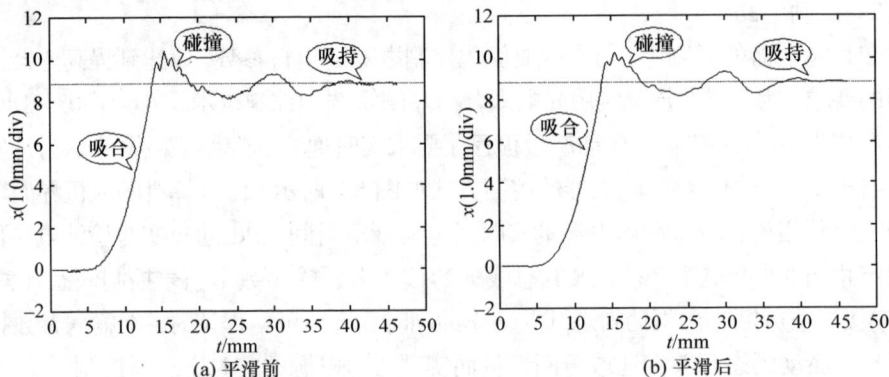

(a) 平滑前　　　　　　　　　　　　　　(b) 平滑后

图 5.11　动态吸合过程的位移-时间特性曲线($\varphi_1=0°$)

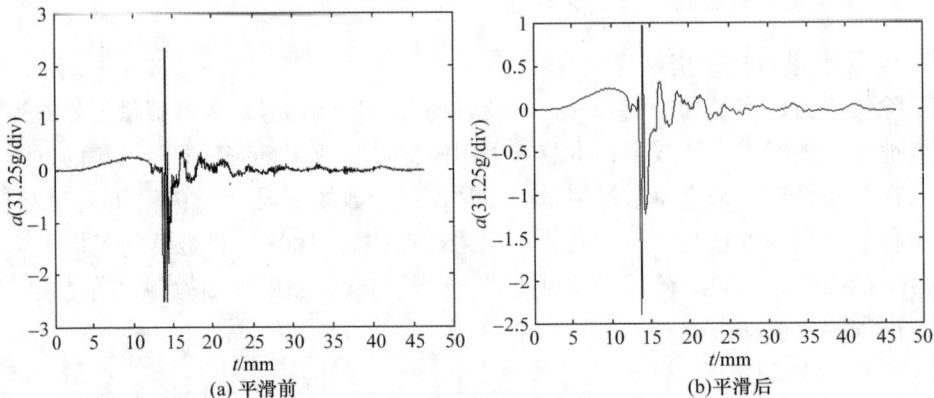

(a) 平滑前　　　　　　　　　　　　　　(b)平滑后

图 5.12　动态吸合过程的加速度-时间特性曲线($\varphi_1=0°$)

　　图 5.13(a) 和图 5.13(b) 分别是 $\varphi_2=0°$ 时,动态释放过程的加速度-时间特性 $a(t)$ 在平滑滤波处理前、后的特性曲线。

(a) 平滑前

(b) 平滑后

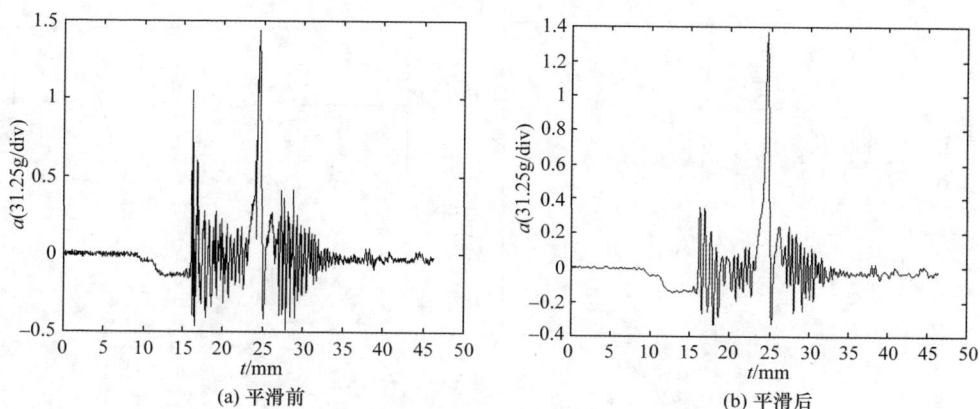

图 5.13　动态释放过程的加速度-时间特性曲线($\varphi_2=0°$)

5.2.2　不同吸合/分断相角下的动态特性曲线

应用光机电电器智能动态测试装置,对 CJ20-100A 交流接触器进行了全面的测试,现将部分吸合过程动态特性曲线测试结果示于图 5.14,释放过程特性曲线示于图 5.15。

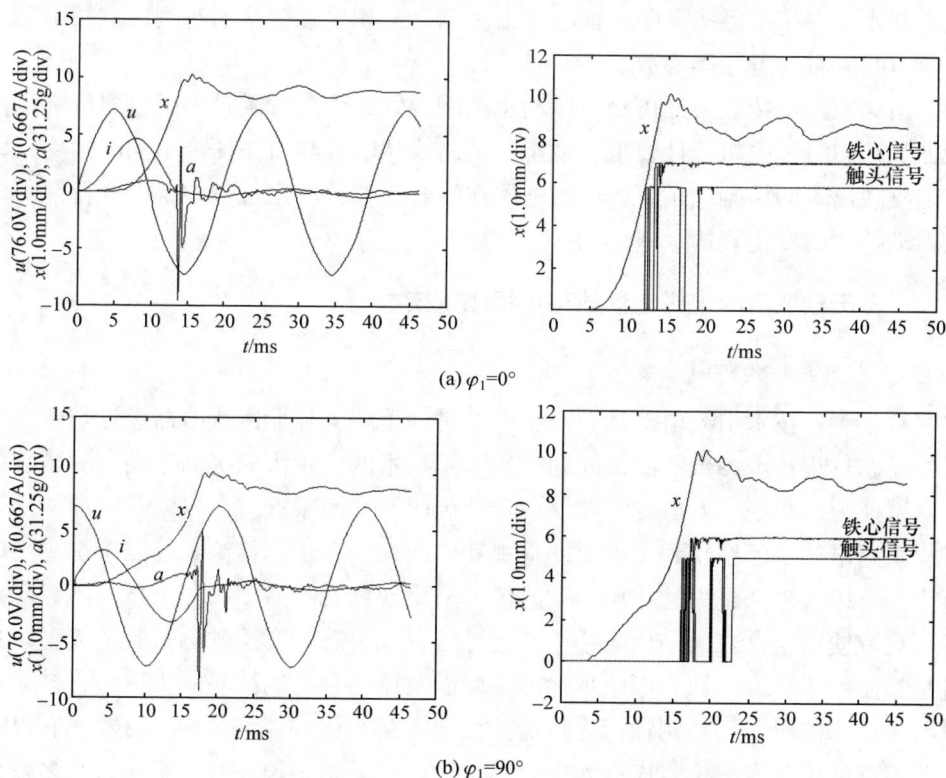

(a) $\varphi_1=0°$

(b) $\varphi_1=90°$

图 5.14　动态测试吸合过程特性曲线

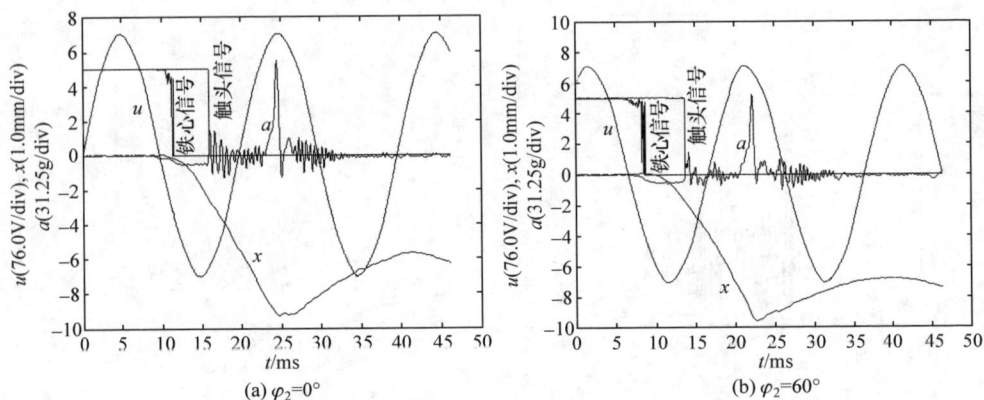

图 5.15　动态测试释放过程特性曲线

实测吸合过程动态特性波形图，可以反映在吸合过程中电源电压、激磁电流、铁心位移、触头闭合与弹跳、动铁心运动加速度、铁心撞击等动态参数及随时间的变化情况；可以了解触头在吸合过程中的碰撞与一、二次弹跳情况；可以获取铁心开距、三相主触头开距、铁心撞击时刻、三相主触头接通时刻、三相主触头弹跳时间、吸持电流等参数。

由动态测试特性波形可见，该动态测试装置，能充分满足电磁电器特别是接触器的动态过程的机理性要求。动态测试曲线从电气与机械两个不同的角度，详实地反映出不同控制相角下，电磁电器在吸合与释放动态过程中，电气特性与机械运动特性的变化规律。

5.2.3　基于软测量的电磁电器动态过程测试技术

1. 软测量技术简介

将软测量技术引入电器动态测试中，是为了解决长期困扰电器设计与研究开发的动态过程特性参数的测试问题。软测量技术的应用大大提高了动态测试装置的测试能力，实现了对电磁电器动态特性规律的全面掌握。

软测量技术已经得到了广泛的重视和应用，并在过程检测和控制系统中得以应用，发挥着越来越大的作用。智能仪表采用现场总线后，软测量技术与控制技术可更方便地整合在同一仪表中，并通过编程或组态来实现软测量数学模型。对过程控制系统来说，原来因缺少检测手段而采用的一些间接控制方案，将被采用软测量技术的以直接控制指标为目标的控制方案所代替，随着软测量技术的应用，一些新型的控制方案也将应运而生。对过程检测系统来说，具有多输入、多输出的智能型软测量仪表，已覆盖测量仪表领域。

随着传感器技术与计算机技术的发展，可应用各种先进的电量或非电量检测手段，对电磁电器动态过程进行实时检测，以期获得真实反映电器性能的各种动态特性过程。然而，由于电磁电器独特的工作原理与机械结构，其动态过程是一个复杂的电、磁、热、机械及振动等过程，一些动态特性无法或难以用传感器直接检测，或者现有的检测手段无法满足动态过程的特性机理，如电磁机构磁链、电磁吸力等。这些动态特性是表征电磁电器动态过程的关键因素。

本装置在高精度测量有关特性参数的基础上，采用软测量技术，根据电磁电器动态过程的机理性数学模型，推导出难以检测的特性参数，实现了吸力、磁链与动铁心运动速度的软测量，获得了全面反映动态过程的特性变量。

2. 软测量技术的三要素

1) 软测量技术在电器测试中的应用前提

软测量技术所估计的过程变量是数学模型的输出变量，它与可检测的电器动态过程变量，即数学模型的输入变量，应具有以下特点。

(1) 在一定的运行条件下，采用可检测的动态过程变量，通过数学模型运算得到非直接检测动态过程变量的估计值，该估计值应符合电器动态过程的特性要求。

(2) 如果条件许可，可通过其他检测手段对该估计的过程变量进行直接检测，用于对数学模型正确性的评估，并根据它与估计值的偏差来确定数学模型是否应进行修正。

(3) 采用直接检测该过程变量的现有检测技术精度差且无法满足动态过程的快速响应，或传感器价格较贵。

(4) 可检测的动态过程变量应具有以下特性：灵敏性，即数学模型的输入变量应能满足电器动态过程的快速响应要求；精确性，即各输入变量应具有一定的精度，避免数学模型的精度由于引入这些输入变量而造成较大的误差或滞后等负面影响；合理性，即这些动态过程变量对被估计的过程变量有较大的影响。

在使用软测量技术时，可检测的动态过程变量的检测位置，如检测电气性能传感器在线路中的检测点位置、检测机械性能传感器在电磁机构中的安装位置，对软测量数学模型的动态特性均有一定的影响。因此，在选择上述检测点的位置时，应从电磁电器动态过程特性机理的角度加以考虑。

此外，还应对输入变量进行必要的数据误差处理。尤其是对随机误差和测量离异值误差，前者受随机因素的影响，如操作过程的微小变动或检测信号的噪声等，后者主要指由于外界的突发性强干扰，或电器制造工艺所限造成的动态过程重复一致性较差的影响。

2) 软测量数学模型的建立

建立数学模型是软测量技术的核心，该模型不同于一般意义下的数学模型。建立被估计过程变量与相关的可检测过程变量之间的数学模型，一般采用以下三种建模方法：机理建模、统计建模以及人工神经网络建模。

在本书的软测量应用中，机理建模是根据电磁电器动态过程中，可检测过程变量与估计的过程变量之间的物理关系，以所满足的电器动态过程的微分方程组为基础，将各可测变量作为输入变量，估计的过程变量作为输出变量，在一定的较为合理的假设条件下，建立机理性数学模型。由于过程机理推导的数学模型，符合电磁电器动态过程特性，其具有较高的模型精度，一般不必对模型进行修正。例如，在电磁系统的运动分析中，可以同时完成对位移或加速度的高精度动态检测，然后可以根据速度与位移之间的微分关系，或者根据速度与加速度之间的积分关系加以数学运算，推导出速度在动态过程中的变化规律。由此可见，机理性数学模型适用于电磁电器动态测试中过程变量的软测量。

3) 软测量数学模型的校正

数学模型的校正是软测量技术不可缺少的环节。

对软测量的数学模型，除了采用纯机理性数学模型，其他的建模方法都应对所建立的数学模型进行校正。由于过程的随机噪声及存在过程的不确定性，所建立的数学模型与实际过程间存在一定的误差，当误差超过实际过程允许的精度范围时，应对数学模型进行校正。一般可采用自学习方法，或根据当前的检测数据重新建立数学模型。

由于校正的依据是实际过程的检测数据，可检测过程变量的精度直接影响所建立的数学模型的正确性。因此，在实际检测过程变量数据时，可采取对同一样本重复检测，以消除过程的随机误差，并采用适当的统计原理剔除过程的疏失误差。在此基础上应用数据融合技术取得接近真实值的过程变量融合值，以确保实际检测数据的精度。

对纯机理性数学模型，可以通过与其他过程变量之间的机理关系进行间接的检查。当过程变量与数学模型的假设条件不符时，应对数学模型进行必要的校正。

由前述可知，软测量数学模型的正确性与输入的动态过程变量的检测方法、检测点位置及检测传感器的精度等具有很大的关系。因此，在使用软测量技术时，对各输入变量检测点的检测方法、位置和传感器精度等应有一定的要求。只有在满足过程特性机理的前提下进行动态过程变量的检测，才能保证数学模型输出变量，即估计的动态过程变量的精度。

3. 电磁电器动态过程的软测量技术

应用基于 PC 的多通道数采系统，对电磁电器动态过程中的主要特性变量进行动态实时检测，如电流、电压、位移、加速度、触头接通与弹跳状况、铁心撞击状况等。为了实现高精度快速实时检测，采用 12 位 A/D 高速数据采集系统，精度高响应快的电压(0.1 级，15μs)、电流(±0.6%I_N，<1μs)、加速度(±1%，频响 0～2500Hz)传感器；对动态过程的主要特性变量——位移，采用高速 CCD 光电检测技术，具有非接触、高分辨率(优于 0.03mm)、高速采集位移信号(208μs 内完成全程动态位移扫描)的功能；通过应用光电耦合与选相控制，实现了 0°～180°的激磁选相吸合/分闸控制及动态过程的实时通、断控制；此外，应用计算机强大的数据处理及数值计算功能，实现了不可测变量的动态过程软测量，并输出可测变量与软测量变量的动态特性曲线。

将该装置应用于 CJ20-100A 交流接触器，实现了位移 $x(t)$、电流 $i(t)$、电压 $u(t)$ 与加速度 $a(t)$ 等动态吸合过程特性的实时检测及位移 $x(t)$、电压 $u(t)$ 与加速度 $a(t)$ 等动态释放过程特性的实时检测。如图 5.16 与图 5.17 所示，分别列出了在 $\varphi_1=80°$ 和 $\varphi_2=80°$ 吸合/分断相角下，经平滑滤波处理后实时检测的吸合与释放过程的特性曲线。

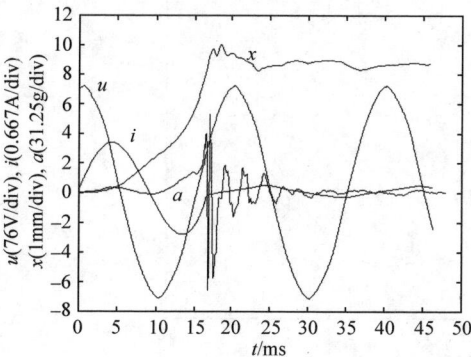

图 5.16　CJ20-100A 吸合过程动态特性　　　图 5.17　CJ20-100A 释放过程动态特性

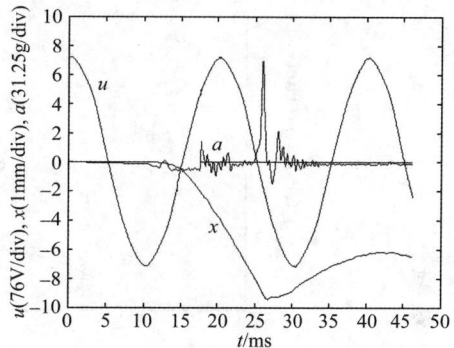

现以图 5.16 与图 5.17 的高精度检测信号为基础，介绍软测量技术在电磁电器动态过程实时检测中的应用，并实现了动态吸合与释放过程下述变量的软测量。

1) 速度

将速度作为软测量变量，主要是基于以下两方面的考虑：① 应用光机电电器动态测试装置，已获得高精度的位移随时间变化或加速度随时间变化的特性曲线，可通过速度与位移之间或加速度与位移之间满足的机理模型，得到具有一定精度的软测量速度特性曲线；② 常用的速度传感器，由于具有一定的体积和重量，将影响电器(特别是小型电器)原有的运动规律。

对图 5.16 或图 5.17 中所示的位移-时间特性曲线 $x(t)$，本书利用样条函数求数值微商的方法计算。设在接触器吸合启动过程[0，t_{xh}]中，对一个给定的采样时间分割：$0 = t_0 < t_1 < \cdots < t_n = t_{xh}$，基于 λ 关系式，可得

$$v_i(t) = \lambda_i \frac{(t_{i+1} - t)(2t_i + t_{i+1} - 3t)}{h_i^2} - \lambda_{i+1} \frac{(t - t_i)(2t_{i+1} + t_i - 3t)}{h_i^2}$$
$$+ \frac{6(x_{i+1} - x_i)}{h_i^2}(t_{i+1} - t)(t - t_i) \tag{5-3}$$

式中

$$h_i = t_{i+1} - t_i \tag{5-4}$$

$\lambda_i (i = 0, 1, \cdots, n-1)$ 可通过计算位移特性的三次样条函数在采集点上的一阶导数求得。

由式(5-3)的机理性数学模型可得速度随时间变化的软测量特性曲线 $v(t)$，如图 5.18 中的 v_1 所示(吸合相角 $\varphi_1 = 80°$)。

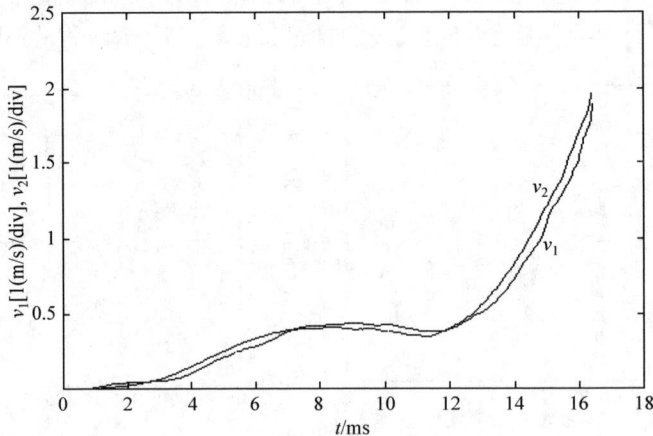

图 5.18　两种软测量速度结果对比

对图 5.16 或图 5.17 中所示的加速度-时间特性曲线 $a(t)$，还可以利用加速度与速度之间满足的数学表达式来计算：

$$v_i = v_{i-1} + \frac{a_i + a_{i-1}}{2} \times (t_i - t_{i-1}), \quad i = 1, 2, \cdots, n \tag{5-5}$$

式中，$t_0 = 0$，$t_n = t_{xh}$，$v_0 = 0$，则 v_n 为动铁心撞击静铁心的速度。

由式(5-5)的机理性数学模型可得速度随时间变化的软测量特性曲线 $v(t)$，如图 5.18 中的 v_2 所示(吸合相角 $\varphi_1 = 80°$)。

图 5.18 显示出由高精度 CCD 位移传感器的实时动态位移信号 $x(t)$ 根据机理性数学模型 $v(t) = \mathrm{d}x(t)/\mathrm{d}t$ 软测量的速度特性 v_1 与由仪表级加速度传感器的实时动态加速度信号 $a(t)$ 根据机理性数学模型 $v(t) = \int a(t)\mathrm{d}t$ 软测量的速度特性 v_2，二者

结果十分吻合，从而说明了在高精度动态测试基础上，机理性数学模型在电磁电器速度特性软测量上的有效性，软测量过程变量具有一定的精度保证。

考虑到本书在研制光机电电器智能动态测试装置时，将加速度传感器安装在电磁机构可动部件的几何中心，能充分反映动铁心的真实运动状态，因此，在分析电磁电器动作机构运动速度时，本装置采用由加速度软测量的速度特性。

图 5.19 所示为释放过程中(分断相角 $\varphi_2=80°$)，动铁心从静铁心分离运动到触头分断时的速度变化过程。该速度变化过程是由释放过程加速度实时检测特性软测量推导出的。

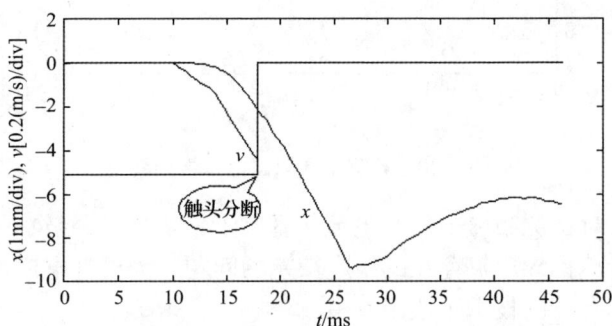

图 5.19　软测量速度特性曲线

上述动态过程速度特性软测量的有效实现，为开发电磁电器特别是智能化电器时，衡量机械性能——铁心撞击能量、利用可动部件运动惯性适时控制吸合过程激磁通断、考核触头闭合速度及分断速度等，提供了重要的技术依据。

2) 电磁机构磁链

磁链 ψ 是分析与设计电磁电器的主要特性指标，但是难以进行电磁机构主磁链的有效测量。本书根据以下动态微分方程进行分析。

$$\frac{\mathrm{d}\psi}{\mathrm{d}t} = u - iR \tag{5-6}$$

式中，R 为线圈电阻；u、i 分别为激磁电压与电流。由于 R 可测定，u、i 可实时检测(图 5.16、图 5.17)，可得到软测量磁链 ψ 的机理模型为

$$\psi(t) = \psi(0) + \int_0^t (u - iR)\mathrm{d}t \tag{5-7}$$

式中，$\psi(0)=0$。

根据式(5-7)应用数值积分方法，可得吸合与保持过程软测量的电磁机构磁链动态特性曲线 $\psi(t)$，如图 5.20 所示($\varphi_1=80°$)。

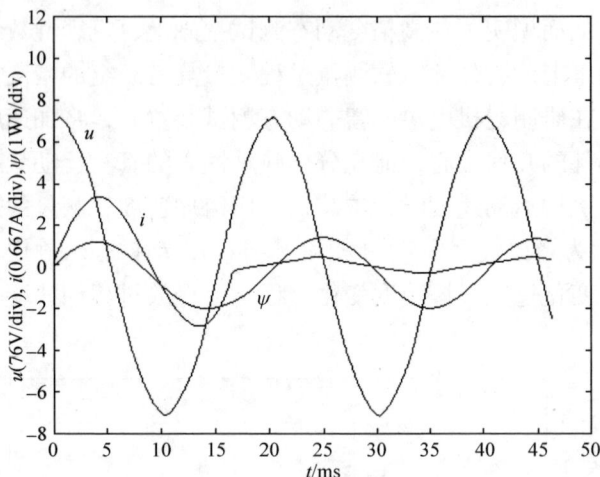

图 5.20　软测量气隙磁链特性曲线

　　在高精度实时检测激磁电压与电流的基础上，实现了磁链 ψ 的软测量，解决了以往靠磁路计算推导出 ψ 存在的精度较差的问题，为设计电磁电器及分析其动态特性，提供了有效的技术手段。

　　3) 电磁吸力

　　在电磁电器的设计与分析中，电磁吸力 F_x 是一项十分重要的特性指标。由于电磁机构独特的结构与工作原理，对电磁吸力的精确测量难以有效地实现。以往主要是通过检测悬臂梁应变来测量电磁吸力，这种检测方法对电磁机构形成载荷，影响了电磁机构原有的动态过程运动规律，无法真实地反映电磁电器的动态过程。为此，本书在采用体积小、重量轻的仪表级加速度传感器获得高精度加速度的时间特性曲线 $a(t)$ 的基础上，根据以下动态微分方程进行分析。

$$a(t) = \frac{F_x - F_f}{m} \tag{5-8}$$

式中，m 为电磁机构可动部件的质量；F_f 为电磁机构反力。由此可得到式(5-9)所示的电磁吸力机理性数学模型，式中的反力 F_f 可以测定。但是，反力弹簧与触头弹簧经实际测试，在动态吸合过程中，均存在机械振动与阻尼，且存在机构的配合误差。因此，动态反力特性并不是理论上所指的，触头弹簧是在瞬间迭加到反力弹簧上的，即触头弹簧反力的建立有一个过渡过程。

$$F_x(t) = F_f + ma(t) \tag{5-9}$$

　　本书利用触头接通信号与位移信号相融合，得出触头弹簧的建立时间 $\Delta t = t_2 - t_1$，其动态弹簧反力特性如图 5.21 中 F_f 所示($\varphi_1 = 60°$)。

　　根据式(5-9)的机理性数学模型，通过融合吸合过程的加速度 $a(t)$、位移 $x(t)$ 和弹簧反力 $F_f(t)$ 信号，采用软测量技术得出在 $\varphi_1=80°$ 时的电磁吸力特性曲线 $F_x(t)$ 如图 5.22 所示。

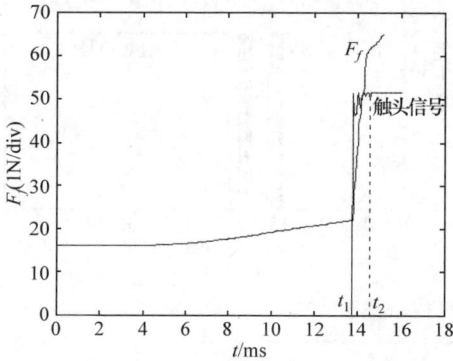

图 5.21　动态弹簧反力特性曲线　　　　图 5.22　软测量电磁吸力动态特性曲线

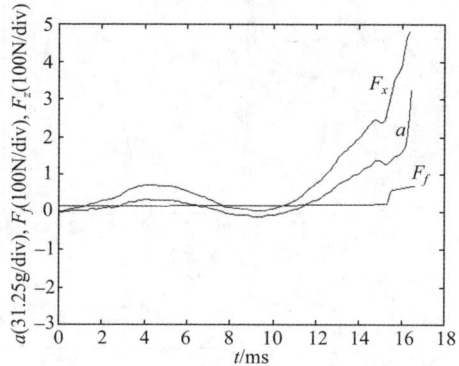

　　由图 5.22 可见，吸合相角 $\varphi_1=80°$ 时，在触头反力加上后，加速度 $a(t)$ 总体趋势上以较大的幅值增长，与之相对应，吸力 $F_x(t)$ 在触头反力加上后也逐渐增加，并在铁心闭合前达到最大值。

　　由此可见，基于动态过程软测量技术，在设计智能化电磁电器时，根据电磁吸力软测量结果，可以寻求出铁心撞击时能量小但电磁吸力很大的优化方案。

　　上述电磁电器动态过程电磁吸力软测量的有效实现，解决了电器动态测试技术中存在的难以直接检测过程参量的技术难题，为电磁电器的设计、开发与研制提供了重要的动态特性参数。同时，也为研制高性能指标的智能化电器奠定了基础。

　　如果不采用加速度传感器，电磁吸力也可由位移变化通过软测量获取。

　　4) 基于软测量的动态过程特性曲线

　　应用光机电电器智能动态测试装置，结合上述动态过程软测量技术，可以得到全面反映电磁电器动态过程的各种特性曲线。本节应用 CJ20-100A 交流接触器在一定吸合/分断相角下实时检测与软测量的特性曲线，分析说明动态测试装置与软测量技术的应用结果。

　　图 5.23 表示吸合相角 $\varphi_1=80°$ 时的动态吸合过程特性曲线，考虑到如果将图 5.23(a)与图 5.23(b)综合起来将难以分辨各波形，为此将铁心与触头信号单独展示。图 5.24 表示分断相角 $\varphi_2=80°$ 时的动态释放过程特性曲线。

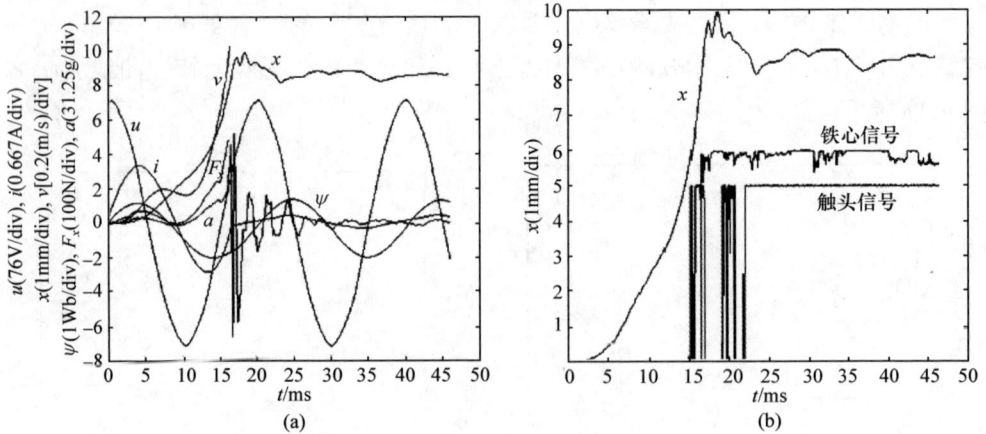

图 5.23　动态吸合过程特性曲线

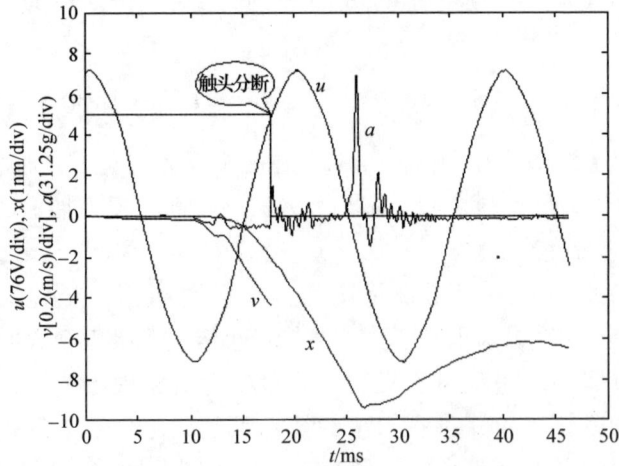

图 5.24　动态释放过程特性曲线

由上述动态过程特性曲线可以看出，将各过程特性与触头、铁心信号相结合，可以得到全面反映电磁电器性能的各种电气和机械动态特性这些特性参数，是在以系统的观点研究与分析整个电磁系统的运动与操作的前提下取得的，因此，所述电磁电器动态过程的测试手段、研究与分析方法将有助于对电磁电器动态过程实质性的全面认识。

如上所述，具有智能检测功能的动态测试装置，提供了检测各种不同控制规律下的动态过渡过程的变化信号，结合软测量技术，实现难以直接测量的其他特性过程的软测量，将获得全面表征电器工作机理的动态过程特性。因此，综合的吸合与释放过程动态特性波形图反映了在吸合与释放过程各动态参数随时间的变化情况。从中可以了解，电源电压、激磁电流、铁心开距、吸合过程中铁心位移与运动速度的变化规律、铁心的撞击时刻、撞击能量、吸合过程激磁损耗、吸合时间、铁心释放分离时刻、磁链与电磁吸力等；从图中可以获取三相主触头开距、触头在吸合过程中的碰撞与一、二次弹跳情况、三相主触头接通时刻、三相主触头弹跳时间、触头释放时间、触头释放速度以及吸持电流等参数。

这些动态过程特性信号，将使电器研究人员掌握电器的内在本质，为开发、设计提供了宝贵的技术依据。特别是在智能电器研制工作中，可以进行最佳吸合与分断过程控制方案的确定，并可将实时检测的某些动态特性参数作为激磁通断控制的反馈信号，以实现智能电器的自适应控制功能。

综合的智能控制交流接触器吸合过程动态特性实测曲线示意图如图 2.6 所示(该波形图中未采用加速度传感器)，实测的智能控制交流接触器吸合过程主要动态参数显示界面的示意图如图 5.25 所示。

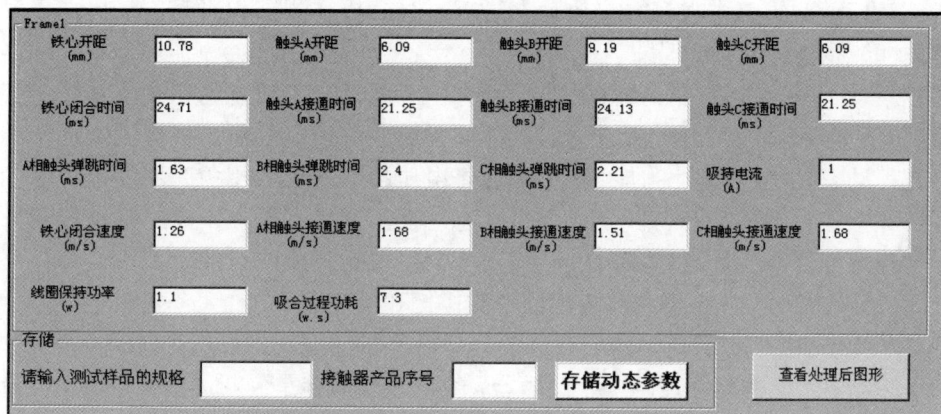

图 5.25　实测的智能控制交流接触器吸合过程主要动态参数显示界面的示意图

光机电电器智能动态测试装置率先解决了电器非接触位移动态测试的难题，相继应用于相关高校和企业的电器技术研究中。基于这个思路，高速摄像机与非接触位移传感器(如激光位移传感器)等已应用于一维电器动态特性测试。

采用电磁电器动态测试装置对智能控制交流接触器进行测试，测试结果与分析详见第 2 章。

5.3　基于高速摄像机图像测试与处理分析的电器二维智能动态测试技术

5.3.1　电器二维智能动态测试技术概念

上述光机电电磁电器动态测试技术具有通用、成本低的特点，对电器动态特性测试技术的提升，电器产品的研发发挥了重要作用。其测试效果与所采用的CCD的采样速率有关，采样速率越高，其测试效果越好。但是，毕竟该技术属一维测试设备。在智能电器技术，包括动态特性与测试技术研究过程中发现，对于某些动作机构的运动规律，采用一维的测试技术不能满足要求。从而，提出低压电器二维动态特性智能测试技术研究的必要性。因此，智能电器技术研究的发展促进了电器动态特性测试技术的提升。

本书仍以智能控制交流接触器为测试对象。智能控制交流接触器采用的是强激磁直流启动与低压直流吸持的工作方式。在吸合过程中通过全波整流电路为接触器提供脉动的直流电源电压或 PWM 控制的吸合磁势，使接触器完成吸合动作；分断过程进行三相触头零电流分断控制。接触器的吸合过程与分断过程的电弧是造成触头侵蚀的重要原因；机械部分运动的撞击是影响其机构寿命的主要因素。显然，对接触器的二维吸合、释放动态过程进行分析、测试和研究，是提高接触器整体性能指标的重要手段。

应用基于高速摄像机图像测试与处理分析的电器二维智能动态测试系统对智能控制交流接触器的吸合过程进行深入地实验研究与理论分析，根据曾经提出的吸合过程动态控制的概念，研究在不同激磁电压、不同吸合相角、不同过程控制方案情况下接触器的动态特性。在大量动态特性测试的基础上，探寻最优控制方案，达到大幅度减少吸合过程的铁心撞击与消除触头弹跳的目的。

该二维智能动态测试系统对接触器电磁机构和触头动作二维动态特性的测试为接触器设计与加工工艺等的评价与改进奠定基础，或者说，为提高产品研制水平提供基础条件。由于上述智能控制交流接触器研究的重要内容是分断过程的微电弧能量分断，微电弧能量分断与机构动作的分散性，与电器设计、工艺、零部件配合密切相关，采用本测试系统将为完全微电弧能量分断的设计与实现提供可靠的依据。

值得强调指出，所述非接触式基于高速摄像机图像测试与处理分析的电器二维智能动态测试系统(以下简称电器二维智能动态测试系统)可以应用于各种电器动作机构与电弧动态特性测试。

5.3.2　基于高速摄像机图像测试与处理分析的电器二维智能动态测试系统设计

1. 电器二维智能动态测试系统组成简介

该测试系统主要由照明系统、高速摄像机、控制电路和计算机组成。

(1) 照明系统。为了提高拍摄速度，在拍摄过程中要求高速摄像机的曝光时间尽可能短，这样对被拍摄部分的光照度要求很高。合适的照明系统是图像采集的基本要求，而照明灯的选择是该系统的关键。

照明灯有以下三类：普通白炽灯、电感式金卤灯、电子式金卤灯。普通白炽灯其光亮度较弱，无法满足基本的光照度要求；电感式金卤灯的光亮度较高，可以满足测试的要求，但是其亮度按电源频率以 50Hz 交替变化，虽然肉眼难以分辨，但是由于本系统的拍摄速度很高，拍摄的图像在不同时刻其清晰度明显不均匀；电子式金卤灯不仅亮度很高，而且其亮度不会随电源频率的变化而变化，是本系统照明的最佳选择。本书采用 70W 的电子式金卤灯，其光亮度与均匀度均能满足拍摄要求。

(2) 控制电路。控制电路以单片机系统为核心，承担与计算机通信、控制高速摄像机工作、控制交流接触器定相吸合和分断、采集相关电信号等任务。具体工作过程是：当控制电路收到计算机发出的测试命令后，检测线圈电压的零点，根据测试要求选择合适的相角控制接触器吸合和分断，触发高速摄像机开始拍摄，启动采样电路采集线圈电压、电流、铁心、三相触头信号。接触器动态过程结束后将采集到的数据传送到计算机进行综合处理。计算机作为上位机，承担着通信、图像处理、数据处理、测试结果、曲线显示等任务。

2. 电器二维智能动态测试系统设计的硬件电路

应用于智能控制交流接触器动态过程测试的电器二维智能动态测试系统原理图如图 5.26 所示。从技术层面看，应用于该电器动态过程测试的电器二维智能动态测试技术基本上覆盖了低压电器二维智能动态测试技术。整个系统主要由 PCO1200S 高速摄像机模块，激磁线圈电压、电流信号获取模块，智能控制交流接触器强激磁吸合控制和低压节能无声吸持回路模块、MSP430F449 单片机中央控制模块、RS485 数据信号传输模块以及上位机可视化人机界面模块等组成。以下介绍主要模块的结构与功能。

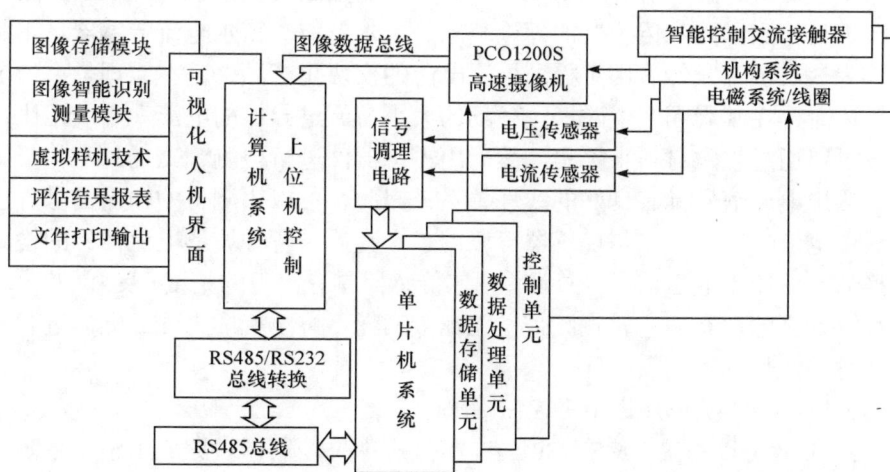

图 5.26　智能控制交流接触器二维动态过程测试系统原理图

1) PCO1200S 高速摄像机模块简介

感光组件是高速摄像机获得影像最重要的部件。感光组件分为 CMOS、CCD 两大类。CMOS 摄影系统的感光元件由感光二极管、放大器与模/数转换电路组成，其核心是一个感光二极管。CCD 数字式高速摄像机以 CCD 传感器为核心。CCD 是一种半导体成像器件，其基本阵元是金属-氧化物-半导体电容，或称为 MOS 结构，其基本结构是一种密排的 MOS 电容器，能够存储由入射光在 CCD 像敏单元激发出的光信息电荷，并能在适当相序的时钟脉冲驱动下，把存储的电荷以电荷包的形式定向传输转移，实现自扫描，完成从光信号到电信号的转换。

PCO1200S 系统为 1280 像素×1024 像素、黑白 CMOS 图像传感器，与计算机的数据接口是 IEEE 1394 数据接口。其镜头和机身如图 5.27 所示。

图 5.27　高速摄像机机身与镜头

高速摄像机的选择依测试对象、测试要求及经费等因素决定。

2) 激磁线圈电压、电流信号获取模块

本书采用高精度、快速响应的 LV25-P 型霍尔电压传感器(0.1 级，15μs)和 LA28-NP 型霍尔电流传感器(0.6%，<1μs)对智能控制交流接触器的激磁线圈电压与电流进行检测。霍尔传感器的理论基础是霍尔效应。霍尔电流传感器是用霍尔器件作为核心敏感元件、用于隔离检测电流的模块化产品。基本原理是：当电流流过导体时，在其周围产生磁场，磁场的大小与流过导体的电流大小成正比，这一磁场可以通过软磁材料来聚集，然后用霍尔器件进行检测，磁场的变化与霍尔器件的输出电压信号具有良好的线性关系，因此，可以用测得的输出信号直接反映导线中电流的大小。霍尔传感器可以用于交直流与各种波形电流信号的检测，经转换后又可用于电压信号的检测。霍尔传感器具有出色的精度、良好的线性度、低温漂、优良的动态响应、宽频带、无插入损耗、抗干扰能力强、电流过载能力强、优越的性价比等优点。

3) MSP430F449 单片机中央控制模块

从图 5.26 可以看出，MSP430F449 单片机中央控制模块完成了整个系统的协调、控制和数据的合并储存功能。一方面协调控制激磁线圈电压、电流信号获取模块，对采集到的激磁线圈电压和电流信号进行处理、打包组合储存；另一方面通过 RS485 总线，把全部数据以规定的协议格式上传到上位计算机。

4) 上位机可视化人机界面模块

本装置的上位计算机采用功能强大的 VC++可视化语言编程。其提供了一整套图形交互式、反映动态过程特性的可视化模型界面，具有调整动态过程控制参数、查看动态过程任意特性参数的变化过程、计算并显示智控制能交流接触器动态特性测试结果并存储与打印动态过程特性曲线或测试数据等功能。

3. 电器二维智能动态测试系统的软件设计

电源上电以后，单片机控制系统通过采样电路，对电源电压进行检测，并与正常吸合的门槛电压进行比较，如果电压低于门槛电压值，则接触器继续保持等待状态。一旦电压高于门槛电压值，单片机控制系统进入吸合控制状态，同时启动高速摄像机对智能控制交流接触器的整个吸合过程进行高速拍摄。根据不同的电源电压值，选择不同的吸合相位与强激磁控制方案。通过控制回路控制强激磁元件。如果强激磁元件导通，单相电源电压经过整流回路，直接施加在智能控制交流接触器线圈上，使接触器在直流强激磁方式下可靠吸合。

当吸合过程完成以后，单片机系统切断强激磁元件，使智能控制交流接触器的线圈断开强激磁，低压吸持元件继续导通，接触器转入低压吸持阶段。此时单片机系统控制低压吸持回路，实现由一个低电压、小电流的直流稳压电源提供接触器吸持磁势，实现节能无声运行。在这个阶段中，单片机系统一直检测电源电压，若发现电源电压低于最高释放电压，则转入分断控制程序软件模块。单片机系统在接到分断信号以后，启动高速摄像机对智能控制交流接触器机构的整个释放过程进行高速拍摄。此时单片机系统通过首开相电流互感器对主电路电流进行采样，并检测采样电流的零点，延时相应的时间切断吸持回路，使接触器的首开相(B 相)触头在下一个电流零点之前分开，非首开相(A、C 相)触头通过结构设计保证延时相应的时间，实现三相电路的零电流分断控制，即微电弧能量分断控制。单片机控制系统的软件框图如图 5.28(a)所示。

PCO1200S 型高速摄像机以高达 30167.73fps(即每秒 30167.73 帧图像)的速率获取图像后，就把图像存储到上位主控计算机上。上位主控计算机首先对图像进行亮度、对比度、锐化等一系列的预处理，然后应用图像测量技术对图像进行测量计算，得到智能控制交流接触器的铁心位移、首开相动触头位移、非首开相动触头位移的特性，从而实现智能控制交流接触器动态特性的检测。系统上位主控计算机的软件框图如图 5.28(b)所示。

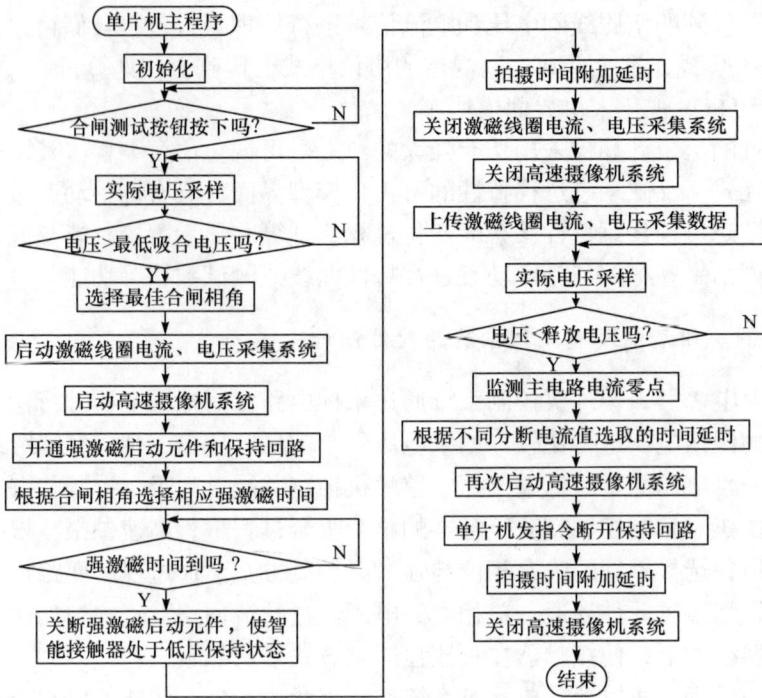

(a) 单片机控制系统的软件框图

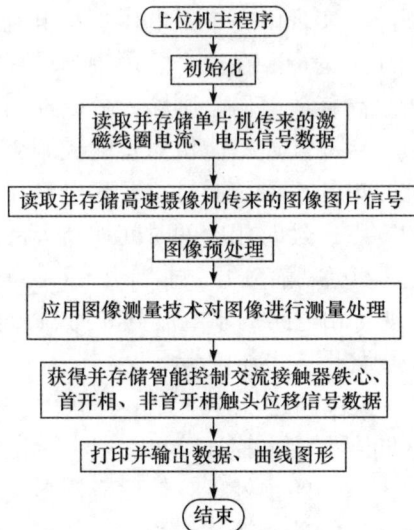

(b) 上位机的软件框图

图 5.28　单片机控制系统与上位机的软件框图

4. 测试技术简介

为了精确测量基于图像的智能控制交流接触器铁心、(非)首开相触头等目标在运动过程中的瞬时位置，用一些特征标志点(圆形点)对目标进行标记。采用多种亚像素技术来提取目标的图像位置。对这种圆特征点，可以采用三种自动的提取方法：灰度差法、模板相关法与圆边缘提取法。本书根据目标对象的特点，选用圆边缘提取法对智能控制交流接触器的铁心、(非)首开相触头等目标在动态过程中的动态位移特性信号进行测试。

圆边缘提取法在全场搜索具有圆特征的点：此方法抗光照不均的能力强，对于对比度较好的图像有很高的可靠性。具体处理过程为：① 增强图像的对比度和亮度并锐化图像边缘；② 用适当的门限将图像进行二值化处理得到目标的边缘；③ 对二值化图像进行闭合边缘的外边界跟踪得到目标的周长，若此周长的平方与区域的面积之比接近于 4π，则可判断该区域近似为圆形。再利用面积除以半个周长可得等效半径，若它与特征点尺寸相近则可判断该处存在特征标志点；④ 最后对该圆区域求质心即得特征点在图像上的亚像素坐标。运用相关滤波方法可进一步提高其亚像素精度。利用上述亚像素定位方法，我们实现了在图像上对圆特征标志点的圆中心自动识别与精确定位。

对智能控制交流接触器的铁心、(非)首开相触头等目标进行精确定位后，可进一步实现对图像序列中运动目标的精密测量。测量的过程中，首先要对各目标点进行自动跟踪匹配。利用目标运动是连续的假设，即相邻两幅图之间同一目标的位移较小，用前述提取标志点的方法：即圆边界求圆心法，可直接对目标进行跟踪匹配。

5.3.3　图像处理快速性研究

基于高速摄像机图像测试与处理分析的电器二维智能动态测试系统采用非接触的方式，从而完全不影响电器的运动形态，不仅能准确地测试智能控制交流接触器的铁心、位移信号，而且也能准确地测试其三相触头的真实位移及触头弹跳信号。从而真正实现各种电器，包括智能控制交直流接触器、通用交直流接触器及其他电磁电器动态特性的测试以及性能、结构、工艺的判断。显然，该电器二维智能动态测试系统是电器技术研究的重要而且有效的手段。但是由于该装置拍摄速度快，在电磁电器的一个动作阶段拍摄的图片数量较大，需要快速的图像处理作为支撑。在电器技术研究中需要进行大量、高效率的动态过程测试。因此，对其图像处理的快速性提出较高要求。

本节重点介绍该非接触式电器二维智能动态测试系统中交流接触器动态特性

图像的采集与图像快速处理方法，从而，提高图像的实时处理速度，保证实际应用的效率。

该系统采用高速摄像机拍摄运动部件的运动图像，对采集到的交流接触器动态特性图像应用中值滤波算法、图像增强算法、Canny 算子、二值形态学变换、提取目标等处理后得到交流接触器铁心和触头的动态特性曲线。结合动态信号采集板采集到的电压、电流、触头、铁心等信号，最后得到交流接触器完整的动态特性曲线。

此后，将图像处理的结果与 Image-Pro Plus 6.0 专业图像分析软件相比较进行验证。Image-Pro Plus 6.0 是一款全球知名的图像处理和分析软件，广泛应用于医学、工业、军事等领域的专业图像处理，虽然 Image-Pro Plus 6.0 有强大的功能，但是应用于实时性要求较高的测试系统不太合适。将图像处理方法改进后的数据与 Image-Pro Plus6.0 专业图像分析软件处理结果进行比较，两者结果十分接近。

1. 标记效果图

高速摄像机每隔 33.265μs 拍摄一张图像，这样在交流接触器的一次动作过程中就会拍摄了 1000 多张的图像。图 5.29 是每间隔 0.3326ms 的原始图像，点 1 为铁心的运动标记点，点 2 为触头的运动标记点。从图中可以看出，随着时间的变化，标记点的位置发生变化，这也就代表铁心和触头在运动，取出标记点的运动轨迹就可以得到铁心和触头的运动过程数据。虽然从拍摄的原始图像中可以较清楚地看到标记点状态，但是要取出其位移信号还必须经过一系列的处理才可以实现。以下重点介绍图像处理的过程。

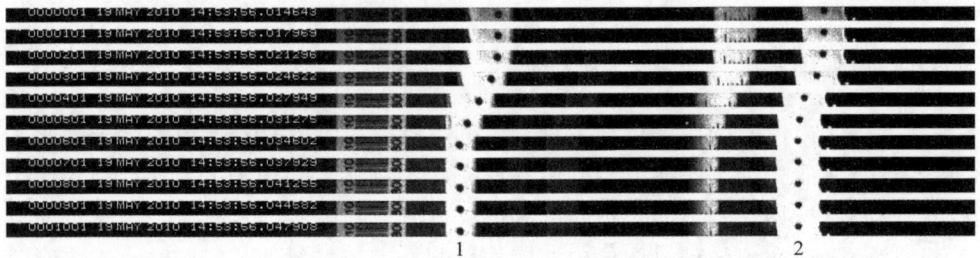

图 5.29　拍摄的原始图像

2. 图像处理

为了得到接触器运动过程的位移数据，必须提取拍摄图片的标记点信息，一组动态过程的图片有上千张，在处理时必须协调好处理精度和处理速度之间的关系问题。对采集到的图像应用中值滤波算法、图像增强算法、Canny 算子、二值形态学变换、提取目标等处理后得到交流接触器铁心和触头的动态特性曲线。

1) 中值滤波

中值滤波是一种非线性信号处理方法，是 1971 年由 Turky 提出的。它在一定的条件下，可以克服线性滤波器如最小方差滤波、平均值滤波等带来的细节模糊的缺点，而且对滤除脉冲干扰及图像扫描噪声最为有效。

中值滤波的基本原理是把数字图像或数字序列中一点的值用该点的一个领域中各点值的中值代替。中值的定义如下：一组数 $x_1, x_2, x_3, \cdots, x_n$，把 n 个数按值的大小顺序排列：$x_{i1} \leqslant x_{i2} \leqslant x_{i3} \leqslant \cdots \leqslant x_{in}$。

$$y = \mathrm{Med}\{x_1, x_2, x_3, \cdots, x_n\} = \begin{cases} x_{i\left(\frac{n+1}{2}\right)}, & n\text{为奇数} \\ \dfrac{1}{2}\left[x_{i\left(\frac{n}{2}\right)} + x_{i\left(\frac{n}{2}+1\right)}\right], & n\text{为偶数} \end{cases} \tag{5-10}$$

y 称为序列 $x_1, x_2, x_3, \cdots, x_n$ 的中值，把一个点特定长度或形状的领域称作窗口。在一维情形下，中值滤波器是一个含有奇数个像素的滑动窗口，窗口正中间那个像素的值用窗口内各像素值的中值代替。

当推广到二维时，可以利用某种形式的二维窗口。设 $\{x_{ij}, (i, j) \in I^2\}$ 表示数字图像各点的灰度值，滤波窗口为 A 的二维中值滤波可定义为

$$y_{ij} = \mathrm{Med}_A\{x_{ij}\} = \mathrm{Med}\left\{x_{i+r, j+s}, (r, s) \in A, (i, j) \in I^2\right\} \tag{5-11}$$

二维图像中值滤波就是以当前要滤波的点为中心点，选取一个二维滑动窗口，取这些窗口值的中值作为滤波输出。

二维中值滤波的窗口形状和尺寸对滤波效果影响很大，不同的图像内容和不同的应用要求，往往采用不同的窗口形状和尺寸。常用的二维中值滤波的窗口形状有线状、方形、圆形、十字线以及圆环形等，窗口尺寸一般先用 3 再取 5 逐点增大，直到其滤波效果满意。

中值对于消除孤立点和线段的干扰十分有用，能减弱或消除傅里叶空间的高频分量，但也影响低频分量。高频分量往往是图像中区域边缘灰度值急剧变化的部分，该滤波可将这些分量消除，从而使图像得到平滑的效果。对于一些细节较多的复杂图像，还可以多次使用不同的中值滤波。传统中值滤波算法的具体实现过程如下。

(1) 选择一个 $(2n+1) \times (2n+1)$ 的窗口(通常为 3×3 或 5×5)，并用该窗口沿图像数据进行行或列方向的移位滑动；

(2) 每次移动后，对窗口内的诸像素灰度值进行排序；

(3) 用排序所得中值替代窗口中心位置的原始像素灰度值。

中值滤波是目前比较常用的一种滤除噪声的方法,它是一种非线性滤波方式,能够在滤除噪声的同时,尽可能地保留原图像的细节,因而得到了广泛的应用。不同的窗口滤波效果不一样。图 5.30 为本书采用不同大小窗口的中值滤波效果对比图,从图中可以看出,3×3 模板滤波可以滤除一些噪声,原图细节也可以保留充分,但是滤波后所剩下的噪声较多,需要后续处理;5×5 模板滤波能够有效地滤除图像的噪声,但是也使其中一些细节变得模糊;7×7 模板滤波可以基本滤除噪声,但是原图被严重扭曲。因此,通过综合比较,测试装置选用 3×3 模板进行中值滤波。

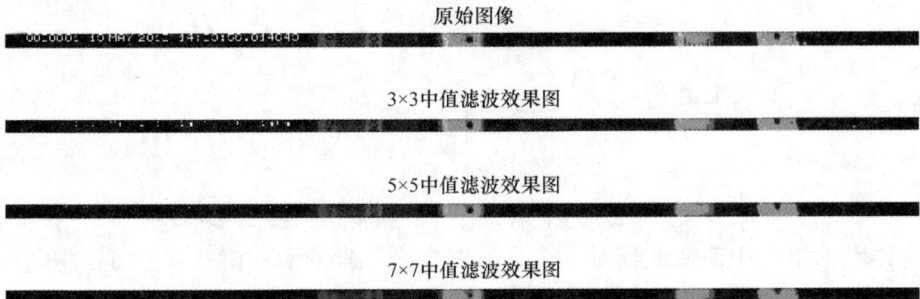

原始图像

3×3中值滤波效果图

5×5中值滤波效果图

7×7中值滤波效果图

图 5.30　不同大小窗口中值滤波效果对比图

2) 图像增强

图像增强是图像处理的最基本手段,它往往是各种图像分析与处理前的预处理。图像增强就是增强图像中用户感兴趣的信息,其主要目的有两个:一是改善图像的视觉效果,提高图像成分的清晰度;二是使图像变得更有利于计算机处理。图像增强的方法一般分为空间域和变换域两大类,空间域方法直接在图像所在的空间进行处理,也就是在像素组成的空间里直接对像素的灰度进行处理。变换域方法在图像的某个变换域中对变换系数进行处理,然后通过逆变换获得增强图像。图像增强通常采用均衡化和灰度调整两种方法。

(1) 直方图。数字图像的直方图是一个离散函数,它表示数字图像中每一灰度与其出现概率间的统计关系。直方图能够反映数字图像的概貌性描述,如图像的灰度范围、灰度的分布、平均亮度、阴暗对比度等,并可由此得出进一步处理的重要依据。

(2) 均衡化。均衡化算法是图像增强空域法中的最常用、最重要的算法之一。它以概率理论作基础,将已知灰度概率密度分布的图像,经过某种变换,变成一幅具有均匀灰度概率密度分布的新图像,其结果是扩展了像元取值的动态范围,从而达到增强图像整体对比度的效果。图像均衡化原则如下:① 按照扫描的顺序，最先遇到的像素，根据灰度级变化的改变形式，再决定升入或降低。② 原始图像的各个像素灰度变换后，可以保持原来的灰度级别，也可以升入较高的灰度级别，并且升入或降低情况会出现相隔好几个灰度级别的情况。③ 可以要求均衡化后各灰度级别的像素数完全相等，也可以不要求均衡化后各灰度级别的像素数完全相等。

(3) 灰度调整。在拍摄图像过程中，可能会由于成像时光照不足，整幅图偏暗；或者成像时光照过强，使得整幅图偏亮，这些情况称为低对比度，即灰度都在一个狭小的区域，没有分布到整个图像区域。对比度扩展的意思就是把灰度范围分布到整个灰度区域，使得该范围内的像素亮的越亮、暗的越暗，从而达到增强对比度的目的。

为了选择更好的图像增强处理方法，本书采用两种方法对同一张图像分别进行处理，处理效果对比如图 5.31 所示。从图中可以看出，均衡化后图像的整体视觉效果得到了明显增强，达到了预期的效果，但是弱化了图像之间的对比度；灰度扩展则突出了特征明显的区域，有利于图像的进一步处理。

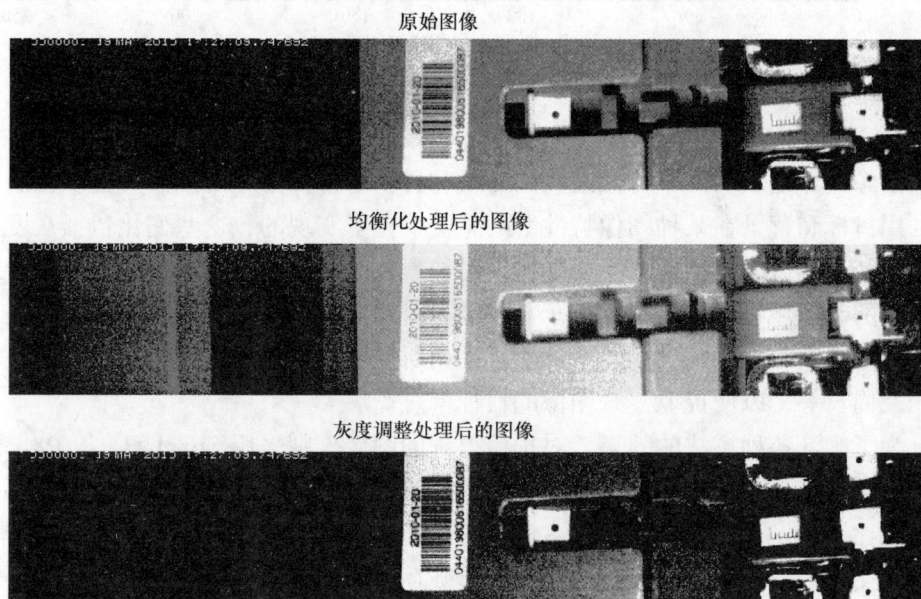

图 5.31　图像增强处理的效果对比图

图 5.32 为图 5.31 对应的直方图，通过直方图我们可以看出，均衡化处理后的图像灰度值整体上呈增加之势，特别是灰度值处于 150～240 区间段增加得特别大。因此，图像的亮度得到了明显的增强。灰度调整后的图像，则使灰度值的分布更加集

中，表现为亮的地方越亮，即灰度值接近 255 的像素值全部映射到了 255；同理，暗的地方越暗，灰度值靠近 0 的区域映射到 0，因此特征区域得到了明显的突显和加强。从直方图上看，采用灰度调整的方法有利于图像的进一步处理。

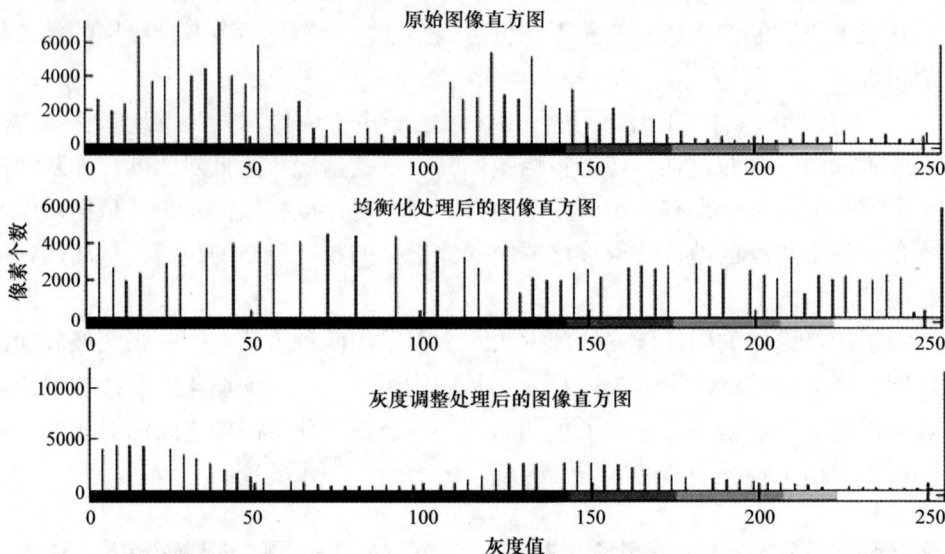

图 5.32　图像增强处理的直方图对比图

3) 边缘检测

图像边界是表明一个特征区域的终结和另一个特征区域的开始。边缘检测正是利用目标和背景在某种图像特性上的急剧变化来实现的，这些变化包括灰度、纹理特征等。边缘检测方法主要是构造对像素灰度级阶跃变化敏感的微分算子或按像素的某邻域特征构造边缘算子。主要的算法有 Sobel 算法、Roberts 算法、Prewitt 算法、Log 算法、Canny 算法。利用所提取的边缘可以测量物体的半径、面积及周长等，以便提取复杂图像的目标信息。

为了验证各种算法的效果，对拍摄得到的图像分别采用 Sobel 算法、Roberts 算法、Prewitt 算法、Log 算法、Canny 算法进行处理，处理结果如图 5.33 所示。通过对比结果发现：用 Roberts、Sobel 和 Prewitt 边缘检测算子进行边缘检测时，会把原始图片中的有效边缘过滤掉，严重破坏了原图效果。Log 算子和 Canny 算子都可以检测出测试所需的目标，通过更细微地观察可以发现 Log 算子检测出的边缘整体效果远不如 Canny 算子的效果好，而且所需的目标点没有闭合，会增加图像后续处理的难度。Canny 算子不仅可以明显准确地检测出图像的边缘，而且目标点完全闭合，后续处理较为容易。

原始图像

Sobel算法

Roberts算法

Prewitt算法

Log算法

Canny算法

图 5.33　边缘检测算法处理结果对比图

4) 图像裁剪

图像裁剪的目的是缩小目标检测的范围，减小干扰噪声，从而提高目标检测的效率、准确度和精度。MATLAB 工具箱提供了 imcrop 函数对图像进行裁剪，函数的返回值是原图像的某个矩形区域，这个函数有两个基本的参数：待裁剪的原图像 I 和定义矩形裁剪区域的坐标点集 map。为了提高处理的速度，根据接触器运动的特点对图像进行裁剪，去除非运动区域，裁剪后的图像如图 5.34 所示。

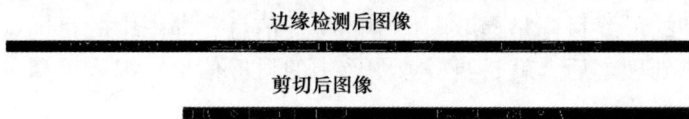

边缘检测后图像

剪切后图像

图 5.34　图像裁剪效果图

5) 数学形态学变换

数学形态学(mathematical morphology)是法国和德国的科学家在研究岩石结构时建立的一门学科。形态学的用途主要是获取物体拓扑和结构信息，它通过物体和结构元素相互作用的某些运算，得到物体更本质的形态。近年来数学形态学在数字图像处理和机器视觉领域中得到了广泛的应用，形成了一种独特的数字图像分析方法和理论。其基本思想是利用一个称作结构元素的"探针"收集图像信息。当探针在图像中不断移动时，便可考察图像各个部分之间的相互关系，从而了解图像各个部分的结构特征。

数学形态学在图像处理中主要有两方面：一是利用形态学的基本运算，对图像进行观察和处理，从而达到改善图像质量的目的；二是描述和定义图像的各种几何参数和特征，如面积、周长、连通度、颗粒度、骨架和方向性等。

数学形态学的基本运算有腐蚀、膨胀、开运算、闭运算、细化等。本书主要用到开运算和闭运算。

经过边缘检测、裁剪后的图像中还存在一些无关的亮点，这样会影响后续的目标提取，这些无关的亮点都是一些没有闭合的环或一些孤立的点。通过实验比较发现，可以利用 MATLAB 数学形态学运算中 Bwmorph 函数的 Shrink 和 Clean 操作去除无关点。Shrink 操作的主要功能是消除像素，使没有孔的对象收缩成为一点，使有孔的对象收缩成为外层边缘，在每个孔间缩成一个相连的环，将不连通区域的对象收缩成孤立的散点、亮点。Clean 操作的主要功能是去掉图像中孤立的亮点。数学形态运算的结果如图 5.35 所示。

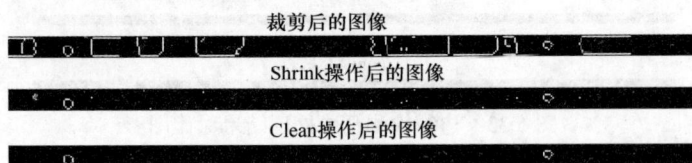

图 5.35　数学形态学变换结果

从图 5.35 可以看出，经过 Shrink 操作后，图像中的非连通区的干扰边缘被收缩成孤立的像素点，在经过消除孤立像素点操作后，所需要的图像信息清楚地显示出来。而经过 Clean 操作后，所有孤立的亮点都没有了，只剩下测试所需的测试点信息。

6) 目标识别与提取

图像处理的最终目标是提取图像中的特征信息，即图中的目标点。经过前面一系列的图像处理之后，就是要提取图像中的目标信息，提取信息可分为目标识别与目标提取两步。

经过图像的预处理之后，原始图像变成了包含有限个连通域的二值图像，二值图像用一个由 0 和 1 组成的二值矩阵表示，1 表示该像素处于前景，0 表示该像素处于后景。在二值图像中很容易识别图像的结构特征。通过对象标记、对象选择、种子填充三步实现目标的识别。

二值图像小目标质心坐标最简单的确定方法是将属于同一连通体的不同像素点的坐标值进行平均，将平均值作为该小目标的质心坐标的位置。这种方法实际上求得的就是连通体的几何形心，其坐标计算公式为

$$x_c = \sum_{i,j \in \Omega} \frac{j}{N}, \quad y_c = \sum_{i,j \in \Omega} \frac{i}{N} \tag{5-12}$$

式中，i、j 分别为图像像素的纵坐标、横坐标；N 为连通体的总像素数；Ω 为属于同一连通体像素的集合。这里使用递归的方法来搜索灰度值为 1 的各个像素点坐标。

(1) 逐行逐列地搜索二值图像每个像素点的灰度值，当灰度值为 1 时，找到已标记的连通域，执行步骤(2)。

(2) 将该像素点的灰度值置为 0，像素点的横坐标与横坐标的和相加，纵坐标与纵坐标的和相加。从当前像素点开始分别向 8 连通方向搜索，判断这 8 个像素

点的灰度值是否为 1，若为 1 执行步骤(2)，退出该操作。

(3) 根据返回的横纵坐标累加和计算出横纵坐标的平均值，也就是当前目标图像的质心坐标。

继续搜索下一个灰度值为 1 的像素点，重复步骤(1)~(3)，就可以得到所有已标记连通域的质心坐标。

3. 坐标数据处理

像素坐标点提取之后，需要对提取的上千组数据进行处理，才能得到需要的位移数据。

在正常情况下，每张图片只会提取到两个水平坐标像素数据。在拍摄过程中，随着接触器的运动，标记点的位置也在移动，这样拍摄过程中所有图像的亮度并不都是相同的。因此在一组拍摄的图像中，有可能会出现某些图像提取的水平坐标像素数据超过两个，而有些图像提取的水平坐标像素数据少于两个甚至没有的情况。这两种情况都是不正常的，要对不正常的提取数据做进一步处理才能得到正确的结果。

对于数据偏多的情况，可以采用软件对坏点进行剔除，若数据偏少，则可以采用拟合的方式来解决。通过这两种方法，就可以得到所有正确的数据。

4. 处理结果验证

将高速摄像机拍摄接触器在额定电压吸合相角 0° 情况下吸合的位移图像，分别采用 Image-Pro Plus 6.0 专业图像处理软件和上述的图像处理程序进行处理，得到铁心和触头的位移如图 5.36 所示(被试接触器为普通 CJ40-100A 交流接触器)。从图中可以看出，两种方法处理的结果十分接近，从而说明图像处理结果是正确的。

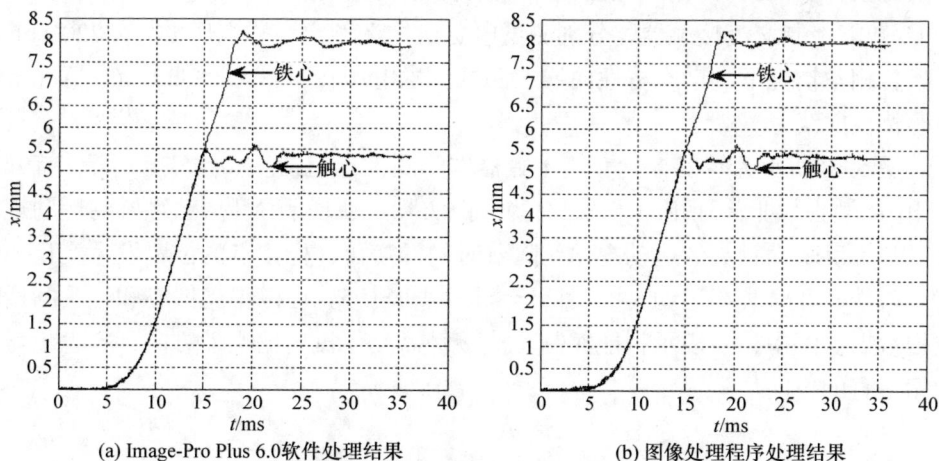

(a) Image-Pro Plus 6.0软件处理结果　　　　(b) 图像处理程序处理结果

图 5.36　图像处理结果曲线比较

采用图像与处理相结合的动态特性测试系统对交流接触器吸合的动态过程进行全面测试，其中额定电压下 0°吸合相角的动态特性测试曲线如图 5.37 所示。

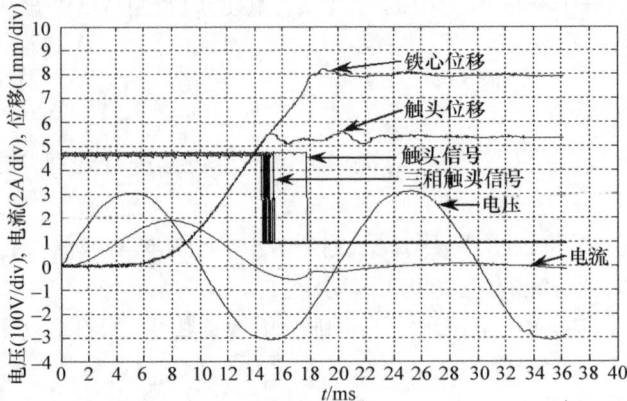

图 5.37　0°吸合相角动态特性测试曲线

5.3.4　基于高速摄像机图像测试与处理分析的智能控制交流接触器动态过程测试

1. 被测智能控制交流接触器标记点设置

应用电器二维智能动态特性测试系统对智能控制交流接触器吸合过程动态特性全方位测试进行研究，掌握该电器实际准确的动态过程，以寻求最佳控制方案。测试对象为 AC220V 线圈(该线圈的参数为匝数 2×720 匝，线径为 0.38mm)的 CJ20-100A 智能控制交流接触器，分别测试电磁机构在额定激磁电压 U_e(AC220V)下不同吸合相角情况下的动态特性曲线；测试激磁电压在 75%U_e～115%U_e 情况下的动态特性曲线。

图 5.38 所示为智能控制交流接触器本体测试标记图。如图 5.38 所示，首开相(B 相)动触头与非首开相(A 相)触头的标记实际是在动触桥上。动触桥的运动规律可以基本反映动触头的运动规律。随着时间的变化，标记点的位置发生变化，也就代表铁心和触头在运动，取出标记点的运动轨迹就可以得到铁心和触头的运动过程数据。图中，X 表示智能控制交流接触器动作机构的运动方向，Y 表示与运动相垂直的方向。

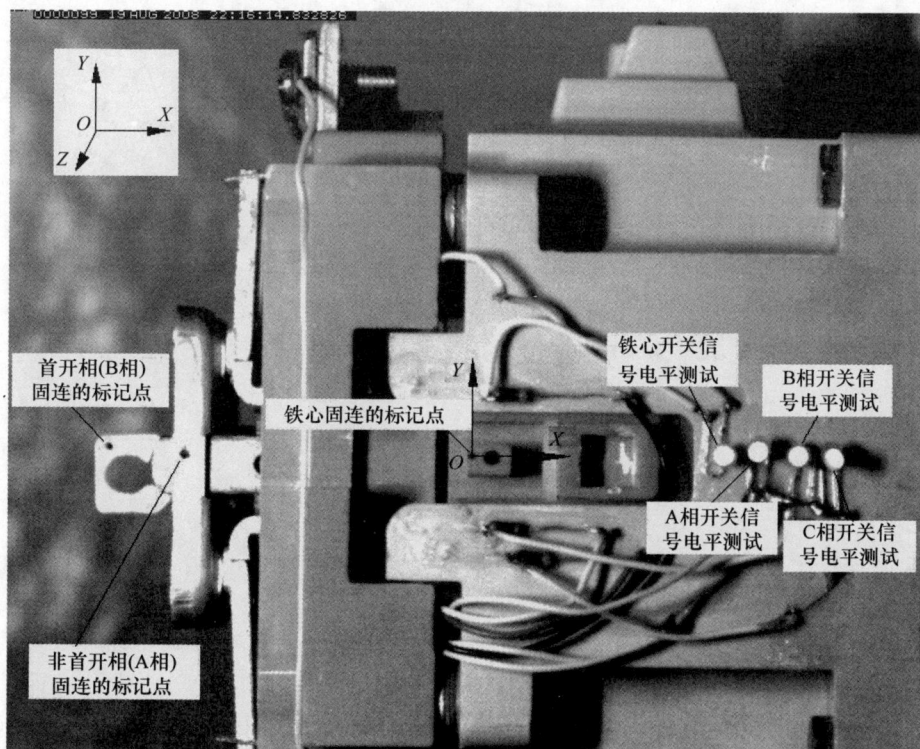

图 5.38　智能控制交流接触器本体测试标记

2. 智能控制交流接触器二维动态特性测试波形

首先采用可视化技术把电器二维智能动态特性测试系统应用于该 CJ20-100A 智能控制交流接触器动态过程特性测试，得到 CJ20-100A 智能控制交流接触器吸合过程和释放过程的动态特性曲线。

1) 不同吸合相角的吸合过程二维动态特性测试波形

图 5.39(a)～(f)为 CJ20-100A 智能控制交流接触器样机通过单片机系统对接触器线圈在不同吸合相角下强激磁的吸合过程进行控制的机构动态特性波形。图中，x 表示智能控制交流接触器铁心的位移信号；xb 表示接触器首开相(B 相)动触头的位移信号；xa 表示接触器非首开相(A 相)动触头的位移信号；v 表示接触器铁心运动的速度信号；u 表示额定激磁电源电压 AC220V 的电压波形，该电压经全波整流后直接加到智能控制交流接触器的激磁线圈上，为接触器的激磁线圈提供强激磁；i 表示智能控制交流接触器激磁线圈的电流信号。

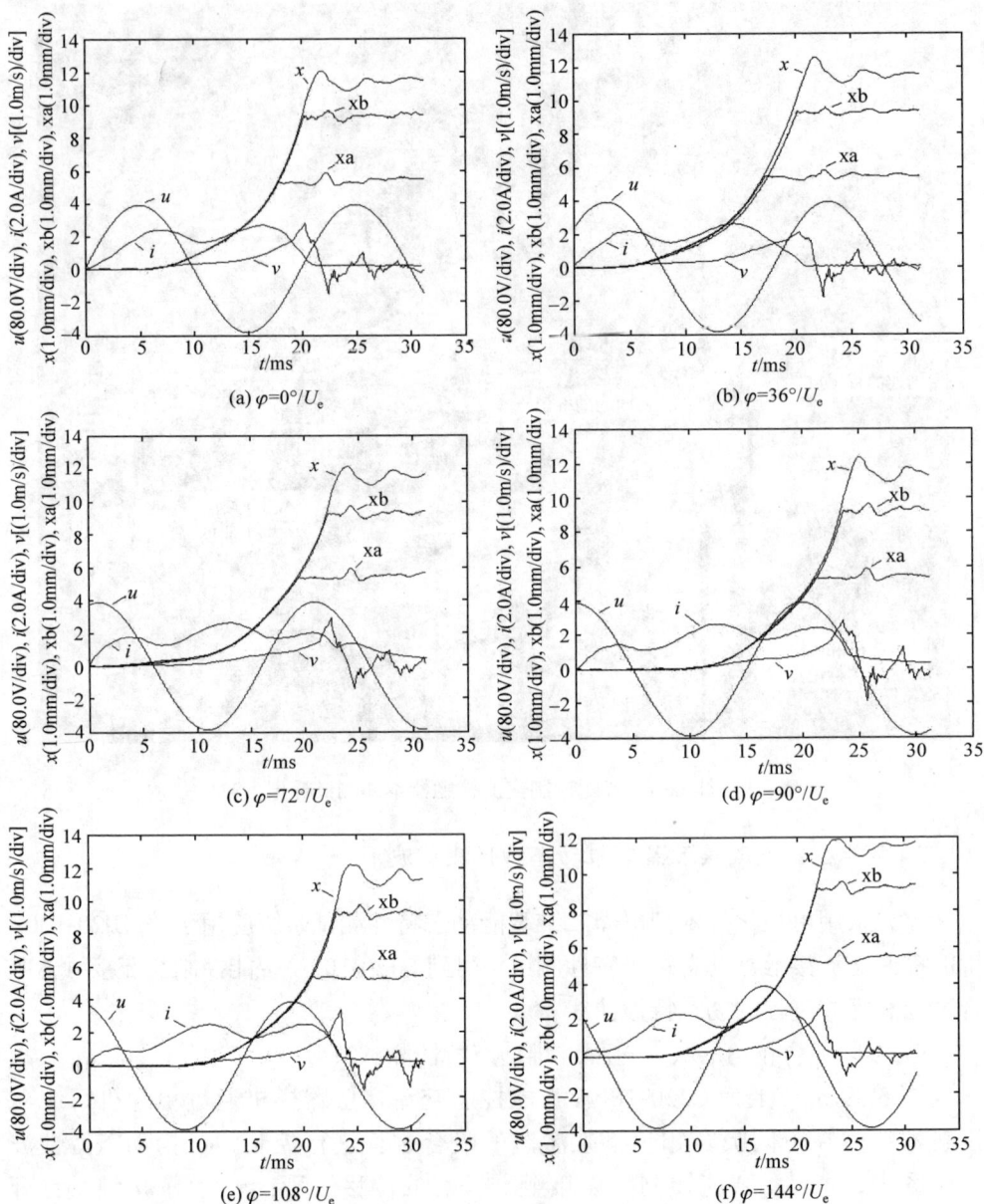

图 5.39　吸合过程动态特性测试波形

2) 不同激磁电源电压的吸合过程二维动态特性测试波形

图 5.40(a)～(f)为激磁电源电压分别为 75%U_e、85%U_e、95%U_e、100%U_e、105%U_e、110%U_e 时，通过单片机系统对 CJ20-100A 智能控制交流接触器样机在

吸合相角为 0°时经全波整流后的脉动强激磁进行控制的吸合过程动态特性的测试波形。

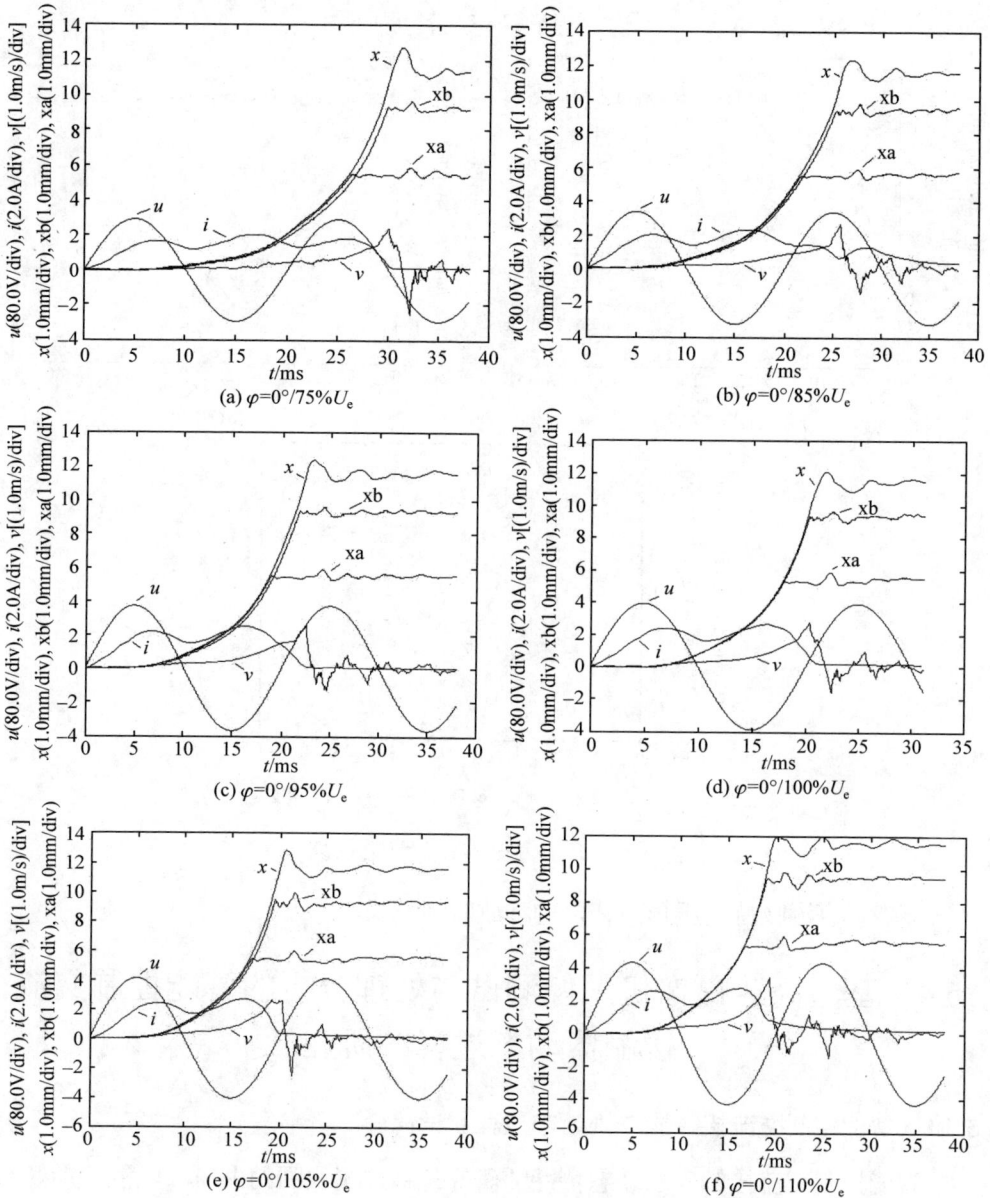

(a) $\varphi=0°/75\%U_e$

(b) $\varphi=0°/85\%U_e$

(c) $\varphi=0°/95\%U_e$

(d) $\varphi=0°/100\%U_e$

(e) $\varphi=0°/105\%U_e$

(f) $\varphi=0°/110\%U_e$

图 5.40　吸合过程动态特性测试波形

从测试波形中可以看出，铁心、首开相(B 相)动触头、非首开相(A 相)动触头的位移信号在运动过程中出现动态的不同步现象。

3) 不同直流吸持电压的释放过程二维动态特性测试波形

图 5.41(a)～(c)为 CJ20-100A 智能控制交流接触器在低压吸持电压分别为 DC6V、DC9V、DC12V 时释放过程的动态特性波形。

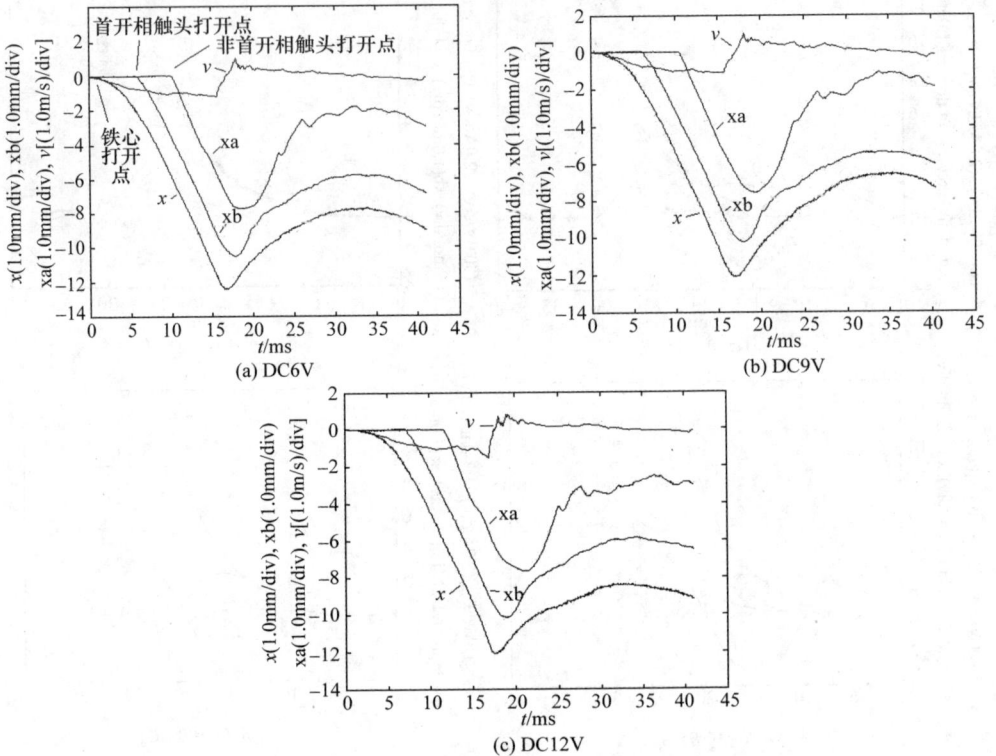

(a) DC6V

(b) DC9V

(c) DC12V

图 5.41 释放过程动态特性测试波形

显然，直流吸持电压越高，机构释放时间越长。

5.4 基于高速摄像机图像测试与处理分析的智能控制交流接触器动态过程的研究

5.4.1 智能控制交流接触器二维动态过程测试简介

智能控制交流接触器的动态特性的研究包括控制线圈的电压、电流、动铁心与触头的动态位移、触头弹跳的实际变化规律，并据此得到动态电磁吸力、动态磁链、触头开距、超程、触头的弹跳时间、吸合时间、释放时间、铁心撞击速度与能量、触头碰撞与分开速度、吸合过程能耗等各个重要参数，并对这些动态参数进行分析。

智能控制交流接触器触头的弹跳主要取决于动、静触头和动、静铁心撞击时的能量以及铁心间的吸力。接触器可动部分的速度 v 可以由式(5-13)计算：

$$v = \int \frac{F_x - F_f}{m} \mathrm{d}t \tag{5-13}$$

式中，F_x 为电磁吸力；F_f 为反作用力；m 为可动部分质量。

由式(5-13)可知，智能控制交流接触器的吸力特性与反力特性的配合是决定智能控制交流接触器电寿命的关键因素。

应用基于高速摄像机图像测试与处理分析的电器二维智能动态测试系统对智能控制交流接触器的动态特性进行检测，对仿真结果进行验证，并对实测数据进行一系列分析，从而实现对其动态过程的优化控制。

5.4.2　智能控制交流接触器的二维吸合分断全过程动态测试分析

如上所述，对于一定尺寸参数的电磁机构，当激磁电压与吸合相角不相同时，其吸合过程中激磁电流、磁路中的磁链、电磁机构的吸力、动铁心的运动速度、铁心位移等参量随时间的变化规律是不相同的，因此，将直接影响吸合过程中铁心撞击与触头的弹跳。机构的动作呈现出不同的二维动态特性。

1. 动态过程测试

应用于智能控制交流接触器动态过程测试的电器二维智能测试系统的控制原理图如图 5.26 所示。单片机系统对整个系统进行协调控制，存储采集的全部数据，并通过 RS485 上传到上位机。

图 5.42 为上述 CJ20-100A 智能控制交流接触器样机在额定电压 U_e 作用下，$\varphi=30°$ 时的吸合过程动态特性测试波形。

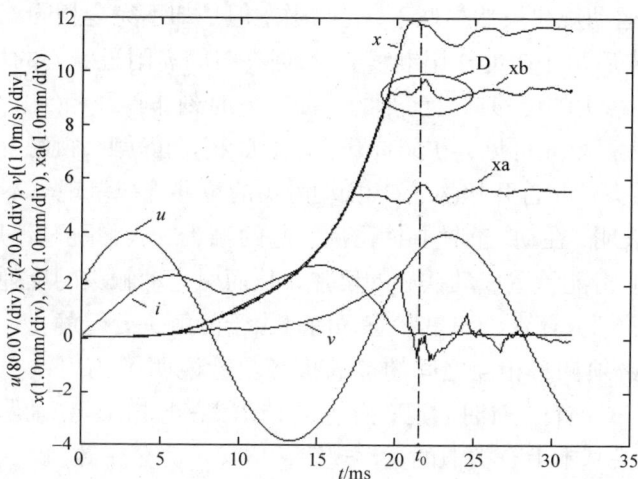

图 5.42　在额定电压 U_e 作用下，$\varphi=30°$ 时的吸合过程动态特性测试波形

电器二维智能动态测试系统不仅能够测试出铁心的位移信号，而且能够直接测出首开相(B相)、非首开相(A、C相)动触头的位移信号，它可以全面分析与判断智能电器的动态过程。

2. 智能控制交流接触器机构动态过程分析

1) 动态过程铁心与首开相(B相)、非首开相(A、C相)动触头位移不同步现象的分析

从图5.39、图5.40、图5.42可以看出，运动过程铁心与首开相(B相)、非首开相(A、C相)动触头位移是不同步的。所谓不同步是指运动过程中，三者在机构运动方向上并不保持其间距不变。因此，本电器二维智能动态测试系统能够真实地反映三者的二维运动规律。

所以造成这种现象是该交流接触器机构设计与工艺问题所致。由于机构的动静部件之间的配合不好，机构动作过程运动部件在 X、Y 方向上发生位移。在动态特性的图像中，铁心与首开相(B相)、非首开相(A、C相)动触头位移不同步现象反映了在动态过程中，动作机构在 X、Y 方向位移的情况，不同步的程度就反映了动作机构运动配合的程度，从而说明机构动作的分散性。

由此可见，从基于图像测量的智能控制交流接触器动态过程的分析可以对该电器机构设计性能、结构与工艺的合理性作出判断，并进行改进。

2) 铁心撞击后状态的分析

图5.42表示铁心撞击后由于撞击能量较大，造成铁心振动，动铁心或者继续前行，或者后退，甚至动、静铁心分离。然而，首开相(B相)动触头与非首开相(A、C相)动触头的运动规律虽然类似于铁心动作，但是却不完全相同。图5.42能充分反映铁心在撞击后由于缓冲作用继续前行，但在时间 t_0 附近铁心的位移是返回的，首开相(B相)动触头的位移却是前行的，而在 t_0 时刻非首开相(A、C相)动触头的位移却达到最大。由此可见，在非首开相(A、C相)动静触头接触开始，铁心与首开相(B相)动触头、非首开相(A、C相)动触头的位移规律呈现出不同步的现象。

这些现象表明，在动、静铁心撞击后引起的触头二次弹跳过程是极其复杂的。一方面，由于撞击能量造成动铁心的反弹，从而引起动触头的反弹；另一方面，整个机构的运动部分还在调整其状态，而且由于静触头处于静止、固定位置，动触头与静触头必须调整相互之间的接触状态。这说明了为何铁心撞击后继续前行，动触头却有时前行，有时后退；为何这个阶段首开相(B相)动触头与非首开相(A、C相)动触头基本上有类似的运动规律，但又不完全一致。

同时，在图5.42所示的"D区域"中的吸合方向上选取6个位置，在这6个

位置实拍的序列图片如图 5.43 所示。图 5.43 的左图为实拍的序列图片，图 5.43 的右图为每幅图片的坐标示意图。该序列图片由下而上表示智能控制交流接触器的吸合过程。图片中最左边的标记点(圆黑点)表示与首开相(B 相)动触头固连标记点；中间的标记点(圆黑点)表示非首开相(A 相)动触头固连标记点；最右边的标记点(圆黑点)表示铁心固连标记点。

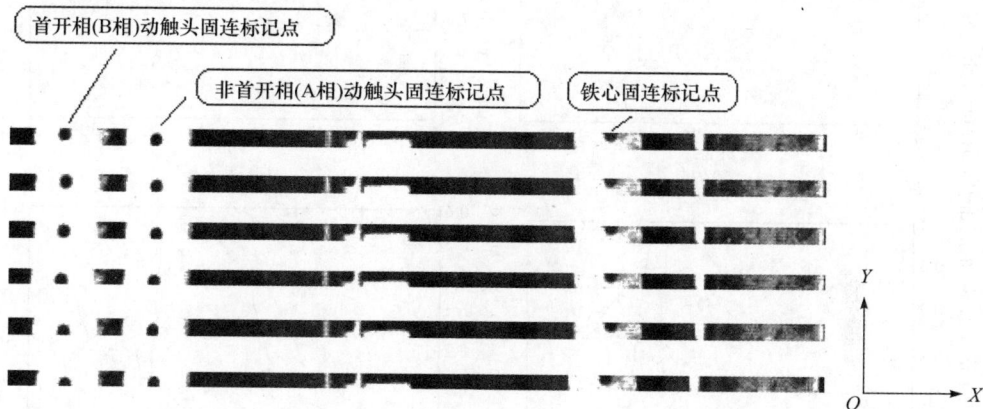

图 5.43　智能控制交流接触器吸合时实拍序列图片

从图 5.43 的首开相(B 相)和非首开相(A 相)动触头的标记点(圆黑点)可以看出：随着铁心在 X 方向向前吸合运动，它们不仅在做 X 方向前后运动，而且还在作 Y 方向的运动(即标记点在 Y 方向的位置发生偏移)，该细节运动图像能充分反映出触头部件吸合过程运动的复杂性。

3) 吸合过程动铁心 Y 方向运动轨迹

图 5.44 表示智能控制交流接触器在额定电压 U_e 下部分吸合相角时，与吸合运动相垂直的 Y 方向首开相(B 相)动触头、非首开相(A、C 相) 动触头、铁心的运

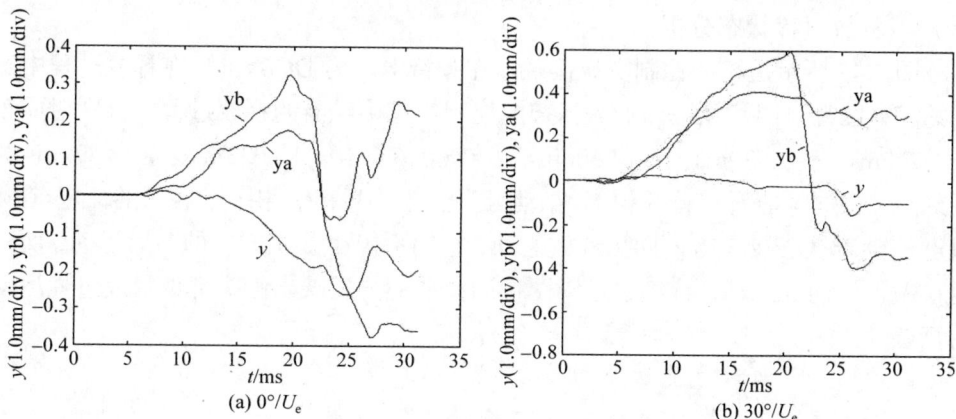

(a) $0°/U_e$

(b) $30°/U_e$

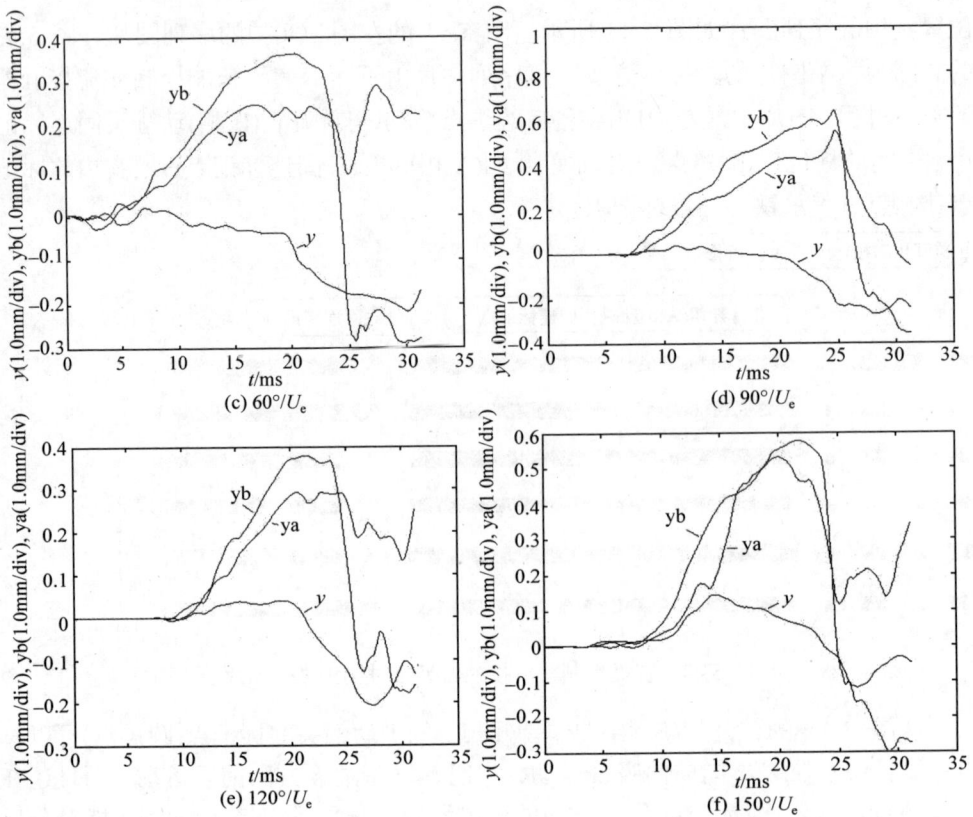

图 5.44　吸合过程 Y 方向运动轨迹

动轨迹曲线。图中，y、yb、ya 分别表示铁心、首开相(B 相)和非首开相(A、C 相)动触头跟吸合运动相垂直的 Y 方向的位移信号。

4) 释放过程状态分析

图 5.45 所示是智能控制交流接触器在吸持电压为 DC6V 时，在释放过程中实拍的序列图片。图片从下而上表示智能控制交流接触器的释放过程，分别对应于 $t_1=6.727\text{ms}$、$t_2=9.329\text{ms}$、$t_3=13.306\text{ms}$、$t_4=15.016\text{ms}$、$t_5=17.023\text{ms}$、$t_6=18.472\text{ms}$ 的时刻。图中同样能看出首开相(B 相)动触头、非首开相(A 相)动触头的标记点(圆黑点)。随着铁心在 X 方向向后释放运动，它们不仅在做 X 方向的前后运动，而且也在做 Y 方向的运动，该细节运动图像同样能充分反映出触头部件释放过程运动的复杂性。

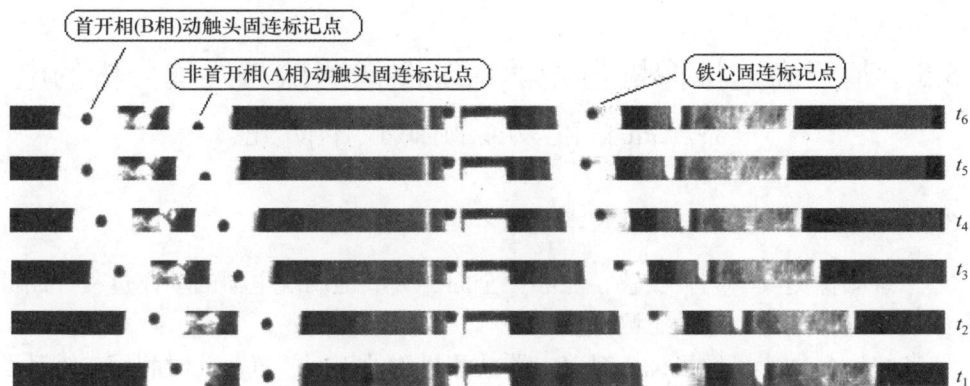

图 5.45　智能控制交流接触器释放时实拍序列图片

5) 综合分析

总之，随着铁心在 X 方向向前吸合运动，它们不仅在做前后运动，而且还在做左右运动，该细节运动能充分反映触头部件运动的复杂性，充分说明测试得到的波形能够准确地显示出由于机构各部件的配合问题造成铁心与动触头动作的不一致(运动部件倾斜)。该细节运动揭示了智能控制交流接触器在吸合过程中运动机构"倾斜摇晃"的事实，揭示了该接触器在吸合过程中铁心与触头运动的不同步。图 5.41 释放过程中铁心、首开相触头与非首开相触头三者对应的位移曲线的不同步，同样表现出动作机构并非仅在 X 方向运动，从而实现了机构的二维运动特性的测试。因此，该动态特性不仅充分显示出铁心与三相触头之间的相互运动关系与配合，也说明三相触头之间运动的不平衡与不同步性。此外，首开相(B 相)、非首开相(A、C 相)动触头的位移信号可以反映触头的一、二次弹跳总体情况。

显而易见，根据以上测试与分析，所有电磁电器的动作过程都是极其复杂的，动作形态也各异。不同的动作过程将造成不同的动态特性，对电器性能指标也造成不同的影响。因此，过去的测试及设计的结果都是典型的状态和过程。对于电磁电器动态特性的认识也是片面的，或者说测试与设计(包括优化设计、虚拟设计等)还未能完全反映真实的电器动态过程。

毫无疑问，电器二维智能动态测试技术是高品质电器产品研发的基本保证。该技术将对电器设计、工艺与机构配合的质量进行检验，例如，减小不同步现象，减小 Y 方向的位移。减小 Y 方向的位移是桥式触头闭合与打开同步性的重要保障。应用该测试技术调整参数、改进工艺水平，并实现电器优化的动态特性与性能指标是高水平产品研发的重要保证。

5.5 基于高速摄像机与光学系统图像测试与处理分析的电器三维智能动态测试技术研究

5.5.1 电器三维智能动态测试技术概念

三维图像更具空间真实感，能够更全面、真实地反映电器的动作过程，因此有必要对电器进行三维动态测试。

若将一台高速摄像机镜头对着电器被测机构的正面放置，此时利用二维动态测试方法和图像处理技术可以得到机构的上下运动和左右运动的特性曲线；若在此基础上再增加一台高速摄像机，并将镜头正对于机构的侧面，即可拍摄电磁机构的前后运动。控制两台高速摄像机同时拍摄电磁机构的运动，经图像处理后即可得出上下、左右和前后的三维运动曲线。然而，受生产工艺和安装工艺等的影响，很难找到两台性能完全一样的高速摄像机，这使得同步性受到影响。同时高速摄像机价格昂贵，受测试成本的限制，也迫切需要寻找一种低廉而有效的三维动态测试方法。

本书以磁保持继电器为研究对象，结合高速摄像机和光学成像系统提出了虚拟双目视觉测试系统的电器三维动态测试方法，利用光学非接触式三维测试方法对磁保持继电器进行三维动态特性测试，从而解决了双目立体视觉在动态测量中两台摄像机同步难的问题。

该电器三维智能动态测试系统可以对电器动作机构与电弧进行动态过程测试。三维动态特性测试准确而全面地描述了电器动作机构的实际动态过程，为电器动作机构的动态仿真以及数学模型的建立提供了坚实的基础，对产品的设计开发和性能改善都具有重大意义。

5.5.2 高速摄像机模型及摄像机标定

双目立体视觉通过一台或多台相机从不同视角拍摄被测物体，从而将空间物体的三维场景信息投影至二维图像平面，通过拍摄所得的图像信息建立摄像机成像模型，可确定图像中某点的几何坐标与空间中物体表面对应点的相互关系，通过视差原理还原物体表面点的三维几何信息。摄像机成像模型描述的是空间某点与其投影在像平面上的几何透视变换，必须首先定义相关坐标系，再通过实验与计算确定摄像机的几何和光学参数，这一过程称为摄像机标定。为了更好地描述基于虚拟双目视觉的电磁机构三维动态特性的研究过程，本节对高速摄像机模型及摄像机标定进行详细叙述。

1. 摄像机模型

1) 成像坐标系统

电器三维动态测试过程中所用的成像坐标系统包括计算机图像坐标系、图像坐标系、摄像机坐标系和世界坐标系。

(1) 计算机图像坐标系。在利用高速摄像机进行电磁机构动作过程的图像采集时，通过数据采集卡采集并输入计算机的图像是数字图像，在计算机内以 $M×N$ 的数组形式保存，数组中的每一个元素称为像素，其数值表征图像点的灰度。在图像平面中以 u 为横坐标、v 为纵坐标建立计算机图像坐标系，则图像中的每一个元素可用(u, v)表示，单位是像素。

(2) 图像坐标系。由于计算机图像坐标系中每一元素的坐标(u, v)只代表了该像素在数字图像中的列数和行数，为确定该像素在数字图像中直观的位置坐标，还需要建立以常用物理单位(如 mm)表示的图像坐标系。

图 5.46 中，O_0uv 是以像素为单位的计算机图像坐标系，O_1xy 是以 mm 为单位的图像坐标系，其中 x 轴、y 轴分别与 u 轴、v 轴平行，原点 O_1 定义为摄像机光轴与图像平面的交点，称为像主点。在理想情况下，像主点位于像平面的中心处，但是由于摄像机制作工艺等原因，通常会有偏离，若图像坐标系像主点 O_1 的坐标为(u_0, v_0)，在 x 轴和 y 轴方向上每个像素之间的物理尺寸分别为 $\mathrm{d}x$ 和 $\mathrm{d}y$，则图像中的像素在两坐标系之间的关系可表示为

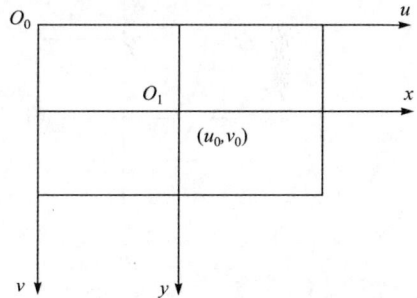

图 5.46　图像坐标系

$$\begin{cases} u = \dfrac{x}{\mathrm{d}x} + u_0 \\ v = \dfrac{y}{\mathrm{d}y} + v_0 \end{cases} \tag{5-14}$$

将式(5-14)用矩阵形式表示为

$$\begin{bmatrix} u \\ v \\ 1 \end{bmatrix} = \begin{bmatrix} 1/\mathrm{d}x & 0 & u_0 \\ 0 & 1/\mathrm{d}y & v_0 \\ 0 & 0 & 1 \end{bmatrix} \begin{bmatrix} x \\ y \\ 1 \end{bmatrix} \tag{5-15}$$

其逆关系可写成：

$$\begin{bmatrix} x \\ y \\ 1 \end{bmatrix} = \begin{bmatrix} dx & 0 & -u_0 dx \\ 0 & dy & -v_0 dy \\ 0 & 0 & 1 \end{bmatrix} \begin{bmatrix} u \\ v \\ 1 \end{bmatrix} \tag{5-16}$$

(3) 摄像机坐标系。以摄像机的光心 O_c 为原点建立摄像机坐标系 $O_c x_c y_c z_c$，其中 x_c 轴、y_c 轴分别与图像坐标系的 x 轴、y 轴平行，z_c 轴为摄像机的光轴，与图像平面垂直相交，其交点即为图像坐标系的原点 O_1，$O_c O_1$ 为摄像机的焦距 f，如图 5.47(a)所示。

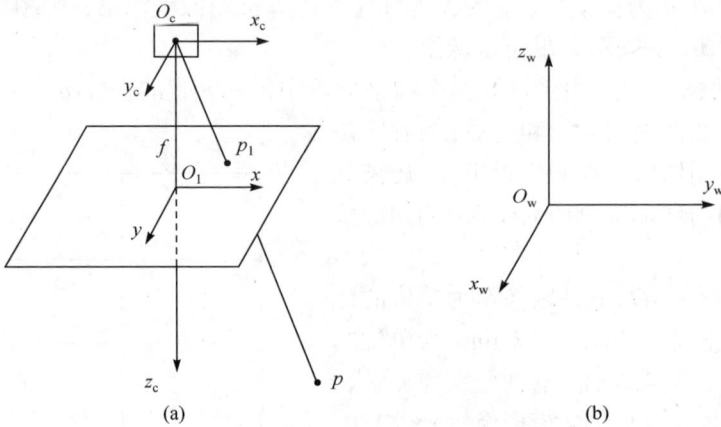

图 5.47　摄像机坐标系和世界坐标系

(4) 世界坐标系。摄像机可置于空间中的任意位置并摆放成任意角度，因此必须选取一个空间中的基准坐标系来定义相机的几何位置，该坐标系称为世界坐标系 $O_w x_w y_w z_w$，如图 5.47(b)所示，它不仅可以描述相机的位置，而且可以描述空间中任何物体的几何位置。比较图 5.47 中的两个坐标系可直观地看出，若将摄像机坐标系以原点 O_c 为圆心旋转一定的角度，使得 x_c、y_c、z_c 分别与 x_w、y_w、z_w 平行，再将其平移至 O_w，则两个坐标系完全重合，因此可用一个旋转矩阵 $\boldsymbol{R}$ 和一个平移向量 $\boldsymbol{T}$ 来描述摄像机坐标系和世界坐标系的关系。若摄像机坐标系绕 x_c 轴顺时针旋转 α 角，则可得坐标系旋转矩阵为

$$\boldsymbol{R}_\alpha = \begin{bmatrix} 1 & 0 & 0 \\ 0 & \cos\alpha & -\sin\alpha \\ 0 & \sin\alpha & \cos\alpha \end{bmatrix} \tag{5-17}$$

若坐标系绕 y_c 轴顺时针旋转 β 角，则可得其坐标系旋转矩阵如下：

$$\boldsymbol{R}_{\beta} = \begin{bmatrix} \cos\beta & 0 & -\sin\beta \\ 0 & 1 & 0 \\ \sin\beta & 0 & \cos\beta \end{bmatrix} \tag{5-18}$$

若坐标系绕 z_c 轴顺时针旋转 γ 角，则可得其坐标系旋转矩阵如下：

$$\boldsymbol{R}_{\gamma} = \begin{bmatrix} \cos\gamma & -\sin\gamma & 0 \\ \sin\gamma & \cos\gamma & 0 \\ 0 & 0 & 1 \end{bmatrix} \tag{5-19}$$

旋转矩阵 $\boldsymbol{R}$ 与坐标系旋转的顺序有关系，假设摄像机坐标系按 z_c、x_c 和 y_c 的顺序分别旋转 γ、α 和 β 角后，摄像机坐标系各坐标轴刚好与世界坐标系的对应轴平行，那么摄像机坐标系相对于世界坐标系的旋转矩阵可写成：

$$\boldsymbol{R} = \boldsymbol{R}_{\alpha}\boldsymbol{R}_{\beta}\boldsymbol{R}_{\gamma} = \begin{bmatrix} r_{11} & r_{12} & r_{13} \\ r_{21} & r_{22} & r_{23} \\ r_{31} & r_{32} & r_{33} \end{bmatrix}$$

$$= \begin{bmatrix} \cos\beta\cos\gamma - \sin\beta\sin\alpha\sin\gamma & -\cos\beta\sin\gamma - \sin\beta\sin\alpha\cos\gamma & -\sin\beta\cos\alpha \\ \cos\beta\sin\gamma & \cos\alpha\cos\gamma & -\sin\alpha \\ \sin\beta\cos\gamma + \cos\beta\sin\alpha\sin\gamma & -\sin\beta\sin\gamma + \cos\beta\sin\alpha\cos\gamma & \cos\beta\cos\alpha \end{bmatrix} \tag{5-20}$$

假设空间中任意一点 p，其在世界坐标系下的齐次坐标为 $p_w=(x_w, y_w, z_w, 1)\boldsymbol{T}$，在摄像机坐标系下的齐次坐标为 $p_c=(x_c, y_c, z_c, 1)\boldsymbol{T}$，则它们之间存在如下关系：

$$\begin{bmatrix} x_c \\ y_c \\ z_c \\ 1 \end{bmatrix} = \begin{bmatrix} \boldsymbol{R} & \boldsymbol{T} \\ \boldsymbol{0} & 1 \end{bmatrix} \begin{bmatrix} x_w \\ y_w \\ z_w \\ 1 \end{bmatrix} = \boldsymbol{M}_1 \begin{bmatrix} x_w \\ y_w \\ z_w \\ 1 \end{bmatrix} \tag{5-21}$$

式中，$\boldsymbol{R}$ 为 3×3 旋转矩阵；$\boldsymbol{T}$ 为 3×1 平移向量；$\boldsymbol{0}=(0, 0, 0)$；$\boldsymbol{M}_1$ 为 4×4 矩阵。

因此通过上述一系列公式就可以将摄像机获取的二维图像坐标换算为世界坐标，从而得到被测物体运动过程的三维坐标变化。

2) 针孔成像模型

在计算机视觉中通常用针孔成像模型来表示理想的摄像机模型，如图 5.48 所示，物体上任意一点的反射光线经过小孔与图像平面交于一点，由于光线沿着直线传播，三点成一直线，移动小孔或物体可在图像平面得到一个放大或缩小的像，在双目立体视觉研究中，通常将图像平面置于相机光心前面，即图中的虚拟成像平面。

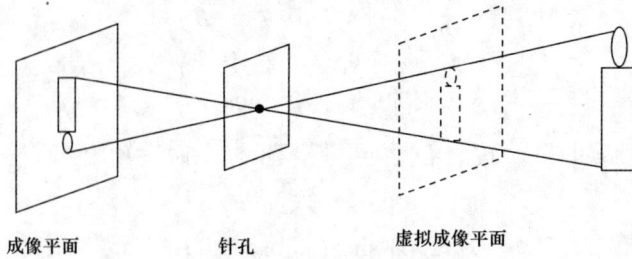

图 5.48 针孔成像模型

针孔成像模型并未考虑镜头畸变的影响，因此视为理想摄像机模型，也称线性摄像机模型。由图 5.49(a)可知，空间中任意一点 p 经镜头光心后成像于图像平面一点，p 点在摄像机坐标系下的坐标为 $p_c=(x_c, y_c, z_c)$，在图像平面下的坐标为 $p_1=(x, y)$，若将点 p、p_1 分别投影至 $O_cx_cz_c$ 坐标下，所成投影点分别为 p' 和 p'_1，由此可构成两个相似三角形 $O_cO_1p'_1$ 和 O_cp_0p'，如图 5.49(b)所示。

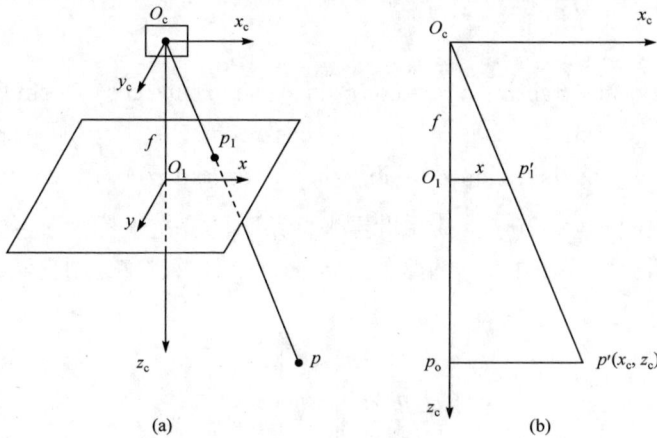

图 5.49 针孔成像透视图

则由相似三角形原理可得

$$\frac{f}{z_c} = \frac{x}{x_c} \tag{5-22}$$

同理可得点 p、点 p_1 分别投影至 $O_cy_cz_c$ 坐标时的三角关系为

$$\frac{f}{z_c} = \frac{y}{y_c} \tag{5-23}$$

整理式(5-22)和式(5-23)可得

$$x = f\frac{x_c}{z_c}$$
$$y = f\frac{y_c}{z_c} \tag{5-24}$$

将其改写成齐次坐标和矩阵形式，可得其透视投影变换关系为

$$
z_{c}\begin{bmatrix} x \\ y \\ 1 \end{bmatrix} = \begin{bmatrix} f & 0 & 0 & 0 \\ 0 & f & 0 & 0 \\ 0 & 0 & 1 & 0 \end{bmatrix}\begin{bmatrix} x_{c} \\ y_{c} \\ z_{c} \\ 1 \end{bmatrix}
\tag{5-25}
$$

将式(5-16)、式(5-21)代入式(5-25)，整理可得空间中任意一点 p 在世界坐标系下的坐标与其像平面投影点坐标的关系：

$$
\begin{aligned}
z_{c}\begin{bmatrix} u \\ v \\ 1 \end{bmatrix} &= \begin{bmatrix} 1/dx & 0 & u_{0} \\ 0 & 1/dy & v_{0} \\ 0 & 0 & 1 \end{bmatrix}\begin{bmatrix} f & 0 & 0 & 0 \\ 0 & f & 0 & 0 \\ 0 & 0 & 1 & 0 \end{bmatrix}\begin{bmatrix} \boldsymbol{R} & \boldsymbol{T} \\ \boldsymbol{0} & 1 \end{bmatrix}\begin{bmatrix} x_{w} \\ y_{w} \\ z_{w} \\ 1 \end{bmatrix} \\
&= \begin{bmatrix} f/dx & 0 & u_{0} & 0 \\ 0 & f/dy & v_{0} & 0 \\ 0 & 0 & 1 & 0 \end{bmatrix}\begin{bmatrix} \boldsymbol{R} & \boldsymbol{T} \\ \boldsymbol{0} & 1 \end{bmatrix}\begin{bmatrix} x_{w} \\ y_{w} \\ z_{w} \\ 1 \end{bmatrix} \\
&= \boldsymbol{M}_{1}\boldsymbol{M}_{2}\boldsymbol{X}_{w} = \boldsymbol{M}\boldsymbol{X}_{w}
\end{aligned}
\tag{5-26}
$$

式中，$\boldsymbol{M}$ 为 3×4 的投影矩阵；f/dx 和 f/dy 分别为 u 轴和 v 轴上的尺度因子，也称为摄像机在 u 轴和 v 轴上的归一化焦距，(u_{0}, v_{0}) 为摄像机光轴与图像平面的交点，即像主点坐标。矩阵 $\boldsymbol{M}_{1}$ 由 f/dx、f/dy、u_{0}、v_{0} 构成，而这些参数均取决于摄像机的内部结构，因此称为摄像机内部参数。矩阵 $\boldsymbol{M}_{2}$ 由旋转矩阵 $\boldsymbol{R}$ 和平移向量 $\boldsymbol{T}$ 组成，表示的是摄像机相对于世界坐标系的位置，称为摄像机的外部参数。求解摄像机内部参数和外部参数的过程即为摄像机标定。

3) 非线性摄像机模型

针孔摄像机模型由于计算简单，没有考虑各类误差的影响，只适用于精度要求不高的场合。然而由于受物镜系统设计、加工和装配工艺等的限制和影响，摄像机不可避免地会引入误差，导致其真实成像点偏离理想位置，称为光学畸变。引入光学畸变后的摄像机模型称为非线性摄像机模型，也称真实摄像机模型。畸变误差包括三种类型：径向畸变、偏心畸变和薄棱镜畸变，其中偏心畸变和薄棱镜畸变又会同时产生径向畸变和切向畸变，如图 5.50 所示。

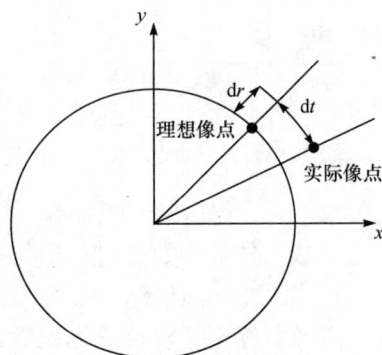

图 5.50 光学畸变

图 5.50 中，dr 表示径向畸变，dt 表示切向畸变，在实际光学成像系统中，切向畸变相对径向畸变来说，一般很小，因此利用径向畸变就足以描述摄像机的成像畸变误差，其数学模型为

$$R_x = x^*(k_1 r^2 + k_2 r^4 + \cdots)$$
$$R_y = y^*(k_1 r^2 + k_2 r^4 + \cdots)$$

(5-27)

式中，(x^*, y^*) 为实际像点坐标；k_1 和 k_2 为径向畸变系数，$r = \sqrt{x^{*2} + y^{*2}}$。在立体视觉中，通常只取 k_1 和 k_2 就足够描述摄像机的非线性模型。若空间中此点的理想像点坐标为(x, y)，则可得理想像平面到实际像平面的转换关系：

$$x^* = x - R_x$$
$$y^* = y - R_y$$

(5-28)

非线性摄像机模型由于考虑了光学畸变的影响，拍摄精度有了较大提高，在摄像机标定的过程中不仅要标定出线性摄像机模型的内外参数，同时也需要标定出非线性摄像机的径向畸变系数。空间中任意一点由世界坐标系到数字图像的完整成像变换过程如图 5.51 所示。

由于电器电磁机构动铁心的位移较小，动作时间较快，为提高三维动态测试的精度，本书采用非线性摄像机模型对电器电磁机构进行三维动态测试。

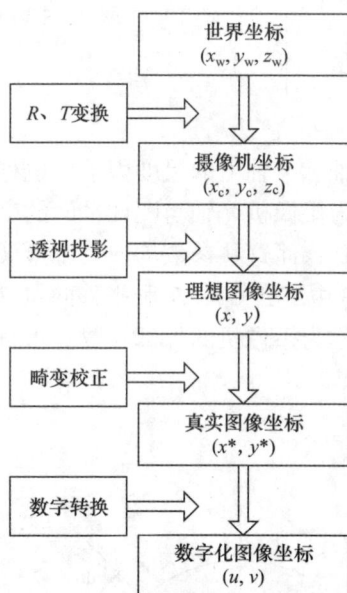

图 5.51　成像变换过程

2. 单摄像机标定

摄像机的内部参数描述的是自身固有的内部几何和光学参数，包括线性摄像机模型的焦距、像主点坐标、尺度因子及非线性摄像机模型的畸变因子；而外部参数与摄像机所处的位置有关，描述的是摄像机相对于世界坐标系的空间几何位置关系，包括旋转矩阵 $\boldsymbol{R}$ 的 6 个参数和平移向量 $\boldsymbol{T}$ 的 3 个参数，求解摄像机内部参数和外部参数的过程即为摄像机标定。

1）摄像机标定分类

摄像机标定是双目立体视觉最重要的步骤之一，其标定结果的好坏将直接影响三维重建的精度，甚至决定三维测量的成败，因此，国内外学者对摄像机标定进行了深入的研究，并提出了不同的方法，归纳起来大致可分为两大类：传统摄

像机标定方法和摄像机自标定方法。

传统摄像机标定方法计算量适中，但是对设备的要求较高，而摄像机自标定方法待计算的参数较多，甚至有时经非线性优化算法所求的结果无法收敛，因此鲁棒性较差。为了在传统摄像机标定方法和摄像机自标定方法中寻求一种更加平衡的方法，张正友等提出了一种基于 2D 平面标靶的摄像机标定方法，仅需自己制作一个西洋棋盘平面当作标定板，在不同角度拍摄两幅以上的标定图片，标定板和摄像机可以任意移动而无须知道它们的运动参数，在整个标定过程中都认为摄像机的内部参数不变。张正友标定法不仅解决了传统摄像机标定方法对设备要求高的缺点，同时又较摄像机自标定方法精度高，下面将详细介绍张正友标定法。

2) 张正友标定法

首先需要制作一块西洋棋盘标定模板，西洋棋盘由大小相同的黑白方格交错而成，如图 5.52 所示。张正友标定法假设世界坐标系的 z 轴为零，黑白方格的角点为标定的控制点，由于方格的边长事先已定，角点的坐标值也均能确定，这些坐标值都是在世界坐标系下的。摄像机在不同角度拍摄标定模板，经图像处理后可得每个角点对应的图像坐标，从而建立起世界坐标系与图像坐标系之间的关系，进而求解出摄像机的各参数。

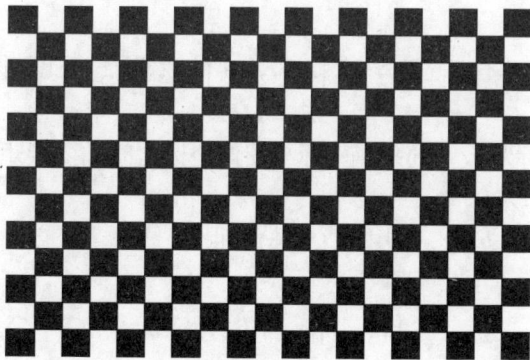

图 5.52　标定模板

(1) 标定板平面与图像平面的映射矩阵。假设标定平板上角点的三维坐标为 $M = [x_w \ y_w \ z_w]^T$，对应的图像平面的二维坐标为 $m = [u \ v]^T$，则它们对应的齐次坐标可分别表示成 $\tilde{M} = [x_w \ y_w \ z_w \ 1]^T$ 和 $\tilde{m} = [u \ v \ 1]^T$，由针孔摄像机模型可知：

$$s\tilde{m} = K[R \ \ T]\tilde{M} \tag{5-29}$$

式中，s 为任意非零尺度因子；$[R \ \ T]$ 为摄像机外部参数矩阵；K 为内部参数矩

阵，即

$$K = \begin{bmatrix} f_u & \mu & u_0 \\ 0 & f_v & v_0 \\ 0 & 0 & 1 \end{bmatrix} \tag{5-30}$$

式中，$f_u = f/\mathrm{d}x$，$f_v = f/\mathrm{d}y$ 分别为 u 轴和 v 轴方向的尺度因子；(u_0, v_0) 为像主点坐标；μ 为像素点畸变因子。将旋转矩阵 R 用三个 3×1 列向量表示，其中 $r_i (i=1，2，3)$ 表示第 i 列，则由式(5-29)可得

$$s \begin{bmatrix} u \\ v \\ 1 \end{bmatrix} = K \begin{bmatrix} r_1 & r_2 & r_3 & T \end{bmatrix} \begin{bmatrix} x_w \\ y_w \\ z_w \\ 1 \end{bmatrix} \tag{5-31}$$

张正友标定法将世界坐标系定义在标定板平面上，并假设世界坐标系的 z 轴为零，即 $z_w = 0$，因此可将式(5-31)改写成：

$$s \begin{bmatrix} u \\ v \\ 1 \end{bmatrix} = K \begin{bmatrix} r_1 & r_2 & T \end{bmatrix} \begin{bmatrix} x_w \\ y_w \\ 1 \end{bmatrix} \tag{5-32}$$

令 $M_1 = \begin{bmatrix} x_w & y_w & 1 \end{bmatrix}^T$，$H = \lambda K \begin{bmatrix} r_1 & r_2 & T \end{bmatrix}$，$\lambda$ 为任意比例因子，则有

$$s \tilde{m} = H M_1 \tag{5-33}$$

式中，矩阵 H 表示标定板上的角点坐标与图像坐标之间的变换矩阵，称为单应矩阵。

令 $H = \begin{bmatrix} h_{11} & h_{12} & h_{13} \\ h_{21} & h_{22} & h_{23} \\ h_{31} & h_{32} & 1 \end{bmatrix}$，则由式(5-33)可得

$$\begin{cases} su = h_{11} x_w + h_{12} y_w + h_{13} \\ sv = h_{21} x_w + h_{22} y_w + h_{23} \\ s = h_{31} x_w + h_{32} y_w + 1 \end{cases} \tag{5-34}$$

消去 s 并整理可得

$$\begin{cases} h_{11} x_w + h_{12} y_w + h_{13} - u h_{31} x_w - u h_{32} y_w = u \\ h_{21} x_w + h_{22} y_w + h_{23} - v h_{31} x_w - v h_{32} y_w = v \end{cases} \tag{5-35}$$

记 $X = \begin{bmatrix} h_{11} & h_{12} & h_{13} & h_{21} & h_{22} & h_{23} & h_{31} & h_{32} \end{bmatrix}^T$，则可将式(5-35)写成矩阵形式：

$$\begin{bmatrix} x_w & y_w & 1 & 0 & 0 & 0 & -u x_w & -u y_w \\ 0 & 0 & 0 & x_w & y_w & 1 & -v x_w & -v y_w \end{bmatrix} X = \begin{bmatrix} u \\ v \end{bmatrix} \tag{5-36}$$

将所有角点的坐标代入式(5-36)叠加计算，利用最小二乘法可解出单应矩阵 H。

(2) 内部参数求解。单应矩阵 $\boldsymbol{H}$ 求解出来后，记 $\boldsymbol{H} = \begin{bmatrix} \boldsymbol{h}_1 & \boldsymbol{h}_2 & \boldsymbol{h}_3 \end{bmatrix}$，其中 $\boldsymbol{h}_i(i=1,2,3)$ 为 3×1 列向量，则

$$\begin{bmatrix} \boldsymbol{h}_1 & \boldsymbol{h}_2 & \boldsymbol{h}_3 \end{bmatrix} = \lambda \boldsymbol{K} \begin{bmatrix} \boldsymbol{r}_1 & \boldsymbol{r}_2 & \boldsymbol{T} \end{bmatrix} \tag{5-37}$$

由于旋转矩阵 $\boldsymbol{R}$ 是一个单位正交矩阵，利用 $\boldsymbol{r}_1$、$\boldsymbol{r}_2$ 的正交关系可得

$$\begin{cases} \boldsymbol{r}_1^\mathrm{T} \boldsymbol{r}_2 = 0 \\ \boldsymbol{r}_1^\mathrm{T} \boldsymbol{r}_1 = \boldsymbol{r}_2^\mathrm{T} \boldsymbol{r}_2 = 1 \end{cases} \tag{5-38}$$

再由式(5-37)中向量的一一对应关系可知：

$$\begin{cases} \boldsymbol{h}_1 = \lambda \boldsymbol{K} \boldsymbol{r}_1 \\ \boldsymbol{h}_2 = \lambda \boldsymbol{K} \boldsymbol{r}_2 \end{cases} \tag{5-39}$$

从而可得

$$\begin{cases} \boldsymbol{r}_1 = \lambda^{-1} \boldsymbol{K}^{-1} \boldsymbol{h}_1 \\ \boldsymbol{r}_2 = \lambda^{-1} \boldsymbol{K}^{-1} \boldsymbol{h}_2 \end{cases} \tag{5-40}$$

将式(5-40)代入式(5-38)并整理可得内部参数的两个约束条件：

$$\begin{aligned} \boldsymbol{h}_1^\mathrm{T} \boldsymbol{K}^{-\mathrm{T}} \boldsymbol{K}^{-1} \boldsymbol{h}_2 &= 0 \\ \boldsymbol{h}_1^\mathrm{T} \boldsymbol{K}^{-\mathrm{T}} \boldsymbol{K}^{-1} \boldsymbol{h}_1 &= \boldsymbol{h}_1^\mathrm{T} \boldsymbol{K}^{-\mathrm{T}} \boldsymbol{K}^{-1} \boldsymbol{h}_2 \end{aligned} \tag{5-41}$$

令 $\boldsymbol{B} = \boldsymbol{K}^{-\mathrm{T}} \boldsymbol{K}^{-1} = \begin{bmatrix} B_{11} & B_{12} & B_{13} \\ B_{21} & B_{22} & B_{23} \\ B_{31} & B_{32} & B_{33} \end{bmatrix}$

$$= \begin{bmatrix} \dfrac{1}{f_u^2} & -\dfrac{\gamma}{f_u^2 f_v} & \dfrac{v_0 \gamma - u_0 f_v}{f_u^2 f_v} \\ -\dfrac{\gamma}{f_u^2 f_v} & \dfrac{\gamma}{f_u^2 f_v} + \dfrac{1}{f_u^2} & -\dfrac{\gamma(v_0 \gamma - u_0 f_v)}{f_u^2 f_v} - \dfrac{v_0}{f_v^2} \\ \dfrac{v_0 \gamma - u_0 f_v}{f_u^2 f_v} & -\dfrac{\gamma(v_0 \gamma - u_0 f_v)}{f_u^2 f_v} - \dfrac{v_0}{f_v^2} & \dfrac{(v_0 \gamma - u_0 f_v)^2}{f_u^2 f_v} + \dfrac{v_0^2}{f_v^2} + 1 \end{bmatrix} \tag{5-42}$$

由于矩阵 $\boldsymbol{B}$ 是对称阵，其自由度为 6，可将矩阵 $\boldsymbol{B}$ 的自由度表示成下述六维向量：

$$\boldsymbol{b} = \begin{bmatrix} B_{11} & B_{12} & B_{22} & B_{13} & B_{23} & B_{33} \end{bmatrix}^\mathrm{T} \tag{5-43}$$

则有

$$\boldsymbol{h}_i^\mathrm{T} \boldsymbol{B} \boldsymbol{h}_j = \boldsymbol{v}_{ij}^\mathrm{T} \boldsymbol{b} \tag{5-44}$$

式中

$$\boldsymbol{v}_{ij} = \begin{bmatrix} h_{i1}h_{j1} & h_{i1}h_{j2} + h_{i2}h_{j1} & h_{i2}h_{j2} & h_{i3}h_{j1} + h_{i1}h_{j3} & h_{i2}h_{j3} + h_{i3}h_{j2} & h_{i3}h_{j3} \end{bmatrix}^\mathrm{T}$$

$$i, \ j=(1, \ 2, \ 3)$$

则可将式(5-41)的约束方程写成矩阵形式：

$$\begin{bmatrix} \boldsymbol{v}_{12}^{\mathrm{T}} \\ (\boldsymbol{v}_{11} - \boldsymbol{v}_{22})^{\mathrm{T}} \end{bmatrix} \boldsymbol{b} = 0 \tag{5-45}$$

式(5-45)是针对一幅标定模板图片的计算公式，若拍摄 n 幅标定模板图片，每幅图片均按式(5-45)叠加计算，则可得

$$\boldsymbol{V}\boldsymbol{b} = 0 \tag{5-46}$$

式中，$\boldsymbol{V}$ 是 $2n \times 6$ 的矩阵，由于 $\boldsymbol{b}$ 的未知数有 6 个，根据线性方程组的求解方法可知，当方程不出现病态且 $n > 2$ 时，$\boldsymbol{b}$ 可在相差一个尺度因子的情况下唯一确定，即矩阵 $\boldsymbol{B}$ 可唯一确定，再由式(5-42)可解出内部参数矩阵 $\boldsymbol{K}$，具体如下：

$$\begin{cases} v_0 = (B_{12}B_{13} - B_{11}B_{23}) / (B_{11}B_{22} - B_{12}^2) \\ \lambda = B_{33} - \left[B_{13}^2 + v_0(B_{12}B_{13} - B_{11}B_{23}) \right] / B_{11} \\ f_u = \sqrt{\lambda / B_{11}} \\ f_v = \sqrt{\lambda B_{11} / (B_{11}B_{22} - B_{12}^2)} \\ \gamma = -B_{12} f_u^2 f_v / \lambda \\ u_0 = \gamma v_0 / f_v - B_{13} f_u^2 / \lambda \end{cases} \tag{5-47}$$

(3) 外部参数求解。当内部参数矩阵 $\boldsymbol{K}$ 求解出后，外部参数可以按式(5-48)计算得到：

$$\begin{aligned} \boldsymbol{r}_1 &= \lambda \boldsymbol{K}^{-1} \boldsymbol{h}_1 \\ \boldsymbol{r}_2 &= \lambda \boldsymbol{K}^{-1} \boldsymbol{h}_2 \\ \boldsymbol{r}_3 &= \boldsymbol{r}_1 \times \boldsymbol{r}_2 \\ \boldsymbol{T} &= \lambda \boldsymbol{K}^{-1} \boldsymbol{h}_3 \end{aligned} \tag{5-48}$$

至此，摄像机的内部参数和外部参数都已标定，但是这些值只是初值估计，之后还需要利用最大似然估计和非线性优化求得最后结果。

5.5.3　基于虚拟双目视觉的电器三维智能动态测试研究

本书将两面平面镜组成的光学成像系统与一台高速摄像机相结合组成虚拟双目视觉测量系统，对磁保持继电器电磁机构进行三维动态测量，不仅节约实验室成本，而且解决了两台相机同步难的问题，每帧动态图片的采样时间只需 68μs。本书还提出了一种基于 Image-Pro Plus 图像处理的特征点检测和提取方法，从而极大地简化了立体匹配的难度，使三维重建的精度得到大幅度提升，最后通过三维重建方法描绘出了磁保持继电器动铁心的三维动态特性曲线。

1. 虚拟双目视觉原理

图 5.53 为虚拟双目视觉测量系统的原理图，p 为处于世界坐标系下的任意一点，真实摄像机经两面平面镜反射后形成左右两个虚像，在实际测量中，相当于左右两个虚拟摄像机分别从不同角度同时观察空间被测点 p，在效果上与传统的双目视觉完全一致，其分析方法也基本相同。

其中 $O_1x_1y_1z_1$ 和 $O_rx_ry_rz_r$ 分别为左右虚拟摄像机的坐标系，$O_wx_wy_wz_w$ 为世界坐标系，O_1、O_2 分别为左右虚拟摄像机的光轴与各自图像平面的交点，即像主点。空间点 p 在左虚拟摄像机下成像于点 p_1，假设此时只有左虚拟摄像机，那么仅仅依靠 p_1 的图像坐标无法求出空间点 p 的三维坐标，究其原因是 O_1p 射线上所有的点都会在左虚拟摄像机下成像于同一点 p_1，因此无法得知空间点 p 的具体位置。而当加入右虚拟摄像机后，空间点 p 同样会在右虚拟摄像机下成像于 p_2 点，此时射线 O_1p_1 和 O_rp_2 延长线的交点就可以唯一确定空间点 p 的三维几何位置。

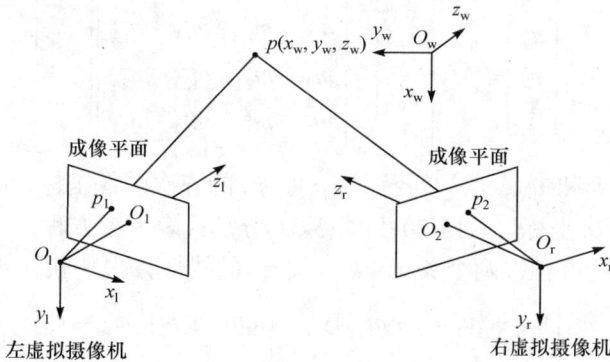

图 5.53　虚拟双目视觉原理图

在双目视觉测量中，世界坐标系和摄像机成像平面的坐标系之间具有如下关系：

$$z_c\begin{bmatrix} u \\ v \\ 1 \end{bmatrix} = \begin{bmatrix} 1/\mathrm{d}x & 0 & u_0 \\ 0 & 1/\mathrm{d}y & v_0 \\ 0 & 0 & 1 \end{bmatrix}\begin{bmatrix} f & 0 & 0 & 0 \\ 0 & f & 0 & 0 \\ 0 & 0 & 1 & 0 \end{bmatrix}\begin{bmatrix} \boldsymbol{R} & \boldsymbol{T} \\ \boldsymbol{0} & \boldsymbol{1} \end{bmatrix}\begin{bmatrix} x_w \\ y_w \\ z_w \\ 1 \end{bmatrix}$$

$$= \begin{bmatrix} f/\mathrm{d}x & 0 & u_0 & 0 \\ 0 & f/\mathrm{d}y & v_0 & 0 \\ 0 & 0 & 1 & 0 \end{bmatrix}\begin{bmatrix} \boldsymbol{R} & \boldsymbol{T} \\ \boldsymbol{0} & \boldsymbol{1} \end{bmatrix}\begin{bmatrix} x_w \\ y_w \\ z_w \\ 1 \end{bmatrix} \tag{5-49}$$

$$= \begin{bmatrix} \boldsymbol{K} & \boldsymbol{0} \end{bmatrix}\begin{bmatrix} \boldsymbol{R} & \boldsymbol{T} \\ \boldsymbol{0} & \boldsymbol{1} \end{bmatrix}X_w = \boldsymbol{M}X_w$$

式中，(u, v)为图像坐标，单位为像素；f为摄像机焦距，(u_0, v_0)为像主点坐标。矩阵 K 由 f/dx、f/dy、u_0、v_0 构成，而这些参数均取决于摄像机的内部结构，因此称矩阵 K 为摄像机的内部参数。R 和 T 分别为旋转矩阵和平移向量，表示的是摄像机相对于世界坐标系的位置，称为摄像机的外部参数。由式(5-49)可知，为求得空间点 p 的三维坐标需要首先确定摄像机的内部参数和外部参数，这一过程称为摄像机标定。

假设摄像机的内、外参数均已标定，且 p_1、p_2 的图像坐标均已提取，则根据式(5-49)可得

$$z_1\begin{bmatrix}u_1\\v_1\\1\end{bmatrix}=M_1\begin{bmatrix}x_{\mathrm{w}}\\y_{\mathrm{w}}\\z_{\mathrm{w}}\\1\end{bmatrix}=\begin{bmatrix}m_{11}^1&m_{12}^1&m_{13}^1&m_{14}^1\\m_{21}^1&m_{22}^1&m_{23}^1&m_{24}^1\\m_{31}^1&m_{32}^1&m_{33}^1&m_{34}^1\end{bmatrix}\begin{bmatrix}x_{\mathrm{w}}\\y_{\mathrm{w}}\\z_{\mathrm{w}}\\1\end{bmatrix} \tag{5-50}$$

$$z_2\begin{bmatrix}u_2\\v_2\\1\end{bmatrix}=M_2\begin{bmatrix}x_{\mathrm{w}}\\y_{\mathrm{w}}\\z_{\mathrm{w}}\\1\end{bmatrix}=\begin{bmatrix}m_{11}^2&m_{12}^2&m_{13}^2&m_{14}^2\\m_{21}^2&m_{22}^2&m_{23}^2&m_{24}^2\\m_{31}^2&m_{32}^2&m_{33}^2&m_{34}^2\end{bmatrix}\begin{bmatrix}x_{\mathrm{w}}\\y_{\mathrm{w}}\\z_{\mathrm{w}}\\1\end{bmatrix} \tag{5-51}$$

式中，$(u_1, v_1, 1)$和$(u_2, v_2, 1)$分别为 p_1、p_2 的齐次图像坐标，$(x_{\mathrm{w}}, y_{\mathrm{w}}, z_{\mathrm{w}}, 1)$为空间点 p 的齐次坐标。式(5-50)和式(5-51)分别代表 3 个方程，可首先消去未知数 z_1、z_2，整理后可各得两个关于 x_{w}、y_{w}、z_{w} 的线性方程，联立 4 个方程后可得

$$\begin{aligned}(u_1m_{31}^1-m_{11}^1)x_{\mathrm{w}}+(u_1m_{32}^1-m_{12}^1)y_{\mathrm{w}}+(u_1m_{33}^1-m_{13}^1)z_{\mathrm{w}}=m_{14}^1-u_1m_{34}^1\\(v_1m_{31}^1-m_{21}^1)x_{\mathrm{w}}+(v_1m_{32}^1-m_{22}^1)y_{\mathrm{w}}+(v_1m_{33}^1-m_{23}^1)z_{\mathrm{w}}=m_{24}^1-v_1m_{34}^1\\(u_2m_{31}^2-m_{11}^2)x_{\mathrm{w}}+(u_2m_{32}^2-m_{12}^2)y_{\mathrm{w}}+(u_2m_{33}^2-m_{13}^2)z_{\mathrm{w}}=m_{14}^2-u_2m_{34}^2\\(v_2m_{31}^2-m_{21}^2)x_{\mathrm{w}}+(v_2m_{32}^2-m_{22}^2)y_{\mathrm{w}}+(v_2m_{33}^2-m_{23}^2)z_{\mathrm{w}}=m_{24}^2-v_2m_{34}^2\end{aligned} \tag{5-52}$$

式(5-52)是关于 x_{w}、y_{w}、z_{w} 3 个未知数的 4 个线性方程，因此可用最小二乘法求得空间点 p 的三维坐标。

2. 基于虚拟双目视觉的磁保持继电器电磁机构三维动态特性测试

1) 虚拟双目视觉系统组成

虚拟双目视觉系统由图像采集系统、光学成像系统、光源照明系统和图像处理系统组成，如图 5.54 所示。

其中，图像采集系统通常指图像采集卡以及配套的数据传输线等，用于高速摄像机采集图像并传输至计算机；光学成像系统由高速摄像机及平面镜组成；图像处理系统指计算机图像处理系统。

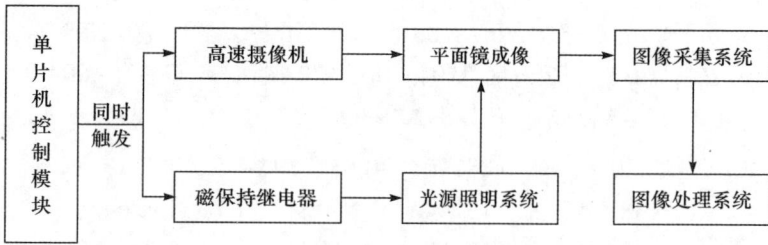

图 5.54　虚拟双目视觉系统组成

本书以 HFE22 磁保持继电器为研究对象，采用 PCO.1200s 高速摄像机对其电磁机构动铁心运动过程进行测试。高速摄像机最大记录速度可达 820MB/s，分辨率为 1280 像素×1024 像素，曝光时间为 1μs～5s。

2) 虚拟双目视觉系统标定

本书采用张正友标定法求解高速摄像机的内部参数和外部参数，制作一个由大小相同的黑白方格交错而成的西洋棋盘作为标定板，将标定板平面设为世界坐标系，并假设世界坐标系的 z 轴为零，黑白方格的角点为标定的控制点，拍摄多幅标定图片并经图像处理后可得每个角点对应的图像坐标，从而建立起世界坐标系与图像坐标系之间的关系，进而求解出摄像机的内、外部参数。

本书首先利用 Auto CAD 绘制了方格边长为 15mm 的标定图纸，并制作成标定平板，经镜面反射后如图 5.55 所示。

图 5.55　标定板

通过拍摄 13 幅不同角度的标定图片，利用张正友标定法可得高速摄像机的内、外部参数分别如下：

$$K_1 = \begin{bmatrix} 4418.7 & 0 & 1102.4 \\ 0 & 4484.7 & 925.75 \\ 0 & 0 & 1 \end{bmatrix}, \quad K_2 = \begin{bmatrix} 4428.1 & 0 & 514.23 \\ 0 & 4500.1 & 942.41 \\ 0 & 0 & 1 \end{bmatrix}$$

$$R_1 = \begin{bmatrix} -0.034656 & 0.78986 & 0.61231 \\ 0.83846 & -0.31043 & 0.44791 \\ 0.54386 & 0.52892 & -0.65151 \end{bmatrix}, \quad T_1 = \begin{bmatrix} -331.83 \\ -219.68 \\ 1547.1 \end{bmatrix}$$

$$R_2 = \begin{bmatrix} 0.040691 & 0.88710 & -0.45978 \\ 0.87510 & 0.19044 & 0.44489 \\ 0.48222 & -0.42045 & -0.76856 \end{bmatrix}, \quad T_2 = \begin{bmatrix} 77.538 \\ -264.92 \\ 1623.6 \end{bmatrix}$$

式中，K_1、K_2 分别为左、右虚拟摄像机的内部参数；R_1、T_1 和 R_2、T_2 分别为左、右虚拟摄像机的外部参数。

3) 磁保持继电器动铁心运动过程的测试

由于 HFE22 磁保持继电器电磁机构被外壳所包围，没有可视空间，因此本书在不影响继电器正常工作的情况下，将外壳开启一个大小为 12mm×12mm 的小窗口，并在电磁机构的动铁心处贴上一块带圆形标记点的标签纸，如图 5.56 所示。利用标记点的运动来描述动铁心的运动。

图 5.57 为基于高速摄像机的虚拟双目视觉测量系统拍摄得到的某些时刻的标记点运动过程的图片，拍摄速度为每帧 68us。

图 5.56　磁保持继电器样机

图 5.57　标记点运动过程

4) 基于 Image-Pro Plus 的特征提取与立体匹配

特征检测与提取是虚拟双目视觉中极为关键的一步，选择合适的特征不仅可以大大减小立体匹配的工作，而且可以大幅度提升三维还原的精度。所拍摄的图片中白色标签纸上的黑色圆形标记点即为特征点，且左右两点在三维空间中对应的是同一点，是严格匹配的，并不需要额外的算法进行特征点的匹配，因此只要获得每帧图像中两个标记点的圆心坐标，即可实现立体匹配。

本书利用 Image-Pro Plus 图像处理软件对电磁机构动态图片进行处理，从而获得特征点的图像坐标。选择相应的匹配基元，设置合理的阈值，即可检测出所需的特征单元，并提取圆心坐标，之后利用已标定出的高速摄像机的内、外部参数，代入式(5-52)并利用最小二乘法就可重建出特征点的三维空间坐标。

3. 磁保持继电器动态过程三维重建与测试方法验证

1) 磁保持继电器动铁心运动过程三维重建结果

电磁机构的动态过程包括吸合过程和释放过程，其中吸合过程又包括触动过程和运动过程，释放过程也包括释放触动过程和释放运动过程。本书利用基于高速摄像机的虚拟双目立体视觉测量系统对磁保持继电器电磁机构的动态过程进行测试，图 5.58 为线圈额定电压为 12V 时动铁心运动的三维重建结果。

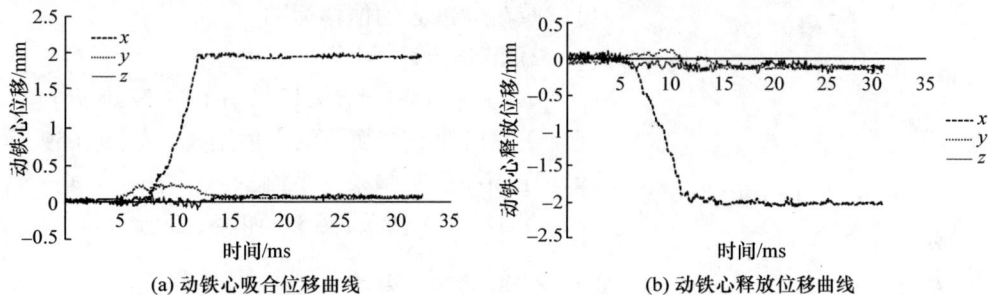

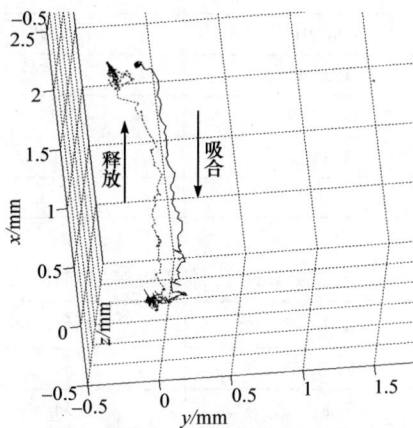

(a) 动铁心吸合位移曲线

(b) 动铁心释放位移曲线

(c) 动铁心吸合和释放过程空间运动曲线

图 5.58 额定电压下动铁心三维运动曲线

图 5.58 中 x、y、z 的方向对应于图 5.47 中的世界坐标系。由图中可看出磁保持继电器动铁心的行程约为 2mm，吸合时间为 12.8ms，触动时间为 5.8ms，释放时间为 11.4ms，释放触动时间为 5.6ms。HFE22 磁保持继电器动铁心为直动式结构，理想状态下动铁心的运动方向应为垂直方向即图中的 x 轴方向，然而由于装配及结构设计等的影响，动铁心在垂直方向的运动过程中还伴随着左右和前后的运动，特别是左右方向的偏移较大，这种左右前后运动伴随着动铁心的整个运动过程。由图 5.58(c) 可以看出，在动铁心运动结束后，左右和前后的偏移运动并不会回到起始点，在下个运动周期又以新的起点开始运动，由此也可看出偏移运动

是一个随机的运动过程。

由于动铁心在左右和前后都有偏移运动,说明在这些方向上均存在力的作用,这些力主要由电磁吸力分解而来,电磁机构动铁心的偏移运动减小了电磁吸力的理论设计值,对继电器动态过程造成影响。在电磁机构优化设计过程中,适当减小电磁机构的前后振动空间,则可以减小动铁心的偏移运动。

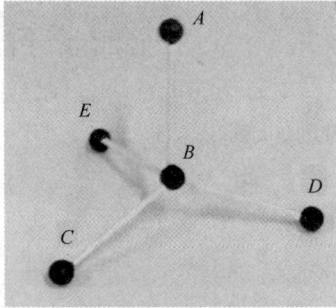

图 5.59　原子结构模型

2) 测试方法验证

本书利用原子结构模型进行了三维实验验证。任意搭建一个简单的立体结构,如图 5.59 所示,在同样的实验条件下测试原子中心之间的距离,三维重建结果如表 5.1 和表 5.2 所示。

表 5.1　三维重建结果

标记点	x	y	z
A	−26.7917	106.295	21.7584
B	17.0046	91.4642	−6.5648
C	31.8310	41.0374	−18.2866
D	37.0074	138.817	−27.382
E	30.2387	81.9533	41.8110

表 5.2　三维实验结果对比

线段	三维重建结果/mm	实际长度/mm	相对误差/%
AB	54.22435	54	−0.42
BC	53.85242	54	0.27
BD	55.45979	55	−0.84
BE	51.04729	51	−0.09

表 5.1 中(x, y, z)为三维重建后所得的空间三维坐标,由表 5.2 可以看出,三维重建的结果与各点之间的实际长度非常相近,误差很小,说明本实验中采用的虚拟双目视觉测量方法具有较高的精度。在双目视觉测量中,特征点选取的好坏将直接影响立体匹配的精度,而立体匹配是双目立体视觉测量中最困难的部分,也是最容易引入较大误差的部分,本书由于采用人为添加标记点的方式代替特征点,并利用 Image-Pro Plus 软件对特征点进行检测和提取,从而极大地简化了特征点的立体匹配,使得三维重建结果精度较高。

第6章 电器的人工智能设计技术

6.1 概 述

仿真技术是智能电器虚拟设计的核心技术。计算机辅助设计技术、仿真技术、虚拟现实等技术的飞跃发展,使在计算机上应用虚拟样机技术构建一个结构、功能、性能、行为与物理样机相媲美的虚拟样机成为可能。随着计算机智能技术的发展,具有全局优化能力的智能计算技术被应用于低压电器,特别是电磁机构的优化设计中。智能计算技术的发展推动了低压电器优化设计技术的发展,电磁理论与数学建模方法的不断完善,收敛性好、适应性强的全局优化方法的应用,使得在满足一定设计要求的条件下,寻求某一最佳经济技术指标的设计方案成为可能。

电器产品的设计,必须经过电气特性与机械特性的反复计算与研究。采用人工智能设计技术建立优化动态数学模型,实现了电器产品的优化设计,大幅度提高了电器设计水平。因此,智能低压电器的人工智能设计技术是产品设计、研发的一次飞跃。

本章提出基于电器虚拟样机仿真技术的人工智能优化设计与电器智能动态测试相结合的电器智能设计、研发方法。电器产品改进、新产品研发,首先结合电器虚拟样机仿真技术,采用人工智能技术进行优化设计,然后应用电器动态测试系统对优化设计的实验样机动态特性进行测试与检验,在此基础上,修改、调整参数,加工试验与试运行的电器样机,进入试验与试运行阶段。

本章仍然以典型的、有代表性的低压电器器件——覆盖电磁机构、机械机构、触头灭弧系统结构与智能控制技术的具有过程控制功能的(智能控制交流接触器)为主要研究对象,介绍低压电器虚拟设计中的仿真技术,重点是基于有限元分析软件 ANSYS 和机械多体动力学仿真软件 ADAMS,对智能控制交流接触器的动态过程进行仿真分析;介绍基于不同的人工智能技术及其群智能的低压电器优化设计技术,并逐步提升人工智能优化设计技术水平。该技术从基于遗传算法、免疫遗传算法的低压电器吸合过程动态优化设计,到基于蚁群算法(ant colony optimization, ACO)的低压电器全过程动态优化设计,基于人工鱼群算法的涡流斥力机构动态优化设计,直至基于遗传算法的人工鱼群优化算法低压电器全过程动态优化设计。

所述的人工智能优化设计方法是诸多方法中的部分示例,可供参考。由于提供的方法，其要求各不相同，优化变量、目标函数与约束条件也不同。但是，混合智能算法是今后人工智能算法重要的发展方向。

值得强调的是，本章内容的意图仅仅是方法的介绍，其目的是提供对人工智能优化设计技术的基本了解。

本章在此研究基础上，提出人工智能电器的概念，并对人工生命及其应用进行初步探讨。

从长远的观点看，智能电器及其系统研制将采用人工智能技术对电器产品进行优化设计，实现电器(特别是智能电器系统)的实时监测、控制、保护、调节、预测、互动、自愈的人工智能化。人工智能电器将是 21 世纪智能电器发展的方向，而人工智能集成电器与集中控制的人工智能电器系统技术是人工智能电器技术研究的重点。

电器的人工智能设计与应用技术的内容非常丰富，并且是不断深入和发展的。本章所述内容的目的仅仅是希望对相关人员有所启示、有所帮助。基于电器虚拟样机仿真技术的人工智能优化设计与电器智能动态测试相结合的电器智能设计方法是电器设计技术发展的方向，该方法适合于各种低压电器新产品设计、研发和产品改进，对其他中高压电器也有借鉴作用。

6.2　低压电器智能优化设计技术

6.2.1　低压电器虚拟设计中的仿真技术简介

1. 仿真技术是智能电器虚拟设计的核心技术

传统的电器产品开发模式主要依靠反复制作物理样机和实验，由于物理样机通常无法一次设计成功，需要反复制作、实验并修改，其制作周期长、成本高、产品质量差，已越来越不能满足市场需求。随着计算机辅助设计技术、仿真技术、虚拟现实等技术的飞速发展，在计算机上应用虚拟样机技术构建一个结构、功能、性能、行为与物理样机相媲美的虚拟样机成为可能，传统的物理样机将逐步被虚拟样机所替代。

虚拟样机技术是将产品 CAD 数据、仿真和虚拟现实结合起来以取代物理样机的相关技术，其核心技术是提供产品行为的仿真技术，通过仿真，人们可以了解产品的行为，使人们在产品设计阶段就可以对产品的行为进行全面的分析，并根据产品的行为进行优化设计。将仿真技术应用于产品的设计中，使企业可以在更短的时间内推出质量更高、成本更低的产品。

仿真技术是智能电器虚拟设计的核心技术，仿真的可信度决定了虚拟样机的可靠性。应用商用仿真软件进行设计不但可以缩短开发时间、提高设计效率，而且还可以保证仿真的可信度，在产品设计过程中应尽可能选择成熟的商用仿真软件进行仿真分析，或在商用仿真软件的基础上进行二次开发，建立符合设计要求的仿真环境。由于智能电器涉及机械、控制、电子、软件、通信等多个不同学科领域，为提高仿真的可信度，必须将多领域协同仿真技术应用于智能电器的虚拟设计。目前的商用仿真软件提供了局部的协同仿真功能，满足智能电器虚拟设计要求的整体协同仿真环境还需要进一步完善。

2. 虚拟样机技术简介

虚拟样机技术是在产品开发的 CAX(如 CAD、CAE、CAM 等技术)和 DFX(如面向装配的设计(design for assembly, DFA)、面向制造的设计(design for manufacture, DFM)等技术)基础上发展起来的，它进一步融合了现代信息技术、先进的仿真技术和先进的制造技术，将这些技术应用于复杂系统全生命周期和全系统并对它们进行综合管理，从系统层面来分析复杂系统，支持由上至下的复杂系统开发模式，利用虚拟样机代替物理样机对产品进行创新设计测试和评估，以缩短产品开发周期、降低产品开发成本、改进产品设计质量、提高面向客户与市场需求的能力。

按照美国前 MDI 公司总裁 Robert R. Ryan 博士对虚拟样机技术的界定，虚拟样机技术是面向系统级设计的、应用于基于仿真设计过程的技术，包含数字化物理样机(digital mock-up, DMU)、功能虚拟样机(functional virtual prototyping, FVP)和虚拟工厂仿真(virtual factory simulation, VFS)三方面内容。数字化物理样机对应于产品的装配过程，用于快速评估组成产品的全部三维实体模型、装配件的形态特性和装配性能；功能虚拟样机对应于产品的分析过程，用于评价已装配系统整体上的功能和操作性能；虚拟工厂仿真对应于产品制造过程，用于评价产品的制造性能。这三者在产品数据管理(product data management, PDM)系统或产品全生命周期管理(product lifecycle management, PLM)系统的基础上实现集成。

数字化物理样机解决方案不同于以 UG 和 CATIA 为代表的结构设计软件，不是强调结构上的设计，而是更重视物理样机零部件的形态特性和系统装配特性的数字化检视。数字化物理样机充分利用镶嵌式的三维零件实体造型技术，以增强对大型系统的快速显示和浏览能力，实现造型、装配、浏览、运动轨迹包络、冲突检测等功能，并有效支持协同设计、巡航浏览、干涉/碰撞检测等。在与产品数据管理系统集成的情况下，DMU 能提供有效的方法以保证产品的所有零部件配合良好(fit 特性)，并且显示为所设计的形态(form 特性)。

功能虚拟样机解决方案充分利用三维零件的实体模型和零件有限元模型的模态表示，在虚拟实验室或虚拟试验场的试验中精确地预测产品的操作性能，如运动/操纵性、振动/噪声、耐久性/疲劳、安全性/冲击、工效学/舒适性等。

虚拟工厂仿真解决方案对产品完整的制造和装配过程进行仿真,以解决产品制造和装配过程中的公差、机器人、装配、序列等问题。

数字化物理样机、功能虚拟样机和虚拟工厂仿真联合起来,提供了有效的方法以实现从实体物理样机向软件虚拟样机的转化,从而有效地支持了虚拟产品开发。

从 20 世纪七八十年代起,传统意义上的 CAD/CAE/CAM 技术开始进入实用阶段,它们主要关注产品零部件的质量和性能,通过采用结构设计、工程分析和制造过程控制的软件或工具,达到设计和制造高质量零部件的目的。具体地说,传统的 CAD 技术基于三维实体几何造型技术,支持产品零部件的详细结构设计和形态分析。传统的 CAE 技术主要指应用有限元软件,完成产品零部件的结构分析、热分析、振动特性等功能分析问题。传统的 CAM 技术旨在提高产品零部件的可制造性,提供对机床、机器人、铸造过程、冲压过程、锻造加工等方面更好的控制。

传统的 CAD/CAE/CAM 技术在主要的工业领域(汽车、航空、通用机械、机械电子等)得到了广泛的应用,并且取得了巨大的成效。零部件故障率大幅度降低,与之相伴的是产品开发和制造成本的相应降低。

但是,产品零部件的优化并没有带来期望的系统的优化。在同样的周期内,虽然采用优化的零部件,但整个系统并没有取得与之对应的效益的提升。这是因为产品零部件的形态特性、配合性、功能、制造过程中的装配性等因素之间存在依赖关系,其间的相互作用极大地影响了产品的整体质量和性能。

虚拟样机技术与传统的 CAD/CAE/CAM 技术最大的差别正在于这一点,即前者是面向系统的设计、分析、制造,以提高产品整体质量和性能并降低开发与制造成本为目的,而后者是面向产品零部件的设计、分析、制造,以提高零部件的质量和性能为目的。

虚拟样机技术已得到广泛的应用,应用领域从汽车制造业、工程机械、航空航天业、造船业、机械电子工业、国防工业、通用机械到人机工程学、生物力学、医学以及工程咨询等诸多方面。

3. 低压电器虚拟设计中典型的仿真软件

智能电器是以微控制器/微处理器为核心,除具有检测、切换、控制、保护、调节、协调、记忆与自愈功能外,还具有显示、外部故障和内部故障诊断、运算、处理以及与外界通信等功能的电子装置。智能电器涉及机械、电气、电子、控制、软件、通信等多个不同学科领域,其产品设计必须综合应用多个学科领域的知识,智能电器虚拟样机设计需要用到不同领域的仿真技术。随着计算机技术和仿真技术的发展，人们开发了大量成熟的、功能强大的商用仿真软件，典型的商用仿真软件有：用于机械结构有限元分析的 ANSYS、NASTRAN、ABAQUS 和 I-DEAS 等；用于机械多体动力学仿真的 ADAMS、Visual Nastran 和 DADS 等；用于电子电路仿真的 PSPICE、PROTEL 和 EWB 等；用于控制系统仿真的 Matrix X、MATLAB/Simulink 等；用于电磁兼容仿真的 Flo/EMC 等。通过商用仿真软件提供的友好人机界面，用户可以方便直观地建模、仿真并输出结果。应用商用仿真软件进行仿真不但可以缩短开发时间、提高设计效率，而且还可以保证仿真的可信度，在智能电器虚拟设计过程中应尽可能选择成熟的商用仿真软件进行仿真分析。

1) 机械结构有限元分析软件 ANSYS

ANSYS 主要包括三部分：前处理模块、分析计算模块和后处理模块。前处理模块提供了一个强大的实体建模及网格划分工具，用户可以方便地构造有限元模型。分析计算模块包括结构分析、流体动力学分析、温度场分析、热应力分析、电磁场分析以及耦合场分析，可模拟多种物理介质的相互作用，具有灵敏度分析及优化分析的能力。后处理模块可以将计算结果以彩色等值线等多种方式显示出来，也可将计算结果以图表、曲线形式显示或输出。

在智能电器的虚拟设计中可以应用 ANSYS 软件进行操作机构的机械应力分析、电磁机构的电磁场分析、灭弧系统的多物理场耦合等仿真分析，其图形输出功能能够清晰、直观地反映出各种场分布的计算结果。

2) 机械系统动力学仿真软件 ADAMS

美国 MDI 公司开发的机械系统动力学仿真软件 ADAMS 包括 View、Solver 和 Post Processor 3 个基本模块以及其他扩展模块。View 模块是以用户为中心的交互式图形环境，它提供丰富的零件几何图形库、约束库和力库，具有设计研究、实验设计和优化功能，方便用户进行优化工作。Solver 模块可以自动形成机械系统模型的动力学方程，提供静力学、运动学和动力学的解算结果，有各种建模和求解选项，可以精确、有效地解决各种工程应用问题，可以对刚体和弹体进行仿真研究。Post Processor 模块可用来输出高性能的动画和各种数据曲线，还可以进行曲线编辑和数字信号处理。通过 Post Processor 模块，用户可以非常直观地观察 ADAMS 的仿真结果。ADAMS 仿真软件不但可以方便地进行电磁系统的吸力计算与静特性分析，而且可以用于电磁系统动态特性的分析计算。

3) 电子系统仿真软件 PSPICE

PSPICE 可以直接绘制电路图，自动生成电路描述文件，可对电路进行直流分析、交流分析、瞬态分析、傅里叶分析、环境温度分析、蒙特卡罗分析和灵敏度等仿真分析。不仅可以对模拟电子线路进行不同输入状态的时间响应、频率响应、噪声和其他性能的分析优化，还可以分析数字电子线路和模数混合电路，可用于高低压线路，高低频电路的仿真分析。

智能电器的信号采集、处理以及输出都是由电子电路完成的，利用 PSPICE 可以对电子电路进行各种所需参数及相关波形的模拟，根据模拟结果，修改电路的设计，使其符合设计要求，既节省时间又能保证电路的可靠性。

4) 单片机软硬件仿真软件 Proteus

Proteus 是英国 Labcenter 公司开发的电路分析与实物仿真软件。它可以仿真、分析各种模拟器件和集成电路，该软件的特点是：①实现了单片机仿真和 PSPICE 电路仿真相结合。具有模拟电路仿真、数字电路仿真、单片机及其外围电路组成的系统的仿真、RS232 动态仿真、I2C 调试器、SPI 调试器、键盘和 LCD 系统仿真的功能；有各种虚拟仪器，如示波器、逻辑分析仪、信号发生器等。②支持主流单片机系统的仿真。③提供软件调试功能。在硬件仿真系统中具有全速、单步、设置断点等调试功能，同时可以观察各个变量、寄存器等的当前状态，因此在该软件仿真系统中，也具有这些功能；同时支持第三方软件的编译和调试环境，如 Keil C51 uVision2 等软件。④具有强大的原理图绘制功能。

5) 控制系统仿真软件 MATLAB/Simulink

MATLAB/Simulink 支持连续系统和离散系统的仿真，支持连续离散混合系统的仿真，支持线性和非线性系统的仿真，而且支持多种采样频率系统的仿真，可以仿真较大、较复杂的系统。在使用过程中易编程、易拓展，可以解决非线性、变系数等问题。在 Simulink 环境下用电力系统模块库(power system blockset)的模块，可以方便地进行 RLC 电路、电力电子电路、电机控制系统和电力系统的仿真，其功能极其强大，可以用于智能电器的系统级仿真。

智能电器的一个重要特征是具有通信功能，通过现场总线，智能电器可以向主站(上位机)实时或周期地传送各种故障报警与保护信息及测量信息，并接受主站的配置信息与控制命令等。利用 MATLAB 中的 State-Flow 工具箱，可以建立现场总线通信控制协议的仿真模型，并借此仿真模型对总线的网络性能进行分析。

6) 电磁兼容仿真软件 FLO/EMC

FLO/EMC 软件是专业分析系统级电磁兼容性的仿真软件，其核心采用基于时域的 Advanced TLM——高级传输线法。FLO/EMC 拥有一次求解就获得整个系统频率响应(屏蔽效能)的高效分析能力，拥有处理通风孔、缝隙、空间线缆、集总电路等系统级 EMC(electromag-netic compatibility) 分析关键细节的 TLM(transmission line method)等效模型技术，真正实现了宽频带、大尺寸的系统级电磁兼容性仿真分析。FLO/EMC 具有灵活的激励源设置方式、强大的后处理模块和完善的图形用户接口，可以对屏蔽效能、辐射性能和散射系数等进行分析。

4. 低压电器虚拟设计中的协同仿真

单领域仿真主要侧重于机械、控制或者电子等单个领域，而智能电器涉及机械、控制、电子、软件、通信等多个不同学科领域，要对智能电器产品进行完整、准确的仿真分析，单靠机械、控制或者电子等单个领域的仿真是远远不够的。必须将机械、控制、电子、软件、通信等多领域协同仿真应用于智能电器产品的设计。

由于单领域仿真的局限性，各大商业仿真软件都增强了与其他相关仿真软件的接口功能。如 ANSYS、ADAMS、FLO/EMC 都具备和 Pro/E 等 CAD 软件的接口，通过 CAD 软件建立的三维模型可以直接为仿真软件所用，免除用户重新建模的麻烦；ADAMS/Flex 提供了与有限元分析软件之间的双向数据交换接口，利用有限元分析软件可以建立柔性体零件的有限元模型，进行特定的有限元分析，然后生成模态中性文件，用户可以将它输入 ADAMS/View 或 ADAMS/ Solver 中，建立相应的柔性件；ADAMS/Controls 模块使设计人员可以通过电子元器件建立简单的控制机构，也可以利用控制系统软件建立的控制系统框图建立复杂的仿真模型。使用 ADAMS/Controls 模块，机械设计师和控制工程师可以共享一个虚拟环境，进行同样的设计验证和实验，使机械系统设计与控制系统设计能够协调一致，既节约了设计时间，又增加了设计的可靠性；FLO/EMC 可以与 FLOTHERM 热分析软件共享模型，只需一次建模，而无须在热分析与电磁兼容分析两个模型之间来回修正，同时共享模型的协同设计确保了数据的一致性，任何设计方案的修改都会影响电磁兼容与散热的仿真分析结果。对结构的参数化设计可同时得到各种不同方案的散热性能与电磁屏蔽性能，可快速获取优化的设计方案。

虽然商用仿真软件提供了局部的协同仿真功能，但这些功能离智能电器虚拟设计的要求尚有一定的距离，必须开发满足智能电器虚拟设计要求的整体协同仿真平台。

多领域协同仿真将不同学科领域的仿真工具结合起来，共同构成一个仿真系统，进行针对整个系统的仿真，可以充分发挥仿真工具各自的优势。协同仿真体现了不同子系统间的联系，相对于单领域仿真方式更具有系统性和合理性，仿真结果的可信度也更高。

6.2.2　电磁场分析的有限单元法求解

电磁场由一组微分方程——麦克斯韦方程组描述，电磁场的分析求解也就是寻求麦克斯韦方程组的解。对于简单的情况，可得到方程组的解析解，在许多工程电磁场问题中，要得到电磁场的精确解便显得困难，有时甚至无法得到解析解。因此，人们采用数值法对电磁场进行分析计算。有限元是广泛采用的数值解法。

现以典型的三角形单元为例来说明电磁场问题求解的基本思路。

1. 单元分析

将求解域 Ω 离散成 E 个三角形单元，单元的三个顶点为 i、j、m，选取单元位移函数

$$u(x,y) = \alpha_1 + \alpha_2 x + \alpha_3 y \tag{6-1}$$

那么单元内位移函数的表达式为

$$u = \sum_k N_k u_k, \quad k = i,j,m \tag{6-2}$$

在求解式中，总的能量泛函为单个单元能量泛函之和

$$\Pi(u) = \sum_{e=1}^{E} \Pi^e(u) \tag{6-3}$$

式中

$$\Pi^e(u) = \Pi^{e'}(u) + \Pi^{e''}(u) \tag{6-4}$$

而，

$$\Pi^{e'}(u) = \iint_A \left\{ \frac{\beta}{2}\left[\left(\frac{\partial u}{\partial x}\right)^2 + \left(\frac{\partial u}{\partial y}\right)^2 \right] - fu \right\} \mathrm{d}x\mathrm{d}y \tag{6-5}$$

$$\Pi^{e'}(u) = \int_{\Gamma_2} qu\mathrm{d}l + \int_{\Gamma^e \backslash \Gamma_2} qu\mathrm{d}l \tag{6-6}$$

式中，$\Gamma^e \backslash \Gamma_2$ 为属于单元边界 Γ^e，但不属于 Γ_2 的边。

面积分式(6-5)和线积分式(6-6)应分别进行离散化处理。面积分的离散化如下。

将线性插值函数式代入 $\Pi^{e'}(u)$ 的表达式(6-5)中，有

$$\Pi^{e'}(u) = \iint_A \left\{ \frac{\beta}{2}\left[\left(\frac{\partial}{\partial x}\sum_k N_k u_k\right)^2 + \left(\frac{\partial}{\partial y}\sum_k N_k u_k\right)^2 \right] - f\sum_k N_k u_k \right\} \mathrm{d}x\mathrm{d}y$$

$$= \iint_A \left\{ \frac{\beta}{2}\left[\left(\sum_k \frac{\partial N_k}{\partial x} u_k\right)^2 + \left(\sum_k \frac{\partial N_k}{\partial y} u_k\right)^2 \right] - f\sum_k N_k u_k \right\} \mathrm{d}x\mathrm{d}y$$

上式就是经过离散化后单元 e 的能量函数表达式，将该式对单元中每一顶点的位函数 $u_l(l=i,j,m)$ 求一阶偏导数，得

$$\frac{\partial \Pi^{e'}}{\partial u_l} = \iint_A \left\{ \beta\left[\left(\sum_k \frac{\partial N_k}{\partial y} u_k\right)\frac{\partial N_l}{\partial x} + \left(\sum_k \frac{\partial N_k}{\partial x} u_k\right)\frac{\partial N_l}{\partial y} \right] - fN_l \right\} \mathrm{d}x\mathrm{d}y \tag{6-7}$$

记

$$k_{lk} = \iint\limits_{A} \beta \left(\frac{\partial N_l}{\partial x} \frac{\partial N_k}{\partial x} + \frac{\partial N_l}{\partial y} \frac{\partial N_k}{\partial y} \right) \mathrm{d}x\mathrm{d}y \tag{6-8}$$

$$R_l = \iint\limits_{A} f N_l \mathrm{d}x\mathrm{d}y \tag{6-9}$$

则

$$\frac{\partial \Pi^{e'}}{\partial u_l} = \sum_k k_{lk} u_k - R_l, \quad l = i, j, m; \quad k = i, j, m \tag{6-10}$$

也可以表示成矩阵形式

$$\begin{pmatrix} \dfrac{\partial \Pi^{e'}}{\partial u_i} \\[2mm] \dfrac{\partial \Pi^{e'}}{\partial u_j} \\[2mm] \dfrac{\partial \Pi^{e'}}{\partial u_m} \end{pmatrix} = \begin{pmatrix} k_{ii} & k_{ij} & k_{im} \\ k_{ji} & k_{jj} & k_{jm} \\ k_{mi} & k_{mj} & k_{mm} \end{pmatrix} \begin{pmatrix} u_i \\ u_j \\ u_m \end{pmatrix} - \begin{pmatrix} R_i \\ R_j \\ R_m \end{pmatrix}$$

$$\frac{\partial \Pi^{e'}}{\partial u} = \boldsymbol{K}^e \boldsymbol{u}^e - \boldsymbol{R}^e \tag{6-11}$$

式中，$\boldsymbol{u}^e$ 和 $\boldsymbol{R}^e$ 为列向量；$\boldsymbol{K}^e$ 为三阶方阵；各个向量与矩阵右上角的标记号 e 代表单元 e。系数矩阵 $\boldsymbol{K}^e$ 和 $\boldsymbol{R}^e$ 列向量的各元素经推导可表达为

$$k_{lk} = \frac{\beta}{4A}(b_l b_k + c_l c_k), \quad l = i, j, m; \quad k = i, j, m \tag{6-12}$$

$$R_l = \frac{fA}{3}, \quad l = i, j, m \tag{6-13}$$

式中，β、f 为单元 e 的常数；A 为三角形单元的面积；b_l、c_l 为与三角形单元节点坐标有关的数值。

2. 整体分析

整个求解域的能量函数由每个单元的能量函数叠加而成：

$$\frac{\partial \Pi}{\partial u} = \sum_{e=1}^{E} \left(\frac{\partial \Pi^{e'}}{\partial u} \right) \tag{6-14}$$

令式(6-14)为零，并代入式(6-12)，就可得到当能量函数达到极值时，位函数必须满足的矩阵方程：

$$\sum_{l=1}^{E} \boldsymbol{K}^e \boldsymbol{u}^e - \sum_{l=1}^{E} \boldsymbol{R}^e = 0 \tag{6-15}$$

$$\boldsymbol{K}\boldsymbol{u} = \boldsymbol{R} \tag{6-16}$$

它表示一个线性代数方程组，其中 $\boldsymbol{K}$ 为系数矩阵，$\boldsymbol{u}$ 为待求位函数列向量，$\boldsymbol{R}$ 为右端已知列向量。最后，引入加强边界条件，$\varGamma_1 : u = u_0$ 求解。

6.2.3 基于 ANSYS 和 ADAMS 的智能控制交流接触器动态过程分析

采用 ANSYS 和 ADAMS 对基于 CJ20-100A 智能控制交流接触器吸合和释放过程进行动态特性计算与分析，并且将基于高速摄像机图像测试与处理分析的电器智能动态特性测试装置的实测值与仿真计算结果进行比较。

1. 电磁电器的有限元分析

1) 电磁机构的三维建模

本节对 CJ20-100A 交流接触器的 U 型电磁机构进行电磁场分析，图 6.1 为在 ANSYS 的 GUI(graphical user interface)模式下建立的该电磁机构的三维模型，计算中考虑铁磁体周围的漏磁分布，在铁磁体周围建立一个空气体，这个空气体将整个铁磁体包围在内。

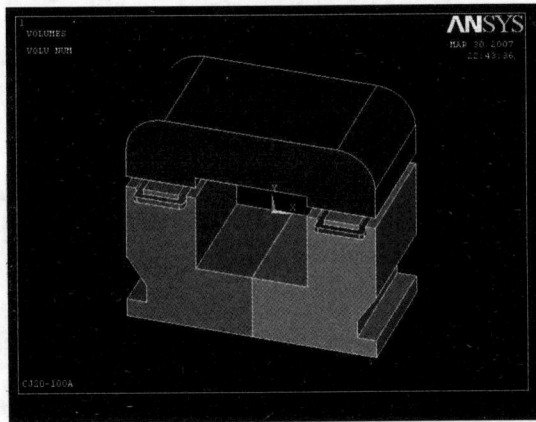

图 6.1　GUI 模式下的铁心的三维模型(图中的分磁环已开环)(见彩图)

2) 分配材料属性、单元类型和划分网格

建立了电磁机构的三维模型后，需要对模型中的不同部分指定不同的材料属性和单元类型。要为最外层包裹的空气体施加空气的相对磁导率(设置为 1)；输入 B-H 曲线来定义动、静铁心的磁性能，为分磁环定义电阻率等。

定义了模型的材料属性后，还需要对模型的不同部分定义划分单元的类型。把动、静铁心，空气的单元类型都选定为 SOLID96 单元。

3D 静态磁场分析有标量势法(scalar method)和单元边法(edge-based method)，

因此各自使用的单元也是不同的。

标量势法中使用的单元有 SOLID5、SOLID96、SOLID98、INFTER115、SOURCE36、INFIN47 和 INFIN111；单元边法使用的单元仅有 SOLID117 一种。

所选的 SOLID96 为三维六面体八节点实体单元，如图 6.2(a)所示，在模型剖分过程中根据实际形体剖分的需要，它可以退化为四面体、棱柱体、棱锥体，如图 6.2(b)所示。

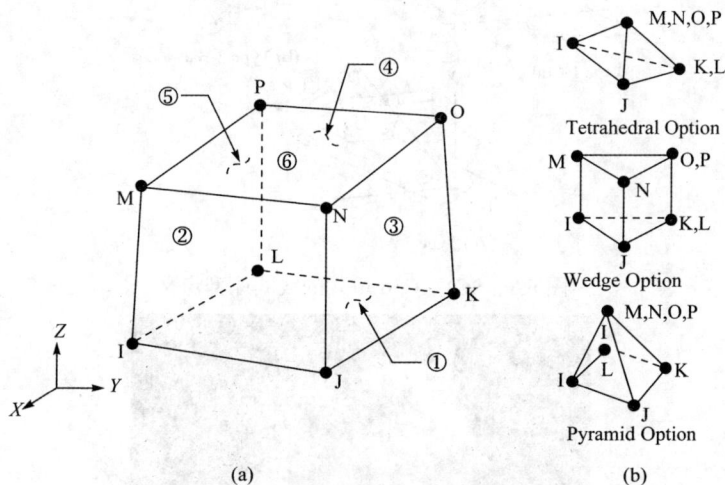

图 6.2　三维实体单元 SOLID96

SOLID96 通常用在标量势法求解电磁场的静态分析中。在使用过程中需要注意，SOLID96 单元的体积不能为零，任一边长不能为零。在使用中退化为金字塔三角锥形式的时候应该注意，当退化出现时，为了保证场的梯度最小化，单元的尺寸应该尽量小。金字塔单元最好是用来填补空隙或者剖分的过渡区域。分配好材料属性和单元类型后，我们对其划分网格，采用自由剖分方式；同时，为了在后处理中取出动铁心所受到的电磁吸力，还需要为动铁心施加力的标志。

3) 创建线圈

标量势的激励是基于 Biot-Savart 计算的，因此使用预先定义的线圈形状 SOURC36 单元，图 6.3 所示为 SOURC36 单元的线圈原型定义。

SOURC36 单元的定义如下。

(1) 它们不要求连接成连续单元。

(2) 三个节点用于定义线圈原型的取向和一个特征长度。

(3) 在单元实常数中定义导体厚度和电流(安匝数)，模型中所用厚度相应于导线位置而不是绝缘厚度。

创建线圈时，采用以 ARC 型和 BAR 型相组合构成的跑道型线圈的建模形式，在建模的同时就输入了它的各种属性，并施加了电流密度载荷。

创建完线圈的模型，划分好网格并对动铁心施加力标志后的模型如图 6.4 所示。

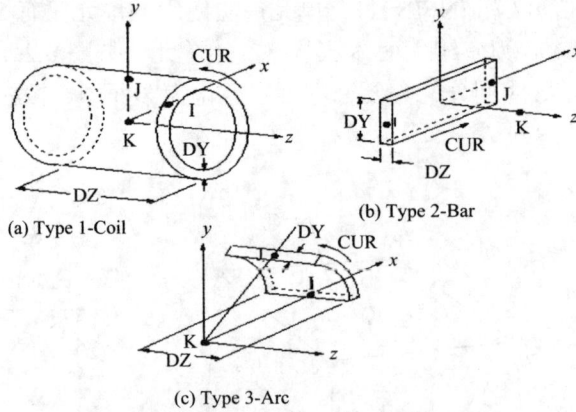

(a) Type 1-Coil

(b) Type 2-Bar

(c) Type 3-Arc

图 6.3   SOURC36 单元的线圈原型定义

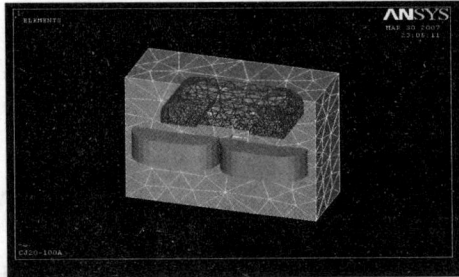

图 6.4   创建线圈、划分网格、动铁心施加力标志后的三维模型(见彩图)

4) 施加边界条件

在标量势分析中，用磁标势(magnetic scalar potential, MAG)来说明磁力线平行、磁力线垂直、远场为零、周期性边界条件等，对每种边界条件 MAG 的值如表 6.1 所示。

表 6.1   边界条件的设定

边界条件	MAG 值
磁力线垂直	命令：DSYM, symm，这样就可说明 MAG=0
磁力线平行	不用说明(自然发生)
远场	用 INFIN47 单元或 INFIN111 单元
远场零	MAG=0
周期性	命令：CP 或 CE
外场	令 MAG 等于非零值

磁力线垂直对称：假如 Y-面是对称面，则有

$$MAG(+Y)= -MAG(-Y)$$

因为 H 是 MAG 的梯度，磁力线垂直边界条件要求 MAG=常数(一般为 0)。

磁力线平行对称：假如 X-面是对称面，则有

$$MAG(+X)=MAG(-X)$$

如无特殊说明，磁力线自然平行于对称面。由于本节模型的磁力线垂直于边界，所以设置 MAG=0。

5) 求解及后处理

三维静态磁场分析有两种方法：标量势法和单元边法。

由标量势方程，可以衍生出三种不同的标量势分析方法：简化标量势法(reduced scalar potential, RSP)、微分标量势法(differential scalar potential, DSP)和广义标量势法(generalized scalar potential, GSP)。可依据以下两点选择合适的分析方法。

分析的问题中不含铁心区域或虽然含有铁心区域但不含电流源，这时采用 RSP 法。相反，含有铁心和电流源的模型分析时通常不使用 RSP 法，因为这将由于计算中的截断误差而造成较大的误差。

对于单连通铁心区域模型，使用 DSP 法，而对于多连通铁心区域则使用 GSP 法。单连通区域指的是带有空气隙的磁路不封闭的铁心系统，没有空气隙的则为磁路封闭多连通铁心区域系统。

节点标量势使用的单元自由度为节点自由度，所以对于非连续介质将带来较大误差。这时就要考虑使用单元边法进行求解，因为单元边法中使用的单元 SOLIDl17 的节点自由度矢量磁势 A 是沿单元边切向积分的结果。比起节点标量势法，单元边法的精度要高得多。使用单元边法时，电流源是作为整个系统的一部分一起进行网格划分的。

对于 CJ20-100A 交流接触器的 U 型电磁机构而言，首先，介质连续可采用标量势法，其次，它同时含有铁心和空气隙区域，属于单连通区域模型，所以采用 DSP 法对其进行 3D 有限元静态非线性分析。

2. 智能控制交流接触器的有限元分析结果

经过电磁机构三维静态 DSP 分析，可以得到基于 CJ20-100A 智能控制交流接触器在不同电流与不同气隙时的磁场强度、磁感应强度矢量与铁心极面电磁吸力的分布规律。图 6.5 所示

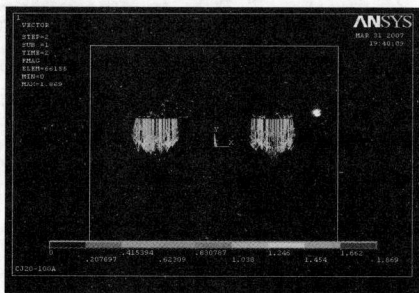

图 6.5　电流 I=0.92A、气隙 δ=0.003m 时的电磁吸力(见彩图)

为基于 CJ20-100A 智能控制交流接触器在电流 I=0.92A、气隙 δ=0.003m 时的动铁心电磁吸力。由图可以看出，动静铁心两旁柱极面上受到的吸力最大，由于存在漏磁的关系，动铁心立柱还受到一部分的横向吸力，但相比于其受到的纵向吸力，横向吸力是很微小而且几乎是对称抵消的。

3. 智能控制交流接触器动态吸力特性的有限元分析

1) APDL 简介

ANSYS 软件提供了两种工作模式，即人机交互方式(GUI 方式)和命令流输入方式(BATCH 方式)。前者用户不需要记住编程语言的使用规则与命令的使用格式，只要用鼠标在图形上进行操作即可。对一个简单的有限元分析模型来说，这也许会更快一些，但对于一个复杂的有限元模型，使用 GUI 方式的缺点就会显露出来。由于接下来要分析的交流接触器的动态吸合特性需要在不断改变电流 I 和气隙 δ 的情况下对模型进行几百次的反复计算，如果用 GUI 方式进行操作，其工作量极大，几乎不可能完成。因此，使用 ANSYS 参数化设计语言(ANSYS parametric design language, APDL)进行参数化设计便成为首选。

APDL 是一门可以用来自动完成有限元常规分析操作或通过参数化变量方式建立分析模型的脚本语言。它是一种类似 FORTRAN 的解释性语言，提供一般程序语言的功能，如参数、宏、标量、向量及矩阵运算、分支、循环、重复以及访问 ANSYS 有限元数据库等。另外，还提供简单界面定制功能，实现参数交互输入、消息机制、界面驱动和运行应用程序等。

利用 APDL 的程序语言与宏技术组织管理 ANSYS 的有限元分析命令，就可以实现参数化建模、施加参数化载荷与求解以及参数化处理结果的显示，从而实现参数化有限元分析的全过程，同时这也是 ANSYS 批处理分析的最高技术。在参数化的分析过程中可以通过简单地修改提高分析效率，减少分析成本。同时，以 APDL 为基础，用户可以开发专用有限元分析程序，或者编写经常重复使用的功能小程序，如特殊载荷施加宏、按规范进行强度或刚度校核宏等。

另外，APDL 也是 ANSYS 设计优化的基础，只有创建了参数化的分析流程才能对其中的设计参数执行优化改进，达到最优化设计的目标。

2) 智能控制交流接触器的动态吸力特性分析

工程上常见的电磁机构计算方法通常有两种："场"和"路"的计算方法。在进行磁路计算时，必须做一些相应的假设，例如，设每段铁心截面的磁通是均匀分布的；磁感应强度方向垂直于截面；沿着线圈高度方向进行磁路微分方程的数值计算时，各段铁心柱上的单位漏磁导不变等，这将产生计算误差。再者，用"路"的方法计算时，气隙磁导的准确计算是关键，也是难点，尤其在工作气隙较大的情况。但是，采用"路"的计算方法可以方便地进行动态计算和动态优化设计，计算比采用"场"的计算方法快得多。

随着有限元技术的发展，ANSYS 、ANSOFT 等大型有限元计算软件应运而生，给电磁电器的计算带来极大方便。在接触器工作气隙比较小的情况下，由于铁心的局部饱和问题，气隙部分磁场也难于准确剖分，给动态过程计算和动态优化设计带来局限性。

因此，本书进行动态特性仿真计算的总体方法是用"路"和"场"结合的方法。小气隙时，采用"路"的方法进行求解计算。用弦截法进行磁路计算，用分割磁场法求解气隙磁导，用三次样条函数插值法求解磁场强度，用四阶 Runge-Kutta 法求解状态方程；大气隙时，采用"场"的方法，利用经典插值法取出电流和吸力值，结合四阶 Runge-Kutta 法求解状态方程。

根据智能控制交流接触器的工作原理，其动态计算方程如式(6-17)所示。当接触器可靠吸合以后，强激磁电路关断，由保持电压 U_0(直流低电压)维持吸持状态。将时间变量 t 离散化，用四阶 Runge- Kutta 法求解方程(6-17)。其求解的实质是在已知磁系统的磁链 ψ 和给定动铁心位移 x 的条件下，反求电流 i 和 F_x 的问题。反求问题，在大气隙时借助 ANSYS 有限元软件来求解；小气隙时，利用磁路微分方程来求解。

$$\begin{cases} \dfrac{\mathrm{d}\psi}{\mathrm{d}t} = k\left|U_m\sin(\omega t + \varphi)\right| - iR + U_0 \\[2mm] \dfrac{\mathrm{d}v}{\mathrm{d}t} = \dfrac{F_x - F_f}{m} \\[2mm] \dfrac{\mathrm{d}x}{\mathrm{d}t} = v \end{cases} \tag{6-17}$$

初始条件是：$\psi\big|_{t=0} = 0, v\big|_{t=0} = 0, \ x\big|_{t=0} = 0, \ i\big|_{t=0} = 0$。

式中，ψ 为磁路中磁链；v 为铁心运动速度；U_m 为电源电压幅值；U_0 为吸持电压(为直流低电压)；i 为线圈电流；R 为线圈电阻；F_x 为电磁吸力；F_f 为电磁系统反力；m 为电磁系统运动部分质量；t 为时间；ω 为电源角频率；φ 为电源电压吸合相角；k 为电压系数，包括全桥整流的电压系数(一般为 0.9)与工作电压系数(从设计与应用角度看，线圈工作电压最大范围可以考虑为 70%～115%，设计时可按需选取)。

(1) 智能控制交流接触器吸合过程的吸力特性。小气隙情况下，采用"路"的方法造表的程序流程图如图 6.6 所示。大气隙情况下，采用"场"的方法，应用 ANSYS 分析软件造表，其程序流程图如图 6.7 所示。应用如图 6.8 所示的动态计算主程序流程图就可对智能控制交流接触器在整个吸合过程中进行吸力特性的计算。这样，经过"路"和"场"计算相结合的方法就可以得到智能控制交流接触器在整个吸合过程中的吸力特性。

```
            ┌──────────────────────────┐
            │  "路"计算造表子程序        │
            └──────────────────────────┘
                        │
            ┌──────────────────────────┐
            │    读入铁心结构参数         │
            └──────────────────────────┘
                        │
            ┌──────────────────────────┐
            │    读入铁心B-H曲线          │
            └──────────────────────────┘
                        │
            ┌──────────────────────────────┐
            │ 初始化: (磁链、位移、吸力、电流) │
            └──────────────────────────────┘
                        │
            ┌──────────────────────────┐
            │      位移增加Δx            │
            └──────────────────────────┘
                        │
            ┌──────────────────────────┐
            │      磁链增加Δψ            │
            └──────────────────────────┘
                        │
            ┌──────────────────────────┐
            │  设初始电流 i₀ = φ₀/(NΛ)    │
            └──────────────────────────┘
                        │
            ┌──────────────────────────┐
            │ 应用四阶Runge-Kutta法求解出 │
            │ 线圈高度M段的每段磁通        │
            └──────────────────────────┘
                        │
            ┌──────────────────────────┐
            │ 调用B-H插值子程序求出        │
            │ 磁感应强度和磁轭磁压降       │
            └──────────────────────────┘
                        │
            ┌──────────────────────────┐
            │ 调用辛普森积分公式求出       │
            │ 线圈磁势                    │
            └──────────────────────────┘
```

设初始电流 $i_0 = \dfrac{\phi_0}{N\Lambda}$

$i = i_0 - \dfrac{f_1}{N}$

判断: $|f_1| = \left| iN - \left(\dfrac{\phi_\delta}{\Lambda} + \sum_{i=1}^{3} H_{0i}L_{0i} + H_aL_a + \int_0^{h_e} H\mathrm{d}y \right) \right| < \varepsilon_1?$ N / Y

```
            ┌──────────────────────────┐
            │ 调用辛普森积分公式求出       │
            │ 线圈磁链ψ等                 │
            └──────────────────────────┘
                        │
            ┌──────────────────────────┐
            │ 保存气隙、磁链和电流、       │
            │ 吸力数据文件                │
            └──────────────────────────┘
```

$\phi = \phi_0 + \dfrac{f_2}{N}$

判断: $|f_2| = |\psi' - \psi_0| < \varepsilon_2?$ N / Y

判断: 磁链节点数达到预定节点数? N / Y

判断: 位移达到设定气隙长度? N / Y

返回

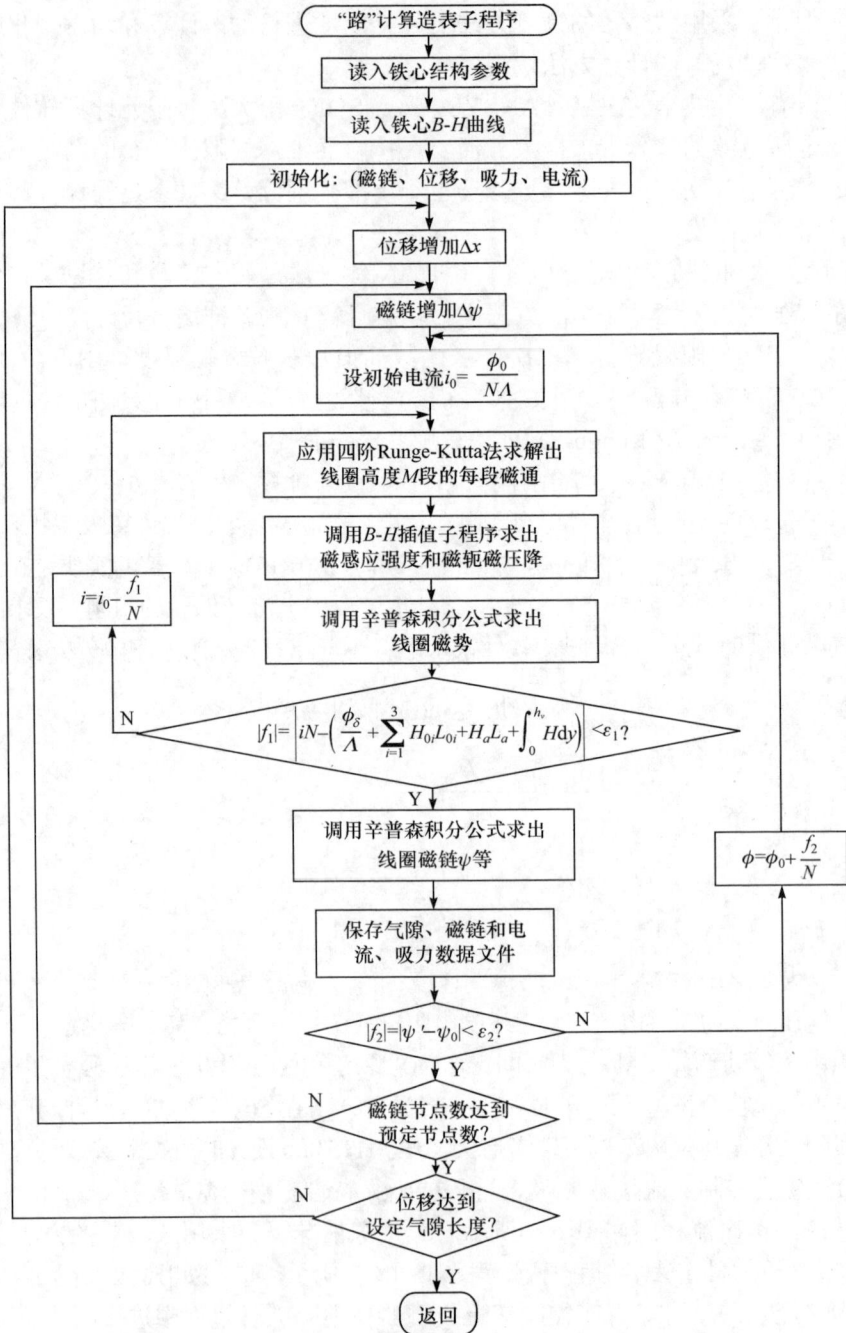

图 6.6 "路"计算造表子程序流程图

图 6.6 中，Λ 为工作气隙总磁导；$H_aL_a, \sum_{i=1}^{3} H_{0i}L_{0i}$ 分别为底铁和动铁心的磁压降；H 为铁心柱磁场强度之和；$\int_0^{h_v} Hdy$ 为铁心柱的磁压降之和；N 为励磁线圈匝数；h_v 为铁心柱有效高度；ϕ 为沿铁心高度的磁通。

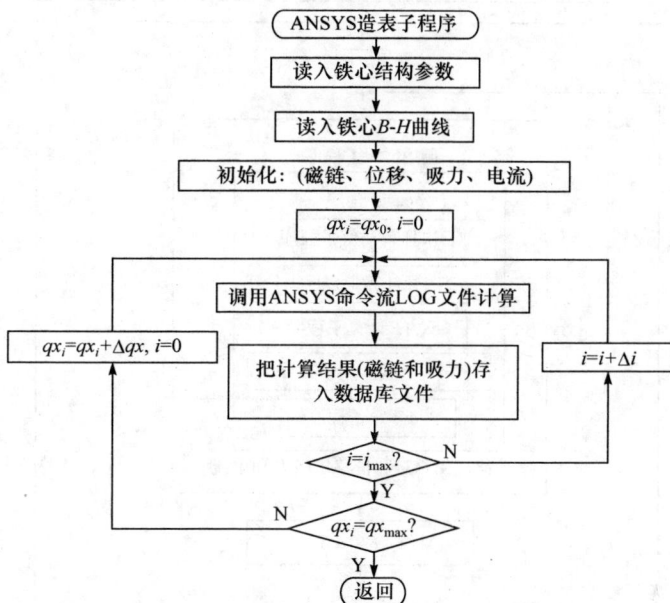

图 6.7　"场"计算造表子程序流程图

图 6.9 是基于 CJ20-100A 智能控制交流接触器在额定电压下吸合相角为 0° 时的吸力特性图。其中，F_x 是吸力特性，F_f 是反力特性。

(2) 智能控制交流接触器释放过程的力特性。用同样的计算方法可以得到基于 CJ20-100A 智能控制交流接触器释放过程的力特性。图 6.10 表示智能控制交流接触器吸持电压为 DC6V 时释放过程的力特性。其中，F_x 是智能控制交流接触器释放过程的力特性，F_f 是反力特性。

4. 基于 ADAMS 智能控制交流接触器的动态特性分析

本书应用前述的 ANSYS 软件对智能控制交流接触器激磁电压为 220V 的电磁机构进行动态分析，获得该接触器在整个吸合(释放)过程中的吸力特性。将随时间变化的吸力特性作为接触器 ADAMS 建模计算的激励源、动力源，应用 ADAMS 软件对接触器进行机构分析、仿真计算，最终就可得到 CJ20-100A 智能控制交流接触器的动态特性曲线。

```
                    ┌─────────┐
                    │  开始   │
                    └────┬────┘
                         │
    ┌────────────────────────────────────────────┐
    │  读入原始参数(线圈电压、吸合相角和反力等)  │
    └────────────────────┬───────────────────────┘
                         │
    ┌────────────────────────────────────────────┐
    │  读入造表数据库(气隙、电流和磁链、吸力)    │
    └────────────────────┬───────────────────────┘
                         │
    ┌────────────────────────────────────────────┐
    │  初始化:(电压、电流、磁链、位移、速度、时间及时间间隔) │
    └────────────────────┬───────────────────────┘
                         │
                    ┌─────────┐
                    │   j=1   │
                    └────┬────┘
```

调用Mag子程序:

Mag子程序

三次样条插值子程序

磁导计算子程序

反力F_f计算子程序

由ψ、x求i、ϕ_x子程序

由ϕ求F_x子程序

功能:由磁链和位移求吸力和电流

计算 K_j、L_j、M_j

$j=j+1$

$j=4?$ N / Y

$$\psi_{i+1} = \psi_i + \frac{\Delta t}{6}(k_1 + 2k_2 + 2k_3 + k_4)$$

$$v_{i+1} = v_i + \frac{\Delta t}{6}(L_1 + 2L_2 + 2L_3 + L_4)$$

$$x_{i+1} = x_i + \frac{\Delta t}{6}(M_1 + 2M_2 + 2M_3 + M_4)$$

$x_i = x_{i+1},\ v_i = v_{i+1}$
$t_i = t_{i+1},\ \psi_i = \psi_{i+1}$

$x_{i+1} \geqslant \delta_{max}?$ Y / N

$\Delta t = \dfrac{\Delta t}{2}$

$x_{i+1} < 0?$ Y / N

$x_{i+1} = 0$
$v_{i+1} = 0$

$|x_{i+1} - \delta_{max}| < \varepsilon?$ N / Y

结束

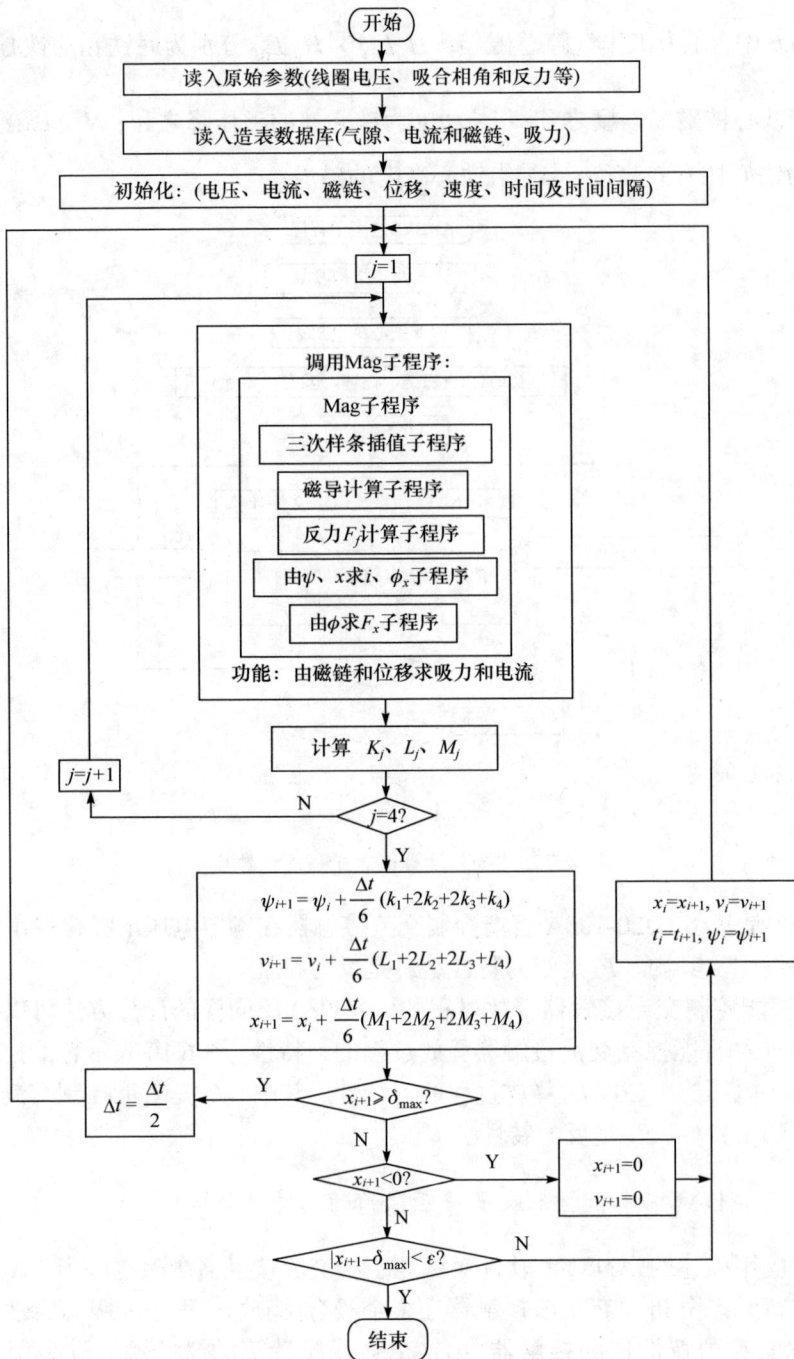

图 6.8   动态计算主程序流程图

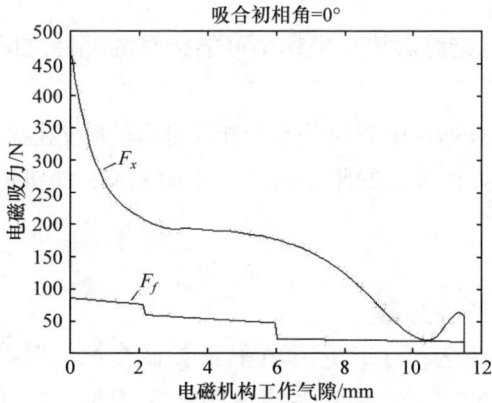

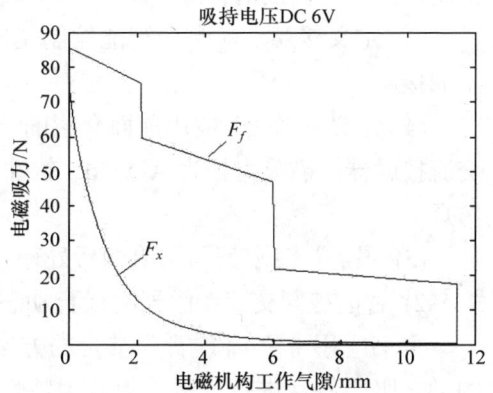

图 6.9　额定电压 U_e 吸合相角 0°的　　　　　图 6.10　吸持电压 DC6V 的释放
吸力特性　　　　　　　　　　　　　　　　　过程力特性

1) 机构分析的主要步骤

(1) 创建智能控制交流接触器的实体几何模型。智能控制交流接触器的
ADAMS 模型如图 6.11 所示，包括建立弹簧等柔性连接。

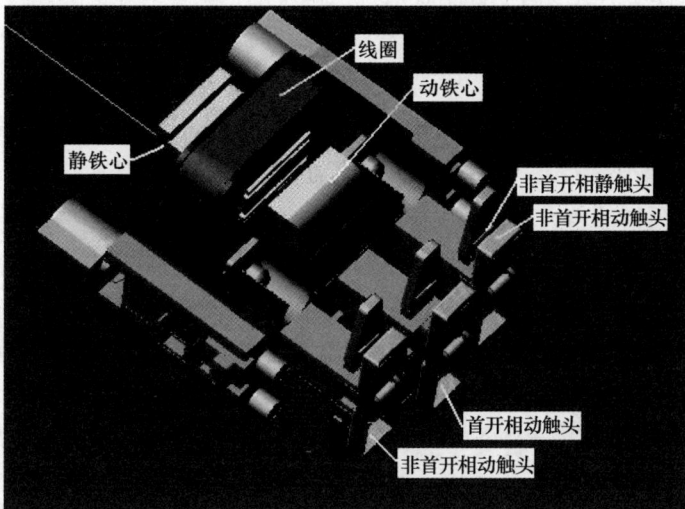

图 6.11　基于 CJ20-100A 智能控制交流接触器的 ADAMS 模型(见彩图)

(2) 约束模型构件，添加约束。主要包括滑移副约束和固定副约束。应用固定
副约束把智能控制交流接触器的静铁心、激磁线圈和静触头等与大地固连以及其
他构件之间的固连；应用滑移副可实现智能控制交流接触器电磁机构中的动铁心

带动其他机构直线滑移。

(3) 定义接触。对整个智能控制交流接触器模型机构中可能接触的部件之间添加接触。

(4) 定义驱动力。应用前面介绍的 ANSYS 电磁场仿真分析，得出的智能控制交流接触器电磁吸力作为 ADAMS 软件仿真分析的驱动力，完成 ADAMS 的机构仿真。

(5) 最后计算求解与结果的后处理。

2) 智能控制交流接触器的吸合动态特性仿真

本书应用"场"和"路"结合的方法对基于 CJ20-100A 智能控制交流接触器的动态吸力特性进行分析。把吸力特性加入交流接触器的 ADAMS 模型，进行 ADAMS 的动态分析。图 6.12 是 CJ20-100A 智能控制交流接触器在激磁电压 U_e 作用下，在吸合相角 0°时的吸合过程 ADAMS 仿真模型的运动历程。其中，图 6.12(a)表示 ADAMS 仿真模型处于完全分断的位置；图 6.12(b)表示 ADAMS 仿真模型的动作机构处于运动过程中；图 6.12(c)表示 ADAMS 仿真模型的非首开相 (A、C 相)触头处于刚合(首开相(B 相)触头处于未合)的位置；而图 6.12(d)表示 ADAMS 仿真模型处于完全闭合的位置。

图 6.13 是 CJ20-100A 智能控制交流接触器在吸持电压为 DC6V 时的释放过程 ADAMS 仿真模型的运动历程。其中，图 6.13(a)表示 ADAMS 仿真模型处于完全闭合的位置；图 6.13(b)表示 ADAMS 仿真模型的首开相(B 相)动触头已释放一段距离，而非首开相(A、C 相)动触头仍处于吸合状态的位置；图 6.13(c)表示 ADAMS 仿真模型的首开相(B 相)和非首开相(A、C 相)动触头均已释放一段距离时的位置；图 6.13(d)表示 ADAMS 仿真模型处于完全分断的位置。

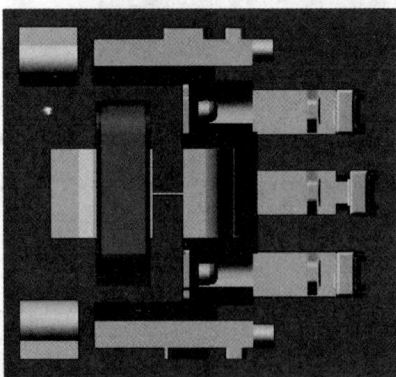 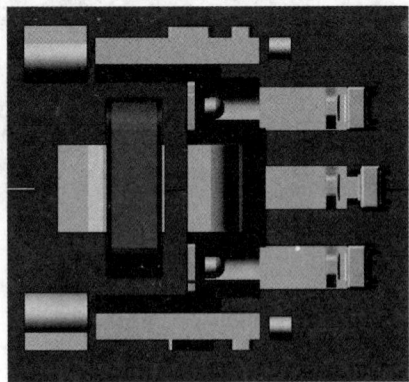

(a)　　　　　　　　　　　　　　　　　(b)

(c)　　　　　　　　　　　　　　　　　(d)

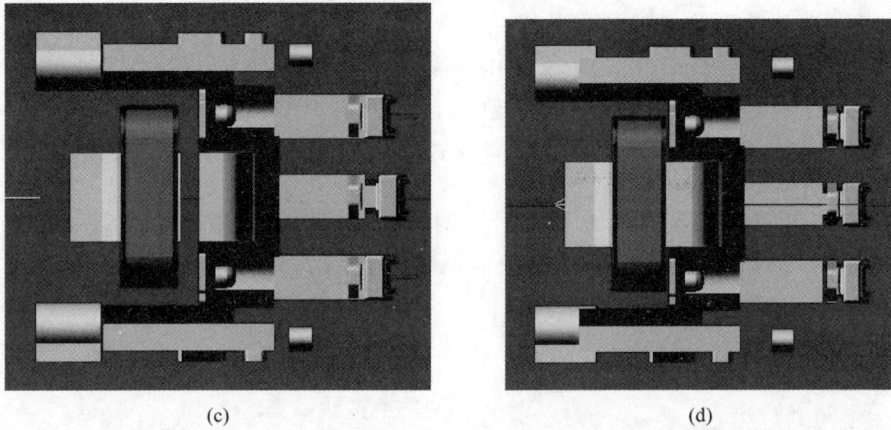

图 6.12　额定电压 U_e 作用下，吸合相角为 0°时的吸合过程 ADAMS 仿真模型运动历程(见彩图)

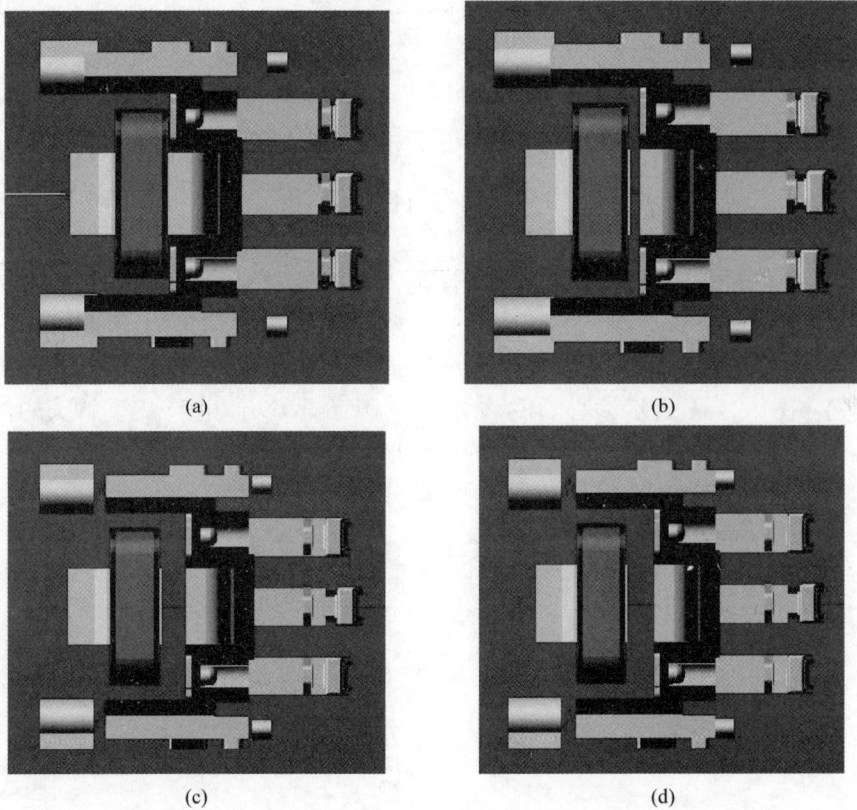

(a)　　　　　　　　　　　　　　　　　(b)

(c)　　　　　　　　　　　　　　　　　(d)

图 6.13　吸持电压为 DC 6V 时的释放过程 ADAMS 仿真模型运动历程(见彩图)

图 6.14(a)和图 6.14(b)分别是 CJ20-100A 智能控制交流接触器在 U_e 和 85%U_e

作用下，吸合相角为 0°的仿真计算曲线(图中为了便于分析，把铁心、触头位移曲线的起点放在同一位置，下同)。图中，sx 表示动铁心的位移信号；sxb 表示首开相(B 相)动触头的位移信号；sxa 表示非首开相(A 相)动触头的位移信号；u 表示 AC220V 的激磁电压；i 表示线圈电流；v 表示铁心速度；F_x 表示吸力特性；F_f 表示反力特性。

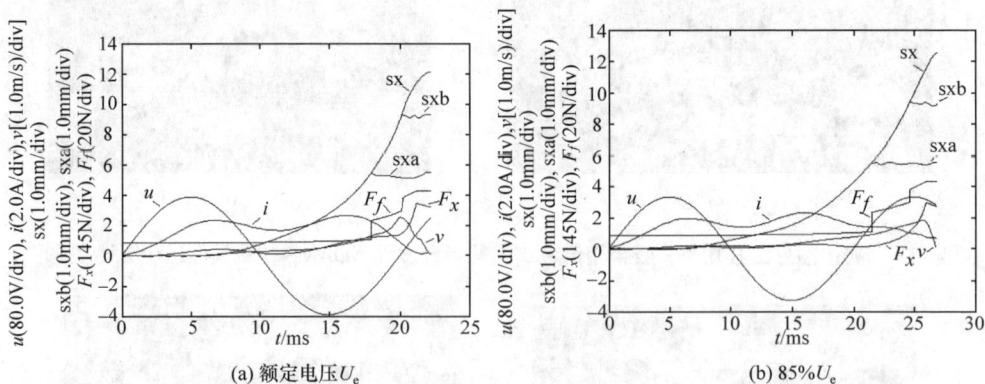

(a) 额定电压 U_e　　　　　　　　　　(b) 85%U_e

图 6.14　不同电压作用下吸合相角 0°时的仿真计算曲线

3) 智能控制交流接触器的释放动态特性仿真

应用"场"和"路"结合的方法对 CJ20-100A 智能控制交流接触器的释放动态力特性进行分析。把释放过程力特性加入该接触器的 ADAMS 模型中，进行 ADAMS 的动态分析。图 6.15 是该接触器在吸持电压为 DC6.0V 时的动态特性 ADAMS 仿真计算曲线(图中为了便于分析，把铁心、触头位移曲线的起点放在同一位置)。图中，sx 表示铁心的位移信号；sxb 表示首开相(B 相)动触头的位移信号；sxa 表示非首开相(A 相)动触头的位移信号。

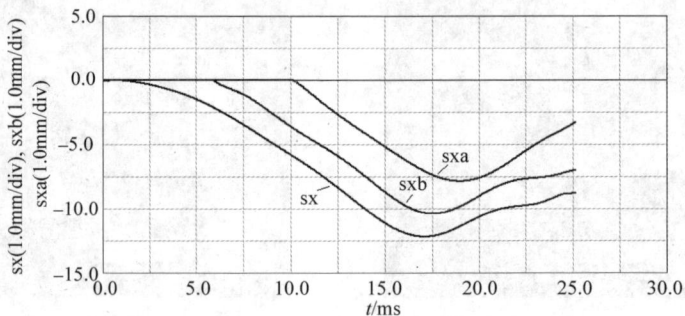

图 6.15　吸持电压为 DC6.0V 时的释放过程动态特性仿真曲线

4) 智能控制交流接触器的仿真与实测动态特性比较

如前所述，本书采用"场"和"路"结合的计算方法，应用 ANSYS 有限元软件对基于 CJ20-100A 智能控制交流接触器进行了电磁场分析，并借助机构分析软件 ADAMS 对 CJ20-100A 智能控制交流接触器的机构进行了分析。为了进一步说明 ANSYS-ADAMS 仿真计算的正确性，把仿真计算得到的吸合和释放的动态特性曲线与通过基于高速摄像机图像测试与处理分析的电器智能动态特性测试装置测试的吸合及释放的动态特性曲线画在同一坐标平面上。对应的过程动态吸合特性曲线如图 6.16 所示。图中 x、xb、xa 分别表示智能控制交流接触器在额定电压 U_e 与吸合相角 0°作用下吸合过程铁心、首开相(B 相)动触头、非首开相(A、C 相)动触头的特性实测曲线；sx、sxb、sxa 分别表示智能控制交流接触器在额定电压 U_e 与吸合相角 0°作用下吸合过程铁心、首开相(B 相)动触头、非首开相(A、C 相)动触头的特性仿真曲线。它们对应的释放全过程动态特性曲线如图 6.17 所示。x、xb、xa、sx、sxb、sxa 的含义同上。

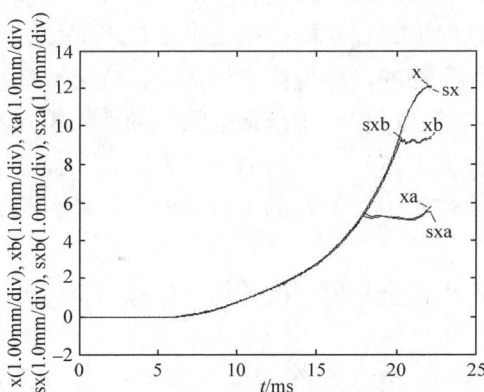

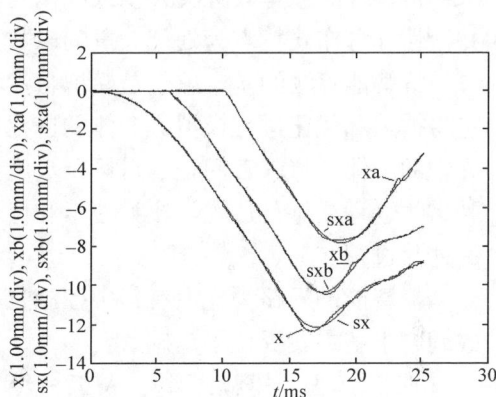

图 6.16　U_e 作用下，吸合相角 0°的吸合过程仿真与实测曲线比较图　　图 6.17　吸持电压 DC 6.0V 时的释放过程仿真与实测曲线比较图

从这些吸合动态特性曲线和释放动态特性看出，实测值与计算值十分接近，说明应用 ANSYS-ADAMS 大型软件对 CJ20-100A 智能控制交流接触器进行电磁场有限元分析与机构仿真计算的方法是正确的，该方法是一种行之有效的计算方法。

6.3　基于人工智能的低压电器设计技术

6.3.1　人工智能设计技术简介

人工智能是 20 世纪中期产生并正在迅速发展的新兴边缘学科，它探索和模拟人的智能和思维过程的规律，进而设计出类似人的某些智能化的科学。或者说人工智能研究如何用人工的方法和技术，即用各种自动机器或智能机器(主要指计算机或智能机) 模拟、延伸和扩展人的智能。作为一门学科，人工智能研究智能行为的计算模型，研制具有感知、推理、学习、联想、决策等思维活动的计算系统，解决需要人类专家才能处理的复杂问题。人脑的思维活动极其复杂，模拟人脑思维活动是一项系统工程，它需要多学科合作，多途径攻关才能使人工智能的水平逐步向人的智能水平接近。因此为了使机器具有某种人的智能，必须研究生物机体的控制系统、思维活动规律与生理机制。要实现智能革命，就要更深入地了解人的大脑，彻底揭开人脑的奥秘，这是自然科学面临的最大挑战之一。因此，脑科学是 21 世纪科研活动最重要的领域之一。

仿生智能计算算法是一类模拟自然生物进化或者群体社会行为的随机搜索方法的统称。作为仿生智能计算算法之一的群智能算法(swarm intelligence algorithm, SIA)是一种能够有效解决大多数优化问题的新方法。更重要的是，群智能潜在的并行性和分布式特点为处理大量的以数据库形式存在的数据提供了技术保证。

群智能算法的基本思想是模拟自然界生物的群体行为来构造随机优化算法。它将搜索和优化过程模拟成个体的进化或觅食过程。用搜索空间中的点模拟自然界中的个体，将求解问题的目标函数度量成个体对环境的适应能力，将个体的优胜劣汰过程或觅食过程类比为搜索和优化过程中用较好的可行解取代较差可行解的迭代过程。

群智能的思路为在没有集中控制且不提供全局模型的前提下寻找复杂的分布式问题求解方案提供了基础。

遗传算法、模糊逻辑、人工神经网络、专家系统等人工智能技术与其分支——群智能，不仅各自发挥其独特的作用，还日益综合形成全新的技术，进一步提高了机电一体化系统的智能化水平，并不断扩展其应用水平。

本节介绍的人工智能低压电器设计技术仍以具有代表性的智能控制交流接触器为研究对象。考虑到不同的需求，基于遗传算法与免疫遗传算法的优化设计方法，重点是考虑吸合过程与经济指标的优化。蚁群算法、人工鱼群算法和基于遗传算法的人工鱼群算法的电器优化设计方法，增加了零电流分断的优化设计。

随着人工智能技术的快速发展，基于人工智能的低压电器设计技术也在不断深化、发展和提高。鉴于不同的研究对象，不同的要求，将采用相应的设计方法，取得相应的结果，因此，本书的目的仅仅是提供设计方法与思路。

现以发展的眼光介绍该技术的应用，希望对于人工智能技术在低压电器不同的研究对象的应用上能够有所启发和帮助。

6.3.2　遗传算法原理及其应用

1. 遗传算法简介

电磁电器是低压电器中典型的电器类别或部件。电磁电器的动态过程直接影响其总体运行性能、经济性与可靠性，因此在设计电磁电器结构的同时，应综合考虑对其动态过程的智能化控制，并优化其电磁系统的操作机构，才能实现该电器的整体性能优化。

电磁电器的优化设计是在保证电器可靠动作与释放的前提下，力求节能、节材、减少铁心碰撞能量、防止触头弹跳、减少电弧能量，因此一般以材料费用、体积、功耗、碰撞能量和分断快速性等为多目标函数，其属于约束非线性规划问题。以前主要采用多目标数学规划法，将多目标优化问题转化为单目标优化问题，然后再选用序贯加权加速因子法(sequential weight increasing factor technique, SWIFT)、乘子罚函数法、复形法(complex)及 Powell 罚函数法等约束优化方法求解，这些方法对电磁系统多目标优化设计，在不同程度上得到了成功的应用。但是，作为非线性优化规划，上述优化方法可能趋于局部极小值。

随着智能化电磁电器的进一步开发与研制，具有智能操作功能的智能化电磁电器已成为今后的发展方向，综合考虑各种动态过程控制因素已不可避免，使用上述优化方法还要受到设计变量维数的限制。因此选用和研究一些较好的优化方法，对提高智能化电磁电器的设计水平，无疑具有极其重要的意义。

任何一个优化设计问题均可用下述的数学模型进行描述：

$$\min_{X \in \mathbf{R}^n} f(X)$$

$$\text{s.t.} \quad g_j(X) \leqslant 0, \quad j = 1, 2, \cdots, p$$

$$a_i \leqslant x_i \leqslant b_i, \quad i = 1, 2, \cdots, n \tag{6-18}$$

式中，X 为优化变量；$f(X)$ 为目标函数；$g_j(X)$ 为约束条件。

对智能化电磁电器进行优化设计，优化变量 X 通常由结构参数和动态控制参数组成，优化结果应在保证电磁电器可靠吸合与释放的前提下，力求节材、节能、减少铁心碰撞能量、防止触头弹跳、减少电弧能量，以达到降低成本、提高电器的机械与电寿命的目的。随着智能计算技术的迅猛发展，各种优化算法不断出现，进化算法被认为是解决多目标优化问题较好的方法。

遗传算法就是已被成功地应用于许多优化问题，并越来越流行的计算智能技术。遗传算法是建立在生物进化论和自然遗传学机理上的优化算法，与传统优化方法相比，具有以下一些特点。

1) 具有较强的鲁棒性

遗传算法仅利用个体适应度进行群体的进化，不需要优化模型中目标函数和约束函数的导数，或其他辅助信息。因而遗传算法能解决各种优化问题，无论其设计变量连续与否(如连续设计变量、离散设计变量或混合设计变量)，目标函数和约束函数是否连续、可导。由此可见，遗传算法是较一般的优化算法，具有较强的鲁棒性。

2) 全局寻优能力

采用一般的优化方法，在求解优化问题的全局最优解时，往往需要求出优化问题的所有极值点，这就要求优化方法能遍历整个设计变量的可行解空间。但在实际计算中，设计变量空间很大，很难遍历整个设计可行解空间，因此采用现有的优化方法难以得到优化问题的全局解。

遗传算法利用设计变量编码在设计变量空间进行多点搜索，遗传算法中的交叉算子能使群体向最优个体逼近的方向进化；变异算子能避免交叉繁殖收敛于局部优良个体，从而保持群体搜索的多样性；上述的交叉与变异算子确保了遗传算法中多点搜索一直处在不同局部区域。

3) 隐含的并行性

遗传算法中的群体进化过程实质上就是一个寻优过程，随着群体迭代过程的进展，群体适应度的总和、平均适应度都有一定程度的提高，尤其在迭代初期具有较大程度的提高；在群体进化过程中，个体总数一般保持不变，因而遗传算法是基于多点的群体搜索，具有一定的并行性。

遗传算法隐含的并行处理特性，使采用并行的方式——用并行计算机或多台微机同时进行群体中个体的计算与繁殖，实现遗传算法成为可能。遗传算法的并行实现，将在解决大型、复杂的优化设计问题方面发挥其优越性。

由于遗传算法具有上述特点，将遗传算法引入智能控制电磁电器设计中，基于 ANSYS-ADAMS 的低压电器动态过程分析，在基本遗传算法(simple genetic algorithm, SGA)的基础上，加入高级遗传算子(refined genetic operator, RGO)，形成了多目标动态优化设计智能控制交流接触器的高级遗传算法。

将动态过程的控制参数作为优化设计变量，并通过多目标遗传算法的适应度函数，将优化的结构参数和控制参数有机地结合起来，从而达到交流接触器机械性能与电气性能的综合最优化；通过测试性优化设计样机的动态特性，说明遗传算法在电磁电器设计领域应用的有效性与极强的鲁棒性，可达到全局或近乎全局最优解。

该项技术为智能化电磁电器设计提供了一个优化方法，设计方法同样适用于其他电磁电器的优化设计。

2. 多目标高级遗传算法原理

1) 遗传算法原理

一般可利用罚函数法将约束优化问题转化为无约束优化问题，然后再利用遗传算法进行求解。利用罚函数法将上述约束优化问题转化为无约束优化问题，则有

$$\min f'(X) = f(X) + \sum_{j=1}^{p} \Phi_j \tag{6-19}$$

$$\Phi_j = r_j [g'_j(X)]^2$$

$$g'_j(X) = \begin{cases} g_j(X), & g_j(X) > \varepsilon_j \\ 0, & g_j(X) \leqslant \varepsilon_j \end{cases}, \quad j = 1, 2, \cdots, p$$

式中，r_j 为第 j 个约束的罚因子；ε_j 为考虑罚项的约束精度。

利用遗传算法解决上述无约束优化问题主要包括以下内容。

(1) 适应度(fitness)函数的建立。

适应度是遗传算法中描述个体性能的主要指标。一般个体适应度越大，个体的性能越好；反之，个体适应度越小，个体性能也越差。在遗传算法中，适应度必须大于或等于零。

遗传算法依据适应度的大小对个体优胜劣汰，因此，将无约束优化问题的目标函数与个体的适应度建立映射关系，即可在群体进化迭代的过程中，实现对优化问题目标函数的寻优。

在遗传算法中，适应度在群体进化过程中向极大值逼近。因此，将目标函数转换成适应度函数，一般需遵循以下两个基本原则：第一，适应度必须大于或等于 0；第二，优化过程中目标函数变化方向(如目标函数取最大值或取最小值)应与群体进化过程中适应度函数的变化方向一致。

对于式(6-19)的最小值优化问题，可通过式(6-20)来建立与目标函数存在映射关系的适应度函数。

$$F(X) = C - f'(X) \tag{6-20}$$

式中，$F(X)$ 为适应度函数；C 为一个可调函数，C 的取值应使适应度函数 $F(X)$ 恒大于或等于 0。

为确保适应度函数 $F(X)$ 不小于 0，常采用式(6-21)建立适应度函数。

$$F(X) = \begin{cases} C_{\max} - f'(X), & f'(X) < C_{\max} \\ 0, & f'(X) \geqslant C_{\max} \end{cases} \tag{6-21}$$

式中，$C_{\max}$ 为一个可调参数，可取目标函数 $f'(X)$ 理论上可能的最大值。实际应用时，$C_{\max}$ 应大于各代群体中个体的最大适应度，以保证 $F(X)$ 恒大于 0。

(2) 建立设计变量与个体间的映射关系。

设计变量与个体间的映射可通过编码来实现。编码方法一般应遵循位串定义长度最短、模式阶次最高、模式数目最大的原则。

由于用二进制编码来描述个体，比其他多进制位串编码能反映更多数目的基因模式，在遗传算法中常采用二进制串进行编码。

长度为 l 的二进制位串与设计变量 x_i 之间的映射关系可由式(6-22)来表示。

$$x_i = a_i + \frac{(M_i - 1)(b_i - a_i)}{2^l - 1} \tag{6-22}$$

$$M_i = \frac{(x_i - a_i)(2^l - 1)}{b_i - a_i} + 1 \tag{6-23}$$

式中，M_i 为由二进制位串编码对应的十进制数值，即 $0 \leqslant M_i \leqslant 2^l$。

由式(6-22)和式(6-23)可以看出，对应于 l 位个体的设计变量 x_i，实际上变成了一个离散变量，设计变量的离散间隔为 $(b_i - a_i)/(2^l - 1)$。当 l 取值越大时，离散间隔就越小；当 l 趋于 ∞ 时，设计变量与个体间的离散映射关系就变成了连续映射关系。

(3) 群体初始化。

群体的初始化一般按以下步骤进行。

① 确定群体规模数目 N，群体规模数目 N 一般宜多于 50。

② 对优化问题的初始解 X_k $(k=0)$进行编码，产生与初始解对应的个体。

③ 从初始解空间，随机选择 N 个初始点(称为一个群体，每个点称为一个个体) $X_k^1, X_k^2, \cdots, X_k^N, k = 0$。

④ 计算初始群体中每个个体的适应度 $F(X_k^j)$，　$j = 1, 2, \cdots, N$，　$k = 0$。

(4) 群体繁殖。

① 选择(selection)。选择是指从群体中选择优良的个体，淘汰劣质个体的遗传操作。选择的目的是把优良的个体(或解)直接遗传给下一代或通过配对交叉产生新的个体再遗传到下一代。选择个体的原则是适应度大的个体被选择的概率也大。例如，采用常用的适应度比例方法(fitness proportion model)(也称赌轮选择法)，个体 $X_k^j (j = 1, 2, \cdots, N)$ 被选中的概率为 $P = F(X_k^j) / \sum\limits_{j=1}^{N} F(X_k^j)$。

目前，常用的其他主要方法有杰出个体保存方法(elitist model)、期望值方法(expected value model)、排序选择方法(rank-based model)、联赛选择方法(tournament selection model)和排挤方法(crowding model)等。

② 产生后代个体。后代个体的产生是指对选择的父代个体进行交叉(crossover)与变异(mutation)的遗传操作，直到产生的后代个体数目达到群体规模

数 N，与此同时计算群体中每个个体的适应度 $F(X_k^j)$，　$j=1,2,\cdots,N$。

在自然界生物进化过程中起核心作用的是生物遗传基因的重组(加上变异)。同样，遗传算法中起核心作用的是遗传操作的交叉算子。所谓交叉是指把两个父代个体的部分结构加以替换重组而生成新个体的操作。通过交叉，遗传算法的搜索能力得以大幅度提高。交叉方式一般有一点交叉、两点交叉、均匀交叉、基于顺序交叉等，其中一点交叉算子的实现最简单。图 6.18(a)和图 6.18(b)分别为一点交叉和两点交叉。

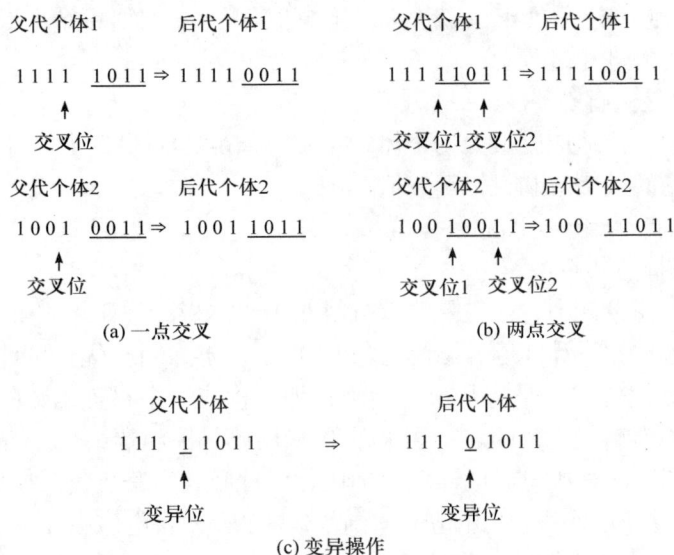

图 6.18　操作方式

对于常用的二进制编码位串而言，各种交叉算子都包括以下两个基本内容：一是从选择操作形成的配对库中，对个体随机配对，并按预先设定的交叉概率 P_c 来决定每对是否需要进行交叉操作；二是设定配对个体的交叉点，并对这些点前后的配对个体的部分结构(或基因)进行相互交换。

变异是指模拟生物在自然的遗传进化环境中，由于各种偶然因素引起的基因模式突然改变的个体繁殖方式。一般来说，变异操作是指以一定的变异概率 P_m 在群体中选取个体，随机选择个体的二进制位串中的某一位进行由变异概率控制的变换(即 $1 \to 0$ 或 $0 \to 1$)，从而产生新的个体。如图 6.18(c)所示，利用变异算子来产生后代个体。

在遗传算法中，采用变异算子增加了群体中基因模式的多样性，从而增加了群体过程中自然选择的作用，并能避免群体早熟性收敛现象的产生，从而避免群体进化过程过早地陷入局部最优区域。变异产生的优良个体在群体进化过程中将被保留，变异算子产生的非优良个体将随着群体进化的不断继续而逐步被淘汰。

一些学者的研究表明，随机概率为 0.6~0.8 时利用交叉算子来产生后代个体，随机概率为 0.01~0.02 时采用变异算子来产生后代个体，对大多数优化问题比较合适。

(5) 群体收敛判别。

群体进化收敛性可通过各代群体平均适应度的变化率和最优个体适应度变化率等指标来判别。如果群体平均适应度变化率和最优个体适应度变化率小于许可精度，就认为群体进化处于稳定状态，群体进化基本收敛，可结束群体进化过程，否则继续群体的进化过程。

(6) 输出最优解。

在群体中选择适应度最大的个体，然后按式(6-22)对最优个体进行转化，就可得到优化问题的最优解和目标函数值。

2) 多目标高级遗传算法

(1) 多目标遗传算法。

在电磁电器设计中，往往是要求材料费用、体积、功耗和碰撞能量等几个性能指标综合最佳的设计问题，因此需要利用电磁电器多目标优化设计方法来求解。常用的多目标优化方法是将几个目标函数加权构成一个目标函数(权值根据各目标函数的主要影响程度来确定)，然后，再采用单目标函数优化方法来求解。

利用遗传算法解决电磁电器多目标优化设计问题，一般包括如下内容。

① 构造适应度函数。利用适应度函数建立方法，将电磁电器多目标优化问题中的 m 个目标函数转化为 m 个适应度函数。

② 建立设计变量的映射关系。

③ 初始化群体。按照给定的群体规模数目 N，产生 N 个个体，然后分别计算每个个体对应的 m 个适应度。

④ 根据设计要求，给定权值 $w_1, w_2, \cdots, w_m$，使 $w_1 + w_2 + \cdots + w_m = 1$。

⑤ 多目标函数数目，将群体分组；根据每个个体对应的适应度大小，从 N 个个体中选择 N/m 个个体作为第 i 个目标函数 ($i = 1, 2, \cdots, m$) 对应的子群体，重复个体选择的过程直到产生 m 个包含 N/m 个个体的子群体。

⑥ 群体繁殖。利用选择、交叉、变异等遗传算子，分别产生 m 个子群体的后代个体。

⑦ 计算统一的适应度。将 m 个适应度函数进行加权构成统一的适应度函数，分别计算各个体统一的适应度，并将 m 个子群体中 N/m 个个体组合成包含 N 个个体的群体。

⑧ 群体进化迭代过程结束判别。如果各代群体平均适应度和最优个体适应度

变化率小于许可精度，就认为群体繁殖过程处于稳定状态，群体进化进程结束，转向步骤⑨，否则转向步骤⑤。

⑨ 输出遗传算法优化解；对适应度最大的个体对应的二进制位串进行转化，即可得到各设计变量的值，这些值便是电磁电器多目标优化设计的最优解。

利用遗传算法解决多目标优化问题时，由于子群体数目不大，求解过程可能会收敛于局部优化解。一般可采用扩大群体规模等措施使子群体数目处于中等规模，以避免子群体陷于局部优化解。此外，还可对群体交叉等遗传算子进行改进(例如，子群体可先在内部进行交叉繁殖，然后在各子群体构成的 N 个个体的群体中，再进行交叉繁殖)，也可达到防止子群体进化早熟现象的产生。

(2) 高级遗传算子。

在基本遗传算法的基础上，引入两个高级遗传算子。

① 动态交叉与变异概率。根据遗传算法的原理，迭代初期，大的交叉概率 P_c、小的变异概率 P_m 有利于群体优良特性的保持，使迭代平衡；迭代后期，降低交叉作用，增大变异概率，可避免迭代过程陷于局部最优解。本节采用 P_c、P_m 随迭代次数动态调整。

② 优化繁殖。迭代初期，采用杰出个体保护策略，将父代最优个体替换子代中最差个体，避免迭代过程的振荡或退化现象；迭代后期，采用 Goldberg 线性变换调整适应度，克服迭代过程的早熟和停滞现象。

由于综合采用了以上两种选择机制，又增强了个体之间的竞争性，可达到全局收敛。

3. 基于遗传算法的智能无弧控制直流电器的优化设计

1) 问题的提出

直流接触器是典型的直流控制电器。众所周知，传统的直流接触器因存在电弧问题而导致其体积庞大、耗材巨大、结构复杂、成本高、电寿命低等问题。在对智能无弧控制直流接触器进行原理性研究后，从根本上解决了直流接触器的电弧问题。但是最初的智能无弧控制直流接触器是给传统直流接触器(CZ0-40/20)的本体配备控制器来转移电流进而灭弧的。原理性初步研究后发现，接通和分断时已经不存在电弧的直流接触器本体，其结构极不合理，即结构可以大大简化，体积可大幅度减小，能耗可大幅度降低，成本也可以进一步降低。因此，必须对智能无弧控制直流接触器的本体结构进行优化设计。本书正是在这种技术经济指标要求的背景下开展这项工作。

本书将交流接触器作为智能无弧控制直流接触器优化设计的本体，并以其结构参数作为优化设计的原始解对智能无弧控制直流接触器进行优化设计；将多目标遗传算法应用于智能无弧控制直流接触器本体的优化设计中，结合直流接触器的动态运行过程，采用有效适用的遗传算子，得出最终满足要求的优化结果。

2) 智能无弧控制直流接触器的优化设计

在用遗传算法对智能无弧控制直流接触器的结构进行优化设计时，需要一个性能指标内的估计值作为设计参考。以 40A 直流接触器为例，鉴于传统的直流接触器(CZ0-40A/20)结构过于复杂，体积过于庞大，现提出以交流接触器 CJ20-40A 的结构(包括电磁机构和励磁线圈)为参考进行智能无弧控制直流接触器本体结构的优化设计。交流接触器 CJ20-40A 体积小、用材少、灭弧系统简单、价格便宜。

智能无弧控制直流接触器控制方式见第 2 章。

(1) 优化变量的选取。

选用 CJ20-40A 直动式双 E 型结构的电磁机构作为智能无弧控制直流接触器的电磁机构，铁心材料选用电磁纯铁 DT3。选取对电磁机构动态性能影响较大的 5 个参数作为优化设计变量：

$$X=\left[N,d,R,w,a_z\right]^T, \quad X \in R^5 \tag{6-24}$$

式中，N、d 分别为接触器励磁线圈的匝数和线径；R 为接触器吸持时励磁线圈的外串电阻；w、a_z 分别为 E 形铁心的中柱宽和柱厚。

在上述 5 个优化设计变量中，w、a_z 为连续变量，N、d、R 为离散变量。设计变量的类型不同，当处理其与二进制位串编码的映射关系时，应用的方法也不同。下面分别给予阐述。

① 连续变量。设第 i 个优化设计变量 x_i 的离散精度为 Δd_i，则要求二进制位串编码的长度 M 满足：

$$2^M \geqslant \frac{b_i - a_i}{\Delta d_i} + 1 \tag{6-25}$$

对于本节选定的优化设计变量 w、a_z，给定其离散精度为 1mm。

② 离散变量。

a. 均匀离散变量。第 i 个优化设计变量 x_i 要求的二进制位串编码的长度 M 用式(6-25)进行计算，Δd_i 为离散间隔。x_i 与其对应的长度为 M 的二进制位串编码的映射关系由式(6-26)确定：

$$x_i = a_i + \text{binarystring}_i \times \Delta d_i \tag{6-26}$$

本节将线圈匝数 N 设置为均匀离散变量，其离散间隔为 10 匝。

b. 非均匀离散变量。设第 i 个非均匀离散优化设计变量 x_i 共有 n_i 个离散值，则要求的二进制位串编码的长度 M 满足：

$$2^M \geqslant n_i \tag{6-27}$$

x_i 与其对应的长度为 M 的二进制位串编码的映射关系为

$$x_i = q_{ik}, \quad k = 1, 2, \cdots, n_i \tag{6-28}$$

式中，q_{ik} 为 n_i 个离散值中的第 k 个离散值。

在本节中，线径 d 和外串电阻 R 是两个典型的非均匀离散变量，因为它们的取值必须分别满足线规和标称值。它们的取值范围分别为

$$d = \{0.17, 0.18, 0.19, 0.20, 0.21, 0.23, 0.25, 0.27\}，单位为 mm$$

$$R = \{6200, 6800, 6900, 6950, 7000, 7100, 7150, 7200\}，单位为 \Omega$$

(2) 目标函数的确定。

本书的设计宗旨是在保证智能无弧控制直流接触器可靠吸合和分断的前提下，力求节材、节能、铁心撞击能量最小，所以选取能体现上述宗旨的四个性能指标，作为优化设计的多目标函数，即

$$\min f(X) = [V_{\text{Fe}}(X), V_{\text{Cu}}(X), P(X), E_k(X)]^{\text{T}} \tag{6-29}$$

式中，$V_{\text{Fe}}(X)$ 为电磁机构铁心用铁量的总体积；$V_{\text{Cu}}(X)$ 为电磁机构励磁线圈用铜量的总体积；$P(X)$ 为智能无弧控制直流接触器在热态稳定运行下消耗的功率；$E_k(X)$ 为电磁机构吸合时动、静铁心中柱极面单位面积的撞击能量。

(3) 适应度函数的构成。

本节将上述四个目标函数通过加权求和构成一个目标函数，然后再利用单目标函数的优化方法对其求解，得到的适应度函数为

$$f(X) = \sum_{i=1}^{n} w_j - [w_1 V_{\text{Fe}}(X) / V_{\text{Fe0}} + w_2 V_{\text{Cu}}(X) / V_{\text{Cu0}} + w_3 P(X) / P_0 + w_4 E_k(X) / E_{k0}] \tag{6-30}$$

对于 $\forall f(X) < 0, \quad f(X) = \varepsilon = 0.001$，

式中，w_1、w_2、w_3、w_4 为各目标函数的加权因子；V_{Fe0}、V_{Cu0}、P_0、E_{k0} 分别为 $V_{\text{Fe}}(X)$、$V_{\text{Cu}}(X)$、$P(X)$、$E_k(X)$ 性能指标范围内的估计值；ε 为一个极小值。

引入 V_{Fe0}、V_{Cu0}、P_0 和 E_{k0} 是为了使目标函数无量纲，避免加权因子 w_1、w_2、w_3、w_4 选择的盲目性，加速寻优过程。根据各目标函数对智能无弧控制直流接触器性能指标影响程度的不同，w_1、w_2、w_3、w_4 的取值大小也不同。在本设计中，w_1、w_2 取值相对大些，w_3、w_4 取值相对小些。

(4) 约束条件。

根据智能无弧控制直流接触器运行过程的技术性能要求，对其进行多目标优

化设计时应该考虑以下主要约束条件。

① 电磁机构初始状态下(δ 为气隙，δ_0 为初始气隙)的吸力应大于或等于其初始反力，即

$$F_x(X)\big|_{U=0.75U_e,\,\delta=\delta_0} - F_{f0} \geqslant 0$$

② 吸合过程无明显停滞现象，即

$$\frac{\mathrm{d}x}{\mathrm{d}t}\bigg|_{U=0.75U_e} > 0$$

③ 电磁机构达到额定行程时，动作时间要在允许的时间范围内。

④ 铁心最大磁通密度 B_m 按磁性材料特性选取。

(5) 软件设计。

本节将智能无弧控制直流接触器的动态过程计算与多目标高级遗传算法的优化设计相结合，提出了动态规划智能无弧控制直流接触器的优化设计方案。遗传算法与该直流接触器的动态计算相结合主要在于多目标适应度函数的计算。

(6) 直流电磁机构动态特性的求解与验算。

应用上述"场"和"路"结合的计算方法，即大气隙情况下采用 ANSYS 有限元软件进行磁场分析与计算，小气隙情况下采用磁路计算数学模型，对智能控制交流接触器的吸合动态过程进行动态计算。

适应度函数对遗传算法至关重要，因而直流电磁机构动态特性的求解直接关系到遗传算法的求解。直流电磁机构的动态特性是指动铁心的位移、运动速度、加速度、动态吸力和励磁线圈电流等参数随时间的变化关系，它可由以下微分方程组进行描述：

$$\begin{cases} \dfrac{\mathrm{d}\psi}{\mathrm{d}t} = u - iR \\[2mm] \dfrac{\mathrm{d}v}{\mathrm{d}t} = \dfrac{F_x - F_f}{m} \\[2mm] \dfrac{\mathrm{d}x}{\mathrm{d}t} = v \\[2mm] \psi\big|_{t=0} = \psi_0 = 0, v\big|_{t=0} = v_0 = 0, x\big|_{t=0} = x_0 = 0 \end{cases} \tag{6-31}$$

式中，ψ 为电磁系统的磁链；F_x 为动态电磁吸力；F_f 为系统反力；v 为动铁心的运动速度；x 为动铁心的位移；m 为动铁心的质量。

利用数值法可直接求解上述微分方程组，将时间变量 t 离散化，用四阶 Runge-Kutta 法求解该直流电磁机构的动态特性。

(7) 优化结果。

本节以修改后的交流接触器 CJ20-40A 的结构参数(为保证该接触器带有明显断口，对其触头系统做了改动)为本次优化设计的初始解。在遗传算法迭代的过程中，群体规模、迭代次数、交叉概率和变异概率以及励磁线圈的工作电压均可以根据优化的需要随机设定。在交流接触器 CJ20-40A 固有结构参数的基础上，根据优化设计方案的结构，选定激磁线圈的工作电压为额定工作电压的 75%，调整优化设计变量，反复计算，得到最终满足要求的优化结果。

图 6.19 为优化后的智能无弧控制直流接触器的铁心结构尺寸图。图 6.20 是优化设计计算的激磁线圈电流的变化规律，此时激磁线圈的工作电压为额定工作电压的 75%(运动结束后的电流波形在图中未给出)。

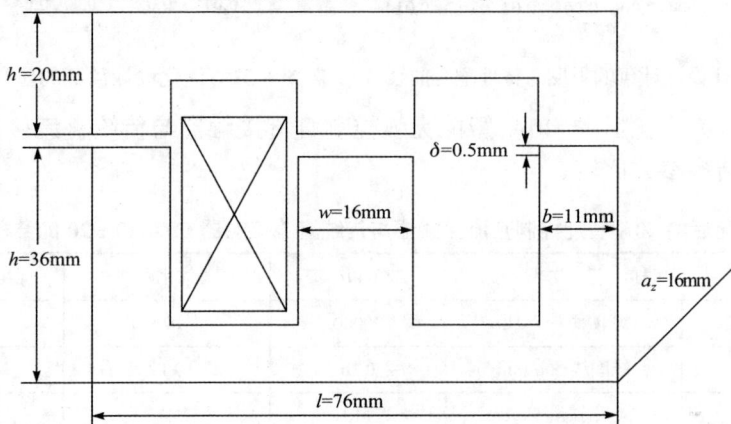

图 6.19　优化后的铁心结构尺寸示意图

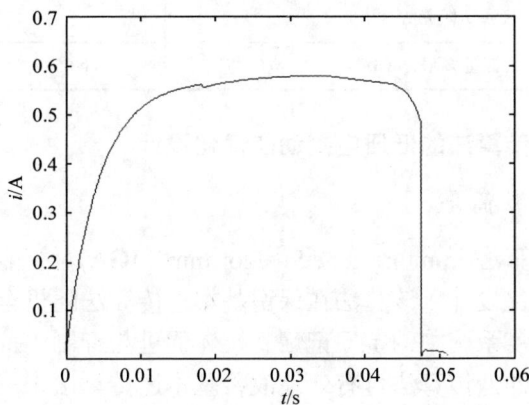

图 6.20　优化设计计算的励磁线圈电流变化规律

　　图 6.21 为优化设计计算的吸力和反力特性配合曲线。图 6.22 为优化设计计算的位移曲线。

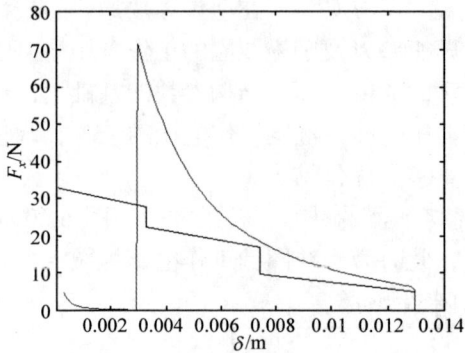

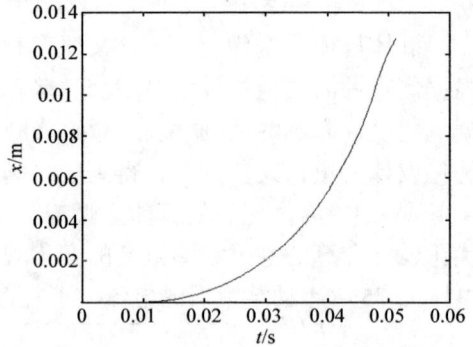

图 6.21　优化设计计算的吸反力特性配合曲线　　　图 6.22　优化设计计算的位移曲线

　　表 6.2 为优化后的 40A 智能无弧控制直流接触器与传统直流接触器 CZ0-40A/20 的结构参数比较。

表 6.2　优化后的 40A 智能控制直流接触器与传统直流接触器 CZ0-40A/20 的结构参数比较

	名称	CZ0-40A/20	优化后	优化后节约/%
优化参数	线圈匝数 N/匝	20000	4890	—
	线圈线径 d/mm	0.16	0.19	—
目标函数	铁心用铁量 V_{Fe}/cm³	118	47	60.44
	线圈用铜量 V_{Cu}/cm³	52.8	14.6	72.34
	吸持功耗 P/W	22	3.67	83.32
	撞击能量 E_k/(kJ/m²)	0.0547	0.0547	—

6.3.3　基于免疫遗传算法的低压电器动态优化设计

1. 免疫遗传算法简介

　　采用免疫遗传算法(immune genetic algorithm，IGA)对智能控制低压电器进行结构及控制参数优化设计。该算法在保留基本遗传算法随机全局搜索能力的基础上，引进了生物免疫系统中的抗原记忆、抗体促进与抑制、抗体多样性保持等机制。基于免疫原理的遗传算法可有效地改善基本遗传算法未成熟收敛等缺陷，提高全局搜索的效率及能力。

　　利用遗传算法具有全局并行搜索的特点，对智能电磁电器进行经济性能优化设计。但是，遗传算法仍存在下述明显缺点：①初始群体是随机产生的，算法在解群分布不均匀时易出现未成熟收敛，从而陷入局部最优；②当群体进化到一定代数时，个体浓度过高，无法很好地保持个体的多样性，易陷入未成熟收敛；③两个主要遗传算子(交叉和变异)都是在一定概率下，随机地、没有指导地迭代搜索，因此它们在为个体提供进化机会的同时，也不可避免地产生退化现象。为了克服遗传算法的上述缺点，人们提出了各种改进方法。

免疫遗传算法便是一种改进的遗传算法。它将遗传算法同生物免疫系统中的记忆机制、浓度机制及多样性保持策略相结合，既保留了遗传算法随机全局并行搜索的特点，又在相当大程度上避免了未成熟收敛，提高了全局搜索能力及效率，同时避免了退化现象。本节将该算法应用于智能化电磁电器优化设计中并证明了其有效性及优越性。该方法还可用于快速分断的电磁机构优化设计中。

基于 ANSYS-ADAMS 的低压电器动态过程分析，将免疫遗传算法引入智能控制低压电器优化设计领域，此处仅以智能控制交流接触器吸合动态过程为例，对交流接触器结构参数及控制参数进行优化设计。实验结果表明，免疫遗传算法不仅能保留基本遗传算法随机全局并行搜索等优点，而且还能有效地克服简单遗传算法中出现的退化、未成熟收敛等现象，使全局收敛性及收敛速度两方面均得到显著提高，表明该算法在电器等工程领域有很大的应用潜力。

2. 免疫遗传算法原理

遗传算法的基本原理是：随机产生初始群体，以一定的概率通过选择、交叉和变异等遗传操作产生新个体，并设置适应度函数对群体中每个个体的优劣进行评价，优胜劣汰，直至得到满意的优化解。

免疫遗传算法是基于生物免疫机制提出的一种改进的遗传算法，它将实际求解问题的目标函数对应为入侵生命体的抗原，而问题的解对应为免疫系统产生的抗体。由生物免疫原理可知，生物免疫系统对外来侵犯的抗原通过细胞的分裂和分化作用，自动产生相应的抗体来抵御，这一过程被称为免疫应答。在免疫应答过程中，部分抗体作为记忆细胞保存下来，当同类抗原再次侵入时，记忆细胞被激活并产生大量抗体，使再次应答比初次应答更快更强烈，体现了免疫系统的记忆功能。同时，抗体与抗体之间也相互促进和抑制，以维持抗体的多样性及免疫平衡，这种平衡是依浓度机制来完成的，即抗体的浓度越高，越受抑制，浓度越低，越受促进，体现了免疫系统的自我调节功能。与上述生物免疫系统的功能相对应，基于免疫原理的遗传算法与基本遗传算法相比，具有如下显著特点：① 具有免疫记忆功能，可加快搜索速度，提高总体搜索能力，确保快速收敛于全局最优解。② 具有抗体的多样性保持功能，可提高全局搜索能力，避免未成熟收敛。③ 具有自我调节功能，可提高局部搜索能力。

假设免疫系统由 N 个抗体组成(即群体规模为 N)，每个抗体基因长度为 M，采用符号集大小为 S(对二进制编码，$S=2$，即采用 0、1 两种字符)。下面定义几个名词。

1) 多样度

在进化过程中，由抗体组成的免疫系统是一个不确定系统，其不规则度(即多样度)可由 Shannon 的平均信息熵 $H(N)$ 表述，即

$$H(N) = \frac{1}{M} \sum_{j=1}^{M} H_j(N) \tag{6-32}$$

式中，$H_j(N)$ 为第 j 个基因的信息熵，定义为

$$H_j(N) = -\sum_{i=1}^{N} p_{ij} \log_2 p_{ij} \tag{6-33}$$

式中，p_{ij} 为第 i 个符号($i=1 \sim S$)出现在基因座 j 上的概率，即

$$p_{ij} = \frac{\text{在基因座} j \text{上出现第} i \text{个符号的总个数}}{N} \tag{6-34}$$

2) 相似度

相似度 A_{ij} 是两个抗体 i 和 j 之间相似的程度，为

$$A_{ij} = \frac{1}{1 + H(2)} \tag{6-35}$$

式中，$H(2)$ 为抗体 i 和 j 的平均信息熵，可由式(6-32)计算(令 $N=2$)。本书将两个抗体之间相似度的概念扩展至整个群体，称为群体相似度 $A(N)$，并定义

$$A(N) = \frac{1}{1 + H(N)} \tag{6-36}$$

$A(N)$ 表征了整个群体总的相似程度，$A(N)$ 越大，群体多样度越低，反之亦然。由于无论群体规模 N 为多少，$A(N)$ 均落在 0 与 1 之间，本书采用 $A(N)$ 表征群体多样度。由上述公式可得表 6.3。

表 6.3　相似度 $A(N)$ 与群体规模 N 及基因长度 M 的关系

群体规模 N	基因长度 M					
	2	4	10	20	30	50
2	0.705	0.686	0.678	0.671	0.668	0.667
10	0.187	0.184	0.184	0.184	0.184	0.184
20	0.096	0.096	0.096	0.096	0.096	0.096
50	0.039	0.039	0.039	0.039	0.039	0.039
100	0.020	0.020	0.020	0.020	0.020	0.020

注：随机选取 1000 个个体，求平均相似度

由表 6.3 可知，当 N 足够大时($N \geqslant 20$)，$A(N)$ 与 M 无关，而 $A(N)$ 随 N 增大而减小。因此在判断多样性是否满足要求时，应根据群体规模 N 的大小设置不同的相似度阈值 A_0。本书经多次实验发现，A_0 可按表 6.3 中 $A(N)$ 的 2～3 倍选取。如当 $N = 20$ 时，A_0 取 0.25；当 $N = 50$ 时，A_0 可取 0.1。但到目前为止，A_0 的选取尚缺乏有力的理论依据。

3) 抗体浓度

抗体浓度是指抗体在群体中与其相似抗体所占的比重，即

$$C_i = \frac{\text{与抗体} i \text{相似度大于} \lambda \text{的抗体数和}}{N} \tag{6-37}$$

式中，λ 为相似度常数，一般取 $0.9 \leqslant \lambda \leqslant 1$。

4) 聚合适应度

聚合适应度实际是对适应度进行修正：

$$\text{fitness}' = \text{fitness} \cdot \exp(k \cdot C_i) \tag{6-38}$$

对最大优化问题，k 取负数。当进行选择操作时，抗体被选中的概率正比于聚合适应度。即当浓度一定时，适应度越大，被选择的概率越大；而当适应度一定时，抗体浓度越高，被选择的概率越小。这样既可保留具有优秀适应度的抗体，又可抑制浓度过高的抗体，形成一种新的多样性保持策略。

3. 基于免疫遗传算法的智能控制交流接触器吸合过程的优化设计

采用上述"场"和"路"结合的计算方法，即大气隙情况下采用 ANSYS 有限元软件进行磁场分析与计算，小气隙情况下采用磁路计算数学模型，对智能控制交流接触器的动态过程进行动态计算。

本书利用该智能控制交流接触器易于控制的优势，根据免疫遗传算法得出的优化设计方案，使智能控制交流接触器选相吸合，并在吸合过程中对励磁电源的通断时间进行智能化控制，以获取良好的经济与吸合动态特性。

1) 智能控制交流接触器吸合过程的优化设计

本设计对智能控制交流接触器进行多目标动态优化设计时，考虑在保证电器可靠吸合与释放的前提下，按动态指标求解一组最佳综合技术经济参数，节能节材，减少铁心撞击能量，减轻触头弹跳，大幅度提高机械寿命及电寿命。

(1) 优化变量。

考虑到一般电磁电器优化设计的需求，现以优化吸合动态过程为主，选取对电磁机构吸合动态性能影响较大的 3 个结构参数、3 个控制参数作为优化设

计变量:

$$X =[a_z,N,d,\varphi,t_s,\Delta t], \quad X \in R^6 \tag{6-39}$$

式中, a_z、N、d 是结构参数, 分别为铁心厚度(硅钢片或电工纯铁等)、线圈匝数及线圈线径; φ、t_s、Δt 是控制参数, 分别为吸合相角、激磁电源关断时刻及激磁电源关断时间。在选相吸合后经过 t_s 时间, 单片机自动关断激磁电源, 之后再经过 Δt 时间恢复激磁电源工作, 直到铁心闭合完成吸合动态过程, 一旦转换到吸持状态时, 激磁电源由强激磁全波整流电源自动转换为低压直流吸持电源。这样保证可靠吸合的同时, 大大减小了铁心的撞击能量。

在上述 6 个设计变量中, 存在连续变量如 a_z、t_s、Δt, 也存在整形变量如 φ, 还存在离散变量如 N、d。对于不同类型的设计变量, 在处理其与二进制位串的映射时, 应分别对待。

(2) 目标函数。

如考虑以优化吸合过程为主, 则选用最能体现综合技术经济要求的以下 3 个指标作为多目标函数:

$$\min f(X) =[V(X), \ P_t(X), E_k(X)]^T \tag{6-40}$$

式中, $V(X)$ 为 $V_{Fe}(X)+V_{Cu}(X)$, 即总体积 V 由铁心体积 V_{Fe} 与有效线圈体积 V_{Cu} 组成; $P_t(X)$ 为激磁线圈在吸合过程中的电能消耗(工作电源为全波整流电压); $E_k(X)$ 为铁心极面单位面积所承受的撞击能量。

(3) 适应度函数。

$$\begin{aligned}
F(X) = F_{\max} - \{&w_1[\alpha V_{Fe}(X) / V_{Fe0} + \beta V_{Cu}(X) / V_{Cu0}] + w_2 P_t(X) / P_{t0} \\
&+ w_3 E_k(X) / E_{k0} + \sum_{j=1}^{P} r_j[g_j(X)]^2\}
\end{aligned} \tag{6-41}$$

$$g'_j(X) = \begin{cases} g_j(X), & g_j(X) > 0 \\ 0, & g_j(X) \leqslant 0 \end{cases}$$

式中, V_{Fe0}、V_{Cu0} 分别为接触器优化前的铁心体积和线圈有效体积; P_{t0}、E_{k0} 分别为 $0°\sim180°$ 范围吸合的平均线圈电能消耗和铁心单位面积撞击能量; r_j 为第 j 个约束 $g_j(X)$ 的罚因子; α、β 分别为体积目标中, 用铁量与用铜量的权重系数, $\alpha+\beta=1$。

(4) 约束条件。

① 电磁机构初始状态下的吸力应大于或等于其初始反力, 即

$$F_x(X)\big|_{U=0.75U_e, \ \delta=\delta_0} - F_{f0} \geqslant 0$$

② 吸合过程无明显停滞现象，即 $\left.\dfrac{\mathrm{d}x}{\mathrm{d}t}\right|_{U=0.75U_\mathrm{e}} > 0$，其中 $x(t)$ 指动铁心的位移 x 随时间 t 变化。

③ 电磁机构达到额定行程时，动作时间 t_{cd} 要在允许的时间范围内。

④ 激磁电源通断控制时间 t_s 和 Δt，$t_s + \Delta t < t_{\mathrm{cd}}$ 是为了确保在铁心闭合前恢复激磁电源，使电磁机构具有一定数值的电磁吸力，以免触头闭合时电动斥力与动静铁心碰撞引起铁心弹跳，影响触头的可靠闭合。

⑤ 铁心最大磁通密度 B_m 按磁性材料特性选取。

上述约束条件除动作时间 t_{cd} 采用罚因子计入目标函数适应度外，其余约束条件均在遗传算法繁殖过程中加以解决。

2) 程序流程图及算法的关键性步骤

(1) 程序流程图。

本节将智能控制交流接触器的动态过程计算与免疫遗传算法的优化设计相结合，编制了用免疫遗传算法动态优化设计智能控制交流接触器的应用程序，其程序流程图如图 6.23 所示。

(2) 算法描述。

用免疫遗传算法对智能控制交流接触器进行优化设计主要包括如下几个关键步骤。

① 产生初始群体。对初次应答，初始抗体随机产生；而对再次应答，则借助免疫机制的记忆功能，部分初始抗体由记忆单元获取。记忆单元中抗体具有较高的适应度和较好的解群分布，因此可提高收敛速度。

② 计算抗体适应度。通过对智能控制交流接触器的电磁动态过程进行计算，得到其动作过程中的速度、电流等特性。由式(6-41)便可计算出抗体适应度。

③ 产生新抗体。每一代新抗体主要通过两条途径产生：

a. 基于遗传操作生成新抗体。采用赌轮盘选择机制，当群体相似度小于阈值 A_0 时，说明多样性满足要求，则抗体被选中的概率正比于适应度；反之，按途径②的方式产生新抗体，且选择时抗体被选中的概率正比于聚合适应度。交叉和变异操作均采用单点方式。为防止退化现象，本节采用了最优保持策略，即每一代进化的最优个体不参与交叉、变异操作而直接保留至下一代。由此生成的新的群体规模仍为 N。

b. 随机产生 P 个新抗体。为保证抗体多样性，模仿免疫系统细胞的新陈代谢功能，随机产生 P 个新抗体，使抗体总数为 $N+P$，再根据下述的基于抗体浓度的群体更新，产生规模为 N 的下一代群体。

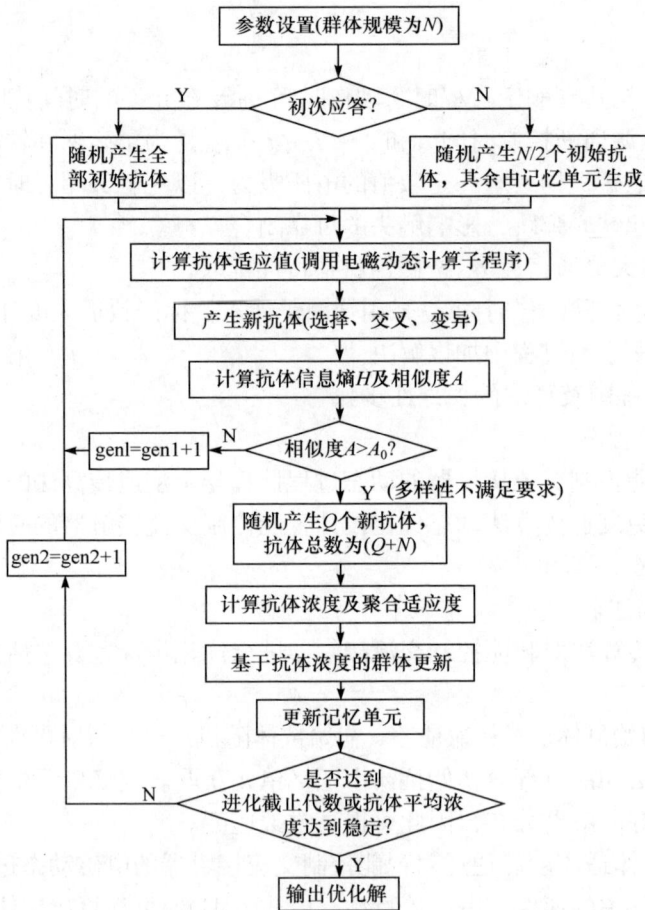

图 6.23　免疫遗传算法程序流程图

④ 基于抗体浓度的群体更新。按式(6-38)对抗体适应度进行调整，得到聚合适应度。当群体更新时，从 $N+P$ 个抗体中选取聚合适应度较高的 N 个抗体组成新的群体。

⑤ 更新记忆单元。在进化过程中，若适应度较高的抗体不曾出现在记忆单元中，则用此抗体替换记忆单元中适应度较低的抗体，使记忆单元记录的总是较优秀的抗体，且具有较好的解群分布。

⑥ 收敛判断。本节采用双终止条件判据，即根据进化是否已达到截止代数或抗体平均浓度是否达到稳定来决定是否停止计算。

4. 优化实例与分析

本节以 CJ20-100A 交流接触器的原始结构参数为优化设计的初始可行解。在免疫遗传算法迭代过程中，群体规模取 50，交叉及变异概率分别取 0.95 及 0.08。铁与铜的体积权重 α、β 分别取 0.4 及 0.6，各目标函数的加权因子 w_1、w_2、w_3 分别为 0.5、0.2、0.3。相似度阈值 A_0 取 0.1，k 取 -0.8，P 取 20，进化截止代数为 100。计算结果如图 6.24 及表 6.4 所示。

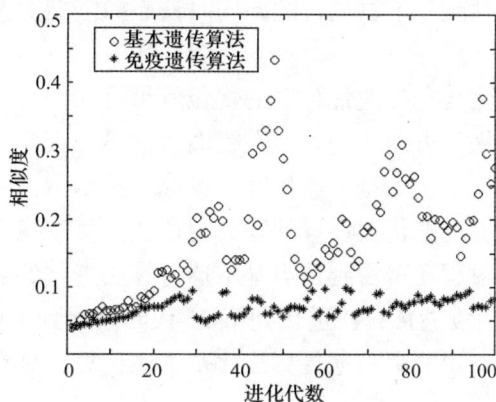

图 6.24 群体相似度

表 6.4 优化结果对比

变量	名称	优化前	基本遗传算法优化	免疫遗传算法优化
优化变量	铁心厚度 a_z/mm	32.0	24.0	24.0
	线圈匝数 N/匝	2820	2820	2720
	线圈线径 d/mm	0.31	0.23	0.23
	吸合相角 φ/(°)	0~180	147	69
优化变量	励磁关断时刻 t_s/ms	—	8.0	7.0
	励磁关断时间 Δt/ms	—	11.0	7.0
性能指标	铁心用铁量 V_{Fe}/cm³	90.16	71.87	71.87
	线圈用铜量 V_{Cu}/cm³	31.30	13.51	12.95
	吸合功耗 P_t/(W·s)	3.70	3.94	3.84
	铁心撞击能量 E_k/(kJ/m²)	2.657	0.028	0.022

图 6.24 给出了基本遗传算法与免疫遗传算法在群体多样性保持方面的对比：免疫遗传算法在整个进化过程中保持较低的相似度(0.1 以下)，说明免疫遗传算法可有效地保持群体多样性；而基本遗传算法随着进化代数增加，平均相似度保持较高水平，群体多样性无法保证，易陷入未成熟收敛。

表 6.4 为一组优化结果。对基本遗传算法及免疫遗传算法，优化后的综合性能指标均高于优化前的值。虽然动态过程的吸合功耗略有增加，但铁心用铁量及线圈用铜量均减少，达到了节材的目的，同时铁心撞击能量大大降低，提高了机械寿命。

对比基本遗传算法与免疫遗传算法的优化效果可知，虽然免疫遗传算法与基本遗传算法在铁心用铁量方面相同，但在线圈用铜量、吸合功耗及铁心撞击能量三方面，免疫遗传算法均优于基本遗传算法，综合技术指标较高。因此，对于智能化交流接触器多目标动态优化设计问题，免疫遗传算法找到了比基本遗传算法更优的结果。从进化过程还可看到，当基本遗传算法进化到第 46 代时获得表 6.4 所示的优化解，而当免疫遗传算法进化到第 35 代时就得到了比表 6.4 所示的基本遗传算法更优的结果，说明免疫遗传算法比基本遗传算法具有更高的搜索效率及能力。

6.3.4 群智能的概念

自然界中存在形形色色的生物，它们的群体在长期的进化过程中形成的觅食和生存方式为人类解决问题的思路带来了启发。这些群体生活的昆虫、动物大都表现出惊人的完成复杂行为的能力。人们参考群体生活的昆虫、动物的社会行为，从中得到启发，提出了模拟生物系统中群体生活习性的群体智能优化算法。在群体智能优化算法中每一个个体都是智能体(agent)，个体之间存在互相作用机制，通过相互作用形成强大的群体智慧来解决复杂的问题。

群的无智能或简单智能，结构简单的个体组织，如鸟、蚁、鱼、蜂等，它们的集体行为与生存方式都可能变得相当复杂。群智能中的群，可以被认为是相互之间可以进行直接或间接通信共享、信息交换与处理的个体组成的集合体，如鸟群、蚁群、鱼群、蜂群等。因此，群智能是否可以这样描述：群的个体之间通过任何形式的通信手段，聚集协作而表现出群体智能行为的特性。群智能属于人工智能的一个重要分支——仿生学，其成为一种新的关于人工智能的研究路线。

群智能算法的基本思想是模拟自然界生物的群体行为来构造随机优化算法。它将搜索和优化过程模拟成个体的进化或觅食过程，用搜索空间中的点模拟自然界中的个体，将求解问题的目标函数度量成个体对环境的适应能力；将个体的优胜劣汰过程或觅食过程类比为搜索和优化过程中用较好的可行解取代较差可行解的迭代过程。

群智能算法作为一种演化计算方法已越来越受到关注。与各种自适应随机搜索算法相比，演化计算技术通过"种群"间个体的相互协作与竞争实现对问题最优解的搜索。这类方法与传统优化方法相比，能更快地发现复杂优化问题的最优解。群智能在没有集中控制且不提供全局模型的前提下，为寻找复杂分布式问题解决方案提供了基础。根据群的不同特点，诞生了蚁群算法、人工鱼群算法、人工蜂群算法、粒子群算法、混合蛙跳算法、萤火虫算法等。

6.3.5　基于蚁群算法的低压电器全过程动态优化设计

1. 蚁群算法简介

20 世纪 90 年代以来，一种分布式智能模拟算法——蚁群算法引起人们的注意并得到越来越多的应用。它是一种随机的通用试探法，可用于求解各种不同的组合优化问题，具有通用性和鲁棒性，是基于总体优化的新型优化设计方法。

蚁群算法是受到对真实的蚁群行为的研究和启发而提出的。科学家经过对蚂蚁觅食习性的大量细致的观察发现，蚂蚁个体之间是通过一种易挥发性的化学物质——信息素进行信息传递的。化学通信是蚂蚁采取的基本信息交流方式之一，在蚂蚁的生活习性中起着重要的作用。蚂蚁在运动过程中能够感知这种物质，并以此指导自己的运动方向，因此，由大量蚂蚁组成的蚁群集体行为便表现出一种信息正反馈现象：遇到食物返回的路上分泌信息素，关键路径上的信息素相对浓度较高，则后来选择该路径的概率就越大，蚂蚁个体之间就是通过这种信息的交流达到搜索食物的目标。简单地说，蚁群算法的基本思想是模仿蚂蚁依赖信息素进行通信而显示出的社会性行为。基于蚁群觅食时的最优路径选择问题，可以构造具有一定记忆能力，有意识寻找最短路径的人工蚁群。人们通过模拟蚂蚁搜索过程来求解一些组合优化问题。

蚁群算法是一种随机的通用试探法，可用于求解各种不同的组合优化问题，具有通用性和鲁棒性，是基于总体优化的设计方法。

智能控制交流接触器采用智能控制系统进行吸合过程铁心微撞击能量、开断过程触头微电弧能量的全过程智能动态控制，其各项性能指标大幅度提高。对智能控制交流接触器进行全过程动态优化设计，是该接触器新产品研发的重要手段。本节将蚁群算法引入智能控制交流接触器的全过程动态优化设计中，以结构参数、线圈参数、反力特性、电源电压、控制参数等作为优化设计参量，实现对智能控制交流接触器全控制过程的综合优化设计，全面提高了产品的动态品质。

2. 蚁群算法的基本原理

1) 蚁群个体的运动规则

作为蚁群算法的蚂蚁个体,其运动和通信的简单规则包含以下几个主要方面。

(1) 搜索范围:可具体设定蚁群个体的搜索参数半径,这样就限制了其运动过程中的观察能力和移动距离。

(2) 局部环境:蚂蚁个体仅需要感知它周围的局部环境信息,并且该局部环境中的信息素是按照一定速度消失的。

(3) 觅食规则:每只蚂蚁只在其能感知的范围内进行信息探索和留存。在局部环境中,哪一点的信息素越多,就以较大的概率决定它的运动方向。这样,虽然有时在其运动过程中会出现小概率的搜索错误,但总体上说,其搜索的效率和正确性会通过其他蚂蚁的行为反馈加以调整。

(4) 移动规则:每只蚂蚁都朝信息素最多的方向移动,当周围没有信息素指引的时候,蚂蚁会按照自己原来运动的方向惯性地运动下去,并且,在运动的方向上有一个随机的小扰动,以保留原来的运动记忆。如果其发现有已经经过的地点,则进行避让。

(5) 避障规则:若在蚂蚁即将移动的方向上存在障碍物,则它会随机选择另一个方向,或者按照信息素的引导继续其觅食行为。

(6) 通信规则:实际上,每只蚂蚁是通过其信息素的播撒和感知来进行通信的。其具体规则是多元化的,它可以在找到相对最优解时散发最多的信息素,并且随着它走的距离越来越远,播撒的信息也越来越少。

2) 连续空间优化问题求解

采用自适应性蚁群算法来求解连续空间的最优化问题。该算法使用原函数为基础的启发式信息更新原来的信息素,并且以此来过滤后备解。通过智能体参照目标量来进行搜索路径的自调整,可以很快地达到全局最优解。

通过惩罚函数法可以将连续有约束非线性最优问题转化为连续无约束非线性优化问题,因此,本书只对连续无约束非线性优化问题进行分析和探讨。具体步骤如下。

首先,根据估算最优解的范围,定出各变量的取值范围:

$$x_{jl} \leqslant x_j \leqslant x_{ju}, \quad j=1,2,\cdots,n \tag{6-42}$$

其次,在变量区间内打网格,空间的网格点上对应一个状态,人工蚂蚁在各个空间网格点之间移动,根据各网格点的目标函数值,留下不同的信息量,以此影响下一批人工蚂蚁的移动方向。循环一段时间后,目标函数值小的网格点信息量比较大。根据信息量找出信息量大的空间网格点,缩小变量的范围,在此点附近进行人工蚁群移动，重复前述过程，直到网格间距小于预先给定的精度，算法终止。

设备优化变量分成 N_1 等份，n 个变量变成 n 级决策问题，每一级有 N_1+1 个节点，如图 6.25 所示。共有 $(N_1+1)\times n$ 个节点。从第 1 级到第 n 级之间的连接组成一个空间解。

蚂蚁从第 1 级到第 n 级之间的转移概率为

$$P_{ij} = \tau_{ij} \Big/ \sum_{i=1}^{n} \tau_{ij} \qquad (6\text{-}43)$$

式中，τ_{ij} 为第 j 级第 i 个节点的吸引强度。吸引强度的更新方程为

图 6.25　状态空间解

$$\tau_{ij}(t+1) = \rho\tau_{ij}(t) + Q/f \qquad (6\text{-}44)$$

式中，$\rho \in (0,1)$ 表示强度的持久性系数；Q 为一个正常数，其决定了路径上信息量的更新程度，对于不同的网格，其取值相差较大；f 为目标函数。由于蚁群算法是近年发展的一种新型算法，算法中的参数目前尚无完整的理论依据，一般采用试凑法得到，显然这将对算法的计算效率和收敛性产生不利影响。为此，可以通过大量的数字仿真确定其取值范围。经过大量计算验证与参考文献，取 $0.5 \leqslant \rho \leqslant 0.99$，在此范围计算收敛性好，可以避免路径上信息素物质的数量无限制地累加。Q 取值范围为 $1 \leqslant Q \leqslant 10000$，根据目标函数值的大小确定。为此编制优化计算程序，具体计算步骤如下。

(1) 估计出各优化变量的取值范围：$x_{jl} \leqslant x_j \leqslant x_{ju}(j=1,2,\cdots,n)$。智能控制交流接触器是基于大量的实验(试验)研究，以原 CJ20-63A 交流接触器为基础进行结构优化设计和控制方案优化计算的，故优化变量的取值范围相对容易确定。

(2) 将各优化变量 N_1 等份，$h_j = \dfrac{x_{ju} - x_{jl}}{N_1}$ （$j=1,2,\cdots,n$）。

(3) 如果 $\max(h_1, h_2, \cdots, h_n) < \varepsilon$ （$j=1,2,\cdots,n$），计算停止，最优解为 $x_j^* = \dfrac{x_{jl} + x_{ju}}{2}$ （$j=1,2,\cdots,n$）；否则转到步骤(4)。

(4) $k \leftarrow 0$ (循环次数)，给出 Q、ρ 值并给出 τ_{ij} 矩阵的初值。

(5) 假设蚂蚁数为 ant，根据转移概率选择下一个转移节点。

(6) 按照更新方程修改吸引强度，即更新 τ_{ij} 矩阵，同时 $k \leftarrow k+1$。

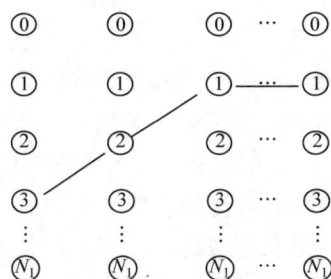

(7) 如果 $k < kk$ (设定的循环次数)，转移到步骤(5)；否则，根据 τ_{ij} 矩阵中每列最大的元素所对应的行 $(m_1, m_2, \cdots, m_n)$，缩小变量的取值范围：$x_{jl} = x_{jl} + (m_j - \Delta)h_j$，$x_{ju} = x_{jl} + (m_j + \Delta)h_j$，$j = 1, 2, \cdots, n$，转到步骤(2)。

连续优化问题的蚁群算法与网格法有些类似，网格法就是在变量区间内打网格，在网格点上求约束函数与目标函数的值，对于满足约束条件的点，再比较目标函数的大小，从中选择小者，并把该网络点作为一次迭代的结果，然后在求出的点附近将分点加密，再打网格，并重复前述计算与比较，直到网格的间距小于预先给定的精度，终止迭代。网格法只利用了最小值这一点的信息，而连续优化问题的蚁群算法利用了每一点的信息，其吸引强度大，因而连续优化问题的蚁群算法效率大大提高。

3. 蚁群优化算法在智能控制交流接触器全过程动态优化设计

采用"场"和"路"结合的计算方法，即大气隙情况下采用 ANSYS 有限元软件进行磁场分析与计算，小气隙情况下采用磁路计算数学模型，对智能控制交流接触器的动态过程进行动态计算。在动态计算的基础上，采用蚁群算法对智能控制交流接触器进行全过程动态优化设计。

1) 优化变量与目标函数

由于智能控制交流接触器工作的特殊性，在进行优化设计时，可以选择控制参数(不同的吸合相角、不同的强激磁时间)、结构参数(电磁机构、激磁线圈参数等)、系统反力作为优化设计变量。

$$x = [x_1, x_2, \cdots, x_6, N, d, \varphi, t_1, t_2, t_3, F_{f1}, F_{f2}, \cdots, F_{f6}]^T, \quad x \in R^{18} \qquad (6\text{-}45)$$

式中，$x_1, x_2, \cdots, x_6$ 分别为铁心的宽度、厚度、动静铁心高度、铁心窗口宽度与线圈高度；N、d 分别为激磁线圈的匝数和线经；φ 为吸合相角；t_1 为强激磁通电时间；t_2 为强激磁停止时间；t_3 为强激磁再次通电时间；$F_{f1}, \cdots, F_{f6}$ 分别为动铁心处于分断位置、首开相触头闭合位置、非首开相触头闭合位置、动铁心处于闭合位置所对应各点的反力值。

由于智能控制交流接触器的样机是在原 CJ20-63A 交流接触器本体上加装智能控制系统形成的 100A 接触器，优化设计的基础为原 CJ20-63A 交流接触器。其设计的目标是在体积小、重量轻、速度快的基础上全面提高接触器的各项性能指标。

在吸合阶段，选用最能体现智能控制交流接触器综合经济技术要求的三个指标和满足其动作特性的吸合时间作为优化设计的多目标函数：

$$\min f_1(X) = [V(X),\ E_k(X),\ \mathrm{T}(X)]^T \qquad (6\text{-}46)$$

式中，$V(X)$ 为铁心体积与线圈有效体积；$E_k(X)$ 为铁心端面单位面积所承受的撞击能量；$T(X)$ 为电磁机构吸合时间。

在分断过程中,选择接触器铁心打开时间(吸持回路控制信号关断至接触器动铁心完全打开的时间)和接触器释放时间(吸持回路控制信号关断至首开相触头打开的时间)作为目标函数:

$$\min f_2(X) = [T_1(X), T_2(X)]^{\mathrm{T}} \tag{6-47}$$

式中, $T_1(X)$ 为接触器铁心打开时间； $T_2(X)$ 为接触器释放时间。

根据智能控制交流接触器的工作特点,考虑如下主要约束条件。

(1) 电磁机构在初始状态下的吸力大于或等于初始反力:

$$F_x(x)\big|_{U=0.7U_e, \delta=\delta_0} - F_{f0} \geqslant 0$$

(2) 动铁心在吸合过程无明显的停滞现象:

$$\frac{\mathrm{d}x}{\mathrm{d}t}\bigg|_{U=0.7U_e} > 0$$

(3) 铁心结构尺寸小于原 CJ20-63A 电磁机构相应的结构尺寸。

(4) 机构反力大于原 CJ20-100A 交流接触器对应的反力值。

(5) 铁心最大磁通密度 B_m 按磁性材料特性选取。

吸合过程极值函数如下:

$$F(X) = w_1[\alpha V_{Fe}(X)/V_{Fe0} + \beta V_{Cu}(X)/V_{Cu0}] + w_2 T(X)/T_0 + w_3 E_k(X)/E_{k0} \tag{6-48}$$

式中, V_{Fe0} 、 V_{Cu0} 、 T_0 、 E_{k0} 为优化前各目标函数值； α 、 β 分别为用铁量与用铜量的权重系数, $\alpha+\beta=1$ ； w_1 、 w_2 、 w_3 为各目标函数的加权因子, $w_1+w_2+w_3=1$ 。

2) 基于神经网络的智能控制交流接触器分断过程动态模型

零电流分断的实现是智能控制交流接触器最重要的功能。显然,零电流分断的保证涉及智能控制交流接触器分断动态过程的准确控制与设计。分断动态过程涉及许多因素,尤其是磁路中磁状态的变化很难用数学公式表示,使接触器分断动态过程难于准确计算与控制,因而无法采用一般的优化设计方法。

然而,在接触器分断动态过程中,其电磁机构的铁心磁通变化将在激磁线圈中感应出相应的感应电势,通过线圈上感应电势的变化规律可以反映电磁机构中磁通、磁链的变化规律,从而可以对电磁机构释放过程进行动态研究与计算,进而进行优化设计。

基于上述原理,在激磁线圈上绕制测试线圈,采用人工神经网络对电磁机构释放过程测试线圈两端感应电势的变化规律进行曲线拟合,然后在实验与准确曲线拟合的基础上,进行人工神经网络训练,建立电磁机构测试线圈感应电势变化规律的预测模型,并对已知结构参数的电磁机构测试线圈感应电势变化规律进行预测。通过电磁机构中磁通与磁链的变化规律对其释放动态过程进行计算和分析，从而建立电磁机构释放过程动态预测模型，为产品研制与虚拟优化设计奠定基础。

本书采用了三层 BP 网络来实现智能控制交流接触器分断动态过程测试线圈感应电势波形预测。

(1) 建立分断过程电磁机构中感应电势变化规律曲线库。

根据智能控制交流接触器分断过程准确控制的需要——快速分断，其关断导致了在分断过程磁路中磁通迅速下降，在线圈两端将产生一个变化迅速、幅值很高的感应电势。

本书选择三层 BP 神经网络，并采用 MATLAB 计算程序对测试线圈两端的感应电势进行曲线拟合计算。先取一样本曲线进行训练，以时间轴为输入矢量 p，以实验得到的智能控制交流接触器分断过程感应电势为输出矢量 t。训练次数取 8000 次，训练误差取 0.001，得出感应电势随时间的变化的规律曲线。图 6.26 为实测曲线与经过神经网络拟合计算以后曲线的比较示意图。由图 6.26 可知，采用神经网络拟合以后的曲线基本上与实测曲线相符。

建立智能控制交流接触器分断过程电磁机构感应电势神经网络曲线库，必须进行大量实验，并对该接触器分断过程的动态特性进行全面分析。

在进行大量测试线圈两端的感应电势实际测试及准确曲线拟合的基础上，建立相应的人工神经网络。将电磁机构的结构参数、控制参数、吸持电压、反力参数、测试时间作为输入量，测试线圈两端的感应电势作为输出量，对测试曲线进行人工神经网络训练，得到感应电势预测网络，见图 6.27。

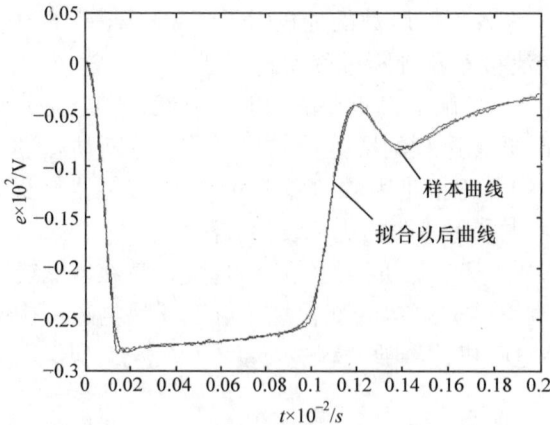

图 6.26　神经网络拟合曲线示意图　　　　图 6.27　训练网络示意图

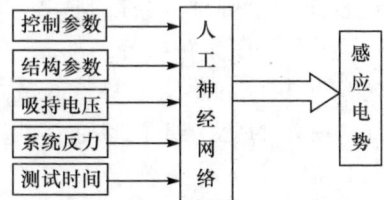

在不同铁心结构尺寸、不同激磁线圈参数、不同吸持电压、不同系统反力特性等情况下，进行了共计 141 条实验曲线的测试。取其中 131 条曲线作为神经网络

的训练样本，建立神经网络预测模型，取另外 10 条曲线作为测试样本，进而对不同样机的分断过程感应电势变化规律进行预测。

为了保证智能控制交流接触器具有稳定的分断动态过程，其吸持阶段的吸持电压为一稳定的直流低电压，该电压直接影响磁路中的磁状态。现选取吸持电压为 6V、8V、10V、12V 四种直流电压，同时改变铁心结构尺寸、激磁线圈参数、系统反力特性等参数，进行感应电势的曲线测试和网络训练，以建立神经网络曲线库。通过大量训练样本训练建立的神经网络预测模型，经测试样本检验后，证实预测样本与实测样本的变化规律非常接近，说明该预测网络的正确性。图 6.28 为某一测试样本预测的感应电势曲线与实测曲线比较图。

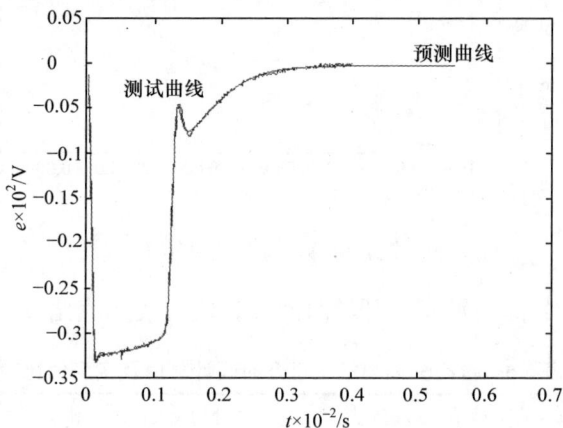

图 6.28　预测与实测的感应电势比较曲线

(2) 智能控制交流接触器分断过程数学模型的建立。

在预测的智能控制交流接触器分断过程测试线圈感应电势变化规律的基础上，本书通过公式(6-49)计算分断过程中磁通、速度、铁心位移、吸力等参量随时间的变化规律，并对电磁机构进行动态分析。

$$\begin{cases} N\dfrac{\mathrm{d}\varphi}{\mathrm{d}t} = -e \\[2mm] \dfrac{\mathrm{d}V}{\mathrm{d}t} = \dfrac{F_f - F_x}{m} \\[2mm] \dfrac{\mathrm{d}x}{\mathrm{d}t} = v \end{cases} \tag{6-49}$$

式中，φ 为磁路中磁通；v 为铁心返回运动速度；F_x 为电磁吸力；F_f 为电磁系统反力；m 为电磁系统运动部分质量；N 为测试线圈匝数；t 为时间。

计算实例如下。

现以上述 100A 的智能控制交流接触器为样机，进行分断过程动态计算。

图 6.29 给出分断过程最重要的动态参数——分断过程铁心位移的变化规律计算值与实测值进行比较的示意图。可以看出，实测值与计算值十分接近。

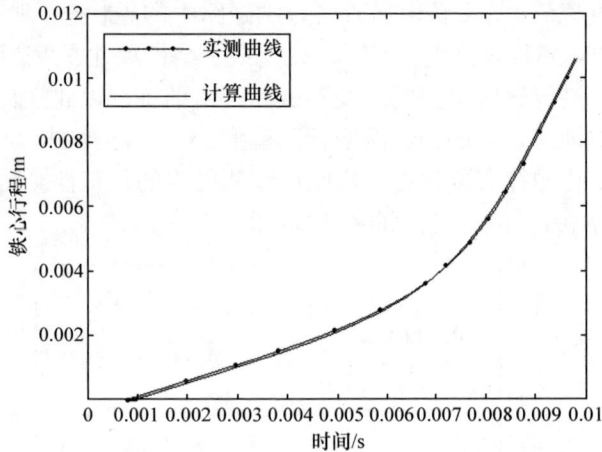

图 6.29　铁心位移计算与测试结果比较图

表 6.5 为铁心分离与触头打开的时间计算值及实测值比较。

表 6.5　铁心分离与触头打开时间计算值及实测值比较

	铁心分离时刻	首开相触头打开时刻	非首开相触头打开时刻
计算值/ms	0.935	4.01	8.57
实测值/ms	0.92	3.98	8.46
误差/%	1.6	0.75	0.13

3) 智能控制交流接触器全过程动态优化设计方法

智能控制交流接触器具有吸合动态控制与零电流分断控制的功能，因此，必须对其进行吸合与分断过程的综合动态设计。

本节将吸合过程动态优化和分断过程动态优化程序作为子程序，编制智能控制交流接触器整个运动过程动态寻优计算程序，见图 6.30。

首先，根据需要设定优化变量的取值范围，在变量区间内打网格，在网格内移动人工蚂蚁，调用吸合过程动态计算程序，计算吸合过程的目标函数，寻找最优解，经过预先设定的迭代次数，寻找出吸合过程的满意解和各优化变量值。

以吸合过程满意解和优化变量为基础，取得分断过程所需的优化参数，调用预先训练好的人工神经网络曲线，预测相应的线圈两端感应电势变化规律，计算分断过程动态参数，得出分断过程的目标函数值，经过设定的计算次数之后，取得分断过程动态计算满意解和优化变量。

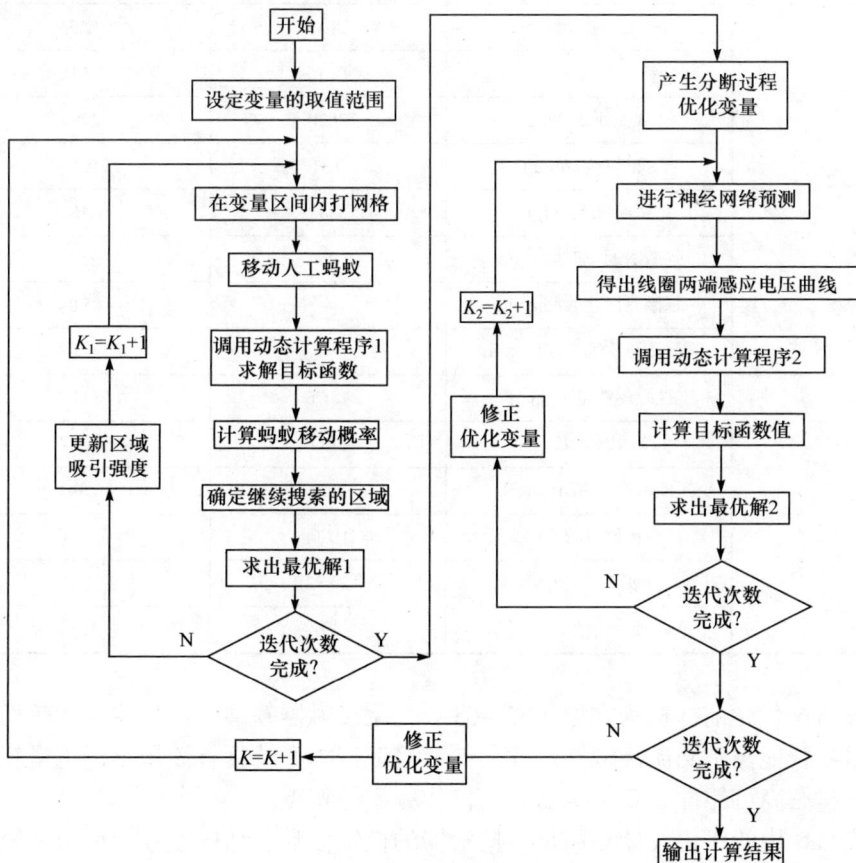

图 6.30　优化程序流程图

在分断优化变量基础上，修正吸合过程变量的取值范围，重新进行吸合过程动态优化与分断过程动态优化计算，在预设迭代次数之后，得出整体满意解。

4) 优化结果分析

以 CJ20-63A 交流接触器的电磁机构作为额定电流为 100A 智能控制交流接触器初始设计基础，进行全过程动态优化设计。蚁群算法的计算参数选取如下。

蚂蚁数 ant=20，每只蚂蚁含有 18 个优化变量，计算误差 ε=0.001，强度的持久性系数 ρ=0.75，计算参数 Q=10，循环次数 kk=50，将各优化变量分成 10 等份即 N_1=10，进行优化设计，部分优化参数与优化结果见表 6.6。

表 6.6 优化结果比较

项目	名称	优化前	优化后
优化参数	铁心厚度 a_z/mm	28.17	22.04
	铁心宽度 b_z/mm	18.15	17.18
	线圈匝数 N/匝	2820	2980
	线圈线径 d/mm	0.31	0.21
	吸合相角 φ/(°)	54	46
	强激磁通电时间 t_1/ms	25	15.0
	强激磁停止时间 t_2/ms	—	5.0
	强激磁再次通电时间 t_3/ms	—	5.0
目标函数	铁心用铁量 V_{Fe}/cm³	78.76	63.04
	线圈用铜量 V_{Cu}/cm³	17.68	14.14
	撞击能量 E_k/(kJ/m²)	2.73	0.342
	释放时间/ms	10.34	9.26
	吸合时间/ms	20.82	22.77
	吸持功耗 P/W	1.6	1.53

表 6.6 优化前样机为在原 CJ20-63A 交流接触器基础上加装控制系统而形成的 100A 智能控制交流接触器。优化前该接触器本身就具有体积小、重量轻、节能、节材、高可靠性、高电寿命、高操作频率等特点。

表 6.6 中的优化设计参数是对接触器的控制参数、结构参数、反力系统等进行全过程整体优化设计后的接触器设计参数。显然，该设计参数较已经升级的优化前样机参数进一步提高，并且可以基本实现智能控制交流接触器的各重要特点。

6.3.6 基于人工鱼群算法的低压电器动态优化设计

1. 人工鱼群算法简介

人工鱼群算法是群智能算法的一种，它实际上是一种概率搜索，它不需要问题的梯度信息，具有以下不同于传统优化算法的特点：①群体中相互作用的个体是分布式的，不存在直接的中心控制，不会因为个体出现故障而影响群体对问题的求解，具有较强的鲁棒性；②每个个体只能感知局部信息，个体的能力或遵循规则非常简单，所以群体智能的实现简单、方便；③系统用于通信的开销较少，易于扩充；④自组织性，即群体表现出来的复杂行为是通过简单个体的交互表现出高度的智能。

本书将人工鱼群算法引入涡流斥力机构的动态优化设计，以提高智能低压集成电器(包括智能低压短路保护电器)的研发水平。

2. 人工鱼群算法的基本原理

人工鱼群算法是一种模拟鱼群行为的优化算法，是李晓磊等于 2002 年在前人对群体智能行为研究的基础上提出的一种新型仿生优化算法，是一种新型的寻优算法。在一片水域中，鱼往往能自行或尾随其他鱼，找到营养物质多的地方，因而鱼生存数目最多的地方一般就是本水域中营养物质最多的地方。人工鱼群算法根据这一特点，通过构造人工鱼群来模仿鱼群的觅食、聚群、追尾及随机行为，从而实现寻优。人工鱼群算法是一种新型的思路，从具体的实施算法到总体的设计理念，都不同于传统的设计和解决方法，但同时它又能与传统方法相融合。因此，人工鱼群算法自提出以来，得到了国内外学者的广泛关注，对算法的研究应用已经渗透到多个应用领域，并由解决一维静态优化问题发展到解决多维动态组合优化问题。人工鱼群算法已经成为交叉学科中一个非常活跃的前沿性研究问题。

1) 基本人工鱼群算法

在一片水域中，鱼往往能自行或尾随其他鱼找到营养物质多的地方，因而鱼生存数目最多的地方一般就是本水域中营养物质最多的地方。人工鱼群算法就是根据这一特点，通过构造人工鱼群来模仿鱼群的觅食、聚群及追尾行为，从而实现寻优。以下是鱼类的几种典型行为。

(1) 觅食行为。一般情况下，鱼在水中随机、自由地游动，当发现食物时，会向着食物逐渐增多的方向快速游去。

(2) 聚群行为。鱼在游动过程中为了保证自身的生存和躲避危害会自然地聚集成群。鱼聚群时所遵守的规则有三条：①分隔规则，尽量避免与邻近伙伴过于拥挤；②对准规则，尽量与邻近伙伴的平均方向一致；③内聚规则，尽量朝邻近伙伴的中心移动。

(3) 追尾行为。当鱼群中的一条或几条鱼发现食物时，其临近的伙伴会尾随其快速到达食物点。

基于行为的多并行通路结构构造人工鱼个体模型，该模型封装了人工鱼的自身状态和行为模式。算法的进行也就是人工鱼个体的自适应行为活动，个体每活动一次就是算法的一次迭代。

基本人工鱼群算法获取的仅仅是系统的满意解域，无法获取精确或较精确的最优解。通过网格划分策略的引入，可以有效地解决最优解的获取问题。

2) 基于网格划分策略的改进型人工鱼群算法

在基本人工鱼群算法中，主要是利用了鱼群的觅食、聚群和追尾行为，从构造单条鱼的底层行为做起，通过鱼群中各个体的局部寻优，达到全局最优值在群体中突现出来的目的。通过研究发现，人工鱼群算法具有以下特点。

(1) 算法只需要比较目标函数值，对目标函数的性质要求不高。

(2) 算法对初值的要求不高，初值随机产生或设定为固定值均可以。

(3) 算法对参数设定的要求不高，有较大的容许范围。

(4) 算法具备并行处理的能力，寻优速度较快。

(5) 算法具备全局寻优的能力，能够快速跳出局部极值点。

从目前对人工鱼群算法的研究来看，绝大部分集中在如何应用人工鱼群算法解决实际问题。通过深入研究和实践发现，人工鱼群算法虽然具有很多优良的特性，但它本身还存在一些问题，例如，随着人工鱼数目的增多，将会需求更多的存储空间，也会造成计算量的增长；对精确解的获取能力不够，只能得到系统的满意解域；当寻优的区域较大，或处于变化平坦的区域时，收敛到全局最优解的速度变慢，搜索效率劣化；算法一般在优化初期具有较快的收敛性，而后期却往往收敛较慢。这些算法本身存在的问题，在一定程度上也影响了算法的实际应用。基本人工鱼群算法存在不足：算法仅仅获取的是系统的满意解域，对于精确解的获取还需要进行改进；算法在寻优过程中由于随机进行觅食行为，存在迂回搜索的问题，减缓了系统满意解域的获取速度。基于网格划分策略和禁忌搜索算法可以对基本人工鱼群算法进行改进，仿真结果表明改进的人工鱼群算法保持了基本人工鱼群算法现有特点，并且在最优精确解的获取和提高搜索速度上比较有效。

(1) 网格划分策略。网格划分策略是将连续域离散化的一种方法，其思路为：首先定出给定问题变量向量 $\boldsymbol{X}=(x_1, x_2, \cdots, x_n)$ 的取值范围，其取值范围为 $[X_L, X_U]$，$X_L=(x_{1L}, x_{2L}, \cdots, x_{nL})$，$X_U=(x_{1U}, x_{2U}, \cdots, x_{nU})$。其次分别在各变量的取值区间内打网格。假设该网络有 n 个活动(活动 0 为虚拟活动，表示项目的开始)，如图 6.31 所示。将每个活动的时间变量分成 N' 等份，这样共有 $(N' + 1) \times n$ 个节点。每个节点对应于一个状态，人工鱼在各个节点之间游动，根据各节点的目标函数值，留下不同的信息量，且各变量的网格长度为

$$\text{gridLength}_i = (X_{iU} - X_{iL}) / N', \quad i = 1, 2, \cdots, n$$

(2) 禁忌搜索算法。禁忌搜索(tabu search 或 taboo search, TS)的思想最早由 Glover 在 1986 年提出，它是对局部领域搜索的一种扩展，是一种全局逐步寻优算法，是对人类智力过程的一种模拟。TS 算法通过引入一个灵活的存储结构(先进先出的队列结构)和相应的禁忌准则来避免迂回搜索，并通过藐视准则(期望准则)来赦免一些被禁忌的优良状态，进而保证多样化的有效探索以最终实现全局优化。

禁忌搜索涉及邻域(neighborhood)、禁忌表(tabu list)、禁忌长度(tabulength)、候选解(candidate)、藐视准则(deprecationrule)等概念。

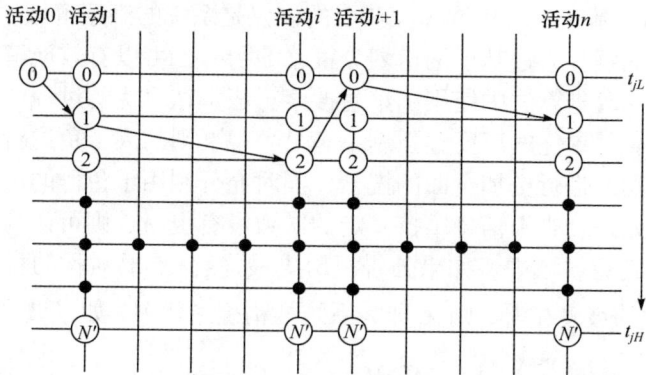

图 6.31　优化网格示意图

(3) 基于网格划分策略的人工鱼群算法简介。本书采用网格划分策略和禁忌搜索算法对基本人工鱼群算法进行改进，建立人工鱼模型。设人工鱼个体在网格点的位置表示为状态向量 $X = (x_1, x_2, \cdots, x_k)$，其中 x_k ($k = 1, 2, \cdots, K$) 为欲寻优的控制变量；人工鱼当前位置的食物浓度为 FC；$gridLength_i=(Y_j-Y_i)/d_{ij}$ 表示由网格点 X_i 到 X_j 的坡度。其中 Y_i、Y_j 分别为 X_i、X_j 的目标函数，$d_{ij} = \| X_i- X_j \|$，即向量 (X_i-X_j) 的二范数，表示两点之间的距离；VISUAL 表示人工鱼的感知距离；δ 表示拥挤度因子；A_q 表示安全度系数。

① 觅食行为。人工鱼在当前位置的可见域内，找到 FC 最高的邻居，并判断该邻居是否在禁忌表中。若该邻居不在禁忌表中，则将该网格点插入禁忌表，人工鱼移动到该网格点，把该网格点的 FC 与公告板的信息进行比较，若该网格点的 FC 更优，则更新公告板的状态；若该邻居在禁忌表中，则判断是否满足藐视准则，不满足则重新初始化当前人工鱼，以便在更广阔的范围内寻优。

② 聚群行为。人工鱼当前状态在 X_i，设其可见域内伙伴的状态在 X_i' (可能不在网格上)，定义伙伴中心网格点的位置为 $X_{center} = \min(d_{ij}')$，$j = 1,2,\cdots,n_f$；其中 d_{ij}' 为可见域内其他网格点到 X_i' 的距离。引入符号向量 $S=(s_1,s_2,\cdots,s_n)$，其中

$$S_i = \begin{cases} 1, & X_i' - X_i > 0 \\ 0, & X_i' - X_i = 0 \\ -1, & X_i' - X_i < 0 \end{cases}$$

若伙伴中心点具有较高的 FC 且不太拥挤，则人工鱼从当前位置向伙伴中心移动，否则执行觅食行为。

③ 追尾行为。设人工鱼当前位置为 X_i，在其可见域范围内寻找目标函数值最

优的伙伴 X_j，如果该伙伴所处的位置具有较高的 FC 且不太拥挤，则人工鱼从当前位置向该伙伴移动，否则执行觅食行为。

④ 公告板。基本人工鱼群算法获取的仅仅是系统的满意解域，无法获取精确或较精确的最优解。通过基于网格划分策略的引入，可以有效地解决最优解的获取问题。由于在改进算法中使用了禁忌搜索算法，在寻优的过程中减少了大量无用的计算，提高了寻优的速度，强制不满足藐视准则的人工鱼进行初始化，能够在系统的解空间上进行更加全面的搜索，同时充分利用了鱼群的公告板信息，在搜索过程中，如果公告板信息维持一定的次数没有更新，则可认为公告板的信息存在于系统的满意解域中。如果公告板历史最优解 X_i 的对称的相邻两个网格点 X_i^1 和 X_i^2 到 X_i 的坡度相等，则 X_i 即为系统的精确最优解；如果坡度不相等，则令

$$X_{iL} = \min(X_i^j), \ X_{iU} = \max(X_i^j), \quad i = 1, 2, \cdots, n; \quad j = 1, 2, \cdots, 2n \qquad (6\text{-}50)$$

即以其邻居确定的变量向量取值范围重新进行网格划分，直到 $\max(\text{gridLength}_i)$ $< \varepsilon, i=1,2,\cdots,n$，其中 ε 是一个给定的很小的数，或者对称的网格点到 X_i 的坡度相等，这样就可以获取系统的精确或较精确的最优解。

算法中设立一个公告板，用以记录最优人工鱼个体状态及该人工鱼位置的食物浓度值。每条人工鱼在行动一次后就将自身当前状态与公告板进行比较，若优于公告板则用自身状态取代公告板状态。

3. 基于人工鱼群算法的涡流斥力机构多参数综合优化设计

本书提出了基于人工鱼群算法的涡流斥力机构优化设计方法，利用该方法对涡流斥力机构的结构参数进行综合优化仿真，得出有利于涡流斥力机构快速动作的具体参数，为智能低压集成电器样机的设计开发提供理论指导依据。

1) 涡流斥力机构动特性仿真计算简介

(1) 计算流程。改善涡流斥力机构的快速动作特性是智能低压集成电器技术的重点与难点。本节在涡流斥力机构数学模型与运动方程的基础上，利用 MATLAB 编程进行求解，通过设置励磁模块参数(如储能电容容量、充电电压等)及涡流斥力机构本身的结构参数(如线圈盘匝数、线圈线径、金属盘厚度等)，可以计算得出涡流斥力机构完成行程所需的时间。整个动特性计算过程的流程如图 6.32 所示，其中，x_z 为金属盘的运动行程，$x(t)$ 为 t 时刻金属盘的位移。结合图 6.32 所提出的涡流斥力机构动特性计算流程，利用基于人工鱼群算法的电器优化设计方法，在 MATLAB 环境中针对涡流斥力机构的多参数寻优加以算法实现，以此获得优化后的智能低压集成电器实验样机设计的具体结构参数。

```
                    ┌─────────────┐
                    │    开始      │
                    └─────────────┘
                           │
          ┌────────────────────────────────┐
          │ 初始化已知参数及行程x₂,          │
          │ 计算线圈盘与金属盘的电           │
          │ 阻和电感, 令t=0, x(0)=1mm        │
          └────────────────────────────────┘
                           │
              ┌─────────────────────────┐
              │ 计算t时刻线圈电流          │←──────┐
              │ i₁和金属盘涡流i₂           │        │
              └─────────────────────────┘        │
                           │                       │
              ┌─────────────────────────┐        │
              │ 计算线圈盘与金属          │        │
              │ 盘互感及互感导数          │        │
              └─────────────────────────┘   ┌──────────┐
                           │                 │ t=t+Δt   │
              ┌─────────────────────────┐   └──────────┘
              │ 计算涡流斥力F(t)          │        │
              └─────────────────────────┘        │
                           │                       │
              ┌─────────────────────────┐        │
              │ 根据运动方程计算x(t)      │        │
              └─────────────────────────┘        │
                           │                       │
                        ◇ x(t)≥x₂? ◇ ──否──────────┘
                           │
                          是
                           │
              ┌─────────────────────────┐
              │ 输出涡流斥力、线圈电流、  │
              │ 及动作时间t等             │
              └─────────────────────────┘
                           │
                    ┌─────────────┐
                    │    结束      │
                    └─────────────┘
```

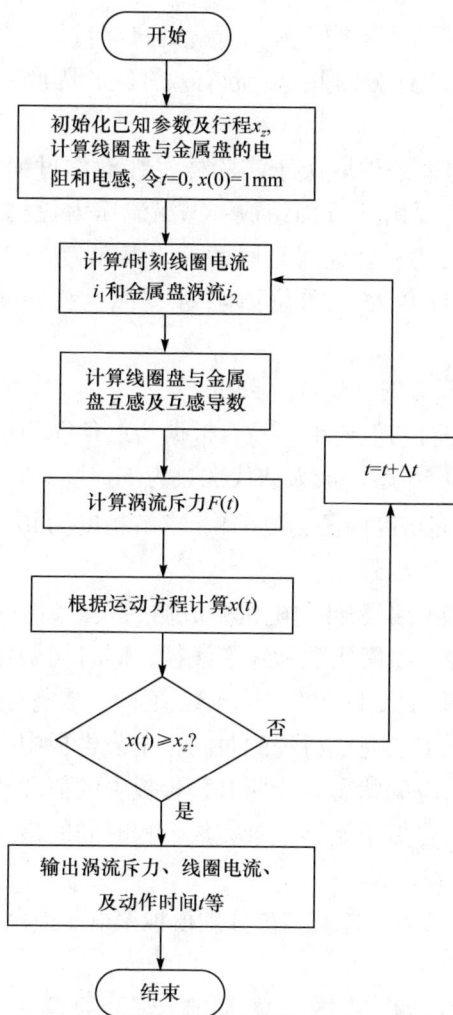

图 6.32　涡流斥力机构动特性计算流程

(2) 确定优化变量。本书所采用的样机本体是 ABB 公司的 A95-30 交流接触器，其中，触头系统未进行改动，并摒弃其电磁操动系统而用双向涡流斥力机构作为智能低压集成电器的唯一操动机构。由于在低压系统中，储能电容预充电电压只能达到 311V，且考虑到安装尺寸及设计成本的要求，电容容量也不宜太大，且在控制电路稳定可靠的情况下，涡流斥力机构的动作特性只与其结构参数有关。因此，根据机构的结构特点，本书选取了涡流斥力机构的金属盘厚度、线圈匝数和线圈盘线径这三个参数作为优化变量，即本书所采用的人工鱼状态包含三个变量。

(3) 目标函数。涡流斥力机构多参数寻优的最终目的是提高其动作速度,在短路故障发生后动静触头快速分断并建立起有效开距,因此,将目标函数设定为机构完成行程的时间最短。

(4) 约束条件。约束条件取决于实验样机在动作过程中的技术要求以及样机本体的结构尺寸,主要由几方面组成:①涡流斥力机构在合闸状态下由永磁体提供克服反力的保持力;②金属盘厚度 T 约束在 $T \in [1, 10]$,单位:mm;③线圈盘匝数 N 约束在 $N \in [10, 25]$,单位:匝;④线圈盘线径 d 约束在 $d \in [1.0, 2.5]$,单位:mm。

2) 基于人工鱼群算法的优化计算分析

由于人工鱼群算法对初值要求不高,根据约束条件和技术要求,设定鱼群参数如下:人工鱼数目为 50 条,最大迭代次数为 50 代,人工鱼的感知距离为 6,人工鱼的步长为 0.1,拥挤度因子为 0.618,求解精度为 10^{-6},针对涡流斥力机构结构参数进行寻优的设计步骤如下。

(1) 初始化:在上述约束条件内随机生成初始人工鱼群状态,即每条人工鱼的初始状态为金属盘厚度、线圈匝数和线圈线径,同时初始化公告板。

(2) 更新公告板:将各人工鱼的目标函数值(即完成行程的时间)与公告板中的值进行比较,若现有人工鱼完成行程的时间小于公告板中的值,则以该人工鱼完成行程的时间及其相对应的状态替代原有公告板中的值和状态,反之,则保留原有公告板的内容,即公告板中始终记录完成行程时间的最小值及其相对应的人工鱼状态。

(3) 人工鱼群优化行为:各人工鱼分别模拟聚群、追尾行为后以最优值执行,缺省方式为觅食行为。

(4) 求解目标函数:调用在图 6.32 基础上编写的涡流斥力机构动特性计算子程序,求解各人工鱼完成行程的时间。

(5) 算法终止判断:公告板中记录的最短时间变化率小于许可精度或迭代次数的,转第(6)步执行,否则,转第(2)步执行。

(6) 输出最优解:输出公告板中完成行程时间最短的人工鱼状态,获得优化的金属盘厚度、线圈匝数和线圈线径。

本书根据人工鱼群算法的优化原理和电器优化设计步骤要求,利用 MATLAB 软件对基于人工鱼群算法的涡流斥力机构多参数寻优仿真加以算法实现,其寻优仿真流程图如图 6.33 所示。

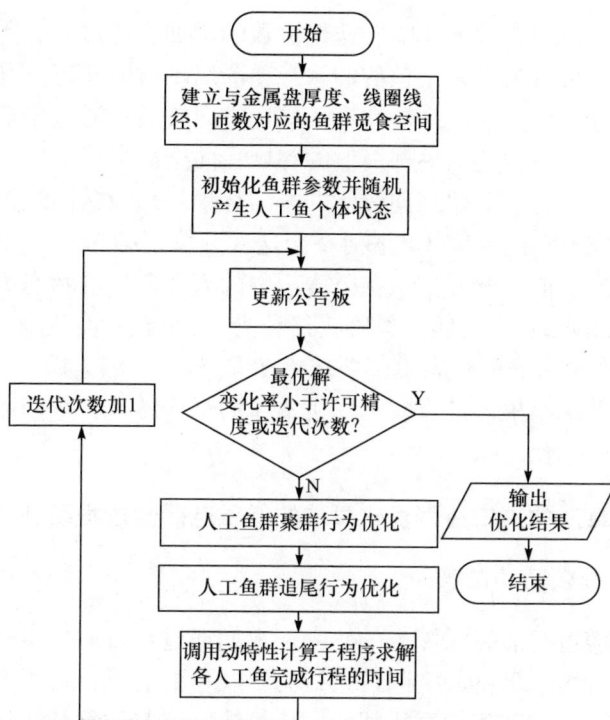

图 6.33　人工鱼群优化算法程序计算流程图

　　图 6.34 为经过算法寻优后，每一代人工鱼群中最优值的收敛曲线。其中，最优值表示的是每经过一次迭代之后保存在公告板中人工鱼群完成行程的最短时间值。图 6.35 则为迭代结束时，人工鱼群的状态分布图。

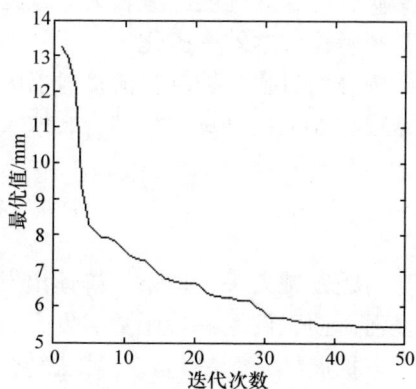

图 6.34　计算结果的收敛曲线　　　　　图 6.35　算法迭代结束时人工鱼群状态分布图

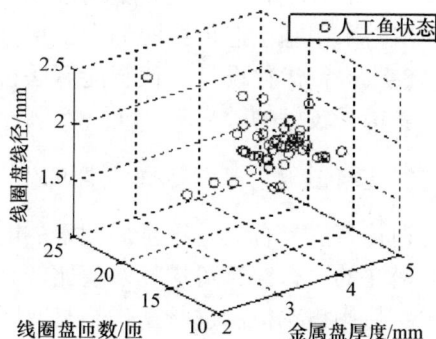

　　由图 6.34 与图 6.35 分析可知，由于人工鱼群的初始状态是随机产生的，所以

在算法寻优初期未得到有效解。随着迭代次数的增加，通过人工鱼群个体间的协调行为和自身的约束行为，人工鱼群的状态逐渐出现有效状态。其中，人工鱼群通过追尾行为的进行，快速向全局和局部最优方向收敛；通过聚群行为，部分已陷入局部极值的人工鱼群跳出局部极值的邻域，向全局最优值方向聚集；并且由于存在觅食行为，人工鱼群始终向较优的方向移动。从收敛曲线可以看出，最优人工鱼群个体完成行程的时间不断减小，当迭代计算到第 38 代时，人工鱼群的目标函数值出现了最优值，此时记录在公告板中的人工鱼群的状态为：金属盘厚度为 4.3mm，线圈盘匝数为 17 匝，线圈盘线径为 1.82mm。而从图 6.35 也可得知，当迭代结束时，人工鱼群的状态也多数聚集在向量 $X(4.3, 17, 1.82)$ 附近。因此，根据人工鱼群算法寻优结果，结合实际样机本体的结构特点，全面的涡流斥力机构主要参数如表 4.5 所示。

6.3.7 基于遗传算法的人工鱼群优化算法的低压电器全过程动态优化设计

1. 单一智能算法的局限性

如上所述，随着智能算法深入的研究，人们通过对自然界生物的遗传进化行为、蚂蚁的觅食行为、鸟群的空间搜索行为以及鱼群的觅食行为等的研究，模拟生物系统，产生了一类新型的群集智能优化算法。这些群集智能优化算法已为解决实际应用中的许多问题做出了贡献。但它们在目标问题的性质、参数调整、计算时间等方面还存在一些局限性。例如，蚁群算法的主要缺点是参数选取和设定较困难，连续函数求解过程较复杂；粒子群算法的主要缺点是最大速度选取和加权因子的设定较困难；遗传算法的主要缺点是对初始种群的选择有一定的依赖性；人工鱼群算法是一种新兴的智能算法，其主要缺点是当寻优的区域较大，或处于变化平坦的区域时，收敛到全局最优解的速度变慢，搜索效率劣化。

本书采用基于遗传算法的人工鱼群优化算法分别对智能控制交流接触器的结构、参数进行优化设计。该智能算法将遗传算法与人工鱼群算法相结合，取长补短，获得了较好的效果。

2. 基于遗传算法的人工鱼群优化算法

遗传算法具有大范围全局搜索的能力，与问题领域无关；搜索从群体出发，具有潜在的并行性；可进行多值比较，鲁棒性强；搜索使用评价函数启发，过程简单；使用概率机制进行迭代，具有随机性、可扩展性，容易与其他算法结合。但是遗传算法不能及时利用网络的反馈信息，算法的搜索速度比较慢，要得到较精确的解需要较多的训练时间。遗传算法对初始种群的选择有一定的依赖性。

人工鱼群算法对目标函数的性质、优化初值、设定的参数等要求不高；具备并行处理的能力，寻优速度较快；具备全局寻优的能力，能够快速跳出局部极值点；但当寻优的区域较大，或处于变化平坦的区域时，收敛到全局最优解的速度变慢，搜索效率劣化；算法在优化初期具有较快的收敛性，而后期却往往收敛较慢；算法在寻优过程中由于随机进行的觅食行为，存在迂回搜索的问题，减缓了系统满意解域的获取速度；当一部分人工鱼处于漫无目的随机移动或人工鱼在非全局极值点出现较严重的聚集情况时，收敛速度将大大减慢，这使得搜索精度也大大降低。

通过比较发现，遗传算法和人工鱼群算法在优缺点方面存在互补的特点，为了克服人工鱼群的缺点，本书引入了遗传算法中的选择、交叉和变异遗传算子。为判断随迭代次数增加搜索结果是否有改进，在算法中设立公告板来记录最优人工鱼个体状态，每条人工鱼在行动一次后将自身当前状态的函数值与公告板进行比较，如果优于公告板则用自身状态取代。当最优个体在连续多个迭代过程中没有改变或变化极小时，则用选择、交叉、变异操作，保留历史最优人工鱼个体状态，将其他人工鱼按一定的概率对少部分人工鱼群进行交叉、变异。通过两种优化算法的有机结合，大大提高了优化效率和精度，而且也保留了人工鱼群算法的优点。

该算法吸取了遗传算法和人工鱼群算法的优点，因此将其命名为基于遗传算法的人工鱼群优化算法，该算法的设计步骤如下。

(1) 初始化：对人工鱼的数目、交叉变异的概率、迭代次数等参数进行初始化。清连续不变化或变化很小的迭代次数 NoChangeNum，在优化变量可行域内随机生成初始人工鱼群。计算各人工鱼个体状态，将最优值赋给公告板。

(2) 人工鱼群优化行为：各人工鱼分别模拟聚群、追尾行为后以最优值执行，缺省方式为觅食行为。

(3) 更新公告板：人工鱼每行动一次后，将自身函数值与公告板比较，如果优于公告板，则以自身函数取代之，同时清零 NoChangeNum。

(4) 判断是否需要引入遗传算法：判断 NoChangeNum 是否已达到预置的最大阈值 MaxNCN，若是，执行步骤(5)；否则执行步骤(6)。

(5) 选择、交叉、变异操作：对鱼群内除公告板中最优个体外其他所有人工鱼执行选择、交叉、变异操作，清零 NoChangeNum。

(6) 终止判断：判断迭代次数 Num 是否已达最大迭代次数 MaxNum。若不满足，则 Num+1，NoChangeNum+1，执行步骤(3)，否则执行步骤(7)。

(7) 算法终止，输出最优解。

通过把遗传算法中的选择、交叉、变异机制引入人工鱼群优化算法，实现了人工鱼个体的跳变，从而调整优化了群体，在提高人工鱼群算法收敛速度的同时保证了全局搜索能力。

根据基于遗传算法的人工鱼群优化算法的设计步骤要求，采样 MATLAB 软件编制了相应的优化算法计算程序，其计算流程图如图 6.36 所示。为了验证基于遗传算法的人工鱼群优化算法的优化性能，本书采用优化算法中常用的几组测试函数对优化算法计算程序进行测试，测试结果表明基于遗传算法的人工鱼群优化算法在求解精度、优化效率方面达到了较好的效果，弥补了人工鱼群算法的不足。

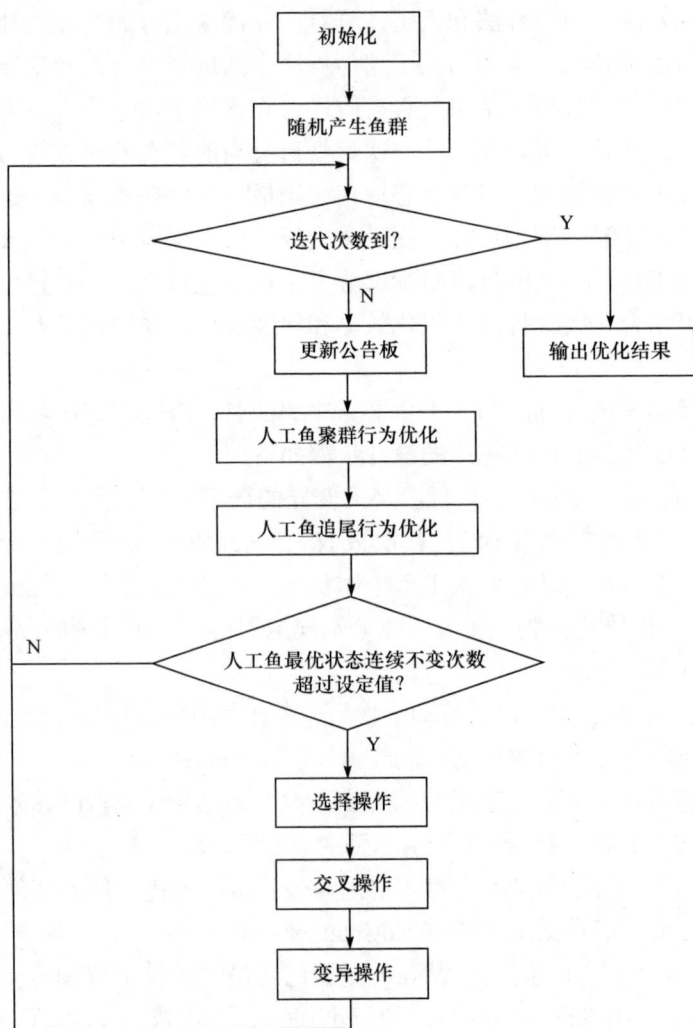

图 6.36　优化算法程序计算流程图

3. 智能控制交流接触器优化设计

该样机是基于 CJ40-100A 交流接触器结构形式的智能控制交流接触器。

本书吸取遗传算法和人工鱼群算法的优点，将遗传算法和人工鱼群算法有机结合应用于智能控制交流接触器的电磁动作系统优化计算。在保证接触器可靠吸合的前提下，使接触器释放时间最短，为接触器可靠零电流分断打下基础。

1) 优化变量

如前所述，优化设计的对象——接触器是采用 CJ40-100A 交流接触器进行改装而成，触头系统为三相不同步结构，也就是中间相即首开相触头的开距大于非首开相触头开距。从而在结构上实现非首开相触头的打开时间比首开相触头滞后 4.5~5ms，只要控制好首开相触头的打开时刻，就可以实现三相触头系统的零电流分断控制。

在适当提高反力特性的条件下，以吸合过程控制程序、电磁系统结构参数为优化变量，对其动态过程进行优化设计。

2) 目标函数

为了获得最短的分断时间，将目标函数转化为在保证可靠吸合、减少材料费用与很小的铁心单位面积撞击能量的条件下交流接触器运动部件质量为最小。

3) 约束条件

约束条件是由接触器在工作中的技术要求和工作特性所决定的，主要包括以下几方面。

(1) 电磁机构在初始状态下的吸力大于或等于初始反力：

$$F_x(X)\big|_{U=0.85U_e,\,\delta=\delta_0} - F_{f0} \geqslant 0$$

(2) 运动部分在吸合过程无明显停滞现象：

$$\frac{\mathrm{d}x}{\mathrm{d}t}\bigg|_{U=0.85U_e} > 0$$

(3) 所用的材料费用不能增加，也就是优化后线圈和铁心的总费用应低于优化前：

$$W_{Cu2} + W_{Fe2} \leqslant W_{Cu1} + W_{Fe1}$$

4) 优化计算分析

根据遗传算法和人工鱼群优化算法的计算原理，编制智能控制交流接触器电磁系统优化计算程序，进行优化计算。

由于人工鱼群算法对初值要求不高，根据约束条件和技术要求随机产生 50 条人工鱼群，同时设定迭代次数；各组人工鱼利用聚集行为和追尾行为进行寻优计算，当连续出现三次最优值没变化或变化很小时，进行遗传算法的选择、交叉、变异操作，防止出现局部最优值。这样既可以提高收敛速度又能保证全局搜索能力。

为了充分应用智能控制交流接触器的可控性能，本书对其进行结合控制方案的综合优化设计，该控制方案包括吸合相角、强激磁与断激磁的控制程序。强激磁保证接触器电磁动作机构可靠的吸合，断激磁配合强激磁实现触头接通电路不弹跳以及很小的铁心撞击速度与撞击能量。

(1) 智能控制交流接触器优化计算结果如表 2.6 所示。

在吸合过程动态特性大幅度提升的条件下，根据以上优化计算结果加工了样机，对样机分断动作时间进行稳定性的测试。该样机按 1200 次/h 操作频率经过 3.5 万次动作后其首开相触头分断时间始终保持在 2.72～2.92ms，即变化范围为 0.20ms。然而，如前所述，对 CJ40-100A 接触器非优化原样机首开相触头(B 相)在 3.4 万次动作实验期间的分断动作时间大约为 3.98ms，但是其分断动作分散性非常大，其值超过 1.12ms。根据大量测试所获结果表明，最佳触头打开时刻是电流过零前 0.3～0.9ms，或者说零电流分断可控制范围应在 0.6ms 内。

(2) 单极分相式智能控制交流接触器优化计算结果如表 6.7 所示。

表 6.7 优化计算结果

计算项目	优化前	优化后
铁心厚度 a_z/mm	28	10
线圈匝数 N/匝	1620	1400
线圈线径 d/mm	0.37	0.45

对样机分断动作时间进行稳定性的测试。该样机按 1200 次/h 操作频率经过 6.1 万次动作后其首开相触头分断时间始终保持在 2.56～2.74ms，即变化范围为 0.18ms。测试结果表明，与前期研究相比，样机首开相触头的分断时间不仅大幅度减小，而且该时间十分稳定，其效果与三相触头不同步方案相似，也可以为实现零电流分断提供有利条件。

测试结果表明，样机首开相触头的分断时间不仅大幅度减小，而且该时间十分稳定，说明优化设计的方向是正确的，其效果显著，为实现零电流分断提供有利条件。

应用基于高速摄像机图像测试与处理分析的电器智能动态测试系统对该优化样机仿真计算结果进行动态特性测试验证(动铁心位移方向)，验证测试结果见第 2 章。

6.3.8　群智能优化算法的研究方向

如上所述，自然界中群体生活的昆虫、动物，大都表现出惊人的完成复杂行为的能力。人们从中得到启发，参考群体生活的昆虫、动物的社会行为，提出了模拟生物系统群体生活习性的群智能优化算法。

自 20 世纪 90 年代模拟蚁群行为的蚁群算法提出以来，又产生了模拟鸟类行为的粒子群算法、模拟鱼类生存习性的人工鱼群算法、模拟青蛙觅食的混合蛙跳算法、模拟萤火虫利用荧光素进行联系而表现出的社会性行为的萤火虫算法、模拟自然界狼群围捕猎物的狼群算法等，这些群智能优化算法的出现，使原来一些复杂的、难于用常规的优化算法进行处理的问题得以解决，大大增强了人们处理问题的能力与水平。

群智能算法具有以下不同于传统优化算法的特点。

(1) 群体呈现分布式，即没有集中控制的约束，不会因为个别个体的故障而影响整个问题的求解，系统具有更好的鲁棒性。

(2) 群体是通过简单个体的交互表现出高度的智能，具有良好的自组织性。

(3) 由于系统中每个个体的能力非常简单，执行时间较短，群体智能的实现具有简单性。

(4) 个体之间的交流方式是非直接的，系统具有更好的可扩展性。

群智能优化算法是一类基于概率的随机搜索进化算法，各个算法之间在结构、研究内容、计算方法等方面具有较大的相似性。群智能算法都是来源于对自然界生物群的模拟，是通过人工算法模拟实现优化的一种启发式算法。这些算法都是一种基于概率搜索的有方向性的迭代方法。

群智能优化算法要对个体进行编码，都有一个适应度函数，通过个体优劣的判断使得群体向着更好的适应度方向进化，都具有一种源于生物群进化的更新策略。

各个群智能优化算法之间最大的不同在于算法更新规则。

现有群智能优化算法，重点关注个体的更新策略。个体的更新要兼顾全局和局部的搜索特性，首先能够搜索到整个解空间，其次需要加强局部搜索能力，快速获得最优解。

群智能优化算法的发展主要包括以下两方面的研究：一是更加深入地了解生物群及生命的发展机理，从而研究群智能优化算法的自身特性，并改进其性能；二是将各种群智能优化算法相互结合，或与其他算法结合，通过算法之间的融合，产生新的、性能更好的混合智能算法。

毫无疑问，混合智能算法是今后群智能算法重要的发展方向。

目前，人工智能优化设计算法大幅度提高了电器设计水平。本章给出基于遗传算法、群智能与混合智能的电器优化设计方法，仅仅是强调电器设计与产品研发必须进入人工智能的电器优化设计阶段。随着人工智能技术、混合智能算法的发展，人工智能电器优化设计技术的设计水平也将迅速提升。因此，本章所述内容重在研究方法的提供。

6.4 人工智能电器技术的思路

6.4.1 人工智能技术简况

人工智能是 20 世纪中期产生并迅速发展的新兴边缘学科，如今得益于大数据、深度学习等技术的突破，促进了第三次人工智能浪潮的兴起。2016 年 3 月 9 日~3 月 15 日，在短短的 1 周时间内，谷歌公司的人工智能 AlphaGo 机器人与世界围棋顶级棋手李世石激战 5 场，以大比分 4：1 取胜，震撼了整个科技界，人工智能和人工神经网络成为讨论的重点。人工智能技术再次迎来发展的高潮。人工智能将成为未来几十年全球最重要的科技，并成为智能控制(如工业机器人、无人机、无人驾驶等)、智能医疗、智能教育、智能能源等新兴产业的重要基础。

人工智能是关于知识的学科，是如何表达知识以及怎样获取知识并实际应用的科学技术，是研究、开发用于模拟、延伸和扩展人的智能的理论、方法、技术及应用系统的科学。通过人工智能机器为载体，机器具有一定人的表达能力与思维方式。这点是人工智能最基本的概念。

人工智能企图了解智能的实质，并生产出一种新的能以人类智能相似的方式做出反应的智能机器，或者说，人工智能是研究人类智能活动的规律，构造具有一定智能的人工系统，研究如何让计算机去完成以往需要人的智力才能胜任的工作，也就是研究如何应用计算机的软硬件来模拟、延伸和扩展人类某些智能行为的基本理论、方法和技术，推进脑科学、人工遗传算法、智能语音处理、模式识别、深度机器学习、博弈等关键技术的研发。

人工智能的发展阶段是：第一阶段，弱人工智能(artificial narrow intelligence, ANI)；第二阶段，强人工智能(artificial general intelligence, AGI)；第三阶段，超人工智能(artificial superintelligence, ASI)。

随着国民经济的发展，尤其是电力系统容量的增大、运行水平的提高，对开关电器性能指标与功能提出更高的要求。然而，由于开关电器运行时存在复杂的物理、化学过程，具有复杂性、不确定性和模糊性，采用现代先进技术，对开关电器运行过程进行分析、设计、研究，已成为电器界的当务之急。由于电力系统及电力设备难以有精确的数学描述，应采用计算机技术，通过感知、学习、记忆和大范围的自适应等手段，及时适应环境和任务的变化，进行有效的处理和控制，使电器设备和电力系统达到最佳的性能指标。

随着电力电子技术、计算机技术、传感技术及相关理论与应用的发展，以及智能电网建设的要求，促进了智能电器及其系统的发展。目前，智能低压电器及其系统技术的研究水平与产品应用都获得了极大的提升。

虽然，智能电器及其系统的研制已全面展开，而且取得了很好的成果，但目前智能电器及其系统的研究，特别是产品的研制尚属初级阶段。其系统的智能化水平还不高，还跟不上智能电网的发展与需要，或者说只是智能化技术的简单、低级的应用。为此，本书在进行人工智能技术的应用研究和计算机技术、电力电子技术、传感技术、电器技术相结合的研究中，曾经在 20 世纪最后一年，即 1999年发表了题为"展望 21 世纪电器发展方向——人工智能电器"的论文，文中提出在电器智能化研究基础上以系统的观点发展人工智能电器的必要性、可能性。展望 21 世纪电器的发展方向——人工智能电器，即 21 世纪的智能化电器研究，将向人工智能化电器方向发展。本书在第 1 章中提及智能电器的"智能"与"系统"的概念，该概念通过基于神经系统的人体生理系统的映射来理解智能低压电器系统的"智能"与"系统"，并提出未来的以智能低压电器系统为核心的低压配用电系统应向人工智能机器概念的方向发展。

在此基础上，可以考虑将模糊逻辑控制、神经网络技术、遗传算法、专家系统、机器学习、群集智能等技术应用于智能电器及其系统优化设计、智能控制、智能故障诊断与保护、状态预测、能效管理、生产控制等方面。

随着人工智能技术的发展，人工智能技术的三大主要分支——专家系统、人工神经网络和模糊逻辑控制，在电器领域所起的作用将越来越大。专家系统、人工神经网络和模糊逻辑控制与电器技术结合组成综合人工智能电器技术，势必引起人们极大的关注。人们(包括作者)对人工智能电器概念与应用的认识也将不断提升与发展。

6.4.2　人工智能电器技术简介

人工智能电器可以分为人工智能电器器件(分立式)与人工智能电器系统(分布式)两类。

1. 模糊逻辑控制的应用

由于客观世界的多样性和复杂性(如电器及其控制的非线性、动态特性、运行的复杂过程等)，很多事物难以用精确的、确定的概念来描述。

人的大脑的决策过程是一种模糊决策，人脑的大量思维活动都是具有模糊性的。扎德(Zadeh)教授在 1965 年发表了著名的论文"模糊集合论",在论文中,明确提出了模糊性问题,给出了模糊概念的定量描述方法,模糊数学从此诞生。

属于模糊概念的全体对象称为模糊集合。基于模糊集合基础之上的逻辑与控制称为模糊逻辑与控制。它可用较少的代价传递足够的信息,并能对复杂事物做出高效率的判断和处理。

模糊控制技术作为一种非线性全局控制方法,突出的特点是无须建立被控对象准确模型,通过模糊推理即可完成对系统的控制。模糊控制较适用于要求鲁棒性能好的系统。

电器产品的运行过程涉及电、磁、光、热、力、机械、材料、绝缘、真空、电接触、可靠性等方面的原理与技术,电器及其系统可进行实时监控、保护、调节和预测,其动态行为呈现出非线性、复杂性、不确定性。因此模糊逻辑控制技术与电器技术结合,可以考虑研制具有模糊逻辑推理能力、集在线监控、高水平保护、调节、预测、高性能为一体的模糊智能集成电器。自适应模糊控制是具有自适应学习能力的模糊控制系统,可以离线或在线修改模糊控制器的结构和参数,达到最佳控制性能。因此,自适应模糊控制可以考虑应用于模糊智能电器,包括模糊智能集成电器的研制。

目前,人们开展了许多模糊控制技术在电气工程领域应用的研究,如电力系统稳定器、分布式能源系统、各种电机的自适应模糊控制等。

作者的团队在模糊模式识别在电器性能综合评估中应用与交流接触器吸合相角的模糊优化设计等方面进行研究。当然,这仅仅是将模糊理论应用于电器技术研究的初步尝试。

2. 人工神经网络的应用

人工神经网络(artificial neural network,ANN)是一门集脑科学、信息科学、计算机科学于一体的高度综合的前沿、交叉学科,是一种通过模仿人类脑神经回路将生物神经网络在结构、功能等方面的理论高度抽象、概括、综合而构成的信息处理系统,是当代人工智能领域的重要分支。

人工智能来源于大脑的神经系统,人工神经网络是生物神经网络的一种模拟和近似。人工神经网络能模拟人类大量脑细胞的高度连接,当有输入信号将神经元激活时,经过神经回路产生输出。神经网络具有学习能力和联想记忆,经过学习能在输入信号后产生预期的输出。它主要从两方面进行模拟:一是从结构和实现机理方面进行模拟,涉及生物学、生理学、心理学、物理及化学等许多基础学科;二是从功能上加以模拟,即使人工神经网络具有生物神经网络的某些功能特性,如学习、识别控制等功能。因此,人工神经网络系统是指利用工程技术手段模拟人脑神经网络的结构和功能的一种技术系统，它是一种大规模并行的非线性动力学系统。

模糊数学的创立和发展为模拟人的模糊逻辑思维方式提供了工具。人工神经网络理论研究为从结构和功能上模拟人的智能提供了重要手段。

人工神经网络具有分布式存储信息和并行处理的特点，具有自学习、自适应、自组织的功能，是一种基本上不依赖于模型的控制方法，具有模拟人的形象思维的能力。由于其适用于不确定性和高度非线性的控制对象，在控制中可用于模式识别、优化计算、推理模型、故障诊断等。因此可将其用于电器的设计与实时信号检测、控制、保护(如故障诊断) 、调节，从而研制具有自学习、自适应、自组织功能的新概念的人工智能电器。

作者的团队曾经开展"基于人工神经网络的异步电动机热过载模型"的研究，建立了长期稳定负载和频繁启动温升的预测与保护特性。以该保护特性为基础，研制了微处理器控制的电动机保护器。

此外，进行了基于动态测试技术与模糊聚类、神经网络理论的，建立交流接触器性能综合考核评判系统、建立基于神经网络的智能交流接触器分断过程的动态预测模型等研究。

3. 专家系统的应用

专家系统是一种基于知识的系统，其实质是使系统的构造和运行都基于控制对象和控制规律的各种专家知识。这种人工智能的计算机程序系统，具有相当于某个专门领域的专家的知识和经验水平，以及解决专门问题的能力，或者说专家系统是指相当于(领域) 专家处理知识和解决问题能力的计算机智能软件系统。根据一个或多个专家提供的特殊领域知识、经验进行推理的判断，模拟专家决策的过程来解决那些需要专家决定的复杂问题。

专家控制系统是基于控制专家的专业知识和实践经验的总结和利用。采用知识表达技术，建立知识模型和知识库，利用知识推理，制定控制决策。专家控制系统的设计，改变了过去传统的控制系统设计中单纯依靠数学模型的局面，使知识模型与数学模型相结合、知识信息处理技术与控制技术相结合。

专家系统本身就是一种程序，通过引入某个专业领域的知识，再经过推理便能像该领域专家一样出色地开展工作。而人工智能医疗系统是典型的案例，医学专家系统则是将医学诊断知识大批量导入计算机，然后模拟医学专家的临床诊疗思路，最终根据病情从知识库中提取并综合有价值的诊断线索，进而给出治疗方案。

进入 21 世纪后，各类医学专家系统层出不穷，如骨肿瘤辅助诊断专家系统、胃癌诊断专家系统、口腔牙周病诊断专家系统、心血管药物治疗专家系统、基于螺旋 CT 图像的冠状动脉钙化点的诊断系统等。

借鉴专家系统在医学领域的应用，专家系统不仅可用于电器制造、生产过程的管理，而且可以与电器技术相结合完成优化的系统运行过程。

本书在第 3 章提出基于智能低压短路保护电器与短路电流预测关键技术的、以智能低压电器系统为核心的智能低压配电系统的概念与思路。短路电流预测是智能低压电器系统决定最佳控制保护方案的重要保证。由于短路故障的复杂性和不确定性，准确的短路电流预测技术研究是重要，但又是困难的。为此，提出采用人工智能技术结合短路故障的电流与相关电压波形等参数突破此关键技术的可能性。可以考虑在专家知识的基础上，采用人工神经网络和模糊控制技术开展短路电流预测技术研究。作者的团队已经开始此思路的探讨。

4. 遗传算法的应用

生命自从在地球上诞生以来，就开始了漫长的生物进化历程。低级简单的生物类型逐步发展成高级、复杂的生物类型，生物要生存下去，就必须进行生存斗争，体现"适者生存"的自然法则。遗传算法是模拟生物进化过程的一种全局优化搜索算法。其特点是对参数的编码进行操作而不是参数本身，可同时搜索解空间的许多点，具有并行计算的特点，可以快速全局搜索，具有极强的鲁棒性和广泛的适应性。遗传算法已被广泛应用于函数优化、自动控制、图像识别、机器学习、规划设计、人工生命等领域。

将遗传算法与群智能算法结合的混合人工智能优化设计方法将是人工智能优化设计的发展方向。作为模拟生物进化过程的优化算法是否可以考虑模拟电气系统故障的发展过程，进而应用于故障的检测与保护也是值得探索的。

6.4.3 综合人工智能电器技术思路与展望

专家系统、人工神经网络与模糊逻辑控制分别在许多领域得到广泛的应用，并取得显著效果。专家系统、人工神经网络、模糊逻辑控制与电器及其系统技术组合，将形成新的综合人工智能电器技术，并将成为人工智能电器的重点发展方向。

综合人工智能电器技术是电器领域的大量专家、科研人员、运行人员、生产人员、管理人员在研究、运行、生产等过程中掌握与积累知识、经验的基础上(这些知识与经验的应用过程是不断深化、学习、发展、调整、补充的过程)逐渐形成和完善的。

在综合人工智能电器技术的人工智能控制中心中，专家系统是核心，人工神经网络与模糊逻辑控制是支持，智能化的电器技术是基础。

综合人工智能电器技术包括：应用于电器领域的综合人工智能电器技术理论研究；分立式电器器件与分布式电器系统产品的人工智能优化设计；仿真、结构等设计；各种电器产品控制特性的优化设计；运行过程的优化控制与保护；应用和标准制定的研究；电器及其系统产品生产制造过程控制与管理的人工智能技术研究(包括 3D 打印)；新原理人工智能电器及其系统产品与技术的研究等。

人工智能低压电器系统运行过程是智能电网运行的重要环节，在其人工智能控制中心，掌握了大量运行、故障状态诊断、检测、分析、处理数据的专家系统在人工神经网络和模糊逻辑控制技术的支持下(如训练人工神经网络等)，基于可执行的传统的智能电器技术，通过通信网络接收各种传感元件传送的信息(包括正确的及失误的信息)，对运行状态进行处理与预测，始终保证系统运行处于自适应优化动态平衡状态，从而获取最佳的运行可靠性、最佳运行效益和最佳的用户满意度。

值得一提的是，目前在电器领域已经开始进行初步的相关研究。

对于属于过程较为简单、故障类型与状况相对确定的人工智能电器器件(分立式)，可以考虑由专家系统直接诊断与处理。

人工智能电器技术将综合检测、切换、控制、保护、调节、协调、自愈与互动等功能，具有类似人体生理系统的"协调""自适应能力""自愈""预测"等特征，向人体生理系统学习的方向迈进了一大步。

因此，人工智能电器将向综合性的人工智能电器发展。人工智能电器技术是在智能电器及其系统技术的基础上，智能化与系统化水平更高，并且具有更完善的优化动态平衡系统的智能电器及其系统技术。

6.4.4 人工智能电器技术研究的重点方向

1. 传统开关概念的电器技术与过程变换概念的电器技术

作者将传统开关概念技术在实现其任务时表现出简单的或者断开或者接通状态，非刻意地延迟通断过程，称为"0""1"状态，即电器处于非"0"即"1"的状态。严格地说，开关的接通或开断动作是一个过程，而且在接通或开断过程中，触头间的电弧将发挥阻抗变换的作用。但是，对于传统的电器概念，这是非刻意建立的过程。

为了满足现代电网对高水平电器形态的需求，提高电网与负载运行的可靠性与运行质量，在许多场合，电器简单的"0"和"1"的运行形式必须改变。随着智能技术、电力电子技术、材料学科、电器技术的发展以及人们思维的活跃、创造性的发挥，在传统开关概念技术即"0""1"技术(或称"0-1"技术)的基础上逐渐产生了过程变换概念的电器技术(如电动机平滑启动-软启动)。所谓过程变换概念的电器技术，作者认为是指电器在完成接通、分断电路任务的过程中，通过中间阻抗变换的过渡、限流或者负载能量及输入形式、参数的变换(如采用PLC、超导、桥式限流器、调节负载电压等)，通过负载状态逐渐过渡的过程，最终实现"0""1"的转换(或称"0-0.5-1"技术，0.5是过渡的意思)。过程变换概念的电器技术将提高电器的性能指标，提高电器工作的可靠性与性能，减少状态变换过程对系统的冲击，大幅度减少对电路、设备、电器的动、热稳定的要求，改善用电质量。

因此，开展基于过程变换概念的人工智能电器技术的研究是有意义的。

2. 人工智能低压集成电器

如前所述，智能低压集成电器集成了断路器、接触器、热继电器以及隔离器等分立电器器件的功能，实现智能控制与保护、功能与结构一体化。智能低压集成电器技术的提升将以基于人工智能技术的自适应高性能、多功能协调配合的电器技术为方向。

该电器技术的控制功能(负载运行的正常控制与除过电流之外的保护动作)：以基于模糊控制的综合人工智能技术为基础，对于不同类型、不同参数、不同要求的负载，在不同的工作环境(如电压、电流、频率、吸合分断相位等电气环境，温湿度、压力等物理环境)下，自适应地或者以传统开关概念或者以过程变换概念为指导，实现优化的"0""1"变换过程的控制。这意味着，如果过程变换概念有利于系统运行，则以过程变换概念指导，可以开展基于过程变换概念新技术——人工智能集成电器技术的研究。

该电器过电流保护功能：由于不同故障状态、故障环境与故障位置，造成故障的复杂性、不确定性，给电器与系统保护带来极大的困难。例如，在短路故障可靠的判断与开断电路技术中，可以考虑以形态小波结合模糊控制、人工神经网络等综合人工智能技术，建立人工智能保护电器技术。开断电路可以采用快速分断或过程变换概念的方式。电机过热保护可以考虑在电动机定子绕组三维温度场研究的基础上，开展人工智能电动机定子绕组最高温度(反时限)保护特性的研究。

电器人工智能自诊断技术：在自身状态、特征参数监测的基础上，应用人工智能技术分析各种故障或异常信息与现象，预测或判断产生的原因，进行在线状态识别，并及时人为干预或自愈。显然，自诊断技术的内容及应用与电器容量、控制对象的重要程度、要求有关。

值得一提的是，智能(人工智能)直流集成电器的研究应该给予重视。

3. 人工智能集中控制低压电器系统

前已述及，智能低压配电系统的核心是智能控制中心集中控制的智能低压电器系统。基于系统选择性保护的智能低压配电协调控制与保护技术，其核心也是集中控制的智能低压电器系统技术。因此，该智能低压电器系统技术的控制与保护功能可参考智能低压配电协调控制与保护技术。在此值得强调的有以下几点：

(1) 除了上述人工智能低压集成电器具备的局部功能之外，必须强调系统电器及其电气设备之间的人工智能自适应集中协调能力的建立与培养。

(2) 该系统技术除了控制、保护、协调等功能之外，还应具有基于人工智能技术的系统能效管理能力。

(3) 在系统智能保护技术研究中，不同故障类型(如短路故障、电弧故障)，不同故障状态、故障环境与故障位置，造成故障的复杂性、不确定性，给电器与系统保护带来极大的困难。为此考虑在人工智能保护电器技术的基础上，建立具有系统选择性保护的人工智能保护电器或系统保护技术。例如，在短路故障可靠的判断与短路电流峰值预测技术中，特别是短路电流峰值预测研究，可以考虑建立基于模糊控制与人工神经网络的专家系统的综合人工智能技术。作者的团队已经开始此思路的探讨。

(4) 智能自恢复能力的研究。前已述及，人体生理系统具有很强的自愈能力，在出现任何异常状态或即将出现异常，不利于人体健康平衡状态的情况(甚至于人体菌群失调)，人体都将做出反应，免疫、再生、调节、应激，表现出向着健康平衡方向发展的自愈能力。简单地说，对于智能电器器件、智能电器系统与智能电网，自愈能力是自我诊断、自我预防、自我恢复的能力，即智能自恢复能力。系统保护技术要求运行过程中能及时发现、预防和隔离各种潜在故障和隐患，在出现或可能出现任何导致或可能导致系统正常运行受到威胁而进入严重不平衡状态时，实现优化动态平衡，保证系统可靠、安全与经济运行。这就意味着，在可能的故障检测、预测、实时保护之外，更高层次的系统保护功能是应具有智能自恢复能力。不仅是隔离并应将故障影响的范围降到最小，而且应该具有自行处置、协调、修复，避免或在最短的时间内自行恢复运行，保证系统正常运行的能力。毫无疑问，以智能自恢复技术为特征的智能低压电器系统与智能配用电系统是电器与电网技术发展的必然趋势，也是难度较大的关键技术。

(5) 开展人工生命在电器领域应用的研究。

以上所述内容值得探讨。

6.4.5　人工智能电器技术应考虑能源互联网的发展要求

前已述及，能源互联网的重要概念之一是多能源融合，而且电力系统是核心。这就意味着，智能电网与能源网深度融合是能源建设的重要发展方向。能源互联网是智能电网的进一步发展和深化。作者认为，适应智能电网运行的智能电器概念与技术也应该不断扩大、提升与深化，向能源互联网方向发展。在智能电器技术研究的基础上，建立适应多能源融合、信息物理融合和多市场融合的能源互联网电器技术，特别是能源互联网电器系统技术将提到议事日程。显然，该电器技术应以人工智能电器技术为核心。

例如，近年来，以分布式发电、可控负载、储能装置、电动汽车为代表的大规模分布式能源在用户侧并网，给依靠较大容量裕度、运行控制方法相对简单的传统配电系统带来了诸多挑战。为了应对高渗透率分布式能源的接入，传统配电系统正从被动模式向主动模式过渡，实现分布式能源与配电系统的友好集成，提高可再生能源的渗透率，满足可再生能源安全消纳与用户对电能质量和供电可靠性的更高要求，必须采用与之适应的先进配电系统技术。

人工智能电器技术是否也应该向主动模式过渡，如何过渡，显然是复杂、技术含量高、难度很大的技术，需要人们共同努力。

毫无疑问，人工智能电器技术需要经过长期的研究、实践与发展，才可能得到认可。本书仅仅提出探讨与思路，研究还将不断深化，任重道远。

6.5　人工生命及其应用探讨

6.5.1　人工生命研究简况

人工生命(artificial life，Alife)是 20 世纪 80 年代后期兴起的一门学科。1987 年，美国圣塔菲研究所(Santa Fe Institute，SFI)举行了第一次人工生命研讨会。这次关于生命系统合成与模拟的国际学术会议的主题是面向 21 世纪的复杂性问题。在这次会议上，Langton 教授捏出了"人工生命"的概念，这标志着人工生命学科的诞生。

人工生命对生命的概念给出了新的认识，并产生了人工生命科学的新观点，为生命的研究开辟了新的道路。人工生命是关于展示自然生命系统行为特征的人造系统，是生物科学、计算机科学、系统科学和信息科学等交叉的学科，吸引了上述学科以及物理、数学、认知科学、哲学等学科专家的广泛关注。人工生命被视为 21 世纪技术革命的重点工程之一。显然，人工生命的研究是具有活力的学科之一。

虽然，人们对人工生命已经进行了大量卓有成效的研究，并取得了可喜的成果。但是，人工生命研究尚处研究初期，特别是在工程领域的应用研究仍处于摸索阶段，遇到许多难题。但是相信，作为具有活力的学科之一的人工生命研究，将促进电气工程领域的技术发展。为此，本书的意图是希望在前人研究成果的基础上，提出人工生命在电气工程领域应用的一些可能性和设想，希望能够引起行业内对人工生命研究的关注。

6.5.2　人工生命的概念

人工生命是通过人工模拟生命系统来研究生命的领域。人工生命的概念，包括两方面内容：① 属于计算机科学领域的虚拟生命系统；② 基因工程技术人工改造生物的工程生物系统。

人工生命学科的创始人 Langton 教授认为，人工生命是研究人工系统来模拟自然生命系统行为特性的学科。这里，生命的"行为"是自然生命系统的外部表现，是各种可见的生命现象，例如，生命的生长、繁殖、新陈代谢、进化等。生命科学是研究生命的科学，以地球上碳水化合物为基础的生命作为研究对象。生命科学和计算机的结合给人们带来了更为广阔的研究空间，基于计算机的非蛋白质媒体的人工生命形式不断出现。Langton 教授认为，人工生命的研究应定位于研究地球上已进化的、以碳水化合物为基础的生命之外的更大范围的生命。因此，人工生命是一种人造系统。人工生命也是一种生命，只是用不同的载体而已，而载体并不是最重要的。

人工生命并不以真实模拟地球上已知的碳水化合物构成的生命形式为目标。它是研究那些具有生命特征的人工系统，是探索生命复杂性的一门新兴交叉性前沿科学。它试图在计算机或其他媒介上以综合的方法研究具有生命本质特征复杂系统的动态发展过程。但由于受各学科研究领域的制约，人工生命目前尚无统一定义。

人工生命中的关键概念是突现。Langton 教授认为，人工生命的关键概念是突现行为，自然生命从大量无生命分子的有机交互作用中突现，其中并不存在一个全局控制器对各部分的行为进行控制。更正确地说，各个部分只有某种自身行为，而生命突现于各部分行为局部交互作用的整体。人工生命正是用自下向上的、分布的、局部的行为决定方法论来获得类似生命行为的突现行为。有生命的系统几乎总是自下而上地、从大量极其简单的系统群中"突现"出来，而不是工程师自上而下设计的机器。突现性是通过由下而上综合的方法来显现出来的，这与大家熟悉的专家系统的自上而下的控制结构是完全不同的。

"突现"是指在非线性的形态中许多相对简单的单元彼此相互作用时产生出来的引人注目的新的整体特性。这些特性事先是不可预言的。在人工生命的研究中，不会用具有全局控制的结构(如专家系统)来解决问题，因此，其具有突现性、灵活性、适应性等特性。这对于复杂自适应系统的研究是非常有益的。

从方法论角度看，人工生命具有如下突出的特点：① 由下而上的建模策略，属于数据驱动策略；② 局部的控制机理，从而表现出并行操作特性；③ 简单的低层次表达单元，以适于计算机仿真；④ 突现性行为过程，反映了进化仿真的特点；⑤ 群体的动态仿真算法。

6.5.3　人工生命与人工智能的关系

20 世纪 50 年代诞生了人工智能，80 年代诞生了人工生命。从宏观来看，它们都是工程技术科学与生物、生命科学相结合的产物，两者相互联系、相互影响。人工生命是人工智能的发展和应用，人工智能是人工生命的核心和基础。两者的区别如下。

(1) 研究内容方面。人工生命使用计算机或其他媒介对真实的生命形式进行模拟，使人们能更好地了解生命的生长、繁殖、新陈代谢、进化与突变过程和自然生命本身，是一种具有自然生命行为和性能的人造系统；人工智能研究怎样让计算机模拟人脑的各种思维活动，是一门智能行为科学。

(2) 思维方式方面。人工生命通常采用综合方法，即"微观-宏观""局部-全局""元件-系统"的由下而上的思维方法；人工智能通常采用分析方法，即"宏观-微观""全局-局部""系统-元件"的由上而下的思维方法。

(3) 研究目的方面。人工生命的目的是模拟真正的生命现象——生命的生长、繁殖、新陈代谢、进化和突变过程等，从而创造真正的人工生物；人工智能的目的是创造具有智能行为的人工制品。

因此，简单地说，人工生命与人工智能之间有着许多相同的概念；而人工生命与人工智能明显的区别是：智能不是生命，智能是复杂生命系统突现性的一个特例；人工智能是属于理论心理学的工程方面，人工生命是属于理论生物学的工程方面；人工智能基于由上而下分析的方法，人工生命基于由下而上综合的方法。尽管两者都广泛地使用计算机，但人工生命并不局限于计算机一种介质。人工智能在知识获取、知识表达、推理方面取得了卓越的成就。两者交融、渗透，将更加促进这两个学科的发展。从生物学角度来讲，生命包含智能，人工智能和人工生命具有密切关系。

6.5.4 人工生命的应用现状

人工生命的研究与人工生命算法的应用有助于创作、研制、设计和制造新的工程技术系统，如人工脑、智能机器人、计算机动画的新方法等。数字生命、软件生命、虚拟生物可为自然生命活动机理和进化规律的研究探索提供更高效、更灵活的软件模型和先进的计算机网络支持环境。利用人工生命，研究人类的遗传、繁殖、进化、优选的机理和方法；利用人工生命，研究动物的遗传变异、杂交进化的机理和方法，用于发展动物的新品种、新种群；利用人工生命，研究植物的生长、杂交、嫁接、移植的机理和方法，用于发展植物的新品种、新种群等。

人工生命与自然生命是生命科学的两大重要组成部分。毫无疑问，人工生命的研究将丰富和发展生命科学。人工生命的研究与应用还将进一步激发和促进信息科学、系统科学、计算机科学、认知科学、哲学等学科的更深入的发展。

目前，人工生命已经应用到数字生命、虚拟生物、交通流管理模型、图像处理、机器人、计算机人物感知、医学等方面。但人工生命的研究尚处研究初期，在工程领域的应用研究仍在摸索，特别是在电气工程领域的应用更是如此。

6.5.5 人工生命在电气工程领域的应用探索

1. 人工生命算法对电气工程领域的优化设计

人工生命算法是基于人工生命群落的模型。该模型中的智能个体或简单单元能够收集食物、交换食物、消化食物，在此过程中，群落得到不停地进化，最终可形成突现聚类。

基于该思想，学者 Hayashi 和 Yang 提出了人工生命优化算法。其基本思想是：如果将人工生命环境视为一个优化问题的解空间，其中的智能个体就可以在解空间中搜索。例如，要求解一个函数的最小值，只要赋予智能个体相应的搜索能力，其就可在人工生命环境中与函数较小解空间相对应的区域形成突现聚类。在聚类的过程中，个体与食物的坐标对应着求解问题的优化变量，每个个体都向邻域中处于目标函数值较小位置的食物移动，整体上就可在目标函数优化解四周形成突现聚类。

目前，各种人工智能及仿生的优化算法在许多领域获得了广泛的关注，其中包括在电气工程的优化设计中得到了有效的应用，并发挥了重要的作用。有关遗传算法、蚁群算法、粒子群算法等在实际工程，包括电气工程应用的报道不断推出，如配电网络重构、电力系统机组优化组合、最优潮流计算、无功优化、智能控制交流接触器的优化设计等。人工生命算法是一种分布式优化技术，在所有人工组织的范围内寻优，不需要梯度信息，在优化非线性连续多模态函数时，具有良好的全局收敛性。

对此，在智能电器及其系统的优化设计中(如已应用人工智能技术进行优化设计的课题)，采用人工生命算法，可获得更好的效果。例如，有文献提出改进型人工生命算法的电器设计技术，对双线圈盘斥力机构的斥力盘厚度、线圈盘匝数和线径加以多参数综合寻优，并以优化结果设计样机，经动态位移特性测试，得出集成电器主体样机具有响应时间短、动作速度快和分合闸动态特性良好的特点。

可以肯定的是，人工生命将吸引电气工程设计人员的广泛关注，并在设计中发挥重要作用。

近几年，在人工生命算法研究的基础上，出现了混合人工生命算法的发展趋势。例如，将蚁群算法的正反馈原理引入现有的人工生命算法中，提高了人工生命优化算法的搜索速度；将人工生命算法与遗传算法结合；将人工生命算法中出现的突现聚类作为遗传算法的最初种群等。

2. 电气工程及其主要设备的故障预测

毫无疑问，在电气工程及其主要设备运行中，无论是发生正常或不正常的过程，结果是正常或不正常，都将经历发生、发展、结束的全过程。对智能电器及其系统的故障预测已进行了大量研究，但要进行准确的各种类型故障模拟和预测具有较大的难度，研究还在不断深入。某些不正常状态和实际故障发生的过程同样也会经历发生、发展、结束的过程。这些不正常状态发展到故障都经历了从无到有、由下而上、从小到大、从局部到整体的过程。该过程所受影响的因素很多，是一个非常复杂的过程。

考虑到这些影响因素对整个故障过程的作用(推动或减弱故障的发展)及过程的发展规律类似于生命的生长、繁殖、新陈代谢、进化和突变等现象，无论该过程的结果是故障爆发、发展或是故障的消失，故障过程进行的结果正是经历了类似生命过程的无数次突现才完成的。显然，该过程反映了人工生命的关键问题——突现性。因此，采用基于人工生命技术的自下而上的方法来模拟电气工程及其主要设备的故障，并允许在上层水平突现出新的不可预言的结果，以进行更切合实际、更为准确的故障过程预测的可能性是存在的。本书仅仅提出想法，此想法是否合适仍需探讨。毫无疑问，此项研究工作的开展还需要进行大量探索。

各种故障发生的规律不同，但有其共同之处。对于故障早期检测而言，短路故障是最为困难的。作者设想，电气系统的短路故障来势汹汹，故障电流快速上升。采用形态小波早期检测技术实现了在极短的时间内短路故障的早期检测。短路故障发生、发展到故障消失，尽管时间很短，过程进行得很快，但是也要经历一个过程，可以考虑借鉴生命诞生的过程，采用人工生命技术快速检测短路故障。

3. 以智能低压电器及其系统为核心的智能低压配电系统可以视为人工生命系统

在第 1 章中，提到以电源、负载与智能低压电器系统为主组成的完整的智能低压配用电系统，其关键部分是以智能控制中心为核心，以断路器为主要执行器件，并由内部和外部通信网络、分立或集成的智能或非智能电器器件、各种电器范畴之外的电气或非电气器件与设备等组成的智能低压电器系统。

将以智能低压电器系统为主的智能低压配用电系统视为智能低压配用电控制保护系统；将基于神经系统的人体生理系统视为智能人体生理控制保护系统。

从广义的控制与保护概念出发，智能人体生理控制保护系统和智能低压配用电控制保护系统，二者只是控制与保护的具体对象与物理、化学的原理不同而已。但是，二者广义的功能与结构具有相似性。它们的控制与保护的广义目标是一致的，即都是保证被控制与保护的对象——整个系统能够健康、安全、优化地运行。或者说，无论出现正常或不正常的过程，其目标都是使系统处于动态优化平衡的过程，从而保证系统健康、安全、优化运行。

　　人工生命是指用计算机和精密机械等生成或构造表现自然生命系统行为特点的仿真系统或模型系统，或者说，人工生命是关于展示自然生命系统行为特征的人造系统。实际上，智能低压配电系统表现、展示了与自然生命系统类似的行为特征，但是，它不是以碳水化合物为主的生命系统。我们是否能将以智能低压电器及其系统为核心的智能低压配电系统视为一个人工生命系统，是否可以借鉴作为自然生命系统的人体生理系统以及人工生命研究的成果，提升智能低压配电系统或智能低压电器及其系统的水平，以适应智能电网的需求。这是值得探讨的问题。

参 考 文 献

鲍光海. 2010. 低压控制与保护电器智能化技术研究[D]. 福州：福州大学.

鲍光海, 张培铭. 2012. 智能交流接触器零电流分断技术[J]. 电工技术学报, 27(5)：199-204.

陈德为. 2009. 基于图像测试与分析的智能交流接触器动态测试与设计技术[D]. 福州：福州大学.

陈丽安. 2004. 低压保护电器的短路故障早期检测及实现的研究[D]. 福州：福州大学.

陈丽辉. 2005. 智能型直流接触器的优化设计和远程通信功能的研究[D]. 福州：福州大学.

董朝阳, 赵俊华, 文福拴, 等. 2014. 从智能电网到能源互联网：基本概念与研究框架[J]. 电力系统自动化, 38(15)：1-11.

冯静, 舒宁. 2006. 群智能理论及应用研究[J]. 计算机工程与应用, (7)：31-34.

福州大学. 2001-01-17. 一种智能交流接触器[P]：CN00214192.

福州大学. 2001-05-02. 智能型混合式交流接触器[P]：CN00242121.

福州大学. 2001-09-05. 光机电电磁电器动态测试装置[P]：CN00221647.

福州大学. 2002-09-04. 智能型混合式直流接触器[P]：CN01272976.

福州大学. 2008-10-22. 高性能组合式智能交流接触器[P]：CN200720009050. 1.

福州大学. 2009-02-04. 组合式智能交流控制与保护器[P]：CN200510125294.

福州大学. 2009-05-27. 智能无功补偿控制装置[P]：CN200820102979.

福州大学. 2010-07-21. 采用高速摄像机的电器动态测试装置[P]：CN200810071607.

福州大学. 2011-06-22. 基于仿真模型的电机运行三维温度场分布的虚拟测试方法[P]：CN201010142656.

福州大学. 2013-04-17. 带快速电磁斥力机构的分相式智能低压双断点集成电器[P]：CN20111000798402.

福州大学. 2014-12-03. 低压交直流控制与保护电器[P]：CN201210423294. X.

福州大学. 2015-04-15. 一种三相交流低压无弧电器触头装置[P]：CN201420728363. 2.

福州大学. 2015-04-22. 基于低电压电容的交流接触器控制器及控制方法[P]：CN201210208508.

福州大学. 2015-10-14. 低压系统多层级全范围选择性协调保护技术[P]：CN201310345729.8.

韩旭, 徐广泰, 李宁, 等. 2012. 对电网智能化发展的研究[J]. 电子世界, (20):58-59.

何瑞华. 2013. 我国新一代低压电器发展趋势[J]. 低压电器, (3)：1-6.

何瑞华, 尹天文. 2014. 我国低压电器现状与发展趋势[J]. 低压电器, (1)：1-10, 26.

孔祥溢, 王任直. 2016. 人工智能及在医疗领域的应用[J]. 医学信息学杂志, (11)：2-5.

兰太寿. 2014. 电磁式电器三维测试系统设计及三维动态特性研究[D]. 福州：福州大学.

兰太寿, 李炜荣, 刘向军. 2014. 基于虚拟双目视觉的电器电磁机构三维动态测试研究[J]. 电子测量与仪器学报, (1)：29-34

李炜荣, 刘向军. 2014. 基于磁保持继电器的智能交流接触器微电弧能量分断技术研究[J]. 电器与能效管理技术, (12)：30-34.

刘向军, 卢文灿. 2006. 汽车继电器无弧通断技术研究[J]. 低压电器,(4): 10-12, 58.

刘振亚. 2010. 智能电网技术[M]. 北京: 中国电力出版社.

刘振亚. 2013. 建设坚强智能电网推动能源安全高效清洁发展[J]. 中国电力企业管理(综合), (10): 12-14.

刘振亚. 2013. 智能电网与第三次工业革命[J]. 中国电力企业管理, (12): 14-17.

刘振亚. 2015. 全球能源互联网与中国电力转型之路[J]. 中国经贸导刊, (33): 35-36.

刘振亚. 2015. 我为什么提出建设全球能源互联网[J]. 中国电力企业管理(综合), (4): 12-14.

缪希仁. 2000. 电磁电器智能设计与测试技术的研究[D]. 福州: 福州大学.

缪希仁, 巫锡华, 王田, 等. 2017. 基于涡流斥力原理的低压控制与保护电器研究[J]. 中国电机工程学报, 37(9): 2708-2716.

缪希仁, 吴晓梅. 2014. 低压系统多层级短路电流早期检测与预测[J]. 电工技术学报, 29(11): 177-185.

邱才元, 刘向军. 2015. 一种新型无弧交流接触器[J]. 电器与能效管理技术, (15): 26-30.

冉圮泉, 刘建. 2016. 智能配电网自愈控制关键技术研究[J]. 电气开关, (1): 68-71.

孙柏林. 2017. 美国新的人工智能报告及其对我们的启示[J]. 自动化技术与应用, 36(10): 1-7.

孙灵芳, 董学曼, 姜其锋. 2016. 模糊控制的现状与工程应用关键问题研究[J]. 化工自动化及仪表, 43(1): 1-5.

孙秦阳. 2014. 新型低压电器动作机构及其励磁电路研究[D]. 福州: 福州大学.

孙庆伟, 周光纪, 白洁. 2011. 人体生理学[M]. 北京: 中国医药科技出版社.

王国强. 1999. 实用工程数值模拟技术及其在 ANSYS 上的实践[M]. 西安: 西北工业大学出版社.

王田. 2016. 采用涡流斥力机构的交流控制保护电器技术[D]. 福州: 福州大学.

王雪. 2012. 厘清智能电网发展思路——《智能电网重大科技产业化工程"十二五"专项规划》解读[J]. 国家电网, (7): 66-67.

王益民. 2016. 全球能源互联网理念及前景展望[J]. 中国电力, 49(3): 1-5, 11.

王卓, 罗士婕, 侯学良. 2013. 中国智能电网发展现状[J]. 电子世界, 31(14): 13-14.

吴功祥. 2010. 无功补偿用电容投切智能复合开关的研究[D]. 福州: 福州大学.

吴守龙. 2014. 交流接触器短路分断技术研究[D]. 福州: 福州大学.

许志红. 2005. 交流接触器智能化控制与设计技术的研究及实现[D]. 福州: 福州大学.

许志红, 陈红梅, 张培铭. 2007. 基于磁保持继电器的智能无弧交流接触器[J]. 福州大学学报(自然科学版), 35(2): 229-233.

杨明发. 2010. 基于定子绕组三维温度场模型的异步电动机保护技术的研究[D]. 福州: 福州大学.

杨明发, 张培铭. 2008. 智能电器虚拟设计中的仿真技术[J]. 江苏电器, (2): 1-4.

叶小忱, 王承民, 孙伟卿, 等. 2017. 面向能源互联网的主动配电网技术[J]. 自动化仪表, 38(1): 7-11, 15.

尹天文, 张扬, 柴熠. 2010. 智能电网为低压电器发展带来新机遇[J]. 低压电器, (2): 1-4.

余贻鑫, 栾文鹏. 2015. 智能电网的基本理念[J]. 天津大学学报, 44(5): 377-384.

张宁, 王毅, 康重庆, 等. 2016. 能源互联网中的区块链技术: 研究框架与典型应用初探[J]. 中国电机工程学报, 36(15): 4011-4023.

张培铭. 2014. 智能电网与智能电器系统[J]. 电器与能效管理技术, (10): 6-10.

张培铭. 2016. 基于系统选择性保护的智能低压配电控制与保护技术[J]. 电器与能效管理技术, (4):1-4, 14.

张培铭, 陈从华, 郑昕. 2001. 新型智能混合式交流接触器[J]. 低压电器, (1)：20-21.

张培铭, 缪希仁, 江和, 等. 1999. 展望 21 世纪电器发展方向——人工智能电器[J]. 电工技术杂志, (4)：5-6.

张培铭, 缪希仁, 刘向军, 等. 2012. 人工生命及其在电气工程中的应用探讨[J]. 低压电器, (19)：1-4.

郑昕, 许志红, 张培铭. 2005. 智能混合式无弧交流接触器的研究[J]. 低压电器, (9)：10-12.

郑昕, 许志红, 张培铭. 2005. 智能交流接触器自适应零电流分断的分析与实现[J]. 电工电能新技术, (3)：77-80.

郅萍, 缪希仁, 吴晓梅. 2016. 低压系统短路故障建模及电流预测技术[J]. 电力系统保护与控制, 44(7)：39-46.

附　　录

　　用 MATLAB 电力系统工具箱进行仿真计算的低压配电系统及电动机模型的主要参数如下。

　　1. 变压器

额定容量：160kW
额定电压：10/0.4kV
联接方式：Y/yn0

　　2. 电动机

额定功率：30kW
额定电压：380V
额定频率：50Hz
磁极对数：4
定子电阻：0.143Ω
定子漏感：0.83mH
转子电阻：0.134Ω(归算至定子侧)
转子漏感：1.04mH(归算至定子侧)
定转子互感：25.03mH
转动惯量：1.39kg·m²

　　3. 变压器低压侧母线

型号：LMY-3(30×4)+1(25×3)
长度：10m

　　4. 隔离开关、刀开关、空气开关、CT 等

组合电阻：1.2mΩ
组合电抗：3.4mΩ

5. 线路

总长度：60m
线芯电阻：1.507mΩ/m
线芯感抗：0.082mΩ/m
零线零序电阻：1.495mΩ/m
零线零序感抗：0.137mΩ/m

彩 图

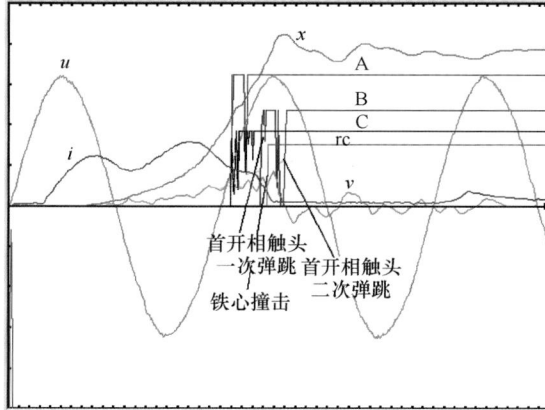

图 2.6　智能控制交流接触器吸合过程动态测试波形图

注：图中横坐标表示时间；A、B、C 为三相主触头信号；rc 为铁心闭合信号；
v 为铁心运动速度(即动铁心运动速度)；u 为电源电压；x 为铁心位移(即动铁心位移)；i 为线圈激磁电流

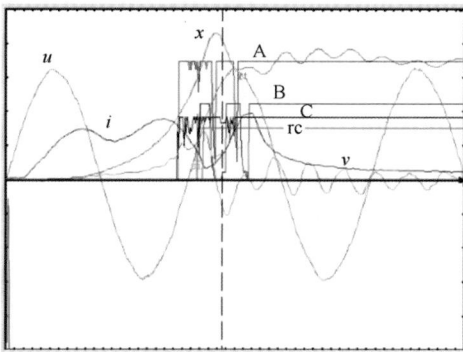

图 2.7　吸合相角为 36°的动态波形

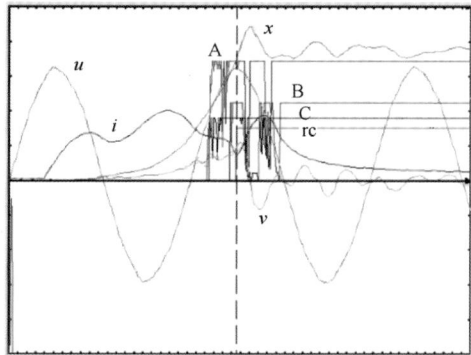

图 2.8　吸合相角为 72°的动态波形

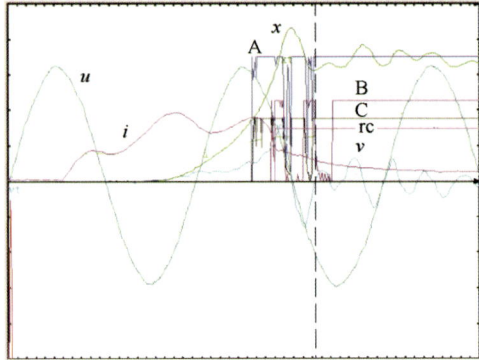

图 2.9 吸合相角为 108°的动态波形

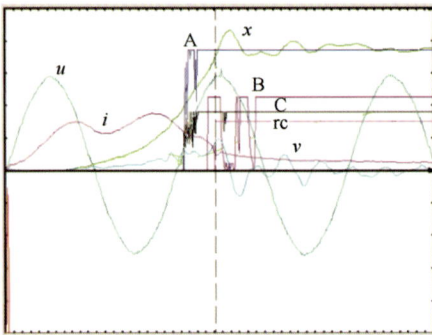

图 2.11 0.85U_e 动态波形

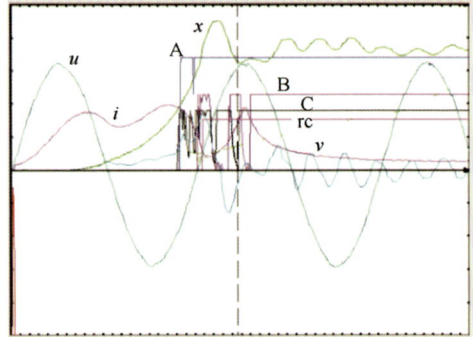

图 2.12 U_e 动态波形

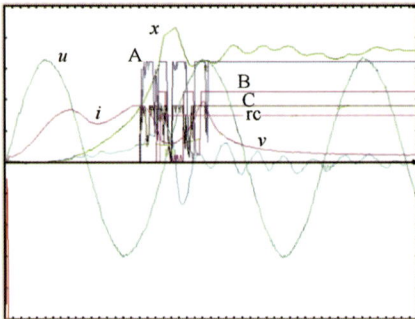

图 2.13 1.10U_e 动态波形

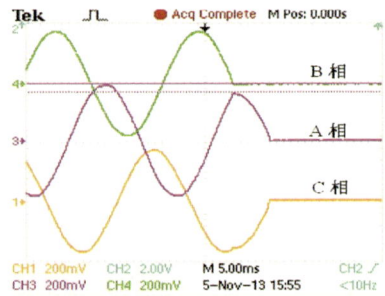

图 2.61 三相实验电流波形

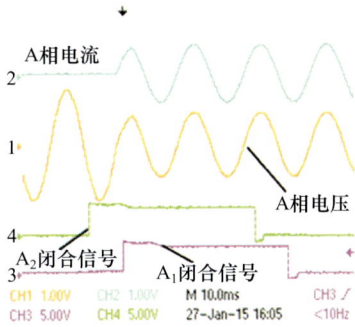

图 2.64　A 相吸合时电路电压、电流波形

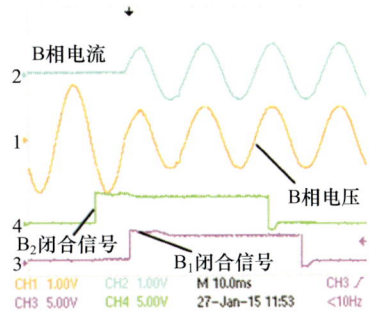

图 2.65　B 相吸合时电路电压、电流波形

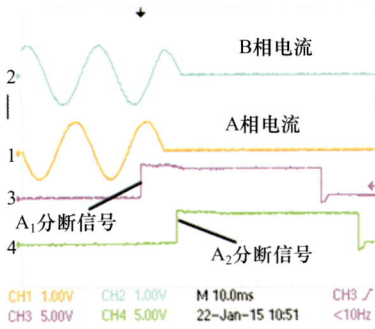

图 2.66　A 相电路分断时电流波形

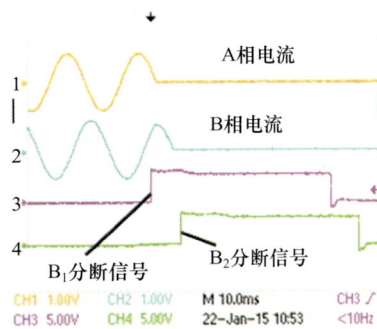

图 2.67　B 相电路分断时电流波形

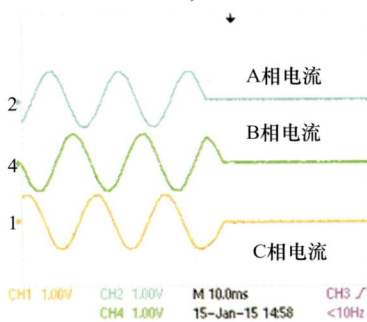

图 2.68　三相电路分断时电流波形

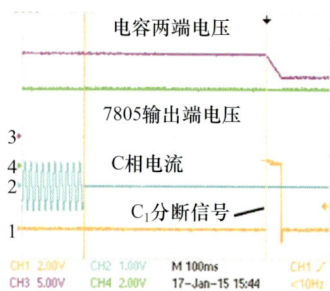

图 2.69　电网突然断电后的实验波形

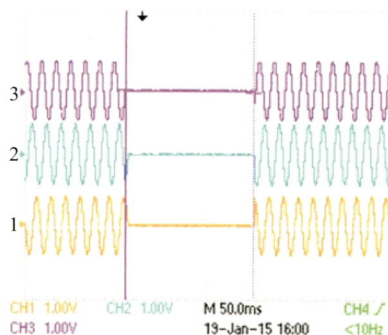

图 2.70　电网突然断电后恢复上电的三相电流波形

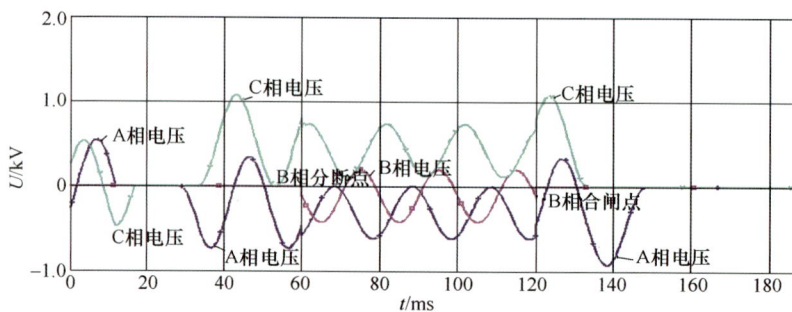

(a) 电压波形

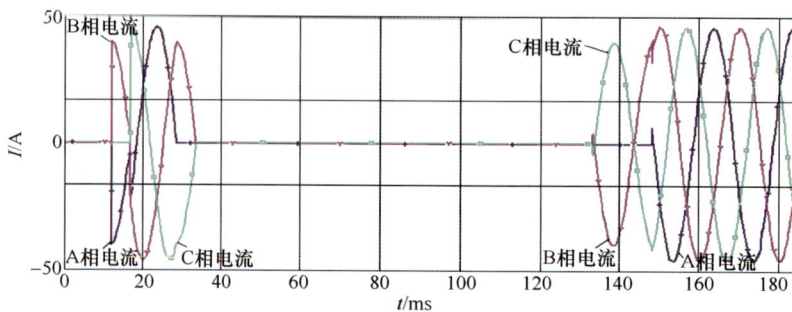

(b) 电压波形

图 2.87　复合开关投切过程仿真图

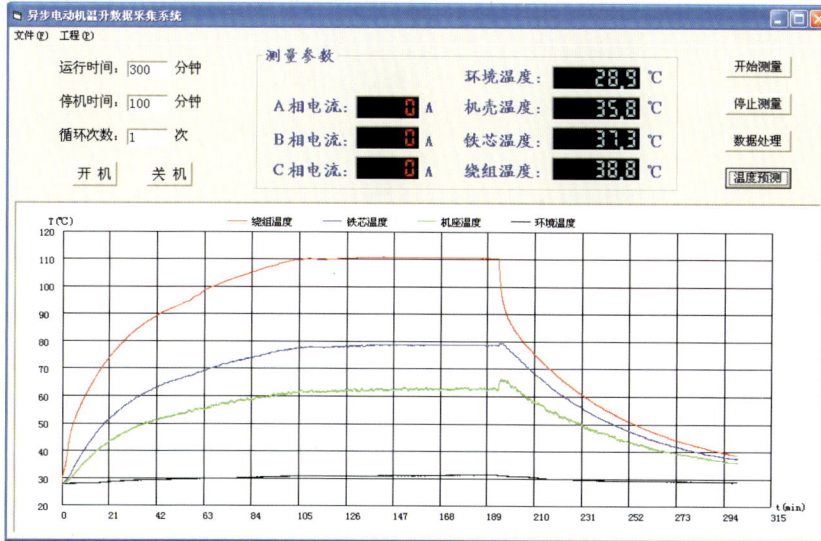

图 3.35　上位机主界面

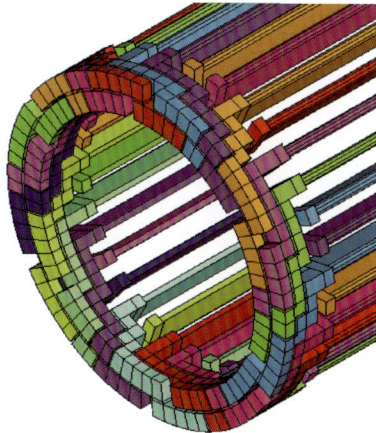

图 3.45　端部绕组的等效模型

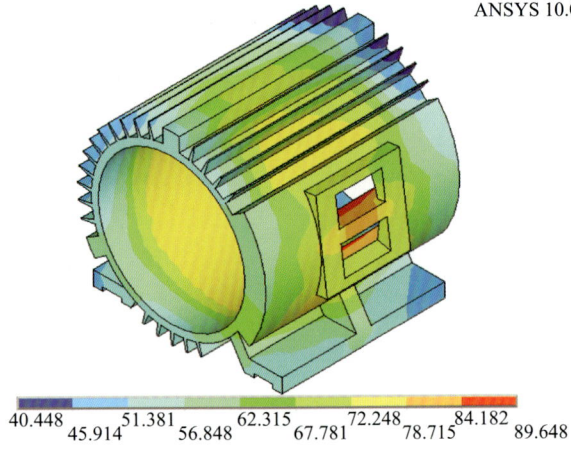

ANSYS 10.0

| 40.448 | 45.914 | 51.381 | 56.848 | 62.315 | 67.781 | 72.248 | 78.715 | 84.182 | 89.648 |

图 3.47   机座温度分布图

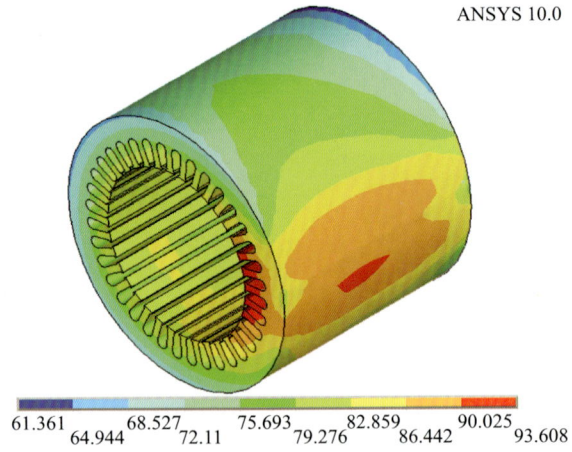

ANSYS 10.0

| 61.361 | 64.944 | 68.527 | 72.11 | 75.693 | 79.276 | 82.859 | 86.442 | 90.025 | 93.608 |

图 3.48   铁心温度分布图

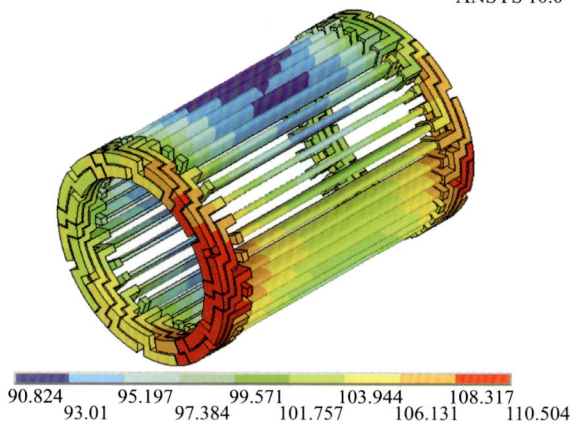

90.824   95.197   99.571   103.944   108.317
    93.01   97.384   101.757   106.131   110.504

图 3.49   绕组温度分布图

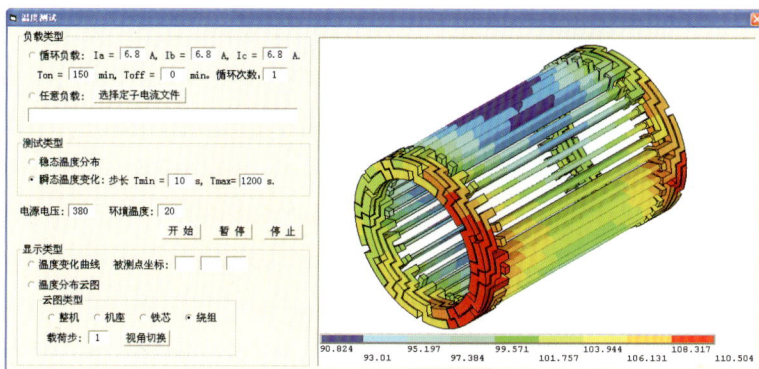

90.824   95.197   99.571   103.944   108.317
    93.01   97.384   101.757   106.131   110.504

图 3.52   温度测试界面

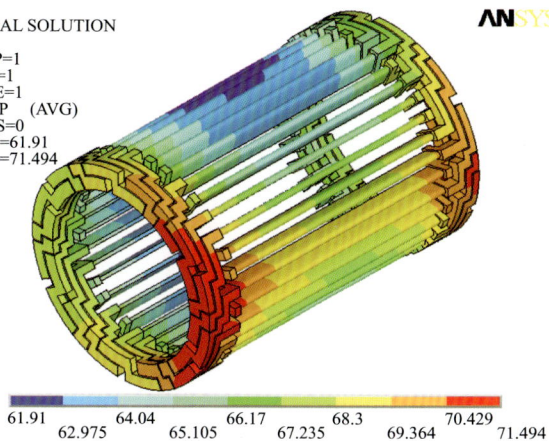

NODAL SOLUTION

STEP=1
SUB=1
TIME=1
TEMP   (AVG)
RSYS=0
SMN=61.91
SMX=71.494

ANSYS

61.91   64.04   66.17   68.3   70.429
    62.975   65.105   67.235   69.364   71.494

图 3.53   三相平衡时绕组稳态温度分布云图

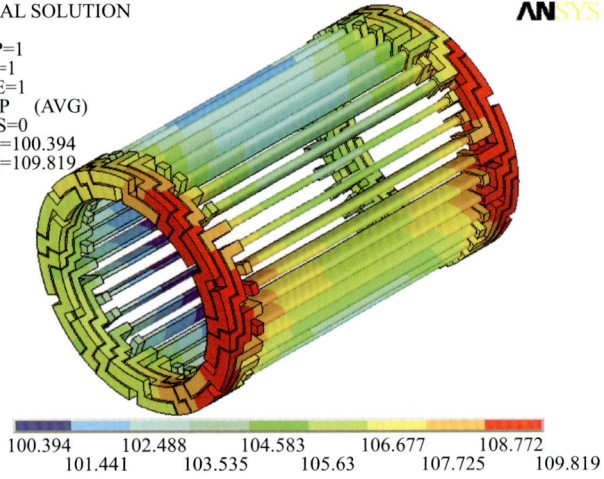

NODAL SOLUTION

STEP=1
SUB=1
TIME=1
TEMP (AVG)
RSYS=0
SMN=100.394
SMX=109.819

100.394　　102.488　　104.583　　106.677　　108.772
　　101.441　　103.535　　105.63　　107.725　　109.819

图 3.54　低电压堵转时绕组稳态温度分布云图

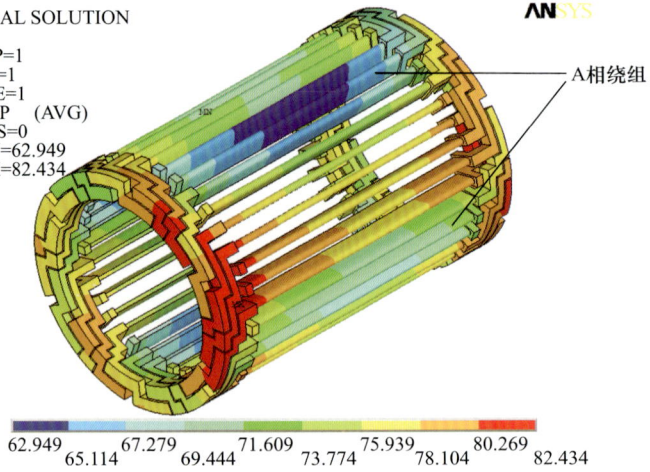

NODAL SOLUTION

STEP=1
SUB=1
TIME=1
TEMP (AVG)
RSYS=0
SMN=62.949
SMX=82.434

A相绕组

62.949　　67.279　　71.609　　75.939　　80.269
　　65.114　　69.444　　73.774　　78.104　　82.434

图 3.55　A 相断相时绕组温度分布云图

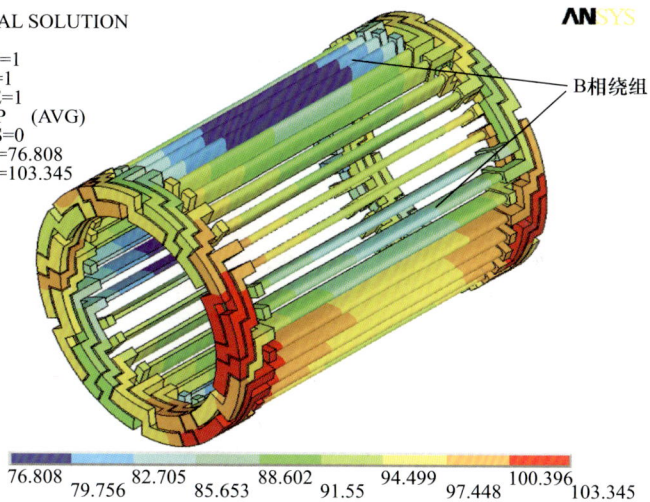

B相绕组

76.808　79.756　82.705　85.653　88.602　91.55　94.499　97.448　100.396　103.345

图 3.56　B 相断相时绕组温度分布云图

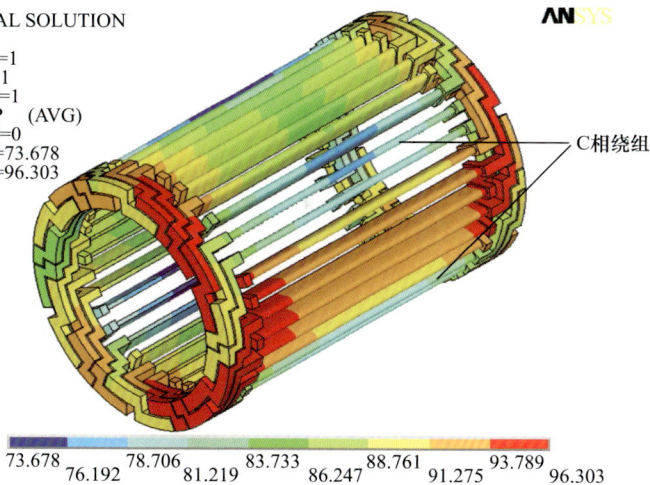

C相绕组

73.678　76.192　78.706　81.219　83.733　86.247　88.761　91.275　93.789　96.303

图 3.57　C 相断相时绕组温度分布云图

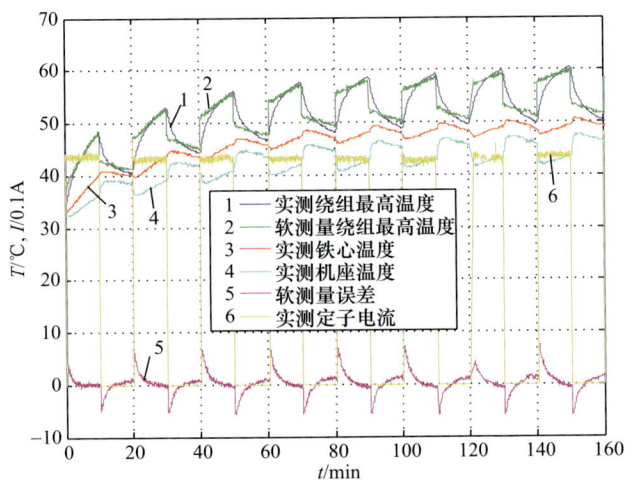

图 3.69 周期性负载时的绕组最高温度区域温度

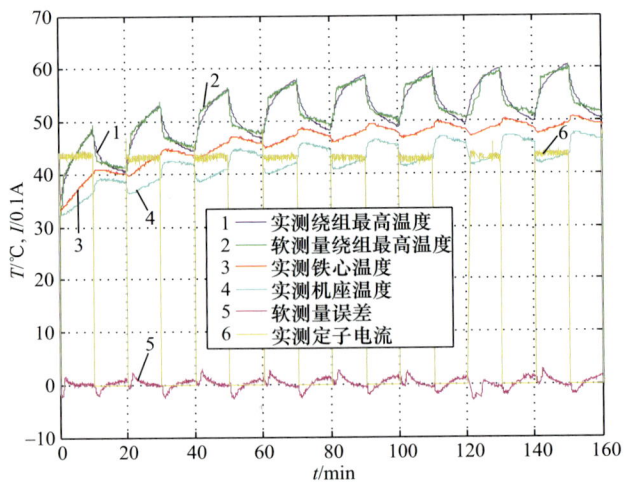

图 3.70 递推平均滤波之后的最高温度软测量误差

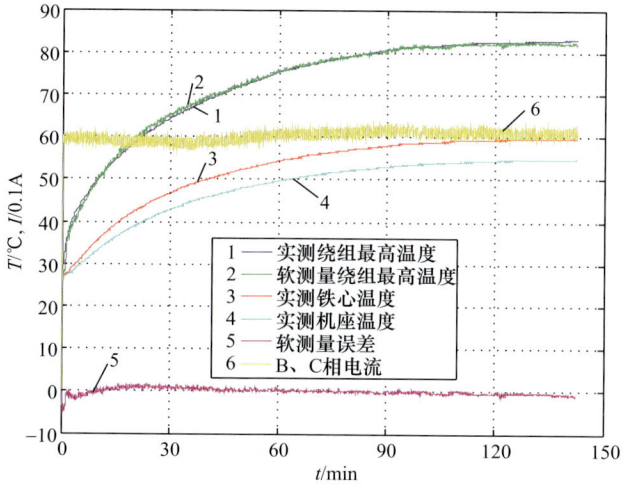

图 3.71 A 相断相时的绕组最高温度区域温度软测量

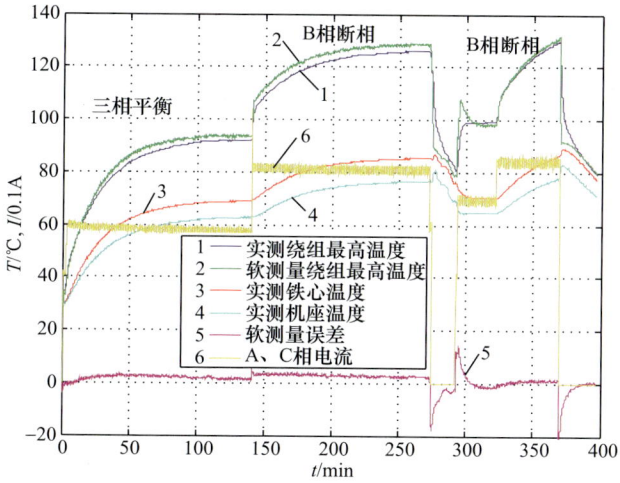

图 3.72 B 相断相时的绕组最高温度区域温度软测量

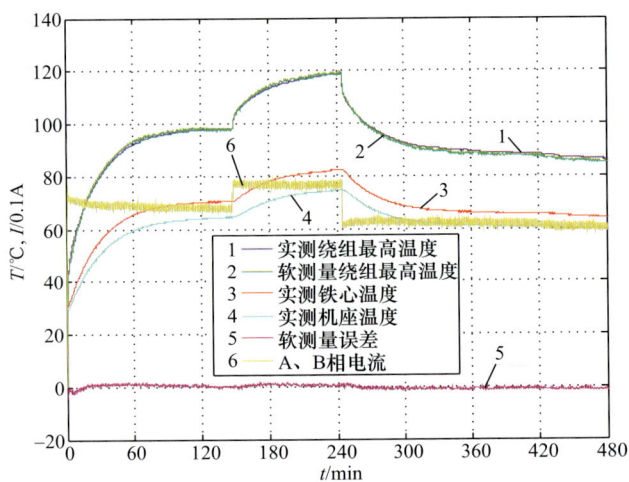

图 3.73 C 相断相时的绕组最高温度区域温度软测量

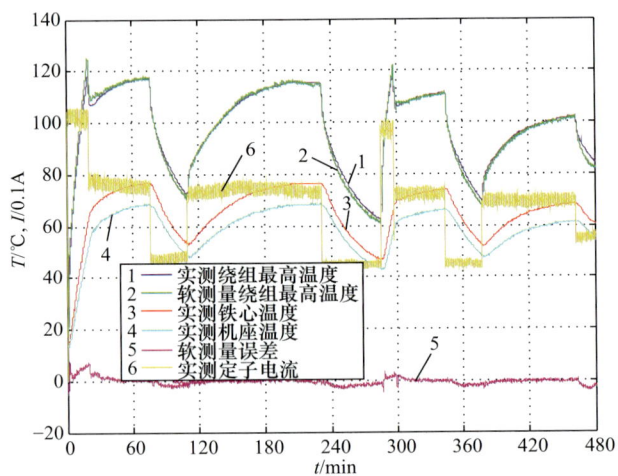

图 3.74 以铁心温度和机座温度为参考的软测量

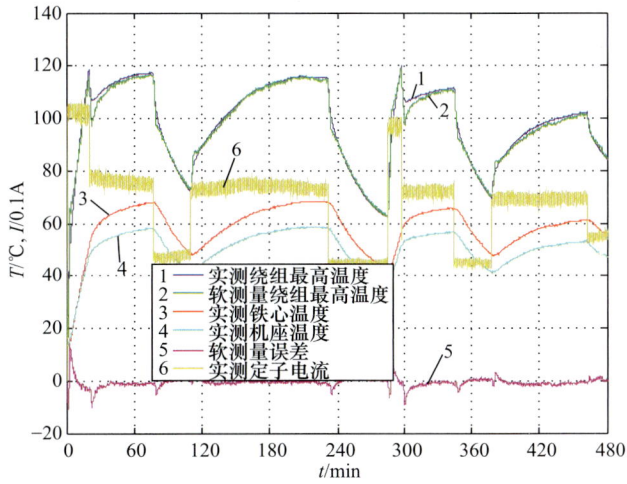

图 3.75 以机座表面两点温度为参考的软测量

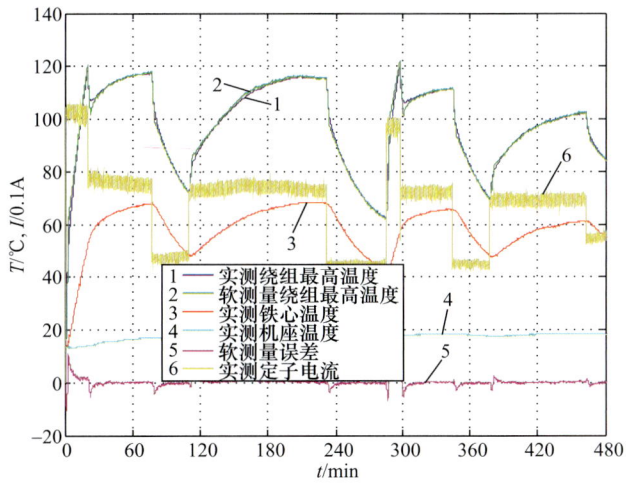

图 3.76 以机座温度和环境温度为参考的软测量

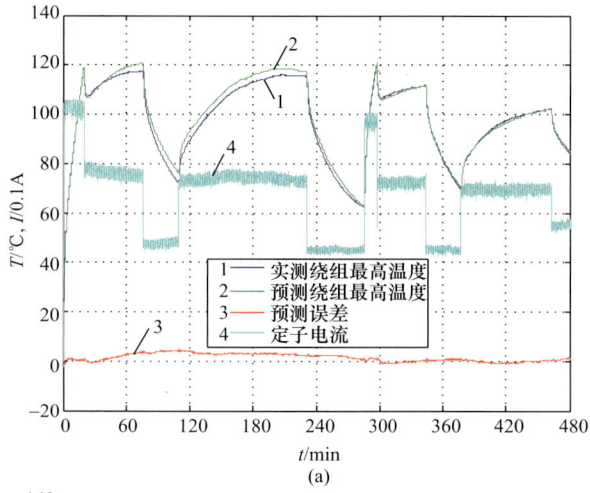

(a)

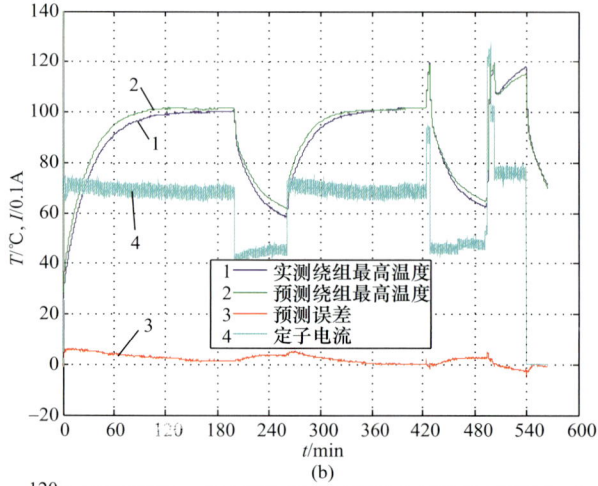

(b)

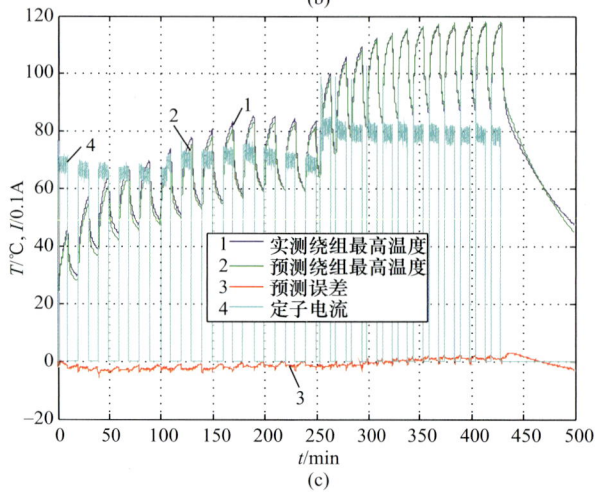

(c)

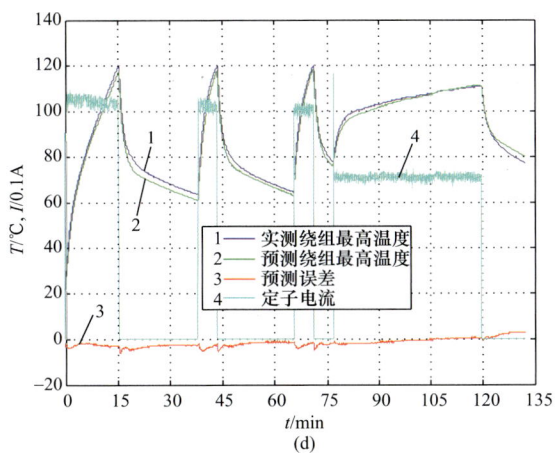

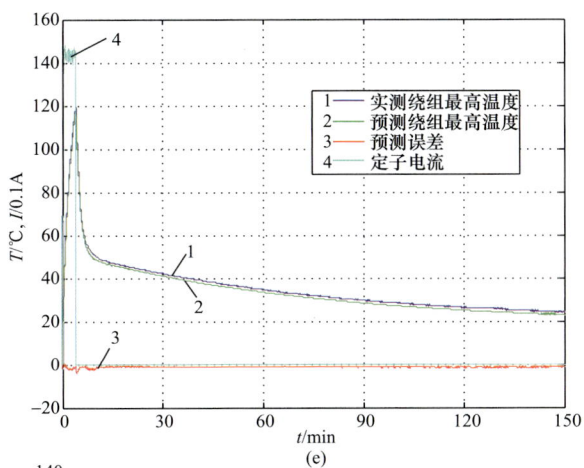

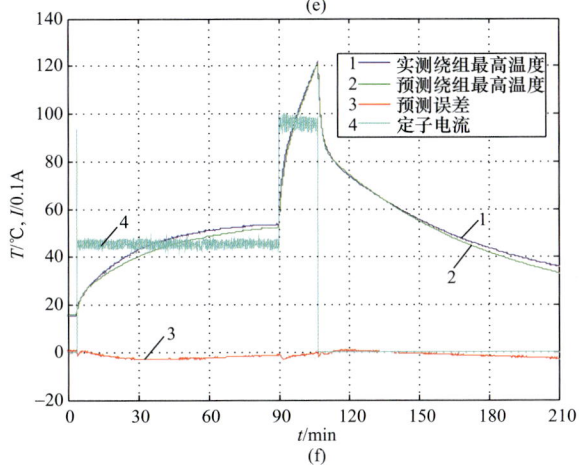

图 3.80 各种运行状态下的绕组最高温度区域温度预测

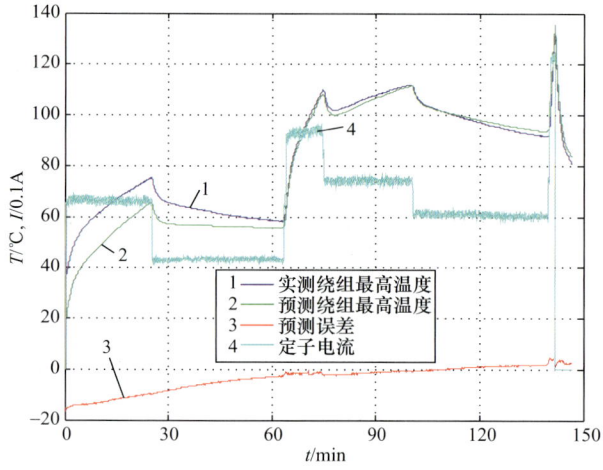

图 3.81　热态开始预测的误差变化曲线

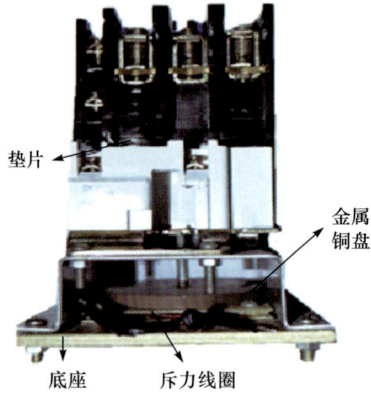

图 4.18　带有涡流斥力机构的接触器样机

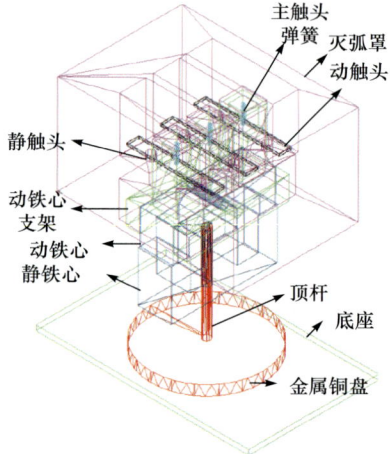

图 4.21　带有涡流斥力机构的接触器 ADAMS 模型

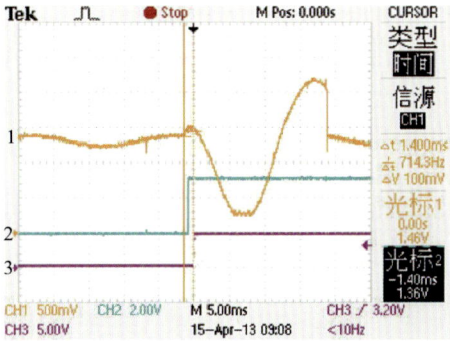

(a) β=120°早期检测快速分断波形　　　　(b) β=120°早期检测快速分断波形(细节图)

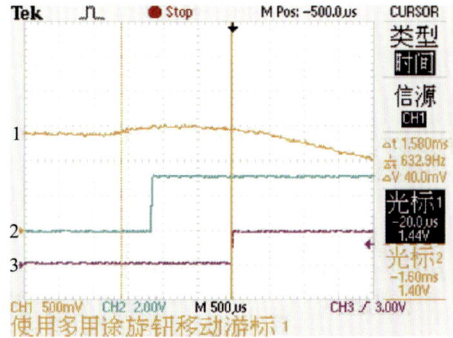

图 4.24　早期检测快速分断波形

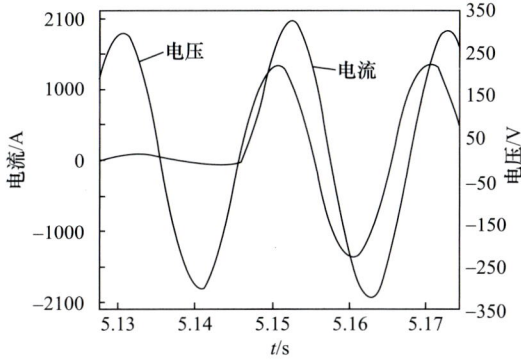

图 4.39　β=7.56°时短路故障的电压、电流波形

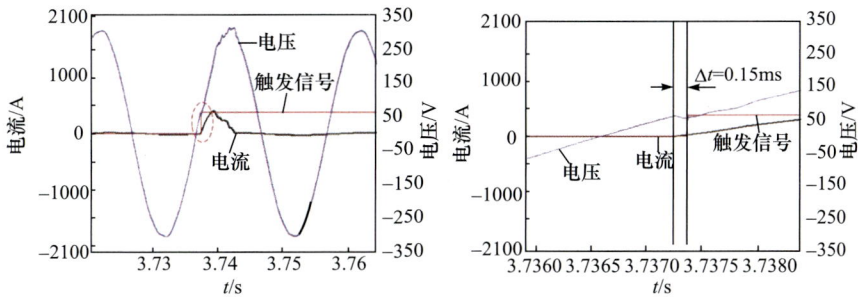

(a) β=7.56°时早期检测及快速分断的电压、电流波形　　(b) β=7.56°时短路故障电压电流细节图

图 4.40　短路相角为 7.56°时短路故障的快速分断波形

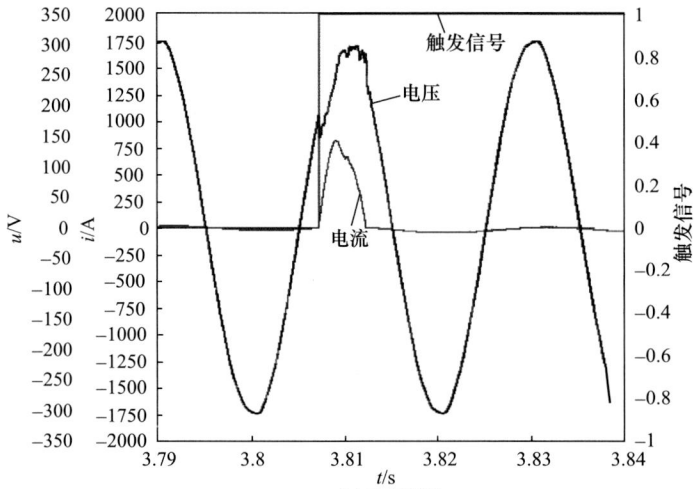

(a) $\beta = 36.72°$

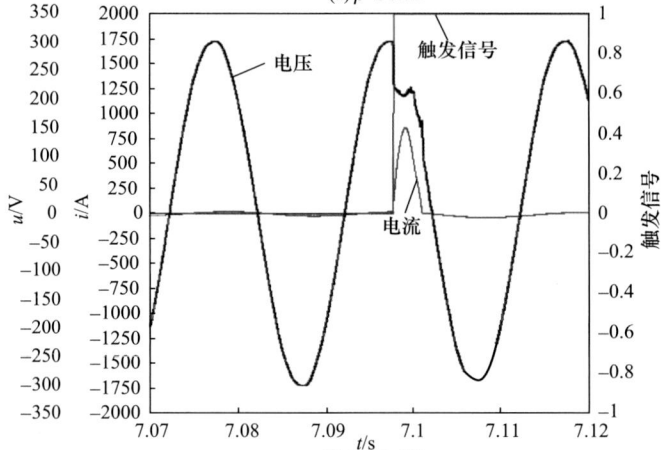

(b) $\beta = 99.18°$

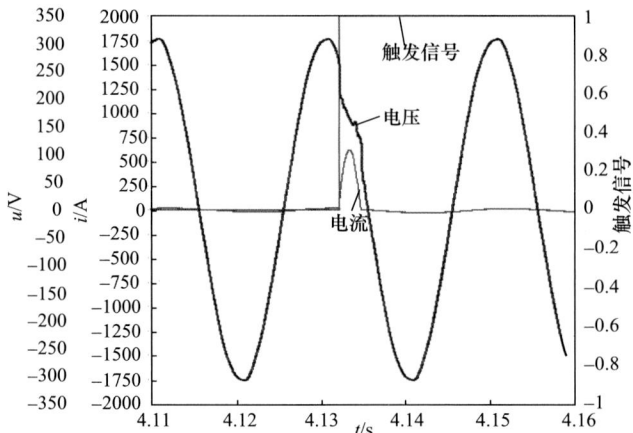

(c) $\beta = 120.24°$

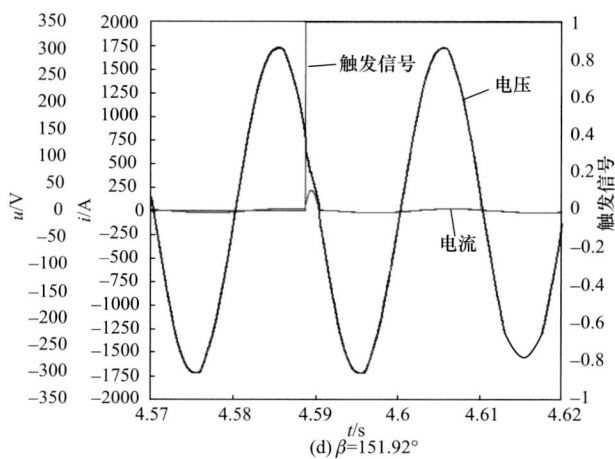

(d) $\beta=151.92°$

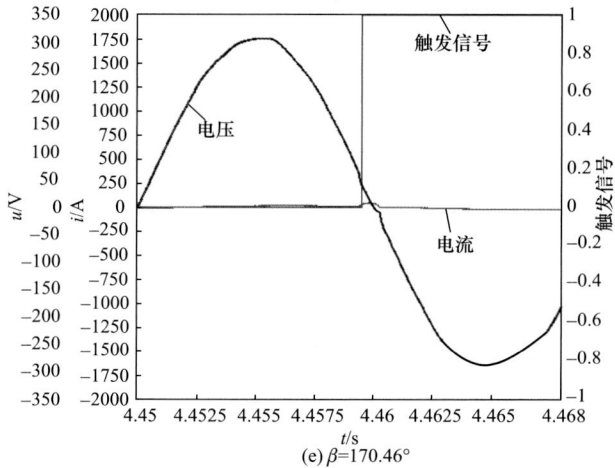

(e) $\beta=170.46°$

图 4.41　样机快速分断短路故障的部分实验波形

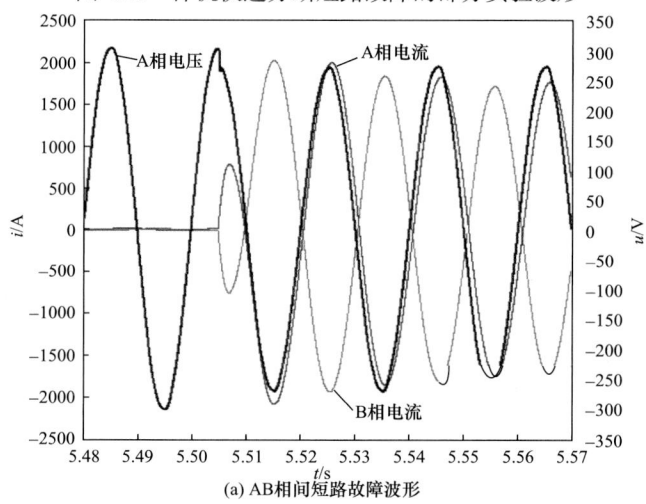

(a) AB相间短路故障波形

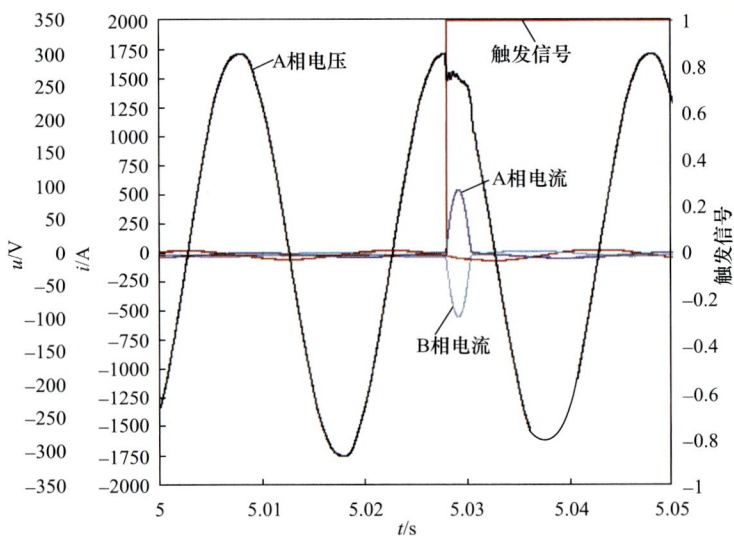

(b) AB相间短路快速分断波形1

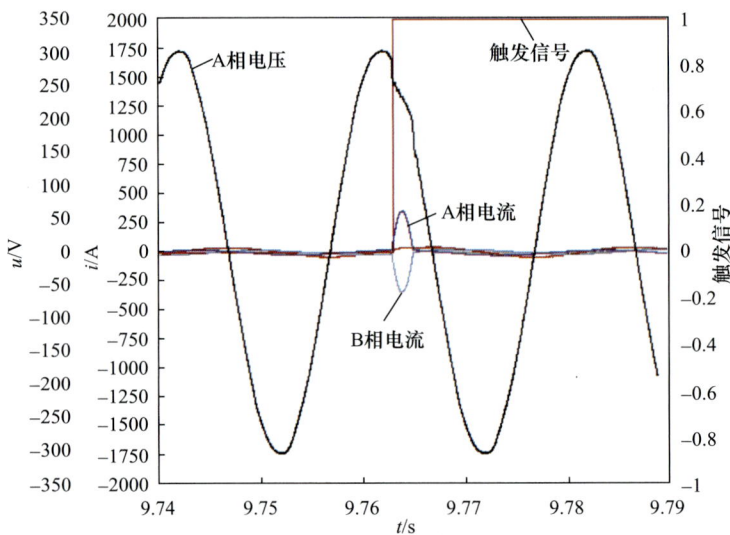

(c) AB相间短路快速分断波形2

图 4.42　样机两相相间短路快速分断情况

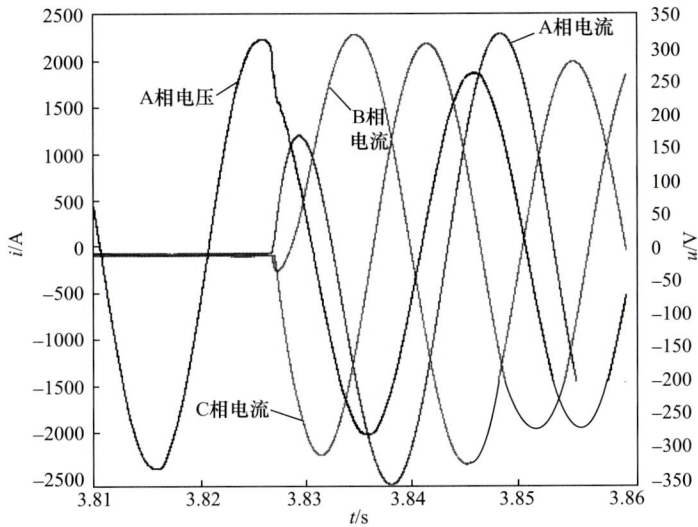

(a) 三相相间同时短路智障波形

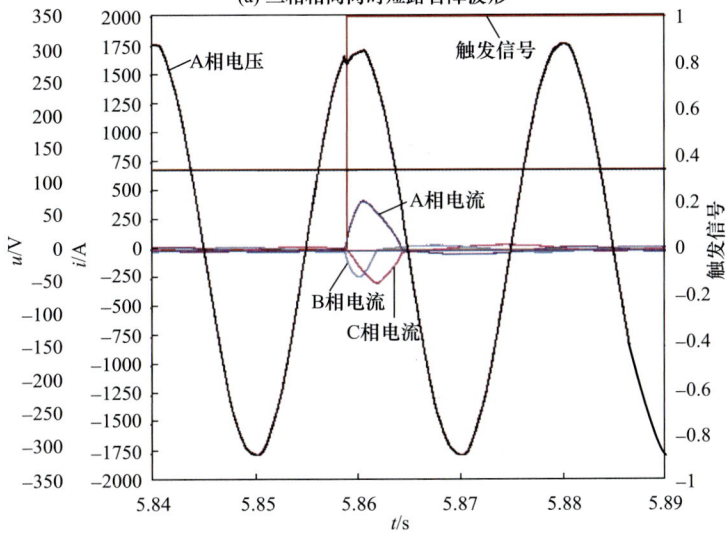

(b) 三相相间同时短路快速分断波形1

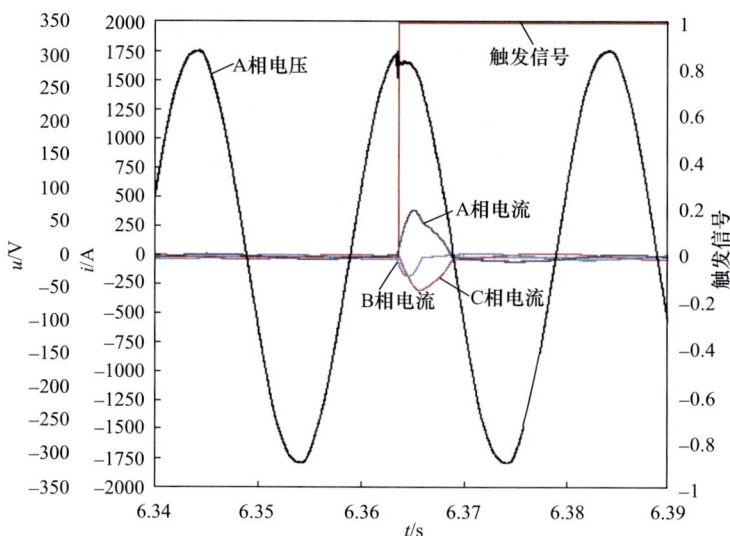

(c) 三相相间同时短路快速分断波形2

图 4.43　样机三相相间同时短路快速分断情况

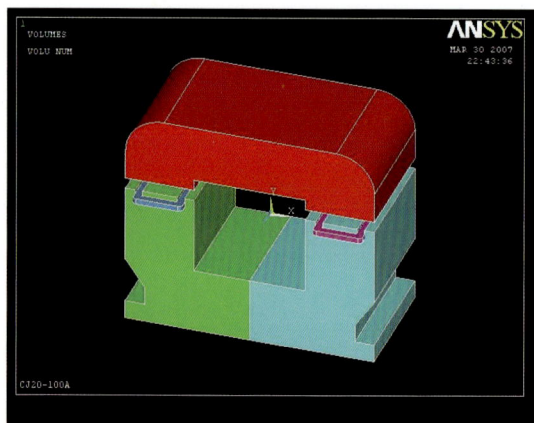

图 6.1　GUI 模式下的铁心的三维模型(图中的分磁环已开环)

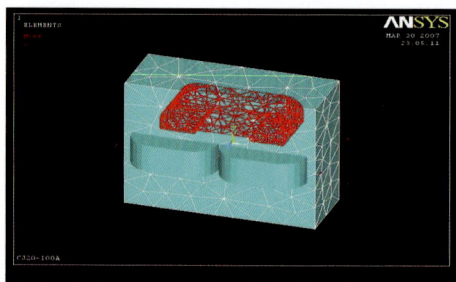

图 6.4　创建线圈、划分网格、动铁心施加力标志后的三维模型

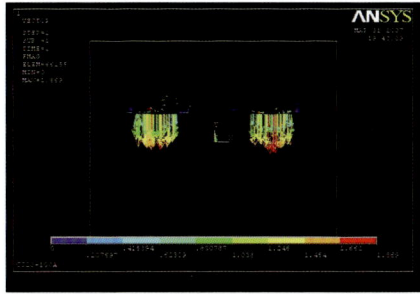

图 6.5   电流 I=0.92A、气隙 δ=0.003m 时的电磁吸力

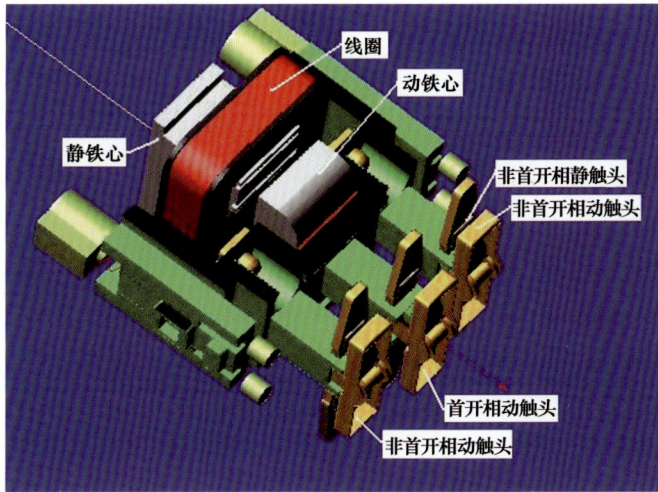

图 6.11   基于 CJ20-100A 智能控制交流接触器的 ADAMS 模型

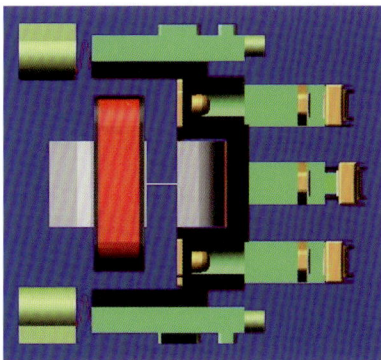

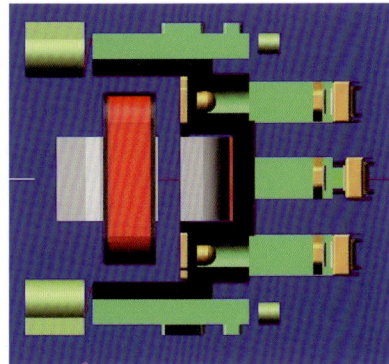

(a)   (b)

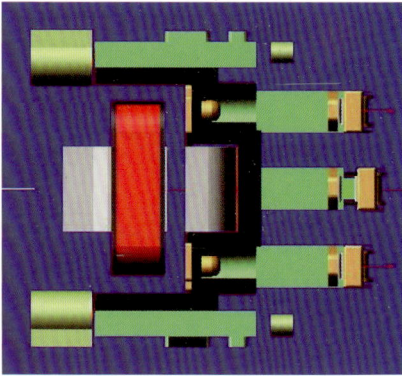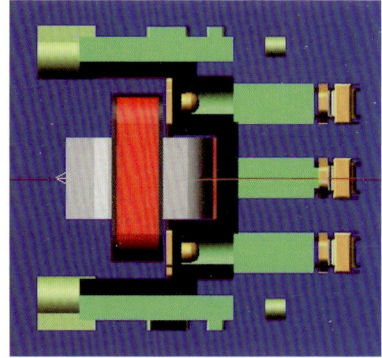

(c)

(d)

图 6.12　额定电压 U_e 作用下，吸合相角为 0°时的吸合过程 ADAMS 仿真模型运动历程

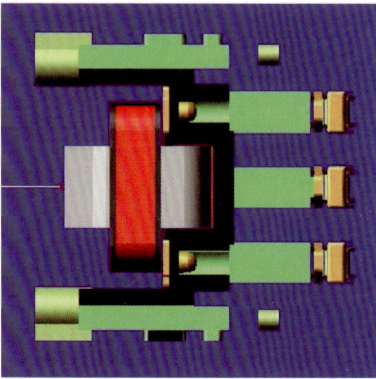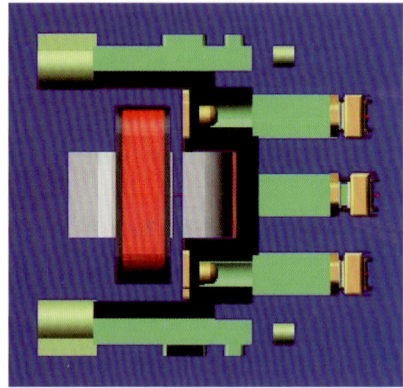

(a)

(b)

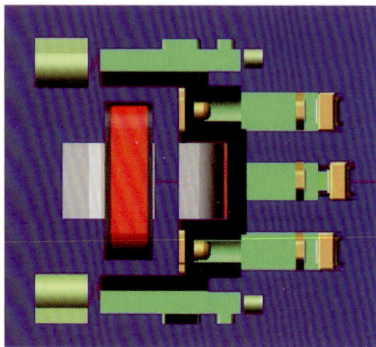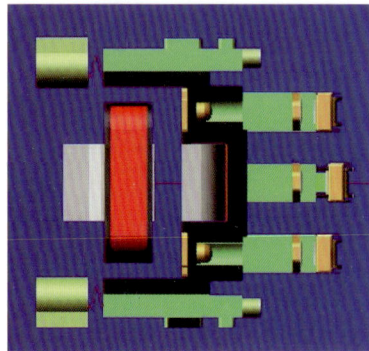

(c)

(d)

图 6.13　吸持电压为 DC 6V 时的释放过程 ADAMS 仿真模型运动历程